Information und ihre Bedeutung in der Natur

Dr. phil. nat. Wolfgang Johannsen, ist Informatiker. Nach einer Forschungstätigkeit bei einem führenden Informatikunternehmen, unterschiedlichen Management-Positionen in einem großen deutschen Bankhaus und einer Unternehmensberatung ist Wolfgang Johannsen seit 2006 selbständig in der Ausbildung von IT-Managern tätig. Als Dozent an der Frankfurt School of Finance & Management in Frankfurt am Main, der Hochschule Darmstadt und der französischen Hochschule CNAM bildet er Studierende in der strategischen Steuerung der Informationstechnik großer Unternehmen aus. Er ist Mitveranstalter von Management-Seminaren zu den Themen der strategischen Informationsverarbeitung. Mit Publikationen und Vorträgen beteiligt er sich kontinuierlich an der Fachdiskussion in seinem Gebiet. Er ist Autor von Fach- und Sachbüchern. Neben seiner beruflichen Tätigkeit beschäftigt er sich mit naturwissenschaftlichen Fragen und mit europäischer Geschichte.

Wolfgang Johannsen

Information und ihre Bedeutung in der Natur

Das Leben erfindet die Welt

Wolfgang Johannsen
Bensheim
Deutschland

ISBN 978-3-662-50254-9   ISBN 978-3-662-50255-6   (eBook)
DOI 10.1007/978-3-662-50255-6

Die Deutsche Nationalbibliothek verzeichnet diese Publikation in der Deutschen Nationalbibliografie; detaillierte bibliografische Daten sind im Internet über http://dnb.d-nb.de abrufbar.

© Springer-Verlag GmbH Deutschland 2016
Das Werk einschließlich aller seiner Teile ist urheberrechtlich geschützt. Jede Verwertung, die nicht ausdrücklich vom Urheberrechtsgesetz zugelassen ist, bedarf der vorherigen Zustimmung des Verlags. Das gilt insbesondere für Vervielfältigungen, Bearbeitungen, Übersetzungen, Mikroverfilmungen und die Einspeicherung und Verarbeitung in elektronischen Systemen.
Die Wiedergabe von Gebrauchsnamen, Handelsnamen, Warenbezeichnungen usw. in diesem Werk berechtigt auch ohne besondere Kennzeichnung nicht zu der Annahme, dass solche Namen im Sinne der Warenzeichen- und Markenschutz-Gesetzgebung als frei zu betrachten wären und daher von jedermann benutzt werden dürften.
Der Verlag, die Autoren und die Herausgeber gehen davon aus, dass die Angaben und Informationen in diesem Werk zum Zeitpunkt der Veröffentlichung vollständig und korrekt sind. Weder der Verlag noch die Autoren oder die Herausgeber übernehmen, ausdrücklich oder implizit, Gewähr für den Inhalt des Werkes, etwaige Fehler oder Äußerungen.

Planung: Margit Maly
Einbandentwurf: deblik, Berlin
Einbandabbildung: © deblik, Berlin

Gedruckt auf säurefreiem und chlorfrei gebleichtem Papier

Springer ist Teil von Springer Nature
Die eingetragene Gesellschaft ist Springer-Verlag GmbH Deutschland
Die Anschrift der Gesellschaft ist: Heidelberger Platz 3, 14197 Berlin, Germany

Vorwort

Das Leben erfindet die Welt? Ja, jede biologische Art und jedes individuelle Leben auf seine Weise. Klugen Geistern blieb dieses Wissen nie verborgen. Platon und Goethe gehören dazu. Auch Christian Morgenstern, der den Ausruf „Erst das Auge erschafft die Welt" als Quintessenz eines seiner Gedichte nahm.

Was ist Information, woher kommt sie, und wie kommt sie zu Bedeutung? Wir gehen, um Antworten zu finden, interdisziplinär vor. Die Evolution, das Leben, aber auch die Thermodynamik und die Quantenphysik sowie die Grundlagen zu den Theorien der Information und der Informationsverarbeitung, ergänzt um historische Aspekte, helfen uns Antworten zu finden. Aus einem „kubistischen" Bild wie das eines aufmerksam in die Welt schauenden Vogels wird auf der Suche nach dem Ursprung semantischer Information wieder ein ganzes Bild, wie es auf dieser Seite zu finden ist (Abb. 1).

In einer antiken Fabel des griechischen Dichters Äsop erhöhte eine Krähe mit Steinen den Wasserstand in einem Krug so, dass sie schließlich daraus trinken konnte. In einem aktuellen Experiment haben Wissenschaftler Neukaledonische Krähen *(Corvus moneduloides)* trainiert, um dies nachzuahmen. Sie hatten Erfolg. Kürzlich wurde über Raben berichtet, die sich in andere Artgenossen hineinversetzen können. Sie verhielten sich in einem Raum mit Gucklöchern, durch die sie vorher selbst geschaut hatten, anders als im Raum ohne die Möglichkeiten selbst beobachtet zu werden.

Da Krähenvögel zu erstaunlichen kognitiven Leistungen fähig sind, müssen sie über eine recht präzise Wahrnehmung der Welt und ihrer Zusammenhänge verfügen. Und mehr noch, sie sind dazu in der Lage, komplizierte Aufgaben mit Hilfe von Werkzeugen und abstrakten Schlussfolgerungen zu lösen. Erstaunlich finden wir diese Leistung hauptsächlich deshalb, weil wir Derartiges bis vor kurzem noch für unsere eigene Gattung reserviert hatten. Immer deutlicher wird jedoch, wie komplex und reichhaltig auch die kognitiven und sonstigen informationsverarbeitenden Leistungen der Tiere sind. Da wir und die Tiere die gleichen evolutionären Wurzeln haben, sollten uns ihre Fähigkeiten nicht allzu sehr wundern.

Ich werde in diesem Buch darstellen, wie die Information – der Ursprung des Wortes ist das lateinische „in-formare" und steht für gestalten und sich etwas vorstellen – in die Welt kam und sich in ihr entwickelte. Ich werde auch skizzieren, welche Rolle die Bedeutung von Information als Gegenstand wissenschaftlicher

Abb. 1 Weltwahrnehmung und Erkenntnis setzen eine intensive Informationsaufnahme aus der Umgebung voraus, und zwar bei allen Lebewesen. (© Vaikoovery/CC BY 3.0)

Betrachtungen einnahm und heute einnimmt. Dabei wird allerlei auftauchen, das auf den ersten Blick seltsam erscheinen mag. Dämonen beispielsweise (drei sind es), schrumpfende Garagen, Fliesen, die sich selbst verlegen, und einiges mehr. Dennoch haben Sie kein Kuriositätenkabinett vor sich, sondern ernsthafte Auseinandersetzungen mit – teilweise epochalen – wissenschaftlichen Entwicklungen der Physik, der Quantenmechanik, der Evolution, der Genetik und auch der Informatik. Nicht zuletzt gehören auch der Ursprung des Lebens und weitreichende philosophische Erkenntnisse, die sich aus all dem ergeben und die den Aufbau der Welt und des Lebens erklären, mit dazu.

Dahinter steckt, so die Kernthese dieses Buches, eine allgemeine Entwicklungsleistung der Evolution. Sie gilt für das gesamte Leben und – je nach biologischer Gattung oder Art – auf unterschiedliche Weise. Diese Unterschiede sind groß und beruhen auf Millionen von Jahren an Entwicklungs- und Optimierungsleistungen. Und doch gibt es einen gemeinsamen Ursprung. Der Beginn des Lebens war auch der Beginn von bedeutungstragender, semantischer Information. So elementar und einfach sie auch anfangs war, so komplex und reichhaltig ist sie heute.

Ich gehe damit über die bekannte Informationstheorie von Claude E. Shannon und Warren Weaver hinaus. Beide hatten die in diesem Buch behandelten inhaltlichen „semantischen" Gesichtspunkte nie im Visier. Bereits in seiner zentralen Veröffentlichung der „Mathematischen Theorie der Kommunikation" stellte Shannon fest (1949):

> Häufig haben die Nachrichten Bedeutung; d. h. sie beziehen sich auf oder sind korreliert mit einem System aus physischen oder konzeptuellen Einheiten. Diese semantischen Aspekte der Kommunikation sind irrelevant für die Fragestellungen von Ingenieuren. Der signifikante Aspekt ist vielmehr, dass eine aktuelle Nachricht aus einer Menge möglicher Nachrichten selektiert wird. Ein Kommunikationssystem muss so entworfen werden, dass es für jede mögliche Auswahl – nicht nur die aktuelle – betrieben werden kann.

Diese Abgrenzung Shannons wurde in der Folgezeit allzu oft ignoriert. Der Gegenstand der Informationstheorie ging als „Information" in die Wahrnehmung von Wissenschaft und Technik ein, obwohl die Theorie ja – worauf ihr Erfinder bereits hinwies – lediglich einen Teil des Wesens der Information adressierte – den Teil nämlich, der sich auf die denkbaren Erscheinungsmuster in einem technischen Kommunikationskanal bezieht.

Wir wollen hier die von der Informationstheorie nicht behandelten, eigentlichen Wesensmerkmale der Information untersuchen, insbesondere die der semantischen Information, der Bedeutung also. Um der Sache auf den Grund zu gehen, gehen wir zentralen Fragen nach: Kam die Bedeutung erst später, also mit der biologischen Evolution, in die Welt, oder war sie schon immer da, also seit dem Urknall? Und wenn sie später in die Welt kam, wodurch wurde das bewirkt? Kann die Welt ohne Bedeutung überhaupt sein oder gedacht werden? Wie hat die Bedeutung mit Information zu tun? Kann es Bedeutung ohne Information und Information ohne Bedeutung geben? Würde Bedeutung existieren, wenn es keine Menschen, keine Tiere und keine Pflanzen, kurz keine biologische Evolution gäbe?

Der Begriff „Bedeutung" selbst hat schon mehrere Bedeutungen. Mit dem Begriff „Information" ist es ähnlich. Wir wollen neues Licht in diese schon jahrzehntelang geführte und immer noch hochaktuelle Debatte in Wissenschaft und Philosophie bringen. Bedeutung bedeutet vieles – vom simplen Verstehen eines Wortes über die Sinnerfüllung eines individuellen Lebens bis hin zum Existenzgrund des gesamten Universums. Und das Verständnis von Information umfasst ebenfalls ein breites Spektrum, von „statistischem Maß" bis hin zu „Fundament der Welt".

Soll all dieses hier erklärt werden? Nein, mein Anspruch als Autor ist bescheidener. Ich möchte meinen Leserinnen (im Buch wird zwischen der femininen und maskulinen Form zwanglos gewechselt) primär zeigen, wie Bedeutung aus naturwissenschaftlicher Sicht in die Welt kam. Damit ist die erste These schon ausgesprochen: Es gab sie nicht immer. Und die zweite These sei auch gleich genannt: Bedeutung ist als semantische Information mit der biologischen Evolution entstanden und sie wurde von ihr weiterentwickelt. Es ist die biologische Information, die die semantische Information, also die, die Bedeutung trägt, entwickelt und hervorgebracht hat. Vor Beginn der Evolution gab es sie nicht und außerhalb der Evolution gibt es sie immer noch nicht.

Erscheint Ihnen dies kurios, spannend, interessant? Sie sind herzlich dazu eingeladen, weiterzulesen und sich mit der Geschichte der Information und damit ihrer Bedeutung auseinanderzusetzen. Ein Kessel Buntes? Ja, in gewisser Weise. Das liegt in der Natur von Information und Bedeutung, die sich in all diesen Gebieten wiederfindet. Sofort drängt sich die Frage auf, ob diese Begriffe dann auch überall das Gleiche bedeuten. Die Antwort ist „nein". Es gibt viele Erklärungen und Meinungen zur Information und der Bedeutung, die sie trägt oder eben nicht trägt. Dass es Information überhaupt nicht gibt, ist eine Auffassung an einem Ende des Spektrums, und dass sie alles ist, was es gibt, eine Position am anderen Ende. Dass es eine gültige Informationstheorie gibt, in der Bedeutung keine Berücksichtigung findet, ist hingegen Konsens, wenn auch bei Wissenschaftlern oft nicht präsent. Dennoch kann man in der Physik, auch in anderen Wissenschaften, und in der Technik hervorragend damit arbeiten. Dass jedoch vor allem in der Evolutionsbiologie die Frage nach der Bedeutung der Information besonders häufig gestellt wird, ist nicht weiter erstaunlich. Schließlich wird nach allgemeinem Verständnis mit den Genen Erbinformation übertragen. Was die Information hier bedeutet, ist für die Wissenschaft von brennendem Interesse.

Information und mit ihr die Bedeutung ist überall dort, wo wir – damit sind alle Arten gemeint, die die Evolution hervorgebracht hat – auch sind. Auch da, wo die biologische Evolution mittelbar gewirkt hat wie in Bibliotheken, Büchern und elektronischen Medien. Aber auch in den vielen Kommunikationsmustern, derer sich die Tiere bedienen. Schaut man genauer hin, ist sie aber auch überall in uns selbst. Jede Zelle jedes Lebewesens in der gesamten biologischen Evolution speichert und verarbeitet Information, und zwar in verblüffenden Mengen. Oder ist diese Erkenntnis nur Illusion, und es gibt Information und damit Bedeutung ebenso wenig wie den Äther, der ja schließlich auch einmal als unverzichtbar galt, um die Welt zu erklären?

Lassen Sie uns der Sache also auf den Grund gehen. Damit jedoch die Exkursion in verschiedene Wissensgebiete und Wissenschaften nicht ins Dickicht führt, kommt Ockhams Rasiermesser zum Einsatz. Wir wollen uns, dem Prinzip dieses mittelalterlichen Mönches folgend, auf das Wesentliche konzentrieren und das Unwesentliche wegschneiden. Inhaltliche Vertiefungen, die Sie ergründen, aber auch umgehen können, ohne dabei den roten Faden aus dem Blick zu verlieren, werden verhindern, dass es dabei zu oberflächlich zugeht.

Wir werden uns also vor allem mit dem Wesen der Information auseinandersetzen und schließlich, dies ist das Kernziel dieses Buches, herausarbeiten, was die Bedeutung – die Semantik – in der Information ausmacht. Gleichzeitig betrachten wir zwei weitere Eigenschaften, die unzertrennlich mit Bedeutung zusammenhängen, nämlich die Syntax und die Pragmatik. Diese Drei, Syntax, Semantik und Pragmatik, sind seit langem eingeführte Kategorien der Sprachwissenschaft. In der Erkenntnistheorie der biologischen Evolution wurden sie in dieser Dreiheit – als Tripel – jedoch bisher noch nicht verortet.

Ein halbes Jahrhundert rasanter Fortschritte in der Computer- und Kommunikationstechnik – zusammen mit bedeutenden naturwissenschaftlichen Erkenntnisfortschritten – wirft die Frage auf, wie Information und die maschinelle Informationsverarbeitung mit der Natur, der Evolution und dem Leben in Beziehung stehen. Wir werden sehen, dass die Informationsverarbeitung, die Mathematik und Algorithmen der Natur nicht fremd sind, sondern von ihr intensiv angewendet werden. Wir finden sie in der Physik ebenso wie in der Biologie. Die naturwissenschaftlichen Entwicklungen der jüngeren Vergangenheit sind ohne ein neues Verständnis der Information nicht nachvollziehbar.

Das Bild von der Welt hat sich dramatisch gewandelt. Erstaunlicherweise hat es jedoch in dieser neuen Form das Gros der Menschen in unseren Gesellschaften überhaupt noch nicht erreicht. Allzu oft halten wir an den alten Bildern von der Materie als Kügelchen, von dem Raum als Bühne, auf der sich alles abspielt, und der Zeit als gerichtetem Strahl fest. Und so ist es den meisten von uns bisher entgangen, dass auch Information und Informationsverarbeitung neu verstanden werden müssen, nicht nur, um physikalische und biologische Phänomene interpretieren, sondern auch, um Realität und Leben im 21. Jahrhundert reflektieren und bewusst gestalten zu können. Materie – Raum – Zeit: Was tritt an die Stelle dieser drei uns aus dem Leben so vertrauten Konstituenten unserer Welt? Welcher Rolle kommt der Information zu? Dies ist auch vor dem Hintergrund einer globalisierten Welt, in der Information und Informationsverarbeitung die zentralen Schlüsselrollen der Entwicklung übernommen haben, wichtig.

Es wird uns Anstrengungen kosten, auf der Grundlage neuer Erkenntnisse künftige gesellschaftliche Entwicklungen zu gestalten ohne einige bisher konsensbildende Wahrheiten seit der Aufklärung über Bord zu werfen. Denn schon heute erklären wir uns partiell die Welt mit so viel „altem" Wissen, dass es immer schwieriger werden könnte, unsere Zukunft erfolgreich zu gestalten, wenn wir dies auch weiterhin so tun. Aber dies ist ein anderes, weites Feld.

Bei meinen Überlegungen über das Wesen, die Verarbeitung und die Bedeutung der Information in der Natur stelle ich in diesem Buch drei Fragen in den Mittelpunkt:

Ist Information physisch?
Die Information weist Eigenschaften auf, die man üblicherweise physischen Objekten zuschreibt: So hat sie eine maximale Geschwindigkeit, und sie kann quantifiziert werden. In der Physik spielte Information jedoch lange Zeit keine bedeutende Rolle. Die Auseinandersetzungen um den Maxwellschen Dämon und damit um Eigenschaften der Entropie, um die Informationstheorie und schließlich um die Quantenphysik änderten dies. In der Quantenphysik – der Begriff „Quant" steht für das Diskrete im Gegensatz zum Kontinuierlichen – wurde und wird eine Diskussion darüber geführt, inwieweit der Wille, und damit der Austausch von Information zwischen Geist und physikalischer Realität, Auswirkungen auf das physikalische Geschehen hat. Für quantenphysikalische Zustände wurde eine neue Information, die Quanteninformation, postuliert. Der – noch nicht komplett verstandene – Übergang von Quantenzuständen mit ihren merkwürdigen Eigenschaften in klassische Zustände, wie wir sie in unserer erfahrbaren Alltagswelt erwarten, transformiert auch die Information von Quanteninformation zur klassischen Information. Das dahinterstehende Potenzial des Rechnens bzw. der Informationsverarbeitung mit sogenannten Qubits (oder Qbits) anstelle der Bits der klassischen Welt führt zum Quantencomputing und eröffnet neue Perspektiven. Quanteninformationen werden es – sofern gravierende technische Probleme sich als handhabbar herausstellen – in der Zukunft ermöglichen, bestimmte Probleme ungleich schneller zu lösen als bisher. Dazu gehören z. B. die parallele und somit schnellere Berechnung massiv rechenintensiver Algorithmen und auch die Entschlüsselung von Codes. Die Existenz der Quanteninformation führte auch dazu, sie als die Grundlage der physischen Welt zu verstehen (Baeyer 2005). Die Quantenphysiker Johannes Kofler (Max-Planck-Institut für Quantenoptik) und Anton Zeilinger (Universität Wien) betonen, dass es keinen Sinn mache, über Realität zu sprechen ohne die in ihr vorhandene Information zu berücksichtigen (Kofler und Zeilinger 2006).

Auch die Kosmologie blieb nicht unberührt von fundamentalen Fragen zum Wesen der Information. Einer kosmologischen Theorie zufolge, die, nach einer verlorenen Wette, auch vom Physiker Stephen Hawking anerkannt wurde, bleibt bei dem „Verdampfen" eines Schwarzen Loches nichts übrig – außer der darin enthaltenen Information.

Das Verständnis von Information deckt sich mit dem Informationsbegriff der Informationstheorie wie er von Claude E. Shannon und Warren Weaver 1948 eingegrenzt wurde.

Sind die Strukturen unserer Welt informatorisch?
Information hat, so der Nobelpreisträger Manfred Eigen bereits vor über vierzig Jahren, offenbar Fähigkeiten, sich selbst zu organisieren (Eigen 1971). In der Informatik, Mathematik und Physik häufen sich die Beispiele von strukturbildenden Prozessen, in denen offenbar Informationen durch spezifische Instruktionen bearbeitet werden. Wir werden die Art dieser Befehle u. a. an sogenannten zellulären Automaten und an sich selbst organisierenden Molekülen bei der Entstehung von Viren näher betrachten.

Selbstorganisation wird besonders in der Fähigkeit bestimmter Moleküle – wie die als Ikone der Genetik bekannte DNA – zum Speichern, Modifizieren, Replizieren und Aggregieren von Information deutlich. Diese Fähigkeiten sind selbst informationsgesteuert und erklären in gewisser Weise die Fähigkeit der Evolution zur Selbstoptimierung. Pflanzen und Lebewesen sind „bestrebt", sich ihren Lebensräumen bestmöglich anzupassen. Dabei entsteht die Vielfältigkeit lebender Organismen, wie z. B. von Lebewesen mit herausragenden Optimierungserfolgen. Das uns am meisten vertraute Beispiel: der Mensch. Eine der zentralen Fragen ist dabei die nach der Komplexität der Vorgänge. Wo liegt ihr Ursprung, wie ist sie bei der Entwicklung des Universums entstanden, und wie entwickelten sich Information und Komplexität eigentlich grundsätzlich weiter?

Ist bedeutungstragende Information ein Element des Lebendigen?
Die biologische Evolution macht sich die Information offenbar auf verschiedenen Ebenen zunutze. Über die molekulare Ebene hinaus spielt die Fähigkeit zum Speichern, Modifizieren, Replizieren und Aggregieren von Informationen auch in der makroskopischen Evolution eine entscheidende Rolle. So hebt z. B. besonders die Evolutionäre Erkenntnistheorie darauf ab, dass unsere Erkenntnis über die Welt – also die Fähigkeit unseres Gehirns, die äußere Welt richtig zu interpretieren, damit wir uns darin zurechtfinden können – ein Ergebnis der Evolution ist. Ebenso wie die gesamte biologische Vielfalt sonst. Biologen wie der Mitbegründer der Evolutionären Erkenntnistheorie Gerhard Vollmer wiesen schon vor geraumer Zeit darauf hin, dass unsere Erkenntnis von der Welt mit den realen Strukturen weitgehend übereinstimmen muss, weil nur eine solche Übereinstimmung das Überleben ermöglicht hat (Vollmer 2002). Die subjektiven Erkenntnisstrukturen passen in die Welt, weil sie sich im Laufe der Evolution in Anpassung an diese reale Welt herausgebildet haben. Mithin waren sie nicht a priori da, sondern wurden entwickelt. Und weil sich die Evolution nicht geradlinig und ohne Brüche entwickelt hat, darf man schließen, dass die Erkenntnis von Menschen und Tieren auch nicht bruchlos entstand.

Mehr und mehr rückt damit die Frage nach der Rolle der bedeutungstragenden Information in die Mitte der Überlegungen. Wie äußert sich Bedeutung im Prozess der Vererbung, der Anpassung und Genetik? Finden wir sie in den Molekülen wieder und vererbt sie sich? Trägt sie zur Gestaltbildung des Phänotyps eines Organismus bei und wie macht sie das? Wie können wir bedeutungstragende Information modellieren bzw. beschreiben, sodass sie wissenschaftlich „dingfest" gemacht wird?

Auf der Makroebene erscheint der Umgang der Organismen – nicht nur der menschlichen Organismen – mit Information plausibler als auf der Mikroebene. Die Evolution schafft Erkenntnis durch ständigen Abgleich der Organismen mit der Realität, durch Auswahl der besten Optimierungserfolge und durch zufällige Variation der Erbinformation. Die Nutzung der Information in diesem Geschehen ist nicht zu übersehen. Das Lernen einer biologischen Spezies ist unmittelbar mit der Extraktion und Bewertung nützlicher Information verbunden. Die Evolution selbst lernt auf der genetischen Ebene, indem die Gesamtheit eines Organismus –

z. B. eine Vogelart – sich durch Selektion stetig besser an die Lebensumwelt anpasst. Die bestangepassten Spezies und ihr – gegebenenfalls durch Mutation veränderter – Genpool haben die besten Chancen und vererben ihre Erbinformation inklusive dieser vorteilhaften Mutationen. Auf einer anderen Ebene führt individuelles Lernen zur Eroberung von Nischen und damit gleichfalls zur Verbesserung der Ausgangsposition des eigenen Genpools. Diese beiden Ebenen stehen allerdings nicht so eng in Verbindung miteinander, dass individuelle Erfolge sich in genetische Programmierung umsetzen ließen. Die langen Hälse der Giraffen sind also nicht deswegen entstanden, weil einige Vorfahren die Hälse reckten, sich einen Vorteil bei der Nahrungssuche verschafften und flugs ihre Gene neu programmierten. Vielmehr haben Zufälle Exemplare mit leicht längeren Hälsen geschaffen, und diese erwiesen sich in dem Umfeld, in dem Giraffen leben – ihrer Nische – als besser angepasst, und so konnten sie besser leben und überleben. Dadurch wiederum sicherten sie sich die Chance, ihren „Erbfehler" weiter zu vererben.

Wie wir sehen werden, bieten sich unter Einbeziehung des Faktors Information auch für die Entstehung des Lebens selbst neue Erklärungsmodelle an. Denn ohne die Fähigkeit, Erbinformation zu erzeugen, weiterzugeben und weiterzuentwickeln, lässt sich der Anfang des Lebens nicht verstehen. Ohne Biochemie selbstverständlich auch nicht, nur deutet heute nahezu alles darauf hin, dass die wunderbaren Vorgänge der Biochemie als Mittel zum Zweck eingesetzt wurden. Zu welchem Zweck? Um Leben und Evolution zu ermöglichen und zu „betreiben". Nicht etwa, um ein fernes – teleologisches – Ziel zu erreichen.

Zu den drei aufgeworfenen Fragen, ob Information physisch ist, ob die Strukturen der Realität informatisch sind und ob bedeutungstragende Information ein Element des Lebendigen ist, werde ich in diesem Buch die aktuelle Diskussion wiedergeben und auch – auf der Basis von aktuellen Erkenntnissen aus der Informatik, der Physik und der Biologie – Antworten zu diesen Fragen bieten. Angesichts der Fülle neuer Erkenntnisse bleibt beides unvermeidlich ausschnitthaft – allerdings in faszinierenden Ausschnitten. Ich verfolge dabei, wie gesagt, prinzipiell das Ziel, nur das Wesentliche wiederzugeben und mich – außer wenn explizit angegeben – jeglicher Spekulationen zu enthalten.

Das Buch soll auch dazu beitragen, eine bestehende Lücke zu schließen. Insbesondere die erkenntnistheoretische Diskussion zu den genannten Themen wird leider eher im angelsächsischen als im deutschsprachigen Raum geführt. Mein Ziel ist es daher, dem interessierten Publikum die Facetten mehrerer faszinierender und aktueller Themen interdisziplinär näher zu bringen. Neben der Darstellung naturwissenschaftlicher Forschungen der Gegenwart sollen auch neue Fragestellungen und Perspektiven eröffnet werden. Als Ergebnis der Auseinandersetzung mit diesen Wissenschaftsfeldern stelle ich ein Modell vor, das das bekannte Modell der Informationstheorie ergänzt. Mit ihm zeige ich, wie Bedeutung in die Welt kam, wie sie weiterentwickelt wurde und wird, dass Energie und semantische Information eng zusammenhängen und schließlich, dass die Evolution die Verursacherin all dieser Phänomene ist.

Vorwort

In der Quintessenz würde es mich freuen, wenn ich Sie am Ende meines Buches davon überzeugen konnte, dass wir Information in der Informatik (meinem primären Wissensgebiet), aber auch in der Physik, der Biologie und der Philosophie vorfinden. Bedeutung und Information sind zwei Querschnittsthemen, die in einer Reihe von Wissensgebieten ganz aktuell diskutiert werden. Vieles wird Ihnen vielleicht bereits aus den einzelnen wissenschaftlichen Disziplinen bekannt sein – als Querschnittsthema jedoch hoffe ich Ihnen die Dimensionen von Bedeutung und Information in neuem Licht zeigen zu können.

Bei der Suche nach einem Ansatz mit möglichst wenigen Hypothesen zugunsten einer „einfachen" Theorie konzentriere ich mich auf naturwissenschaftliche Sachverhalte, die mir eine Definition der Information erlauben, mit der ich zeigen kann, welche Eigenschaften Information besitzt und wie aus ihr in der Evolution Bedeutung und Wissen entstehen kann. Aspekte der Informationsgesellschaft, den neuen Medien, der Psychologie und den vielen gesellschaftlichen Aspekten klammere ich aus. Albert Einstein wird das folgende bekannte Zitat zugeschrieben, das meinen Arbeitsansatz gut beschreibt: „Man muss die Dinge so einfach wie möglich machen. Aber nicht einfacher." Machen wir uns auf den Weg!

An dieser Stelle noch ein Eingeständnis. Ich bin Informatiker und kein Physiker, Biologe oder Philosoph. Und dennoch wage ich mich in diese Gebiete hinein und hoffe, dass mir keine gravierenden Fehler in meinen Darstellungen unterlaufen. Meine Kernthese, das Zusammenhängen von Bedeutung, Information und Evolution, habe ich jedoch in einer von Gutachtern kommentierten internationalen Veröffentlichung und in einem Beitrag auf einer gleichfalls internationalen Konferenz auf die Probe gestellt. Frei von Risiko ist mein Unterfangen mehrfacher Interdisziplinarität nicht, das ist mir bewusst. In einem Buch des Historikers Norman Davies fand ich die Skrupel eines anderen interdisziplinär argumentierenden Autors folgendermaßen formuliert:

> Heute „spezialisieren" sich die meisten Historiker. Sie wählen eine Epoche, manchmal eine sehr kurze Zeitspanne, und innerhalb dieser Epoche bemühen sie sich in einem aussichtslosen Kampf mit den ständig wachsenden Quellenbergen, alle Fakten zu kennen. So gerüstet, können sie bequem jeden Amateur niedermachen, der es wagt … in ihr schwer bewachtes Territorium einzufallen. Ihre Welt ist statisch. Sie sind wirtschaftlich autark, haben eine Maginot-Linie und große Vorräte … aber eine Philosophie haben sie nicht. Eine Geschichtsphilosophie ist nämlich mit so engen Grenzen nicht vereinbar. Sie muss auf die Menschheit aller Epochen anwendbar sein. Um sie zu prüfen, muss ein Historiker sich über die Grenzen wagen, auch auf feindliches Terrain; um sie darzulegen, muss er bereit sein, Aufsätze zu Themen zu schreiben, über die er vielleicht nicht gut genug Bescheid weiß, um ganze Bücher zu füllen (Hugh Trever Roper zitiert in „Verschwundene Reiche" von Norman Davies (2011)).

Zum Glück kann der Mensch auf die Unterstützung anderer bauen. So ging es erfreulicherweise auch mir. Ich habe viel Hilfe erfahren und die Schuld des Dankes nehme ich gerne als Verpflichtung etwas zurückzugeben – wenn auch vielleicht nicht immer direkt und unmittelbar.

Dr. Roman A. Englert war mir ein sehr geschätzter Diskussionspartner in einem früheren Stadium der Entwicklung von Gedanken zum Wesen der Information (Johannsen und Englert 2012).

Im Sommer 2015 hatte ich das große Glück, dass mein Seminarvorschlag „It from Bit" für die Sommeruniversität am Evangelischen Studienwerk Villigst in Schwerte den Zuschlag bekam. Zur inhaltlichen Ausgestaltung und damit auch zur Zusammenarbeit mit einer vergleichsweise kleinen Studentengruppe erklärten sich die Professoren und Wissenschaftler Ernst Peter Fischer, der Quantenphysiker Claus Kiefer und der Philosoph Holger Lyre bereit. Diesen prominenten Vertretern ihrer jeweiligen Fachgebiete und auch den sehr engagierten Stipendiaten des Evangelischen Studienwerks danke ich an dieser Stelle nochmals für die inspirierende Arbeit in Villigst.

Für die zahlreichen und konstruktiven Kommentare zu meinem Journal-Beitrag über semantische Information in der Natur (Johannsen 2015) bin ich drei anonymen Gutachtern zu herzlichem Dank verpflichtet.

Studienrätin Barbara Toepfer hat nicht nur mit einem sehr qualifizierten Lektorat zum Fortschritt des Textes beigetragen, sondern auch durch manchen freundschaftlichen Rat an der richtigen Stelle die Motivation befeuert.

Meine Frau Ute Johannsen hat sich mit Gusto der Jagd nach Bildrechten gewidmet und war trotz eines zuweilen schier undurchdringlichen Informationsdickichts sehr erfolgreich dabei.

Frau Daniela Schmidt übernahm im Auftrag des Springer-Verlages die Aufgabe, das Buch zu lektorieren. Sie hat nicht nur mit vielen wichtigen Kleinigkeiten die formale Seite des Textes auf das Anspruchsniveau des Verlages gehoben, sondern auch viele Hinweise gegeben sowie kritische Fragen gestellt. Ihre wertvollen fachlichen Kommentare zum gesamten Kontext Biologie habe ich gleichfalls sehr gerne berücksichtigt.

Christian Thiemann hat es dankenswerterweise übernommen, seine Einsichten in die Molekularbiologie beim Korrekturlesen einzubringen. Für seine Liste mit Fragen, Korrekturen und Vorschlägen bin ich ihm sehr dankbar.

Der Springer-Verlag zeigte sich mir in einer stets freundlichen und konstruktiven Kommunikation. Frau Carola Lerch und Frau Margit Maly bin ich dafür zu bleibendem Dank verpflichtet.

Hinzu kamen viele schulterklopfende Freunde und Kollegen, die mir mit allen Nuancen im Spektrum von Ermutigungen bis Enthusiasmus den Rücken stärkten. Ihnen sei hier auch gedankt.

Bensheim
Deutschland

Wolfgang Johannsen

Literatur

Baeyer, Hans Christian von. 2005. *Das informative Universum: Das neue Weltbild der Physik.* München: C.H. Beck.

Davies, Norman. 2011. *Vanished Kingdoms.* London: Penguin Books.

Eigen, Manfred. 1971. *Self-organization of matter and the evolution of biological macromolecules.* In: Die Naturwissenschaften, Bd. 58, 465–523.

Johannsen, Wolfgang. 2015. *On semantic information in nature.* Information. 6 (3): 411–431.
Johannsen, Wolfgang und Roman Englert. 2012. *Information über Information.* Göttingen: Cuvillier Verlag.
Kofler, Johannes und Anton Zeilinger. 2006. The Information Interpretation of Quantum Mechanics and the Schrödinger Cat Paradox. In: *Sciences et Avenir Hors-Série,* Nr. 148.
Shannon, Claude E und Warren Weaver. 1949. *The mathematical theory of communication.* Urbana: University of Illinois, I.
Vollmer, Gerhard. 2002. *Evolutionäre Erkenntnistheorie: Angeborene Erkenntnisstrukturen im Kontext von Biologie, Psychologie, Linguistik, Philosophie und Wissenschaftstheorie.* Stuttgart: S. Hirzel Verlag.

Inhaltsverzeichnis

1	**Einführung und Überblick**	1
	1.1 Kantinengespräche	2
	1.2 Interdisziplinär vom Anfang an	6
	1.3 Information, ein unverzichtbarer Begriff bei der Suche nach Bedeutung	9
	1.4 Denkwege zum Ziel	15
	1.5 Was erreicht werden soll	18
	Literatur	20
2	**Zum Wesen der Information und ihrer Bedeutung**	21
	2.1 Behandelte Themen und Fragen	22
	2.2 Einführung und Kapitelüberblick	22
	2.3 Die Shannonsche Informationstheorie	26
	2.4 Alternativen und Ergänzungen zur Informationstheorie	37
	2.5 Hypothesen zur Rolle der Information in der Natur	39
	2.6 Unterm Strich – Kernaussagen dieses Kapitels	60
	Literatur	61
3	**Management von Information, Bedeutung und Wissen**	65
	3.1 Behandelte Themen und Fragen	66
	3.2 Einleitung und Kapitelüberblick	67
	3.3 Information und Bedeutung als Kulturprodukte	67
	3.4 Information, Sprache und Struktur	95
	3.5 Eine kurze Geschichte der informationsverarbeitenden Maschinen	101
	3.6 Turings Modell einer universellen Maschine	109
	3.7 Alan Turing – erfahrenes Unrecht	120
	3.8 Unterm Strich – Kernpunkte dieses Kapitels	121
	Literatur	123

4 Physik der Information ... 125
- 4.1 Behandelte Themen und Fragen ... 127
- 4.2 Einleitung und Kapitelüberblick ... 127
- 4.3 Information in der Physik ... 129
- 4.4 Entropie, Information, Energie und Zeit ... 133
- 4.5 Bizarre Quantenmechanik ... 152
- 4.6 Quanteninformation und -computing ... 211
- 4.7 Unterm Strich – Kernpunkte dieses Kapitels ... 217
- Literatur ... 219

5 Leben, Evolution und Information ... 223
- 5.1 Behandelte Themen und Fragen ... 224
- 5.2 Einleitung und Kapitelüberblick ... 225
- 5.3 Information in der Biologie ... 227
- 5.4 Das Leben ... 232
- 5.5 Die Evolution ... 282
- 5.6 Phylogenese ... 292
- 5.7 Unterm Strich ... 341
- Literatur ... 344

6 Weltwahrnehmung und Erkenntnis ... 349
- 6.1 Behandelte Themen und Fragen ... 350
- 6.2 Einleitung und Kapitelüberblick ... 350
- 6.3 Etwas existiert wenn es zurückschlägt ... 351
- 6.4 Was wir erkennen können ... 354
- 6.5 Warum wir die Welt erkennen ... 358
- 6.6 Evolutionäre Erkenntnistheorie ... 372
- 6.7 Unterm Strich – Kernpunkte dieses Kapitels ... 380
- Literatur ... 382

7 Das Evolutionär-energetische Informationsmodell (EEIM) ... 383
- 7.1 Behandelte Themen und Fragen ... 384
- 7.2 Einleitung und Kapitelüberblick ... 384
- 7.3 Biologische Information ... 387
- 7.4 Unterscheidung zur Shannon-Information ... 396
- 7.5 Die Modellkomponenten ... 396
- 7.6 Falsifizierbarkeit des Modells ... 400
- 7.7 Wissenschaftliche Relevanz des Modells ... 401
- Literatur ... 402

8 Resümee ... 403

9 Anhang – Wissenschaftliche Modelle der Information ... 407
- 9.1 Ure nach Carl Friedrich von Weizsäcker ... 408
- 9.2 Unified Theory of Information nach Wolfgang Hofkirchner ... 410
- 9.3 Meme nach Richard Dawkins ... 411
- 9.4 Ontologie der Information nach Mark Burgin ... 412

9.5 Konstruktortheorie der Information
nach David Deutsch und Chiara Marletto 415
9.6 Biologische Information und Teleosemantik 417
Literatur.. 419

Stichwortverzeichnis.. 421

Einführung und Überblick 1

Der Philosoph Immanuel Kant fordert die Auseinandersetzung mit den Fragen „Was will ich?" durch den Verstand, „Worauf kommt es an?" durch die Urteilskraft und „Was kommt heraus?" durch die Vernunft. Dem fühlt sich der Autor verpflichtet.

In den 40er- und 50er-Jahren des 20. Jahrhunderts waren die Naturwissenschaften dabei, die revolutionären Ergebnisse von Einstein, Bohr, Heisenberg, Schrödinger und anderen Naturwissenschaftlern zu verarbeiten. Kaum als solche

Abb. 1.1 Ein Ammonit. In diesem Fossil wird die Mathematik – hier das Zahlenverhältnis des „Goldenen Schnitts" – als gestaltende Wirkung des Lebens und der Natur deutlich. Die Bedeutung der Mathematik in der Natur wird ganz unterschiedlich eingeschätzt – bis hin zur Annahme, die Natur selbst sei Mathematik. (© Barbara Toepfer)

bemerkt, bereiteten sich neue wissenschaftliche Umbrüche vor, für die Namen wie Shannon, Turing, wiederum Schrödinger, und Delbrück sowie Watson, Crick und Franklin stehen. Eckpfeiler dieser Umbrüche bildeten die Informationsverarbeitung, weitere Fortschritt in der Physik, die beginnende Molekularbiologie und die Genetik. Der Ammonit in Abb. 1.1 symbolisiert die sich damals verstärkende Emergenz, also das Auftauchen oder Herauskommen mathematischer und informatorischer Ursachen in der Ausprägung auch lebendiger Organismen, nachdem dies in der Physik für nichtlebende Strukturen längst geschehen war.

In diesem Kapitel skizziere ich die Situation und formuliere eine Leithypothese zur Herkunft und zum Wesen semantischer Information.

1.1 Kantinengespräche

Frühling 1943 im US-amerikanischen Bundesstaat New Jersey. In der Cafeteria der legendären Bell-Laboratorien (Abb. 1.2) unterhalten sich angeregt zwei Wissenschaftler über wahre Jahrhundertfragen. Der Krieg, der auch ihr Leben bestimmt, ist für kurze Zeit in den Hintergrund getreten. Es sind der Amerikaner Claude E. Shannon (1916–2001) und der Brite Alan Turing (1912–1954), der aus

1.1 Kantinengespräche

Abb. 1.2 Die Einfahrt zu den Bell-Laboratorien in New Jersey, USA, etwa 1943. (© Library of Congress, Gottscho-Schleisner Collection)

Abb. 1.3 Alan Turing, Claude E. Shannon. **a** Die Büste Turings (mit einer „Enigma" vor ihm) befindet sich im Bletchley Park Museum. Im Hintergrund ist sein Foto zu sehen. (© Jon Callas CC BY 2.0 /mit freundlicher Genehmigung Blechtley Park), **b** Shannon ist als bereits renommierter Ingenieur und Wissenschaftler in den 1950er-Jahren abgebildet. (© Estate of Francis Bello/ SPL/Agentur Focus)

England in das südlich von New York gelegene Labor der Bell-Telefongesellschaft angereist ist (Abb. 1.3). Sie debattieren über die Frage, ob Maschinen eines Tages denken, Kultur verstehen, Musik hören, ja vielleicht sogar das Gehirn nachbilden und schließlich dessen Aufgaben übernehmen können. Ihre eigentliche Aufgabe, derentwegen sie sich treffen und die unter Geheimhaltung steht, ist allerdings, die Übertragung von alliierten und die Dechiffrierung von feindlichen Nachrichten zu verbessern. Wie sich zeigen soll, leisten beide Männer wesentliche Beiträge hierzu und weit darüber hinaus.

Vor dem Krieg 1936, hatte Turing bereits bedeutende Meriten erworben. Er stellte einen überaus kreativen Weg vor, das Entscheidungsproblem, eine offene Frage in der Mathematik, zu lösen. Dafür konstruierte er eine „Gedankenmaschine", ein virtuelles Gebilde, das es nur auf dem Papier gab, und zeigte mit ihr, dass es damals keine positive Antwort auf dieses Problem gab (Turing 1936). Grundsätzlich existieren Probleme, die ihrer Natur nach unentscheidbar sind. Dieses Entscheidungsproblem wurde 1928 von dem vielleicht einflussreichsten Mathematiker seiner Zeit, dem in Göttingen lehrenden David Hilbert, als eines von 23 zentralen Probleme der damaligen Mathematik neu formuliert. Vor Hilbert hatte sich in verwandter Form bereits Gottfried Wilhelm Leibniz im 18. Jahrhundert damit befasst. Turings Leistung war aus zwei Gründen schlicht genial. Er hatte den Beweis zur Lösung des Entscheidungsproblems erbracht, und er hatte dazu eine Maschine konstruiert. Diese Maschine wiederum war derart originell, dass sie als gedankliches Urbild aller heutigen Computer gelten kann und – fast selbstverständlich unter seinem Namen – als Turingmaschine bekannt wurde.

Alan Turing wurde mit Kriegsbeginn von der britischen Regierung auf die Entschlüsselung der deutschen Chiffriermaschine Enigma angesetzt. Die Enigma – griechisch für „das Rätsel" – war derartig ausgereift, dass sich das gesamte deutsche Militär auf sie verließ und die Alliierten lange Zeit in der Tat vor einem Rätsel standen. Ihre aufwendigste Variante wurde von der deutschen Marine im U-Boot-Krieg, der besonders im Nordatlantik tobte und den gesamten alliierten Nachschub gefährdete, genutzt. Um die Enigma dennoch zu enträtseln bzw. zu entschlüsseln, hatte man nördlich von London, etwa auf halbem Weg zwischen den Akademikerzentren Cambridge und Oxford, in Bletchley Park, ein umfangreiches Labor eingerichtet. Turing startete seine Arbeit dort am Tag nach der Kriegserklärung Englands. Er war für Hütte 8 und damit für die Entschlüsselung der Enigma-Version der deutschen Marine verantwortlich. Das Ziel der Arbeiten in Bletchley Park war es, die Kommunikation der deutschen U-Boote abzuhören und so die Verluste der Alliierten an Schiffen auf dem Atlantik zu reduzieren. Schließlich gelang dies auch, nachdem einige Exemplare der Enigma und Codebücher aus aufgebrachten U-Booten geborgen worden waren.

Bei seinem Besuch in den USA hatte Turing Regierungsstellen in Washington dazu gedrängt, die Lieferung von Baugruppen, sogenannten „Bomben", für seine Entschlüsselungsanlagen in Bletchley Park zu beschleunigen. „Bomben" deshalb, weil diese Rechenmaschinen tickende Geräusche von sich gaben. Nicht wenige Menschen meinten später, Turings elektronische Bomben hätten mehr zur Beendigung des Krieges beigetragen als die nuklearen Bomben, die Hiroshima und Nagasaki zerstörten.

Alan Turing ging mangels präziserer Informationen von einer praktisch unendlich großen Anzahl infrage kommender Codes aus, die mit einer Enigma generiert werden konnten. Aus seinen Analyseergebnissen konnte er ein rudimentäres Bild davon gewinnen, was die Enigma tatsächlich an Codes produzierte. Schließlich fand er noch einen Mechanismus, die aus dem deutschen Funkverkehr aufgenommenen Codes strukturell zu analysieren. Als dann dem britischen Geheimdienst Verzeichnisse mit „Wetterkurzschlüsseln" in die Hände fielen, war der zentrale Schlüssel bald gefunden und die entscheidende Wende im Seekrieg ermöglicht. Aufgrund der hohen Geheimhaltungsstufe, die das gesamte Projekt in Bletchley Park nebulös erscheinen ließ, blieb auch die große kryptografische Leistung von Turing und seinen Kollegen lange Zeit recht unbekannt und wurde selbst viele Jahre später noch völlig unterschätzt.

Alan Turing fand in Claude E. Shannon einen Gesprächspartner, der gleichfalls wegweisende Gedanken verfolgte. 1936, als Turings „On Computable Numbers, with an Application to the Entscheidungsproblem" erschien, schloss Shannon gerade seine Master-Arbeit am Massachusetts Institute of Technology, dem MIT, ab (Shannon 1936). Mit seiner darin definierten „Schaltalgebra" wurde er zum Mitbegründer der Digitaltechnik. Er zeigte nämlich, dass die prinzipiellen Eigenschaften von elektrischen Serien- und Parallelschaltungen – von Schaltern und Relais – mit der zweielementigen Booleschen Algebra besonders gut beschrieben werden können.

Shannon trug in jenen Tagen auch wesentlich zur Verbesserung der Verfahren zur Verschlüsselung von Daten, der Kryptografie, bei. In seinem Aufsatz „A Mathematical Theory of Cryptography" definierte er die Grundlagen für die mathematische Kryptografie (Shannon 1948). Dieser Beitrag blieb zunächst geheim und wurde schließlich 1949 unter dem Titel „Communication Theory of Secrecy Systems" im *Bell System Technical Journal* veröffentlicht (Shannon 1949). Aufgrund dieser Arbeit konnte man von mechanischen Verschlüsselungssystemen Abschied nehmen und stattdessen Elektronik, die auf den Anwendungen mathematischer Verfahren beruhte, einsetzen.

Bekannt wurde Shannon jedoch vor allem durch seine Auseinandersetzung mit dem Wesen von Information in Kommunikationsnetzen, also seiner „Informations- und Kommunikationstheorie". Shannon schaffte es 1948 erstmals, Information formal zu definieren und quantitativ zu erfassen. Er gab dabei der kleinsten Informationseinheit auch ihren Namen: Bit. Das heute so geläufige Wort steht für „binary digit", also Binärzahl. Ein Bit repräsentiert eine zweiwertige Maßeinheit wie „ja/nein", „aus/ein", „fahren/anhalten", „Kopf/Zahl" etc. Shannons Theorie machte Information handhabbar, exakt fassbar, kontrollierbar und präzise.

Auch von ihrem Wesen her müssen sich Shannon und Turing gut entsprochen haben. Der zuweilen exzentrische britische Mathematiker und der eher philosophisch veranlagte Ingenieur, wie Turings Biograf Andrew Hodges sie charakterisierte, bewegten sich beide auf einer inspirierenden Gesprächsebene (Hodges 1983). Sie waren dabei, mit ihren Visionen, Einsichten und Konzepten die Welt zu verändern, auch wenn sich dies für sie selbst vielleicht noch gar nicht klar abzeichnete. Konkret gesagt – mit ihnen begann die Umwandlung der Industriegesellschaft in eine Informationsgesellschaft.

Diese Einschätzung ist – auch wenn sie nicht die Einzigen waren, die für die großen Umwälzungen der damaligen Jahre Beiträge leisteten – sicher nicht übertrieben. Was das skizzierte Gespräch betrifft, nun ja – vielleicht waren die beiden bei ihren wiederholten Kantinengesprächen auch mit ganz anderen Themen beschäftigt, mit Themen, die ihnen durch ihre jeweiligen Regierungen gesetzt worden waren. Das wissen wir nicht so genau. Ein solches Thema könnte z. B. ein geheimes Projekt gewesen sein, in dem damals ein Verfahren zur sicheren Übertragung von Telefongesprächen entwickelt wurde. Der Wunsch, Telefonate vertraulich führen zu können war angesichts intensiver Spionage an allen Kriegsfronten verständlicherweise stark ausgeprägt. Und tatsächlich wurde in dieser Zeit die erste Sprachübertragung unter Verwendung des Pulse-Code-Modulation(PCM)-Verfahrens entwickelt. Hierbei werden zu übertragende Audiosignale in Zahlen verwandelt und diese dann als elektrische Signale übertragen. Dies ähnelt sehr der heutigen digitalen Repräsentation von Audiosignalen in Mobiltelefonen, CD-Playern oder Computern. Die Digitalisierung der Welt hatte endgültig begonnen.

1.2 Interdisziplinär vom Anfang an

Etwa zur gleichen Zeit, 1944, schrieb der österreichische Quantenphysiker Erwin Schrödinger (1887–1961) in seinem Exilort Dublin eine Abhandlung mit dem Titel „What is Life?". Es wurde inzwischen vielfach neu aufgelegt, auch unter dem deutschen Titel „Was ist Leben?" (Schrödinger 1989). Schrödinger setzte sich darin mit einem ganz anderen Forschungsbereich als seinem eigentlichen auseinander. Ihn interessierten komplexe Moleküle, die ihm geeignet schienen, Erbinformationen zu tragen und weiterzugeben. In diesen Molekülen, so schrieb er, seien die Gene als Träger der Erbinformation enthalten. Gene hätten als zentrale Aufgabe das Speichern und das Weiterreichen dieser Informationen, damit der Ordnungszustand, den das Leben in einem Organismus erreicht hat, in der Folgegeneration neu entstehen kann. Erwin Schrödinger sah voraus, dass sich die Vererbung als molekularer Prozess herausstellen würde. Seine Weitsicht sorgte dafür, dass sein Buch auch heute noch aktuell ist.

Schrödinger (Abb. 1.4) war eine zentrale Figur der Quantenphysik und setzte mit der nach ihm benannten Wellengleichung eine der einflussreichsten und zugleich rätselhaftesten mathematischen Formeln der Physik in die Welt. Seine Schrödinger-Katze, ein Gedankenexperiment, mit dem er die vermeintlichen und tatsächlichen Absurditäten der Quantenphysik illustrierte, erlangte regelrechten Kultstatus. Sowohl dieses berühmte Gedankenexperiment als auch die – bis heute nicht frei von Kontroversen vorgenommene – Interpretation seiner „Schrödingergleichung" führten schließlich dazu, dass unser grundsätzliches Verständnis von Realität in Frage gestellt wurde. Beispielsweise entstanden hieraus die viel diskutierten Multiversen, denen die Annahme zugrunde liegt, dass jeder Übergang von einem Quantenzustand in die „Realität" zur augenblicklichen vollständigen und realen Aufspaltung der Welt in unterschiedliche Welten führt – im Katzenex-

Abb. 1.4 a Das Bild zeigt Schrödinger etwa im Jahr 1933. (© dpa/picture-alliance), **b** Das Foto von Delbrück entstand Anfang der 1940er-Jahre. (Jonathan Delbrück/Wikimedia Commons)

periment von einer Welt mit einer lebenden Katze in eine mit einer lebenden und einer toten Katze. Die Quantenphysik erzwingt es, die Existenz sich wechselseitig ausschließender Möglichkeiten anzunehmen, was in der klassischen Physik nicht erlaubt ist. Aristoteles Forderung, dass dieselben Attribute nicht zur selben Zeit zu einem Subjekt gehören und zu ihm nicht gehören können, müssen wir aufgeben, oder das moderne physikalische Verständnis von der Realität, der Raumzeit und auch der Information, zurückweisen (Arndt et al. 2009). Davon später mehr.

Schrödinger und Delbrück
Darüber hinaus führte Erwin Schrödinger den Begriff der negativen Entropie ein. Der Begriff „Entropie" ist aus dem altgriechischen Wort „entrepein" für „umkehren" abgeleitet. Leben verstand Schrödinger als einen Prozess, der negative Entropie (Negentropie, wie sie später genannt wurde) aufnimmt und speichert. Dies schafft, so die daraus folgende Argumentation, die wir später vertiefen werden, aus Unordnung neue Ordnung und Strukturen. Interpretiert man die sogenannte negative Entropie als ein Maß für Ordnung, ist man vom Begriff der Information, die oft mit Negentropie gleichgesetzt wird, nicht mehr weit entfernt. In der Tat, so betont Ernst Peter Fischer, fand mit Schrödinger die Idee der Information Ein-

gang in die Biologie und eröffnete in der Mitte des 20. Jahrhunderts einen neuen Zugang zur Analyse der Ordnung von Lebewesen (Schrödinger 1989).

Und noch ein Wissenschaftler muss hier erwähnt werden: Max Delbrück (1906–1981), der spätere Nobelpreisträger (Abb. 1.4). Er hatte über seinen Bruder Justus, ihre gemeinsame Schwester Emmi Bonhoeffer, deren Mann Klaus Bonhoeffer und dessen Bruder Dietrich Bonhoeffer Berührung mit Widerstandskreisen. 1937 verließ er Deutschland. Delbrück war theoretischer Physiker und wurde vom dänischen Quantenphysiker und Nobelpreisträger Niels Bohr (1885–1962) dazu angeregt, sich mit Biologie auseinanderzusetzen. In diesem Sinne war er ein Geistesverwandter von Erwin Schrödinger, der sich in „Was ist Leben?" explizit auf Delbrücks Arbeiten bezog. Dieser setzte sich mit Genetik, speziell der Reproduktion von Viren, auseinander und schaffte so wesentliche Voraussetzungen für einen neuen Zweig der Wissenschaft, die Molekularbiologie, als deren Mitbegründer ihn Ernst Peter Fischer im Vorwort einer späteren Ausgabe von Schrödingers einflussreichem Buch über das Leben (Schrödinger 1989) einordnet. Nach dem Krieg besuchte Delbrück Deutschland und übte erheblichen Einfluss auf die Richtung der wissenschaftlichen Forschung aus. Unter anderem gründete er das Institut für Molekulargenetik an der Universität zu Köln.

Watson und Crick

Schrödinger und Delbrück wurden mit ihren Thesen nicht nur zu Mitbegründern der Molekularbiologie, sondern beeinflussten und inspirierten, wie sich später herausstellte, James D. Watson und Francis Crick (Abb. 1.5) bei ihren Forschungen. Diese führten wenige Jahre später (1953) zur Entdeckung des Aufbaus der Desoxyribonukleinsäure, DNS, besser bekannt unter der Abkürzung DNA für die englische Form *deoxyribonucleic acid*. Die dreidimensionale Struktur des DNS-Moleküls, das mit seiner Doppelhelix-Struktur an eine in sich verdrehte Leiter erinnert, wurde zu einer Ikone der Wissenschaft. Wie sich erst später zeigte,

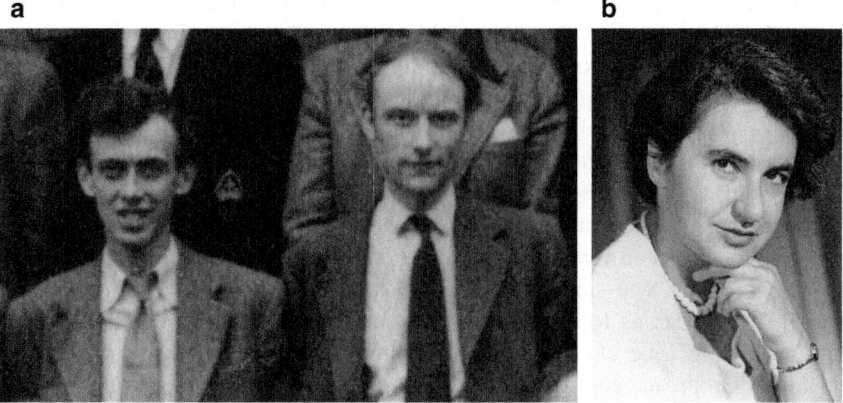

Abb. 1.5 **a** James D. Watson, Francis H. C. Crick. (© Wellcome Library for the History and Understanding of Medicine, London), **b** Rosalind Franklin. (Mit freundlicher Genehmigung von Jenifer Glynn/NLM, US)

waren die Erkenntnisse aus der Shannonschen Informationstheorie sehr nützlich, um die Vorgänge der biologischen Informationsverarbeitung, insbesondere in der Vererbung und damit in den DNA-Molekülen, zu verstehen. Ebenfalls als sehr nützlich hatten sich die Daten der Untersuchungen zur Doppelhelix-Struktur der DNA von Rosalind Franklin (Abb. 1.5) erwiesen, einer jungen britischen Wissenschaftlerin, deren Erkenntnisse Watson und Crick – ohne jedoch Franklins Erlaubnis einzuholen – für ihre Untersuchungen freizügig verwendeten (Ulrich 2015).

An dieser Stelle wird eine hochinteressante Querbeziehung zwischen Shannon und Turing, Delbrück und Schrödinger sowie Watson und Crick sichtbar. Sie erstreckt sich von den Informationswissenschaften über die Quantenphysik bis hin zur Molekularbiologie und damit zur Evolution. Diese Art Brücke mit ihren sie stützenden Pfeilern spannt im Folgenden den inhaltlichen Bogen dieses Buches. Die sechs Wissenschaftler waren Zeitgenossen, um die herum Wissenschaft und Technik mit ihren Entdeckungen und Hypothesen geradezu „brodelten". Nicht jede Entwicklung, wie z. B. die vom Transistor (1954) oder die des ersten Computers, der nach den Prinzipien John von Neumanns arbeitete, erschloss sich damals den Menschen sofort in ihrer ganzen Bedeutung. Die Jahrzehnte vor, während und nach dem Zweiten Weltkrieg waren jedoch – obwohl von undenkbarem Grauen und nie gekannten Verbrechen gekennzeichnet – eine wissenschaftlich ungemein innovative Zeit.

1.3　Information, ein unverzichtbarer Begriff bei der Suche nach Bedeutung

Es dauerte nur wenige Jahrzehnte nach Shannons und Turings Arbeiten, bis sich in den 1970er-Jahren eine neue Wissenschaft, die Informatik, herausbildete. Ihre Anwendungsfelder liegen in nahezu allen Lebensbereichen und sie erweitern sich bis heute in großer Geschwindigkeit. Ähnlich schnell, wenn auch zunächst weniger spektakulär, entwickelte sich die Mikrobiologie, deren Start wir mit Delbrück, Schrödinger, Watson und Crick in Verbindung bringen.

Trotz – oder wegen – des schnellen Fortschritts der Informationstechnologie und der Mikrobiologie empfanden die beteiligten Wissenschaftler und Entwickler es zuweilen als unbefriedigend, dass das zentrale Objekt der Informatik, die Information selbst, nicht hinreichend klar definiert war.

Die Antworten auf die Frage nach dem Wesen der Information fallen jedoch bis heute überraschend vage aus. Sie sind beunruhigend vielfältig und teilweise widersprüchlich. Wissenschaftler in der Informatik, wie auch in den anderen Natur-, Struktur- und Geisteswissenschaften, konnten sich bisher nicht auf ein konsistentes und umfassendes Verständnis, geschweige denn auf eine Definition der Information einigen.

1.3.1 Information – ein „Stoff" und viele Meinungen

Einen konzeptionellen Meilenstein in diesem Forschungsbereich setzte Claude Shannon mit der Trennung von Informationen ohne und mit Bedeutung. Die Informationen im Sinne von Daten und Signalen können dabei als bedeutungsfreie Bits und Bytes gelten, während die Informationen mit Bedeutung in seiner Betrachtung ausgeklammert sind. Die Gleichsetzung von „Information" mit „Bedeutung" oder „übertragenem Wissen" ist allerdings im allgemeinen Sprachgebrauch so fest verankert, dass die „Informationstheorie" und ihr zentraler Begriff „Entropie" von Anfang an für Missverständnisse in diesem Punkt sorgten.

Der amerikanische Anthropologe, Biologe und Philosoph Gregory Bateson (1904–1980) hob vor allem den dynamischen Aspekt der Information hervor (Bateson 1979). Die Information sei das, was einen Unterschied ausmache und in der Folge für einen Unterschied sorgen werde, so Bateson. So reagiert seiner Meinung nach eine Nervenzelle weniger auf einen eintreffenden Energieimpuls als auf den dadurch entstandenen Unterschied zum Zustand ohne Impuls. Der Unterschied ist also das entscheidende Merkmal, nicht das Medium, das ihn erzeugt. Ähnliches gilt auf allen Ebenen der Kommunikation. Geistige Prozesse beruhen danach wesentlich auf der Wahrnehmung von Unterschieden. Diese Unterschiede sind nichts anderes als Informationen, die das Erzeugen neuer Information anstoßen, die sich mit Informationen anderer Quellen austauschen, also Kommunikation damit betreiben. Ähnliche Prinzipien findet man, Bateson zufolge, bis hin zu den elementarsten Ebenen der Evolution.

Bei der Suche nach einer haltbaren Definition für Information stößt man auf sehr unterschiedliche Beschreibungen. So wird sie als Teilmenge von Wissen aufgefasst, die von einer bestimmten Person oder Gruppe in einer konkreten Situation benötigt wird und häufig nicht explizit vorhanden ist. Der Aspekt der Verringerung von Unwissenheit spielt also eine wichtige Rolle, und auch die Kommunikation als Transfer von Wissen. Information wird auch hinsichtlich ihrer Dynamik betrachtet und als Wissen in Aktion aufgefasst.

Andere gebräuchliche Definitionen, die unterstreichen, wie verschieden der Begriff interpretiert wird, zählt beispielsweise der Wissenschaftsautor Ernst Peter Fischer in seinem Buch zur Information auf (Fischer 2010):

- Information ist ein Muster, das mitgeteilt und wahrgenommen werden kann.
- Information ist etwas, das verstanden wird und dabei Informationen erzeugt.
- Information ist eine Botschaft, die ein Sender einem Empfänger zukommen lässt.
- Information besteht aus Bits (oder Bytes) und kann quantifiziert werden.
- Information in der Biologie meint die Reihenfolge (Sequenz) der genetischen Bausteine in einem DNA-Molekül.
- Information im Gehirn setzt sich aus Frequenzen von Nervenimpulsen und davon ausgelösten chemischen Reaktionen zusammen.

Aufgrund der Vielzahl an heterogenen Beschreibungen ist es nicht verwunderlich, dass in der Fachliteratur gerne betont wird, dass Information ein breit verwendeter und schwer abzugrenzender Begriff ist. Der so entstandene Facettenreichtum wird durch die vielen Themen, die mit ihm verbunden sind, weiter erhöht. Ganz verschiedene Struktur- und Geisteswissenschaften – im Wesentlichen natürlich die Informatik – betrachten die Informationstheorie oder die Informationswissenschaft, die Nachrichtentechnik, die Informationsökonomik oder die Semiotik als wichtige Arbeitsfelder. „Information" kann also z. B. ein mathematischer, philosophischer oder empirischer (etwa soziologischer) Begriff sein. Eine derartige Vielfalt weckt natürlich auch das Interesse an den verbindenden Elementen und damit an einem gemeinsamen Verständnis von „Information".

Der uruguayische Informationswissenschaftler und Philosoph Rafael Capurro hat die verschiedenen Verwendungsformen der Information analysiert. Im Resultat stellt er fest, dass der Begriff „Information" in höchst unterschiedlichen Bedeutungen verwendet wird. Diese Uneinigkeit hat er klassifiziert und in der Konsequenz ein dreifaches Dilemma, das als „Capurrosche Trilemma" bezeichnet wird, herausgearbeitet (Fuchs und Hofkirchner 2002):

Synonymie (genau dasselbe)
Der Informationsbegriff bedeutet in allen Bereichen dasselbe. Wären die in den verschiedenen Wissenschaften gebräuchlichen Informationsbegriffe synonym, dann müsste das, was „Information" genannt wird, etwa auf die Welt der Steine (Physik) im selben Sinne zutreffen wie auf die Welt der Menschen (Psychologie etc.). Dagegen sprechen aber gute Gründe, die die qualitativen Unterschiede zwischen diesen Welten berücksichtigen. Diese Möglichkeit scheidet damit aus.

Analogismus (etwas ähnliches)
Der Informationsbegriff bedeutet in jedem Bereich nur etwas Ähnliches. Angenommen, die Begriffe seien analog. Welcher der verschiedenen Informationsbegriffe sollte dann das primium analogatum, der Vergleichsmaßstab für die übrigen sein, und mit welcher Begründung? Wäre es z. B. der Informationsbegriff einer Wissenschaft vom Menschen, müsste anthropomorphisiert werden, wenn nichtmenschliche Phänomene behandelt werden sollen. Dann würden Begriffsinhalte von einem Bereich – hier dem menschlichen – auf einen anderen übertragen, ohne zu passen. Man müsste dann beispielsweise behaupten, dass die Atome miteinander reden, wenn sie sich zu Molekülen verbinden. Dies wäre eine absurde Konsequenz. Daher kommt auch diese Möglichkeit nicht in Betracht.

Äquivokation (jeweils etwas ganz anderes)
Der Informationsbegriff bedeutet jeweils etwas anderes. Wenn die Begriffe äquivok wären, es also gleichlautende Worte für unvergleichbare Designate gäbe, stünde es schlecht um die Wissenschaft. Sie gliche dem Turmbau zu Babel, die Disziplinen könnten nicht miteinander kommunizieren, so wie Thomas Kuhn das auch von einander ablösenden Paradigmen annimmt. Die Erkenntnisobjekte wären

disparat, wenn überhaupt abgrenzbar. Also ist auch die letzte Möglichkeit unbefriedigend.

Nichtsdestotrotz erfreuen sich die Varianten der Synonymie, des Analogismus und der Äquivokation einer großen Anhängerschaft. Sicher ist, der Begriff Information wird nicht einhellig verstanden.

1.3.2 Information – ein exklusives Produkt der Evolution

Die zentrale Hypothese dieses Buches lautet: Information, sofern sie Bedeutung trägt, ist biologisch, und sie ist an Energie gebunden. Sie ist biologisch, weil sie mit und durch die biologische Evolution entstanden ist. Semantische Information findet man also nur in den Lebewesen (Eukaryoten, Archaeen, Bakterien) der biologischen Evolution. Nicht jede Energie ist gleichzeitig Information. Erst der jeweilige Empfänger selbst, ein biologischer Organismus, bestimmt, ob eine eintreffende Energie als Information oder beliebige Energie gewertet wird. Art und Menge der bearbeitbaren Information durch einen Organismus werden durch dessen evolutionäre Entwicklung und aktuelle Situation bestimmt. Diese Eigenschaften semantischer Information werden in diesem Buch herausgearbeitet und anschließend im „Evolutionär-energetischen Informationsmodell, EEIM" konsolidiert.

Information ist ein Produkt der Evolution. Nirgendwo sonst als in den Organismen der Evolution gibt es sie – soweit wir dies innerhalb der Grenzen unseres Erkenntnishorizontes schlussfolgern können. Es ist letztlich nicht auszuschließen, dass es an anderen Orten im Universum Evolutionen – möglicherweise ganz anders verlaufende – gibt, gegeben hat oder geben wird. Für diese gelten die hier getroffenen Aussagen selbstverständlich nicht, jedenfalls nicht zwingend.

Warum aber sollte Information biologisch und energetisch sein? Weil die Entwicklung des Lebens von Anfang an unmittelbar von der Fähigkeit abhing, aus der externen Welt Informationen entgegenzunehmen und bei der Reproduktion Information als Erbinformation weiterzugeben. Wir postulieren, wie gesagt, dass es diese Information in der externen Welt außerhalb der Organismen per se nie gegeben hat und auch nicht gibt. Vielmehr muss sie erst aus der Energie, die von dort entgegengenommen wird, gewonnen werden.

Dies geschieht über die sinnlichen Wahrnehmungen Sehen, Tasten, Riechen, Hören, Fühlen und Schmecken, die als Energie in Form von Strahlung, chemischer Energie, Druck und Schallwellen einen biologischen Organismus erreichen und von ihm als Information gewertet werden – oder auch nicht, wenn z. B. ein Schwellenwert nicht überschritten ist. Anschließend übernimmt die Information im Organismus verschiedenste Transformationsaufgaben. Energie, die nicht als Information klassifiziert ist, wird dem Energiehaushalt des Organismus zugeführt (Abb. 1.6)

Die evolutionären Prozesse der Vererbung der diversen biologischen Organismen beruhen auf der informatorischen Nutzung von Syntax, Semantik und Pragmatik auf verschiedenen Ebenen und auf der in den jeweiligen Kontexten

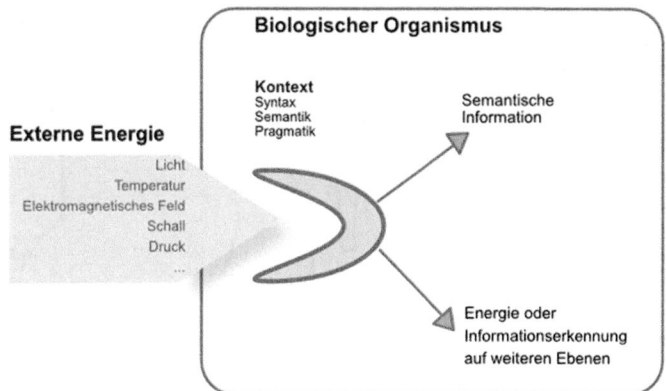

Abb. 1.6 Die Entstehung semantischer Information. Information entsteht durch Energie, die auf einen biologischen Organismus einwirkt

kommunizierten Information. Erbinformationen stehen einerseits jeweils im syntaktischen und semantischen Kontext eines Elternteils, andererseits erzeugen sie durch den Befruchtungsvorgang neue semantische Inhalte. Die Pragmatik in diesem Modell bezieht sich auf Facetten der Syntax und der Semantik, wie z. B. Komplexität, Neuigkeit, Aktualität, Integrität, sowie die Wirkungen, die durch die Symbole bzw. Signale beim Empfänger ausgelöst werden (Küppers 2013)

Syntax, Semantik und Pragmatik nehmen wir als Funktionalitäten des Organismus an, nicht als explizite biologische Komponenten. Biologische Information wird mit diesen Funktionalitäten in jeweils spezifischen Kontexten von z. B. Sinnesorganen oder dem Gehirn verarbeitet. Diese Verarbeitung, so die amerikanische Astrobiologin bei der NASA, Sara I. Walker, und der Physiker und Biologe Paul C. W. Davies, ist entschieden dezentral und kann keinen lokalisierbaren Komponenten zugeordnet werden (Walker und Davies 2014). Mein Erklärungs- und Informationsmodell legt diese Funktionalität in Übertragung von Konzepten der Information aus dem Bereich natürlicher Sprache – und damit einem Resultat der biologischen Evolution – dem biologischen Geschehen zugrunde.

Unsere Annahme, dass bedeutungstragende Information ein exklusives Produkt der Evolution ist, stützt sich auf die These, dass Informationsbedeutung nur dort sein kann, wo auch Leben ist. Diese These geht davon aus, dass bei vollständiger Abwesenheit von Leben auch Bedeutung nicht existieren kann. Bedeutung setzt bedeutungsgebende Instanzen voraus, also Erkenntnisfähigkeit und Kontext. Ohne die Fähigkeit eines Subjektes, Aspekte der Wirklichkeit oder mindestens einen Aspekt davon – und sei dies auch in rudimentärster Form – wahrzunehmen, ist Bedeutung inhaltslos, weil es nichts und niemanden gibt, der eine solche Bedeutung überhaupt zu rezipieren in der Lage wäre. Hinzu kommt ein Kontext, der – abgesehen vom vielleicht ersten aller evolutionären Schritte – unbedingte Voraussetzung dafür ist, Bedeutung wahrnehmen zu können (Abb. 1.7). Damit Bedeutendes im Sinne von „Bedeutung Tragendem" von „nicht Bedeutung Tragendem"

Abb. 1.7 Die Silhouette eines Tieres. Die Bedeutung, dass es sich hier um ein Pferd handelt, setzt weitere Kontextinformation voraus. So erschließt sich diese bei den meisten Betrachtern durch das Hinzufügen der Seitenansicht unten rechts.

unterschieden werden kann, sind Regeln und Referenzbedeutungen notwendig. Beide sind, wie illustriert, durch den Kontext aus Syntax, Semantik und Pragmatik gegeben.

Diese Regeln und ihre Bedingungen sind aus der Sprachwissenschaft, der Linguistik, aber auch von den Programmiersprachen der Informatik her bekannt. Zudem muss das Bedeutende handhabbar für den Organismus sein, also einer Pragmatik genügen. Die Fähigkeit, Informationen von außerhalb des Organismus zu gewinnen, diese im bereits vorhandenen Kontext (Vorwissen) zu Erkenntnissen zu transformieren um schließlich Wissen zu erzeugen, ist nicht auf den Menschen beschränkt. Sie ist allen Organismen der Evolution eigen. Die Begriffe „Erkenntnis" und „Wissen" sind hier jedoch nicht in selbstreflektierendem Sinne und im Zusammenhang mit menschlicher Kognition zu verstehen, die der Mensch weitgehend exklusiv besitzt. Vielmehr sind zunächst die Informationsgewinnung, die Informationsverknüpfung und die Informationsweiterverarbeitung durch einen Organismus im weitesten Sinne gemeint.

Die Entwicklung der Evolution als solche weist auf die wachsende Komplexität der biologisch verarbeitenden Informationen im Laufe ihrer Entwicklung hin. Mit ihr einher geht ein steigender Energiebedarf. Mit am deutlichsten tritt dieser Zusammenhang bei der Betrachtung des menschlichen Gehirns auf. Dieses hoch entwickelte Organ ist – im Verhältnis zu der Masse des Körpers und im Vergleich mit anderen Säugetieren – ein unvergleichlich hungriger Energiekonsument.

So weit meine Thesen zum Wesen von Information und Erkenntnis. Sie werden in den folgenden Kapiteln im Rahmen der Informatik, der Physik und der Biologie erneut aufgegriffen, diskutiert und überprüft und im letzten Teil des Buches zum dann vorgestellten Informationsmodell EEIM in Bezug gesetzt.

1.4 Denkwege zum Ziel

Es ist noch immer unüblich, Themen der Physik und Biologie unter Blickwinkeln der Information und der Informationsverarbeitung zu betrachten. Ich bin jedoch fest davon überzeugt, dass das Wesen der Welt mit einem klaren Verständnis dessen, was Information ist, was sie nicht ist und welche Bedeutung sie in diesem Kontext hat, mit rationalen interdisziplinären Ansätzen besser erschlossen werden kann als bisher geschehen.

Daher wird in meinem Buch mithilfe des Informationsbegriffs eine Brücke zwischen der Informationsverarbeitung, der Physik, der Biologie und der Erkenntnistheorie geschlagen. Dabei wird beleuchtet, was traditionelle Sichtweisen eher im Dunkeln lassen: Dass die Welt und in ihr das Leben viel stärker auf der Information als Element des Seins und auf ihrer Verarbeitung in Prozessen des biologischen Lebens beruhen als uns bisher bewusst war.

Ich möchte diesen Denkansatz kurz illustrieren. Dazu stellen wir uns einen Motor vor, dessen Funktionsweise wir aus unterschiedlichen Blickwinkeln verstehen wollen. Aus einer ersten – rein mechanischen – Perspektive wird der Motor mit seinen Bauteilen reduktionistisch beschrieben. Man untersucht ihn bis auf seine kleinsten Elemente. Die zweite Perspektive hingegen konzentriert sich auf die physikalischen Phänomene Energie und Entropie.

Rufen wir uns zunächst in Erinnerung, welch lange Geschichte Motoren bereits durchlaufen haben und wie groß ihre Bedeutung für unsere Gesellschaft heute ist. Nehmen wir konkret den Motor, insbesondere das Getriebe, eines zeitgenössischen PKW oder LKW oder eines Schiffes, also einen Verbrennungsmotor. Seine stürmische Entwicklung als *das* Hilfsmittel zur Erweiterung der menschlichen Mobilität begann mit der Testfahrt von Berta Benz, und zwar mit dem Fahrzeug, das ihr Mann Carl entwickelt hatte, dessen Erfolg sich aber nicht recht einstellen wollte. Auf der (nicht durch ihren Mann autorisierten!) Fahrt mit ihren Kindern von Mannheim nach Pforzheim ging Berta erst der Treibstoff aus, der allerdings in einer Apotheke nachbeschafft werden konnte. Dann riss ein Riemen, für deren Ersatz die couragierte Frau eines ihrer Strumpfbänder zur Verfügung stellte. Es gäbe noch von weiteren Pannen zu berichten – entscheidend ist, dass sich seitdem Legionen von Ingenieuren mit der Verbesserung der Fahrzeugtechnologie beschäftigt haben. In der Tat gehört diese Technologie zu denen, in die in der neueren Menschheitsgeschichte die meiste Arbeit und Energie hineingesteckt wurde. Der Grund hierfür ist einfach: Eine erhöhte und verbesserte Mobilität ist für unsere Spezies ein äußerst attraktives „Feature". Wir sind bereit, für unseren Transport und den unserer Güter viel einzusetzen, weil wir auch viel zurückbekommen.

Nehmen wir nun des Weiteren an, einer Gruppe von Menschen – allesamt technisch und naturwissenschaftlich wenig vorbelastet und mit dem Konzept „Motor" nicht vertraut – würde ein Auto bereitgestellt, und die Menschen sollten herausfinden, wie die als so attraktiv empfundenen Eigenschaften dieser Maschine zustande kommen.

Perspektive 1

Ein möglicher Ansatz wäre, vom Ergebnis, der Mobilität, her zu denken und jedes Einzelteil des Motors, des Getriebes und der sonstigen Ausstattung daraufhin zu untersuchen. Jedem Zahnrad, jedem Zylinder und jeder Pleuelstange würde so eine Aufgabe bzw. Eigenschaft zugewiesen, die erklären würde, wie ihr Beitrag im Konzert mit den vielen anderen Teilen das gewünschte Produkt erzeugt, die Bewegung des Autos.

An der geschilderten Vorgehensweise ist zunächst nichts wirklich falsch, obwohl wir natürlich wissen, dass im Motor Energieerzeugung, -umsetzung und -verbrauch stattfinden. Das Wesen eines Verbrennungsmotors lässt sich aber auch unter Einbeziehung grundlegender Prinzipien der Thermodynamik erklären. Dieses Wissen bestimmt die zweite Perspektive.

Perspektive 2

In diesem Bild erhält jedes Zahnrad, jeder Zylinder und jede Pleuelstange eine Aufgabe im Gesamtbild der Energienutzung. Die maximale Leistung des Ganzen kann unter Berücksichtigung der Verbrennungseigenschaften und einer Entropiebetrachtung ermittelt werden. Ihre jeweilige Aufgabenstellung ergibt sich nun weniger aus der Rückschau als in einer Vorausschau. Nicht die Frage, wie die vielen Dinge zusammenspielen, steht nun im Mittelpunkt, sondern die Frage, wie man Energie so nutzen kann, dass daraus Kraft, Arbeit und Bewegung entstehen, die zur Mobilität eingesetzt werden können.

Diese beiden spezifischen Herangehensweisen sind sehr unterschiedlich und führen daher auch zu unterschiedlichen Ergebnissen über das Wesen eines Motors. Ähnliches gilt für die Spurensuche nach der Rolle der Information in der Natur, insbesondere für unser Verständnis von Wahrnehmung, Wissen und Bewusstsein. Die Funktionen unseres Körpers beispielsweise, mit ihren komplexen und bis heute nur teilweise verstandenen Aufgaben im Zusammenspiel untereinander, können wir unter Perspektive 1 analysieren. Dann erhält jedes Protein, jeder Zelltyp und jeder Teil unseres Gehirns eine Funktionsbeschreibung. Dieser Ansatz liefert durchaus valide und verwertbare Ergebnisse. Allerdings beschreibt er das biochemische „Ist" und nicht das prinzipielle „Warum". Ähnlich wie beim Motor lassen wir so die übergeordneten Prinzipien aus. Dies entspricht heute gepflegten Arbeitsmodi vieler Biochemiker und Neurowissenschaftler.

Ähnlich sieht es aus, wenn wir uns die Analyse der Wirkungsweise eines vorgefundenen Computers vorstellen. Können wir ihn verstehen, wenn wir ihn auseinandernehmen? Sind wir im Erkenntnisprozess irgendwie weitergekommen, wenn wir einen der Bausteine – den Prozessor – als zentral und andere als wahrscheinlich peripher einstufen können? Ohne das Verständnis einer Architektur, wie sie John von Neumann 1945 entwarf, werden wir kaum verstehen können, dass es sich bei seinem Konzept um eine informationsverarbeitende Maschine handelt (Godfrey und Hendry 1993). Und selbst dann, wenn geklärt ist, welche Aufgaben der Prozessor, die Register, die Speicher und die Ein- und Ausgabeschnittstellen haben, sind wir immer noch nicht viel weiter. Wir wissen dann kaum, wie die Information beschaffen sein muss, damit die untersuchte Maschine etwas Sinnvolles leisten kann. Sehen wir die Information jedoch im Kontext der Maschine, gilt es vor allem, die Aufgabe zu enträtseln, wie Information selbst ein System aus vielen Komponenten – Programmen – bilden kann und welche Konstruktionsprinzipien diesem System zugrunde liegen. Natürlich ist ein *Reverse Engineering* nicht undenkbar, rückt aber dann in weite Ferne, wenn dabei keine Vorstellungen über die Prinzipien der Informationsverarbeitung zur Hand sind.

Versteht man die Vorgänge des Lebens und das Leben selbst als informatorischen Prozess, bedeutet dies ebenfalls einen signifikanten Perspektivenwechsel. Interessanterweise steht dieser in der Wissenschaft immer noch weitgehend aus. Obwohl inzwischen die Information als Kennzeichen des Lebendigen weitgehend anerkannt sei, habe sie bei den Betrachtungen zur Entstehung des Lebens bisher lediglich eine passive Rolle gespielt (Walker und Davies 2014).

Der hier notwendige Perspektivenwechsel ist tiefgreifend und ähnlich fundamental wie die Ablösung der mittelalterlichen Vorstellungen über die Beschaffenheit der Materie, über den Aufbau der Welt und später über die die Funktion des Menschen als Maschine. Die Erfolge der Mechanik führten konsequenterweise zu Erklärungsmodellen des Lebens, in denen die Mechanik eine zentrale Rolle spielte (Abb. 1.8). So wurde von dem Physiologen und Physiker Hermann von Helmholtz (1821–1894) und dem theoretischen Mediziner Emil du Bois-Reymond (1818–1896) im Berlin der Mitte des 19. Jahrhunderts für die Funktion biologischer Organismen eine Dampfmaschinen-Metapher herangezogen. Organismen, ebenso wie die Dampfmaschine, würden danach gleichermaßen chemische Energie (Nahrung und Kohle) in Wärme und Arbeit (Bewegung) umsetzen. Die physikalischen Gleichungen und Einsichten in die Energieerhaltung ließen keinen Raum für andere „Kräfte" oder Vitalitätsprinzipien. Leben, so ihre Auffassung, sei ein physikalisch-chemischer Prozess (Lunteren 2015).

Abb. 1.8 Der Organismus als Maschine. René Descartes vertrat, seiner Zeit darin vorauseilend, ein sehr mechanistisches Bild von der Welt und damit auch von lebenden Organismen. Heute stehen wir erneut vor einem Paradigmenwechsel hin zu einer informatorisch geprägten Sicht des Lebendigen. (Mechanische Ente von Jacques de Vaucanson 1738, © Mechanische Ente von Jacques de Vaucanson 1738 / MechaDuck / Wikimedia Commons)

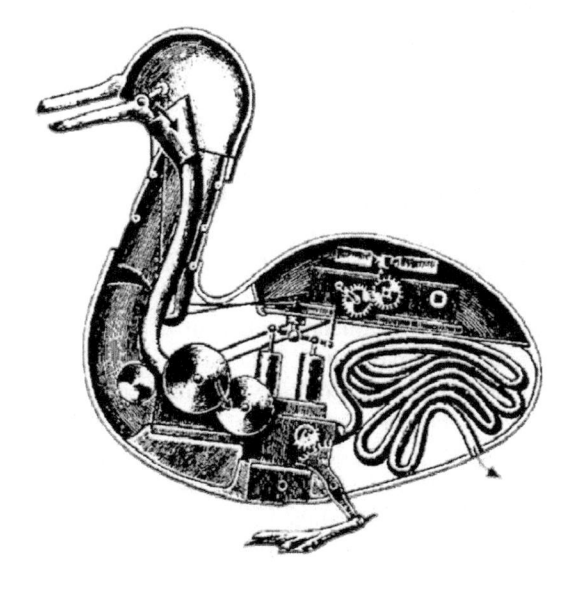

Mechanistische Perspektiven auf die Welt und vor allem auf lebende Organismen sind auch heute noch verbreitet. So verwirft der deutsch-amerikanische Nano-Wissenschaftler Peter M. Hoffmann die Ansicht, dass auf der Nanoebene Information zu finden ist. Inhaltliche Überschneidungen von Biologie, Chemie und Physik zieht er heran, um nachzuweisen, dass lebende Organismen kleine Maschinen aus Molekülen sind. Er verwirft die Idee, dass DNA-Moleküle Informationen enthalten, und schreibt sie den Kreationisten zu. Er schränkt jedoch ein, dass ohne den genetischen Code und ohne die gesamte Maschinerie der Transkription DNA-Moleküle weder Information noch Bedeutung enthalten würden (Hoffmann 2012). So falsch die Unterstellung bzw. Diffamierung einer Nähe zu kreationistischen Vorstellungen ist, so richtig ist die zweite Feststellung. Woher die Information und ihre Bedeutung in den DNA-Molekülen kommt und wie der Kontext dazu entstanden ist, wird im weiteren Verlauf dieses Buches erläutert.

In der Molekularbiologie hingegen ist eine informatorische Perspektive längst unentbehrlich. Der Genetiker Jochen Graw schreibt über ihre Rolle in der Molekularbiologie: „So wächst zwar das Wissen in unserem Fachgebiet derzeit explosionsartig, aber gerade darum treten viele Phänomene klarer hervor. Cytologische, morphologische oder auch formale Argumente bekommen plötzlich einen molekularbiologischen Unterbau und lassen sich leichter verstehen" (Graw 2006).

Dieses Buch zeigt auf, dass die Vorgänge in der Natur – und damit auch in unseren Körpern – unter einer informatorischen Perspektive überraschend oft einen neuen Charakter erhalten. Dabei nehmen wir an, dass die Information als eine treibende Kraft auf die gesamte biologische Evolution einwirkt und ihre Verarbeitung dabei ein zentrales Verfahren ist.

Wir zeigen daher, dass wir Information nicht als bloße Metapher, sondern als reale Eigenschaft bzw. realen Bestandteil der Natur zu sehen haben. Es war der Physiker John Archibald Wheeler (1911–2008), der bereits 1990 darauf hinwies, dass die materielle Realität auf Informationen begründet sein könnte – nicht umgekehrt. Seine bekannte These zu dieser Auffassung lautet: *It from Bit* (Wheeler 1990).

Dieser These werden wir später nachgehen – und der Antithese, dass Information nicht real ist, auch.

1.5 Was erreicht werden soll

Zunächst werde ich erste Eindrücke zur Frage, was Information im eigentlichen Sinne ist, sammeln. Naheliegenderweise beginnt die Suche mit der Informationstheorie nach Shannon und mit der algorithmischen Informationsverarbeitung durch Turingmaschinen, dem Vorbild der heutigen Computer. Vorangestellt ist eine kurze Darstellung zur Entwicklung der menschlichen Informationsverarbeitung wie z. B. über die Schrift, das Geld und Bibliotheken.

Eine immer wieder aufgenommene Diskussion ist die Rolle der Information in der physikalischen Natur. Die Frage, ob Information eine eigene Konstituente bzw. Eigenschaft der Realität ist, wird hier unter mehreren Blickwinkeln betrachtet. Wir beginnen mit der klassischen Physik und kommen über die Quantenmechanik zur Quanteninformation. Nicht zuletzt eine Reihe von Gedankenexperimenten und die ebenso fruchtbare wie heftige Diskussion zwischen Albert Einstein (1879–1955) und Niels Bohr (1885–1962) zeigt das Pro und Contra zur physischen Realität von Information. Das viel diskutierte Messproblem der Quantenmechanik baut dann eine Brücke zur Information in der Biologie. Zum Beschreiben dieser Brücke ist eine Auseinandersetzung mit quantenmechanischen Vorgängen wie der Verschränkung und der Dekohärenz unerlässlich. Der Heidelberger Quantenphysiker und Entdecker der Dekohärenz Hans-Dieter Zeh betont, dass die Verschränkung als der quantenmechanische Effekt, der vielleicht am heftigsten mit unserer klassischen Auffassung von Realität im Widerspruch steht, nicht mit „Information" erklärt werden kann (Tegmark 2014). Ebenso wenig wie die Dekohärenz, die Auflösung der Verschränkung, mit einem Gewinn an Information gleichzusetzen ist. Es ist, so Zeh, immer der Betrachter, der diesen Informationsgewinn realisiert (Joos et al. 2003), (Zeh 2007).

Hier befindet sich der Dreh- und Angelpunkt meiner Hypothese von der Information, die, sofern sie als bedeutungsvolle Information angenommen wird, immer die Betrachterin voraussetzt. Einen Betrachter jedoch, den die Evolution geschaffen hat und zusammen mit ihm die Information. Er oder sie muss nicht notwendigerweise auf zwei Beinen gehen und zu den Menschen gerechnet werden. Jeder biologische Organismus ist darauf angewiesen, Bedeutung wahrzunehmen und handelt auch so in seinen ihm gesteckten Grenzen, die natürlich gleichfalls Resultat der Evolution sind.

Über den Begriff „Bedeutung" wird Information in der Biologie zu einer Realität. Herauszufinden wie und warum dies so ist, setzt die Auseinandersetzung mit wichtigen Aspekten der Molekularbiologie und der Evolution voraus. Hier beginnt über die Darstellung der historischen und aktuellen Diskussion hinaus der wissenschaftliche Beitrag dieses Buches. Er basiert auf der These, dass semantische Information, also solche mit Bedeutung, nur im Bereich der biologischen Evolution existiert. Zudem ist die Information keine eigene Konstituente der Wirklichkeit, sondern tritt immer als Energie auf.

Die Darstellung der Information in der Biologie und der Evolution wird um grundlegende erkenntnistheoretische Gesichtspunkte ergänzt. Diese werde ich meinen vorher getroffenen Annahmen zuordnen.

Im Ergebnis werden wir ein Verständnis von Information gewonnen haben, in dem diese Gesichtspunkte berücksichtigt sind und das folgendermaßen formuliert werden kann:

▶ Bedeutungstragende Information ist das Ergebnis der Auswertung strukturierter Energie nach artenspezifischen Regeln in einem ebenfalls artenspezifischen Kontext durch eine interpretierende biologische Empfängerinstanz.

Schließlich werde ich die in meinen Ausführungen erläuterten Erkenntnisse in einem neuen Informationsmodell für semantische Information, dem EEIM, konsolidieren. Dieses Informationsmodell wurde 2015 unter dem Titel „On Semantic

Information in Nature" veröffentlicht (Johannsen 2015) und im gleichen Jahr auf der wissenschaftlichen Tagung „Information Universe" in Groningen/NL präsentiert.

Literatur

Arndt, Markus, Thomas Juffmann, und Vlatko Vedral. 2009. Quantum physics meets biology. *HFSP Journal.* 9 (12): 386–400.
Bateson, Gregory. 1979. *Mind and nature: A necessary unity.* New York: Dutton.
Fischer, Ernst Peter. 2010. *Information.* Berlin: Jacoby & Stuart.
Fuchs, Christian und Wolfgang Hofkirchner. 2002. Ein einheitlicher Informationsbegriff für eine einheitliche Informationswissenschaft. In *Stufen zur Informationsgesellschft. Festschrift zum 65. Geburtstag von Klaus Fuchs-Kittowski,* Hrsg. Christiane Floyd, Christian Fuchs, und Wolfgang Hofkrischner. Frankfurt: Lang.
Godfrey, Michael D., und David F. Hendry. 1993. The Computer as von Neumann planned it. *IEEE Annals of the History of Computing.* 15 (1): 11–21.
Graw, Jochen. 2006. *Genetik.* Berlin: Springer.
Hodges, Andrew. 1983. *Alan Turing: The enigma.* Princeton: Princeton University Press.
Hoffmann, Peter M. 2012. *Life's Ratchet: How molecular machines extract order from chaos.* New York: Basic Books.
Johannsen, Wolfgang. 2015. On semantic information in nature. *Information.* 6 (3): 411–431.
Joos, Erich, et al. 2003. *Decoherence and the appearance of a classical world in quantum theory.* Heidelberg: Springer.
Küppers, Bernd-Olaf. 2013. Elements of a semantic code. In *Evolution of Semantic Systems,* Hrsg. Bernd-Olaf Küppers, Udo Hahn, und Stefan Artmann, 67–86. Berlin: Springer.
Lunteren, Frans van. 2015. *A historical look at the information universe.* Groningen: s.n. 8. 10. 2015 The Information Universe' Conference.
Schrödinger, Erwin. 1989. *Was ist Leben?* München: Piper (Englische Ausgabe: 1944, Cambridge University Press).
Shannon, Claude E. 1936. *A symbolic analysis of relay and switching circuits.* Boston: MIT.
Shannon, Claude E. 1948. A mathematical theory of communication. *Bell System Technical Journal,* 27:379–423, 623–656.
Shannon, Claude E. 1949. Communication theory of secrecy systems. *Bell System Technical Journal,* 28 (4): 656–715.
Tegmark, Max. 2014. *Our mathematical universe: My quest for the ultimate nature of reality,* New York: Knopf.
Turing, Alan M. 1936. On computable numbers, with an application to the Entscheidungsproblem. *Proceedings London Mathematic Society,* 230–265. doi: 10.1112/plms/s2-42.1.230.
Ulrich, Amadeus. 2015. Rosalind Franklin. *ZEIT Campus,* Nr. 3. http://www.zeit.de/campus/2015/03/rosalind-franklin-cambridge-forscherin-dna. Zugegriffen: 8. Nov. 2016.
Walker, Sara Imari, und Paul C. W. Davies. 2014. The algorithmic origins of life. *Journal of the Royal Society Interface.* 2014(12): 20120869.
Wheeler, John Archibald. 1990. Information, physics, quantum: The search for links. In *Complexity, Entropy, and the Physics of Information,* Hrsg. Wojciech Hubert Zurek. Redwood City: Addison-Wesley.
Zeh, Heinz-Dieter. 2007. *The physical basis of the direction of time.* Heidelberg: Springer.

Zum Wesen der Information und ihrer Bedeutung

2

Das Leben bewegt sich unaufhaltsam auf den Tod zu. Selbst die unbelebten Gegenstände verlieren irgendwann ihre Struktur. Nichts kann sich der Entropie entgegenstellen. Entropie ist etwas, was man nicht versteht, an das man sich aber gewöhnt, soll Max Planck gesagt haben, und wer meint, dem Entropiegesetz etwas entgegenstellen zu wollen, hat schon verloren, meinte sinngemäß der Physiker Arthur Eddington.

Die Informationstheorie von Claude E. Shannon quantifizierte Information erstmalig. Dadurch wurde die Information insbesondere für Ingenieure in der Nachrichtentechnik handhabbar. Die Theorie erschloss sich jedoch schon bald neue Anwendungsfelder z. B. in der Biologie. Oft übersehen wird allerdings, dass diese erfolgreiche Theorie jedoch die Bedeutung von Information, die Semantik also, bewusst ausklammert.

Abb. 2.1 Das Entropiegesetz beschreibt die universelle Entwicklung hin zu einer Nivellierung aller Energieniveaus – und damit dem Verlust aller Information. Der Rost des Schiffswracks illustriert dies. Er zeigt den fortschreitenden Verfall, der letztendlich zu einem Zustand führt, in dem jede Struktur verloren geht – und das Schiff vollständig verschwunden ist. (Schiffswrack / CC BY-SA 3.0)

Die Information Shannons wird auch als Entropie bezeichnet und gleicht so dem Entropiebegriff der Physik. Die Universalität der Entropie, die mit der Zeit alle Energieunterschiede nivelliert, illustriert das verrostete Schiff in Abb. 2.1.

Die Grundlagen der Informationstheorie, verwandte Ansätze sowie eine Diskussion zum Wesen der Information bilden die Schwerpunkte dieses Kapitels.

2.1 Behandelte Themen und Fragen

- Zusammenhang zwischen Entropie und Information
- Informationstheorie von Claude E. Shannon
- Alternativen zur und Grenzen der Informationstheorie
- Hypothesen zum Wesen der Information in der Natur
- Bedeutung, Energie und Evolution
- Informationsmodelle

2.2 Einführung und Kapitelüberblick

Da Vorgänge in der Natur ohne Information und Informationsverarbeitung undenkbar und nur partiell verständlich sind, wollen wir uns zunächst mit den naturwissenschaftlichen Gesichtspunkten der Information beschäftigen. Information spielt, in unterschiedlichen Ausprägungen, eine wichtige Rolle in der Physik, der Biologie und folgerichtig auch in der Erkenntnistheorie, die sich mit dem auseinandersetzt, was wir erkennen können.

Als Einstieg in die Auseinandersetzung mit unserer Fragestellung nach dem Wesen von Information und der Bedeutung stellen wir zunächst einige Zusammenhänge dar, die als naturwissenschaftliche Plattform unserer weiteren Ausführungen dienen. Anschließend widmen wir uns spezifischen relevanten Bereichen der Physik, der Biologie und der Erkenntnistheorie, die zum Verstehen der Phänomene beitragen.

Beginnen wir mit Information als einem Begriff, der im gesellschaftlichen Leben fest verankert ist. Informationsprozesse in der Gesellschaft lassen sich nach Christian Fuchs und Wolfgang Hofkirchner grundsätzlich auf drei Gebieten finden (Fuchs und Hofkirchner 2002):

1. auf dem Gebiet des Erkenntnisgewinns und der Ideenproduktion durch gesellschaftliche Subjekte (Kognition),
2. auf dem Gebiet des Austausches von Erkenntnissen und des Verkehrs gesellschaftlicher Subjekte über Ideen (Kommunikation),
3. auf dem Gebiet gemeinsamer Aktionen, zu deren Durchführung die gesellschaftlichen Subjekte Erkenntnisse und Ideen in Einklang bringen müssen (Kooperation).

Fuchs und Hofkirchner führen mit dieser Gliederung eine Hierarchie der gesellschaftlichen Nutzung von Information ein. Kognition, Kommunikation und Kooperation finden wir auch in den Naturwissenschaften wieder. Auf der Suche nach Antworten auf die Frage, wie Information dort verankert ist, stoßen wir nicht selten auf diese Begriffe.

In den Naturwissenschaften wird die Annahme diskutiert, dass es neben Materie und Energie noch eine dritte Säule in der Welt der Physik gibt: die Information. Information war ursprünglich so etwas wie eine Metapher. Man nahm zwar an, sie würde sich in den Köpfen von Menschen befinden oder von ihnen auf Papyrusblättern oder heute auf Siliziumchips aufgezeichnet werden, aber nicht, dass sie real ist. Die moderne Wissenschaft hat uns jedoch durch die Auffassungen vieler Wissenschaftler deutlich gemacht, dass Information doch mehr als eine Metapher sein muss. Die Natur ist informatorisch, lautet deren These.

Information existiert in physikalischen, aber auch in biologischen Systemen. Zweifelsohne sind die DNA *(deoxyribonucleic acid)*- und RNA *(ribonucleic acid)*-Moleküle Träger von Information. Welche Information dies genau ist, und wie sie direkt und indirekt wirkt, ist noch nicht vollständig geklärt. Das ganze biologische Leben kann man unter der Perspektive umfangreicher informationsverarbeitender Prozesse sehen. Aber auch „tote Materie" trägt nach Auffassung vieler Naturwissenschaftler Informationen, wenn sie in irgendeiner Weise geordnete Strukturen aufweist. Wir werden diese beiden Fälle auseinanderhalten. Physiker bringen den Begriff „Entropie" gerne in Beziehung zur „Unordnung". Je mehr Information bzw. „Ordnung" in einem System steckt, desto kleiner ist seine Entropie.

Angesichts dieser unterschiedlichen Perspektiven, in denen Information zwar eine wichtige Rolle spielt, aber nicht geklärt ist, welche tatsächliche Bedeutung sie hat, stellen sich erkenntnistheoretische Fragen nach dem eigentlichen Wesen der

Information. Im Fokus unseres Interesses stehen dabei die Fragen, ob Information als ein realer Bestandteil der Natur zu sehen ist, ob Realität überhaupt erst durch Information möglich ist bzw. ob sie durch Information geschaffen wird, wie Information in die Welt kommt oder kam und, darüber hinaus, ob Realität nicht sogar auf der „Grundsubstanz" Information beruht.

Da wir Realität offenbar nur über Informationen wahrnehmen können, liegt die Schlussfolgerung nahe, wir schafften uns unsere Wirklichkeit über unsere eigene Wahrnehmung und unser eigenes Denken selbst. Dieser konstruktivistische Gedanke ist alles andere als neu. Schon Platon argumentierte ähnlich. Neu ist aber, dass wir aufgrund jüngerer Erkenntnisse immer mehr Anlass und Dringlichkeit verspüren, das Wesen der Realität und die Rolle von Information in dieser Realität zu erforschen und Antworten auf unsere Fragen zu finden. Dies hat insbesondere mit der Entwicklung der Quantenphysik zu tun, in der die klassische Auffassung von Materie keinen Platz mehr hat und, wie bereits bei Raum und Zeit vor hundert Jahren geschehen, neuer Interpretationen bedarf. Daher muss man sich angesichts einer möglicherweise materielosen Welt die Frage stellen, ob es neben immateriellen Feldern und Energie überhaupt etwas fundamental Reales gibt.

Die entscheidenden Schritte in den naturwissenschaftlichen Entwicklungen, die in diesem Zusammenhang von Relevanz sind, wurden in den vergangenen 100 Jahren vollzogen. Dabei hat sich das Verständnis von grundlegenden Eigenschaften unserer Welt dramatisch gewandelt. Wie bereits ausgeführt, wurden mit Shannon und Turing Mitte des vergangenen Jahrhunderts die Information und ihre Verarbeitung zu einem zusätzlichen Element der Beschreibung der Wirklichkeit. Hinzu kommt, dass uns das Wesen der Information schon alleine wegen der immensen Bedeutung der digitalen Informationsverarbeitung in unserem Alltag nicht gleichgültig sein kann. Denn schließlich beschäftigt sie uns als Ausdruck einer neuen industriellen Revolution, für die der Name „Informationsgesellschaft" gefunden wurde. Zu den erkenntnistheoretisch-philosophischen Fragen gehört:

- Ist die Welt selbst digital?
- Kann ein Bit die kleinste Einheit der Einheit der Natur statt eines „Teilchens" oder „Strings" sein?
- Rechnet die Natur oder ist sie gar selbst eine Rechenmaschine oder materialisierte Mathematik?
- Schaffen wir uns die Wirklichkeit aus Information, oder ist sie so, wie wir sie wahrnehmen?
- Was ist semantische Information und woher kommt sie?

Diese Fragen richten sich an Grundwahrheiten des Seins. Man muss sich mit den faszinierenden und auch bizarren Erkenntnissen und Theorien der Quantenphysik und den Einsichten in der modernen Evolutionswissenschaft auseinandersetzen, um Sinn und Umfang der Debatte, die dazu geführt wird, zu verstehen.

In den vergangenen Jahrzehnten gab es zahlreiche Ansätze, um semantische Information zu definieren oder zu charakterisieren. Dabei wurden Perspektiven eingenommen, die sich über alle Aspekte von Information, von

2.2 Einführung und Kapitelüberblick

Kommunikationsstrukturen über Kultur bis hin zur Psychologie, erstrecken. Zusätzlich gaben einige Gesichtspunkte der Quantenmechanik Anlass dazu, über die Rolle der Information in Prozessen und Modellen auf kleinster Ebene nachzudenken. Das berühmte und viel diskutierte Messproblem in der Quantenphysik deutet auf eine besondere Rolle des (menschlichen) Gehirns bei der Erfassung von Ergebnissen von Experimenten hin. Dies veranlasste den Physiker Wheeler zu seiner bereits erwähnten These *It from Bit* (Wheeler 1990). Sie weist darauf hin, dass Realität sich auf Information bezieht, und dass diese ein fundamentaler Bestandteil der Natur sein könnte.

Parallel dazu entwickelten sich Genetik und Biochemie weiter, und damit die Einsichten, die wir in die Verarbeitung von Information auf verschiedenen Ebenen eines Organismus gewannen (z. B. bei Eukaryoten, also allen Lebewesen, deren Zellen einen Kern besitzen). Die Untersuchungen reichten von der Vererbung und dem Stoffwechsel (Metabolismus) bis hin zu den neuronalen Funktionen des menschlichen Gehirns, einschließlich der Auswirkungen der Quantenphysik. Hinsichtlich der Information boten verschiedene frühe Ansätze, wie die des Biophysikers, Chemikers und Nobelpreisträgers Manfred Eigen (Eigen 1971) und anderer zeitgenössischer Physiker, sowie später u. a. die Arbeiten des Biologen Werner Loewenstein (2013). zur Selbstorganisation spezifische Einsichten in die Rolle der Information in Organismen.

Gehen wir speziell der Frage nach, ob Information in der Natur eine Rolle spielt, stoßen wir gleichfalls auf eine Reihe von Definitionen, die einen hilfreichen Einstieg in die weiteren Inhalte dieses Buches bieten. Es dürfte wenig überraschen, dass die weitgefächerten Interpretationen zum Wesen der Information in der Technik nicht sehr viel fokussierter sind, wenn es um das Wesen der Information in der Natur geht. Die Positionen reichen von vehementer Ablehnung einer bloßen Existenz der Information bis hin zur Auffassung, dass alles in der Welt seine physische Existenz aus der Information ableitet (Burgin 2010).

Andererseits kann kaum verkannt werden, dass die Zahl der Physiker und Biologen, die der Information eine natürliche Rolle zubilligen, sie also als physisch existent annehmen, steigt. Information hat inzwischen einen festen Platz in allen möglichen Disziplinen wie beispielsweise der Astronomie, Physik, Biologie, Medizin, Physiologie, Psychologie und in den Verhaltenswissenschaften eingenommen (Burgin 2010). Spannend wird es schlagartig, wenn man fragt, wovon in den verschiedenen Disziplinen dann eigentlich die Rede ist.

Aber auch die Haltung, die Information als einen Gegenstand der Natur als Legende zurückweist, ist vorzufinden. So vermutet der Philosoph Peter Janich, der die „Naturalisierung der Information" beklagt, dahinter einen zu weit gefassten Anspruch der Naturwissenschaften. Er geht vielmehr von einem Missverständnis über das Körper-Geist-Problem aus. Wie kommen technische Objekte, aber auch Moleküle im menschlichen Genom zu Eigenschaften, die ursprünglich der menschlichen Sprache vorbehalten waren, lautet sein Frage (Janich 2006).

2.3 Die Shannonsche Informationstheorie

In anderen Disziplinen ist die Information und die mit ihr verbundene Informationstheorie bereits unabdingbarer Bestandteil, so z. B. in der Nachrichtentechnik und der Informatik. Die Informationstheorie, die sich mit der Information als „Transportgut" beschäftigt, ist hier ein wichtiges Werkzeug bei der Dimensionierung der informationsverarbeitenden Maschinen und der Übertragungswege. Aber auch in vielen anderen Bereichen, wie z. B. in der Biologie, in der Nachrichtenflüsse eine Rolle spielen, findet die Informationstheorie Anwendung.

Die Informationstheorie wurde von Claude E. Shannon (1916–2001) in der Mitte des vergangenen Jahrhunderts entwickelt. Eigentlich ist es eine Theorie der Kommunikation von Information. Die Theorie führte zu einem neuen Verständnis von Information. Zur Erinnerung: Shannon war Wissenschaftler in den Laboren der Bell Telephone Company – kurz Bell Labs. Seine Aufgabe war die Untersuchung der elektromagnetischen Kommunikationswege, also der mit Telefonen und Fernschreibern genutzten Kabel, aber auch der wichtiger werdenden Funkstrecken. Diese planbarer und sicherer zu machen, war in der Armee der Vereinigten Staaten von brennendem Interesse. Sie war im Zweiten Weltkrieg mehr denn je auf ausreichende und verlässliche Kommunikationswege angewiesen. Informationsübertragung per Funk spielte eine besondere Rolle, denn sie war schnell und effizient. Es fehlte aber an Modellen für die Berechnung der Übertragungsstrecken und damit für die Dimensionierung der einzusetzenden Geräte.

2.3.1 Die Information und ihre Übertragung

Claude Shannon veröffentlichte 1948 seinen legendären Aufsatz, in dem die Informationstheorie auf der Basis der von ihm sogenannten „Entropie" eingeführt wurde. Allerdings wird die Entropie hier – ähnlich wie der sehr speziell definierte Informationsbegriff – anders verstanden als die Entropie sonst, insbesondere in der Thermodynamik. Seine Entropie wurde von Shannon als mittlerer Informationsgehalt pro Zeichen eines empfangenen Signals definiert (Shannon 1948).

Auch die Information selbst wird von Shannon anders verstanden als üblich. Die traditionelle oder klassische Informationstheorie Shannons basiert auf der Charakterisierung von Information als Wahrscheinlichkeitsverteilungen und bezieht frühere Ergebnisse von Leo Szilard (1898-1964) und Alan Turing ein. Information wird in dieser Theorie als die Wahrscheinlichkeit des Eintreffens von Zeichen – in Form von Daten, Signalen etc. – bzw. des Eintretens von Ereignissen aus einer vordefinierten Sequenz von Zeichen bzw. Möglichkeiten verstanden (Jaeger 2009).

Den Wert einer Information machte er am Grad der Neuigkeit fest. Neue Nachrichten sind selten und verdienen mehr Aufmerksamkeit. Sie sind also mehr wert als Nachrichten, die sehr häufig auftreten. Seltene bzw. neue Nachrichten enthalten demnach mehr Information als gleichartige, deren Übertragung man sich eigentlich auch sparen könnte. Eine der großen Leistungen der Informationstheorie ist neben der erstmaligen Messbarkeit von Information die formale Definition von Redundanz – also von Information, die eigentlich keine ist, da man bei der Übertragung auf sie verzichten kann.

Für seinen Arbeitgeber, die Bell-Telefongesellschaft, ergaben sich aus Shannons Arbeiten konkrete Verfahren, um aus der Analyse der Geräuschmuster und Zeichenfolgen Optimierungen für die Kommunikationsverbindungen zu bestimmen. Folglich steht die in diesem Sinne rein mathematisch definierte Informationsmenge im Mittelpunkt der Informationstheorie. Inhaltliche Aussagen hingegen spielen, wie gesagt, absolut keine Rolle.

Claude E. Shannon und Warren Weaver veröffentlichen dann 1949 gemeinsam den Artikel „The Mathematical Theory of Communication", in dem eine allgemeinverständliche Darstellung der von Shannon entwickelten und 1948 veröffentlichen Theorie enthalten ist (Shannon und Weaver 1949). Sie bieten hier eine schematische Darstellung eines Kommunikationskanals. Darin sind, wie angedeutet, nicht nur Informationsquelle, Botschaft und Sender sowie Empfänger und die Bestimmungsinstanz enthalten. Berücksichtigt ist auch eine Störquelle, die Störfrequenzen sowie natürliches Rauschen beinhalten kann und geeignet ist, die Qualität der Kommunikation zu reduzieren.

Das Informationsverständnis der Informationstheorie ist auf die statistische Natur von Informationsquellen und nicht auf individuelle Nachrichten ausgerichtet. Die Quantifizierung der Information erfolgt in Shannons Modell auch unabhängig von ihrem Trägersystem, also von nachrichtentechnischen, biologischen oder sonstigen Eigenschaften des Kanals. Nur das Rauschen als unvermeidliche Störgröße geht mit ein (Abb. 2.2). Daraus ergibt sich, dass die Information, ebenfalls unabhängig vom physischen Trägermedium, durch einen bewussten Informationsnutzer spezifiziert bzw. kodiert werden muss. Dieselbe Information kann in diesem Modell darüber hinaus mittels verschiedenster Übertragungswege transportiert werden. Die physikalischen Eigenschaften eines Übertragungsweges bestimmen die übertragbare Informationsmenge je Zeiteinheit. Sie haben jedoch

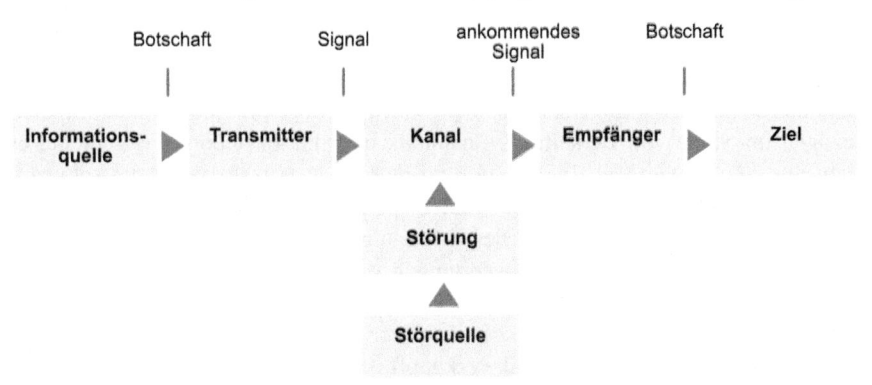

Abb. 2.2 Das Modell eines Übertragungsweges nach Shannon und Weaver Ein Signal - als Träger der Information - wird einer Übertragungsinstanz (Transmitter) übergeben und gelangt von dort auf den eigentlichen Übertragungskanal. Dieser arbeitet grundsätzlich unter Störeinflüssen. Das - wie stark auch immer gestörte -Signal gelangt zu einer Empfängerinstanz und wird dort dem Ziel der Information übergeben.

keinen Einfluss auf die Menge der semantischen Informationen, die kodiert sind bzw. werden können (Jaeger 2009).

Die Informationstheorie legt fest, dass Information an ihrer Wahrscheinlichkeit des Erscheinens gemessen wird. Der Logarithmus für die Summe der Wahrscheinlichkeiten, dass einzelne Zeichen aus einem erlaubten Satz von Zeichen – einem Alphabet – erscheinen werden, ist eine Messgröße für die Menge an Information, die aus dieser Zeichensequenz besteht.

Shannons Formel für Entropie – die Menge an Information – entspricht formell Ludwig Boltzmanns Formel für Entropie in der Thermodynamik. Bis auf die Boltzmann-Konstante und das negative Vorzeichen. Diese Gemeinsamkeit hat Diskussionen und Kontroversen bis in die heutige Zeit entzündet.

Je mehr Information eine Nachricht enthält, desto mehr „Überraschung" schafft sie auf der Empfängerseite. Weniger Überraschung führt zu einer hohen Wahrscheinlichkeit des Auftretens und vice versa. Lassen Sie uns annehmen, wir übertragen eine Sequenz von Bits. Ist die spezifische Sequenz einer Länge N vorher auf der Empfängerseite bekannt, wird keine Information übertragen. Sind alle Bits unabhängig voneinander gleichermaßen wahrscheinlich 0 oder 1, dann repräsentieren die N Bits Information die Menge an Information, die in Bits gemessen wird. Für eine zufällige Variante einer Sequenz von Bits, bei der jedes einzelne Bit (1, ..., N) auf der Empfängerseite mit der Wahrscheinlichkeit p(1), p(2), ..., p(N) erscheint, zeigte Shannon, dass die daraus resultierende Informationsentropie (H), die entstandene Menge an Information, gemessen in Bits, dargestellt werden kann als:

$$H = -\sum_{x=1}^{N} p(x) \log p(x)$$

Folglich kann Entropie als eine Methode zur Quantifizierung von Unsicherheit, nachdem x Zeichen empfangen wurden, verstanden werden. Im Prinzip kann jedes physikalische System in einem ausreichend stabilen Zustand benutzt werden, um binäre – oder anders strukturierte – Information zu übertragen.

Shannon bezeichnete die Wahrscheinlichkeit des Eintreffens eines bestimmten Zeichens auf der Empfängerseite als den Informationsgehalt, jedoch nicht inhaltsbezogen im Sinne von Bedeutung. Shannons Informationstheorie ermöglichte es nicht nur zum ersten Mal, Information zu messen, was bisher eher ein schwammiges Konstrukt gewesen war. Sie führte auch das Bit als Messeinheit und als kleinste Informationseinheit ein. Diese Messung und die Messeinheit bildeten das Fundament für umfassendere Anwendungen der Informationstheorie, und zwar weit über die Kommunikationstechnologie hinaus in Bereichen wie z. B. dem der biologischen Organismen. Anzumerken ist hier nochmals, dass diese Information nicht mit Bedeutung, also Semantik verknüpft ist.

> **Beispiel**
>
> Nehmen wir das Werfen einer Münze. Eine „gute" Münze fällt mit gleicher Wahrscheinlichkeit auf die eine oder die andere Seite. Dies wäre dann p(1) = ½ und p(2) = ½. Fügen wir die beiden Werte in die Gleichung ein und

2.3 Die Shannonsche Informationstheorie

berechnen das Ergebnis unter Verwendung des Logarithmus zur Basis 2, dann erhalten wir, nach dem Münzwurf, 1 Bit an Information. Dabei ist der Logarithmus von ½ gleich -1 und der Ausdruck dann $-(½ (-1) + ½ (-1)) = -(-1) = 1$.

Handelt es sich um eine „schlechte" Münze mit unterschiedlichen Eintrittswahrscheinlichkeiten für Kopf und Zahl, erhalten wir weniger als 1 Bit an Information. Landet immer eine Seite oben, ist die Unsicherheit bezüglich des Ergebnisses Null, die Shannon-Entropie Null und die gewonnene Information demzufolge auch Null.

Die Nutzung des „Bit" muss jedoch gut überlegt werden, denn es gibt hier zwei Interpretationen. Die beliebtere von ihnen legt fest, dass ein Bit ein Zwei-Zustände-System darstellt, das eine Unterscheidung in „da" und „nicht da" ermöglicht. In einer Interpretation, die der Sichtweise Shannons näherkommt, ist ein Bit eine binäre wahrscheinliche Variable mit gleichermaßen wahrscheinlichen Zuständen. Ein Bit ist dann die Entropie, die durch die Entscheidung zwischen beiden Zuständen entsteht. Es ist die Menge an gewonnener Information durch die Bestimmung des Zustandes. Die letztgenannte Sichtweise betont die Reduzierung von Ungewissheit durch das Treffen einer Wahl.

Die Entropie kann also als Eigenschaft angesehen werden, mit der die Reduzierung der Ungewissheit nach Eintreten von Zeichen x oder nach dem Auftreten von Ereignissen x zu quantifizieren ist.

2.3.2 Entropie – ein Begriff aus zwei Welten

Die Shannon-Information wird auch Shannon-Entropie genannt. Der Begriff der Entropie stammt aus der Statistischen Thermodynamik. Die Idee, ihn auch in der Informationstheorie zu verwenden, wird dem damals sehr einflussreichen ungarischen Physiker und „Vater der Computer-Architektur" John von Neumann (1903–1957) zugeschrieben. Dieser riet Shannon wegen der sehr starken Ähnlichkeit seiner Formel mit der von Ludwig Boltzmann zur Entropie in der statistischen Mechanik dazu, dies auch, weil – so von Neumann schlitzohrig – niemand genau wisse, was Entropie wirklich sei. Das würde Shannon einen taktischen Vorteil in der erwarteten Debatte zur Informationstheorie verschaffen (Floridi 2010).

Entropie der Statistischen Thermodynamik
Der damals führende Physiker, der Schotte James Clerk Maxwell (1831–1879), der Österreicher Ludwig Boltzmann (1844–1906) und der amerikanische Physiker Josiah W. Gibbs (1839–1903) begründeten die Statistische Thermodynamik (Abb. 2.3). Die Physik erhielt durch den Umgang mit Wahrscheinlichkeiten ein neues Gesicht. Materieansammlungen wie Gase wurden danach nicht in ihren Einzelbestandteilen, dem Verhalten der einzelnen Moleküle, sondern in ihrer statistischen Gesamtheit betrachtet. Man unterscheidet dabei zwischen den Makro- und den Mikrozuständen des Systems. Das System wird typischerweise als Gas angenommen. Die Makrozustände sind dann durch recht wenige Parameter wie Druck, Volumen und/oder Temperatur charakterisiert. Die Mikrozustände beschreiben die Teilchen, die Gasmoleküle also.

Abb. 2.3 Begründer der Thermodynamik. **a** James Clerk Maxwell (1831–1879) (© Fergus of Greenock / G.J. Stodart / Wikimedia Commons), **b** Ludwig Boltzmann (1844–1906) (© Archiv der Universität Wien), **c** Josiah W. Gibbs (1839–1903) (Wikimedia Commons)

Ihre Zustände sind durch individuelle Angaben zu den Impuls- und Ortskoordinaten definiert. Ein System dieser Art weist in aller Regel eine unvorstellbar hohe Zahl von möglichen Mikrozuständen auf. Ein Makrozustand kann daher nicht genau aus den Messungen der einzelnen Mikrozustände bestimmt werden, sondern ergibt sich aus einem Mittelwert. Die damit vorhandene teilweise Unkenntnis über die Eigenschaften des Systems wird durch eine statistische Betrachtung eingegrenzt. Man geht dabei davon aus, dass der makroskopische Wert einer Messung aus dem zeitlichen Mittelwert über die mikroskopischen Einzelwerte gewonnen werden kann, und dass alle Mikrozustände gleich wahrscheinlich sind.

Unter dieser Annahme lässt sich dann für ein geschlossenes System im Wärmekontakt mit einer Umgebung konstanter Temperatur die bekannte Formel für die Entropie bestimmen. Die Entropie S wächst dabei proportional zum Logarithmus der Zahl W der gleichwahrscheinlichen „Mikrozustände" eines Systems. Alle anderen Parameter wie Volumen und Teilchenzahl werden als konstant angenommen. Dabei ist k die Boltzmann-Konstante, die nach Ludwig Boltzmann benannt, jedoch nicht von ihm entwickelt wurde.

$$S = k_B \ln W$$

Die Entropie, die Wahrscheinlichkeit für einen Makrozustand, steigt mit dem Wachsen der Zahl W. Der Makrozustand mit dem größten Wert ist der wahrscheinlichste und kommt daher am häufigsten vor. In realen Systemen mit vielen Teilchen im Gleichgewicht gehören fast alle Mikrozustände zu demselben Makrozustand. Daher gilt, dass ein abgeschlossenes System dazu neigt, den wahrscheinlichsten Zustand – den mit maximaler Entropie – einzunehmen.

Diese Wissenschaftler definierten die Entropie als fundamentales Naturgesetz und schufen, darauf aufbauend, die Statistische Thermodynamik. Beide Theorien zeigen eine formale und inhaltliche Nähe zur Informationstheorie.

2.3 Die Shannonsche Informationstheorie

Shannon-Entropie

Shannons Formel für die Informationsmenge Entropie bzw. für die Shannon-Entropie ist, vom negativen Vorzeichen abgesehen, der Entropie, die Ludwig Boltzmann für die Statistische Thermodynamik definierte, sehr ähnlich. Diese Ähnlichkeit sorgt noch heute für intensive Diskussionen und Meinungsverschiedenheiten.

Die formal sehr ähnliche Berechnungsformel für die thermodynamische Energie war Ursache für die Namensgebung der Informationsentropie oder Shannon-Entropie. Dennoch sind beide Begriffe in zunächst sehr unterschiedlichen fachlichen Umgebungen angesiedelt. In der Thermodynamik bestimmt die Entropie die Wahrscheinlichkeiten von Mikrozuständen bzw. die Wahrscheinlichkeitsverteilung der Energiezustände eines materiellen Systems. Die Informationstheorie hingegen bestimmt als Entropie die Eintrittswahrscheinlichkeiten beliebiger, nicht weiter festgelegter Ereignisse. Insofern ist die Informationsentropie allgemeiner als die thermodynamische Entropie. Man kann dann also auch die informationstheoretische Entropie eines physikalischen Experiments bestimmen.

Die Entropie misst die potenzielle Information des Experimentators. Sie misst, so der Physiker Carl Friedrich von Weizsäcker (1912–2007) und der Philosoph Holger Lyre, wieviel derjenige, der den Makrozustand kennt, noch wissen könnte, wenn er auch jeden Mikrozustand kennen lernte (von Weizsäcker 1974; Lyre 2002). Bei zunehmender Entropie nimmt die Menge an Wissen zu, die der Kenner des jeweiligen Makrozustandes nicht hat, aber durch Messung des jeweiligen Mikrozustandes (prinzipiell) gewinnen könnte.

Die Entropie eines Zeichens

Shannon wertete die Wahrscheinlichkeit des Auftretens eines Zeichens als Informationsgehalt – im Sinne der Überraschung. Je seltener ein Zeichen, umso höher die Überraschung und umso höher der Informationsgehalt. Für den Informationsgehalt fand er die Maßeinheit „Bit", die er für diesen Zweck inhaltlich definierte. Nach eigenem Bekunden hatte er die Bezeichnung vom Princeton-Statistiker John W. Tukey (1915–2000) übernommen – der übrigens auch den Begriff „Software" prägte. Die Namensgebung „Bit " soll in der bewussten Cafeteria der Bell Labs geschehen sein, in der Shannon und Turing ihre Gespräche führten. Eine Runde von Wissenschaftlern äußerte milde Kritik an dem etwas umständlichen und wenig aussagekräftigen Ausdruck „binary digit", also Binärzahl. Tukey, der am Rande zuhörte, meinte nonchalant, dass es doch offensichtlich sei, dass der Begriff sich wunderbar auf „bit" kürzen ließe. So ist es dann auch geschehen.

Shannon definierte die Entropie eines Zeichens x, also den Informationsgehalt I(x), als

$$I(x) = -\log_2 (p(x)) \text{ (mit der Basis 2 gemessen in Bit.)}$$

Das Zeichen x steht für ein eintreffendes Zeichen bzw. ein eintretendes Ereignis. Der Informationswert selbst wird durch das Minuszeichen zu einer positiven reellen Zahl.

Der Begriff Bit wird auch als Informationsmenge digital repräsentierter Daten verstanden. Treffen zwei Ereignisse bzw. Zeichen mit gleicher Wahrscheinlichkeit ein, liegt ein Bit Information vor. Trifft ein Zeichen seltener ein, sind es mehr Bit, und trifft ein Zeichen mit Sicherheit, also Wahrscheinlichkeit p(x)=1 ein, so sind es Null Bit Information (Abb. 2.4). Dabei ist die Informationsmenge, ein Vielfaches von 1 Bit, maximal, wenn alle Daten gleichwahrscheinlich repräsentiert sind. Ein Bit, dann üblicherweise „0" oder „1", dient auch als Bezeichner einer Stelle in einer Binärzahl. Solche binären Zeichensätze findet man beim Münzwurf ebenso wie in nahezu der gesamten Digitaltechnik, also in der Multimediatechnik, in modernen Telefonen und in (fast) allen Computern.

Diese Shannon-Entropie eines Zeichens drückt im Kern die Ungewissheit darüber aus, welches Zeichen x als nächstes beim Empfänger aus dem Kanal zu erwarten ist. Die Entropie entspricht maximal der Anzahl an Bits, die für die Darstellung (Codierung) der Information aufgewendet wird. Will man nun die Entropie für eine Zeichenquelle bestimmen, ergibt sie sich aus der Summe der Entropien jedes einzelnen Zeichens.

Der Informationsgehalt wird auch als diejenige Menge von Ja/Nein-Entscheidungen betrachtet, die benötigt wird, um ein Ereignis von anderen Ereignissen zu unterscheiden. Als Beispiel stelle man sich einen Behälter mit verschiedenfarbigen Kugeln vor. Die Information wäre dann die minimale Anzahl der Bits, um z. B. das Ziehen einer grünen Kugel zu repräsentieren. Oder mit anderen Worten, durch diese Bits wird die Auswahl einer andersfarbigen Kugel unterschieden.

$$I(x) = \log_2(p_x)$$

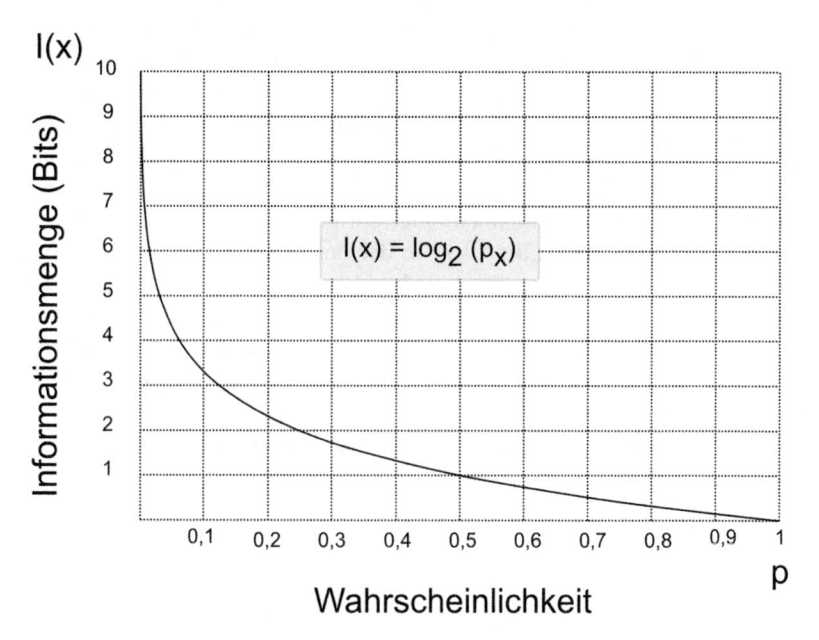

Abb. 2.4 Die Informationsmenge eines Zeichens hängt von der Wahrscheinlichkeit ab, mit der es auftritt. Ist es sicher (p(x)=1), dass ein Zeichen auftritt, ist keine Information damit verbunden, bei einer 50/50-Chance (p(x)=0,5) ist die Informationsmenge (bei binären Zeichen) 1. Je unwahrscheinlicher das Auftreten wird, desto höher ist die Informationsmenge des Zeichens

2.3 Die Shannonsche Informationstheorie

Die Entropie einer Zeichenquelle

Die Shannon-Entropie löste eine Debatte darüber aus, inwieweit die Ähnlichkeit der Formeln eine Übertragung der Erkenntnisse zwischen Thermodynamik und Informationstheorie und umgekehrt zulässt. Sie dauert bis heute an.

Häufig spricht man auch von Informationsentropie (Hägele 2005). Die Informationsentropie ist kein Maß für die aktuell vorliegende Information, sondern, weil sie ja auf Eintrittswahrscheinlichkeiten beruht, ein Maß für künftige Information (Abb. 2.4). Sie ist ein Maß dessen, was man durch das Eintreffen des Zeichens oder nach dem Ausführen eines Experiments erfahren kann, und damit ist sie das Maß für eine überwindbare Ungewissheit, mithin also potenzielle Information, nicht aktuelle Information (von Weizsäcker 1973).

Jedes physikalische System, in dem zwei hinreichend stabile Zustände als binäre Zeichen gewertet werden können, kann im Prinzip zur Übertragung bzw. Weitergabe eines Bits genutzt werden. Der Vorzug eines binären Systems gegenüber einem mit drei oder mehr Zuständen ist seine Einfachheit als kleinstes nutzbares System. Daraus ergibt sich die 2 als logarithmische Basis in der Informationstheorie. Der Logarithmus wurde verwendet, um die u. U. große Zahl der Zustände kompakt darstellbar zu halten. Für die Darstellung binärer Zustände wurde diese Methode bereits vor Shannons Informationstheorie verwendet (Jaeger 2009).

Vereinbarungen über den Kontext

Der Informationsgehalt einer Nachricht hängt dabei wesentlich vom vereinbarten Code ab, der zu ihrer Übermittlung herangezogen wird. Vorausgesetzt ist natürlich, dass der Code auf einer Vereinbarung beruht, die es Sender und Empfänger ermöglichen, den Inhalt zu verstehen. Bereits Shannons Kollege Weaver wies darauf hin, dass man die gesamte Bibel mit lediglich einem Bit „übertragen" kann, wenn eine Vereinbarung zum Lesen der in ihr enthaltenen Zeichen fehlt. Die gewonnene Information wäre dann in etwa die Klärung des Unterschieds „Bibel da/Bibel nicht da". Hätte man allerdings so eine Vereinbarung, könne man das Buch mit seinem dann sehr viel größeren Informationsgehalt auch lesen. Die vielen übertragenen Zeichen wären nicht redundant, sondern interpretierbar (Weaver 1949).

Redundante Information

Viel Shannon-Entropie ist spannend, wenig davon drückt Langeweile aus. Weiß man wenig über das Eintreffen eines Ereignisses, ist die Wahrscheinlichkeit dafür gering und die Shannon-Entropie hoch. Umgekehrt bedeutet ein sicheres Vorwissen, verbunden mit einer hohen Eintrittswahrscheinlichkeit, wenig Shannon-Entropie.

Enthält eine Nachricht viel voraussagbare, redundante Information, können wir diese eliminieren, ohne den Informationsgehalt zu verändern. Die Shannon-Information ändert sich dadurch nicht, die Zahl zu übertragender Bits jedoch kann reduziert werden.

Die Shannon-Entropie kann daher als eine untere Grenze gesehen werden, bis zu der Daten aus einer Nachricht entfernt werden dürfen, ohne dass diese dadurch verfälscht wird. Shannon wies nach, dass eine verlustfrei komprimierte Nachricht, also eine, aus der redundante Daten entfernt wurden, im Mittel nicht mehr als ein Bit Shannon-Entropie pro Daten-Bit enthält.

Wie viel Shannon-Entropie enthält die deutsche Sprache?
Weil die Auftrittswahrscheinlichkeiten der Zeichen des Alphabets bekannt sind und die Untersuchungen dazu auch auf Buchstabenkombinationen ausgedehnt wurden, kennt man die Shannon-Entropie der deutschen Sprache. Sie liegt bei 1,5 Bit je Buchstabe und bei einer Redundanz von 3,2 Bit je Buchstabe. 68 % aller Buchstaben in einer Nachricht könnte man im Mittel weglassen und immer noch die vollständige Nachricht übrig behalten.

Aus der Shannon-Entropie kann man auch einen Eindruck von der Sicherheit eines Passwortes ableiten. Beschränkt man sich auf die 26 Zeichen des Alphabets und lässt Groß-/Kleinschreibung sowie Zufallskombinationen unberücksichtigt, erhält man für ein 10 Bit langes, deutsches Passwort einen Informationsgehalt bzw. eine Shannon-Entropie von 15 Bit. Dies würde etwa 33.000 verschiedene Varianten für ein Passwort bedeuten – nicht viel, wenn man einem Programm die Aufgabe überlässt, es zu knacken (Fox 2008).

2.3.3 Entropie oder Information?

Seitdem der Begriff Entropie durch Rudolf Clausius (1822–1888) vor bald 150 Jahren eingeführt wurde, galt er als recht unverständlich, ja mystisch. Als Shannon dem Rat von Neumanns folgte, ihn auch in der Informationstheorie zu verwenden, trug dies zunächst nicht zur Erhellung bei. Im Gegenteil, seine Übertragung von der Thermodynamik auf die Informationstheorie sorgte für zusätzliche Verständnisprobleme und erneute Verwirrung.

Unter dem Titel „Lebe wohl Entropie: Statistische Thermodynamik auf der Grundlage von Information" („A Farewell to Entropy: Statistical Thermodynamics Based on Information") liefert der israelische Wissenschaftler Arieh Ben-Naim von der Hebrew University of Jerusalem gute Gründe, warum es besser wäre, den Begriff nicht zu verwenden. Er schlägt stattdessen vor, schlicht von „Information", spezifischer von „nicht vorhandener Information" oder von „Unsicherheit" zu sprechen. Er geht so weit, den Spieß auch gegen die Thermodynamik umzudrehen und auch dort die fundamentale Größe der Entropie durch die Information zu ersetzen (Ben-Naim 2008).

Ähnlich argumentiert Luciano Floridi von der Universität Oxford in seiner „Philosophie der Information" (Floridi 2011). Auch Floridi stellt den Aspekt des „Unwissens" angesichts der Zustandsvielfalt und -unbestimmtheit in thermodynamischen Systemen auf eine Stufe mit der „Unsicherheit" angesichts des Eintreffens von Zeichen aus einem Kanal bei einem Empfänger. In beiden Situationen, bei den Molekülen eines Gases wie auch bei zufällig auftretenden Zeichen, erreicht die Entropie ihr Maximum im extremen Fall einer Gleichverteilung.

Floridi charakterisiert diese Zustände nicht mit „Unordnung", weil der Begriff für ihn nicht hinreichend definiert ist. Vielmehr spricht er von der „Aufgemischtheit" *(mixedupness)*, einer Eigenschaft, die allerdings ihrerseits recht unbestimmt bleibt.

Floridi und Ben-Naim stehen beispielhaft für die weiterhin bestehende Diskussion und leider auch Konfusion bei der Begriffsdeutung der Entropie im Zusammenhang mit der Information. Einen versöhnlichen Weg bietet Floridi jedoch auch an. Er vermerkt, dass in der Thermodynamik mit steigender Entropie die Verfügbarkeit von Energie sinkt. Mit anderen Worten: Hohe Entropie bedeutet ein hohes Defizit an Energie. Ähnlich kann man in der Informationstheorie argumentieren. Viel Shannon Entropie kann mit einem hohen Defizit an Information gleichgesetzt werden. Dann war, so Floridi, der Vorschlag von Neumanns gegenüber Shannon, die Information als Entropie zu bezeichnen, doch gut begründet.

Der Quantenphysiker Erwin Schrödinger hatte eine eigene Interpretation der Entropie (Schrödinger 1989). Er schlug vor, dass Leben, um existieren zu können, Entropie an sein Umfeld abgibt, um seine eigene Entropie zu verringern. Er bezeichnete den entstehenden Zuwachs als „Negentropie". Organismen funktionieren wie thermodynamische offene Systeme. Nach Schrödinger wird Negentropie von diesen Organismen (Körpern) als Information gespeichert, die in diesem Sinne Ordnung und Struktur darstellt. Er war also überzeugt, Leben nimmt Negentropie – also Ordnung und Struktur – aus der Umgebung auf und speichert sie als Information (Müller und Schmieder 2008). Der Biochemiker Antony Crofts warnt, dass Information und Negentropie nicht synonym verwendet werden dürfen, so lange Information Semantik enthalten soll (Crofts 2007). Im Falle von Semantik bedarf es eines Empfängers, der in der Lage ist, die eingehende Information in ihrer Bedeutung zu verstehen.

2.3.4 Die Grenzen der Informationstheorie

Bei seiner Untersuchung der Kommunikation, d. h. der technischen Übertragung von elektromagnetischen Signalen von einem Sender zu einem Empfänger unter Verwendung eines „Kanals", entschied sich Shannon für einen überaus originellen Weg, der seine Problemstellung handhabbarer machte. Er ließ alle Aspekte im Zusammenhang mit Syntax, Semantik und Pragmatik – also die Eigenschaften der Sprache, die ja letztlich kommuniziert werden soll – einfach weg. Das klingt zunächst kurios, bedeutet aber geradezu einen Geniestreich. Shannon interessierte nicht der Sinn einer Nachricht, sondern ihr abstrakter Wert. Die amerikanische Informationswissenschaftlerin Marcia J. Bates stellt fest, dass es eigentlich diese Reduzierung des Informationsbegriffs auf das Nichtinhaltliche war, was der Diskussion zur Information Auftrieb verlieh. Endlich war etwas Handfestes mit dem Begriff zu verbinden (Bates 2010) - wenn auch um den Preis des Verlustes der Bedeutung.

Shannon entkleidete gewissermaßen den Informationsbegriff, indem er seine Bedeutung entfernte. Was übrig blieb, war ein Gerüst aus zunächst bedeutungslosen Signalen, sogenannten Nutzsignalen oder Daten. Und natürlich das

„Rauschen", Störsignale, die man in jedem Kommunikationskanal findet. Das Grundrauschen entstammt den physikalischen Eigenschaften der Übertragungswege und wird z. B. durch immer vorhandene atmosphärische Entladungen verursacht. Dazu kommen Störsignale, verursacht von anderen Sendern oder durch Blitze. Es war natürlich die möglichst optimale Übertragung der Nutzsignale, die Shannon besonders interessierte.

Wie bereits aus verschiedenen Perspektiven beleuchtet, stiftet die gemeinsame Verwendung des Terminus Information sowohl für Signale mit Bedeutung als auch für Signale ohne Bedeutung eher Verwirrung als dass sie für Klarheit sorgt. Daher werden zuweilen für die Shannon-Information Bezeichnungen wie etwa „Information (t)" verwendet, um den technischen Kontext ohne Semantik zu kennzeichnen (Timpson 2013). Andererseits sind die Signale, für die Shannon ein Maß gefunden hatte, natürlich immer an Bedeutung gebunden – sonst wären sie ja lediglich bedeutungslose Daten. Wir werden im Folgenden, wenn die Information im Sinne der Informationstheorie Shannons gemeint ist, diese auch so nennen oder als Shannon-Information (I_S) oder als Shannon-Entropie bezeichnen. Der Begriff ohne Zusatz – die vorherrschende Variante in diesem Buch – beinhaltet Bedeutung und damit Syntax, Semantik und Pragmatik.

Warren Weaver, Claude Shannons Ko-Autor der mathematischen Theorie der Kommunikation *(The Mathematical Theory of Communication)*, lieferte neben einer allgemeinverständlichen Darstellung der Informationstheorie eine Abgrenzung derselben (Shannon und Weaver 1949). Diese leider bis heute gern ignorierte Grenzziehung zeigt deutlich, wofür die Informationstheorie gedacht und geeignet ist und wofür nicht. Weaver unterscheidet drei Ebenen A, B und C, die er als Bestandteile einer umfassenden Theorie der Kommunikation von Signalen bzw. Information sieht.

Ebene A beschreibt die technische Problemstellung. Hier wird die Übertragung von Signalen von einem Sender zu einem Empfänger über den oben beschrieben Kommunikationskanal behandelt. Die Signalmengen sind recht beliebig zu wählen, sie können aus Telefongesprächen, aus dem Internet oder einem biologischen Organ, wie beispielsweise dem Gehirn, stammen.

Ebene B behandelt das Verstehen und die Interpretation der Bedeutung der Signale für einen Empfänger im Vergleich mit der beabsichtigten Bedeutung durch den Sender der Signale. Auf der Ebene B ist also die Präzision der Übertragung von Semantik der Signale angesiedelt. Bleibt die Bedeutung durch die Übertragung unverändert erhalten, handelt es sich um einen guten Übertragungsweg.

Ebene C schließlich ist der Effektivität vorbehalten, insbesondere der Frage, wie die Bedeutung in Verhalten übertragen wird. Weaver hat hier offenbar ein Aktionsmodell vor Augen, in dem Information immer zu einer wie auch immer gearteten Aktion führt.

In einer kritischen Bemerkung zur Informationstheorie als Ganzheit vor dem Hintergrund dieser drei Ebenen betont Weaver, dass sie auf den ersten Blick enttäuschend und bizarr sei. Enttäuschend, weil die Bedeutung der Information ausgeschlossen sei, und bizarr, weil die Theorie nicht einzelne Nachrichten behandeln würde, sondern den statistischen Charakter ganzer Ensembles von Nachrichten. Bedeutung bezieht sich, wie Weaver betont, auf eine Vereinbarung zwischen Sender und Empfänger.

Auch wenn die Informationstheorie auf die Weaver-Ebene A reduziert ist, so hat sie über die Jahre eine ständige Ausdehnung ihrer Anwendungsbereiche erfahren. Zunächst als Mittel zur Technologieplanung gedacht, ist sie heute aus den Naturwissenschaften nicht mehr wegzudenken. In allen Bereichen lässt sich die Struktur des Shannon-Kommunikationskanals wiedererkennen und die Informationstheorie als Modellierungswerkzeug einsetzen.

Weaver gab seiner Hoffnung Ausdruck, dass sich die Informationstheorie in den darauffolgenden Jahren dahin gehend vervollständigen würde, dass die Ebenen B und C berücksichtigt werden könnten (Shannon und Weaver 1949). Seine Hoffnung trog leider, denn eine solche Vervollständigung blieb bis heute aus. Es ist vielmehr so, dass der Begriff Information recht zügellos verwendet wird, und zwar nahezu immer, ohne auf die ausgebliebenen Aspekte hinzuweisen.

Die Informationstheorie war dennoch ein weit größerer Sprung vorwärts als damals vorhersehbar, denn die Theorie half nicht nur dabei, das bislang sehr schwammige Konzept von Information zu schärfen, sondern sie konnte auch unerwartet breit eingesetzt werden. Das ursprüngliche Anwendungsgebiet wurde weit über den ursprünglichen Bereich der Kommunikationstechnologie auf Gebiete wie die der Physik und der Biologie ausgedehnt.

2.4 Alternativen und Ergänzungen zur Informationstheorie

Die wahrscheinlichkeitsbasierte und Bedeutung bewusst ausgrenzende Informations- und Kommunikationstheorie von Shannon und Weaver wurde später um Theorieansätze zur Komplexität und zur Semantik ergänzt. Besonders sind die Arbeiten von Kolmogorov, Chaitin und Solomonoff sowie von Carnap und Bar-Hillel zu nennen, auf die im Folgenden kurz eingegangen wird.

2.4.1 Die Kolmogorov-Komplexität

Beginnen wir mit Andrei N. Kolmogorov. Ein weiteres Maß für Information – wieder ohne Berücksichtigung von Bedeutung – stammt vom diesem russischen Mathematiker (1903–1987). Er widmete sich der Frage, welche Aussagen man zur Komplexität von Information treffen kann und wie sie messbar zu machen ist. Unter der Bezeichnung Kolmogorov-Komplexität wird dazu die Länge des kürzesten Algorithmus, der eine bestimmte Zeichenfolge erzeugt, definiert (Kolmogorov 1965). Unabhängig von Kolmogorov formulierten der Argentinier Gregory C. Chaitin (Chaitin 1977) – und auch der US-Amerikaner Ray Solomonoff (1926–2009) – ähnliche Thesen.

Entspricht die Kolmogorov-Komplexität der Länge der Zeichenfolge, dann ist die Zeichenfolge nicht komprimierbar oder sie ist zufällig entstanden. Allgemeiner ausgedrückt bedeutet dies, je „zufälliger" eine Zeichenfolge, desto mehr Information enthält sie. Dies deckt sich mit Shannons Informationstheorie. Auch hier gilt, dass eine hohe Komplexität der Zeichenfolge mit einem hohen Informationsdefizit und damit einer hohen Entropie gleichgesetzt werden kann.

Aus einer bewertenden Perspektive der eingesetzten und der denkbaren Algorithmen ist die Kolmogorov-Komplexität von hohem Interesse. Der minimale Aufwand in Rechenschritten zur Erzeugung einer Information oder eines Informationsobjekts (Zeichenfolge, Algorithmus, Zahl etc.) kann damit bewertet werden. Sie stellt damit einen Zusammenhang zwischen der Komplexität bzw. der Länge eines Algorithmus und einem zu erzeugenden Informationsergebnis her. Ein Ergebnis, das sehr lange Algorithmen zwingend notwendig macht, enthält viel Information. Immer wieder die gleiche Zahl zu drucken ist z. B. wenig komplex und erzeugt ein Ergebnis mit geringem Informationswert, wohingegen eine Zahl, die nur schwer aus anderen Werten berechnet werden kann, einen hohen Informationswert besitzt.

Kolmogorov setzte die Berechenbarkeit durch Algorithmen mit der Turingmaschine und damit mit den Arbeiten zum Entscheidungsproblem des österreich-tschechisch-amerikanischen Mathematikers Kurt Gödel (1906–1978) sowie mit der Informationstheorie in Beziehung. So konnte er zeigen, dass es nicht grundsätzlich berechenbar ist, ob eine gegebene Zeichenkette weiter komprimierbar ist und ob es dafür einen Algorithmus gibt.

Die minimale Anzahl von Bits der Kolmogorov-Komplexität gibt auch die Antwort auf die Frage nach der maximalen Komprimierbarkeit von Daten und Algorithmen. Der Unterschied zur Shannon-Entropie liegt somit in der Betrachtung der Eigenschaft individueller Informationsobjekte – welchen Umfang müssen diese mindestens haben, um aus einer komprimierten Form die Originalform zurückzugewinnen? Shannon hingegen betont die Konzentration auf die Kommunikation von Information (Grünwald und Vitányi 2010).

2.4.2 Semantische Information nach Bar-Hillel und Carnap

Einen wahrscheinlichkeitsbasierten Ansatz zur Definition semantischer Information verfolgten der deutsch-amerikanische Philosoph Rudolf Carnap (1891–1970) und der israelische Philosoph Yehoshua Bar-Hillel (1915–1975). Er war als Ergänzung der Informationstheorie von Shannon und Weaver gedacht und verwendete das inverse Beziehungsprinzip *(Inverse Relationship Principle, IRP)* (Barwise 1997). Danach verhält sich die Informationsmenge, die mit einer Aussage verbunden wird, invers zur Wahrscheinlichkeit der Richtigkeit dieser Aussage. Je mehr man also über den Inhalt, die Semantik, weiß, umso geringer ist die Information, die sie enthält. Die Informationsmenge, die mit einer richtigen Aussage assoziiert ist, nimmt mit steigender Wahrscheinlichkeit der Richtigkeit dieser Aussage ab.

Im Kern wird der semantische Inhalt einer Aussage p als Komplement der A-priori-Wahrscheinlichkeit P der Aussage p gemessen:

$$\text{CONT}(p) = 1 - P(p)$$

Dabei ist CONT der semantische Inhalt (Content) von p, wobei p eine Menge von Sätzen, Ereignissen, möglichen Worten etc. sein kann. CONT(p) ist ein Maß für die Wahrscheinlichkeit, dass p nicht eintritt bzw. nicht wahr ist. Also wird ein unwahrscheinliches p einen hohen semantischen Gehalt aufweisen. Tautologien wie „alle Raben sind Raben" müssen wahr sein, sind also sehr wahrscheinlich bzw. sicher. Sie tragen nach diesem Ansatz keine semantische Information weil CONT(p) = 1–1 = 0. Sich widersprechende Aussagen wie „Alice ist nicht Alice" müssen falsch sein und damit eine Wahrscheinlichkeit von 0 aufweisen. Dies allerdings ergibt den höchsten semantischen Informationswert von CONT(p) = 1–0 = 1. Hier wird das bekannte Bar-Hillel-Paradox sichtbar. Je unwahrscheinlicher eine Aussage ist, umso größer ist ihr semantischer Informationswert, je wahrscheinlicher eine Aussage, umso geringer ihr semantischer Informationswert. Carnap und Bar-Hillel betonen, dass semantische Information in diesem Sinne nicht den Wahrheitsgehalt von Aussagen bemisst. Ein falscher Satz kann hochinformativ sein. Ob die Aussagen richtig oder falsch sind, wissenschaftlich wertvoll oder nicht, interessiert dabei nicht (Carnap und Bar-Hillel 1952).

2.5 Hypothesen zur Rolle der Information in der Natur

Wie dargestellt, kennt der Informationsbegriff viele Verwendungen. Nicht zuletzt deswegen ist er so schwer zu fassen. In unseren Ausführungen bleiben Aspekte in sozialen, psychologischen, zwischenmenschlichen oder journalistischen Kontexten ausgeklammert. Wir wollen uns einzig auf naturwissenschaftliche Aspekte konzentrieren, die mit unserer Frage, wie die Informationsbedeutung zustande kommt, ursächlich zusammenhängen. Dabei werden im vorliegenden Abschnitt Zusammenhänge mit Energie, Evolution und Erkenntnis thematisiert. Außerdem bedenken wir Zusammenhänge des Informationsbegriffs mit der Bedeutung selbst.

2.5.1 Information, Kausalität und Erkenntnis

Fangen wir mit der Selbstorganisation an. Der Gedanke, dass Strukturen aus sich selbst heraus entstehen und dauerhaft bleiben, kommt uns vor wie gute Science-Fiction. Und doch gibt es viele Hinweise, dass so etwas geschieht. Auch experimentell lassen sich Vorgänge zeigen, die kaum anders erklärt werden können. Als einer der Wegbereiter der Idee der Selbstorganisation oder Selbsttransformation gilt der belgisch-russische Physiker, Chemiker und Nobelpreisträger Ilya Prigogine (1917–2003). Er stellte eine Verbindung zwischen der Allgemeinen Systemtheorie und der Thermodynamik her. Die von ihm postulierten Dissipativen

Strukturen beschreiben das Verhalten von Systemen, die weit von einem thermischen Gleichgewicht entfernt sind. Beispiele sind Zyklone und lebende Organismen. Auch Bénard-Zellen, die sich in vertikalen Konvektionsströmungen in von unten erhitzten Flüssigkeiten als wabenförmige Strukturen an der Oberfläche ausbilden, gehören dazu. Dissipative Systeme, so Prigogine, zeigten Eigenschaften der Selbstorganisation. Lebende Organismen sind Dissipative Systeme.

Stabile Strukturen könnten, so Prigogine, an der Grenze zwischen geschlossenen Systemen, für die der Zweite Hauptsatz der Thermodynamik und damit der Ausschluss von Entropieabnahme gilt, und offenen Systemen, die mit ihrer Umwelt Energie und Materie austauschen, entstehen. Kennzeichnend für diese Systeme ist ihr Ungleichgewicht. Gerade dieses Ungleichgewicht, wie in Experimenten mit den wabenförmigen Bénard-Zellen, die bei der Erhitzung bestimmter Flüssigkeiten auftreten können, gezeigt wurde, lässt komplexe und stabile Strukturen entstehen. Das Leben selbst gehört grundsätzlich dazu und scheint im Widerspruch zu den thermodynamischen Gesetzmäßigkeiten zu stehen. Organismen – also offene Systeme – sind in der Lage, Eigenschaften wie Konzentrations- und Temperaturunterschiede über längere Zeit aufrechtzuerhalten und sich der Entropiezunahme entgegenzustellen, sofern sie ständig Energie mit der Umgebung austauschen können.

Wo Strukturen entstehen, ist die Entstehung von Information nicht weit. Voraussetzung ist dann allerdings, dass die Strukturen von jemandem oder etwas wahrgenommen werden, der oder das Informationen interpretiert und ihnen so eine Bedeutung gibt. Was von selbst entsteht, wirft Fragen nach den Ursachen dafür auf. Der Widerspruch zwischen „von selbst entstehen" und „Ursache" liegt auf der Hand, aber der Mensch fragt nun einmal gerne nach. Kausalität – und damit Ursache und Wirkung – beschäftigte bereits die griechischen Philosophen. Platon und Aristoteles legten die Grundlagen für vier Ursachen oder Gründe. Die „causa materialis", „causa formalis", „causa efficiens" und „causa finalis" wurden insbesondere im Mittelalter gerne als Erklärungsmuster herangezogen. Leibniz ging später den Ursachen weiter auf den Grund. Er war der Ansicht, dass eine Ursache einen „hinreichenden Grund" haben müsse. Alles, was existiert, hat eine hinreichende Existenzbegründung. Daraus folgt dann auch, dass es einen fundamentalen Grund geben muss, warum überhaupt etwas existiert – Ursachen wurden und werden gerne Gott oder einer göttlichen Kraft zugeschrieben, so z. B. von Spinoza, aber auch heute noch in den vielen Religionen unserer Welt.

Der britische Philosoph David Hume (1711–1776) hingegen lehnte die Vorstellung einer unabdinglichen Verknüpfung von Ursache und Wirkung ab. Ihm zufolge liegt erkenntnistheoretisch kein Anlass dafür vor. Die Notwendigkeit ergibt sich, so Hume, lediglich aus unserer Gewohnheit, etwas als zwingend folgerichtig zu sehen, was regelmäßig auftritt. Er schreibt: „Wenn aber viele gleichförmige Beispiele auftreten und demselben Gegenstand immer dasselbe Ereignis folgt, dann beginnen wir den Begriff von Ursache und Verknüpfung zu bilden. Wir empfinden nun ein neues Gefühl …; und dieses Gefühl ist das Urbild jener Vorstellung, das wir suchen" (Hume 1993).

2.5 Hypothesen zur Rolle der Information in der Natur

Anderer Meinung war Immanuel Kant (1724–1804), für den die Kausalität eine Notwendigkeit ist. Der Kausalgedanke, so Kant, sei Bestandteil der inneren Struktur der Erkenntnis. Ohne ihn könne man die Welt nicht verstehen und nicht erklären. Er zieht als Begründung die Abfolge der Zeit heran und die Spur, die ein aufprallender Gegenstand auf einem anderen hinterlässt. Der damit zusammenhängende Wahrnehmungs- und Erkenntnisprozess wiederum ist die Voraussetzung für die Fähigkeit, erfolgreich auf die Natur einwirken und in ihr überleben zu können. Kausalität muss a priori vorhanden sein. Dieser Auffassung haben sich die Naturwissenschaften weitgehend angeschlossen. In der Quantenphysik sind – in bestimmten Interpretationen – die Vorgänge mit Wahrscheinlichkeiten verbunden und nicht zwingend deterministisch. Daher ist Kausalität eingeschränkt, nämlich durch Wahrscheinlichkeiten. Das Kausalitätsprinzip ist jedoch weiterhin die Grundlage aller Naturgesetze. Man muss die Ursache kontrollieren oder erzeugen, damit ein Effekt, eine Wirkung stattfinden kann. Wenn ich „dies" tue, wird die Natur „so" antworten.

Die Ursache und der Urgrund für die Entwicklung der Welt, wie sie sich der Wissenschaft zeigt, werde vermehrt in der Evolution gesucht, so der ungarische Philosoph Ervin László. Er sieht in ihr die Quelle unveränderlicher Muster, die die Entwicklung der Welt durchgängig bestimmen und steuern. Sie hat sich zu einem neuen Paradigma der Wissenschaft entwickelt, das weit über die biologische Entwicklung hinausgreift. In diesem Bild liegt das zentrale Interesse der Wissenschaft, nicht in einem fundamentalen Element wie Materie, Energie oder auch Information, aus dem die Vielfalt der Welt entstand und zu dem diese Vielfalt reduziert werden kann. Vielmehr sind es fundamentale Muster in immer stärkeren Variationen und diversifizierten Transformationen. Nicht die Formeln von Biologie und Physik werden gesucht, sondern ein Muster, das jede empirische Disziplin umfasst und durchdringt (László 1999). Diese Rolle, so László, könne die Evolution übernehmen. Nicht ein bestimmtes Element, eine Zelle oder sonstige „Basiseinheit", sondern das Muster irreversiblen Wandels, das sich in allen Systemen und Organismen manifestiert, sei das Schlüsselkonzept der Evolution – weit jenseits eines thermodynamischen Gleichgewichts.

László ist überzeugt, dass die von ihm postulierte Invariante die Ordnung des Wandels – also die Evolution – selbst ist. Evolution sieht er als eine sich entfaltende Ordnung, eine Ordnung, die Ordnungen sichtbar macht, wenn sie im Universum in Erscheinung treten. Die Entstehung der ersten dieser Ordnungen sieht er in dem Zeitpunkt 10^{-33} Sekunden nach dem Urknall. Eine weitere, entscheidende Ordnung zeigte sich vor etwa vier Milliarden Jahren mit dem Entstehen des Lebens und seinen Fähigkeiten zur Selbstreproduktion und zum Überleben in offenen thermodynamischen Systemen. Eine dritte, von ihm angeführte Ordnung ist die der menschlichen Welt, des Denkens, des Fühlens und der Intuition, die ihren Ausdruck in Gesellschaften und Kulturen findet.

Information wiederum, so der österreichische Informatiker Peter Fleissner, sei Mittler zwischen Ursache und Wirkung und damit unmittelbar mit der Kausalität verbunden (Fleissner 1999). Mehr noch, die Kausalität der Information sei unabhängig von den Erhaltungssätzen für Energie, Impuls, Ladung etc., denn weder sei die Wirkung auf ein einzigartiges Ereignis beschränkt, noch sind Typ und Qualität der Wirkung festgelegt. Fleissner weist auch auf Ähnlichkeiten zwischen Informationsprozessen und physischen Prozessen hin. Informationsprozesse mit ihren Eigenschaften von Syntax, Semantik und Pragmatik können viele Rollen einnehmen, wie sie heute noch als physische bzw. materielle Prozesse, z. B. in industriellen Umgebungen, existieren. Automatisierte Fertigungsstraßen, programmierbare Maschinen und PCs reagieren vorhersagbar auf eintretende Ereignisse. Ihre Unabhängigkeit von den Erhaltungssätzen macht die Informationsprozesse zur Steuerung solcher Prozesse sehr viel attraktiver als die bisherigen physikalischen Regelinstanzen (Fliehkraftregler oder mechanisch kontrollierte Webstühle).

2.5.2 Information und Energie

In der Informationstheorie bleibt nicht nur die Frage nach der Bedeutung unbeantwortet, sondern auch, ob sich Information als reales Phänomen irgendwie bemerkbar macht. Der Energieverbrauch, von großen Rechenzentren bis hin zu Laptops und sonstigen elektronischen Geräten, weist darauf hin. Die Wärmeentwicklung ist wegen der großen Zahl der weltweit existierenden Geräte in der Summe immens. Der Umgang mit Information (ver-)braucht also viel Energie.

Dass man diesen Hinweis nicht einfach als einen lästigen Sekundäreffekt ignorieren kann, der vielleicht irgendwie mit – noch vorhandenen aber bald zu behebenden – Schwächen der verwendeten Technik zu tun hat, zeigt eine Debatte, die auch wegen ihrer pittoresken Hauptperson, dem fiktiven Dämon von Maxwell, bekannt wurde. Dieses Gedankenexperiment, das wir an anderer Stelle ausführlich beschreiben, spielte sich vor dem Hintergrund der Thermodynamik ab, die sich mit der Umwandlung von Energie beschäftigt. Kinetische, mechanische, chemische oder elektrische Energie geht – in einem isolierten System – nicht verloren, wie uns der Energieerhaltungssatz lehrt, sondern wird bei der Verrichtung von Arbeit in andere Energieformen umgewandelt.

Luciano Floridi betont die Ambivalenz, mit der Energie und Information in der Thermodynamik betrachtet werden (Floridi 2010). Auf der einen Seite erscheinen Informationsprozesse offensichtlich als physisch, weil sie auf Energieumwandlung (beispielsweise Strom in Wärme) beruhen. Auf der anderen Seite hängt die „Qualität" thermodynamischer Prozesse in direkter Weise von einem mehr oder weniger intelligenten Umgang der dabei verwendeten Information ab. Floridi identifiziert einen Wachstumszyklus: Je besser das Informationsmanagement (Extrahieren und Bearbeiten von Information mit gleicher bzw. weniger Energie) gestaltet ist, umso besser und effizienter kann unser Energiemanagement (mehr extrahieren und recyceln, weniger oder besser nutzen) ausfallen. Sicher dürfen diese ökonomischen und damit auch ökologischen Aspekte – schon wegen ihrer doch sehr langen und verzweigten Kausalketten – nicht überbewertet werden.

Allerdings ist unsere Informationsgesellschaft in ihrem gesamten Erfolg von einem guten und effizienten Informationsmanagement abhängig – und dies mit steigender Tendenz (Johannsen 2014). Bereits die beginnende Industrialisierung im 18. Jahrhundert verdeutlichte, dass die Kompetenz, informatorische Techniken und Fertigkeiten wie den Umgang mit Schrift, Mathematik (zuweilen auch Algorithmen), Geld und Wissensmanagement (Bibliotheken, Universitäten, Schulen) intensiv einzusetzen, von entscheidender Bedeutung für den Fortschritt war. Dies geschah in Wechselwirkung mit anderen Entwicklungsfaktoren wie Liberalität, Institutionenbildung, Infrastruktur und der Abschaffung der Leibeigenschaft (Acemoglu und Robinson 2012).

Der Zusammenhang zwischen Information und Energie bringt Restriktionen für die Information als physisches Phänomen mit sich. Neben der von Shannon festgestellten Begrenzung der Informationsmenge, die für Übertragungswege gilt, gibt es weitere Begrenzungen. Eine davon liegt in der Unmöglichkeit eines Perpetuum mobile. Wie smart auch immer die Informationsprozesse sein mögen, eine Maschine, die mit ihrer Hilfe völlig verlustfrei läuft, also ohne dass eine Minimalmenge an Energie zugeführt wird, kann es nicht geben. Ein solches Perpetuum mobile der ersten Art verbietet der Erste Hauptsatz der Thermodynamik. Der Zweite Hauptsatz – der Entropiesatz – fordert, dass die Gesamtentropie in einem isolierten System nie kleiner werden kann, d. h., sie kann nur anwachsen oder gleich bleiben. Häufig wird dies als Zunahme der Unordnung charakterisiert. Wie wir im weiteren Verlauf unserer Betrachtungen sehen werden, kann man dies auch als Zunahme eines Informationsmangels und damit als Abnahme der bereits erwähnten Negentropie interpretieren. Dem kann nur durch Energiezufuhr entgegengewirkt werden. Zur Veranschaulichung: Sind beispielsweise zwei Gase völlig durchmischt und es gibt keine Turbulenzen oder sonstigen Potenzialunterschiede mehr, ist die Entropie der Thermodynamik maximiert und die Informationsentropie minimiert. Es würde – in diesem idealisierten Zustand, den es noch nicht einmal in einem kompletten Vakuum gibt – energetische Langeweile herrschen. Es gibt dann keine Energieunterschiede mehr, die irgendetwas in Bewegung setzen könnten. Aktivität jedweder Art ließe sich nur durch eine Art Energieinjektion auslösen.

Wohin führt uns das in Sachen Energie und Information? Nun, einige Punkte liegen bereits auf der Hand:

- Information ist auf Materie und Energie als Träger angewiesen.
- Die materiellen Träger von Information zeichnet zunächst nichts aus, was sie von anderen materiellen Objekten, die nicht als Speicher spezifischer Information dienen, unterscheidet.
- Eine Informationsquelle ist energetisch aktiv.
- Information wird dem Übertragungskanal energetisch übergeben.
- Information wird im Übertragungskanal mit Energie transportiert.
- Ein Informationsempfänger wird energetisch aktiviert.

Soweit passt die Betrachtung gut in den Rahmen des Kommunikationsmodells der Informationstheorie. Die aufgeführten Punkte treffen zu, gleichgültig, welche Signale oder Zeichen übertragen werden und ob diese für Sender und Empfänger irgendeinen Sinn ergeben. Sollen Sinn und Bedeutung mit betrachtet werden, kommen die Kontexte beim Sender und Empfänger hinzu. Sendet ein Liebhaber eines persischen Dichters dessen Originaltexte an einen deutschsprachigen Empfänger, der diese weder lesen noch verstehen kann, ist zwar sinn- und bedeutungsvolle Information in den Übertragungskanal hineingegangen, heraus kommen jedoch nur unverständliche Signale und Daten. Information kann also erst durch ein Vorhandensein von Kontext entstehen. Oder anders gesagt: Wenn wir dem Modell folgen, dass Information erst beim Empfänger zu sich selbst wird, muss hier der entsprechende Kontext dazu vorhanden sein.

2.5.3 Information und Evolution

Wir wissen nicht, wie die Evolution begann, es gibt nur Hypothesen dazu. Es erscheint plausibel anzunehmen, dass es bei der Ausdifferenzierung von Molekülen und deren Verbindungen irgendwann dazu kam, dass Wirkungen von außen konserviert wurden. Dabei gab es dann „nützliche" Wirkungen, die z. B. ein Molekül in einen bevorzugten, vielleicht energieärmeren Zustand versetzten. Wir wissen von vielen Vorgängen, dass sie durch einen geringen Energiebeitrag eine Transformation in einen neuen, energieärmeren Zustand bewerkstelligen. Dies kann in mehreren und durchaus komplizierten Schritten erfolgen. Dieser Herstellung thermodynamisch vorteilhafter Konfigurationen kann durchaus die Entstehung von Selbstorganisation und Leben vorangegangen sein.

Die Anfangsprozesse des Lebens setzen nach verbreiteter Auffassung die Erfüllung zweier zentraler Anforderungen voraus, um den Schritt von einem präbiotischen Molekülsystem zu einem rudimentären lebenden System zu bewerkstelligen. Dieses System muss dazu in der Lage gewesen sein, sich selbst zu kopieren bzw. zu replizieren und obendrein alle Komponenten innerhalb einer Struktur zu bewahren. Ein Molekül wie das der RNA erfüllt die erste Anforderung der Selbstreproduktion. (Im Unterschied zur Selbstreproduktion wollen wir Selbstreplikation im Folgenden als selbsttätige und fehlerfreie, also identische Anfertigung einer Kopie seiner selbst verstehen.) Die zweite Anforderung könnte durch eine umhüllende Struktur bzw. Membranen aus Lipiden erfüllt worden sein. Lipide sind wasserunlösliche Stoffe und finden sich auch in den Zellmembranen heutiger Organismen. Diese Hypothese lässt jedoch eine Henne-Ei-Frage offen. Denn ob zuerst die RNA-Moleküle oder die umhüllenden Stoffe da waren, ist nicht entschieden – zusammen kann man sie jedoch als primitive Zellen betrachten (Ryan et al. 2014).

Die Fähigkeit von Molekülen, Energie einzufangen und sich nutzbar zu machen, kann vor dem Beginn des Lebens dieses bereits durch günstige Rahmenbedingungen vorbereitet haben. Mit diesen Rahmenbedingungen sind dann immer komplexere Vorgänge bis hin zur reichhaltigen Erzeugung von Substanzen wie den Aminosäuren denkbar. Und irgendwann könnte der magische Schritt gelungen sein. Die Säuren verbanden sich zu den wohlbekannten RNA-Molekülen und die Selbstreproduktion begann. Das Leben hätte dann beginnen können. Ob es so war, ist eine noch offene Frage.

So weit, so gut. Umstritten ist jedoch, wie sich überhaupt aus einer wie immer gearteten Ursuppe, sofern es sie überhaupt gab, die ersten Einheiten des Lebens bilden konnten. Alternativ wird in neueren Theorien auch die Auffassung vertreten, dass sich die Grundbausteine des Lebens an geeigneten Stellen wie heißen Quellen der Tiefsee bildeten oder durch Meteoriten auf die Erde gelangten. So hätten sich einfache Aminosäuren, organische Basen, einfachste Kohlenhydrate bilden bzw. aus kosmischen Räumen kommen und sich dann zu komplexeren Gebilden wie Zellen fortentwickeln können. Die Erde wird an hinreichend vielen Stellen – vielleicht aber auch nur an einer – ein natürlicher Chemiebaukasten gewesen sein. Ohne Chemiker, versteht sich.

Allerdings war es bis zur Bildung der ersten Zellen und bis zur Herausbildung von Organismen auch dann noch ein sehr langer Weg. Die Struktur des Innenlebens der Zellen, ihre Selbstreproduktion, ihre Kommunikation untereinander und ihre Rolle als Teil der Organisation eines Organismus sind alles hochkomplexe Aufgaben, deren Entwicklung entsprechend aufwendig gewesen sein muss.

Irgendwann in dieser Entwicklung entstand aus der Photonenaufnahme, der Reaktion darauf und den Optimierungsprozessen, beispielsweise der linkshändisch orientierten Aminosäuren und der rechtshändisch orientierten Proteine, eine Einordnung und Auswertung der Verschiedenheit der eingehenden Photonenströme. Andere Optimierungsprozesse können gleichfalls dazu beigetragen haben, die Ausgangssituation für das Leben zu verbessern. Mit einer – wenn auch nur mechanischen oder fotochemischen – Einordnung der Photonen war jedoch bereits der eminent wichtige Schritt zur Hell-dunkel-Wahrnehmung und damit zur Informationsauswertung getan. Die Evolution nahm Fahrt auf und begann, in immer schnelleren Zyklen neue Anpassungen zu produzieren.

Als es dann so weit war, und die ersten Zellen sich entwickelt hatten, trugen sie in Form erster Organismen wie den Cyanobakterien zur Schaffung von günstigeren Lebensbedingungen weiterer Organismen bei. So z. B. durch die Entwicklung der oxygenen Fotosynthese als Methode, die Energie des Sonnenlichts zu „ernten". Dabei wird Wasser in seine Bestandteile gespalten und die Wasserstoffatome werden als Energiebeitrag genutzt. Der auch dabei entstehende Sauerstoff begann über Millionen Jahre die Atmosphäre der Erde zu verändern. Dies wirkte sich zum Nachteil für viele inzwischen entstandene Spezies aus, für die Sauerstoff ein aggressives Gift war. Einige Bakterien machten jedoch aus der Not eine Tugend und entwickelten einen aeroben, oxidativen, auf Sauerstoff beruhenden Stoffwechsel, der diesen Bedingungen entsprach.

Das Entstehen von einfachen Zellen war sicherlich der nächste entscheidende Schritt. Voraussetzung war die Nutzung des aeroben Stoffwechsels, der noch heute fast alles Leben prägt. Zellen boten hinter ihren Wänden einen geschützten

Bereich, in dem chemische Reaktionen isoliert von den Molekülgemischen der sie umgebenden Umwelt ablaufen konnten. Die Rahmenbedingungen könnten so gewesen sein, dass vermehrt Moleküle, Molekülpaare und Molekülhaufen entstanden und neue Kombinationen bildeten, die diese Energiequellen weiter für sich optimierten bzw. sich nach anderen Kriterien optimierten. Die sich bildenden eukaryotischen Zellen nutzten ein DNA-Molekül zur Reproduktion. Auch dies hat sich bis heute so bewährt.

Die selbstorganisierenden und optimierenden Vorgänge zu Beginn der Evolution des Lebens ließen es dann irgendwann zu, neben dem Einfangen der Photonen und ihrer Auswertung auch ihre Speicherung vorzunehmen. Parallel dazu dürfte die Fähigkeit entstanden sein, viele Photonen zur gleichen Zeit aufzunehmen und auszuwerten. Und außerdem wurde die systematische Auswertung der nun möglichen parallelen Datenströme Realität. Dies waren die Anfänge des Denkens.

Das Leben organisierte sich von Beginn an selbst. Die Evolution ist der Rahmen, in dem dies geschah, immer noch geschieht und in dem Leben sich in all seiner Vielfalt entwickelt. Damit legt die Evolution auch die Grenzen der Entwicklung des Lebens fest. Weder sind allzu spontane Sprünge zu erwarten, noch ist die Nutzung von Energie und Masse beliebig gestaltbar. Alles ist eine Frage der Anpassung und Optimierung sowie von Mutation und Selektion.

Doch wie finden diese Prozesse statt? Auch wenn Analogien zwischen Maschinen und Menschen beziehungsweise von Computern und Gehirnen in schönster Regelmäßigkeit in die Irre führen, soll hier doch eine zum Tragen kommen. Leben scheint Ähnlichkeiten mit einem Bootstrap-Verfahren zu haben. In der Informatik geht es dabei um das Laden eines kleinen Programmteils in den Prozessor und seine zugehörigen Register, damit der Rechner überhaupt starten kann. Läuft der Rechner einmal mit einem stabilen Betriebsprogramm, so ist er je nach Anwendungssoftware in der Lage, Inputs entgegenzunehmen, Operationen auszuführen und Outputs zu erzeugen, und zwar in all der Vielfalt, die wir heute als selbstverständlich ansehen.

Die Evolution hat zu ihrem Beginn eine auffällige Ähnlichkeit mit diesem Bootstrap-Verfahren. Mit einer Initialoperation oder einem Typ von Initialoperationen wurde sie gestartet. Dabei wurde vielleicht – anfangs sehr rudimentär – durch ein hinreichend komplexes Molekül Energie aus der Umwelt entgegengenommen und konserviert. Das Molekül veränderte sich und gab die Energie weiter. Das Speichern mag auch vor Milliarden von Jahren ein Alltagsvorgang gewesen sein, vielleicht auch die Weitergabe von Informationen. Irgendwann organisierte sich dieser Prozess in immer komplexeren Formen und – wieder vielleicht – es entstand ein komplexes RNA-Molekül, das die eingesammelte Energie als Information gewissermaßen als Betriebsanleitung durch Aufteilung „vererben" konnte.

Die Umwelt liefert die erste Information. Die erfolgreiche Weitergabe der eingefangenen Energie und ihre Interpretation als Information – beispielsweise wenn das Ausbleiben von Lichtquanten primitiv gedeutet wird als ein Objekt, das aufgetaucht ist – setzt bereits ein kontextabhängiges Zusammenspiel vieler Moleküle voraus, die dann mittels ihres Verhaltens Operationen wie das Speichern,

Modifizieren und Weitergeben von Information ausführen können. Dabei spielen dann natürlich – wenn anfangs auch lediglich rudimentär – Syntax und Semantik der jeweils genutzten Informationen eine Rolle. Die Information in diesen Prozessen ist nicht mehr die Shannon-Entropie ohne Semantik, also ohne Bedeutungsgehalt, sondern die mit Bedeutung und kontextabhängiger Pragmatik. Wir werden hierauf im Kapitel zum Leben und zur Evolution näher eingehen.

Neben der Fähigkeit zur Schaffung von negativer Entropie muss, damit Evolution überhaupt geschehen und sich entfalten kann, in irgendeiner Form die Fähigkeit zur Reproduktion durch die angesprochenen Moleküle gegeben sein. Ist beides vorhanden, sind wir mit dieser präbiotischen Welt immer noch sehr weit entfernt von den biologischen Zellen und Organismen mit ausdifferenzierten Arbeitsteilungen von Organen und von kognitiven Leistungen der Gehirne. Auf der Erde waren es noch mehrere Milliarden Jahre. Allerdings wird es in der gesamten evolutionären Entwicklung danach keinen Zustand mehr gegeben haben, der nicht auf dieses Bootstrapping zurückzuführen ist, und sei er ein noch so entfernter Ast im Vererbungsbaum (Abb. 2.5).

Abb. 2.5 Der Verlauf der Evolution über mehrere Milliarden Jahre. Daran ist der Mensch lediglich ungefähr die letzten zwei Millionen Jahre, seit dem ostafrikanischen Urmenschen, beteiligt. (© United States Geological Survey, 2008, Public Domain)

In dem evolutionären Prozess zur Entwicklung der Fähigkeiten zur Reproduktion wuchsen auch auf einer anderen Ebene die kognitiven Fähigkeiten. Mit kognitiv ist alles gemeint, was man als verhaltens- und geistesgesteuerte Informationsumgestaltung, also Informationsverarbeitung durch einen Organismus, bezeichnen kann. Anfangs können einfache Signale in einfachen Kontexten empfangen und weitergeleitet werden. Ist es Information, so steht dahinter ein informationsverarbeitender Zweck. Dieser kann eine verhaltensgesteuerte Reaktion sein, wie die Drehung eines Proteins in eine günstigere Richtung – was auch immer dessen situativer Sinn sein mag. Später kamen immer mehr Sensoren und Proteine hinzu. Sowohl die Entgegennahme der Informationsenergie als auch die Reaktion darauf wurden aufwendiger und komplexer.

Ganz en passant entstanden Syntax, Semantik und Pragmatik (Abschn. 3.4.1) der nun zu Information gewordenen Daten und Signale. Vielleicht geschah dies auch schon früher, als beispielsweise die Molekülansammlungen in der Lage waren, Signalfolgen auszuwerten. Für unsere Betrachtungen ist diese Unterscheidung jedoch unerheblich. Syntax, Semantik und Pragmatik beschränkten sich auf den damals noch sehr engen Wahrnehmungsbereich und lieferten für diesen die notwendigen Regeln zur Auswertung empfangener Signale. Diese Auswertung konnte nur gelingen, wenn wie bei den Photonen die einzelnen Hell-dunkel-Signale im Kontext mit den anderen eingehenden Hell-dunkel-Signalen interpretierbar waren, so z. B. als seitliche Bewegung eines Objektes, wenn eine Ansammlung heller Signale im Sensorfeld oder im Bereich des frühen Auges ihre Position in der Horizontalen verlagerte. Eine beginnende Syntax hätte z. B. die Regel „ein (Informations-)Punkt ist mit einem hohen Energiepotenzial verbunden" sein können. Die passende Semantik und damit Bedeutung wäre möglicherweise gleichbedeutend mit „ein heller Punkt kommt nicht von links" gewesen. Die Eigenschaft „links" wäre bereits vorher im Kontext der Pragmatik vorhanden.

Damit ist auch bereits ein entscheidender Unterschied in den Auffassungen von dem angesprochen, was Information ist. Semantische Information, solche die Bedeutung enthält, ist auf einen Kontext angewiesen und auf Regeln zu ihrer Erkennung und Manipulation. Semantische Information ist mit Syntax und Pragmatik verbunden. Nichtsemantische Information, ob Quanteninformation oder die Information der Informationstheorie, brauchen diese Strukturmerkmale nicht. Sie sind in Qubits und Bits messbar (Tab. 2.1). Semantische Information verschließt sich dieser Quantifizierbarkeit. Vielmehr entsteht der Wert der semantischen Information immer erst mit einer Verarbeitung in einem Kontext (Crofts 2007).

In dieser kleinen Betrachtung zeichnet sich ab, dass Information nicht ohne Energie auftritt und nicht ohne Syntax und Semantik oder Pragmatik, dass sie also

Tab. 2.1 Eigenschaften der Information, die zugehörige Ebene und die Strukturmerkmale

Eigenschaft	Ebene	Strukturmerkmal
Bedeutungsinformation	Biologische Organismen	Syntax, Semantik, Pragmatik
Shannon-Information	Entropie (Informationstheorie)	Bit
Quanteninformation	Verschränkte Teilchen	Qubit

2.5 Hypothesen zur Rolle der Information in der Natur

nicht ohne einen Kontext aus Ordnung, Struktur und Bedeutung vorkommt. Es soll jedoch nicht das Missverständnis entstehen, dass Syntax, Semantik und Pragmatik als eigenständige Größen der Natur entstanden. Es handelt sich dabei vielmehr um Strukturmerkmale der Information, die wohl als solche nur ihren Erfindern, den Menschen, erkenntlich sind. Wissen wir jedoch davon, d. h., sind uns die Strukturierungsmöglichkeiten bekannt und analysieren wir semantische Information, dann werden wir sie auch finden. Die Komponenten sind nur aus einer Perspektive bereits vorhandener Erkenntnis zu finden, ähnlich wie die Naturgesetze, die auch nicht im engeren Sinne existieren, sondern nur mittels Erkenntnis über sie feststellbar sind.

Mit dem bisher Gesagten können wir unsere Liste von Hypothesen zur Information ergänzen:

- Energie bzw. Signale, für die beim Empfänger keine Syntax und keine Semantik existiert, sind keine bedeutungstragende Information.
- Syntax und Semantik existieren nicht für sich allein. Sie sind in der biologischen Evolution entstanden.
- Information setzt den interpretierenden Empfänger oder Rezeptor voraus.
- Interpretierende Rezeptoren sind ausschließlich lebende Organismen inklusive Pflanzen.
- Organismen verfügen über informationsverarbeitende und ordnungsbildende Systeme.
- Informationsempfangene Instanzen können eingehende Information mithilfe eines Kontextes bzw. einer Pragmatik in Bedeutung transformieren.

Man erkennt unschwer die Grundstruktur des Shannonschen Übertragungsweges, bestehend aus Sender, Empfänger, Kanal und Störgröße, wieder. Allerdings sind die Schwerpunkte andere. Die Schlüsselrolle liegt beim Empfänger. Dieser ist völlig anders gestaltet als im Modell Shannons. Er verfügt über Kontext, Speicher, Regeln, Bedeutungszuordnung und eine Pragmatik, mit der aus der Syntax und der Semantik im gegebenen Kontext etwas gemacht wird. Der Sender in diesem Bild kann durchaus verschiedenartig sein, beispielsweise reflektierte Photonenströme, olfaktorische Moleküle oder physischer Druck. Entscheidend ist, dass es sich um eine energetische Übertragung handelt. Was den Kanal angeht, so ist dieser fehlerbehaftet, lässt also ähnlich wie im Shannon-Modell Störungen zu.

2.5.4 Information und Bedeutung

Obwohl jeder intuitiv versteht, was Bedeutung ist, lohnt es sich näher hinzuschauen. Sie ist, so die These, die ich hier vertrete, nicht vom Himmel gefallen, sondern sie ist mit der Entwicklung des Lebens durch die biologische Evolution mit entstanden und hat diese begünstigt.

Zur Überprüfung dieses Verständnisses sind zwei Schritte zu vollziehen:

1. die Überprüfung des Modells in Physik und Biologie,
2. die Formulierung eines Informationsmodells.

Beides soll in diesem Buch geschehen.

Die biologische Evolution fing klein an. Wenn sie die einzige im Universum sein sollte, was wir nicht wissen, ist sie angesichts der vielleicht hunderte Milliarden von Galaxien im Universum immer noch relativ klein. In absoluten Maßstäben versetzt sie uns aber mit ihren vielen Millionen Arten und unglaublich komplexen Organismen immer wieder aufs Neue in Staunen. Zudem sind wir nicht nur staunende Beobachter und Erforscher der immerhin schon über vier Milliarden Jahre alten Evolution – die Erde war gerade einmal 500 Millionen Jahre alt –, wir sind ein Teil dieses Geschehens. Die Darstellung der biologischen Evolution als Baum zeigt recht schön die Ausdehnung der Evolution durch die Verbreiterung des Spiralbandes als Lebensräume und sie bevölkernde Arten über die zunehmende Länge des Bandes, also die Zeit, hinweg. Mit der Zeit und der Artenvielfalt wuchs die Komplexität, oder anders gesagt der Informationsgehalt der Evolution (Abb. 2.6). Jeder der Sektoren – vielleicht mit Ausnahme der Abschnitte, in denen es zu Massensterben von Arten kam – repräsentiert einen mehrdimensionalen Komplexitätszuwachs, der sich mindestens auf die Bereiche Erbinformation, Organismus, Umgebungsinteraktion, Interaktion innerhalb der Art sowie räumliche und zeitliche Wahrnehmung erstreckte.

Der evolutionäre Prozess ist also an die wachsende Komplexität der in ihr angesammelten semantischen Information und damit an die Fähigkeit zu ihrer Nutzung gebunden. Information entsteht folglich mit und durch die Evolution. Sie ist vielleicht ihr zentrales Produkt. „Vielleicht", weil von vornherein dem Gedanken, hier würde teleologisch argumentiert, entgegengetreten werden soll. Über einen vermeintlichen Zweck dieser Informationsproduktion soll hier nichts gesagt werden. Wahrscheinlich existiert er nicht und wir sind Objekt und Subjekt eines umfangreichen Prozesses, in dem Selbstorganisation und Optimierung sowie die Entwicklung der Informationsverarbeitung zu immer intelligenteren und immer stärker selbstreflektierenden Wesen ihr Werk tun. Ohne Auftrag und ohne Ziel.

In unserem Zusammenhang ist wichtig, dass die Evolution semantische Information produziert. Immer mehr und immer komplexere Information. Diese Information ist von einer Art, die in der unbelebten Natur nicht vorkommt. Sie ist eine exklusive Eigenschaft der Evolution. Ihr spezifisches Merkmal ist die Bedeutung. Bedeutung, das ist die Wahrnehmung und Sinnzuordnung des auf Informationen beruhenden Lebens in einer Umwelt. Sie findet sich in der Evolution von Beginn an. Sie ist gewissermaßen bereits ihr Startpunkt. Und sie ist das ausgeprägte Differenzierungsmerkmal des Menschen in der Evolution. Kein Wesen sonst kann mit Bedeutung derart umgehen wie die Menschen es können.

Nehmen wir erneut als Ausgangspunkt die Definition des Systemtheoretikers Gregory Bateson. „Der Unterschied, der den Unterschied macht" ist zweifellos eine prägnante Charakterisierung der Information (Bateson 1979).

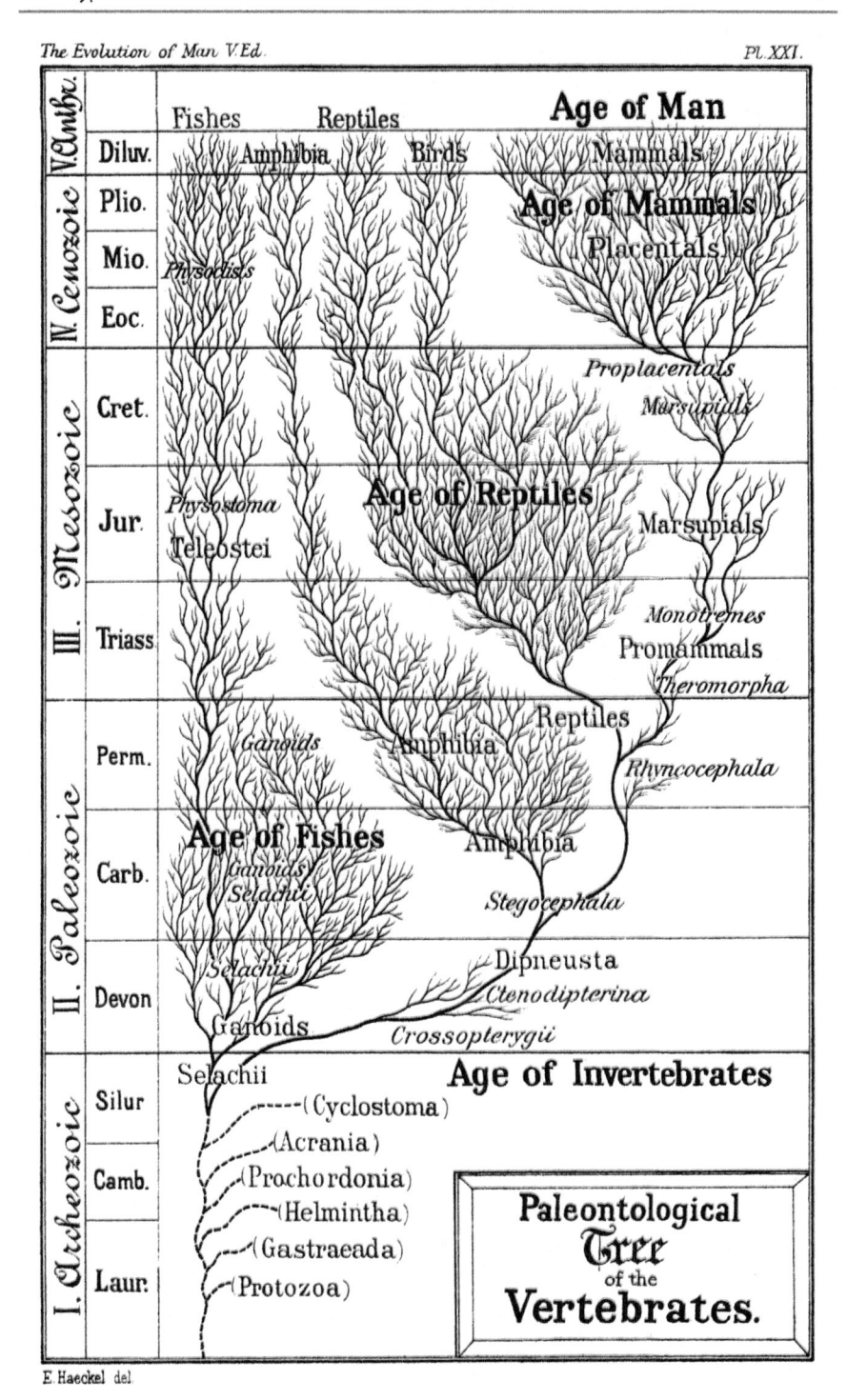

2.5 Hypothesen zur Rolle der Information in der Natur

Abb. 2.6 Der Baum der Evolution nach Ernst Haeckel. Diese Darstellung der Evolution ist etwas veraltet, zeigt aber recht anschaulich die zunehmende Vielfalt und Komplexität der Arten. (Kosigrim / Wikimedia Commons)

In diesen wenigen Worten steckt viel von den Eigenschaften, die im bisherigen Überblick zur Information aufgeführt wurden:

- Es geht um den Unterschied. Nicht irgendeinen, sondern um den Unterschied an sich. Ohne diesen, ohne ein Vorher und Nachher, Groß oder Klein, Schnell oder Langsam usw. ist keine Information zu gewinnen. Ohne Unterscheidung ist alles gleich. Die Entropie ist dann maximal.
- Gleichermaßen geht es um eine Dynamik. Ein Unterschied allein bewirkt nichts, wenn kein Rezeptor da ist, der ihn wahrnehmen würde.
- Auch um Kommunikation geht es. Die ausgedrückte Wirkung muss vom Ort der Wirkung über den Ort des Unterschieds zum Ort der Wahrnehmung kommen.
- Weiterhin ist die hier angesprochene Beziehung kausal. Information entsteht, weil eine Ursache eine Wirkung hervorruft.
- Auch die Genese der Information kommt zum Ausdruck. Information entsteht in jeder dieser kausalen Beziehungen als Potenzial. Der neu entstandene Unterschied kann, ebenso wie der, der ihn hervorrief, einen oder mehrere neue Unterschiede bewirken.

Es geht Bateson jedoch nicht um physikalische Eigenschaften wie Materie, Energie oder Entropie. Auch nicht um Statistik und Wahrscheinlichkeit. Und auch nicht direkt um Ordnung und Struktur.

Die Beschreibung Batesons berührt viele weitere Versuche, Informationen zu definieren, oder zumindest Kernaussagen der Schöpfer dieser Definitionen (Kap. 9). So sind die „Ure", die Carl Friedrich von Weizsäcker postulierte, im Kern Urunterschiede, die dort zu finden sind, wo die reduktionistische Suche nach immer Kleinerem nur noch Ja/Nein-Antworten liefert. Die Welt selbst beruhe, so von Weizsäcker, auf diesen Unterschieden. Wolfgang Hofkirchner betont die Seite des Empfängers und damit die Frage, wie sich der entstandene Unterschied dort insbesondere im kulturellen Bereich weiter auswirkt. Auch die von Richard Dawkins ins Spiel gebrachten Meme sind solche, die sich in einem übergreifenden anthropologischen Kontext aufhalten. Es sind Unterschiede, die insbesondere der Evolution des Menschen ihre Dynamik verleihen. Mark Burgin wiederum ist sehr nahe bei Gregory Batesons Definition. In seinen fünf Prinzipien kommen alle Aspekte von Bateson zum Ausdruck. Er macht sie explizit und nimmt sie als Bestandteile seiner Ontologie auf. Die wichtigsten dieser Ansätze sind im Anhang dargestellt.

Weder Batesons griffige Formulierung noch die genannten Modelle und Vorstellungen erklären jedoch, was bedeutungstragende Information ist. Zwar weisen sie der Information Eigenschaften zu, erläutern aber weder ihre ursächliche Entstehung noch ihre Rolle in der Natur. Beides soll im Folgenden versucht werden.

Was sind in unserem Kontext „Bedeutung", „Wissen" und „Erkenntnis"? Der deutsche Biologe Bernd-Olaf Küppers stellt fest, dass es sinnvolle Informationen in einem absoluten Sinne nicht gibt. Information erwirbt ihre Bedeutung nur in Bezug auf einen Empfänger. Um die Semantik der Daten zu definieren, sei zu berücksichtigen, welchen spezifischen Zustand der Empfänger in dem Moment des Empfangens und der Bewertung der Information aufweist (Küppers 2013). Die Bedeutung erhält ihre Bedeutung also durch den Vorgang des Empfangens der Information durch die Berücksichtigung weiterer Informationen zum Status bzw. Kontext des Empfängers. Im Sinne des slowakischen Biochemikers Ladislav Kováč (2007) verstehen wir Wissen als eingebettet in ein System, das die Fähigkeit hat, ontische – das Sein betreffende – Arbeit für die Aufrechterhaltung und Dauerhaftigkeit des Systems zu tun und darüber hinaus auch Erkenntnis zu schaffen, die Umgebungswelt zu erfassen und zu vermessen. Dies ist auch Voraussetzung dafür, die zerstörerischen Wirkungen der Umgebung eindämmen zu können. Liegt bereits erweitertes Wissen vor, wird es eingesetzt, um die Umgebung zu antizipieren. Die Erkenntnisleistung umfasst somit zwei Prozesse: einen der evolutionären Vergangenheit und einen anderen der gesamten Reihe von möglichen Maßnahmen, die in der Zukunft liegen. Erkenntnis nutzt und schafft dabei Wissen.

Die Bedeutung der „Bedeutung" in der Evolution
Von Albert Einstein ist eine kleine Provokation in Richtung Niels Bohr überliefert: „Sie werden doch nicht behaupten wollen, dass der Mond nicht da oben ist, wenn niemand hinsieht?", so Einstein. Darauf Bohr: „Können Sie mir das Gegenteil beweisen?" Bohrs Antwort traf den Nagel nicht so ganz auf den Kopf, denn man kann so vieles nicht beweisen, etwa dass es keine Einhörner auf irgendeinem Planeten im Andromeda-Nebel gibt. Dennoch zeigt der kurze Dialog, wie weit diese beiden Pioniere der Quantenphysik in der fundamentalen Frage nach dem, was Realität ist, auseinanderlagen. Wheeler schlug später sogar ein partizipatives Universum vor, in dem Betrachter nicht nur die Information der Objekte sammeln, sondern in dem sogar ihre Wahrnehmung selbst stark beeinflussend auf das Universum zurückwirkt. Er erfand Gedankenexperimente wie die „verzögerte Auswahl", das er sogar in den interstellaren Raum platzierte, um seiner Sichtweise Nachdruck zu verleihen (Zeilinger 2004).

Nehmen wir Einstein beim Wort und nehmen wir als kleines gedankliches Experiment einmal an, es gäbe keine Betrachter, um die Objekte in der Welt anzuschauen. In diesem Falle würde niemand Kultur oder Kunstgegenstände wahrnehmen. Würden Menschen als „Betrachter" aufhören zu existieren, würden sofort alle Kulturelemente in der Welt verschwinden. Sie könnten für Tiere noch als „Dinge" da sein, aber nicht als Teil einer von Menschen geschaffenen und bewahrten Kultur. Dasselbe gilt für Ergebnisse, Methoden und Werkzeuge der Naturwissenschaften. Der Horizont des spezifisch menschlichen Wissens würde zusammenbrechen. Natürlich würde auch das Gehirn als Wissen produzierendes, biologisches Verfahren verschwinden und mit ihm die außergewöhnlichen kognitiven Fähigkeiten der Menschheit. Niemand bliebe übrig, um „ich bin" von sich zu geben. Alle Bedeutung im Kontext von Menschheit wäre ausgelöscht.

Was zurückbliebe ist das, was die Evolution über die Menschen hinaus produzierte, um sich Objekte der wirklichen Welt anzuschauen. Obwohl wir nur begrenzten Einblick in die Art und Weise haben, wie Tiere die Welt sehen, wissen wir doch von einer Vielzahl von Ähnlichkeiten. Da wir die „Produkte" derselben

Evolution sind, kann es kaum anders sein. Auf vielfältige Art und Weise handeln Tiere (und Pflanzen) in vergleichbarer Weise in ihren Umwelten, das heißt in ihren ökologischen Nischen, wie die Menschen. Wir können schlussfolgern, dass sie eine realistische Sicht der Welt haben, da sie in derselben Realität überleben. So würden „Bedeutung", oder besser „Bedeutungen", in der Welt selbst dann weiter existieren, wenn alle Menschen der Vergangenheit angehörten. „Bedeutung" reicht in diesem Fall von elementarer Interaktion, z. B. von Bakterien mit der Umwelt, bis hin zu dem komplexen Umgang, ähnlich dem unseren, beispielsweise von Primaten.

Sobald wir jedoch in unserem Gedankenexperiment Tiere und Pflanzen (und Bakterien) ausschließen würden, hätten wir gleichzeitig Bedeutung auf der Welt, in der die uns bekannte Evolution stattfand, ausgeschlossen. Was dann übrig bleibt, kann keine Bedeutung tragen. Steine, leblose chemische Strukturen und elektromagnetische oder Gravitationsfelder, so nehmen wir an, haben keine aktive Bedeutung. Sie können vielleicht Gegenstand von Bedeutung sein, wenn ein lebendes System diese so interpretiert, aber ihre Träger sind konsequenterweise in unserem Experiment von Bedeutung ausgeschlossen. Dennoch erkennen wir an, dass es weithin akzeptiert ist, dass beispielsweise interaktive Teilchen als Photonen „Messungen" vornehmen, wenn sie mit physikalischen Strukturen zusammenprallen. Wir nehmen jedoch an, dass dies in Abwesenheit von Beobachtern zwar Shannon-Information, aber keine semantische Information entstehen lassen würde.

Mit der Abwesenheit von Bedeutung in unserem Gedankenexperiment hört auch die Existenz von Dingen auf. Um „Existenz" zu erkennen, braucht man Bewusstsein. Da wir uns nicht der Objekte bewusst sein können, wie sie sind, weil wir von unseren Sinnen und Interpretationsfähigkeiten begrenzt werden, „existieren" diese Objekte, wie wir sie bezeichnen, nicht mehr. Als Objekte, z. B. als „Mond", sind sie abhängig von Lebewesen, die den Mond als solchen erkennen können. Mit anderen Worten, die Existenz der Objekte hängt davon ab, wahrgenommen zu werden. Jemand aus dem Weltall könnte den Mond durch seine spezifischen Instrumente und Sinne „sehen". Das Ergebnis könnte sich sehr von unserem unterscheiden. Wir gehen davon aus, dass Betrachter Objekte mittels mentaler Modellbildung erschaffen. Betrachter bilden von Objekten Modelle unterschiedlicher Komplexität. Einfache Organismen erschaffen einfache Modelle. Komplexere Organismen können jedoch auch einfache Modell benutzen, sie kombinieren, sie als Bausteine einsetzen sowie neue und anspruchsvollere Modelle entwickeln.

Realität auf einer grundlegenden Ebene ist jedoch nichts, das wir beschreiben können, ohne uns ihrer bewusst zu sein. Ein Objekt ist nur dann ein solches, wenn ein Betrachter mit ihm interagiert (Rovelli 2015). Selbst abstrakte Nomen wie Beziehung, Potenzial, Kraft usw. sind Ergebnisse unserer Fähigkeit, Modelle der externen Welt zu bilden. Dies ist selbst dann so – im Extremfall –, wenn Realität als reine Mathematik angenommen wird, wie Max Tegmark vorschlägt (2014).

Doch noch einmal zurück zum Mondbeispiel. Unser Ich, uns Menschen, alles Lebendige aus der Welt herausdenken, ist schwierig. Der gelbe Mond wäre dann eine Ansammlung von Energiepotenzialen, Beziehungen dazwischen und – wenn man so will – Materie. Doch auch diese drei Begriffe sind bereits Abstraktionen, die einen menschlichen Betrachter voraussetzen.

Der Gedanke einer Welt, die nur existieren kann, wenn ein Beobachter in ihr enthalten ist, wurde übrigens bereits von John Archibald Wheeler formuliert. Er stellte sich einen Bedeutungskreislauf vor, in dem atomare Ereignisse verstärkt und aufgezeichnet werden, bevor sie einem menschlichen Geist bereitstehen und zu Wissen transformiert werden. Anschließend erfolgt eine Art Rückkopplung in die atomare Welt (Zeilinger 2004).

Auch der indische Quantenphysiker Amit Goswami hebt die Rolle des menschlichen Beobachters hervor, und er geht sogar noch einen Schritt weiter. Er vertritt die These, das menschliche Bewusstsein würde mit der materiellen Welt interagieren und sie formen. So wird eine Brücke zwischen der westlichen materiellen Weltauffassung und der spirituellen des Ostens gebaut (Goswami 1995).

Bedeutung kann also nur entstehen, wenn sie auf Informationen beruht, die zur Erzeugung von weiteren Informationen in Organismen gewonnen wurden. Ohne Betrachter gibt es niemanden, der Informationen mit Bedeutung entgegennehmen und verarbeiten könnte. Dies kann nur ein lebender Organismus leisten – oder ein Artefakt für und mit einem Menschen wie eine Linse, ein Sensor oder ein Computer als erweitertes Sinnesorgan. Tote Materie reagiert auf Energie, interpretiert sie jedoch nicht und leitet keine Bedeutung daraus ab.

Zusammenfassend ist der Schlüssel zur Bedeutung das biologische Leben. Keine Bedeutung ohne Leben und kein Leben ohne Evolution. Wie wir im Folgenden ausführen werden, produziert die Evolution Bedeutung, indem sie Information schafft und verarbeitet. Ohne die Evolution wäre Einsteins Mond in der Tat nicht mehr da. Er existiert als Mond nur, wenn jemand hinsieht. Wie jemand schaut, ist nicht die grundlegende Existenzvoraussetzung des Mondes, sondern dass geschaut wird. Die Welt erhält ihre Bedeutung durch Wahrnehmung. Zur Wahrnehmung ist nur ein Produkt der Evolution fähig.

Bedeutung – ein Produkt der Evolution

Bedeutung ist, wie wir nun wissen, mit Evolution verbunden. Sie wird durch die Evolution produziert, und zwar als Teil der Organismen, die im Prozess der Evolution entstehen. Dies geschieht teilweise intern durch die Verarbeitung vorhandener Information in ihnen und teilweise durch das Eindringen externer Information in sie zum Zwecke der Weiterverarbeitung. Letzteres geschah zuerst, am Anfang der Evolution.

Wie bereits ausgeführt, wird Informationsverarbeitung in und von Organismen nicht nur von DNA und RNA durchgeführt, die von den Vorfahren auf der Ebene der Moleküle geerbt wurden. Zusätzlich hierzu sind Kommunikation, die für den Aufbau und den Betrieb von Organismen notwendig ist, und informationsbasierte Interaktion mit der Umwelt, die auf den Sinnen und auf Aktionen basiert, wichtig bei der Verarbeitung von Information.

Jeder Organismus ist abhängig von Informationsinput seitens der externen Welt. Ohne diesen ist es nicht möglich, Modelle von der Welt aufzubauen, die auf

Modelle angewandt und mit Modellen kombiniert werden, die vererbt wurden. Die Sinne, die es erlauben, externe Information aufzunehmen, unterscheiden sich erheblich voneinander. Unterschiedliche Spezies benutzen, entsprechend ihrer spezifischen Herangehensweise beim Erkennen und Verstehen ihrer Umwelt, unterschiedliche Sinne. Jegliche Entwicklung dieser Sinne hatte jedoch ihren Anfang im Beginn der Evolution. Sie fingen mit dem Anfang des Lebens – der immer noch das größte Mysterium der Biologie ist – an, und sie fingen klein an. Vielleicht begannen sie mit dem Einfangen einzelner Photonen, die den Eindruck einer aktiven Lichtquelle erweckten, oder mit der Sonne oder einem Objekt, das dieses Photon reflektierte. In der Folge eines kontinuierlichen Erscheinens werden das Einkapseln, die Selbstanpassung, die Reproduktion oder, mit anderen Worten, der Einschluss, der Metabolismus und die Genetik oft, wie z. B. seitens des Physikers Juan G. Roederer (2005), als kombinierte erste riesige Schritte der Evolution gesehen. Loewenstein nimmt an, dass die fundamentalste Ebene des Lebens die Photosynthese ist und dass Photosynthese als das Einfangen von Information der Photonen von der Sonne zu verstehen ist (Loewenstein 2013). Der britische Molekulargenetiker Johnjoe McFadden (2014) spekuliert, dass die Selbstreplikation, die eine wesentliche Voraussetzung für den tatsächlichen Beginn der Evolution bildet, aus einem Quantenprozess entstanden sein könnte. In diesem Prozess ergaben sich dann in kürzester Zeit so viele Kombinationen von Aminosäuren, dass bei einer dieser Kombinationen die richtige Aminosäurezusammensetzung entstand, die dazu in der Lage war, sich selbst zu replizieren.

Wie jedoch im Detail das Leben begann, wird noch untersucht und diskutiert. Nehmen wir also mit Loewenstein (2013) an, dass, wie auch immer es anfing, am Anfang eine Informationsaufnahme stand. Dies ist nicht notwendigerweise der einzige Aspekt, aber sicherlich einer der wichtigsten. Es ist einer, der so eng mit der Evolution verknüpft ist, dass wir, wie bereits ausgeführt, annehmen, die Informationsaufnahme ist eine Voraussetzung für Entwicklung in der Evolution. Wir nehmen des Weiteren an, dass von einem frühen Stadium der Informationsnutzung an die Modellbildung stattfand. Eintreffende Information wurde und wird für die Konstruktion von Modellen der Welt benutzt. In einem primitiven Stadium benutzten beispielsweise Bakterien – sie hatten schon in der frühen Geschichte die Zellwände als ein Haupteinfallstor entwickelt – einfallendes Licht, um ihre Bewegungen auszurichten. Von Säugetieren wurde und wird eingehende Information in weit größerem Ausmaß verarbeitet. Größere Spezies mussten mehr Information verarbeiten, um sich selbst zu orientieren und in ihrem Umfeld zu agieren. Die Modelle, die sie im Zuge der Evolution benutzten, waren jeweils Abstraktionen primitiverer Modelle. Ein Teil der Abstraktionen wurde folglich transformiert und wurde Teil ihrer Physiognomie, die es einer Spezies erlaubte, sich physisch Vorteile in ihrer Umwelt zu verschaffen. Natürlich war das nicht exklusiv „ihre Umwelt". Diese wurde von weiteren Spezies bewohnt, mit denen starke Interaktionen bestanden, wie das Jagen oder gejagt zu werden. Ein Teil der Modellinformation wurde zu „Brainware", d. h. zu Fähigkeiten zur Verarbeitung und Daten.

Jede Spezies entnimmt ihrer Umwelt spezifische Bedeutung. Das Ausmaß dieser Extraktion mag klein sein, beispielsweise bei Bakterien, oder groß, z. B. im Falle der Menschen, die in der Lage sind, die Tiefe des Universums, die Kleinheit des Quantums und ihr eigenes Gehirn zu erforschen, um nur ein paar zu nennen. Je besser und intensiver die Interaktion mit der Welt außerhalb der Spezies ist, desto besser sind die Voraussetzungen, die bestehende Reichweite auszudehnen und die Wisssensphäre zu erweitern.

2.5.5 Informationsmodelle

Bekannte Forscher in diesem Bereich wie Mark Burgin (2010), Wolfgang Hofkirchner (1999) und Marcia J. Bates (2010) haben umfassende Übersichten über Informationsmodelle dargestellt. Die Informationstheorie war natürlich ein großer Schritt bei der Klärung von Aspekten der Übertragung von Signalen und der damit verbundenen Redundanz, dem Rauschen und den Fehlerraten. Hofkirchner favorisiert eine Vereinigte Theorie der Information (Unified Theory of Information), die über die Shannon-Information hinausgeht. Diese sollte jedoch wissenschaftlich als eine allgemeinere Theorie der Informationen, in die die Shannonsche Informationstheorie übernommen wäre, gelten können (Hofkirchner 1999, 2011).

Eine der einflussreichsten Erklärungen über die Natur der Information kam, wie gesagt, von Gregory Bateson, der vorschlug, dass Information ein Unterschied ist, der einen Unterschied ausmacht (Bateson 1979). Diese Aussage ist im Zusammenhang mit dem einfachsten Unterschied, dem Bit (wie Shannon es einführte) oder „1" versus „0" zu sehen. Der Unterschied, den Bateson im Sinn hatte, muss von einem bewussten Wesen erkannt werden. Dies unterscheidet sich sehr von der Sichtweise des Physikers und Philosophen von Weizsäcker, der ebenfalls den elementarsten „Unterschied" mit seinen bereits erwähnten „Uren" beschrieb (von Weizsäcker 1974).

Der österreichische Mediziner und Philosoph Walter Kofler sieht Information unter evolutionären Gesichtspunkten. Er geht davon aus, dass Information – inklusive der Kommunikation – heute unverzichtbar ist für das moderne Verständnis der Prozesse in Geweben, in Zellen und Organen, im gesamten Organismus und natürlich auch auf der Ebene der Individuen sowie auf der Ebene von sozialen Strukturen. Lebendig zu sein bedeutet für Individuen – „für Mozart ebenso wie für einen Erdwurm" – Intentionen zu kommunizieren und kommunizierend zu erkennen. Die Kommunikationsmuster würden sich mit der Evolution entwickeln und sich zum Teil gravierend, gemäß der Position der Organismen in der Evolution, in ihrer Komplexität unterscheiden. Diese Position bestimmt, was der Organismus beobachten kann und was er prinzipiell – weil evolutionär zu jung – nie beobachten können wird (Kofler 2014).

Die theoretische Physikerin Sara Imari Walker (2014) hingegen untersucht frühe chemische Stadien der Evolution. Nach meiner Kenntnis wurde das Thema jedoch noch nicht in einem Ansatz betrachtet, der davon ausgeht, dass Syntax, Semantik und Pragmatik wichtige Rollen in der Evolution im Allgemeinen und in der Evolution der Information im Speziellen spielen. Genauso wenig wurde bisher eine Verbindung zwischen diesen Aspekten und der Rolle der Energie in der Information und Evolution hergestellt.

Ein weiter Bogen wurde vom amerikanischen Wissenschaftsphilosophen Eric J. Chaisson gespannt. Er sieht eine evolutionäre Verbindungslinie zwischen dem Ursprung des Universums. Der Beginn bildet die zunächst vorherrschende Energie und Strahlung, die dann von auftretenden ersten Partikel und Atome sowie die dann stattfindende Strukturierung in Galaxien mit ihren Sternen und schweren Elementen gefolgt wird. Den bisher letzten Abschnitt dieser Linie sieht er in der biologischen Evolution. In seiner Sicht haben wir es mit insgesamt mit einer kosmologischen Evolution der Komplexität und damit der Information zu tun, die alles Seiende umfasst. Er hebt besonders die gestaltende Rolle der Thermodynamik bzw. der Etablierung von Ordnung jenseits eines thermiscen Gleichgewichts hervor (Chaisson 1999).

Marcia Bates schloss sich der Sichtweise des amerikanischen Physikers Norbert Wiener (1894–1964) an, der knapp feststellte: „Information ist Information, nicht Materie oder Energie." Dabei ist, wie sich später zeigen wird, bemerkenswert, dass Wiener nicht ausschloss, dass Information eine Qualität von Energie sein könnte. Bates argumentiert, dass Information nicht mit dem physischen Material, das sie trägt, identisch ist. Sie nimmt vielmehr an, dass Information das Muster der Organisation dieses Materials ist, aber nicht das Material selbst. Sie schlägt außerdem verschiedene Rollen vor, die Information in biologischen Organismen einnimmt, und unterscheidet zwischen Linien des Informationsflusses, wie z. B. einerseits einer genetischen und andererseits einer kulturell extrasomatischen Linie (Bates 2010).

Auch die chinesische Philosophin Min Jiayin Min (1999) schlägt eine enge Beziehung zwischen Leben und Information vor. Sie erklärt, dass Information per se die Fähigkeit zur Selbstreplikation hat. Sie argumentiert, dass Selbstreproduktion von Organismen so organisiert ist, dass Kommunikation wie in dem Shannon-Modell angewandt wird. Der Kanal, der Inputs von DNA-Molekülen erhält und das Output auf der Empfängerseite an Proteine weitergibt, wird von RNA-Molekülen gebildet. Sie erklärt, dass Information ausschließlich in biologischen Organismen zu finden ist.

Min führt einen (Shannon-)Kommunikationskanal ein, der auf der Senderseite einer Zelle die Codierung von DNA-Molekülen vornimmt. Als eigentlicher Kommunikationskanal sind RNA-Moleküle tätig, die die Information zur Decodierung von Proteinen an die Empfängerseite übergeben. Information ist an die Reihung DNA $\to$ RNA $\to$ Protein gebunden. Information, so Min, gibt es nicht in der anorganischen Welt. Sie stellt allerdings kaum einen Bezug zur Evolution und keinen zur Energie her. Auch die evolutionären Erkenntnisprozesse, die in immer neuen Schichten von Abstraktion und Emergenz die Quantität und Qualität der Information wachsen lassen, thematisiert sie nicht.

In einer Diskussion des Informationsbegriffs berührt der Philosoph Holger Lyre (2002) Gesichtspunkte die auch für den Inhalt dieses Buches wichtig sind.

„Evolution ist die Evolution von Information" formuliert Lyre als Möglichkeit. Wir kommen hier zu einem anderen Schluss. Der Unterschied liegt in der hier aufgestellten Hypothese, dass die Evolution ursächlich Information schafft und diese wiederum – in Wechselwirkung mit den evolutionären Prozessen – das Voranschreiten der Evolution ermöglicht. Lyre leitet aus seiner in den Raum gestellten Möglichkeit keine weiteren erkenntnistheoretischen Schlussfolgerungen ab, diskutiert jedoch weitere Fragestellungen und Gesichtspunkte in diesem Kontext.

Wäre Information evolutionär entstanden, so Lyre, läge eine creatio ex nihilo, also das Entstehen aus dem Nichts vor. Er stellt daher die Frage ob es bei der biologischen Evolution nicht um ein Umtransformieren bereits bestehender Information handeln könnte. Er lässt jedoch offen, woher diese Information dann gekommen sein könnte. Offengehalten wird auch, ob letzten Endes Information nur für menschliche Beobachter existiert. Lyre verweist auch auf das Verständnis der evolutionären Prozesse, in der dasjenige, was evolviert, einen Informationsträger, das Gen nämlich, repräsentiert. Des Weiteren wird die Relativität bzw. Kontextualität der Information, als Ausdruck der Tatsache, dass Syntax nicht ohne Semantik zu denken ist, hervorgehoben.

Der amerikanische Physiker und Informationstheoretiker Juan G. Roederer stellt gleichfalls eine enge Verbindung zwischen Information und der biologischen Welt her. Er betont, dass für lebende Organismen die Information die Essenz des Seins darstellt. Sie würde es den Lebewesen erlauben, ein langanhaltendes thermodynamisches Gleichgewicht aufrechtzuerhalten und Selbstreproduktion zu betreiben. Organismen würden auf informationsbasierenden Interaktionen und nicht auf energie-kontrollierten Interaktionen beruhen (Roederer 2003).

Ein weiterer Ansatz, Syntax, Semantik, Pragmatik und Apobetik (Absicht des Senders einer Information) mit biologischen Organismen zu verbinden, liegt seit 1997 von dem emeritierten Informatiker Werner Gitt vor. Sein Anliegen ist, die Informationstheorie auf biologische Systeme zu erweitern. Über den Kommunikationskanal des Shannon-Modells werden in seinem Modell Informationen mit Bedeutungsgehalt kommuniziert. Nach seiner Auffassung wird an dieser Stelle ein göttliches Einwirken bzw. die Kommunikation mit Gott sichtbar (Gitt 1997). Gitt lehnt die Evolution insgesamt zugunsten einer kreationistischen Auffassung ab. Da der Kreationismus nicht den Ansprüchen genügt, der an naturwissenschaftliche Auseinandersetzungen zu stellen ist, wird dieser Ansatz im Folgenden nicht weiter behandelt.

Die Bedeutung der semantischen Information für biologische Systeme hat auch Antony R. Crofts herausgestellt. Er hebt die folgenden beiden Punkte hervor: In allen Lebensformen spezifiziert die Information in den DNA-Molekülen den Phänotyp. Als weitere Kommunikationswege der Vererbung – hier der Weitergabe des kulturellen Erbes in Zivilisationen – stehen die Sprache, die Schrift und die damit zusammenhängenden Institutionen zur Verfügung. Crofts betont des Weiteren den thermodynamischen Bezug der Weitergabe von Information durch seine Hinweise, dass Kommunikationswege auf thermodynamisch wirksame Komponenten zur Kommunikation und Speicherung von Information angewiesen sind, dass aber der semantische Inhalt frei von thermodynamischen Kosten ist. Zudem sei Semantik nur im Kontext sinnvoll zu betrachten. Beide Kommunikationswege – DNA und Sprache – seien, so Crofts, nicht perfekt und von Mutation und Selektion beeinflusst. Weiter stellt Crofts heraus, dass die Eigenschaften von Leben abhängig von der Verarbeitung semantischer Inhalte sind. Als dritte Eigenschaft der Wirkung von Semantik nennt er das Bewusstsein von Zeit und die (Selbst-)Einordnung von Organismen in die Zeit (siehe die Darstellung zum Erkenntnishorizont in Abschn. 3.3.1). Weiterhin betont er, dass die Entwicklung des modernen Phänotyps des Menschen und die Fähigkeit, mit Sprache zu kommunizieren, zum Aufbau der Zivilisationen und ihrer Institutionen geführt haben (Crofts 2007). Crofts beachtet weder die Rolle der Evolution bei der Entstehung semantischer Information noch die Syntax bei ihrer Entstehung und Verarbeitung. Sein Augenmerk ist vielmehr auf den Zusammenhang zwischen semantischer Information in Organismen und den Fähigkeiten des Gehirns sowie der kulturellen Entwicklung des Menschen gerichtet.

2.6 Unterm Strich – Kernaussagen dieses Kapitels

▶ **Information und Modelle der Welt** Information ist für alle Lebewesen der einzige Zugang zur „äußeren Welt".

Die wahrgenommene äußere Welt wird im Inneren lebender Organismen als Modell repräsentiert und geschaffen.

▶ **Informationstheorie** Das Informationsverständnis der Informationstheorie ist auf die statistische Natur von Informationsquellen ausgerichtet.

Der Wert einer Information wird durch ihre Neuigkeit bzw. Seltenheit bestimmt.

Für den Informationsgehalt wählte Claude Shannon die Maßeinheit „Bit".

Die Informationsmenge „Entropie" ist eine Methode zur Quantifizierung von verbleibender Unsicherheit, die bleibt, nachdem eine bestimmte Zeichenmenge aus einer Gesamtmenge bereits empfangen wurde.

Enthält eine Nachricht viel voraussagbare, redundante Information, können wir diese eliminieren, ohne den Informationsgehalt zu verändern. Die Shannon-Information ändert sich dadurch nicht, die Zahl der zu übertragenden Bits jedoch kann reduziert werden.

Shannon klammerte die Bedeutung als Informationseigenschaft aus seiner Theorie aus.

▷ **Hypothesen Information, Kausalität und Erkenntnis**: Der Wahrnehmungs- und Erkenntnisprozess ist die Voraussetzung für die Fähigkeit, erfolgreich auf die Natur einwirken und in ihr überleben zu können.

Wo Strukturen entstehen, ist die Entstehung von Information nicht weit. Voraussetzung ist dann allerdings, dass die Strukturen von jemandem oder etwas wahrgenommen werden, der oder das Informationen interpretiert und ihnen so eine Bedeutung gibt.

Information und Energie: Ein Informationsempfänger wird energetisch aktiviert und semantische Information kann dort erst durch einen vorhandenen Kontext entstehen.

Information und Evolution: Die biologische Informationsverarbeitung begann mit dem Entstehen der Evolution.

Syntax, Semantik und Pragmatik als Struktureigenschaften bedeutungstragender Information entstanden mit und durch die biologische Evolution.

Energie bzw. Signale, für die beim Empfänger keine Syntax und keine Semantik existieren, ist keine bedeutungstragende Information.

Syntax und Semantik existieren nicht für sich allein und sind durch die biologische Evolution entstanden.

Informationsempfangende Instanzen können eingehende Information mithilfe eines Kontextes bzw. einer Pragmatik in Bedeutung transformieren.

Evolution produziert Information – immer mehr und immer komplexere Information.

▷ **Information und Bedeutung** Bedeutung per se ist nicht a priori, sondern sie ist mit der Entwicklung des Lebens durch die biologische Evolution entstanden und hat diese begünstigt.

Bedeutung setzt den erkennenden Betrachter voraus.

Die semantische – also die bedeutungstragende – Information kommt in der unbelebten Natur nicht vor.

Literatur

Acemoglu, Daron, und James A. Robinson. 2012. *Warum Nationen scheitern*. Frankfurt a. M.: Fischer.
Barwise, Jon. 1997. Information and impossibilities. *Notre Dame Journal of Formal Logic* 38 (4): 488–515.
Bates, Marcia J. 2010. *Information*. New York: CRC.
Bateson, Gregory. 1979. *Mind and nature: A necessary unity*. New York: Dutton.
Ben-Naim, Arieh. 2008. *A farewell to entropy. Statistical thermodynamics based on information*. Singapore: World Scientific.
Burgin, Mark. 2010. *Theory of information – Fundamentality, diversity and unification*. World Scientific Series in Information Studies, Bd. 1. Singapur: World Scientific.
Carnap, Rudolf, und Yehoshua Bar-Hillel. 1952. *An outline of a theory of semanic information*. Cambridge, Massachusetts: Massachusetts Institute of Technology.

Chaisson, Eric J. 1999. The rise of information in an evolutionary universe. In *The quest for a unified theory of information : Proceedings of the Second International Conference on the Foundations of Information Science,* Hrsg. Wolfgang Hofkirchner. London: Routledge.

Chaitin, Gregory J. 1977. Algorithmic information theory. *IBM Journal of Research and Development* 21 (4): 350–359.

Crofts, Antony R. 2007. Life, information, entropy, and time vehicles for semantic inheritance. *Complexity* 13 (1): 14–50.

Eigen, Manfred. 1971. Self-organization of matter and the evolution of biological macromolecules. *Naturwissenschaften* 58 (10): 465–523.

Fleissner, Peter. 1999. Actio non est reactio: An extension of the concept of causality towards phenomena of information. In *The Quest for a Unified Theory of Information. Proceedings of the Second International Conference on Information Science,* Hrsg. Wolfgang Hofkirchner. London: Routledge.

Floridi, Luciano. 2010. *Information.* Oxford: Oxford University Press.

Floridi, Luciano. 2011. *The philosophy of information.* Oxford: Oxford University Press.

Fox, Dirk. 2008. Entropie. *DuD, Datenschutz und Datensicherheit* 32 (8): 543.

Fuchs, Christian, und Wolfgang Hofkirchner. 2002. Ein einheitlicher Informationsbegriff fur eine einheitliche Informationswissenschaft. In *Stufen zur Informationsgesellschft. Festschrift zum 65. Geburtstag von Klaus Fuchs-Kittowski,* Hrsg. Christiane Floyd, Christian Fuchs, und Wolfgang Hofkirchner, 241–283. Frankfurt a. M.: Lang.

Gitt, Werner. 1997. *In the beginning was information.* Bielefeld: Christliche Literatur-Verbreitung.

Goswami, Amit. 1995. *The self-aware Universe.* New York: Penguin.

Grünwald, Peter, und Paul Vitányi. 2010. *Shannon information and Kolmogorov complexity.* Amsterdam: Centrum Wiskunde & Informatica.

Hägele, Peter C. 2005. Was hat Entropie mit Information zu tun? Vorlesung Grundlagen der Physik, SS 2005, Universität Ulm.

Hofkirchner, Wolfgang. 1999. *The quest for a unified theory of information.* New York: OPA.

Hofkirchner, Wolfgang. 2011. Toward a new science of information. *Information* 2 (2): 372–382.

Hume, David. 1993. *Eine Untersuchung über den menschlichen Verstand.* Hamburg: Meiner.

Jaeger, Gregg. 2009. *Entanglement, information, and the interpretation of quantum mechanics.* Berlin: Springer Verlag, Frontier Collection.

Janich, Peter. 2006. *Was ist Information? – Kritik einer Legende.* Frankfurt a. M.: Suhrkamp.

Johannsen, Wolfgang. 2014. Information governance. In *GI edition proceedings Bd. 232 – Informatik 2014,* Hrsg. Erhard Plödereder, Lars Grunske, und Eric Schneider, 833–845.

Kofler, Walter. 2014. Information from an evolutionary point of view. *Information* 5 (2): 272–284.

Kolmogorov, Andrei N. 1965. Three approaches to the definition of the quantity of information. *Problems of Information Transmission* 1:3–11.

Kováč, Ladislav. 2007. Information and knowledge in biology. *Plant Signaling & Behavior* 2 (2): 65–73.

Küppers, Bernd-Olaf. 2013. Elements of a semantic code. In *Evolution of semantic systems,* Hrsg. Bernd-Olaf Küppers, Udo Hahn, und Stefan Artmann, 67–86. Berlin: Springer.

László, Ervin. 1999. A note on evolution. In *Proceedings of the Second International Conference on Information Science,* Hrsg. Wolfgang Hofkirchner, 1–7. London: Routledge.

Loewenstein, Werner R. 2013. *Physics in mind.* New York: Basic Books.

Lyre, Holger. 2002. *Informationstheorie. Eine philosophische-naturwissenschaftliche Einführung.* Stuttgart: UTB.

McFadden, Johnjoe. 29. Oktober 2014. Life is quantum. *Aeon Magazine.*

Min, Jiayin. 1999. Information: Definition, origin and evolution. In *The quest for a unified theory of information, Proceedings of the Second International Conference on the Foundations of Information Science,* Hrsg. Wolfgang Hofkirchner, 149–158. London: Routledge.

Müller, Ernst E., und F. alko Schmieder. 2008. *Begriffsgeschichte der Naturwissenschaften: Zur historischen und kulturellen Dimension naturwissenschaftlicher Konzepte*. Berlin: Walter de Gruyter.

Roederer, Juan G. 2003. On the concept of information and its role in nature. *Entropy* 5 (1): 3–33.

Roederer, Juan G. 2005. *Information and its role in nature*. Berlin: Springer.

Rovelli, Carlo. 2015. Relative information at the foundation of physics. In *IT from bit or bit from IT?*, Hrsg. Anthony Aguirre, Brendan Foster, und Zeeya Merali, 79–86. New York: Springer.

Ryan, Morgan, Gaël McGill und Edward O. Wilson. 2014. *E.O. Wilson's life on Earth*, Bd. 1. s. l.: E.O. Wilson Biodiversity Foundation (iBook).

Schrödinger, Erwin. 1989. *Was ist Leben?* München: Piper.

Shannon, Claude E. 1948. A mathematical theory of communication. *Bell System Technical Journal* 27:379–423, 623–656.

Shannon, C. E., und W. Weaver. 1949. *The mathematical theory of communication*. Urbana: University of Illinois.

Tegmark, Max. 2014. *Our mathematical universe: My quest for the ultimate nature of reality*. New York: Knopf.

Timpson, Christopher G. 2013. *Quantum information theory and the foundations of quantum mechanics*. Oxford: Clarendon.

Walker, Sara Imari. 2014. Top-down causation and the rise of information in the emergence of life. *Information* 5 (3): 424–439.

Weizsäcker, Carl Friedrich von. 1973. Evolution und Entropiewachstum. In *Offene Systeme I. Beiträge zur Zeitstruktur von Information, Entropie und Evolution*, Hrsg. Gernot Böhme und Ernst von Weizsäcker, 67–86. Stuttgart: Klett.

Weizsäcker, Carl Friedrich von. 1974. *Die Einheit der Natur*. München: Deutscher Taschenbuch Verlag.

Wheeler, John Archibald. 1990. Information, physics, quantum: The search for links. In *Complexity, entropy, and the physics of information*, Hrsg. Wojciech Hubert Zurek, 3–28. Redwood City: Addison-Wesley.

Zeilinger, Anton. 2004. Why the quantum? "It" from "bit"? A participatory universe? Three far-reaching challenges from John Archibald Wheeler and their relation to experiment. In *Science and ultimate Reality*, Hrsg. John D. Barrow, Paul C.W. Davies, und Charles L. Harper, 201–220. Cambridge: Cambridge University Press.

Management von Information, Bedeutung und Wissen

3

Er sei immer wieder überrascht von den Maschinen, staunte der Pionier der Informatik Alan Turing vor 60 Jahren. Heute reicht die Komplexität der Computer aus, in einiger Hinsicht zumindest, mit dem menschlichen Hirn in Wettbewerb zu treten. Die Überraschungen nehmen zu.

Die Informationsverarbeitung begann mit den ersten Zeichen, die Lebewesen sich und ihren Artgenossen bereitstellten. Beim Menschen waren die Erfindung der Schrift und ihre Technologien zur Übertragung und zum Speichern ein epochaler zivilisatorischer Schritt. Geld, Mathematik und Algorithmen gehören in diesen Kontext genauso wie Archive, Bibliotheken und das heutige Internet.

Abb. 3.1 Ein Ausschnitt mit den etwa handtellergroßen, rotierenden Elementen der „Turing Bombe" in Bletchley Park. (© Bombe Machine, Bletchley Park cc-by-sa-2.0.)

In einer (sehr) kurzen Geschichte der Information werden Einzelaspekte dazu beleuchtet. Es wird auch gezeigt, welch lange Geschichte der maschinellen Informationsverarbeitung bereits vor der Erfindung heutiger Computer lag.

Als bedeutendster Pionier der theoretischen und praktischen Informatik gilt Alan Turing, der im Zweiten Weltkrieg an der Entschlüsselung der deutschen Chiffriermaschine Enigma arbeitete. Seine Maschinen dafür (Abb. 3.1) wurden wegen ihres Tickens Bomben genannt.

3.1 Behandelte Themen und Fragen

- Aspekte der Kulturgeschichte der Information
- Information und Industrialisierung
- Sprache, Semiotik und Logik
- Geschichte der maschinellen Informationsverarbeitung
- Turingmaschine und Turingtest
- Bemerkungen zum Schicksal Alan Turings

3.2 Einleitung und Kapitelüberblick

Information war und ist um uns, und sie ist in uns. Sie ist eine lebenswichtige Ressource für uns als Individuen, für die Gesellschaft, in der wir leben, und ihr nationales und internationales Funktionieren, für die Wirtschaft, das Reisen, die Freizeit, für unsere Kommunikation miteinander – kurzum: Leben ist für uns heutzutage ohne Information unvorstellbar. Und je höher unsere Gesellschaften entwickelt sind, umso weiter sind sie in der Entwicklung und Nutzung von Informations- und Kommunikationstechnologien. Mit dem Entwicklungsstand steigt allerdings auch die Abhängigkeit aller Lebensbereiche von diesen Technologien und ihren Infrastrukturen. Gleichzeitig wächst der Bedarf nach mehr Informationen rapide und die Informationsmenge explodiert förmlich. Industriell weit entwickelte Gesellschaften definieren sich heute folglich als Informationsgesellschaften. Aber auch in den weniger entwickelten und ärmeren Volkswirtschaften hat die informationelle Revolution längst begonnen. Die Mobilkommunikation und der Laptop haben das Kommunikations- und Wirtschaftsgeschehen überall in der Welt verändert. So ist die mobile Kommunikation ein wesentlicher Katalysator für neue finanzielle Infrastrukturen wie die der Mikrokredite und damit gleichzeitig auch ein erheblicher sozialer Faktor. Aus welchem Blickwinkel heraus auch immer wir Information verstehen, sie ist dabei, die Welt zu revolutionieren.

Bis in unsere Zeit hinein betrachteten wir mit Stolz die Methoden und Techniken, die wir und unsere Vorfahren entwickelt hatten, um mit Information umzugehen. Schrift und Buchdruck waren schon immer auch Ausdruck hoher Kulturen und reichten über den täglichen Bereich hinaus in den der Kunst hinein. Erst mit dem wachsenden Stellenwert der Information für das Funktionieren aller Aspekte der heutigen Gesellschaft bis hin zur Erfindung des Computers bildeten sich Überlegungen heraus, Informationen als eigenständiges Phänomen zu betrachten. Information wurde im Zuge dieser Entwicklung an nahezu beliebigen Orten und in nahezu beliebigen Mengen verfügbar. Dies hängt wesentlich mit der seit der Mitte des vergangenen Jahrhunderts beginnenden Digitalisierung der Nachrichten zusammen, die inzwischen zu einer Integration nahezu aller Informationsmedien geführt hat. Das Entstehen der Technologien dafür wurde durch eine intensive internationale Standardisierung technischer Rahmenbedingungen begünstigt. Das Internet ist der sichtbarste Ausdruck dieser Entwicklung.

3.3 Information und Bedeutung als Kulturprodukte

Die Entwicklung der Menschheit lässt sich ohne Information und Informationsverarbeitung nicht denken. Die hohe Bedeutung von Information für das Leben und das Überleben unserer biologischen Art zeigt sich schon daran, wie sehr die Menschen zu allen Epochen bestrebt waren, zu lernen und das Erlernte weiterzugeben. Noch heute wird beispielsweise in bestimmten Gruppierungen innerhalb des Islam der Koran nur mündlich weitergegeben oder, anders gesehen, die Fähigkeit, dies zu tun, wird bewahrt. So wurden vor der Nutzung der Schrift überlebensnotwendige Informationen verbal an die nachfolgenden Generationen übergeben. In der Frühzeit war es wichtig, aus der systematischen Beobachtung der Natur Schlüsse über einen möglichen Jagd- oder Anbauerfolg zu ziehen. Das betraf das Wanderverhalten von Herden jagdbarer Tiere genauso wie den Stand der Sterne, der Erkenntnisse über günstige Zeiten für die Aussaat zuließ. Und für jedwede militärische Tätigkeit war es von hoher Bedeutung, etwas über Pläne und Verhalten des jeweiligen Gegners zu wissen. Fähigkeiten wie die beschriebenen wurden weiterentwickelt und optimiert – beispielsweise durch kulturelle Techniken wie Aufzeichnungen in Schrift und Bild. Die gesammelten Kenntnisse mussten an die Nachfolgenden weiterkommuniziert werden.

3.3.1 Bedeutungsschaffende, informatorische Kulturinnovationen

Zum Umgang mit Informationen findet man in der Geschichte schon früh entscheidende Fortschritte, die das Leben der Menschen jeweils gravierend veränderten. Die Erfindung der Sprache und der Kommunikation mittels Gesten und einfachen Signalen lassen wir hier einmal aus, weil es sich dabei um große Zeitspannen umfassende Entwicklungen handelte und weniger um „Innovationen". Unter Innovation verstehen wir eine neue Form der Problemlösung, deren Begründung für ihre Nützlichkeit gleich mitgeliefert wird, die also selbst für Anerkennung in ihrem kulturellen Kontext sorgt, ohne dass jemand sie explizit gefordert hätte. Wir werden einige Beispiele benennen, in denen informatorische Innovationen die kulturelle Entwicklung massiv beeinflussten und so voranbrachten.

Es lohnt sich, bei der Betrachtung von Innovationen, die für die heutige Informationsverarbeitung von Bedeutung sind, zeitlich weit zurückzugehen. Im Folgenden werden vier zentrale Innovationen nachvollzogen, mit denen die Schaffung von Informationen und ihre Verarbeitung neu gestaltet und gleichzeitig enorm beschleunigt wurden: die Schrift, das Geld, die Zahlen und Algorithmen sowie die Bibliotheken. Sie wurden zudem, wie im Folgenden dargestellt wird, später die Voraussetzung für den Fortschritt selbst.

Die Erfindungen der Schrift, des Geldes, der Mathematik und der Bibliotheken respektive der Archive stehen exemplarisch für viele andere grundlegende Innovationen, an denen die wachsende Verdichtung der Information und ihre intensivierte Nutzung in der Geschichte illustriert werden können. Dazu gehören das Memorieren und die akustische Weitergabe ebenso wie visuelle Techniken der Kommunikation über große Distanzen. Das Nutzungsspektrum von Information und seine schnelle Veränderung im Laufe der Kulturentwicklung sind jedoch noch weitaus vielfältiger. Der Mensch ist ein Wesen, das sich in all seinen Organisationsaspekten und Daseinsformen im evolutionären Vergleich als ebenso hungrig wie produktiv im Umgang mit Information gezeigt hat.

Gilt dies auch für Tiere? Ja, wir müssen annehmen – und was die biologische Ebene von Vererbung und Zellorganisation angeht, wissen wir es ja sogar –, dass Tiere ihre Fähigkeiten aus den gleichen geschichtlichen Wurzeln heraus

3.3 Information und Bedeutung als Kulturprodukte

entwickelt haben. Gerade die jüngeren Forschungsergebnisse zur Kooperationsfähigkeit, Intelligenz und Sensorik zeigen, dass andere Zweige des Evolutionsbaumes andere, aber vergleichbare Ergebnisse brachten. Sie zeigen vor allem, dass im Laufe der Evolution viele gleichartige, aber nicht identische Verfahren entwickelt wurden, um Information für die eigene Art gewinnbringend zu nutzen. Bei einer Fledermaus beispielsweise ist das Gehör das wesentliche Organ bei der Orientierung im Raum, bei Zugvögeln ist es das Magnetfeld der Erde in Verbindung mit noch nicht ganz geklärten quantenmechanischen Vorgängen, das Hilfestellung gibt.

Unser Umgang mit Information ist so vielfältig, dass uns die Information selbst, wie auch die Prozeduren zu ihrer Nutzung und Verarbeitung, selbstverständlich erscheint. Es ist daher auch nicht weiter erstaunlich, dass sie uns immer noch als kaum mehr als eine Metapher erscheinen will. Selbst die Maschinen zur Informationsverarbeitung, die Computer, haben ihren Platz in unserer Welt so tiefgreifend erobert, dass wir sie meistens schon gar nicht mehr als solche wahrnehmen, sondern als Gebrauchsartikel in Form von Telefonen, Uhren, Musikanlagen, medizinischen Geräten oder Fahrscheinautomaten. Sie verschwinden aus unserem Blick, weil sie in spezifische Funktionen integriert sind oder uns die Software, die sie ausführen, eine eigene Realität vorgaukelt, hinter der die Eigenheiten dieser technischen Einheiten unsichtbar sind. Letzteres übt z. B. eine kaum zu begrenzende Faszination bei vielen Jugendlichen und Erwachsenen aus, die von Computerspielen förmlich absorbiert werden. Für sie wurde eine offenbar sehr glaubwürdige Ersatzwelt mit anderen Spielregeln als in der realen Welt geschaffen.

Man braucht nicht viel Fantasie, um sich ein noch viel enger gestaltetes Netz aus computerbasierten Diensten vorzustellen. Es legt sich in allen Bereichen des privaten und beruflichen Lebens um uns herum. Dieser Vorgang hat schon vor einiger Zeit begonnen und wird uns immer enger einbinden. Die Revolution der Informationsgesellschaft steht trotzdem noch an ihrem Anfang und ist Teil einer neuen industriellen Revolution. Diese wird, so die weit verbreitete Erwartung, die Automatisation durch autonom agierende Maschinen sprunghaft verändern, die Wertschöpfungsketten umgestalten und massiven Einfluss auf die gesamte Arbeitswelt ausüben.

Die auf den nächsten Seiten beschriebenen, in der Vergangenheit vollzogenen Innovationen sind rein menschliche Domänen, auch wenn ein zumindest rudimentäres Zahlenverständnis einigen Tieren nicht abgesprochen werden kann. Sie zeigen, wie sich der Mensch gleichsam einen Sonderplatz in der Evolution sicherte. Sein Gehirn schuf, durch zufällige Mutationen und selektives Wirken der Evolution dazu befähigt, die Voraussetzungen dafür, mit diesen und anderen kulturellen Leistungen den Planeten zu erobern. Und weil die Evolution sicher nicht teleologisch – also mit einem bestimmten Ziel – vonstattengeht, ist nicht ausgemacht, dass diese Errungenschaften einen dauerhaften Vorteil im Evolutionsgeschehen darstellen. Staunenswert sind sie bei näherem Hinsehen jedoch auf jeden Fall, denn nichts in der Natur deutet darauf hin, dass es Schrift, Geld und Bibliotheken geben muss. Sie sind vom Menschen geschaffen und ermöglichen es ihm, einen

Teil der kulturellen Informationsverarbeitung zu externalisieren – das Gehirn also zu erweitern. Sie sind Ergebnisse der Evolution.

Schrift

Die Schrift ist nach der Sprache die Erfindung, die den Menschen zu einem riesigen Entwicklungssprung verhalf. Sie erlaubt eine Informationsübertragung unabhängig von der mündlichen Kommunikation. Und mehr noch: Bislang war von Menschen genutzte Information nahezu ausschließlich in ihren Gehirnen zu finden. Mit der Schrift wurden der Information Speicherplätze außerhalb der Organismen selbst geschaffen (Al-Khalili 2012).

Sprache und Schrift sind Wege der Vererbung. Die israelische Genetikerin Eva Jablonka und die britische Biologin Marion J. Lamb weisen auf die grundsätzliche Bedeutung des Informationstransfers durch Sprache und Schrift hin. Neben der Weiterreichung der genetischen Information ist auch die Vermittlung von Erbinformation von Zelle zu Tochterzelle ohne DNA- und RNA-Moleküle (epigentisch) möglich. Tiere (und Menschen) vermitteln Informationen, die für den evolutionären Erfolg wichtig sind, darüber hinaus durch Verhaltensmuster. Den Menschen steht ein vierter Weg über Sprache und mit Hilfe von Symbolen (Schrift, Mathematik, Musik) offen. Diese symbolbasierte Vererbung, ebenso wie die über Epigenetik und Verhalten, sind, so die Argumentation, gleichfalls Gegenstand der natürlichen Selektion der Evolution (Jablonka und Lamb 2005).

Das Geschriebene ist allerdings auf die menschliche Interpretation angewiesen. Ohne sie ist die gespeicherte Information lediglich strukturierte Materie, deren Strukturierungsregeln sich in den Köpfen der Menschen oder in anderen Artefakten aufhalten. Die Bedeutung des Geschriebenen ist letztlich auf die Interpretation durch einen biologischen Organismus angewiesen. In diesem Sinne bleiben auch die Konstrukte der künstlichen Intelligenz begrenzt – bisher jedenfalls noch.

Damit die Bedeutung des Geschriebenen erschlossen werden kann, muss es gelesen werden. Dabei reicht es nicht, einfach die Zeichen zur Kenntnis zu nehmen, und auch nicht, daraus Worte und Sätze zu bilden. Mindestvoraussetzung ist die Interpretation. Dies geht nicht ohne ein Kontextwissen. Ein Satz wie „Die heimische Industrie liefert sich mit der chinesischen einen harten Wettbewerb." kann nur verstanden und mit Bedeutung gefüllt werden, wenn die Leserin weiß, was unter heimischer Industrie verstanden wird, was Wettbewerb ist und wie die chinesische Industrie im Vergleich zur heimischen gestaltet ist. Bedeutung kann also nur durch Zeichenwahrnehmung, deren Anordnung nach bekannten Regeln erfolgt ist, durch Inhalte bzw. Bedeutung von Worten und Begriffen sowie viel Kontext erschlossen werden.

Ob es Keile waren, die man in Tontafeln drückte, oder Hieroglyphen, die Wände, Steine oder Papyrus schmückten – dort, wo Schrift Anwendung fand, waren die Zivilisationen weiter entwickelt als anderswo. Die im Maßstab der Evolution schnelle Entwicklung der verschiedenen Schriften hing sicher mit den großen Vorteilen zusammen, die nahezu jede Art von Schrift von Beginn an bot – und natürlich auch mit dem menschlichen Gehirn, das entsprechend vorbereitet war. Schriften verhalfen dazu, Nachrichten unabhängig von einem menschlichen Träger zu übermitteln, im O-Ton gewissermaßen, auch wenn dies nicht in akustischem Sinne gemeint ist. Wer die Fähigkeit zu schreiben besaß, war auch in der Lage, Nachrichten vergleichsweise unverfälscht weiter zu vermitteln, zu archivieren und sie später auch zu löschen. Diese Merkmale jeder Schrift waren hilfreich bei ihrer Verbreitung und Stabilisierung, ebenso bei der Steigerung von Effizienz und Effektivität von Verwaltungen und großen Armeen. Wir dürfen annehmen, dass ganz besonders der ökonomische Bereich von der Schrift unmittelbar profitierte. Handelsvereinbarungen ebenso wie Inventare, Rechnungen und Schulden ließen sich – adäquates Trägermaterial vorausgesetzt – schriftlich fixieren und kommunizieren. Auch der sprichwörtliche Überbringer schlechter Nachrichten dürfte (im Mittel) profitiert haben, wenn er diese nicht mehr selbst vortragen musste und so möglicherweise dem Zorn des Empfängers entging. Eine wesentliche Kraft der Schrift liegt in ihrer Dauerhaftigkeit. Die lange versunkenen Hochkulturen Mesopotamiens, der Hetiter, Ägypter, Chinesen und Mayas sprechen dank der Schrift noch heute in diesem O-Ton zu uns. Wesentliche ihrer Gedanken, Verfügungen, Aufzeichnungen und auch ihre Poesie wurden durch die Schrift übermittlungsfähig, und einige davon blieben uns erhalten.

Der englische Ägyptologe Toby Wilkinson betont das Magische, das von der Schrift und ihrer Zeichen als Repräsentant der Macht ausging. Bereits zu Beginn der dynastischen Geschichte Ägyptens, also etwa 3000 v. Chr., konnte man Zeichen finden, die den König, der auch Gott war, repräsentierten. Die Anwesenheit seines Zeichens, z. B. auf einer Tafel mit bildlichen Darstellungen oder als Stempel, erzeugte zusätzliche Präsenz (Wilkinson 2010).

Es ist nicht zweifelsfrei geklärt, ob die Schrift zuerst in Mesopotamien oder Ägypten erfunden wurde. Das mesopotamische Uruk, so Wilkinson, habe derzeit die besten Chancen auf den Titel. Die Hieroglyphen haben sich ganz offenbar sehr schnell entwickelt und dann in ihrer Ausprägung stabilisiert. Wilkinson schließt daraus, dass die Schrift als recht plötzliche Innovation auftauchte. Deswegen sei es nicht auszuschließen, dass die Hieroglyphen das Werk eines einzelnen Genies sind.

Entscheidend für den Erfolg einer Schrift als Gebrauchsmittel war die Handhabbarkeit ihrer physischen Träger. In Steinwänden verewigte Hieroglyphen und relativ schwere Tontafeln in Mesopotamien waren nicht dazu geeignet, den vielleicht entscheidenden Vorteil der Schriftsprache, die mobile Kommunikation bzw. die Kommunikation über größere Distanzen hinweg, zur Geltung zu bringen. Hier war der leichte, pflanzlich zu gewinnende Papyrus im Vorteil. Wie intensiv die Kommunikation mit dem geschriebenen Wort in den alten Hochkulturen schnell wurde, zeigt der Stein von Rosetta (Abb. 3.2). Während Napoleons Feldzug in Ägypten entdeckt und kurzerhand nach Frankreich gebracht, blieben seine Schriftzeichen (Hieroglyphen, demotisch, altgriechisch) und ihre Bedeutung lange Zeit ein nicht entschlüsseltes Geheimnis. Wie sich später herausstellte, sind die drei Textfelder des Steins inhaltlich gleich. Nach einem spannenden Wettrennen im Dechiffrieren war es der Franzose Jean-François Champollion, der als Sieger hervorging. Ihm gelang es zuerst, die Hieroglyphen und die demotische Schrift zu entschlüsseln, die von ägyptischen Beamten gebraucht worden war. Die

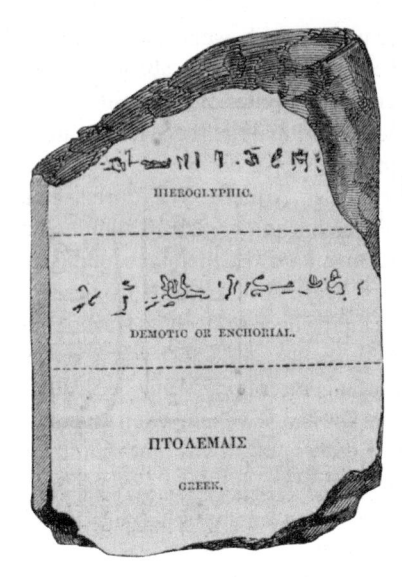

Abb. 3.2 Der Stein von Rosetta. Der 1,14 m hohe Stein wurde 1799 von einem französischen Soldaten, der mit Napoleons Truppen in Ägypten war, entdeckt. Er befindet sich heute im Britischen Museum in London. Auf dem Stein befindet sich in drei Sprachen und Schriften eine Gedenkschrift zur Erinnerung an die Krönung des Pharao Ptolemaios V., der das Land um 190 v. Chr. regierte. Alle drei angedeuteten Felder sind dicht mit eingravierten Schriftzeichen versehen. (Aus: Prime, William C. „Boat Life in Egypt And Nubia", 1874, University of Michigan Library)

griechische Schrift war bereits bekannt und diente als Ausgangspunkt zur Enträtselung der beiden anderen.

Gegerbte Häute waren lange Zeit in Persien, bei den Assyrern und bei den Hebräern in Gebrauch. Grundsätzlich war das Trägermaterial sehr vielfältig und reichte von Pflanzen über Tierknochen bis hin zu Muschelschalen. Ähnlich verhielt es sich im antiken römischen Reich. Etwa 200 Jahre v. Chr. wurde in Pergamon (heute das türkische Bergama) das Pergament bekannt und Papyrus wurde – später auch aufgrund der Handelshemmnisse infolge der Ausbreitung des Islam im siebten und achten Jahrhundert – als vorherrschendes Trägermedium abgelöst.

Beide Informationsträger, wie auch die später noch verschiedentlich verwendeten Felle, wurden durch das in China erfundene Papier obsolet. Allerdings nahm dies noch eine lange Zeit in Anspruch. Bereits im Jahr 105 n. Chr. soll der Chinese Cai Lun das Papier erfunden haben, doch erst um 1200 kam es nach Europa. Noch weitere zwei Jahrhunderte dauerte es dann, bis Papier auch hier hergestellt werden konnte.

In der Zwischenzeit nutzte man u. a. mit Wachs bestrichene Holztafeln, in die man die Schriftzeichen ritzte – und die man später, nach dem Löschen der Zeichen durch Erwärmen des Wachses, wiederverwenden konnte. In Ägypten entstand eine hoch entwickelte Papyrusindustrie. Die Einnahmen aus der Papyrusherstellung sollen lange Zeit ausgereicht haben, das ägyptische Heer zu finanzieren.

Die antike Philosophie und das damals entwickelte Wissen, die entstandenen Erkenntnisse und Meinungen überstrahlen in vielen Aspekten noch immer alle Jahrhunderte bis zur Aufklärung. Die Fülle antiker schriftlicher Hinterlassenschaften erstaunt noch heute. Trotz des verheerenden Brandes in der Bibliothek von Alexandria und vieler weiterer Verluste unersetzlicher Dokumente im Laufe der wechselvollen Ereignisse der Geschichte sind sie doch so reichhaltig, dass sie uns als vielfältige Referenz für die Grundlagen der Wissenschaften dienen. Was damals zunächst mündlich und dann schriftlich verbreitet wurde, konnte überhaupt nur durch die Verwendung großer Mengen von Schreibmaterialien festgehalten werden.

Mit der Entwicklung der Schrift ging die der Zeichen und Symbole einher. Zeichen – als zurückgelassene Hinweise auf das zu Bezeichnende (beispielsweise Wegzeichen) – dürften schon sehr früh in der menschlichen Geschichte als Mittel der Kommunikation in Gebrauch gewesen sein. Sie traten zum Beispiel in Form von Hieroglyphen in Erscheinung, als piktografisches oder logografisches System, bei dem Zeichen für Begriffe stehen. Durchgesetzt haben sich jedoch Alphabetschriften, bei denen Buchstaben jeweils einen Laut (ein Phonem) bezeichnen, und Silbenschriften, bei denen einzelne Zeichen auf zusammengesetzte Laute hinweisen. In einem sogenannten idealen Alphabet entspricht jeder einzelne Buchstabe einem Phonem und umgekehrt. Gebräuchlich sind auch Alphabete mit Abweichungen wie beispielsweise der Verweis eines Zeichens auf mehrere Laute und weitere Varianten. Dabei wurden nicht alle Schriften zur Beschreibung dessen genutzt, was man auch sprachlich zum Ausdruck bringen kann. So war die Linear-B-Schrift der griechischen Antike zur Herstellung von Listen für geschäftliche Transaktionen gedacht und nicht zur Wiedergabe von Diskursen, geschweige denn als ein literarisches Ausdrucksmittel (Price und Thonemann 2011).

Der amerikanische Wissenschaftsautor James Gleick vertritt die Auffassung, dass alle heute in Gebrauch befindlichen Alphabete auf ein Uralphabet zurückgehen. Das Alphabet war seiner Theorie nach eine semitische Erfindung, ca. 1500 v. Chr. im Gebiet des heutigen Palästina. Aus einer Mischung von diversen inkompatiblen Schriftsprachen in Mesopotamien, Ägypten, Palästina, Phönizien und Assyrien hat man dort zugunsten einer schnellen Informationsübertragung – gegen die Interessen der jeweiligen Priester, denen an einer Herrschaft durch kontrolliertes Wissen gelegen war – ein Alphabet mit ungefähr zwanzig Buchstaben entwickelt (Gleick 2011). Die neue Technologie des Schreibens wirkte ansteckend, denn ihre inhaltslosen Zeichen waren vergleichsweise einfach zu erlernen. Die Entwicklung arabischer, jüdischer, brahmanischer und griechischer Alphabete führte dann zu verschiedenen und inkompatiblen Schriften.

Es gab auch akustische „Trommelschriften" als zentrales Kommunikationsmittel, mit Trommelzeichen als Buchstaben. Hat die Buchstabenschrift den Vorzug, die Nachrichten länger aufzubewahren, so kann die Trommel sie schneller verbreiten. Allerdings zum Preis der Flüchtigkeit des vermittelten Inhalts. Sie war geradezu zum organischen Symbol der afrikanischen Dorfgemeinschaft geworden – so wie einst im Leben des europäischen Dorfes die Kirche, schreibt Abdurahman Aden in einer Betrachtung zur Entwicklung der Kommunikation in Afrika (Aden 2000). Die Trommel bewährte sich als eine Geheimwaffe für die nach Amerika und in die Karibik verschleppten und dort als Sklaven verkauften Menschen. Um sich gegen ihre Besitzer verschwören zu können, verständigten sie sich mit diesem nur ihnen vertrauten Kommunikationsmittel. Die Trommeln wurden schließlich verboten. Daraufhin wich man auf Blechbehälter aus – und der für sie typische Klang der Kalypso-Musik war geboren. Der Wille sich mitzuteilen hatte gesiegt.

Geld
Eine besondere Form der Information und Kommunikation war immer das Geld. Als Trägermedium repräsentierte es lange Zeit nicht nur einen eingeprägten Wert einer Münze, sondern das Material selbst stellte diesen Wert dar. Schon früh wurde mit dem Materialwert auch eine Garantie bzw. ein Werteversprechen eines Herrschers als Bedeutung der Information transportiert, die diesen Wert gewissermaßen unterstützte. Das Material ging also mit einem Informationsgehalt einher, der über die geprägten Zeichen und Bilder selbst hinausging. Folgerichtig gab es dann etwa 5000 Jahre v. Chr. die ersten Scheidemünzen, bei denen der ausgewiesene Nominalwert den Metallwert überstieg. Scheidemünzen – gleiches gilt für Banknoten – setzen eine komplexe Kommunikation und Verarbeitung von Informationen voraus. Die Beteiligten in einer Transaktion brauchen Vorwissen über die Münzen, um daraus Vertrauen in ihren Wert zu entwickeln. Beides ist nur möglich, wenn das Umfeld, aus dem die Münze stammt, hinsichtlich seiner Bonität einschätzbar ist. Scheidemünzen setzten also einen hohen Organisationsgrad des Wirtschaftsraumes voraus, in dem sie dann als Geld funktionieren konnten.

Mit dem Ende des Römischen Reiches – und damit der für die wirtschaftlich Beteiligten unerlässlichen kompetenten staatlichen Autorität – verschwanden die Scheidemünzen, und der Materialwert der Münzen dominierte erneut. Allerdings entwickelte sich – die Hanse und die Blüte vieler italienischer Städte illustrieren dies – eine Art Papiergeld, dessen Wert auf dem wechselseitigen Vertrauen größerer Gruppen von Kaufleuten beruhte. In der Folge entstanden in Oberitalien erste Banken. Das damals neue finanztechnische Handeln mit Kreditzusagen, Bürgschaften, Schuldverschreibungen und ähnlichen Geschäften hat die Entwicklung von Banken bis hin zu unserem heutigen globalen Währungssystem geprägt. Jede geschäftliche Transaktion läuft dabei als informationsverarbeitender Prozess ab, und zwar nach festen und zuweilen sehr komplexen Regeln.

Die Information auf jeder britischen Pfundnote gibt dieses Verhältnis von Material und Information gut wieder. Das Papier selbst ist natürlich nicht viel wert. Das aufgedruckte Versprechen „I promise to pay the bearer on demand the sum of one pound" jedoch, bekräftigt durch eine Unterschrift seitens eines Repräsentanten der Bank of England und das Bild der Königin, ist ein britisches Pfund (Abb. 3.3). Das Vertrauen liegt beim Papiergeld also nicht mehr im Materialwert, wie z. B. früher beim Gold im Münzgeld, sondern im Vertrauen in die Geldpolitik einer

Abb. 3.3 Eine britische Pfundnote. Erst die zusätzliche, bedeutungsvolle Information verleiht einer Banknote einen Wert über das Papier hinaus. (© Bank of England)

Notenbank. Diese Entwicklung war sicher nur möglich, weil die Kommunikationskanäle breiter wurden und das Vertrauen in die Instanz der Zentralbank zeitnah überprüft werden konnte.

Die Bedeutung bzw. der Wert des Geldes erschließt sich also über den beidseits bekannten Materialwert, beidseitig getroffene Annahmen über den Wert des Geldes, eine akzeptierte Zusicherung eines Dritten oder eine Art Vertrag. Das Papiergeld ist eine Art Vertrag, der dem jeweiligen Inhaber einen Wert bei einem Eintausch bei einer Zentralbank zusichert. Weitere Verträge wie Wechsel, Aktien und diverse Derivate gehören auch in diese Klasse der Bedeutungszusicherung.

Mathematik, Algorithmen und Logik

Ob die Menschen die Zahl und damit die Mathematik erfunden oder gefunden haben, ist Ansichtssache. Der englische Philosoph Karl Popper (1902–1994) ordnet sie in seiner Drei-Welten Theorie der dritten Welt zu, den unabhängig vom Menschen existierenden abstrakten Dingen. Häufiger wird die Meinung vertreten, die Menschen hätten die Zahlen nicht, wie Popper meint, gefunden, sondern aus sich selbst heraus entwickelt. Zahlen und Mathematik liefern, wie auch die strukturierten Handlungsweise zu ihrem Umgang – die Algorithmen – und wie auch die Logik, Bausätze, mit denen die quantitativen und strukturellen Aspekte unserer Welt nicht nur besser verstanden werden, sondern auch verändert werden können.

Mathematik

Die Zahlen und das Rechnen mit ihnen können als Erweiterung der Sprache gelten und nehmen doch einen ganz eigenen Platz ein. Sie erlauben es, mit abstrakten Darstellungen die realen Dinge in Beziehung zueinander zu setzen, sie zu quantifizieren und durch die Anwendung von Rechenregeln aus bekannten Quantitäten durch Addition, Subtraktion, Multiplikation und Division neue Quantitäten zu bilden. Die Mathematik hat sich aus diesen Grundrechenarten zu einer eigenen Welt entwickelt, die einerseits für sich selbst existiert, andererseits aber in vielerlei Hinsicht zur Beschreibung unserer Welt herangezogen werden kann. Daher ist sie durchaus mit einer Sprache vergleichbar, die verschiedenen Disziplinen zur Kommunikation dient.

So drücken die Physiker ihr Verständnis über physikalische Gesetzmäßigkeiten und sonstige Sachverhalte gerne in mathematischen Formeln und Gleichungen aus. In der theoretischen Physik wurden die Gleichungen z. T. zum einzigen

Abb. 3.4 Der amerikanische Physiker am Massachusetts Institute of Technology Max Tegmark vertritt die These, Mathematik sei die Realität, die allem zugrunde liegt. (Mit freundlicher Genehmigung Max Tegmark)

gültigen deskriptiven Mittel. Man beschreibt so, was sich der Anschaulichkeit oftmals vollständig zu entziehen scheint. Der Physiker Max Tegmark (Abb. 3.4) schließt aus diesem Erfolg der Mathematik, dass die Welt tatsächlich mathematisch ist (Tegmark 2014). Die Gleichungen sind dann nicht mehr reine Darstellungsmittel, sondern die Realität selbst. Das mag nicht jedermann so hinnehmen wollen. Es ist für viele Menschen, darunter auch Physiker und Philosophen, schwer verständlich, wie man über Erkenntnisse zur Welt ausschließlich mit Mitteln der – dazu noch sehr schwer zugänglichen – Mathematik „sprechen" kann. Konsequenterweise hat dies besonders im Bereich der Quantenphysik auch zu einer Diskussion über die Notwendigkeit von Anschaulichkeit in der Beschreibung der Welt geführt.

Für die Eleganz mathematischer Beschreibungen steht noch heute die Geometrie des Euklid. Er beschreibt in seinem Werk „Die Elemente" die mathematische Struktur von Grundelementen der Landvermessung, vor allem ihre Zusammenhänge untereinander und ihre Anwendung anhand von Problemstellungen. Euklid geht axiomatisch vor, d. h. er definiert Grundlegendes wie z. B. einen Punkt oder eine Gerade, postuliert deren Eigenschaften, benennt mittels Axiomen logische Konsequenzen und wirft dann Probleme auf und behandelt sie. Euklid fasst das griechische Mathematikwissen seiner Zeit zusammen. Die Art und Weise jedoch, wie er dies tut, erscheint uns auch fast 2000 Jahre später noch als von unvergleichlicher Eleganz und Schönheit. Dabei ordnet er seine Annahmen und Axiome einer Ideenwelt zu, wie sie zur gleichen Zeit von Platon postuliert wird. In dieser Welt haben nur die Ideen und Modelle der fassbaren Wirklichkeit ihren Platz, nicht jedoch die materiellen Gegenstände, die diese fassbare Welt ausmachen.

Ein Algorithmus aus babylonischer Zeit (© Donald E. Knuth, 1972)

Wann gilt bei einer Fläche: Länge plus Breite ergeben die Fläche?
Man gehe folgendermaßen vor:

- zwei Kopien eines Parameters anfertigen,
- 1 von einer Kopie subtrahieren,
- das Reziprok berechnen,
- den kopierten Parameter mit diesem Ergebnis multiplizieren,
- damit eine Kantenlänge festlegen.

Anders formuliert:
Wenn $x + y = x\,y$, dann kann y durch $y = x/(x-1)$ bestimmt werden.

Algorithmus

Eine fundamental andere Art, mit mathematischen Problemstellungen umzugehen als mit Griffel und Abakus, entwickelte sich in der Region des heutigen Usbekistan. Mit der Erfindung des Algorithmus, die Al-Chwarizmi (Abb. 3.5) ca. 800 n. Chr. zugeschrieben wird, kam das Verfahren in die Welt, mit dem die heutigen Computer arbeiten. Unter einem Algorithmus verstehen wir eine exakt beschriebene Vorgehensweise zum Lösen eines Problems in endlich vielen und eindeutig beschriebenen Schritten. Im Beispiel oben ist so ein Programm aus dem antiken Babylon wiedergegeben. Al-Chwarizmis arabisches Lehrbuch „Über das Rechnen mit indischen Ziffern" beginnt in der mittelalterlichen lateinischen Übersetzung mit den Worten „Dixit Algorismi" („Al-Chwarizmi hat gesagt"). In ihm werden Regeln für die Berechnung mit der modernen zehnstelligen Arithmetik dargelegt, die in Indien erfunden worden war. Das Buch hatte großen Einfluss und die Berechnungsmethoden verbreiteten sich unaufhaltsam. Diejenigen, die sie meisterten und damit das römische Zahlensystem endlich hinter sich lassen konnten, nannten sich Algorithmiker. Daraus entstand dann

Abb. 3.5 Al-Chwarizmi als Denkmal in Chiwa, Usbekistan (W.Johannsen)

viel später der Begriff Algorithmus, der heute für alles stehen kann, was in Computern passiert (Derbyshire 2006).

Auf der Suche nach den Ursprüngen des Algorithmus musste man zeitlich weit zurückgehen. Der amerikanische Informatiker Donald E. Knuth verwies 1972 in seinem Bemühen, der jungen Wissenschaft Computer Science bzw. Informatik zu einer gestärkten Respektabilität zu verhelfen, auf 4000 Jahre alte Funde in Mesopotamien (Knuth 1972). Auf Lehm- und Tontafeln waren vielfältige und präzise Anweisungen zur Lösung mathematischer Probleme zu finden, und zwar nicht im dezimalen, sondern im sexagesimalen (Basis 6 statt 10) Zahlensystem und mit Fließkomma-Eigenschaften. Die Vor- und Nachteile beider Zahlensysteme hier darzustellen, fehlt der Raum. Allerdings gilt es festzuhalten, dass sexagesimale Zahlen durchaus vorteilhaft sind, so lange Division und Multiplikation keine Rolle spielen. Dennoch wurden alle vier Grundrechenarten gemeistert, und die Algorithmen dazu erstreckten sich sogar auf die Lösung algebraischer Problemstellungen. Es handele sich hier, so Knuth, um eine frühe babylonische Art der „Programmierung". Nach Knuth, der mit seinem Standardwerk „The Art of Programming" (die Kunst des Programmierens) viel zum Verständnis von Algorithmen beigetragen hat, zeigten sich in den babylonischen Algorithmen bereits Elemente heutiger Rechenmaschinen und Computer. Insbesondere sind dies: Instruktionen wurden gemäß platzierter Zahlen auf definierten Plätzen ausgeführt, Zahlen wurden kopiert und Zahlen wurden zwischenzeitlich „im Kopf behalten".

Die Auswahl der Zahlen, mit denen man rechnen wollte, war nicht einfach zu treffen. Die natürlichen Zahlen – die man zum Zählen von alters her verwendete – waren, wie der Mathematiker Leopold Kronecker formulierte, „von Gott gemacht, alles andere ist Menschenwerk". Dieses Menschenwerk, das in der Realität keine direkte Entsprechung hat, sondern auf Axiomen beruht, und deren Eigenschaften alle aus diesen Axiomen abgeleitet werden, expandierte in einem Maße, dass es das Wissen der Menschheit nicht nur bereicherte, sondern revolutionierte. Das schon erwähnte Beispiel des Euklid spricht in dieser Beziehung Bände. Mit der Renaissance und der Wiederentdeckung der klassischen Texte und mit der Ergänzung durch arabische und indische Quellen wurde die mathematische Entwicklung dann derart beschleunigt, dass sein Denkgebäude immense Ausmaße annahm. Darüber hinaus erschlossen sich Anwendungsbereiche, die ganz entscheidend für die Entwicklung der Naturwissenschaften wurden, und deren Methodik, Erkenntnis zu schaffen.

Die ebenso nützlichen wie komplexen Methoden der Mathematik führten schon bald zu der Frage, ob man die zeitraubenden Prozeduren, die häufig mit der Berechnung verbunden waren, nicht auf Maschinen übertragen könnte. Ein Weg war die Vereinfachung von Rechenoperationen durch Verwendung von Logarithmen. Logarithmen sind die Exponenten, mit denen vorgegebene Zahlen potenziert werden müssen, um einen bestimmten Wert zu erhalten. Sie machen die Handhabung schnell wachsender Zahlenreihen sehr viel einfacher. Diese muss allerdings mit der Verwendung sehr umfangreicher Zahlentafeln bezahlt werden. Logarithmen waren in den Grundzügen bereits aus babylonischer Zeit, etwa 2000 v. Chr. bekannt und wurden dann kontinuierlich weiterentwickelt, bis hin zur Funktionsdarstellung des natürlichen Logarithmus durch Leonhard Euler um 1730. Schon vorher, in der ersten Hälfte des 17. Jahrhunderts, setzten Johannes Kepler und Tycho Brahe Logarithmen, die von John Napier kurz vorher als „künstliche Zahlen" berechnet worden waren, extensiv für ihre astronomischen Berechnungen ein. Erst die Digitalrechner befreien von den Logarithmentafeln und mechanischen Hilfsmitteln wie Rechenschieber. Al-Chwarizmis Softwareprinzip der Algorithmen traf mit John von Neumanns Rechenmaschinen zusammen.

Ein Beispiel für einen Syllogismus
Prämissen:
    Alle Menschen sind sterblich.
    Sokrates ist ein Mensch.

Konklusion (Folgerung):
    Sokrates ist sterblich.

Logik

Der Begriff Logik steht für das Altgriechische „denkende Kunst" und wird seit etwa 100 v. Chr. verwendet. Er wurde vom antiken Stoiker Zenon von Kition geprägt. Die Logik gilt als Kunst des vernünftigen und methodischen Schlussfolgerns – eine rein auf der Nutzung und Manipulation von Informationen beruhende Vorgehensweise. Es geht – wie auch im Beispiel oben ersichtlich – dabei letztendlich um das Schließen hin zu binären Wahrheitswerten – also wahr oder falsch –, die sich aus den Wahrheitswerten von Teilaussagen ergeben. Dies gilt zumindest in der klassischen Logik. Die nichtklassische Logik ist mehrwertig (es sind mehr Werte als nur „wahr" und „falsch" zugelassen) und/oder eine intentionale Logik (der Wahrheitswert einer zusammengesetzten Aussage ist nicht eindeutig durch die Wahrheitswerte ihrer Teilaussagen und die Art, wie diese zusammengesetzt sind, bestimmt).

Die Logik als Methode des Denkens und des Schließens hat sich über die Jahrhunderte hinweg weiterentwickelt. Das zweiwertige Prinzip vom ausgeschlossenen Dritten jedoch geht auf Aristoteles zurück und gehört heute zu den Grundaussagen Boolscher Logik, nach deren Regeln binäre elektronische Schaltungen arbeiten, die wiederum Bausteine moderner Computer und der digitalen Technik überhaupt sind.

In moderner Notation und unter Verwendung von $\neg a$ für „nicht a" und $a \wedge b$ für „a und b" erhält das Prinzip vom ausgeschlossenen Widerspruch die aussagenlogische Form: $\neg(a \wedge \neg a)$ „in Worten": nicht (a und nicht a). Für jede beliebige Aussage a gilt, dass nicht gleichzeitig a und nicht a der Fall sein kann. Mit anderen Worten: Die Behauptung $(a \wedge \neg a)$ ist für jedes beliebige a falsch (Froese 2012).

Logik kann man, wie Mathematik und Musik auch, ohne eine Externalisierung einfach mittels Zeichen sowie Syntax und Semantik der Zeichen „im Kopf" betreiben. Allerdings ist das recht ineffizient und kann – wenn beispielsweise schriftlich als Prosa in Sätzen einer Umgangssprache kommuniziert – weit hinter den bestehenden Möglichkeiten zurückbleiben. Die Zeichen logischer Verfahren haben sich nicht nur in Büchern ihren Platz erobert, sondern sie sind auch direkt in elektronische Schaltkreise übernommen worden.

Archive und Bibliotheken
Mit der Erfindung der Schrift, des Rechnens und der Algorithmen sowie des Geldes werden herausragende Transformationsprozesse in der Kulturgeschichte der Informationsverarbeitung deutlich. Dazu gehören auch die Archive und Bibliotheken. Sie alle zeigen exemplarisch innovative Problemlösungen, die nicht auf naturwissenschaftlichen Entdeckungen oder dem Einsatz von Maschinen beruhen.

Sie zeigen auch, dass zivilisatorische Entwicklungen wesentlich durch die Intensivierung des Austausches von Informationen und die Fähigkeit, diese auszuwerten und zu verdichten, ausgelöst werden, sofern als Resultat neue Informationen erzeugt und kommuniziert werden. Dort, wo sich daraus dann in hinreichendem Maße bzw. bei hinreichend vielen Individuen neues Wissen bilden kann, besteht die Chance auf Fortschritt.

Archive und Bibliotheken können als frühe Erfindungen der Informationsverarbeitung betrachtet werden. Informationen dauerhaft zu speichern, dürfte ein wesentliches Bedürfnis gewesen sein, das mit der Entwicklung der Schriften einherging. Anfangs, als man Bauwerke oder Felswände mit Inschriften versah, übernahmen die Trägermedien der Information selbst diese Aufgabe. Später, als es um Kommunikation über größere Distanzen ging, die Trägermedien entsprechend handhabbarer wurden und der Bedarf nach geordneter und dauerhafter Dokumentation und Aufbewahrung religiöser, staatlicher und wirtschaftlicher Informationen stieg, traf dies in erhöhtem Maße zu. Bereits die Tontafeln in Mesopotamien wurden archiviert. Ihre Beständigkeit wurde jedoch nicht zuletzt durch den Kontakt mit Feuchtigkeit erheblich beeinträchtigt.

In einem Warenlexikon von Klemens Merck vertrat der Autor 1871 die folgende Auffassung zur Einordnung der Tontafeln: „In der Sündflut gingen mit den thönernen Häusern auch die meisten thönernen Bibliotheken verloren, deshalb brannte man später die Thonmassen nach der Schrift, wie man denn auch die für Bauten geformten Backsteine zu Ziegeln (sigillae) brannte." Ob in der Praxis tatsächlich die Sintflut dafür sorgte, durch das Brennen des Tons zu Tafeln mit besserer Haltbarkeit zu gelangen, oder ob es nicht doch andere Auslöser dafür gegeben haben könnte, bleibt der Beurteilung des Lesers überlassen.

Die Funktionsweise der Bibliothek geht über die eines Archivs hinaus. Sie ist ein Beispiel für ein komplexes, räumlich abgegrenztes und auf festen Regeln beruhendes informationsverarbeitendes System, das mit seinen Katalogen auch Metadaten verwaltet und nutzt. Die bekannteste Bibliothek der Weltgeschichte ist sicher die Bibliothek von Alexandria. Nicht nur, weil sie angeblich spektakulär einer Brandstiftung zum Opfer fiel (man streitet sich, wer die Lunte gelegt haben könnte: Die römischen Kaiser Cäsar oder Aurelius, der koptische Papst Theophilius oder der Kalif Omar Ibn Al-Khattāb), sondern weil sie – genauso wenig eindeutig nachgewiesen – unglaubliche Schätze der Antike barg. Sie war, den Überlieferungen zufolge, zwischen 300 v. Chr. und der römischen Eroberung 30 n. Chr. ein wichtiger Ort des Studiums, der Forschung und des Wissensaustausches. Entscheidend für uns ist, dass die Idee einer Bibliothek als zentraler Ort für

3.3 Information und Bedeutung als Kulturprodukte

die Aufbewahrung von Büchern, Schriftstücken, Karten u. ä. in der Antike vertraut war, und dass die Strahlkraft der Bibliothek in Alexandrien für den Ausbau dieser Idee sorgte.

Während man davon ausgehen darf, dass in der Bibliothek von Alexandria Schriftstücke auch vernichtet wurden, etwa weil sie beschädigt oder nicht mehr aktuell waren, und dass dies auch für andere Bibliotheken gilt, gibt es mit der Geniza von Kairo einen interessanten Sonderfall. Bei einer Geniza handelt es sich um ein Lager, ein Depot oder einen vermauerten Hohlraum, in dem nicht mehr lesbare oder nicht mehr benutzte Texte abgelegt werden. Neben den jüdischen liturgischen Schriften, die mit einem Tetragrammaton (Davidstern) gekennzeichnet waren, wurden auch profane Schriften wie z. B. Rechnungen oder Warenlisten aufbewahrt. Eine Geniza mit etwa 200.000 Schriftstücken, die bis 800 n. Chr. zurückreichten, wurde 1890 in einer Synagoge in Kairo entdeckt und danach systematisch ausgewertet.

Klosterbibliotheken spielten später weit über die Verwahrung religiöser Informationen hinaus eine entscheidende Rolle für die Kulturentwicklung. Sie waren Orte, an denen Recht codiert, Logik betrieben und Rhetorik gelehrt wurde. Schon mit der Gründung der diversen Orden standen Texte im Mittelpunkt des Ordenslebens. Nicht nur, dass eine geordnete Kommunikation über große Distanzen hinweg unerlässlich für den Auf- und Ausbau der Orden war. Kommunikation bildete auch die Grundvoraussetzung für die Einhaltung der komplexen Ordensregeln. Bis zur Erfindung des Druckes mit beweglichen Lettern wurden in Skriptorien Werke verfasst, kopiert und mit aufwendiger Ornamentik und Bildern ausgeschmückt. Noch heute zeugen die prächtigen Klosterbibliotheken davon, welch hoher Stellenwert ihnen im geistlichen Leben der Klöster zukam (Abb. 3.6). Ihnen sind sowohl die Überlieferung des geistigen Erbes des Mittelalters als auch die Reste der antiken Literatur zu verdanken. Auch die schriftliche Kommunikation der weltlichen Administration nahm bereits vor dem Buchdruck rapide zu. Der britische Historiker Peter E. Wilson führt steigende Zahlen von Briefen deutsch-römischer Kaiser als Beleg an. So sind von Heinrich III. lediglich drei persönliche Briefe aus der Mitte des elften Jahrhunderts bekannt bzw. erhalten geblieben. Von Kaiser Ruprecht sind aus dem frühen 15-ten Jahrhundert bereits etwa 400 Briefe – an die Städte Frankfurt, Nürnberg und Straßburg – nachweisbar. Karl V. sandte und empfing Anfang des 16. Jahrhundert dann bereits an die 120.000 Briefe, wobei solche, die über den Tisch seiner Offiziellen gingen, nicht berücksichtigt sind (Wilson 2016).

In Bibliotheken und Archiven wurden und werden Informationen angesammelt, katalogisiert, kopiert und ausgewertet. Zweifellos trug jede Bibliothek zur Erweiterung des Wissensbestandes ihrer Zeit bei. Dieser stieg insbesondere im Europa des Mittelalters stetig an, erfuhr eine Beschleunigung etwa im 12. Jahrhundert, als der Wissensaustausch mit dem Osten zu florieren begann, und erhielt mit der beginnenden Renaissance einen weiteren Schub. Geschrieben wurde in Lateinisch, der damaligen Lingua franca. So wurde der Marktwert des Geschriebenen erhöht, denn Latein wurde in der gesamten Christenheit benutzt – innerhalb der Kirchen und zunehmend auch in den Staatsverwaltungen. Die Zahl der Bücher nahm mit der wachsenden Bevölkerungsdichte und dem zunehmenden Wohlstand

Abb. 3.6 Abt Gero wird im Kloster Reichenau eine Prunkschrift überreicht. Klöster führten eine umfangreiche Korrespondenz aus religiösen, politischen und wirtschaftlich-organisatorischen Gründen und unterhielten dafür große Skriptorien. Ihr konsequenter Umgang mit Informationen verschaffte ihnen oftmals einen organisatorischen Vorsprung vor Königshöfen und anderen weltlichen Institutionen (© Universitäts- und Landesbibliothek Darmstadt)

zumindest phasenweise zu. Auch die Zahl derjenigen, die lesen und schreiben konnten, stieg an, denn die komplexer werdenden Verwaltungen und vor allem die enger geknüpften Handelsnetze verlangten intensive Korrespondenz. So wurde, wie bereits ausgeführt, auch die Voraussetzung für neue Zahlungsmittel wie den Wechsel geschaffen. Diese schriftlichen Vereinbarungen basierten nicht mehr auf dem Tausch von Wertgegenständen wie Münzen, sondern auf dem verbrieften Vertrauen der Handelspartner zueinander.

Zunehmendes Wissen, so die These, vergrößert den geistig-zeitlichen Horizont, der die Fähigkeit, Wissen über die Welt und ihre Geschichte zu sammeln, beschreibt. In Abb. 3.7 ist das Verhältnis zwischen der Informations- und Wissensexplosion in den zurückliegenden Jahren und der damit verbundenen zeitlich-geistigen Reichweite des jeweiligen Erkenntnishorizontes dargestellt. Antony R. Crofts nennt den Erkenntnishorizont auch den chronognostischen Bereich. Dieser selten verwendete Begriff, der aus Chronik, also das Zeitliche betreffend, und der Gnostik, hier als Erkenntnis zu verstehen, zusammengesetzt ist, beschreibt den subjektiv möglichen Überblick zum Geschehen in der Zeit. Der Erkenntnishorizont beschreibt den Bereich an Jahren, der sich aus den zur Verfügung stehenden Informationen bzw. dem vorhandenen Wissen ergibt.

Die in etwa logarithmische Darstellung in Abb. 3.7 lässt das exponentielle Anwachsen des Erkenntnishorizonts linear erscheinen. Deutlich wird, dass etwa mit der Magna Charta und den durch Ereignisse wie der Völkerwanderung und dem Mongolensturm ausgelösten Umwälzungen auch neue Wissensquellen, Handels- und Kommunikationswege erschlossen wurden. Das Hochmittelalter brachte den Beginn der modernen Wissenschaften, geprägt von Persönlichkeiten wie Francis Bacon, Dante Alighieri und Galileo Galilei. Die beginnende Renaissance,

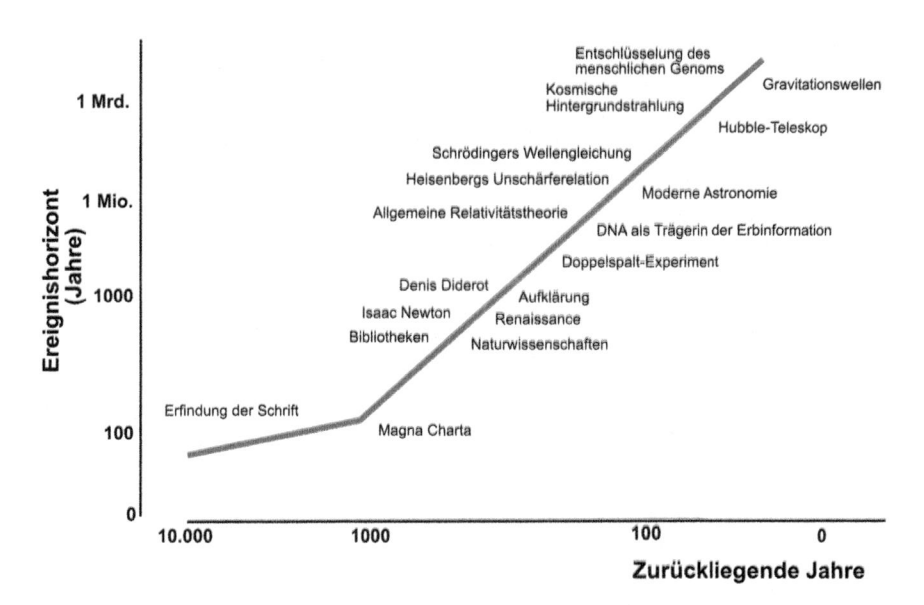

Abb. 3.7 Die Entwicklung des menschlichen Erkenntnishorizonts in der Geschichte. (Abbildungsvorlage entnommen aus Crofts 2007)

der Humanismus, die Reformation und die Entwicklung der gedruckten Literatur wirkten als weitere Triebfedern. Danach gab es kein Halten mehr. Bis heute verdoppelt sich der Informationsbestand in der Welt in immer kürzeren Zeitabständen. Die ansteigende Linie in den Jahren vor der ersten Jahrtausendwende illustriert die stetige aber vergleichsweise langsame Zunahme der zur Verfügung stehenden und genutzten Informationsmenge. Mit der evolutionären Entwicklung des Lebens dehnte sich auch die zeitliche Wahrnehmung aus (Crofts 2007). In den frühen menschlichen Gesellschaften – als man auf die orale Informationsübermittlung angewiesen war – betrug der Erkenntnishorizont vielleicht 100 Jahre, in Ausnahmefällen mehrere hundert Jahre. Mit der Archivierung von Information und der Entstehung von Bibliotheken dehnte sich diese Zeitspanne auf mehr als 1000 Jahre aus. Heute erforschen wir die Entwicklung des Universums über die gesamte Dauer seiner bisherigen Existenz. Der kürzlich erbrachte Nachweis der von Einstein vorausgesagten Gravitationswellen hat wiederum die Chance eröffnet, mit neuen Instrumenten tiefere und zeitlich weit entferntere Wissensgebiete zu erschließen. „Es ist, als sei uns ein neues Sinnesorgan gegeben, mit dem wir in den Kosmos hineinschauen können", wie sich ein beteiligter Wissenschaftler äußerte.

Offenbar hat man es hier mit einer sich selbst beschleunigenden Spirale zu tun. Menschen erzeugen Informationen und geben sie weiter und/oder archivieren sie. Dies ermöglicht es anderen Menschen bzw. einer größeren Zahl weiterer Menschen, sie zu nutzen und wiederum neue Informationen daraus zu erzeugen. Die Geschwindigkeit, mit der sich diese Spirale dreht, nimmt dann besonders schnell zu, wenn die äußeren Rahmenbedingungen stimmen. Dazu gehören wirtschaftlich gesunde Verhältnisse, die es erlauben, frei von Hunger und anderen widrigen Umständen den Wissenserwerb voranzutreiben. Information ist, damit Wissen daraus entstehen kann, immer an eine semantikerzeugende Instanz gebunden – unabhängig davon, ob es der Mensch ist oder eine andere Instanz in der Natur.

Die Auslagerung von bedeutungstragender Information aus den Organismen heraus in Archive und Bibliotheken wirft Fragen nach der Rolle der dabei verwendeten Technologie auf. Erst seit wenigen Jahren wird in der Entwicklung der künstlichen Intelligenz und der Robotik deutlich, dass der Bedeutung außerhalb lebender Organismen eine autonome Existenz zukommen könnte. Die Einschränkung bleibt bestehen, denn trotz beeindruckender Erfolge der künstlichen Intelligenz ist noch keine reale Intelligenz entstanden. Insbesondere keine, die unabhängig von der biologischen Intelligenz eine eigene nachhaltige Existenz fristen könnte.

3.3.2 Information als Beschleuniger der Industrialisierung

Wir haben bereits gesehen, dass Innovationen im Umgang mit Informationen die kulturelle Entwicklung der Menschen positiv beeinflussten. Es gab sie auf allen Kontinenten, und sie durchzogen die Jahrtausende. Europa wurde zu einem der wesentlichen Auslöser dieser Kultursprünge. Mit der hohen Bedeutungszuweisung der Schrift für das klösterliche Leben und dem Verständnis der Mönchsorden über

3.3 Information und Bedeutung als Kulturprodukte

die Notwendigkeit von Regeln, Gesetzen und Verfahren trugen diese über viele Jahrhunderte dazu bei, die Bedeutung der Schrift zu stärken. Diese Entwicklung strahlte auf alle weltlichen Institutionen und den Handel aus. Sie war zudem ein wesentlicher Faktor der beginnenden weltlichen Gelehrsamkeit: In der Mitte des vergangenen Jahrhunderts dann war eine kritische Masse erreicht und der Treibsatz zündete, fast schon wie eine Rakete. Bereits mit der Renaissance explodierten Wissen und der Drang nach neuem, freiem und aufklärerischem Denken. Es entstanden Einsichten in neue Welten. Begünstigt wurde dies allein schon durch die Erschließung vieler neuer Seewege, über die die Kommunikation und der Handel mit bisher praktisch unerreichbaren Kulturen intensiviert wurde. Wie nach dem Big Bang bei der Entstehung des Universums blieb diese stürmische Entwicklung nicht auf engen Raum begrenzt. Spätestens mit der Industrialisierung zündete die nächste Stufe. Angesichts der rasanten Entwicklung der Informationsverarbeitung in den vergangenen Jahrzehnten ist es nicht vermessen, unsere jetzige Zeit – gleich einer dritten Stufe – als eine postindustrielle Phase zu sehen, die des Zeitalters der Information.

Renaissance und Aufklärung auch in der Informationsverarbeitung

Die Renaissance, die „Wiedergeburt", blieb beileibe nicht in der Wiederbelebung antiken Wissens und antiker Künste stecken. Ihre Antriebskräfte, die bis heute wirken, erhielt sie aus der Verbindung von Altem und Neuem und aus der Bereitschaft, immer Neues zu suchen und zu erfinden. Die Antike und die alten Kulturen in Europa und anderswo lagen weit zurück und waren zum Teil versunken oder schlicht nicht bekannt. Mit den Resten an überlieferter Kultur nutzten die Menschen im 15. Jahrhundert die Chance zur Wiederbelebung alten Wissens und dadurch zur Erneuerung der eigenen Gesellschaft.

Im Europa des Mittelalters wurde zuvor ein dichtes Netz von Institutionen und codiertem Recht geschaffen. Dazu gehörten auch die Kompetenz, große Informationsbestände als staatliches, rechtliches und religiöses Wissen zu verwalten, und die Fähigkeit zu einer weit entwickelten internationalen Korrespondenz. Die Renaissance konnte darauf aufbauen. Das entstandene Netzwerk aus Informationen und Informationsflüssen wurde schnell dichter und verlangte nach mehr Effizienz.

Die Druckerpresse mit beweglichen Lettern erfüllte diese Nachfrage und führte zu einem schnellen und nachhaltigen Erfolg. Die Renaissance ging mit Wissens- und Freiheitsdurst einher – die Möglichkeiten der Vervielfältigung mit der Erfindung Johannes Gutenbergs kam da wie gerufen. Viele Menschen in Wissenschaft und Künsten versuchten, die Fesseln geistiger Bevormundung abzuschütteln. Der daraus erwachsende Kommunikationsbedarf war enorm. Galileo Galilei war zweifellos eine Ausnahmeerscheinung, aber in seiner grenzüberschreitenden Korrespondenz wiederum typisch für die dichter werdenden Kommunikationsbeziehungen. Auch wenn dies nicht die große Allgemeinheit, sondern die die Gesellschaften durchdringenden Gruppen von Kirchengelehrten, Kaufleuten, Literaten und Wissenschaftlern betraf, so kann doch von einer gesellschaftlichen

Umwälzung gesprochen werden. Zwar erfolgte diese Entwicklung aus der Rückschau in Phasen großen und hochdynamischen Fortschritts. Von den Zeitgenossen wurde dies jedoch nicht unbedingt auch entsprechend wahrgenommen und interpretiert. So wie territoriale Reiche und soziale Ordnungen auf Dauer bzw. Ewigkeit angelegt schienen, so erlebten die Menschen die Welt weiter überwiegend als statisch und begrenzt.

Kunst und Wissenschaft sind die Bereiche, die vielleicht am stärksten mit der Renaissance verbunden werden. Beide schufen in der Tat ganz neue Wirklichkeiten. Die Kunst veränderte die Sicht auf die Welt und die Wissenschaft die Annahmen darüber, wie und woraus die Welt geschaffen sein könnte. Menschen begannen schon früh, darüber nachzudenken, ob ihre Wahrnehmung von Wirklichkeit diese auch wahrheitsgetreu wiedergibt. Wir wissen dies von vielen antiken Denkern, deren Sichten auf die Welt dann in der Renaissance als Ausgangspunkte für neue Fragen herangezogen wurden. Damit waren auch Überlegungen verbunden, ob die Welt einfach nur in unseren Köpfen konstruiert wird. Dies wiederum legte die Frage nahe, wie real unsere Einschätzung von unserer, als Wirklichkeit wahrgenommenen Umwelt ist – denn wir haben nichts weiter als Information, die wir über unsere Sinne aufnehmen. Über sie schaffen wir uns dann ein Bild von der Welt. Oder viele Bilder. Man begann neu darüber nachzudenken. Mit Leonardo da Vinci, Nikolaus Kopernikus, im Übergang zur modernen Naturwissenschaft Galileo Galilei und, wenn man so will, als letztem Vertreter der Renaissance auch noch Isaac Newton erhielt die Auseinandersetzung weiteren Schwung. Anstatt allerdings endgültige Antworten zu finden und in ruhigeres Fahrwasser zu gelangen, stellten sich immer weiter neue und spannende Fragen nach dem Wesen von Realität. Dies ist eine Wesenseigenschaft von Wissenschaft, die auch heute noch gilt.

Wir können die Bestände an Wissen, die in der Antike geschaffen wurden, nur erahnen. Zu viel ist verloren gegangen – die Zerstörung der Bibliothek von Alexandrien ist letztlich nur eines von vielen Symbolen für eine Vernichtungswut, die über Jahrhunderte anhielt. Manches Wissen jedoch hatte jahrhundertelang Bestand und erwies sich in der Renaissance als Treibstoff zur Befeuerung der neu erwachten wissenschaftlichen Neugier. Es waren im Wesentlichen arabische und jüdische Gelehrte und Sammler, die wertvolle Bücher und Skripte nach Europa brachten. Galilei, Paracelsus, Leibnitz, Newton und viele andere schufen später nach und nach eine Gemeinschaft, die sich dem wissenschaftlichen Diskurs widmete. Schritt für Schritt schälte sich die Beweisbarkeit wissenschaftlicher Erkenntnisse als ein gemeinsamer Standard heraus. Als anerkannte Beweise für die Richtigkeit einer Theorie bzw. Hypothese galten Logik, Mathematik, die erfolgreiche Wiederholbarkeit von Experimenten sowie die Falsifizierbarkeit, die grundsätzliche Widerlegbarkeit aufgestellter Hypothesen.

Die generelle Zielsetzung der Wissenschaftler ist in allen Phasen ähnlich geblieben: Es geht um die Entdeckung von Gesetzmäßigkeiten und Strukturen, mit denen die Welt klarer als jeweils zuvor beschrieben werden kann. Diese Gesetze und Strukturen sollen durch Experimente bzw. durch direkte Untersuchungen oder Gedankenexperimente bestätigt werden können. Zudem sollen sie falsifizierbar sein, so ein vom britischen Philosophen Karl Popper formuliertes Prinzip. Es soll jeweils einen denkbaren Ansatz geben, mit dem ein Gesetz oder eine gefundene

Struktur experimentell oder logisch widerlegt werden könnte. Dafür müsste dieser Ansatz dann wahrer sein als die bisherigen Gesetze. „Alle Schwäne sind weiß" ist solch ein Gesetz, und es kann durch den Nachweis eines einzigen schwarzen Schwans entkräftet werden. Was dann auch so geschah. Die Falsifizierung machte bestehendes Wissen und Bedeutung zu Vergangenem. Die „Paradigmenwechsel" des Erkenntnistheoretikers Thomas S. Kuhn, die den Übergang zu jeweils neuen Phasen wissenschaftlicher Erkenntnisentwicklung beschreiben, entsprechen diesem Prinzip.

Die Renaissance hatte einen neuen Umgang mit Information zur Folge und regte zu neuem Denken an, was dann zur Aufklärung führte. Diese Wende wurde auch von den Menschen der Epoche selbst als gravierender Umbruch wahrgenommen. Die Idee der Befreiung von überall zu findenden absolutistischen Ansprüchen und Dogmen des Adels und der Kirche erreichte viele Menschen. Sie schuf ungeahnte Möglichkeiten der Selbstverwirklichung für Individuen und eigentlich alle Schichten der Gesellschaft, die diese nie vorher gekannt hatten. Der befreite bürgerliche Mensch machte sich die Fülle der informatorischen Reichtümer, die er jetzt vorfand, zunutze und bereicherte sie durch eigene Beiträge. Aus diesen Möglichkeiten heraus entstanden die Gedanken der Aufklärung, die den Menschen aus seiner „selbstverschuldeten Unmündigkeit" zu befreien halfen, wie es Immanuel Kant in einem Aufsatz der Berlinischen Monatszeitschrift 1784 formulierte. Das Individuum war nun dazu aufgerufen, „sich seines Verstandes ohne Leitung eines anderen zu bedienen". Risiken beispielsweise durch politische Verfolgung dabei in Kauf nehmend, folgten sie diesem Aufruf und philosophierten, kommunizierten und verfassten bisher ungeahnte Mengen an Büchern.

In dieser Zeit begannen dann auch die Naturwissenschaften endgültig zu erblühen. Neue Verlage entstanden, und auch eine völlig neue Art von Buch tauchte auf: die Enzyklopädie. Denis Diderot (Abb. 3.8) aus der französischen

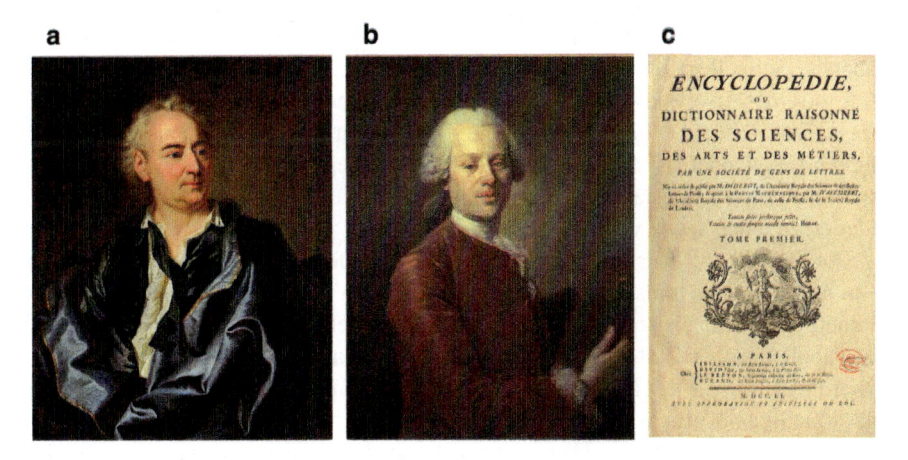

Abb. 3.8 **a** Denis Diderot (Portrait de Denis Diderot, Louis Michel Van Loo, Paris, vers 1770. Collection des Musées de Langres, © Sylvain Riandet / Ville de Langres), **b** Jean le Rond d'Alembert (Louis Tocqué, attribué à Portrait présumé du philosophe Jean Le Rond d'Alembert © Ville de Versailles, Musée Lambinet), **c** Enzyklopädie (University of Chicago Library / Wikimedia Commons)

Provinzstadt Langres hatte es sich zum Ziel gesetzt, das Wissen seiner Zeit breiten Bevölkerungsgruppen zugänglich zu machen. Seine Enzyklopädie, die er zusammen mit Rond d'Alembert herausgab, umfasste 72.000 Einträge. Zum großen Ärger der französischen katholischen Kirche löste sie bald in den bürgerlichen Familien die Bibel als Hausbuch ab. Die Enzyklopädien konsolidierten Informationen zu hochverdichtetem Wissen. Nebenbei dienten sie auch als Wörterbuch.

Die Aufklärung mit all ihren Folgen ist aus heutiger Sicht ohne die bis damals herangereiften Fähigkeiten zur Informationsverarbeitung undenkbar. Sie bereicherte Astronomie, Mathematik und Medizin, befreite von religiösen Zwängen und Dogmen, schuf die Grundlagen der modernen Natur- und Geisteswissenschaften und eroberte für die Künste neue Räume der Kreativität. Mit der Mathematik, der Geometrie und später der Statistik wurden die Vorgänge in der Natur beschreibbar. Man begann, sie als mathematisch formulierbare Naturgesetze aufzufassen. Die entstehenden Vorstellungen von der Realität entsprachen in vielerlei Hinsicht einem mechanischen Bild und damit einer Welt, die wie ein Uhrwerk abläuft.

Maschinen für Information

Allein das menschliche Gehirn hat sich die Möglichkeit geschaffen, außerhalb seiner selbst Informationen in großem Umfang systematisch zu archivieren, zu manipulieren und auch wieder zu löschen. Diese Fähigkeit erlaubte es den Menschen, ab einem bestimmten Entwicklungsstadium nicht nur Schriften, Mathematik und Logik, Geld und Bibliotheken zu schaffen, sondern auch Speicher und Archive für die Lagerung des erworbenen Wissens. Und darüber hinaus Maschinen, die dieses Wissen extern anwenden und weiterverarbeiten, den Computer und seine Vorläufer.

Die epochalen Schritte, von der Erfindung der Keilschrift über die beweglichen Lettern bis hin zu (binären) Darstellungen von Zahlen, geschahen immer in Verbindung mit Materialien und Geräten wie beispielsweise dem Papier und dem Abakus. Schnelle Kommunikation über weite Strecken wurde innerhalb kurzer Zeit zu einer erfolgskritischen Fähigkeit. Die Römer nutzten Feuerzeichen, und Frankreich wurde, bevor der Telegraf auftauchte, mit optisch-mechanischen Semaphoren (Winkzeichen) ausgestattet, die in Abständen von einigen Kilometern als Relaisstationen aufgestellt waren. Bislang wochen- und tagelange Übermittlungen wurden zu einer Sache von Stunden.

Die Semaphore genannten mechanischen Vorläufer der elektrischen Telegrafen waren in Frankreich als Gestelle mit gut sichtbaren Signalarmen zu Ketten angeordnet. Eine französische Besonderheit. Die Ketten dieser Semaphore bildeten in Napoleonischer Zeit ein schnelles, wenn auch aufwendiges Nachrichtennetz. Allerdings war die Menge der übertragbaren Informationen recht gering – mehr als drei Signale pro Minute waren nicht zu erwarten. Die Geschwindigkeit der Datenübertragung über die Distanz wog diesen Nachteil jedoch auf: Von Toulon nach Paris brauchte eine Nachricht, die über 120 Stationen auf einer Strecke von 475 Meilen übertragen wurde, nicht mehr als 12 min (Gleick 2011).

Die Übertragung der Information über die dafür unerlässlichen Trägermedien wie Stein, Papier und schließlich Elektrizität wurde durch immer neue Verfahren und Technologien beschleunigt. Die „Bandbreite" – also die Menge übertragbarer Informationen in einer bestimmten Zeit – erhielt enormen Auftrieb durch das Postsystem mit seinen Reitern, Kutschen und Unternehmen wie Thurn & Taxis, die einzig und allein für den Zweck geschaffen worden waren, Informationen zu übertragen. Doch auch in der Produktion gab es Neuerungen, die zur Flexibilisierung und Industrialisierung von Produktionsprozessen führten. Mit Hilfe von frühen Formen der Informationsverarbeitung erreichte Joseph Marie Jacquard (1752–1834) Weltbewegendes. Er steuerte seine Webstühle zur Herstellung aufwendiger Brokatstoffe nunmehr mit Lochkarten (Abb. 3.9). Die komplizierten Muster von Wand- und Möbelstoffen waren bis dato nur durch menschliche Arbeitskräfte aus den Vorlagen in die Stoffmuster zu transformieren gewesen. Wie später noch in vielen anderen Bereichen ersetzten nun Lochkarten die menschliche Denkleistung und damit auch die menschliche Kompetenz. Diese kleine industrielle Revolution in Lyon war der Anfang digitaler Informationsspeicherung und -verarbeitung.

Die Kontinuität eher selten auftretender gesellschaftlicher und technischer Innovationen wurde jäh durch die Industrialisierung beschleunigt. Die in schneller Folge auftauchenden neuen Maschinen erweiterten die mechanischen Fähigkeiten der Menschen enorm und ließen es zu, in immer kürzeren Abständen neue und weiterentwickelte Maschinen zu schaffen. Mechanik, chemische Produkte und Elektrizität krempelten den Transport, die Rohstoffgewinnung, die Energiebereitstellung, die menschliche Mobilität und die Kriegsführung um, womit lediglich die vielleicht wichtigsten Bereiche genannt sind. Die Industrialisierung erweiterte die Reichweite des menschlichen Handelns und vergrößerte die mechanischen Möglichkeiten in einer Art „verlängertem Arm" des Menschen in bislang ungeahnten Dimensionen. So wurde die Geschwindigkeit und Intensität wirtschaftlicher Prozesse sowie die Zahl ihrer Teilnehmer erhöht. Der Bedarf an schneller und effizienter Informationsübermittlung wuchs noch rapider.

Bis ins Viktorianische Zeitalter hinein war Information an materielle Trägermedien gebunden gewesen. Papier, das mit beweglichen Lettern bedruckt oder handschriftlich mit Texten aller Art bedeckt wurde, war weltweit das primäre Trägermedium. Die Geschwindigkeit ihrer räumlichen Weitergabe war jedoch – von Ausnahmen wie Signalfeuer und Semaphoren abgesehen – immer an die Bewegung materieller Träger wie Menschen, Pferde, Postkutschen oder Schiffe gebunden. Eine schnelle Nachrichtenübertragung wurde aber nicht zuletzt wegen des Geschehens an den Börsen bedeutender als je zuvor. Allein sein effizientes Netz von Kurieren ermöglichte es Nathan Rothschild 1815, als Erster in London vom Sieg des Herzogs von Wellington und General Blüchers über Napoleon in der Schlacht von Waterloo zu erfahren – und mit diesem Vorwissen die Börse zu seinen Gunsten zu manipulieren.

Die Erzeugung von Elektrizität schaffte ab etwa 1830 die Voraussetzung für die Telegrafie. Bis zur transatlantischen Nachrichtenübertragung dauerte es dann noch bis zum Jahr 1867. Insgesamt hatte die Informationsverarbeitung bzw. die

Abb. 3.9 Ein Jacquard-Webstuhl mit Lochkarten. Die Informationen der Lochkarten steuerten das Weben komplizierter Muster zu den damals bedeutenden Damast- und Brokat-Geweben. (© LWL-Industriemuseum / Martin Holtappels)

Nachrichtenübertragung nicht Schritt halten können mit der rasanten Entwicklung der Maschinen. Es entstanden riesige sehr leistungsfähige Verkehrsnetze, jedoch noch nicht die dazu passenden Kommunikationsnetze. Das mag auch mit der Skepsis zu tun haben, mit der viele Menschen die Notwendigkeit der Kommunikationsverbindungen betrachteten. So fragte beispielsweise der amerikanische

Dichter Henry David Thoreau 1854, ob die neuen Erfindungen mehr seien als hübsche Spielzeuge. Man würde mit großer Hast, so Thoreau, einen „magnetischen Telegrafen" zwischen den Bundesstaaten Maine und Texas bauen, obwohl es unklar sei, ob Maine und Texas überhaupt etwas zu kommunizieren hätten. Ähnlich lief es später mit dem Telefon, und auch die Bedeutung des Computers wurde anfangs völlig unterschätzt.

Zunächst waren es Telegramme, die mit einfachen Morsetelegrafen vom Sender zum Empfänger übermittelt wurden. Obwohl dafür ein spezieller Zeichensatz – im Morsealphabet aus Kombinationen von kurzen und langen Stromstößen – zu verwenden war, überzeugte die schiere Geschwindigkeit. Aufgrund der damit verbundenen Kosten und Preise reduzierte sich die Übertragung allerdings auf wichtige, kurz gefasste Nachrichten.

Leicht wird heute bei dieser Entwicklung übersehen, dass es sich nicht um eine selbstverständliche Weiterentwicklung handelte. Niemand hatte vor der Erfindung der Telegrafie die These aufgestellt, dass Information und Elektrizität überhaupt zusammenpassen würden. Nun war klar, dass Informationen sich in elektrischen Strömen (und, später wusste man, auch Feldern) verpacken und bewegen ließen. Information war nun nicht mehr an materielle Träger gebunden. Information konnte sich plötzlich in Elektrizität aufhalten (Al-Khalili 2012). Eine solche Nutzung von Elektrizität darf als disruptive Erfindung angesehen werden, die überraschend auftauchte, ganz plötzlich ältere Techniken in weiten Bereichen in Frage stellte, neue Geschäftsmöglichkeiten erschloss und ganze Infrastrukturen ins Wanken brachte. Und in der Tat trugen Telegrafen zum Ende großer Netze zur Nachrichtenübermittlung bei, wie z. B. des Pony-Expresses, der den Westen des nordamerikanischen Kontinents überzog. Damit konnten auch neue Wirtschaftszweige entstehen, wie z. B. Nachrichtenagenturen, deren Fähigkeiten, Nachrichten zu sammeln, zu verdichten und das Resultat an ihre Kundschaft weiterzugeben, wesentlich zum neuen Gesicht von Gesellschaft und Wirtschaft beitrugen.

Schon bald überzog ein elektrisches Telegrafennetz den gesamten Planeten. Dieses bot die größte Geschwindigkeit, auch im Vergleich zu den bisher schnellsten Reitern. Und so verfügte Mitteleuropa bereits in der Mitte des 19. Jahrhunderts über ein recht engmaschiges Telegrafennetz. Die Masten der oberirdisch verlegten Kabel sollten noch lange das Bild von Straßen und Bahnstrecken prägen. Telegrafenstationen waren in Poststationen ebenso zu finden wie in Bahnhöfen, denn die Telegrafenkabel verliefen bevorzugt entlang der Bahnlinien. Anders als die Bahnnetze bedurften die Netze für Telegrafie vergleichsweise geringer Investitionen. Da ihr Angebot sofort auf massive Nachfrage stieß, ist der rasante Ausbau nicht weiter erstaunlich – egal ob überwiegend staatlich organisiert, wie in Europa, oder privat, wie in den USA. Auch die größer und teurer werdenden Schiffe und ihre Fracht wurden in das Netz integriert. Ab 1902, als auch der amerikanische Kontinent mit Kabeln von Ost nach West überbrückt war, konnte man von einem weltweiten Telegrafennetz sprechen. In diesem konnte man dann auch mit Fernschreibern in Klartext kommunizieren. Am Ende des 19. Jahrhunderts konnten Telegramme über eine Tastatur, und zwar mit den Zeichen des Alphabetes, ein- und ausgegeben werden.

Die Titanic – Menetekel der mechanischen Industrialisierung
Katastrophen konnte die neue Technologie jedoch nicht verhindern. Der Titanic, der Ikone des schnelllebigen Fortschritts am Anfang des vergangenen Jahrhunderts, konnte auch deshalb nicht geholfen werden, weil sie ein menschengemachtes gravierendes Informations- und Kommunikationsproblem hatte. So hatte der Bordfunker eine Unmenge Telegramme der Passagiere zu bewältigen. Angeblich reagierte er enerviert auf die hinzukommenden Nachrichten der Meteorologen auf dem Festland. Wichtige Eiswarnungen erreichten somit zwar das Schiff selbst, aber nicht die Verantwortlichen auf dem Schiff. Nach der Kollision mit einem Eisberg wiederum setzte zwar der Funker mit seinem Marconi-Telegrafen eine Serie von unterschiedlichen Hilferufen ab – das „SOS" als verbindliches Notsignal hatte sich damals noch nicht durchgesetzt –, konnte aber kaum jemanden erreichen. Auf dem nächstgelegenen Schiff, der California, war die Funkstation nicht besetzt, und auf dem Festland wurde zwar ein 14-jähriger Funklehrling auf das Signal aufmerksam, allerdings dauerte es dann noch recht lange, bis seine Vorgesetzten die Nachricht erhielten und weiter verbreiteten.

Das Desaster der Titanic mit 1500 Menschen an Bord wird oft als Symbol für die Grenzen des technisch Machbaren gesehen. In unserem Zusammenhang ist es mehr ein Zeichen für das Ende der mechanischen Dominanz in der technologischen Entwicklung. Maschinen, so wird hier deutlich, sind auf Kommunikation angewiesen, um mit hinreichender Sicherheit zu funktionieren.

So fällt die Fehlplanung auf, was den Bedarf der Passagiere an Kommunikation mit dem Festland betrifft. Offenbar hatte man diesen bei der Konstruktion der Funkanlage völlig unterschätzt. Nur so ist die Überlastung des Funkers zu erklären. Der Hunger der Menschen nach Informationen und ihr Bedürfnis, andere Menschen zeitnah über ihre Reise oder sonstige Angelegenheiten zu informieren, waren offenbar nicht zu stillen, und die Relation zwischen Funkpersonal und Passagieren war völlig unverhältnismäßig. Auch der Mangel an Regeln im Umgang mit eingehenden und abgehenden Informationen – wie z. B. ein allgemeingültiges Notsignal – spricht für sich. Vereinbarungen über die verlässliche Verfügbarkeit von Kommunikationspartnern waren wenig verbindlich, und es gab kaum Vorgehensweisen, wie man eingehende Informationen speichern könnte. Die damals bestehenden Möglichkeiten des Umgangs mit Informationen hielten in keiner Weise mit der sonstigen technischen Entwicklung Schritt.

Das tragische Beispiel der Titanic illustriert, dass die Industrialisierung ein kritisches Stadium erreicht hatte. Sie galt bis dahin und noch lange danach als reines Zeitalter der Maschinen und der Mechanisierung. Der Bedarf an ergänzender Kommunikation wuchs jedoch mit hoher Geschwindigkeit. Das schnelle Wachstum der Telefon- und Telegrafennetze spricht eine eigene Sprache. Kommunikation, so wurde im ersten Viertel des vergangenen Jahrhunderts dann deutlich, verleiht der mechanischen Technik eine neue Qualität. Einzelne Technologien wie z. B. der Flugverkehr waren sogar von Anfang an auf direkte und zuverlässige Kommunikation angewiesen, um ein Mindestmaß an Wirtschaftlichkeit und Sicherheit erreichen zu können. Zudem war die Wirtschaft zunehmend auf zeitnahe Nachrichten angewiesen, und im privaten Bereich stieg die Nachfrage nach aktuellen Informationen gleichfalls drastisch an. Wie schon erwähnt, wurden dementsprechend die Telefon- und Telegrafennetze enger geknüpft und nahmen an Zahl zu. Die Sprachkommunikation über Funknetze wurde weiterentwickelt und gipfelte zunächst in der Erfindung von Radio und Fernsehen.

Immer mehr Informationen wurden also in immer kürzerer Zeit erzeugt, verändert, verbreitet und konsumiert. Kaum jemand machte sich jedoch Gedanken darüber, was eigentlich Informationen im technischen und naturwissenschaftlichen Sinne sind. Bis es dann – nach dem zweiten großen Krieg des 20. Jahrhunderts – zu der eingangs beschriebenen Zeitenwende kam. Es war also nicht ausschließlich das Kriegsgeschehen, das Shannon und Turing und viele andere antrieb, sich mit Information näher zu beschäftigen. Das Ende des Maschinenzeitalters dräute am Horizont. Es wusste jedoch damals niemand genau zu sagen, was danach kommen würde.

Heute stehen wir nach Meinung vieler Fachleute vor einem neuen Umbruch oder wir sind – je nach Sichtweise – mitten darin. So postulieren Autoren wie Erik Brynjolfsson und Andrew McAfee, beide Wissenschaftler am MIT, in ihrem Buch „Race Against The Machine" (Brynjolfsson und McAfee 2014) ein zweites Maschinenzeitalter, in dem Maschinen ihre Aufgaben in den Wertschöpfungsketten der Unternehmen zunehmend autonom übernehmen und so die Volkswirtschaften radikal umkrempeln. Eine Antwort auf die Frage, wer die wahrscheinlichen Verlierer in diesem Rennen gegen die Maschinen sein werden, erübrigt sich fast. Die Erkenntnisse dieses Buches prägten auch eine Studie der Oxford University zur Zukunft der Beschäftigung an Arbeitsmärkten im Zeichen neuer Computerisierung, die von Carl Benedikt Frey und Michael A. Osborne vorgelegt wurde (Frey und Osborne 2013). Sie weisen auf gravierende Umbrüche auf dem Arbeitsmarkt infolge des Einsatzes einer neuer Klasse informationsverarbeitender Systeme hin. Das Neue steckt wesentlich in der Autonomie, zu der diese Systeme fähig sind, wie beispielsweise beim Fahren von LKW (und PKW), dem Steuern und Managen von Frachtschiffen, in der Produktion, der Medizin und wohl auch beim Schreiben von Abhandlungen und Büchern. Die wachsende Autonomie der Maschinen wird nicht zuletzt auch durch die fahrradfahrenden, fußballspielenden, schlittschuhlaufenden und skifahrenden Roboter belegt. Die Grenzen sind nicht ausgelotet und Politik und Gesellschaft mit ihren Institutionen – wie zum Beispiel den Bildungseinrichtungen – sind nicht hinreichend auf diese Veränderungen vorbereitet. Es ist jedoch schon längst mehr als der Anfang gemacht. Autonome Roboter sind bereits seit vielen Jahren in den Fertigungshallen der Industrie und in den Logistikcentern aktiv, ohne dass dies in der Öffentlichkeit bewusst wahrgenommen und hinreichend thematisiert wird.

Information – der „Rohstoff" der Industrialisierung

Unsere Darstellungen zu Fragen von Information und Informationsverarbeitung begannen mit Claude E. Shannon und Alan Turing. Dies nicht allein wegen ihrer herausragenden Leistungen in der Kommunikationstechnik und in der Kryptografie. Vielmehr sind diese beiden Wissenschaftler und Erfinder Exponenten einer Wende in Wissenschaft, Technologie und auch Kultur, wie es sie seit der

Erfindung des Buchdruckes mit beweglichen Lettern vor ziemlich genau 400 Jahren nicht mehr gegeben hatte. Wenn man so will, war ihre Leistung der dritte Schritt in der Industrialisierung der Information: Der erste Schritt wäre dann die Erfindung des geschriebenen Wortes als phonetische Keilschrift vor ca. 3000 Jahren gewesen. Beginnend mit den alten Hochkulturen in Mesopotamien, Assyrien und Ägypten wurde über einen Zeitraum von etwa 4500 Jahren die Voraussetzung für den zweiten Schritt geschaffen. Dieser wurde in Europa von Johannes Gutenberg (1395–1468) vollzogen. Seine Druckpresse mit beweglichen Lettern erlaubte es, Symbole zum Rohstoff einer hocheffizienten Informationsproduktion zu machen. Den dritten Schritt vollzogen dann in der Mitte des vergangenen Jahrhunderts Shannon und Turing mit der Quantifizierung der Information durch die Informationstheorie und durch die universelle Maschine zur Manipulation der Information.

Wie wir noch sehen werden, zeigte Turings Konzept (1936), wie man mit wenigen und gleichzeitig einfachen Komponenten eine Maschine konzipieren kann, mit der universelle Aufgabenstellungen der Mathematik und der Informationsverarbeitung gelöst werden können. Diese Maschine erwies sich als so mächtig, dass sie alle berechenbaren Problemstellungen (ein mathematisches Kriterium) bewältigen konnte. Damit war die Voraussetzung für die Bewältigung einer undenkbar großen Menge von algorithmischen Aufgaben geschaffen. Wie weit diese sich erstrecken, beginnen wir heute, am Anfang eines neuen Informationszeitalters, allenfalls zu spüren, ohne es jedoch genauer ausloten zu können.

Die Übertragung von Information – das unerlässliche Pendant zu deren Manipulation bzw. Bearbeitung – wurde durch die Elektrizität als neuem Medium entscheidend vorangetrieben. Das Morsealphabet und die zugehörigen Geräte, der Fernschreiber, das Telefon und schließlich die drahtlose Kommunikation, entbanden die Information der Beschränkungen materieller Medien. Nun war die Lichtgeschwindigkeit das ultimative Maß der Informationsübertragung auch in der Telegrafie (Abb. 3.10). Über die Lichtgeschwindigkeit war zwar nicht hinauszukommen, allerdings ließen sich die neuen Verfahren bestens parallelisieren und weiter optimieren. So konnte die Informationsmenge, die sich in einer Zeiteinheit übertragen lässt, noch massiv gesteigert werden. Der Rundfunk entstand und auch das Fernsehen wurde erfunden. Shannon machte diese neuen Kommunikationswege mit seiner Theorie der Kommunikation berechenbar und damit planbar.

Obwohl es noch einige Jahrzehnte dauern sollte, bis die neu erfundenen Techniken das Leben auf der Welt grundlegend veränderten, so war doch vielen Wissenschaftlern und Ingenieuren sehr schnell klar, dass nichts mehr so sein würde, wie es gewesen war. Sowohl das Verständnis dessen, was Information als Teil der Natur eigentlich sein könnte, als auch die Kompetenz, Information maschinell wie einen Rohstoff zu verarbeiten, schufen eine neue Grundlage. Symbole wurden plötzlich in manipulierbare Daten verwandelt. Die Instruktionen dazu wurden in der gleichen Weise dargestellt wie die Daten: in Reihen von Bits, also zusammengesetzt aus den von Claude E. Shannon definierten kleinsten Informationseinheiten, auch „Informationsatome" genannt. Aus diesen Atomen ließen sich mit der Turingmaschine ganz neue Welten aus Programmen und Daten bauen und die

Abb. 3.10 Die Hoffnungen, die mit der immensen Beschleunigung der Informationswege verbunden waren, zeigt diese Illustration. Von Wochen auf Sekunden konnten die Überseekabel nun die Übertragung von Informationen zwischen Kontinenten reduzieren. Die beiden Engel bewachen offenbar das kostbare Transatlantikkabel zwischen England und Amerika. (© Library of Congress)

Daten aus der bekannten Welt in ungeahnter Flexibilität und Komplexität manipulieren. Die Rohstoffe dazu, die Symbole, in denen Daten und Instruktionen gleichermaßen repräsentiert werden konnten, ließen sich zudem in nahezu unendlicher Vielzahl erzeugen, manipulieren und erneut verwerten. Und dies zu verblüffend niedrigen Kosten.

Das Informationszeitalter begann dann endgültig mit Erfindern wie Konrad Zuse, Howard H. Aiken und John von Neumann. Sie stellten Realisierungen von Computern vor, die im Prinzip frei programmierbar und somit universell einsetzbar waren. Auf bereits 1945 veröffentlichte Arbeiten von John von Neumann geht eine immer noch valide Computerarchitektur zurück, in der Daten und Programme in ein und demselben Speicher gehalten werden können. Als weitere Komponenten, die auch in heutigen Computern zu finden sind, wenn auch in ausdifferenzierter Form, gehören eine Prozessoreinheit, ein Steuerwerk und die Ein-/Ausgabefunktionen zu dieser Architektur. Diese Innovation bedeutete eine enorme Flexibilisierung im Umgang mit Programmen und Daten. Gleichzeit wurde die Mächtigkeit im Vergleich zu einer Turingmaschine in keiner Weise eingeschränkt. Die „Von–Neumann–Architektur" kann nämlich genauso wie die Turingmaschine – sofern ihr Speicherumfang nicht begrenzt ist – alle berechenbaren Algorithmen ausführen. Wachsende Speicher und schnellere Prozessoren schieben die Grenzen des Machbaren immer weiter.

3.4 Information, Sprache und Struktur

Information ist auf Struktur angewiesen. Dies wurde bei der Analyse von Sprachen und auch bei der Konstruktion von Hard- und Software deutlich. Dabei zeigte sich auch, dass die Merkmale von Sprachen mit Abstrichen auf die formale

Welt der Algorithmen übertragen werden konnten. Auch wenn sich die Basistechnologie vor allem der Binärcodes bediente, so fußt die Software auf den Erkenntnissen der Forschung zu natürlichen Sprachen. Programmiersprachen weisen die gleichen Strukturmerkmale der Semiotik auf wie Deutsch oder Japanisch. Allerdings sind sie nicht so wandelbar wie die natürlichen lebenden Sprachen. Sie ähneln in ihrer statischen Ausprägung eher dem Latein, das als nicht lebende Sprache keiner Wandlung mehr unterworfen ist.

3.4.1 Semiotik

Fangen wir radikal an. In der „Wissenschaft von den Zeichen", die der amerikanische Philosoph und Mathematiker Charles S. Peirce (1839–1914) entworfen hat, wird alles zu Zeichen – die Welt wird sozusagen als unendlich viele Zeichen verstanden. Ein Zeichen steht mit dem Objekt (dem Bezeichneten) in engem Bezug. Wir kommunizieren, so Pierce, nicht über Dinge, sondern über Bedeutungsmodelle. Dies bleibt uns in der Alltagskommunikation verborgen, weil wir quasi automatisch angelernt so kommunizieren. Immer jedoch handelt es sich um eine Interpretation von Zeichen. Diese ist jedoch nicht abgeschlossen und unwandelbar, da sie sprachlich und kulturell determiniert ist. Durch neue Zeichen verändert der Mensch seine Wirklichkeit bzw. wirkt auf die Welt ein. Die Beziehung Zeichen-Bezeichnetes ist nicht stabil, sondern stellt sich in wechselnden Kontexten verschieden dar. Neue Zeichen können in der Kommunikation erzeugt werden.

Zeichen sind also unterschiedlich stark mit den Dingen verbunden, für die sie stehen. Die Verbindung geschieht aufgrund verschiedener Codes. Hier handelt es sich um einen sehr weit gefassten Begriff, der unsere kulturellen Zeichensysteme oder „Sprachen" umfasst (Verbalsprache, Sprache der Mode, Sprache der Architektur, der Kunst etc.), die ihrerseits ein System bilden, die Kultur. Unsere Verbalsprache ist also ein Code unter vielen Zeichen. Die mögliche Vielzahl von „Codes" und „Sprachen" weist auf eine Grenzenlosigkeit hin, die nur durch pragmatische Gegebenheiten ihre Einschränkung findet.

Einen weniger radikalen Ansatz, denn er vermied es, die Welt als Zeichen zu sehen, wählte der amerikanische Semiotiker und Philosoph Charles W. Morris (1901–1979). Sein Anliegen war es ebenfalls, das Verhältnis zwischen den Objekten der Welt, den Zeichen, die für diese Objekte stehen, und dem Beobachter, der die Objekte wahrnimmt und die Zeichen interpretiert, zu klären. Er identifizierte dazu die semiotischen Eigenschaften Syntax, Semantik und Pragmatik und stellte fest: „Eine Sprache im vollen semiotischen Sinn ist jede intersubjektive Menge von Zeichenträgern, deren Gebrauch durch syntaktische, semantische und pragmatische Regeln festgelegt ist" (Abb. 3.11). Sigmatik und weitere Attribute können als Charakterisierungen hinzugenommen werden (Morris 1972).

Information in Form von Sprache bezeichnet etwas. Das Bezeichnete kann beispielsweise ein Gegenstand, ein Sachverhalt oder ein Gefühl sein. Die sprachliche Beschreibung erfolgt in aller Regel in unterschiedlich langen Sätzen, die aus Zeichen respektive Lauten bestehen. Diese Sätze folgen je nach Sprache

3.4 Information, Sprache und Struktur

Abb. 3.11 Syntax, Semantik und Pragmatik bilden wesentliche, voneinander abhängige Konstituenten einer Sprache und stehen wechselseitig in Beziehung

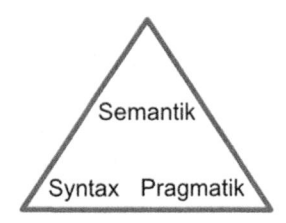

unterschiedlichen Regeln. Die Bedeutung, also das, was das Bezeichnete für den Zeichenverwender ausmacht, erschließt sich seinem Kommunikationspartner aus der Kombination der verwendeten Worte und ihrer Stellung zueinander. Die Bedeutung einzelner Worte kann isoliert voneinander verstanden werden – weitgehend jedenfalls und nicht ohne Fehler, Überschneidungen und Redundanzen. Worte sind kontextbezogen (z. B. „Fühler", „melden") oder ergeben erst durch Wortkombinationen einen Sinn, wie in Redewendungen.

Die Semiotik umfasst die aufgeführten drei klassischen Elemente Syntax, Semantik und Pragmatik zur Sprachbeschreibung. Dies gilt grundsätzlich für Sprachen inklusive der Programmiersprachen. Dieses Modell geht auf den amerikanischen Sprachwissenschaftler und Philosophen Charles W. Morris (1901–1979) zurück. Sein Modell hat drei wesentliche Komponenten:

Syntax
Die Nutzung von Zeichen aus einem Alphabet zur Bildung von Wörtern und Sätzen unterliegt Regeln. Auch die möglichen Reihenfolgen der Worte sind nicht beliebig, sondern sie gehorchen Regeln, ebenso wie die Teile eines Satzes, die in einem geordneten Verhältnis zueinander stehen. Die Syntax regelt also die Beziehung der Zeichen untereinander. In den gesprochenen Sprachen wird die Syntax eher als Grammatik bezeichnet. Die strengen Regeln der Programmiersprachen werden gleichfalls Syntax genannt.

Semantik
Die Semantik ist mit der Bedeutung bzw. mit der Realität befasst. Ein Begriff wie „Tisch" lässt, wie schon von Aristoteles beschrieben, in unserem Kopf das entstehen, was wir zum jeweiligen Zeitpunkt mit einem konkreten oder imaginären Tisch verbinden. Die Semantik regelt die Beziehung der Sprachen zu Objekten der Realität. Auch ein Konstrukt wie „while", wie er in mehreren Programmiersprachen vorkommt und eine wiederholte Ausführung eines Programmteils bezeichnet, stellt ein Objekt dar.

Pragmatik
Die Art der Verwendung von Zeichen und Worten wird durch Syntax und Semantik letztlich nicht festgelegt. Das Verhältnis zwischen Sprache, Sprecher und Angesprochenem ist daher Gegenstand der Pragmatik. In natürlichen Sprachen werden hier auch soziale Kontexte berücksichtigt. Wenn Syntax und Semantik die Verwendung von „Du" statt „Sie" erlauben, bestimmt der soziale und situative Kontext,

für welche Form ich mich entscheide. Des Weiteren werden mit der Pragmatik verwendungsspezifische Kriterien wie Aktualität, Selektivität und Komplexität berücksichtigt.

Der amerikanisch-deutsche Philosoph Rudolf Carnap (1891–1970) unterschied die drei Komponenten wie folgt: Pragmatik nimmt Bezug auf einen Sprecher, der Ausdrücke äußert, Semantik auf etwas, das durch einen Ausdruck bezeichnet wird, und Syntax auf die Ausdrücke selbst (Carnap 1948).

Eine Erweiterung des Modells von Morris schuf der deutsche Philosoph Georg Klaus (1912–1974) durch die Sigmatik. Diese steht für die Abbildung reiner Daten zwischen Syntax und Semantik, wo sie zunächst zu Nachrichten werden und durch Bezug zur Pragmatikebene ihre Bedeutung und ihren Zweckbezug erhalten und damit zu Information werden.

Zur Information gehört also auf jeden Fall der Kontext, in dem sie steht. Semantik und Pragmatik fassen diesen Kontext zusammen. Der Sprachphilosoph Friedrich Ludwig Gottlob Frege vertrat bereits gegen Ende des 19. Jahrhunderts die Auffassung, dass der Sinn einer Information das ist, was sich im engen Bezug zur Syntax aus den Relationen der Wörter, Sätze usw. untereinander im System der Sprache selbst ergibt. Der Sinn eines Zeichens – auch Intension (Begriffsinhalt) genannt – definiert seine Interpretation in Bezug auf Gegenstände, Ereignisse, Sachverhalte usw. in der Realität. Die Bedeutung steht in engem Bezug zu dem Bezeichneten selbst, indem sie direkt darauf verweist. Sie wird deshalb auch als Extension oder Signifikat benannt. Der Philosoph Holger Lyre hebt hervor, dass Syntax ohne Semantik blind sei, und Semantik ohne Syntax leer (Lyre 2002).

Mit dieser Beschreibung der Eigenschaften von Information können wir zwischen inhaltsfreier und bedeutungstragender Information unterscheiden. Inhaltsfreie Information ist durch Daten, Nachrichten und Signale gekennzeichnet, die nicht in einem definierten Kontext aus Semantik und Pragmatik stehen. Bedeutungstragende Information ist durch Syntax, Semantik und Pragmatik gekennzeichnet. Die damit erfolgte Abgrenzung ist von eminenter Bedeutung für die Beantwortung der Frage, wie Information in der Natur auftritt und wie sie Wirkung entfalten kann. Sie wird uns insbesondere helfen zu verstehen, wie sich die biologische Informationsverarbeitung entwickelt hat und wie sie ausgeprägt ist.

Zum unmittelbaren Kontext der Information gehört offenbar eine Instanz, die Information interpretieren kann und daraus Aktivitäten ableitet. Hier wird eine Nähe zur Energie sichtbar, denn weder die Interpretation der Information noch Aktionen mit ihr lassen sich ohne Energie durchführen. Unmittelbar zur Information gehören auch die Informationsquelle und die Übertragung der Information von der Quelle zur nächsten weiterverarbeitenden Instanz bis hin zur Empfängerinstanz, die gegebenenfalls aus ihrer Interpretation der Information Wissen erzeugt. Die Erzeugung von Wissen setzt voraus, dass die Empfängerinstanz über Wissenseigenschaften verfügt. Menschen – und in unterschiedlichem Grade Lebewesen, die durch die Evolution mit einem Gehirn ausgestattet sind – gehören zu dieser Gruppe. Ob Maschinen jemals dazu gehören werden, ist strittig.

Information wird oft pragmatisch von den Begriffen Daten und Wissen abgegrenzt (Abb. 3.12):

3.4 Information, Sprache und Struktur

Wissen

Informationen

Daten

Zeichen

Pragmatik
Verknüpfung von Informationen mit Erfahrung und Vorwissen schafft Wissen

Semantik
Daten werden über einen Kontext zu Informationen

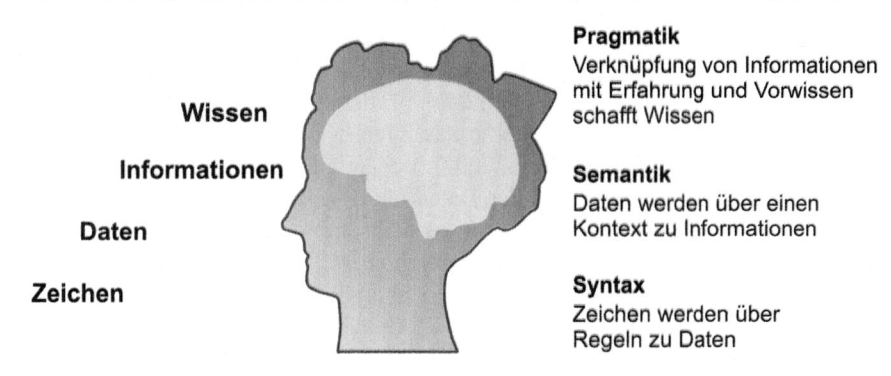

Syntax
Zeichen werden über Regeln zu Daten

Abb. 3.12 Zeichen, Daten und Informationen. Die Sinne und das Gehirn erkennen Zeichen, transformieren diese mithilfe von Syntaxregeln in Daten, stellen diese mithilfe von Semantikregeln in einen Kontext und verknüpfen diese mit Pragmatikinformationen zu Wissen

- Daten sind potenzielle Informationen, die durch Zeichen zustande kommen, wobei Zeichen aus einem Zeichenvorrat (Buchstaben, Zahlen, Töne, Bilder, …) stammen. Daten resultieren aus physikalischen Ereignissen, deren Energie sich in irgendeiner Form ausbreitet, sodass sie zu einem Empfänger gelangen können. Übertragene Daten sind Signale und Nachrichten. Beide unterscheiden sich in ihrem Umfang. Signale sind kurz und ereignisorientiert, während Nachrichten länger sind und Botschaften an den Empfänger enthalten.
- Informationen sind Daten im Kontext. Zu diesem Kontext gehören – gegebenenfalls minimale – Regeln (Syntax). Sie gewinnen eine Bedeutung (Semantik) aus der Kombination mit weiterer, beim Empfänger bereits vorhandener Kontextinformation.
- Wissen wiederum ist interpretierte, d. h. verarbeitete Information, wobei die interpretierende Instanz den Anforderungen von Wissenserwerb und -verarbeitung genügen muss. Dies ist bei Menschen und in unterschiedlichem Maße bei Tieren durch evolutionär entstandene kognitive Fähigkeiten möglich. Wissen bestimmt Handlungen und das Denken. Denken hilft, Wissen weiter zu vergrößern.

Die Codierung und Übertragung von Information als Nachricht setzt Veränderungen von physikalischen Zuständen voraus, denn Information ist bei ihrer Übertragung immer an ein Trägermedium gebunden und braucht zur Übertragung Energie. Die Bedeutung der Information steht nicht in unmittelbarem Zusammenhang mit den physikalischen Zuständen und Eigenschaften des Mediums. So können wir aus dem energetischen Zustand einer Audiodatei auf einem USB-Stick nicht schließen, ob es sich um die kompletten Werke von Shakespeare oder eine Art Wortsalat handelt. Die Empfängerinstanz muss dabei nicht mit den interpretierenden Fähigkeiten eines biologischen und gehirnähnlichen Apparates ausgestattet sein. Sie kann auch eine physikalische Entität wie etwa ein Molekül, eine biologische Zelle oder eine Daten verarbeitende Maschine sein.

Es würde den gleichen Energieaufwand bedeuten, so der emeritierte amerikanische Wissenschaftler Antony R. Crofts, würden wir die Raumsonde Voyager anweisen, trotz ihrer aktuellen Entfernung von der Erde Informationen, die sich zu einem Bild der umliegenden Sterne zusammensetzen ließen, zu senden, oder bedeutungslose Signalfolgen (Crofts 2007). Bedeutungsvolle Information entsteht erst durch adäquate Decodierung der Daten und ihre Interpretation. Der Bedeutungsgehalt einer Information an sich muss nicht zu zusätzlicher oder geringerer Energie bei ihrem Erstellen oder Versenden führen.

An dieser Stelle setzte Claude Shannon an, als er seine Informationstheorie formulierte. Er klammerte den semantischen Gehalt der betrachteten Information radikal aus. Für ihn war es egal, ob es sich bei den übertragenen Informationen um einen Zeitungsartikel, ein Gedicht oder eine militärische Nachricht handelte. Er interessierte sich einzig und allein für die Übertragungswege. Vor allem die Wahrscheinlichkeit des Eintreffens von Zeichen war ihm wichtig. Dieser Denkansatz klammerte zwar viele andere Aspekte aus, erwies sich jedoch bei Anstrengungen, Informationen in der Nachrichtentechnik und ihre Rolle in der Natur zu verstehen, als äußerst hilfreich.

Selbstverständlich ist jedoch der semantische Gehalt einer Information von großer Bedeutung. Allerdings entzieht er sich offenbar experimentellen naturwissenschaftlichen Untersuchungen, mit denen beispielsweise der Zusammenhang von Information mit energetischen Eigenschaften analysiert werden könnte. Mit Crofts ist jedoch auch zu fragen, ob es überhaupt eine Information geben kann, die nicht durch eine irgendwie geartete physische und damit energetische Codierung zustande gekommen ist (Crofts 2007).

3.4.2 Sprache und Logik

Die Verbindungen zwischen Zeichen, ihrer Bedeutung und ihrer Verwendung war bereits in der Antike Gegenstand von Überlegungen, denn es war schon damals deutlich spürbar, dass sie mit Wissen und dessen Ursprung zusammenhingen. Dieses Interesse bestand auch nach der Antike fort, bis hin zur mittelalterlichen Scholastik, wo die Semiotik ihren Platz in der hochgeschätzten Logik fand. Für den theologischen Philosophen Nikolaus von Kues beispielsweise ist damals die Zeichenlehre grundlegend für jede Erkenntnis.

Einen entscheidenden Schritt hin zu einer Strukturierung des Verhältnisses von Sprache und Logik machte Friedrich Ludwig Gottlob Frege (1848–1925). Der Sprachphilosoph entwickelte formale Strukturen zur Beschreibung einer Sprache. Damit war er dann in der Lage, Beweise zu führen, und legte, ohne dass er es damals wissen konnte, die Grundlage für die sogenannten formalen Sprachen. Ohne Programmiersprachen – bei ihnen handelt es sich um formale Sprachen – wäre eine effiziente Programmierung von Computersystemen kaum denkbar.

Freges 1879 veröffentlichte Publikation „Begriffsschrift" hatte die Entwicklung einer formalen neuen Logik in axiomatischer Form zum Inhalt. Mit einer differenzierten Untersuchung zu „Sinn" und „Bedeutung" entstand ein neues Verständnis vom Inhalt der Zeichen und den Reihenfolgen von Zeichen. Während zu jener Zeit der Sinn einer Zeichenfolge unserem heutigen Verständnis von Inhalt, Bedeutung und Semantik sehr nahekommt, war mit Bedeutung damals eher die Referenz gemeint, also der Verweis auf etwas, was sinntragend und damit bedeutend ist.

3.5 Eine kurze Geschichte der informationsverarbeitenden Maschinen

Der Franzose Joseph Marie Jacquard (1752–1834) ergänzte den mechanischen Webstuhl, der erst wenige Jahre vorher 1785 in England von Edmund Cartwright erfunden worden war, um eine wesentliche Eigenschaft. Er steuerte das Anheben einzelner Kettfäden durch Lochkarten. So konnten entsprechend des gewünschten Musters des zu webenden Stoffes in jedem „Schuss" des Schiffchens gezielt einzelne Fäden oder eine Fadengruppe angehoben werden. Ergebnis war, dass nicht nur die entscheidenden Informationen zur Steuerung der Kettfäden mechanisch bestimmt wurden, indem sie einer Lochkarte entnommen wurden. Das Muster konnte auch komplexer und feiner werden, denn in dem alten Verfahren wurden die Kettfäden lediglich in Gruppen angehoben. Aus der Sicht der Informationsverarbeitung fand hier erstmals eine digitale Technik Anwendung, in der die gespeicherten Informationen von einer Lochkarte abgelesen wurden.

Jacquards Erfindung revolutionierte die Technik der Webstühle und schaffte die Voraussetzung für Fortschritte in der Produktivität, die schon auf die Steuerung viel komplexerer Maschinen hindeutete. Mit den Lochkarten wurde ein Schritt in Richtung Industrialisierung getan. Hinsichtlich der Informationsverarbeitung schaffte Jacquard ein Speichermedium, das bestens dazu geeignet war, mechanisch beschrieben und gelesen zu werden. Diese Technik hatte eine erstaunliche Lebenszeit. Sie wurde noch bis in die 1970er-Jahre zur Speicherung von Programmen und Daten von elektronischen Digitalrechnern verwendet.

Für die Entwicklung von modernen Rechnern wurden kurze Zeit nach Jacquards Erfindung weitere Grundlagen gelegt. Die Arbeiten von Ada Lovelace und Charles Babbage ließen es bereits zu, von allgemeinen Rechenmaschinen zu träumen. Diese entstanden dann etwa in der Mitte des vergangenen Jahrhunderts auch tatsächlich. Den Relaisrechnern Konrad Zuses folgten Rechner mit Röhren und ihnen dann elektronische Maschinen. Mit Letzteren setzte eine heftige technische Entwicklung ein, die schließlich zur Gründung einer neuen Wissenschaft führte: der *Computer Science* in Nordamerika und der Informatik in Europa.

3.5.1 Die babylonische Antikythera-Maschine

Doch gehen wir zeitlich noch einmal um fast 1800 Jahre zurück. Es war ein wirklich erfreulicher Fund, den der griechische Taucher Elias Stadiatos im Jahr 1900 in der Nähe der zwischen Kreta und dem Peleponnes gelegenen Insel Antikythera machte. Ein antikes Frachtschaff hatte nicht nur schöne Statuen und Schmuck geladen, sondern auch Keramik, Möbel und Bronze, alles ungefähr aus dem 1. Jahrhundert v. Chr. Was sich jedoch erst im Nachhinein als das Wertvollste der gesamten Fracht entpuppte, war ein grüner Klumpen verrosteten Metalls.

Dieser Metallklumpen in der Größe eines Schuhkartons zeigte außen ein reliefartiges Zahnrad. Spätere Röntgenuntersuchungen ließen im Inneren noch weitere ca. 30 Zahnräder sichtbar werden. Man kam letztlich darauf, dass es sich bei der Maschine um einen analogen astronomischen Computer zur Berechnung der Positionen von Sonne und Mond zu einem beliebigen Datum handelte. Neuere Untersuchungen zeigten dann, dass die Antikythera-Maschine (Abb. 3.13), wie sie inzwischen genannt wurde, noch mehr erstaunliche Fähigkeiten aufwies als die schon bis dann bekannten.

Im antiken Griechenland nahm man an, sich in einem exzentrischen Planetensystem aufzuhalten. Elliptische Planetenbahnen, wie sie Johannes Kepler entdeckte, waren unbekannt. Der Computer wurde also entworfen, um die Epizyklen-Kreisbahnen, deren Zentren auf anderen Kreisbahnen verlaufen, von Sonne und Mond zu berechnen. Spätere Annahmen gehen davon aus, dass verloren gegangene Teile des Mechanismus auch Mars, Jupiter und Saturn einbezogen und damit die gesamten damals bekannten Planeten des Sonnensystems.

Angesichts der Fähigkeit der Antikythera-Maschine zur Ausführung mathematischer Operationen wie Addition und Multiplikation stellt sich die Frage nach den Quellen dieser Fähigkeit. Neuere Annahmen verlegen die Entstehung der Maschine auf etwa 200 v. Chr. Damit konnte sie keinen Nutzen aus der griechischen Trigonometrie ziehen, denn diese entstand erst später. Stattdessen zog man babylonische arithmetische Methoden heran.

Später im Museum in Athen aufgetauchte Teile der Maschine wurden wissenschaftlich untersucht, und danach konnte man die Funktion von 29 der 30 Zahnräder erklären. Die Maschine wird inzwischen als die Leistung eines Genies gerühmt. Nicht nur, dass ein Epizykel den Mondzeiger periodisch schneller und

Abb. 3.13 Elemente der Antikythera-Maschine im Nationalen Archäologischen Museum in Athen. Die Abmessungen des gesamten ursprünglichen Mechanismus werden mit $31{,}5 \times 19 \times 10$ cm angenommen. (© Giovanni Dall'Orto / ANE Edition / imago)

langsamer antrieb. Darüber hinaus ließen sich auch die leichten Verschiebungen der Ellipsenbahn des Mondes erfassen.

Auch eine Gebrauchsanweisung für die Maschine wurde mithilfe einer Spezialkamera in einem eingravierten Text identifiziert. Man schloss daraus, dass es sich um ein Hightechprodukt für wohlhabende astronomische Laien handeln musste.

Inzwischen wurde die gesamte Maschine rekonstruiert und ihr erstaunlicher Aufbau wurde als harmonische Struktur sichtbar – auch wenn diese nur mit Hilfe von Lego-Bauteilen nachempfunden worden waren. Mit ihr wird eine Linie der Maschinenentwicklung erkennbar, die von den modernen Maschinen wie Robotern und Eisenbahnen zeitlich rückwärts über mechanische Maschinen und diverse Automaten des 18. Jahrhunderts zu den Uhrenwerken und von dort zur griechischen Antike weist.

3.5.2 Die *Analytical Engine* von Ada Lovelace und Charles Babbage

Weniger als ein Jahrhundert nach Jacquards Erfindung, auf der Weltausstellung in London 1862, wurde diese von zwei Personen betrachtet, die für immer ihre Spuren in der Informatik hinterlassen haben: Ada Lovelace und Charles Babbage.

Der Engländer Charles Babbage (1791–1871) hatte seit seinen Studien an der Cambridge University im frühen 19. Jahrhundert den Traum, mathematische Aufgaben durch Maschinen lösen zu lassen – und dies auch noch genauer und vor allem schneller als von Menschen. Anfangs bezog sich dies auf die Produktion von Logarithmentafeln, in denen Mantissen – Ziffernstellen einer Gleitkommazahl – von Logarithmen zu finden waren. Diese Tabellen, in Büchern zusammengefasst, waren unerlässliche Voraussetzung für die Vereinfachung von Berechnungen mit Logarithmen. Sie blieben im praktischen Gebrauch, bis sie – viele von uns erinnern sich noch daran – durch Taschenrechner überflüssig wurden, mit denen sich die Werte blitzschnell finden lassen. Der Bau seiner dafür entworfenen *Difference Engine* wurde von der englischen Regierung ab 1823 gefördert. Schwierigkeiten ergaben sich jedoch aufgrund der bisher in diesem Ausmaß nicht bekannten Komplexität und der notwendigen Präzision in der Ausführung, sodass 20 Jahre später das Projekt abgebrochen wurde.

Die *Difference Engine* erhielt ihren Namen nach der Differenzenmethode. Dabei handelt es sich um eine mathematische Methode zum fortlaufenden Berechnen von Zahlenfolgen, und zwar allein durch die Addition einer Differenz auf den zuvor berechneten Wert. Erste Schritte müssen allerdings jeweils per Multiplikation errechnet werden, um zu den Differenzen zu kommen. Diese Methode war zu Zeiten von Babbage bekannt und hatte für ihn den Vorteil, dass sich auch die Subtraktion auf eine Folge von Additionen zurückführen ließ.

Der Projektabbruch war jedoch bei Weitem kein Beweis für die Unmöglichkeit der Realisierung. Schon ein Jahr später, 1843, stellte der schwedische Erfinder Georg Scheutz einen funktionsfähigen Prototypen her. Babbage war zur Zeit des Projektabbruchs bereits Professor in Cambridge und hatte den renommierten

Lucasischen Lehrstuhl für Mathematik inne. Er war somit auf diesem Posten ein Nachfolger Isaac Newtons – und ein Vorgänger Stephen Hawkings. Babbage entwickelte Vorstellungen, die weit über die *Difference Engine* hinausgingen und die ihn zur *Analytical Engine* führten.

Dabei fand er Unterstützung durch die junge Gräfin Ada Lovelace (Augusta Ada Byron King, Countess of Lovelace), Tochter des Dichters Lord Byron und begnadete Mathematikerin. Schon bald sprach sie im Zusammenhang mit dieser Maschine, die lediglich in ihrer und der Vorstellung von Babbage existierte, von einer „thinking machine". Und in der Tat handelte es sich dabei um die wahrscheinlich erste programmierbare Rechenmaschine. Die Verbindung zum Jacquard-Webstuhl bestand in ihrem gemeinsamen grundlegenden Prinzip: „Die herausragende Eigenschaft der Analytischen Maschine, die es ermöglichte, einen Mechanismus erfolgreich mit solch großen Fähigkeiten auszustatten, daß diese Maschine zur ausführenden rechten Hand der abstrakten Algebra wird, ist die Einführung des Prinzips, das Jacquard mit Hilfe von Lochkarten für das Weben der kompliziertesten Muster bei der Herstellung von Brokatstoffen entwickelt hat. ... Wir können völlig zutreffend sagen, daß die Analytische Maschine auf dieselbe Weise algebraische Muster webt, wie der Jacquard-Webstuhl Blumen und Blätter webt" (Rucker 1997). Im Konzept dieser Maschine war wie in späteren Computern auch eine Trennung von Formeln (Programmen) und Daten vorgesehen. Die Programme sollten per Lochkarten eingegeben werden.

Ada Lovelace (Abb. 3.14) ging noch weiter. Aus ihrer Sicht wurde mit der programmierbaren Analytischen Maschine eine neue Wissenschaft mit eigenen abstrakten Werten und Wahrheiten erschlossen, namentlich die der programmierbaren Handlungen und Transaktionen. Auch dass diese Art von Maschine nicht auf Zahlen und die Mathematik im engeren Sinne beschränkt bleiben würde, wusste sie bereits in aller Klarheit. Als Beispiel führte sie die Musik an, vorausgesetzt, Eigenschaften der Musik ließen sich in Befehlen und Symbolen mit passender Bedeutung ausdrücken. Unter dieser Voraussetzung sah sie einen grenzenlosen Einsatz dieser Maschinen voraus.

Aus ihren eigenen Worten wird ihre Vorstellungskraft besonders deutlich: (Sketch of The Analytical Engine, 1843, Übersetzung durch den Autor):

> Aber die Wissenschaft der Operationen, insbesondere aus der Mathematik abgeleitet, ist eine Wissenschaft für sich und hat eine eigene abstrakte Wahrheit und eigenen Wert; ebenso wie die Logik einen eigenen Wert und eine eigentümliche Wahrheit hat, unabhängig von den Themen, auf die wir ihre Überlegungen und Prozesse anwenden.
>
> Die Operationen sind auf andere Dinge als Zahlen anwendbar, dort, wo Objekte gefunden werden, deren gegenseitige Beziehungen durch die abstrakte Wissenschaft der Operationen ausgedrückt werden kann. Insbesondere, wenn sich diese auch auf die Betriebsnotwendigkeiten der Maschine anpassen lassen. Nehmen wir zum Beispiel die grundlegenden Beziehungen der Töne in der Wissenschaft der Harmonie und der musikalischen Komposition. Sie könnten nach solchen Anpassungen zum Gegenstand von aufwendigen, wissenschaftlichen Kompositionen von Musikstücken beliebiger Komplexität und beliebigen Umfangs werden.

Offenbar war sie es auch, die schwierige mathematische Operationen in Aktionen transformierte, die für die Analytische Maschine umsetzbar gewesen wären – denn

Abb. 3.14 Ada Lovelace. Ihre visionäre Sicht der Informationsverarbeitung ließ sie zur ersten Programmiererin werden. Stich von William Henry Mote (Findens' Gallery of Beauty or Court of Queen Victoria (1841?). Alfred Edward Chalon (1780–1860); Engraved by William Henry Mote (1803–1871), Wikipedia Commons)

die Maschine war ja noch nicht gebaut. Ada Lovelace programmierte sie in ihrem Gehirn. Sie wurde so zur ersten Programmiererin. Ada Lovelace formulierte also Befehlsfolgen als Algorithmen, so beispielsweise für rekursive Funktionen – solche, die sich immer wieder selbst aufrufen, bis ein definiertes Abbruchkriterium erreicht ist. Dabei ändern sich bei jedem Funktionsaufruf die Startwerte der betreffenden Funktion. Babbage erschien es, als würde die Maschine sich selbst wie ein Tier in den eigenen Schwanz beißen. Es wurden also variable, abstrakte Werte gebraucht, die mit konkreten Zahlen zu füllen waren. Genau diese führten Ada Lovelace und Charles Babbage in ihr Konstrukt ein.

Die Leistungen dieses Forscherteams und ihre Beiträge für die Entwicklung der Informationsverarbeitung können nicht hoch genug eingeschätzt werden. Nicht nur, dass sie diese äußerst komplexe Maschine entwarfen, sie entwickelten dafür außerdem Eigenschaften, die später auf die elektronischen Computer übertragen werden konnten Dazu gehörten programmierbare Befehle ebenso wie ein „Rechenwerk", das sie passenderweise „mill" nannten. Auch die Zwischenspeicherung von Werten gehörte dazu (Rucker 1997). Darüber hinaus gab es bedingte Befehle, also solche, die in Abhängigkeit von Werten ausgeführt wurden. Auch Schleifen wären möglich gewesen. Die Programmsteuerung sollte wie bei den Jacquard-Webstühlen mit Lochkarten erfolgen. So erfanden Babbage und Lovelace den mechanisierten Algorithmus, oder anders gesagt, den mechanischen Computer, wobei die bedingten Befehle der Maschine besondere Fähigkeiten verleihen. Überflüssigerweise mussten die bedingten Befehle im folgenden Jahrhundert neu erfunden werden, da die Analytische Maschine in der Zwischenzeit in Vergessenheit geraten war.

Sie wurde daher nie gebaut. Als in der Mitte des vergangenen Jahrhunderts von Neuem an der Entwicklung programmierbarer Rechenmaschinen gearbeitet wurde, geschah dies fast ohne Bezug auf die Errungenschaften von Lovelace und Babbage. Als späte Würdigung ihrer Verdienste wurde allerdings 1980 die Programmiersprache „Ada" nach Ada Lovelace benannt. In Großbritannien erinnert eine Vielzahl von Ehrungen an ihr Werk.

Noch einmal 100 Jahre später führte der britische Mathematiker Turing einen Beweis zur Berechenbarkeit allgemeiner Algorithmen durch. Diejenigen Algorithmen, von denen nachzuweisen war, dass sie zu einem definierten Ende kommen würden, erhielten die Klassifizierung „entscheidbar" und konnten mit einer Turingmaschine berechnet werden (das theoretische Konzept eines Computers). Vergleichbare Maschinen gelten als turingmächtig. Auch die Analytische Maschine gehört in diese Klasse, wie alle heutigen programmierbaren Rechenmaschinen – also die Computer.

3.5.3 Die erste programmierbare Rechenmaschine von Konrad Zuse

Konrad Zuse erfuhr von den Arbeiten von Charles Babbage und Ada Lovelace erst nach dem Krieg 1945. Inzwischen hatte er sie gewissermaßen überholt und seine eigene Rechenmaschine gebaut. Zuse forschte und entwickelte während der Kriegsjahre in Deutschland, zunächst weitgehend auf eigene Rechnung. Als er dann staatliche Förderung erhielt, war es (glücklicherweise, möchte man sagen) zu spät, seine Erfindung noch im Krieg militärisch zu nutzen.

Seit 1935 hatte Konrad Zuse an der Entwicklung von Rechenmaschinen gearbeitet. Sie sollten Aufgaben bearbeiten, indem sie „lange und umständliche Zahlenrechnungen vollautomatisch nach einer, für einen bestimmten Aufgabentyp in einem Lochstreifen (Abb. 3.15) festgelegten Vorschrift" ausführen. Zuse war Bauingenieur und suchte nach Wegen, die anfallenden Routineaufgaben effizienter zu bewältigen. Er beschränkte sich allerdings nicht auf seinen Spezialbedarf, sondern suchte nach generellen Lösungen.

Mit der „Z3", der dritten Variante einer relaisgesteuerten „Rechenmaschine", gelang Konrad Zuse 1941 der Bau des ersten programmgesteuerten Computers weltweit. Die Z3 konnte 15–20 arithmetische Operationen je Sekunde ausführen

3.5 Eine kurze Geschichte der informationsverarbeitenden Maschinen

**Rechenprogramm
Zuse-Rechenautomat**

Kommandofolge

Abrufen Speicher Nr. 4

Addieren

Abrufen Speicher Nr. 6

Multiplizieren

Umkehr des Vorzeichens

....

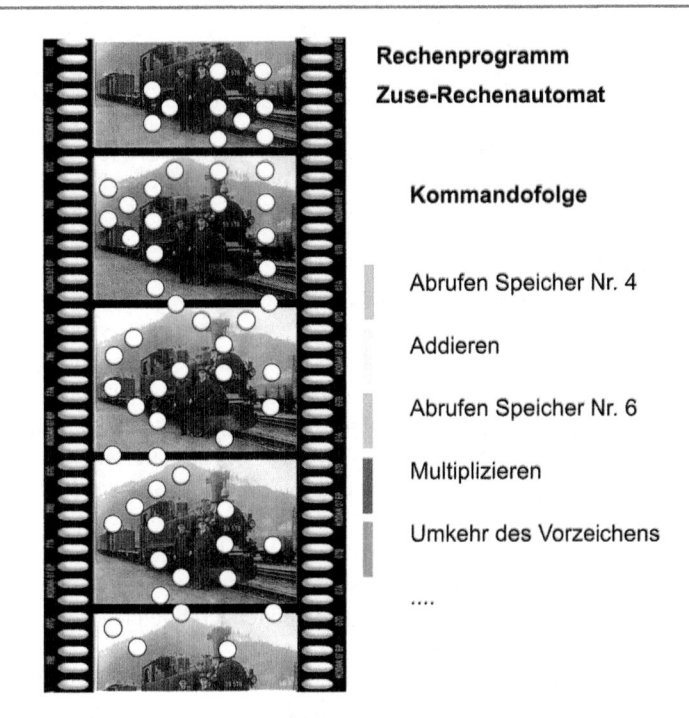

Abb. 3.15 Ein Stück Filmspeicher – Prinzipdarstellung. (Abbildungsvorlage entnommen aus Beauclair 1968)

und brauchte 4–5 s für eine Multiplikation. In die Z3 wurden etwa 2600 Relais verbaut, wovon ca. 600 für das Rechenwerk benötigt wurden. Die Programme für die Z3 wurden mittels Lochung auf strapazierfähigen Kinofilmstreifen gespeichert.

Dass Zuse die Möglichkeiten seiner Entwicklung weit über den Bereich der eigentlichen Berechnungen als Maschine zur Zeichenmanipulation hinaus sah, zeigt folgendes Zitat aus einem Informationsblatt „Zuse-Rechengeräte", herausgegeben vom Zuse-Ingenieurbüro Hopferau 1947 (Beauclair 1968):

> Die von Dipl. Ing. Konrad Zuse begonnene Geräteentwicklung ermöglicht es, über das Rechnen mit Zahlen hinausgehend, das gesamte Gebiet der schematischen kombinatorischen Denkoperationen zu mechanisieren.
>
> Wir erkennen, welch großes Aufgabengebiet der maschinellen Lösung erschlossen wird, wenn wir uns vergegenwärtigen, dass eine der wichtigsten geistigen Aufgaben die Auswertung gegebener Angaben ist. Dies sind Beobachtungen, Daten usw., die man z. B. nach bestimmten Gesichtspunkten ordnet, aus denen man gewissen Vorschriften gemäß Schlüsse zieht, und wo man dann durch das Ausführen kombinatorischer Denkaufgaben zu folgerichtigen Ergebnissen kommt.
>
> Zuse hat mit der von ihm begonnenen Entwicklung einen Weg zur Konstruktion von Geräten eingeschlagen, die nach den Anweisungen einer allgemeinen mathematischen „Zeichensprache" rechnen können. Diese Zeichensprache ist auf kein bestimmtes Anwendungsgebiet spezialisiert. Sie stellt z. B. die Gesetzmäßigkeiten der Addition mit den gleichen Mitteln dar, wie etwa die Bewegungsgesetze der Figuren des Schachspiels oder die Gedankengänge beim Entwurf einer Brücke.

So wie der Begriff „Rechnen" in der Umgangssprache auch auf Operationen angewendet wird, die mit Zahlen nichts zu tun haben müssen, indem wir z. b. sagen, dass wir mit dem Eintreten dieser und jener Ereignisse „rechnen", so ist auch der Aufgabenbereich der Zuse-Rechenmaschinen von allgemeiner Natur. Die Zahlenrechnung hat hier zwar eine Bedeutung, sie stellt aber nur einen Teil der mechanisierbaren schematischen Denkaufgaben dar. Dies ist vergleichbar mit der Verwendung des Begriffes Rechnen, der umgangssprachlich nichts mit Zahlen zu tun haben muss sondern auch bedeuten kann, beispielsweise mit einem Ereignis in der Zukunft „zu rechnen".

Zuse und andere dachten auch daran, schnellere Elektronenröhren als Schaltelemente zu verwenden. Dass dies praktikabel war, zeigte sich später durch Entwicklungen in den USA, wo die ENIAC als erstes „Elektronengehirn" mit dieser Technik einen Meilenstein setzte. Allerdings krankten alle Rechenmaschinen mit Röhren an der vergleichsweise hohen Ausfallrate, die diese Technologie mit sich brachte. Erst die Massenproduktion des inzwischen miniaturisierten Transistors Mitte der 1950er-Jahre löste die Röhrentechnologie beim Bau der Rechenanlagen ab.

Die Z3 wurde bei einem Bombenangriff zerstört, hatte jedoch nach dem Krieg eine Reihe von Nachfolgern. Konrad Zuse baute in seinem Unternehmen Rechner bis zur Seriennummer Z43, darunter auch den ersten Computer – Z22 – mit einem Magnetbandspeicher.

Zuse erfuhr vielfältige Ehrungen für sein Lebenswerk. Im Zuse-Jahr 2010, zu seinem 100. Geburtstag, wurde seiner und seines Werkes in vielen Ausstellungen, Seminaren und Vorträgen gedacht.

3.5.4 Informatik: Die Wissenschaft von der Informationsverarbeitung

Die Mechanisierung der Welt, die ohne begleitende Informationsverarbeitung sichtlich an ihre Grenzen stieß, und die schnell leistungsfähiger werdenden digitalen Rechner bzw. Computer, die sich als geradezu universell einsetzbar erwiesen, erzeugten einen immens wachsenden Bedarf an einer methodischen bzw. ingenieurmäßigen Handhabung von Informationen. Schon bald erschien es sinnvoll und notwendig, eine eigene technische Wissenschaft für informationsverarbeitende Maschinen zu gründen. Sie wurde in den angelsächsischen Ländern auf den Namen „Computer Science" getauft. In vielen Ländern, darunter auch in Deutschland, wurde der Begriff „Informatik" geprägt. Inhaltlich wird darunter die „Wissenschaft der systematischen Verarbeitung von Informationen, insbesondere der automatischen Verarbeitung mit Hilfe von Digitalrechnern" verstanden. Die gewählte Namensgebung in Europa erwies sich als weise Voraussicht, wurde doch so der Stellenwert der Information gegenüber dem der Maschinen zu ihrer Be- und Verarbeitung herausgehoben.

Es entstand schnell eine eigene Theorie der Informatik, die als ein Zweig der Mathematik für einige Kernbereiche der Informatik von hoher Bedeutung ist. Sie beschäftigt sich mit der Abstraktion, der Modellbildung und grundlegenden Fragestellungen, die mit der Struktur, Verarbeitung, Übertragung und Wiedergabe von

Informationen in Zusammenhang stehen. Sie umfasst auch die Theorie formaler Sprachen bzw. die Automatentheorie, die Berechenbarkeits- und die Komplexitätstheorie. Unter „formalen Sprachen" sind Programmiersprachen zu verstehen, die im Unterschied zu natürlichen Sprachen Kriterien mathematischer Theorien genügen müssen. Des Weiteren gehören Graphentheorie, Kryptologie, Logik (u. a. Aussagenlogik und Prädikatenlogik) sowie formale Semantik und Compilerbau zum Gebiet der theoretischen Informatik. Der Compilerbau, obwohl ohne Theorie nicht denkbar, ist durchaus praktisch orientiert. Compiler sind Übersetzungsprogramme, die Programmiersprachen in maschinenausführbare Befehlssätze transformieren. Im Mittelpunkt der Informatik allerdings steht die Entwicklung von Algorithmen – programmierte Anweisungen zur Informationsmanipulation durch den Computer – für alle denkbaren und immer wieder auch neu hinzukommenden Gebiete der Anwendung und der Kommunikation.

Der Turing-Test, von Alan Turing als Unterscheidungsmerkmal zwischen der geistigen Leistung eines Menschen und der eines Computers konzipiert, befeuerte die Entwicklung der Informatik von Anfang an. Die Informatiker gründeten den Bereich der Künstlichen Intelligenz (auch oft durch das Kürzel „AI" für *Artificial Intelligence* gekennzeichnet) und versuchten, Algorithmen zu konstruieren, die sich intelligent verhalten sollten und die damit eine ganz neue Herausforderung für unsere in der Evolution entwickelte Informationsverarbeitung darstellten.

Auch das Streben nach – inzwischen erreichter – Überlegenheit der Computer beim Schachspielen und seit kurzem auch beim Poker wird in den Bereich der Künstlichen Intelligenz eingeordnet. Noch populärer war ein einfaches Frage- und Antwortprogramm, das Joseph Weizenbaum (1923–2008) bereits in den 1960er-Jahren am MIT entwickelte. „Eliza", so der schöne Name des Programms, konnte einfache Fragen beantworten und stellte auch Gegenfragen. Eliza zeigte gegenüber naiven Benutzern kognitive Attribute, die man, kannte man den Algorithmus nicht, nur von einem Menschen als Gesprächspartner erwartete.

3.6 Turings Modell einer universellen Maschine

Gottfried Wilhelm von Leibniz (1646–1716) baute am Ende des 17. Jahrhunderts eine der ersten mechanischen Rechenmaschinen und verband diese Arbeit mit generelleren Fragen. So interessierte ihn, ob es Maschinen geben kann, die Wahrheitswerte von mathematischen Aussagen bestimmen können. Er beschäftigte sich mit Aussagenlogik, in deren zweiwertiger Form die Werte „richtig" oder „falsch" die Ergebnisse darstellen.

David Hilbert (1862–1943), wie Leibniz, jedoch sehr viel später, in Göttingen tätig und offenbar auch in dessen Nachfolge denkend, formulierte 1900 eine Reihe von mathematischen Problemen, mit denen er die Grenzen seiner Wissenschaft auslotete. Dabei ging es um die Frage, ob die Mathematik vollständig ist in dem Sinne, dass jede Aussage wie etwa „Jede natürliche und damit positive, ganze Zahl ist die Summe aus vier Quadratzahlen" bewiesen oder widerlegt werden kann. In unserem Fall ist sie beweisbar, wie Joseph Louis Lagrange 1770 ausführte. Weiter wollte er wissen, ob die Mathematik immer konsistent ist und sicherstellt, dass zwei plus zwei niemals fünf werden kann. Dann wollte er wissen, ob es eine Methode gibt, mit der man herausfinden kann, was in einer mathematischen Theorie beweisbar ist und was nicht. Anders formuliert: Gibt es ein Verfahren, das zu jeder mathematischen Aussage den Beweis erbringen kann, ob diese wahr oder falsch ist? Dieses Entscheidungsproblem war Hilberts zehnte Frage in einem Katalog von 23 Fragen. Einige der hier aufgeführten Probleme wurden schnell bewältigt, andere brauchten ihre Zeit.

3.6.1 Die Church-Turing-These

Das Entscheidungsproblem wurde 1936 vom amerikanischen Mathematiker Alonzo Church (1903–1995) beantwortet, in dessen Forschungsgruppe in Princeton Alan Turing vorher gearbeitet hatte. „Die Klasse der Turingmaschinen-berechenbaren Funktionen stimmt mit der Klasse der intuitiv berechenbaren Funktionen überein", so die Church-Turing-These, die nach Alonzo Church und Turing benannt ist. Dabei heißt „(intuitiv) berechenbar", „wenn es eine mechanisch anwendbare" Rechenvorschrift gibt, die bei Eingabe von „x" nach „endlich vielen Schritten" zur Ausgabe f(x) führt, falls f(x) definiert ist oder in eine „unendliche Schleife" führt, falls f(x) undefiniert ist. Zuweilen wird die These auch kurz als Churchsche These bezeichnet (Church 1936).

Mit ihr wird eine wichtige Aussage über die Fähigkeit oder Mächtigkeit einer Turingmaschine getroffen. Jede Turingmaschine ist mit einem Algorithmus identisch bzw. sie repräsentiert einen solchen. Wir ahnen, können es jedoch nicht beweisen, dass auch jeder Algorithmus in eine Turingmaschine übertragbar ist. Der kritische Punkt liegt also im nicht formalisierbaren Begriff der „intuitiv berechenbaren Funktionen". Darunter werden Funktionen verstanden, die prinzipiell und auf irgendeine Weise berechnet werden können, ohne dass dies jedoch formal nachweisbar ist.

Kurze Zeit später, im selben Jahr und unabhängig davon, legte Alan Turing (Abb. 3.16) seine Arbeit „On computable numbers, with an application to Entscheidungsproblem" dazu vor, wobei er Bezug nahm auf Arbeiten des Mathematikers Kurt Gödel. In dieser Arbeit erklärte er beide Lösungen, die von Church und seine, für äquivalent. Turing konnte beweisen, dass es eine generelle Lösung für das Entscheidungsproblem nicht gibt.

Turing benutzte für seinen Beweis eine hypothetische Maschine, die später nach ihm benannte Turingmaschine. Er zeigte, dass man die Frage nicht eindeutig beantworten kann, ob für Algorithmen generell gesagt werden kann, dass sie, einmal gestartet, jemals wieder anhalten oder ewig weiterlaufen werden. Dieses sogenannte Halteproblem ist also nicht entscheidbar, und es gibt demzufolge kein Verfahren und keinen Algorithmus, mit dem eine eindeutige Antwort herbeigeführt werden kann.

Gemeinsam formulierten Church und Turing anschließend das Kernergebnis ihrer Arbeiten, das als Church-Turing-These zu einer der Säulen der Informatik wurde. Dieser These zufolge kann alles, was berechenbar ist, durch einen Algorithmus berechnet werden, der einer Turingmaschine entspricht. Es ist keine

Abb. 3.16 Diese Gedenktafel findet sich in Sackville Gardens in Manchester zu Füßen einer Statue von Alan Turing. Sie verweist auf seine Bedeutung für die Informatik, die Mathematik und für die Logik. Sie hebt auch seine Leistung bei Entschlüsselung von Codes hervor und verschweigt nicht das Unrecht, das ihm widerfuhr (s. unten). Das Zitat von Bertrand Russel hebtästhetische Gesichtspunkte seines Schaffens hervor: „Mathematik, richtig betrachtet, enthält nicht nur Wahrheit, sondern höchste Schönheit - eine kalte und strenge Schönheit, wie die einer Skulptur."(Wikimedia Commons) (© Sackville Park Turing plaque/Lmno/CC BY-SA 3.0)

berechenbare Funktion bekannt, und damit kein Algorithmus, die nicht auch Turingmaschinen-berechenbar ist.

Manche Funktionen, wie das schon erwähnte Halteproblem, entziehen sich also der Turingmaschinen-Berechenbarkeit. Allerdings sind sie auch durch andere Methoden nicht befriedigender behandelbar. Daraus ergibt sich nun die allgemein akzeptierte Annahme bzw. Churchsche These, dass es keine mächtigere formale Methode gibt als die Turingmaschine. Und, da der Mensch zwar Probleme definieren kann, die nicht Turingmaschinen-berechenbar sind, er sie aber auch nicht besser lösen kann als eine Turingmaschine, gilt die Church-Turing-These auch für ihn.

Die Church-Turing-These ist heute allgemein akzeptiert, obwohl man sie wegen der intuitiven Definition des Begriffs Algorithmus nicht beweisen kann. Intuitiv bedeutet hier, dass man nicht beweisen kann, dass umgekehrt jeder Algorithmus auch einer Turingmaschine entspricht. Dies liegt daran, dass eine exakte Definition des Begriffs Algorithmus fehlt. Wir haben bisher nur eine intuitive, aber keine formalisierte Vorstellung davon, was einen Algorithmus ausmacht.

Das konzeptionelle Defizit, nicht genau zu wissen, was ein Algorithmus ist, wird auch heute hin und wieder thematisiert. So berichtete 2012 das renommierte Fachblatt der amerikanischen Informatiker *Communications of the ACM* unter der Überschrift „What is an Algorithm?" von einer aktuellen Debatte, die sich an der Frage entzündete, ob Algorithmen als Maschinen im Turingschen Sinne oder über Rekursion, also den Selbstaufruf von Funktionen, zu verstehen sind. Man kann beweisen, dass beide Modelle gleichwertig sind, man weiß jedoch nicht, ob nicht eines davon mit höherer Priorität als das andere zu bewerten ist (Vardi 2012). Der salomonische Vorschlag des Chefredakteurs der *Communications of the ACM*, Moshe Y. Vardi, weist vielleicht den richtigen Weg. Er meint, man müsse einen Algorithmus als Turingmaschine und als rekursive Funktionalität verstehen, denn schließlich lebe auch die Quantenphysik mit dem doppelgesichtigen de Broglie'schen Erscheinungsbild der Materie, die sowohl als Welle als auch als Teilchen verstehbar ist. Davon jedoch später mehr.

3.6.2 Die Turingmaschine

Alan Turing stellte bereits 1936 in seinem Aufsatz zum Entscheidungsproblem die später nach ihm benannte abstrakte Maschine als Hilfsmittel für seinen Beweis vor.

Zwar bildet diese Maschine nicht die Gehirne von Mensch und Tier nach. Allerdings begann Turing seine Untersuchungen zur Berechenbarkeit mit der Frage, wie wir Menschen denn rechnen. Dabei zerlegte er diesen Prozess in mehrere Einzelschritte, die in etwa denen des Lesens, Speicherns, Modifizierens, Replizierens und Aggregierens von Informationen entsprechen. Bei der Bewältigung von Aufgaben mit den vier Grundrechenarten sind wir als Kinder mit Papier und Bleistift ähnlich vorgegangen, indem wir Aufgaben in Teilaufgaben zerlegten, Zwischenergebnisse aufschrieben und nach einem vorgegebenen Rezept, einem Algorithmus, vorgingen.

Die Turingmaschine ist recht einfach konstruiert. Zunächst gibt es ein Band, auf dem Symbole aus einem endlichen Alphabet abgelegt werden können. Auf jeden Platz dieses Speicherbandes passt ein Symbol. Die Symbole können auf das Band geschrieben, gelesen und wieder gelöscht bzw. überschrieben werden. Dafür wird das Band so an einem Lese-/Schreibkopf vorbeigeführt, dass es entsprechend einer Rechenvorschrift genau um einen Platz nach rechts oder nach links rückt. Ein Programm auf einer sogenannten Maschinentafel steuert das Band so, dass nur endlich viele Zustände eingenommen werden können. Auch die Programme sind in einem endlichen Alphabet darstellbar (Abb. 3.17).

Es reicht aus, wenn die Zahl der Symbole auf zwei beschränkt ist. Ein Binäralphabet beispielsweise, bestehend aus „1" für einen beschriebenen und „0" für einen leeren Platz, ist also ausreichend, alle berechenbaren Algorithmen auch tatsächlich zu berechnen. Oder anders gesagt: Mit der kleinsten Informationseinheit, dem von Shannon definierten Bit, ist man mit einer Turingmaschine in der Lage, alles zu berechnen, was jemals von Computern berechnet wurde und jemals berechnet werden wird und kann. Vorausgesetzt wird allerdings, dass es sich dabei um eine turingmächtige Maschine handelt. Dies ist bei (fast) allen in Gebrauch

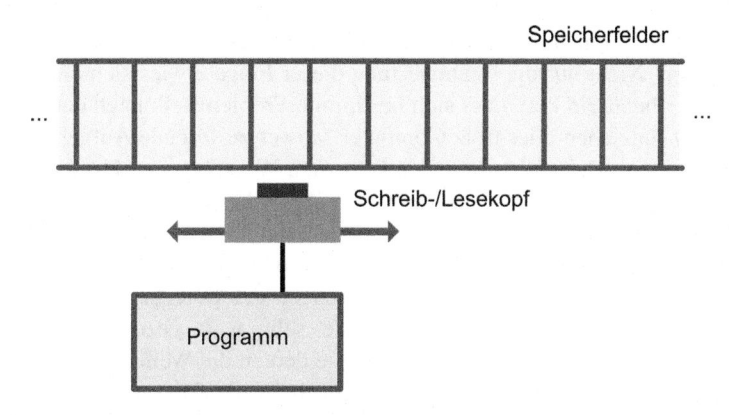

3.6 Turings Modell einer universellen Maschine

Abb. 3.17 Die Komponenten einer Turingmaschine

befindlichen Rechnern mit einer sogenannten Von-Neumann-Architektur, wenn man von technischen Restriktionen wie der Speichergröße einmal absieht, der Fall.

Die Begriffe Berechenbarkeit und Algorithmus waren natürlich bereits lange vor Turings Maschine bekannt. Alan Turings Anliegen war es zu zeigen, wie man mit seinem mathematischen Modell die Berechnungsvorschriften eines Algorithmus ausführen kann. Für die Behandlung des Entscheidungsproblems ging es ihm bei der „Berechnung" um die Manipulation allgemeiner Symbole, nicht nur von Zahlen. Dabei werden auf einem Band vorgefundene Symbole interpretiert. Nach Vorschrift des Algorithmus werden dann die zugehörigen Daten verändert und das Ergebnis wird auf dem Band abgelegt.

Alle Funktionen, die mit der Turingmaschine berechenbar sind, werden als „berechenbar" klassifiziert. Funktionen, die dieses Kriterium nicht erfüllen, gelten als nicht berechenbar. So gilt, wie gesagt, die Aufgabe, zu berechnen, ob beliebige Algorithmen auch irgendwann zum Halten kommen, als nicht berechenbar. Den Beweis dafür lieferte Turing gleich mit. Eine Programmiersprache wird als turingmächtig bezeichnet, wenn jede Funktion, die durch eine Turingmaschine berechnet werden kann, auch durch ein Programm in dieser Programmiersprache berechenbar ist.

War die Turingmaschine für ihn also lediglich ein Mittel zum Zweck? Mag sein, dann war es aber ein äußerst geniales Mittel, denn sie ist ja so mächtig, dass sie alle Algorithmen berechnen kann. Was das heißt, sehen wir an der heutigen Informationsverarbeitung. Die Zahl der Programme – also Algorithmen – in den diversen Computern, Telefonen, Autos usw. ist nicht mehr zählbar und wird jeden Tag größer. Die eingesetzten Programme werden immer komplexer und der Informationsumfang explodiert geradezu. Praktisch alles ist Turingmaschinen-berechenbar.

So war also die Turingmaschine, die als Repräsentantin beliebiger Algorithmen gilt, geboren. Allerdings ist sie mehr als mathematisches Konstrukt denn als technisches Konzept zu verstehen, da diese Erfindung zwar die systematische Untersuchung von Algorithmen – den Rechenvorschriften bzw. Instruktionen für einen Computer – ermöglichte, nicht jedoch zur praktischen Realisierung taugte. Von besonderem Interesse erwies sich bald die Frage, wie viele Rechenschritte benötigt werden, um mithilfe der Turingmaschine eine spezifische Problemstellung zu lösen. Nicht nur die Beantwortung dieser Frage erwies sich als schwierig. Bald wurde obendrein klar, dass sich bestimmte Problemstellungen der Berechenbarkeit ganz entziehen oder trotz Computer schwer zu lösende Aufgaben bleiben. Die Aufgabe zum Beispiel „Plane den kürzesten Weg für einen Handlungsreisenden, der x Städte besuchen muss" gehört in diese Problemklasse, deren Bearbeitungsaufwand mit steigendem „x" exponentiell steigt. Diese Art von Algorithmen gilt ab einer gewissen Komplexität als praktisch undurchführbar.

Die Turingmaschine kennt also auch Grenzen der Berechenbarkeit und praktische Limitationen. Allerdings sind diese sehr weit gezogen. Die rapiden Fortschritte der Computer und Computernetze deuten die Weite der jetzigen Möglichkeiten ebenso an wie die Aussichten, die sich für die Zukunft bieten.

Wenn die Church-Turing-These also wahr ist, lässt sich nicht jedes algorithmisch beschriebene Problem lösen, auch dann nicht, wenn man alle relevanten Informationen zur Hand hat und das Programm mathematisch formal aufgebaut ist. Diese These wird heute allgemein akzeptiert, weil seit Turings Beweis 1936 kein Berechenbarkeitsbegriff gefunden wurde, der nicht durch eine Turingmaschine simuliert werden kann (Stiebe 2004).

Wie jede Form der Informationsverarbeitung, so werden wir in den nächsten Abschnitten sehen, ist auch die Turingmaschine mit der Informationstheorie von Claude E. Shannon verbunden, denn in ihr wird Information gesendet (geschrieben), übertragen und empfangen (gelesen). Und auch zu der klassischen Entropie des Zweiten Hauptsatzes der Thermodynamik besteht eine enge Verbindung, da Informationen, also Algorithmen und ihre Eingabe- und Ausgabedaten, Energie brauchen – auch wenn eine Turingmaschine nur gedacht und nicht real konstruiert wird (Seife 2007). Auch davon später mehr.

3.6.3 Die Von-Neumann-Architektur

Nach allem, was so weit zu lesen war, drängt sich der Eindruck auf, dass die Turingmaschine durch ihre Fähigkeit, Symbole mit unbeschränkt komplexen Algorithmen zu manipulieren, das Potenzial hat, die Ordnung der Welt selbst zu erfassen und zu verändern. Ein starker Anspruch, und es spricht viel dafür, dass es so ist.

Turing erfand übrigens nicht nur eine Maschine, auf deren Basis die unbeschränkt vielen und komplexen nachfolgenden Maschinen bzw. Algorithmen realisiert werden konnten – und künftig wahrscheinlich realisiert werden. Was selten Erwähnung findet, ist die Tatsache, dass er die Idee einer solchen Art von Maschine erfand.

Wahrscheinlich hatte er dies gar nicht beabsichtigt, aber nichtsdestotrotz tat er es. Bis zu diesem Zeitpunkt waren Maschinen materiell gewesen. Er hat sie virtualisiert, eine Maschine, die im Kopf funktionieren kann. Ada Lovelace ließ offenbar die *Analytical Engine* auch in ihrem Kopf funktionieren, allerdings war die Maschine als materielle Konstruktion konzipiert. Die Turingmaschine ist eine erstaunliche Erfindung.

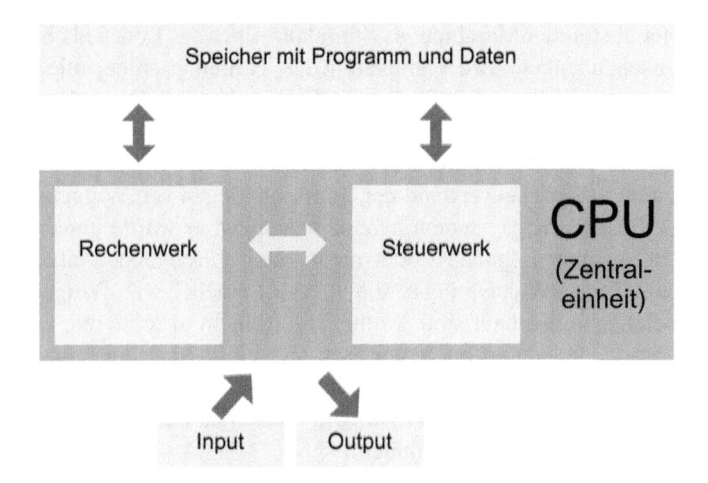

Abb. 3.18 Die Von-Neumann-Architektur

Aber hat dieses Gedankenmodell auch eine praktische Bedeutung? Ja, John von Neumann (1903–1957) schlug die Brücke von der Turingmaschine zur Von-Neumann-Architektur und schuf damit eine Art Blaupause für alle heute verwendeten Digitalrechner (Godfrey und Hendry 1993). Von Neumann war ungarischer Herkunft. Er war bei dem führenden Mathematiker David Hilbert in Göttingen tätig und wechselte dann zum Institute for Advanced Study der Princeton University, wo er Albert Einstein, den Mathematiker Herbert Weyl, den Physiker Wolfgang Pauli und andere Emigranten, die aus Nazideutschland geflohen waren, traf.

Die von ihm konzipierte Von-Neumann-Architektur von 1945 ist eine Art Rahmen für Computerarchitekturen und bildet die Grundlage für die Arbeitsweise der meisten bis heute realisierten Computer (Abb. 3.18). Allen Ausprägungen – ob Mobiltelefon oder Großrechner – gemeinsam ist ein Speicher, in dem sowohl Computerprogrammbefehle als auch Daten abgelegt sind, und eine zentrale Verarbeitungseinheit *(Central Processing Unit, CPU)*. Die CPU ist ein konzeptioneller Flaschenhals, weil sie im Prinzip alle Befehle nacheinander bearbeiten muss. Erst noch neu zu entwickelnde Architekturen, die mehr Parallelität und damit höhere Verarbeitungsgeschwindigkeiten erlauben, werden eines Tages die erfolgreiche Von-Neumann-Architektur ablösen.

Die Komponenten der Von-Neumann-Architektur sind offensichtlich auf größere Effizienz ausgelegt als Turings Gedankenmodell. Dennoch kann alles, was Turingmaschinen-berechenbar ist, auf einem Rechner mit Von-Neumann-Architektur ausgeführt werden. Die Umkehrung dieses Satzes gilt gleichermaßen.

3.6.4 Der Turing-Test

Alan Turing verband gerne die Theorie mit Aspekten der Realität – ein Muster seiner Arbeiten und nicht unbedingt typisch für Mathematiker. So diente ihm sein

Konzept einer abstrakten Maschine als Stimulanz, über das Leben als biologisches Phänomen nachzudenken. Die Fähigkeit jeder Turingmaschine, alle möglichen Algorithmen zu bearbeiten, warf für ihn die Frage auf, ob auch die Gedanken darauf abbildbar wären. Diese Frage wurde auch von Ludwig Wittgenstein, damals Professor in Cambridge, diskutiert. Wittgenstein war der entschiedenen Ansicht, dass der gesunde Menschenverstand der Logik überlegen sei. Wittgenstein nutzte hierfür das Lügner-Paradox, in dem jemand behauptet, er würde immer lügen. Ob er nun ein notorischer Lügner ist oder nicht, bleibt offen: Jede Antwort erzeugt Widersprüche. Diese Widersprüche, die in die Sprache, wie Wittgenstein sich äußerte, spielerisch eingebaut sind, wollte Turing nicht akzeptieren. Eine mathematische Theorie und damit auch sein Konzept einer Maschine müssen widerspruchsfrei sein. Warum? Nun, ihre Anwendung könne sonst einmal dazu führen, dass Brücken falsch konstruiert würden. Und was erst, wenn Maschinen, die auf diesen Theorien gründen, denken können?

Computer werden eines Tages so programmiert sein, das war für ihn sicher, und so formulierte er es 1950 in einem Aufsatz, dass sie Fähigkeiten erwerben, die mit der menschlichen Intelligenz konkurrieren können. Für den zukünftigen praktischen Nachweis, dass so ein Zustand erreicht ist, schlug er ein Experiment vor, den nach ihm benannten Turing-Test. In diesem Test würden ein Mensch und eine Maschine interviewt. Der Interviewer wüsste nicht, ob er gerade mit der Maschine oder dem Menschen spricht. Die Kommunikation würde schriftlich ablaufen. Könne man nicht unterscheiden, ob der jeweilige Kommunikationspartner Mensch oder Maschine ist, würde es keinen Sinn mehr machen, die Maschine nicht intelligent zu nennen. Letztlich würden wir genau auf diese Weise zwischen intelligent und nicht intelligent unterscheiden. Alan Turing wurde mit diesem Beitrag zum Vater der Künstlichen Intelligenz bzw. der *Artificial Intelligence*, dem Zweig der Informatik bzw. der *Computer Science,* der sich mit den Möglichkeiten und Grenzen intelligenter Maschinen beschäftigt.

So einleuchtend der Test erscheint, es gab auch Kritik daran. So erlaubt es der Test, sich jeder Diskussion darüber, was Bewusstsein ist, zu entziehen. Ein wissenschaftlich objektives Kriterium liegt nicht vor. Wie man pure Nachahmung und Betrug ausschließen kann, bleibt auch offen.

Hierfür ein anschauliches Beispiel. Es ist einfacher, eine Art Turing-Test durchzuführen, als man gemeinhin denkt. Der amerikanische Computerwissenschaftler Joseph Weizenbaum tat dies bereits vor 50 Jahren. Er konstruierte ein – aus der Perspektive heutiger Forschung zur künstlichen Intelligenz vergleichsweise simples – Programm und ließ seine Probanden damit kommunizieren. Offenbar entstanden dabei zwischen Mensch und Maschine regelrechte Beziehungen.

Dabei erschien alles nicht sehr aufregend. Eliza, so der Name für das Programm, der an Georg Bernard Shaws Theaterstück Pygmalion angelehnt war, simulierte diverse Gesprächspartner. Dabei führte es eine Art Therapiegespräch in Anlehnung an die nondirektive Gesprächstechnik der sogenannten klientenzentrierten Psychotherapie.

Eliza schaffte es damit, auf denkbar einfachste Weise das Vertrauen ihrer Gesprächspartner zu gewinnen. Simpel, wenn man die Methode kennt. Sie besteht im Aufgreifen von Bausteinen bzw. Stichworten von Sätzen, die an Eliza gerichtet sind, in der Suche nach einem Kontextbegriff und der Rückkopplung einer Antwort aus einem Katalog, in dem dieser Kontextbegriff vorkommt.

Äußerte der Gesprächspartner etwa „Ich habe ein Problem mit meinem Vater", antworte ELIZA: „Erzählen Sie mir mehr über Ihre Familie!" Auf „Krieg ist der Vater aller Dinge" kam dann allerdings auch: „Erzählen Sie mir mehr über Ihre Familie!" War kein Kontext zu finden, animierte eine Antwort wie „Das habe ich noch nicht verstanden, können Sie mir das erklären?" den Gesprächspartner, weiter zu kommunizieren.

Die Simulation Weizenbaums war offensichtlich nur sehr oberflächlich, führte aber zu verblüffenden Erfolgen und steigerte seinen Bekanntheitsgrad. Beispielsweise bat Weizenbaums Sekretärin ihren Chef, sich alleine, ohne seine Anwesenheit, mit Eliza unterhalten zu dürfen. Heutzutage allerdings dürfte dieses Phänomen niemanden mehr verwundern, damals regte es zu vielen kritischen Diskussionen an (Weizenbaum 1978).

3.6.5 Eine weitere Kränkung der Menschheit?

Doch zurück zur Turingmaschine. Der Oxforder Philosoph Luciano Floridi stellt ihre Entwicklung in die Reihe der großen „Kränkungen", die der Menschheit widerfuhren (Floridi 2011). Erstmalig charakterisierte Sigmund Freud fundamentale geistig-kulturelle Umwälzungen, von denen die Menschheit erfasst wurde, als Kränkungen. Freud definierte drei große Kränkungen, nämlich das neue Bild vom Universum im 16. Jahrhundert als die erste, die Evolution als die zweite und seine eigene Psychoanalyse als die dritte. Später, so Floridi, kam die Genetik hinzu und jetzt die künstliche Intelligenz. Inwiefern?

Vor der Entdeckung von Nikolas Kopernikus und anderen Astronomen wie Galileo Galilei war man überzeugt, die Erde stehe im Mittelpunkt des Universums. Das Bild vom Sonnensystem und dann später weitere Erkenntnisse über den Aufbau des Universums haben die Menschen aus dieser Sonderstellung vom Zentrum des Universums an den Rand gedrückt. Dass die Lehre von der Evolution ihren Schöpfer Charles Darwin nach der Veröffentlichung 1859 wüster Kritik vieler seiner Zeitgenossen aussetzte und der Streit darüber bis heute nicht beendet ist, darf man sicher auf eine weitere Kränkung zurückführen. Schließlich war der Mensch plötzlich nichts Besonderes mehr. Er stammte nicht aus dem biblischen Paradies sondern hatte gemeinsame Vorfahren mit den Tieren. Dass damit auch schnell klar wurde, dass die Menschen untereinander gleich sind, dürfte den Zorn auf die Evolution zusätzlich befeuert haben.

Sigmund Freud (1856–1939) schuf am Anfang des vergangenen Jahrhunderts wieder einen Grund, an der Welt zu zweifeln. Die von ihm verursachte Kränkung war, dass er Schluss machte mit dem Glauben, dass der Mensch bewusst und vernünftig handelt, und dass es keine Vorgänge gibt, die nicht chemisch oder physikalisch erklärbar sind. Freuds Behauptung, die psychischen Vorgänge des Menschen liefen nur zu einem geringen Anteil auf einer bewussten Ebene ab und die unbewusste Ebene sei der dominierende Teil der Psyche, war der Kern dieser Kränkung. Der Mensch, so Freud, habe seine natürlichen Triebe also nicht voll im Griff, er „ist nicht Herr im eigenen Hause".

Dieses Bild von der Kränkung der Menschheit infolge neuer Weltbilder fand Anklang, sodass es auch auf die Genetik angewendet wurde. Die exponierteste Haltung in diesem Gebiet kann man vielleicht dem britischen Wissenschaftler und Autor Richard Dawkins zuschreiben. Seine Behauptung ist, dass der einzige Sinn der Evolution im Erhalt von „egoistischen Genen" liegt. Aus seiner Sicht sind alle lebenden Organismen – also auch die Menschen – nur Hüllen für eben diese Gene. Dawkins meint, wir „tanzen ohne es zu wissen nach der Pfeife unserer Gene".

Floridi hat die künstliche Intelligenz als weitere Kränkung ausgemacht. Sie, die über Rechner vom Typ Turingmaschine bzw. als Von-Neumann-Architektur realisiert wird und durch den Turing-Test zu überprüfen ist, verdrängt den Menschen aus seiner vielleicht letzten Domäne: dem intelligenten Denken. Menschen können, die Erfolge der Computer weisen den Weg, bald nicht mehr besser denken als diese Maschinen. Überhaupt leben wir zunehmend in einer Welt, die immer mehr „informiert" wird, in dem Sinne, dass die menschlichen Artefakte wie Maschinen und Kulturgüter zunehmend mit Information angereichert werden. Diese „Infosphäre" entwickelt sich zu unserem neuen Lebensraum. Es ist folgerichtig, dass diese neue Kränkung mit Alan Turings Namen verbunden wird.

3.6.6 Ein gewagter Ausblick

Seit 2006 gibt es jährlich den Singularitäts-Gipfel *(Singularity Summit),* eine Konferenz, auf der die Chancen der künstlichen Intelligenz ausgeleuchtet werden, in einer Art Big Bang eine Explosion der Maschinenintelligenz herbeizuführen. Der Begriff *Singularity Summit* wurde bereits 1958 in einem Nachruf auf John von Neumann geprägt.

Eine dort akzeptierte Annahme ist, dass sich die Entwicklung der Informationsverarbeitung und, als Teil hiervon, die der künstlichen Intelligenz in nicht allzu ferner Zukunft in bisher ungekannter Weise beschleunigen wird. Neuartige Computer werden in der Lage sein, sich selbst zu optimieren und zu replizieren. Nach einer kurzen Anlaufphase, so wird argumentiert, würde sich die Entwicklung dann rapide beschleunigen (Bostrom 2014).

Die relative Statik in der Entwicklung des menschlichen Hirns, so die Protagonisten des Gedankens, ließe lediglich eine graduelle Zunahme der Intelligenz zu. Eine Loslösung dieser Entwicklung vom Körper und damit eine Befreiung von dessen Beschränkungen würde die Entwicklung der Superintelligenz möglich machen.

3.6 Turings Modell einer universellen Maschine

Natürlich wird dem auch entgegengehalten, dass nicht nur deshalb, weil die Fantasie Zukunftsvisionen zulässt, diese dann auch eintreten müssen. Nukleargetriebene Autos und Unterwasserstädte seien Beispiele dafür.

Nicht von der Hand zu weisen ist jedoch auch, dass die Entwicklung der Informationsverarbeitung bisher ungeahnt schnell verlief. Zudem konnte man das Wachstum in der Informationsverarbeitung und bei den Fähigkeiten von Halbleiterchips seit vielen Jahren recht zuverlässig anhand des Gesetzes von Gordon Moore prognostizieren. Man erkennt in diesem Gesetz einen exponentiell ansteigenden Wachstumspfad (Abb. 3.19).

Das bekannte „Gesetz" von Moore zur Entwicklungsgeschwindigkeit integrierter Schaltkreise und der Informationsverarbeitung insgesamt war bereits das fünfte seiner Art, mit dem eine zunehmende Verbesserung des Kosten-Nutzen-Verhältnisses bei Rechenmaschinen beschrieben wurde. Deren Leistung entwickelte sich schließlich bereits seit Anfang des 20. Jahrhunderts hin zu höheren Leistungen. Dabei ist der Einsatz informationsverarbeitender Maschinen bei der US-Volkszählung 1890, bei der Lochkarten zum Einsatz kamen, ebenso berücksichtigt wie Decodierungen von Geheimcodes in den vierziger Jahren mit Spezialmaschinen

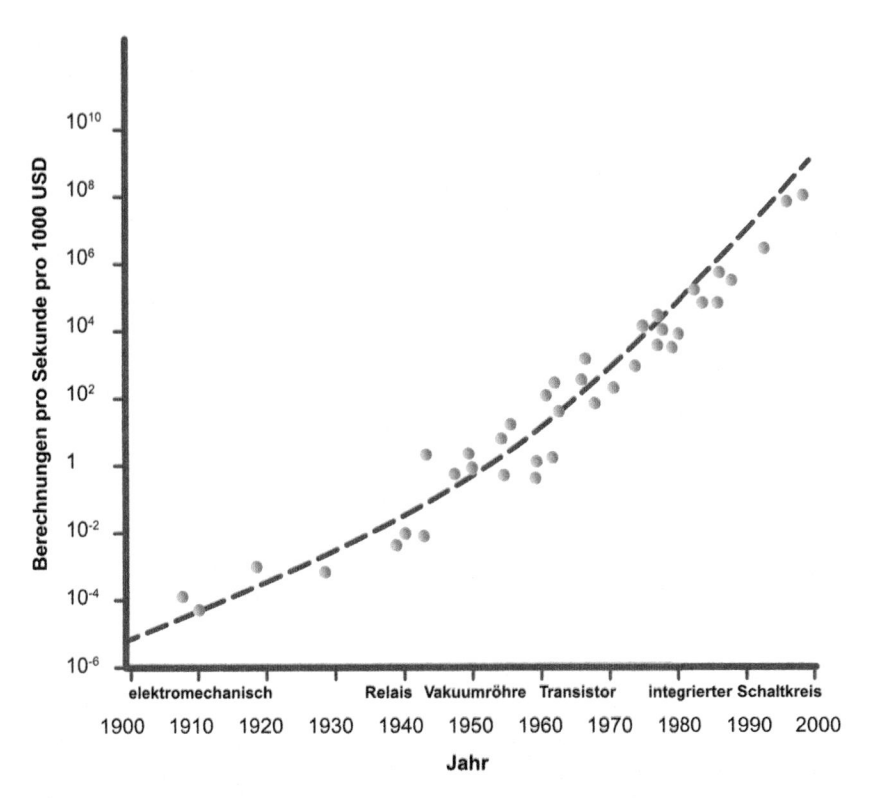

Abb. 3.19 Mooresches Gesetz (5. Paradigma). (Abbildungsvorlage entnommen aus Ray Kurzweil and Kurzweil Technologies, Inc, CC BY 1.0)

sowie die Vorhersagenberechnungen zur Wahl von Präsident Eisenhower mithilfe von Maschinen, in denen Vakuumröhren eingesetzt wurden. Auch der Transistoreinsatz im US-Raumfahrtprogramm und die Entwicklung bis hin zum Personal Computer gehören noch in diese frühen Phasen.

Kombiniert man das Wachstum, wie es im Mooreschen Gesetz zum Ausdruck kommt, extrapoliert es über die kommenden Jahrzehnte und zieht in Betracht, dass es ernst zu nehmende Entwicklungen von evolutionären Algorithmen gibt, dann muss man die Aussicht auf disruptive Fortschrittsentwicklungen schon höher gewichten. Nimmt man die wachsenden Fähigkeiten von Robotern in der Industrie und im privaten Bereich hinzu, bewegt man sich noch ein Stückchen weiter weg von reinen Hirngespinsten.

Der Physiker Max Tegmark (Massachusetts Institute of Technology, MIT, und Wissenschaftlicher Direktor der Organisation Foundational Questions Institute), selbst Teilnehmer der Singularity-Summit-Konferenz, hält es nicht für ausgemacht, dass diese Intelligenzexplosion stattfinden wird. Würde sie jedoch einmal starten können, so würde sich die Entwicklung, wie auch Bostrom voraussagt, sehr schnell vollziehen (Tegmark 2014).

Die Rolle der Hardware wird bei der Diskussion um die Superintelligenz hoffnungslos unterschätzt. Weder eine disruptive Entwicklung der Software noch der Hinweis auf das Gesetz von Moore können verdecken, dass Computer und Roboter nur eine begrenzte Autonomie erlangen können. Selbst wenn die künstliche Intelligenz die natürliche in vielen Bereichen in den Schatten stellen wird, bliebe sie hardwareseitig vom Menschen abhängig. Selbstreproduktion von Software in kontrollierten Hardwareumgebungen ist die eine Sache, Selbstreproduktion von Hard- und Software, und dies in nachhaltiger Weise, wie es die Evolution zustande bringt, ist eine ganz andere Herausforderung. Superintelligenz ohne diese Fähigkeit und ohne die ständige Bereitstellung der Hardware durch den Menschen würde sehr schnell und „knirschend" zum Stillstand kommen. Eine zuweilen ins Spiel gebrachte Versklavung der Menschen durch überlegene Roboter ist auch deshalb nicht in Sicht.

Die Diskussion zum Thema Superintelligenz zeigt dennoch die gewachsene Sensibilität, die grenzüberschreitenden Möglichkeiten der Informationsverarbeitung auch seitens seriöser Wissenschaftler heute entgegengebracht wird. Information bzw. der Umgang mit ihr droht (oder verspricht), mithilfe von Mechanismen, die der biologischen Evolution bisher vorbehalten waren, die kognitiven Fähigkeiten der Menschen in den Schatten zu stellen.

3.7 Alan Turing – erfahrenes Unrecht

Erst spät wurde die ungemein wichtige Rolle des Mathematikers, der so viel für die Alliierten im Krieg getan hatte, deutlich. Und erst dann wurde bekannt, was man ihm menschlich angetan hatte. Der so verdienstvolle Alan Turing wurde 1954 im Alter von 42 Jahren mit einem Apfel in seiner Hand tot in seinem Bett aufgefunden. Es hieß, der Apfel sei mit hochgiftiger Blausäure gefüllt gewesen, die er selbst appliziert habe.

Es gab Gründe für seinen Selbstmord. Turing war homosexuell und ließ dies auch öffentlich wissen. Seine sexuelle Orientierung machte ihn im damaligen England aufgrund eines Gesetzes aus dem Jahr 1885 zu einem Kriminellen. Er wurde per Gesetz gezwungen, eine chemische Therapie über sich ergehen zu lassen. Die qualvollen Folgen für ihn waren – soweit man weiß – die Ursache für seinen Selbstmord.

Alan Turing war ein origineller Mensch und in seiner Art sehr britisch. Sein Biograf Andrew Hodges hebt seinen Praxisbezug hervor und seine Direktheit in der Umsetzung von Dingen, über die er redete, in Dinge, die er tat. Auch seine unumwundene Art, seine Gedanken auszusprechen, ist bemerkenswert. So sprach man in der erwähnten Bell-Labs-Cafeteria auch bereits über denkende Maschinen, die vielleicht einmal intelligenter sein könnten als Menschen. Er wolle, so Alan Turing damals, keineswegs eine solche Supermaschine bauen. Ihm würde es reichen, wenn sie in etwa so intelligent wäre wie der Chef der Bell-Telefongesellschaft. Weil Turing mit einer durchdringenden, hohen Stimme ausgestattet war, hatte er viele Zuhörer. Die Reaktion war peinlich berührtes Schweigen der Angestellten um ihn herum. Turing sprach ungerührt und munter weiter.

Dass er wegen seiner Pollenempfindlichkeit in Bletchley Park eine Gasmaske trug, hinterließ bleibenden Eindruck. Ein Mann mit Trenchcoat und Gasmaske auf dem Fahrrad war auch in dieser militärisch kontrollierten Enklave ein seltener Anblick. Seine Freude am Stricken brachte ihm dort wahrscheinlich eher befremdetes Kopfschütteln als Bewunderung ein – selbst in England, dem Land der Exzentriker.

John Graham-Cumming, ein englischer Informatiker, gründete später eine Initiative zur vollständigen Rehabilitierung Alan Turings (Boyle 1988). Sein Ziel, für das er breite Unterstützung fand, war die posthume Erhebung Turings in den Adelsstand. Dies gelang ihm nicht. Aber immerhin entschuldigte sich 2009 Premierminister Gordon Brown in einer Erklärung für die unfaire Behandlung Turings.

3.8 Unterm Strich – Kernpunkte dieses Kapitels

▶ **Schriftliche Kommunikation** Wer die Fähigkeit zu schreiben besaß, war auch in der Lage, Nachrichten vergleichsweise unverfälscht weiter zu vermitteln, zu archivieren und sie später auch zu löschen.

Münzen und Banknoten setzen eine komplexe Kommunikation und Verarbeitung von Informationen voraus. Die Beteiligten in einer Transaktion brauchen Vorwissen über die Münzen und die Werte hinter den Banknoten, um daraus Vertrauen in ihren Wert zu entwickeln.

▶ **Algorithmen, Zahlen und Logik** Ein Algorithmus ist eine exakt beschriebene Vorgehensweise zum Lösen eines Problems in endlich vielen und wohldefinierten Schritten.

Zahlen, Mathematik, Algorithmen und Logik liefern informatorische Hilfsmittel, mit denen die quantitativen und strukturellen Aspekte unserer Welt besser verstanden werden können.

▶ **Archive und Bibliotheken** Archive und Bibliotheken können als frühe Erfindungen der Informationsverarbeitung betrachtet werden. Informationen dauerhaft zu speichern und zu finden, war ein wesentliches Bedürfnis, das mit der Entwicklung der Schriften einherging.

Mit der Archivierung von Information und der Entstehung von Bibliotheken dehnte sich der Erkenntnishorizont von etwa 100 Jahren auf etwa 1000 Jahre aus. Heute erstreckt er sich infolge der Fortschritte der Naturwissenschaften über die gesamte Dauer des Universums also über ca. 14 Mrd. Jahre.

Renaissance, Aufklärung, Humanismus und weitere historische Erkenntnisschübe sind ohne die ab dem Mittelalter – und zum Teil früher – herangereiften Fähigkeiten zur Informationsverarbeitung undenkbar.

▶ **Technische Kommunikation und Manipulation von Zeichen** Niemand hatte vor der Erfindung der Telegrafie die These aufgestellt, dass Information und Elektrizität überhaupt zusammenpassen würden. Information war nun nicht mehr an materielle Träger gebunden.

Symbole wurden in manipulierbare Daten verwandelt. Aus diesen „Bits" ließen sich ganz neue Welten aus Programmen und Daten bauen und die Daten der bekannten Welt in ungeahnter Flexibilität und Komplexität manipulieren. Die Rohstoffe dazu, die Symbole, in denen Daten und Instruktionen gleichermaßen repräsentiert werden konnten, ließen sich zudem in nahezu unendlicher Vielzahl erzeugen, manipulieren und erneut verwerten. Und dies zu verblüffend niedrigen Kosten.

Information bzw. der Umgang mit ihr droht (oder verspricht), mit Hilfe von Mechanismen, die der biologischen Evolution bisher vorbehalten waren, die kognitiven Fähigkeiten der Menschen in den Schatten zu stellen.

▶ **Informatik, Turingmaschine und Von-Neumann-Architektur** Im Mittelpunkt der Informatik steht die Entwicklung von Algorithmen – programmierte Anweisungen zur Informationsmanipulation durch den Computer – für alle denkbaren und immer wieder neu hinzukommenden Gebiete der Anwendung und der Kommunikation.

Der Church-Turing-These zufolge kann alles, was berechenbar ist, durch einen Algorithmus berechnet werden, der einer Turingmaschine entspricht. Es ist keine berechenbare Funktion bekannt, und damit kein Algorithmus, die nicht auch Turingmaschinen-berechenbar ist.

Die Turingmaschine gilt als Repräsentantin beliebiger Algorithmen. Sie ist mehr als mathematisches Konstrukt denn als technisches Konzept zu verstehen. Die Turingmaschine dient mehr der systematischen Untersuchung von Algorithmen – den Rechenvorschriften bzw. Instruktionen für einen Computer. Sie ist nicht zur praktischen Realisierung vorgesehen.

Die künstliche Intelligenz kann als eine weitere „Kränkung" der Menschheit nach der astronomischen Revolution von Kopernikus, der Evolutionslehre von Darwin und der Freudschen Psychoanalyse verstanden werden. Jede dieser Entwicklungen drängte den Menschen aus einer bis dahin exklusiven Domäne. Die künstliche Intelligenz verdrängt den Menschen an den Rand seiner vielleicht letzten Domäne – dem intelligenten Denken.

▶ **Die Von-Neumann-Architektur** John von Neumann schlug die Brücke von der Turingmaschine zur Von-Neumann-Architektur und schuf damit eine Art Blaupause für alle heute verwendeten Digitalrechner.

Literatur

Aden, Abdurahman. 2000. *Von der Trommel zum Handy: Kommunikation und Kultur in Afrika.* Berlin: Horlemann.
Al-Khalili, Jim. 2012. *Order and disorder.* Berlin: BBC Horizon.
Beauclair, Wilfried de. 1968. *Rechnen mit Maschinen.* Braunschweig: Vieweg.
Bostrom, Nick. 2014. *Superintelligence.* Oxford: Oxford University Press.
Boyle, David. 1988. *Alan turing: Unlocking the enigma.* Berlin: Springer.
Brynjolfsson, Erik, und Andrew McAfee. 2014. *The second machine age: Work, progress, and prosperity in a time of brilliant technologies.* New York: Norton.
Carnap, Rudolf. 1948. *Introduction to semantics.* Cambridge: Harvard University Press.
Church, Alonzo. 1936. An unsolvable problem of elementary number theory. *American Journal of Mathematics* 58 (2): 345–363.
Crofts, Antony R. 2007. Life, information, entropy, and time vehicles for semantic inheritance. *Complexity* 13 (1): 14–50.
Derbyshire, John. 2006. *Unknown quantity.* Washington, D.C.: Joseph Henry Press.
Floridi, Luciano. 2011. *The Philosophy of Information.* Oxford: Oxford University Press.
Frey, Carl Benedikt, und Michael A. Osborne. 2013. *The future of employment: How susceptible are jobs to computerisation?* Berlin: Springer.
Froese, Norbert. 2012. *Aristoteles: Logik und Methodik in der Antike.* Münster: BoD.
Gleick, James. 2011. *Die Information: Geschichte, Theorie, Flut.* München: Redline.
Godfrey, Michael D., und David F. Hendry. 1993. The Computer as von Neumann planned it. *IEEE Annals of the History of Computing* 15 (1): 11–21
Jablonka, Eva, und Marion J. Lamb. 2005. *Evolution in four dimensions.* London: Bradford.
Knuth, Donald E. 1972. Ancient Babylonian algorithms. *Communications of the ACM* 15 (7): 671–677.
Lyre, Holger. 2002. *Informationsthheorie. Eine philosophische-naturwissenschaftliche Einführung.*München: Fink.
Morris, Charles W. 1972. *Grundlagen der Zeichentheorie.* München: Hanser.

Price, Simon, und Peter Thonemann. 2011. *The birth of classical Europe*. New York: Penguin Books.
Rucker, Rudy. 1997. *Dinosauriermaschinen und die Lust am Hacken*. s. l.: Telepolis.
Seife, Charles. 2007. *Decoding the universe: how the new science of information is explaining everything in the cosmos, from our brains to black holes*. New York: Penguin (Non-Classics).
Stiebe, Ralf. 2004. *Vorlesung Theoretische Informatik*. Magdeburg: Universität Magdeburg.
Tegmark, Max. 2014a. *Our mathematical universe: My quest for the ultimate nature of reality*. New York: Knopf.
Tegmark, Max. 2014b. *Our mathematical universe: My quest for the ultimate nature of reality*, 2014. New York: Knopf.
Vardi, Moshe Y. 2012. What is an algorithm? *Communications of the ACM* 55 (3): 236–259.
Weizenbaum, Joseph. 1978. *Die Macht der Computer und die Ohnmacht der Vernunft*. Frankfurt a. M.: Suhrkamp.
Wilkinson, Toby. 2010. *The rise and fall of ancient Egypt*. London: Bloomsbury.
Wilson, Peter H. 2016. *The holy Roman Empire*. New York: Penguin Random House.

Physik der Information 4

Was ist Wirklichkeit? Eine der alten und großen Fragen, auf die mit der Quantenphysik geantwortet wurde. Allerdings nicht eindeutig im herkömmlichen Sinn, sodass Niels Bohr zum Schluss kam, dass alles, was uns real erscheint, aus Dingen besteht, die als nicht real betrachtet werden können. Die Information gehört dazu. John Archibald Wheeler vermutete, dass alles, was ist, sich letztlich auf die Information bezieht.

Abb. 4.1 Diese Gravitationslinse wurde vom Hubble-Teleskop aufgenommen und zeigt zwei Strahlenbündel, die aus einer weit entfernten Quelle stammen. Unterwegs wurden sie durch ein starkes Gravitationsfeld gebeugt und auf zwei unterschiedliche Wege gelenkt. (NASA/ESA)

Ist die Information die Grundlage allen physischen Seins und damit fundamentaler als Materie und als Quantenobjekte? Diese Frage wird seit Jahrzehnten in unterschiedlichen Facetten diskutiert. Wir geben einen Überblick über diese Diskussion und ihren Verlauf über etwa hundert Jahre hinweg. Thermodynamik, Relativitätstheorie und Quantenphysik stehen dabei im Mittelpunkt. Auch einige faszinierende Experimente wie das „Welcher Weg"-Experiment, das sich gedanklich bis in die Tiefen des Kosmos ausdehnen lässt (Abb. 4.1), gehören zu diesen Betrachtungen, die mit der Vorstellung der Quanteninformation enden.

4.1 Behandelte Themen und Fragen

- Shannon-Information in der Physik
- Zusammenhang von Information, Entropie, Energie und Zeit
- Der Maxwellsche Dämon
- Lichtgeschwindigkeit als obere Grenze für Informationsausbreitung
- Einige Grundlagen der Quantenmechanik
- Doppelspaltversuch, Schrödingers Katze und Messproblem
- Quantenmechanische Experimente und die Rolle der Information
- Die Rolle von Beobachtern in quantenmechanischen Messungen
- Quanteninformation und Quantencomputer

4.2 Einleitung und Kapitelüberblick

In der Physik ist die Information allgegenwärtig. Sie taucht in physikalischen Prozessen ebenso auf wie bei Betrachtungen zu fundamentalen Fragen des physikalischen Seins. Fast ausschließlich handelt es sich dabei um Information wie Claude E. Shannon sie definierte. Dass die Semantik, der Informationsinhalt, dabei ausgeblendet ist, stört einerseits kaum, führt andererseits jedoch zu der Wahrnehmung, man würde tatsächlich über Information reden und nicht über Shannon-Information. Dieses fundamentale Missverständnis macht so lange keine Probleme, solange die andere, semantische Seite der Information keine Rolle spielt. Die Entwicklung der Computer und deren Software und insbesondere der Bedarf in der Biologie und Molekularbiologie, auch diese semantische Seite verstehen und modellieren zu wollen, führten einen Paradigmenwechsel herbei.

Information muss heute zunehmend ganzheitlich verstanden werden. Dieses Buch ist auch diesem Ziel gewidmet, und hierfür werfen wir nun, nachdem wir uns bereits mit Informationstheorie und Informatik auseinandergesetzt haben, einen Blick auf die Rolle von Information in der Physik. Im nächsten Kapitel wird dieser Blick dann um biologische Aspekte ergänzt.

Die Turingmaschine als konzeptionelles Grundmodell aller heutigen Computer und Shannons Informationstheorie wurden zu Türöffnern der Informatik und der Nachrichtentechnik. Sie wirkten zudem als Katalysatoren in vielen weiteren Wissenschaftsbereichen. Die Prinzipien führten – weit über ihre Anwendung in der technischen Informationsübertragung und in der Informationsverarbeitung hinaus – zu neuen naturwissenschaftlichen Fragestellungen und Ergebnissen. So konnte beispielsweise, als sich die Frage nach dem Wesen der Information immer häufiger stellte, eine spannende Problemstellung aus einem Gedankenexperiment von James Clerk Maxwell zur Entropie thermodynamischer Systeme neu angegangen werden. Inzwischen nämlich hatte Claude E. Shannon den Zusammenhang zwischen Information und Entropie – einem überaus wichtigen Fundamentalwert der klassischen Physik – hergestellt und gab so dem Interesse an diesem Gedankenexperiment neuen Schwung. Auch die aus der Sicht der uns vertrauten „klassischen" Physik recht bizarren Eigenschaften der Quantenphysik führten zu informationsorientierten Fragestellungen. Die fremdartige Realität der Quanten gab Anlass zu spannenden erkenntnistheoretischen Auseinandersetzungen, in denen auch die Information eine Rolle spielte. Information wird heute von vielen Wissenschaftlern und Philosophen als fundamental für den Aufbau der Welt angenommen. Ein umfassendes Modell hierfür liegt jedoch nicht vor.

Die Shannon-Entropie führte u. a. zu der Vermutung, dass die Welt nicht aus Atomen, sondern aus Informationsatomen, den von Shannon als Bit bezeichneten kleinsten Informationseinheiten, bestehen könnte. Neben ihrer praktischen Verwertbarkeit für Informationsverarbeitung und Nachrichtentechnik hat die Informationstheorie von Shannon sehr viel fundamentaleren Einfluss auf wissenschaftliche Erkenntnissuche als zunächst ersichtlich. Für viele Physiker unerwartet, kann heute beispielsweise das Verhalten von Materie Betrachtungsgegenstand der Informationstheorie sein. Der Wissenschaftsjournalist Charles Seife geht in seinem Buch zur Information sogar so weit, die Physik der Thermodynamik als Spezialfall der Informationstheorie zu bezeichnen. Damit würde Information potenziell zu einer grundlegenden Eigenschaft allen Seins und das Bit zum (neuen) unteilbaren Partikel. Der amerikanische Physiker John Archibald Wheeler postulierte bereits 1989, dass jedes „Es", also jeder Partikel, jedes Kraftfeld und sogar das Raum-Zeit-Kontinuum seine jeweilige Bedeutung und seine Existenz fundamental aus Bits ableitet. *It from Bit* postulierte Wheeler und prägte so ein prominentes Schlagwort, das zu weiterer Forschung inspirierte (Wheeler 1990). Bits sind in dieser Gedankenwelt dabei, eine Rolle einzunehmen, die bisher der Materie und den Feldwirkungen vorbehalten war.

Die informatorische Sicht auf das Fundamentale wird in der Wissenschaft jedoch nicht uneingeschränkt geteilt. Dies liegt nicht zuletzt an der eher unvollständig gebliebenen und widersprüchlichen Definition von Information. So sehr die Arbeiten Shannons ihre Wirkung entfalten, so sehr wird auch die Begrenzung spürbar, die darin liegt, dass das zugrunde liegende Verständnis von Information nur Ereigniswahrscheinlichkeiten berücksichtigt, nicht jedoch die Bedeutung und die Struktur der Information. Es kann nicht verwundern, dass sich das traditionelle Weltbild hält und die Materie als fundamentale Substanz allen Seins nicht so einfach zu verdrängen ist. Auch die von Einstein postulierte Untrennbarkeit von Raum und Zeit und damit die Bedeutungsauflösung von beiden wurde nicht einfach über Nacht von allen seinen Kollegen, geschweige denn von der Öffentlichkeit übernommen. Einstein kamen jedoch bald Beobachtungen zu Hilfe, die seine Relativitätstheorie erhärteten. In unserem Fall, in dem es um die Rolle der Information in der Welt geht, ist die Beweislage noch nicht so gut. Man kann eher von einer Verdichtung von Indizien sprechen. Es lohnt sich allerdings, diesen Indizien nachzuspüren, sie zusammenzutragen und den Versuch zu unternehmen, aus dem so entstehenden Überblick eine These zu entwickeln.

4.3 Information in der Physik

4.3.1 Shannon-Information in der Physik

Bei der Suche nach einer Antwort auf die Frage, woraus unsere Welt besteht und was sie sprichwörtlich „im innersten Kern zusammenhält", kann die Naturwissenschaft auf große Fortschritte verweisen. Und dennoch, je mehr wir über Materie und Energie und zunehmend auch über Information zu wissen meinen, umso mehr scheinen sie auch ihr wahres Wesen vor uns verstecken zu wollen.

Für die Antworten, die heute auf dem Tisch liegen, mussten fundamentale Vorstellungen vom Wesen der Welt aufgegeben werden. Dass die Erde nicht der Mittelpunkt der Welt ist und sich das Leben evolutionär entwickelt, brachte Erschütterungen in der Weltauffassung mit sich, die bis heute nicht verklungen sind. Den Äther, als Stoff, der das All ausfüllt, war man sehr viel eher bereit aufzugeben, weil mit ihm nicht die göttliche Schöpfungsfrage verbunden war. Dass Einstein nicht nur Raum und Zeit vereinte, sondern auch Materie und Energie, ist allein schon der schlichte Umsturz zweier fundamentaler Wahrheiten. Und dann ging es Schlag auf Schlag. Aufgrund der neuen Vorstellungen von Materie musste die Überzeugung von der Existenz der kleinsten unteilbaren Teilchen ad acta gelegt werden. Zudem reicht die bislang bekannte Art von Materie nicht mehr aus, unser Universum zu verstehen. Dunkle Materie kam ins Gespräch. Energie, ein ja eher abstrakter Begriff, erwies sich als viel zu gering bewertet. Es kam der Begriff der dunklen Energie hinzu (Abb. 4.2). Beide sind unsichtbar, sie reagieren offenbar nicht auf Licht bzw. elektromagnetische Felder, müssen aber vorhanden sein, denn nur so lassen sich bestimmte Gravitationseffekte erklären (Tegmark 2014).

Auch in den Forschungsergebnissen des britischen Physikers Stephen Hawking zu den „Schwarzen Löchern" spielt das Thema Information eine Rolle. Hawking

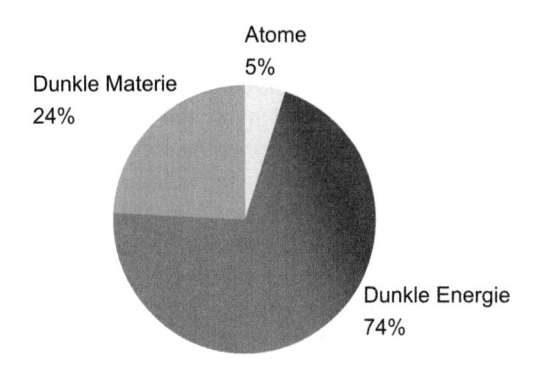

Abb. 4.2 Dunkle Materie und dunkle Energie. Die uns bekannte Materie aus Atomen trägt nur etwa 5 % zum Universum bei. Eine andere Art der Materie, die kein Licht abstrahlt, aber Gravitation aufweist, die dunkle Materie, macht 24 % aus. Der Löwenanteil des Universums mit etwa 71 % besteht aus dunkler Energie, einer Quelle von Antigravitationskräften, die für die beschleunigte Ausdehnung des Universums verantwortlich sind. (© NASA, Abbildungsvorlage entnommen aus map.gsfc.nasa.gov)

hat inzwischen seine Theorie darüber, was übrig bleibt, wenn Materie in ein Schwarzes Loch gerät, modifiziert. Nichts, dachte man ursprünglich. Heute meint man, Information bleibt zurück. Schwarze Löcher verschlucken Materie und Energie. Doch nicht auf ewig. Hawking hatte vor Jahrzehnten postuliert, dass die Schwerkraftmonster mit der Zeit das Verschluckte ganz allmählich wieder ausspucken. Das glaubt Hawking nach wie vor, und dies ist auch von der Wissenschaft so akzeptiert. Neu ist aber, dass Hawking jetzt nicht mehr davon ausgeht, dass die mit der Materie verschluckten Informationen für immer in Schwarzen Löchern verloren sind. Sie können als eine Art Hologramm weiter existieren.

Information steckt indes nicht nur in den Strukturen von Materie oder Energie, sondern überdies in einer Metaebene. Jedes Naturgesetz und jede fundamentale Naturkonstante, wie etwa die Boltzmann-Konstante oder die Lichtgeschwindigkeit, enthält Informationen über das Universum, in dem wir leben. Man kann das durch eine Analogie des kanadischen Philosophen William Seager illustrieren. Stellen wir uns vor, es würden Bücher verbrannt. Natürlich würde dabei Information im Sinne von Struktur zerstört, allerdings bliebe in dem aufsteigenden Rauch, oder besser gesagt in den Korrelationen seiner Partikel, auch Information über die Buchstaben zurück. Es wird nun in der Tat schwierig sein, das verbrannte Buch zu lesen, allerdings ist nicht alle Information über das Geschriebene verloren – ähnlich wie in der thermischen Strahlung eines Schwarzen Loches nicht alle Informationen über den Zustand vor dem Absturz in das Schwarze Loch verloren gegangen sind (Seager 2012).

Shannon-Information hat nur bedingt etwas mit der alltäglichen Bedeutung des Begriffes Information zu tun. Weil die Semantik, also die Bedeutung der Information, unberücksichtigt bleibe, sei sie nichts, wovon man etwas lernen könne, wie der britische Physiker Christopher Timpson formuliert. Sie ist lediglich eine Signalfolge, die mit dem Ziel an einer Quelle erzeugt bzw. von einem Sender übertragen wird, dass sie von einem Empfänger reproduziert wird (Timpson 2013). Im Fokus stehen die Wahrscheinlichkeiten, mit denen Zeichen auftreten. Man kann Shannon-Information auch als Struktur verstehen, die vorhanden ist und dann in dem spezifischen Kontext einer Semantik einen Sinn ergibt. Ein Buch, eine Bibliothek oder der Stein von Rosetta, auf dem ein antiker Text in drei Sprachen und Schriften eingraviert ist, eine Datei mit einer Beethoven-Sinfonie – sie alle sind nichts als tote Materie mit dem Potenzial, im richtigen Kontext richtig verstanden zu werden. Wir werden sie im Folgenden – in Anlehnung an den Begriff der potenziellen Energie – als potenzielle Information bezeichnen.

Nehmen wir einfach ein Buch. Der amerikanische Quantenphysiker Gregg Jaeger charakterisiert Bücher als physisch transportierbare Sammlungen gedruckter Zeichen (Jaeger 2009). Bücher stehen mit Information in Beziehung, eben weil sie Zeichen und Bilder enthalten. Sie „tragen" einfach Zeichen, deren Anordnung Codes bilden. Ihre spezifische physische Ausprägung ist nebensächlich. Sie kann die Wirksamkeit des Buches lediglich verbessern oder einschränken, aber nicht völlig verändern. Entscheidend ist vielmehr das Vorhandensein eines kognitiven Kontextes, ohne den ein dem Buch entnommenes Signal keine Information kommunizieren kann.

Dennoch ist nicht von der Hand zu weisen, dass Shannon-Information, also die Muster der potenziellen Information, durch die Informationstheorie messbar bzw. quantifizierbar und so für die Physik und die Naturwissenschaften insgesamt eminent wichtig wurde. Mit dem Bit, der kleinsten denkbaren Informationseinheit, gelingt es zu bestimmen, wie viele dieser Informationseinheiten in einer definierten Zeit einen Übertragungsweg bzw. einen Übertragungskanal passieren können. Gleichermaßen gelingt es, die als Struktur vorhandene potenzielle Information quantitativ zu erfassen. Zweifellos sind dies wesentliche Schritte zu einem besseren Verstehen dessen, was Information ist.

4.3.2 Wesentliche Aspekte zum Stand der Dinge

Will man das Spektrum der vorliegenden Definitionen von Information ausleuchten, ist zunächst die schiere Anzahl von unterschiedlichen Definitionen und Interpretationen verblüffend. Diese reichen von Vorschlägen, auf den Begriff vollständig zu verzichten und statt seiner Begriffe wie Daten, Bedeutung, Kommunikation, Relevanz usw. zu gebrauchen (Furner 2004), bis hin zu differenzierten Beschreibungen mithilfe des Begriffs „Information".

> Hier sind einige Beispiele für Interpretationen des Informationsbegriffs:
> - Bereits Mitte der 1950er-Jahre vertrat Carl Friedrich von Weizsäcker die These, dass Materie und Energie aus Information hervorgehen können (von Weizsäcker 1974). Mithilfe der Informations- und Quantentheorie zerlegte er die Realität in immer kleinere Einheiten, bis nur noch binäre Aussagen bzw. Ja/Nein-Entscheidungen, also Bits, übrig blieben. Aus diesen „Ur-Alternativen", so postulierte von Weizsäcker, ließen sich komplexere Objekte aus Materie und Energie aufbauen. „Ure", wie er sie auch nannte, sind nicht im Raum lokalisierbar – eine Eigenschaft, die in der Quantenphysik eine wichtige Rolle spielt. Aus den Wechselwirkungen der Ure wollte von Weizsäcker eine Theorie der Elementarteilchen ableiten. Dies gelang ihm allerdings nicht, sodass seine Theorie unvollendet blieb.
> - Den Gedanken von der Information als Grundelement der Natur verfolgte später auch der Physiker Jacob Bekenstein. Er bestimmte 1973 den maximalen Informationsgehalt einer Kugel und übertrug das Ergebnis auf die Entropie eines Schwarzen Loches. Dies ist auch die maximale Menge an Information, die man bräuchte, um ein physikalisches System, in diesem Fall das Schwarze Loch, perfekt bis hinunter auf die Quantenebene zu beschreiben.
> - Radikal – und auch deshalb sehr bekannt – ist die Auffassung des amerikanischen Physikers John Archibald Wheeler, der postulierte, dass die Bedeutung und Funktion, die Existenz jedes Teilchens, jedes Feldes,

jeder Kraft und sogar des Raum-Zeit-Kontinuums selbst als eine Ableitung fortgesetzter Ja/Nein-Fragen auf elementarster Ebene zu verstehen ist. Letztlich bleiben dann also binäre Unterscheidungen übrig, die an immateriellen Quellen zu treffen sind. Daraus entsteht Wirklichkeit, und dies bedeutet zusammengefasst, dass alle physischen Dinge im Ursprung Gegenstand der Informationstheorie sind. Zudem wird ein „partizipatorisches Universum" angenommen, in dem insbesondere die Menschen nicht nur Beobachter, sondern Gestalter desselben sind. Wheeler bezieht sich damit auf eine kontrovers geführte Diskussion in der Quantenphysik. Nach deren Gesetzen beeinflussen unsere Beobachtungen das Universum auf einer grundlegenden Ebene. Der Beobachter beeinflusst immer auch das Objekt seiner Beobachtung – so die Heisenbergsche Unschärferelation. Und zwar derart fundamental, dass nahezu seit Beginn der Quantenphysik dazu eine intensiv geführte Auseinandersetzung unter der Überschrift „Messproblem" geführt wird. Wie wir unsere Fragen an ein Experiment stellen, so die gemeinsame Einsicht, hat einen fundamentalen Einfluss auf das Ergebnis desselben. Die Grenzen zwischen einer objektiven „Welt da draußen" und unserem eigenen subjektiven Bewusstsein verschwimmen damit. Die Welt in der Perspektive der Quantenphysik erscheint als ein äußerst interaktiver Ort, der Informationen von sich in Abhängigkeit von unserer Interessenlage preisgibt.
- Eine Weiterführung der Gedanken Wheelers findet sich im Holografischen Prinzip des niederländischen Physikers und Nobelpreisträgers Gerard 't Hooft. Danach kann das gesamte Universum als eine zweidimensionale Informationsstruktur verstanden werden, die auf einen kosmologischen Horizont aufgetragen ist. Der kosmologische Horizont ist durch die Größe des beobachtbaren Universums bestimmt. Dieser Gedanke entzieht sich zwar jeder Vorstellung, hat aber immerhin den englischen Physiker Stephen Hawking dazu bewogen, seine Position gegenüber Schwarzen Löchern zu ändern.
- Folgt man dieser Denkrichtung, dann ist die gesamte Natur ein riesiges informationsverarbeitendes System. Jedes physikalische Etwas „emergiert" aus dem stattfindenden Informationsfluss, erzeugt selbst Information und gibt diese an seine Umgebung ab. Dem deutsch-englischen Informationstheoretiker, Biologen und Philosophen Tom Stonier (1927–1999) zufolge existiert Information in dem Sinne, dass es sie unabhängig vom Menschen gibt. Hinter jedem Naturgesetz verbirgt sich dann ein Algorithmus, der aus Information prozesshaft wiederum Information erzeugt (Stonier 1997).
- Auch der amerikanische Informationstheoretiker Gregory John Chaitin verfolgt den Gedanken, dass nicht die Materie sondern die Information die primäre Grundlage der Realität ist. Er fragt nach den Konsequenzen, wenn man die Information als primär einordnete. Im Ergebnis erscheint es ihm als ganz natürlich, dass sich ein und dieselbe Information vieler

unterschiedlicher Materialrepräsentationen wie beispielsweise DNA, RNA, DVDs, Halbleiterspeicher, Bandspeicher, Nervenimpulse und Hormone bedienen kann. Nicht die Materialrepräsentation ist in dieser Theorie das Relevante, sondern die Information, die sie trägt. So kann dann auch die gleiche Software auf verschiedenen Maschinen (Materialrepräsentanten) laufen. Chaitin ist der Ansicht, dass Information ein Konzept ist, das sich erst in unserem Zeitalter für uns aus seinem revolutionären Potenzial heraus erschließen wird (Chaitin 1999).
- Wheelers viel zitiertes *It from Bit* wiederum erlaube es, so der Informationstheoretiker Mark Burgin, die Information an sich aus verschiedenen Perspektiven zu betrachten. Eine davon ist, so Burgin, dass Wissenschaftler, die die Natur untersuchten, letztlich einer Illusion erlägen, da sie es nicht mit physikalischen Objekten in unserem überlieferten Verständnis zu tun hätten. Allgemein gesagt: Alle Menschen bzw. Lebewesen wissen von dieser Welt nur über Information, und alle Elemente und Teile sind nur über Information erkennbar. Danach wäre auch, wie Holger Lyre 1998 ausführte, das Grundelement der Quantenphysik, die Wellenfunktion, Information, aus der das physisch Wahrnehmbare resultiert (Lyre 1998).
- Die Wiener Quanten-Experimentalphysiker Markus Aspelmeyer und Anton Zeilinger sehen Quantenphysik und Informationswissenschaften als zwei Seiten derselben Münze (Aspelmeyer und Zeilinger 2008). Die Wiener Experimente zur quantenbasierten Kryptografie und „Teleportation" würden durch neue Einsichten zur Quanteninformation die Quantenphysik inspirieren, wie auch umgekehrt. Zeilinger geht weiter. Er sieht Information als fundamentale Konstituente der Welt. Dann, so Zeilinger, beziehe sich die Quantenphysik nicht auf die Realität per se, sondern im Sinne Niels Bohrs „auf das was man über die Welt sagen kann" oder in anderen Worten auf Information (Zeilinger 2004).

4.4 Entropie, Information, Energie und Zeit

Soweit sie diese überhaupt wahrnahmen, sorgte die Entropie bei Wissenschaftlern und naturwissenschaftlich Interessierten der viktorianischen Gesellschaft für erhebliche Irritationen. Nicht nur, weil diese neue physikalische Größe sehr schwierig zu verstehen war, sie schien auch – dies hatte sie mit anderen wissenschaftlichen Neuerungen vor ihr gemeinsam – der göttlichen Ordnung zu widersprechen. Entropie, so ihr Entdecker Rudolf Clausius, nehme ständig zu, bis das Universum, also die gesamte Welt, zum Erliegen gekommen sei. Sollte Gott, so die Bedenkenträger damals, etwas geschaffen haben, das ständig nur zunehmen kann, das nicht dem Verbrauch unterliegt und das sich obendrein der Anschauung entzieht und schließlich sein Werk der Jämmerlichkeit preisgibt? Sollte die Welt mit einer Größe ausgestattet sein, die sie als absolut asymmetrisch, mit einem eingebauten riesigen Gefälle, erscheinen ließ?

Noch heute gehört Entropie zu den physikalischen Eigenschaften unserer Welt, die nicht leicht zugänglich sind. Wegen des engen Zusammenhanges zwischen Entropie und Information wollen wir die Entropie nun kurz herleiten. Dazu muss auch der Zweite Hauptsatz der Thermodynamik (im Folgenden kurz Zweiter Hauptsatz genannt) eingeführt werden.

Der Zweite Hauptsatz nimmt eine zentrale Stellung in den gesamten Naturwissenschaften ein. Er bietet das Fundament für das Verständnis jeglicher Veränderung, ob es die Zeit selbst ist oder ob es Veränderungen in der Zeit sind. Ohne ihn ist kaum zu verstehen, warum Maschinen funktionieren. Auch der Ablauf chemischer und biochemischer Prozesse ist ohne Berücksichtigung des Zweiten Hauptsatzes nicht zu erklären. Selbst kulturelle Tätigkeiten wie Musik, Kunst und Literatur – auf einer bestimmten Ebene zumindest – kommen nur zustande, wenn sie sich im Rahmen des Zweiten Hauptsatzes bewegen. Und dass sich die Informationsverarbeitung an ihn halten muss, dürfte an dieser Stelle unserer Ausführungen bereits auf der Hand liegen.

Es geht hier um die abstrakte Betrachtung von Veränderungen. Betrachten wir die Vorgänge in einer Dampfmaschine, trennen dann gedanklich Stahl, Kohle, Kolben, Ventile usw. ab und konzentrieren uns auf die thermischen Vorgänge, so erkennen wir Parallelen, aus denen wir schließen können, dass alle Lebewesen fundamentale Ähnlichkeiten mit dem thermischen Prozess aufweisen, wie er in Dampfmaschinen auftritt. So nutzen sämtliche Prozesse Wärme, thermische Energie also, oder besser, sie machen sich die Unterschiede zwischen der Wärme in einer Quelle und der in einer kühleren Wärmesenke zunutze, um beim Fluss von warm zu kalt physikalische Arbeit zu verrichten. Wir selbst essen, schreiben ein Buch, bauen an einem Haus oder singen ein Lied und verrichten dabei physikalisch betrachtet Arbeit. Und wie bei einer Dampfmaschine wandeln wir Wärmeenergie um. Diese haben wir aus chemischer Energie gewonnen, die wir aus oxidierter Nahrung und durch die Energie der Sonne aufnehmen. Etwa 80 % der aufgenommenen Energie geben wir an die Umwelt ab, die wir dabei etwas aufheizen.

4.4.1 Information und Entropie

Information, der wir ja auf den Grund gehen wollen, steht in einem engen Bezug zur Thermodynamik. In der Thermodynamik ist es die Entropie, die diese Nähe herstellt. Man kann Entropie als fehlende Information verstehen. Das landläufige – und plausible – Verständnis von hoher Entropie als Unordnung wäre dann vergleichbar mit dem geringen Wissen über diesen unordentlichen Zustand. Wüssten wir mehr über die Elemente, die für die jeweilige Unordnung verantwortlich sind (Gasmoleküle, Zeichen auf dem Bildschirm, Autoverkehr usw.), dann hätten wir ja mehr Information darüber. Geringe Entropie bedeutet also viel Information.

Während Entropie in geschlossenen Systemen immer nur zunimmt und diese Zunahme irreversibel ist, kann sie in einem offenen System durchaus geringer sein als in der Umgebung und auch abnehmen. Dazu muss Energie aufgewendet werden. Alle biologischen Systeme, Menschen natürlich eingeschlossen, sind offene Systeme, die sich durch eine höhere Ordnung bzw. Struktur gegenüber ihrer Umgebung auszeichnen. Ihre Entropie exportieren sie ständig an die Umgebung. Dabei verbrauchen sie Energie. Folglich müssen Stoffwechsel und Sonnenlicht als bedeutende Energiequellen die Energiebilanz aufrechterhalten. Der Export an Entropie vom Inneren in das Äußere eines Systems ist als gleichzeitiger Import der von Erwin Schrödinger ins Spiel gebrachte Negentropie bekannt. Er wollte damit ein Prinzip des Lebens kennzeichnen, namentlich, dass es Entropie exportiert, um sich selbst – solange das Leben individuell währt – einen Zustand höherer Ordnung gegenüber der Umgebung zu verschaffen.

Ordnung und Strukturen lösen sich mit der Zeit auf. Unterschiedliche Temperaturen in geschlossenen Systemen gleichen sich mit der Zeit an, die Erosion schleift die Berge und digitale Speichermedien altern und werden unbrauchbar. Gleichzeitig nimmt jeweils die Entropie zu. Nun muss uns dies nicht unbedingt beunruhigen, haben wir es doch mit einem Phänomen zu tun, das seit dem Beginn des Universums Bestand hat, nämlich dem Naturgesetz, das als Zweiter Hauptsatz der Thermodynamik von Ludwig Boltzmann entdeckt und formuliert wurde. Dieses Naturgesetz nun hat eine verblüffende Ähnlichkeit mit dem Gesetz Shannons in der Informationstheorie.

Entropie und die Hauptsätze der Thermodynamik

Am Anfang des 19. Jahrhunderts verfolgte der junge französische Wissenschaftler Sadi Carnot (1796–1832) das Ziel, seiner französischen Heimat mit Maschinen, wie sie im benachbarten England bereits im Gebrauch waren, wirtschaftlich voranzuhelfen. Er untersuchte die Eigenschaften genau dieser modernen Dampfmaschinen und kam zu dem Schluss, dass die Effizienz dieser Maschinen entscheidend von der Differenz der Temperatur zwischen einer Wärmequelle und der verbliebenen Wärme abhängt, die – nachdem sie Arbeit verrichtete – an eine Wärmesenke abgegeben wird. Wird alle Wärme in Arbeit verwandelt und es bleibt keine Wärme für die Wärmesenke übrig, dann ist die Effizienz 100 % – der nicht zu erreichende Idealzustand. Dies war eine überraschende und wichtige Erkenntnis, denn nach effizienteren Maschinen wurde intensiv gesucht. Man versuchte es mit dem Steigern des Dampfdrucks, der Verwendung von Luft statt Dampf und experimentierte mit anderen Brennstoffen. Die Maximierung der Wärmedifferenz nach Carnot hingegen blieb weitgehend unberücksichtigt. So sehr sich später seine Erkenntnis für die Naturwissenschaften als grundlegend erwies, so wenig fand sie Eingang in die technische Entwicklung seiner Zeit. Carnots Zeitgenossen verstanden ihn nicht – die Akzeptanz der Naturwissenschaften war noch nicht so weit.

Entropie

Rudolf Clausius hatte bereits vorher festgestellt, dass die Summe aller Energien der verschiedenen Energieformen konstant ist. Dieses universelle Gesetz ist als Energieerhaltungssatz bekannt. Er führte aus, dass es ist nicht möglich ist, eine zyklisch arbeitende Maschine zu konstruieren, die keinen anderen Effekt produziert als die Übertragung von Wärme von einem kälteren auf einen wärmeren

Körper (Abb. 4.3). Verluste entstehen immer. Hier werden die Grenzen der Energieverwertung deutlich. Ein Kühlschrank, der selbst keine Energiezufuhr hat, kann nicht funktionieren. Er wird sonst seine innere Temperatur der äußeren angleichen. Clausius' Analyse der Vorgänge in thermodynamischen Systemen führte ihn zu der bahnbrechenden Entdeckung und Definition der Entropie. Der Begriff steht für „Wandlungsvermögen" und ist zusammengesetzt aus „En" für Energie und „tropie " aus dem Griechischen für Wandel. Als physikalischer Begriff war Entropie schwer zu vermitteln, und so ist es heute noch. Während Energie und Impuls, die im Experiment recht unmittelbar zu messen sind, eine gewisse Anschaulichkeit besitzen, ist Entropie sehr viel schwerer fassbar. So wie auch ihr Pendant: die Information.

Wie fundamental die Eigenschaft thermodynamischer Systeme tatsächlich ist, verdeutlichte Clausius: „Die Energie des Universums ist konstant, die Entropie des Universums strebt immer einem Maximum zu. Der 1. Hauptsatz ist der Energieerhaltungssatz und deshalb ein Symmetriegesetz. Der 2. Hauptsatz ist kein Symmetriegesetz, denn er drückt ein Prinzip aus, das die Symmetrie des Weltalls sprengt, indem er eine bestimmte Richtung der Veränderung fordert. Die Irreversibilität einer Energiedissipation bewirkt so die Unidirektionalität des Weltgeschehens und gibt dem Postulat einer gerichteten Zeit einen physikalischen Sinn." Dies war die gültige Begründung der Wirklichkeit der Zeit, bis Albert Einstein Raum und Zeit mit der Speziellen Relativitätstheorie vereinigte.

William Thomson, der spätere Lord Kelvin (1824–1907), zeigte zur gleichen Zeit ebenfalls, dass es unmöglich ist, Wärme vollständig in Arbeit umzuwandeln. Damit war der Zweite Hauptsatz der Thermodynamik formuliert – und ein Perpetuum mobile ausgeschlossen. Kelvin identifizierte verschiedene Energieformen als „dynamische" und „statische" Energien (heute als potenzielle und kinetische Energie in jedem Physik-Schulbuch zu finden). Beide Energieformen sind ineinander umwandelbar. So kann potenzielle biochemische Energie in mechanische Energie umgewandelt werden und dabei einen Fahrradfahrer den Berg hinaufbringen. Dabei wird seine potenzielle Energie erhöht, die bei der anschließenden Talfahrt wieder in kinetische Energie und über die Bremse hauptsächlich in Wärme und

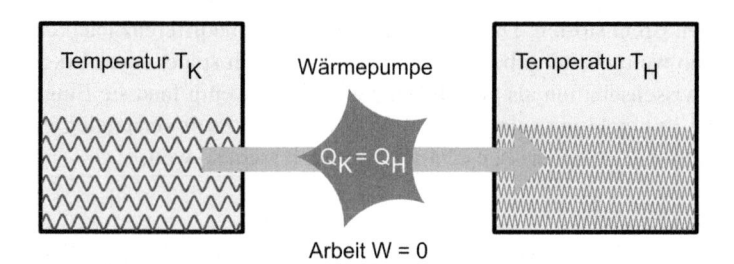

Abb. 4.3 Rudolf Clausius und der Zweite Hauptsatz der Thermodynamik. Die Konstruktion einer zyklisch arbeitenden Maschine, die keinen anderen Effekt als den verlustfreien Transport von Wärme (Q) von einem kühleren (TK) zu einem heißeren Körper (TH) bewirkt, ist nicht möglich

4.4 Entropie, Information, Energie und Zeit

etwas Geräusch umgewandelt wird. Offenbar wurde so, dass es zwar möglich ist, Arbeit vollständig in Wärme umzuwandeln, aber nicht umgekehrt Wärme vollständig in Arbeit.

Am Ende des 19. Jahrhunderts begannen sich die Eigenschaften der Energie deutlicher herauszuschälen. Dazu trug der deutsche Arzt Julius Robert Mayer (1814–1878) ebenso bei wie der Brite James Prescott Joule (1818–1889). Mayer postulierte, dass Wärme und Arbeit beides Formen der Energie sind und sich ineinander umwandeln lassen. Dabei bleibt die Gesamtmenge an Energie erhalten. So kann man Wasser durch Bewegung erwärmen. Mayer führte nicht nur den Nachweis dafür, sondern quantifizierte den Vorgang auch mit dem mechanischen Wärmeäquivalent. Joule schlussfolgerte aus seinen Studien des Stoffwechsels lebender Organismen gleichfalls, dass die Energieumwandlung messbar sei. Die Maßeinheit dafür, das Joule – das sind etwa vier Kalorien – wurde später nach ihm benannt. Die Erhaltung der Energiemenge bei der Umwandlung von einer Energieform in die andere wurde in der Folge als der Erste Hauptsatz der Thermodynamik festgesetzt. Den Dritten Hauptsatz definierte dann Walther Nernst (1864–1941). Er besagt, dass es unmöglich ist, den absoluten Nullpunkt (bei −273°C) in einer endlichen Zahl von Schritten zu erreichen. Das würde bedeuten, so der Physiker Max Planck (1858–1947) später, dass man die Entropie auf Null bringen könnte – absolute Starre und Ordnung also.

Die Wärmeenergie nimmt einen Sonderstatus in der Physik ein. Während andere Energieformen wie die chemische Energie oder die Bewegungsenergie ineinander umwandelbar sind, ist dies bei der Wärme nur eingeschränkt gegeben. Eine laufende Maschine muss ständig Widerstände überwinden, z. B. in Form von Reibung. Dabei entsteht Verlustenergie, hauptsächlich in Form von Wärme. Letztlich wird alle Energie in Wärme umgewandelt und die Maschine steht still, denn Wärme lässt sich nicht weiter in niedere, unstrukturierte Energieformen umwandeln. Energieumwandlungen tendieren zur Aufgabe geordneter Zustände. Die Umwandlung potenzieller Energie in kinetische – Bewegungsenergie – oder die Nutzung chemischer Energie verläuft von geordneten Ruhezuständen, in denen Energie gespeichert ist, hin zu ungeordneten Zuständen, in denen alle Bestandteile die gleiche Wärme aufweisen. Damit verschwinden dann auch alle Unterschiede der Bestandteile, und die völlige Gleichförmigkeit ohne (Energie-)Differenzen ist die Folge. Eben diese Tendenz der Natur, über alles gesehen, nur dieser Richtung zu einheitlicher Wärme zu folgen und bestehende Ordnungsstrukturen immer wieder und weiter aufzulösen, bezeichnete Rudolf Clausius als Entropie. Der Zweite Hauptsatz der Thermodynamik regelt die universelle Entropiezunahme: Die gesamte Entropie in einem geschlossenen System kann nie abnehmen.

Man kommt also kaum an der Entropie vorbei, denn mit ihr ist ein universeller Vorgang der Natur verbunden. Entropie wächst. Dies ist ein Ausdruck einer eindeutigen Richtung, in die sich das Universum entwickelt. Die Energiedifferenzen werden – über alles gesehen – kleiner und die Unordnung, also das weniger gut Unterscheidbare, wächst. Ist einmal Wärmeenergie entstanden, wird diese nicht ohne weiteres wieder abgegeben, es sei denn hin zu niedrigeren Temperaturen. Aus Temperaturdifferenzen lässt sich durchaus Energie gewinnen. Nach diesem Prinzip funktionierten die Dampfmaschinen zur Zeit Carnots und Clausius', so wie auch die Benzinmotoren heute. Beide Maschinentypen machen es sich zunutze, dass die Natur zum Ausgleich unterschiedlicher Temperaturen strebt.

Offene und geschlossene Systeme
In offenen Systemen, die mit ihrer Umgebung in Verbindung stehen und bei denen Energie und auch Materie über die Systemgrenze abfließen, kann die Entropie zugunsten einer lokalen Ordnung auch abnehmen. Kühlschränke und biologische Systeme wie Tiere und Menschen sind Beispiele für offene Systeme.

Geschlossene Systeme entwickeln sich also immer – von lokalen Zwischenstadien abgesehen – in Richtung zu insgesamt mehr Entropie. Zwei einmal vermischte Gase oder Flüssigkeiten entmischen sich nicht spontan, sofern beide ähnliche Eigenschaften haben und sofern keine Energie zugeführt wird. Zwei Gase mit ihren vielen Billionen Gasmolekülen (ein Liter Gas, d. h. ein Mol, entspricht je nach Typ einer Molekülzahl von etwa 3×10^{22} Molekülen) erlauben eine so hohe Zahl von alternativen Anordnungsmöglichkeiten, dass die Wahrscheinlichkeit einer selbstständigen Entmischung so gering ist, dass sie in unserer Realität praktisch nicht stattfinden wird (Abb. 4.4). Daher werden derartige Prozesse auch als irreversibel eingestuft. Irreversibel bedeutet, dass der genaue Ablauf des Prozesses nicht mehr exakt umkehrbar ist.

Entropie, und damit die zunehmende Auflösung von Ordnungsstrukturen, kann nicht ohne Energieaufwand vernichtet bzw. rückgängig gemacht werden. Allerdings kann Entropie erzeugt werden. Diese Einwegeigenschaft gibt den irreversiblen Prozessen ihren Namen. Sie sind nicht umkehrbar, und man kann mit Clausius sagen, sie erzeugen durch diese Eigenschaft die Zeit. Man kann somit auch argumentieren, dass die Zeit subjektiv entsteht, denn Menschen und Tiere kämpfen ihre gesamte biologische Existenz hindurch den Kampf gegen die Entropie und damit gegen das Alter. Diese Erfahrung, die ja in der Konsequenz direkt mit dem eigenen biologischen Tod verbunden ist, legt eine unidirektionale Entwicklungsrichtung nahe. Diese Richtung empfinden wir auch als Zeit. Wir wissen aber auch seit Einsteins Formulierung der Allgemeinen Relativitätstheorie, dass Zeit nur in

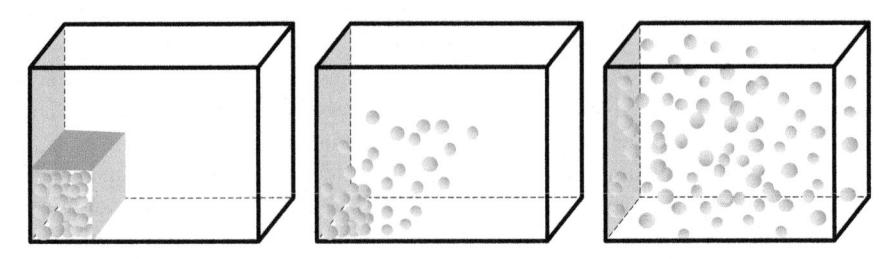

Abb. 4.4 Die Zunahme der Entropie eines Gases. Die Entropiezunahme ist ein irreversibler Prozess. Der umgekehrte Vorgang, dass sich die Moleküle wieder in der linken unteren Ecke versammeln, ist theoretisch nicht ausgeschlossen, praktisch aber unmöglich. (Abbildungsvorlage entnommen aus onlineFocus 18.12.2007)

Verbindung mit Raum vorkommt. Gegen unsere, während der Evolution gewachsene Vorstellung von der Zeit war und ist Albert Einstein, der Erfinder der Raumzeit, jedoch machtlos. Wir bleiben bei der Wahrnehmung von der Zeit als einer Art Pfeil, an dem wir uns im Leben entlangbewegen.

Die statistische Thermodynamik
Auch wenn die Beschreibung der Entropie mit dem Begriff Ordnung verführerisch, weil einfach ist, so führt sie doch in die Irre, weil wir landläufig etwas andere Vorstellungen von „Ordnung" haben als die Physik. Der österreichische Physiker Ludwig Boltzmann fand glücklicherweise eine konkretere Definition der Entropie als physikalischer Größe. Dabei stand das mikroskopische Verhalten von Gasen oder Flüssigkeiten im Mittelpunkt. Die ungeordneten Bewegungen, die individuellen Zustände und Pfade der Teilchen, entziehen sich der Berechnung und müssen statistisch erfasst werden. Die Bewegung der Moleküle, für die ja Energie gebraucht wird, wird als Wärme interpretiert. Mit steigender Temperatur intensiviert sich die Bewegung der Teilchen, und sie erzeugen Druck durch den vermehrten und intensivierten Aufprall an den Behälterwänden.

Dabei wandte Ludwig Boltzmann am Ende des 19. Jahrhunderts die vom britischen Physiker James Clerk Maxwell, dem amerikanischen Physiker Josiah Willard Gibbs (1839–1903) und die von ihm selbst begründete statistische Mechanik an, um die Mikrozustände thermodynamischer Systeme zu analysieren. Auf der Suche nach Gesetzmäßigkeiten physikalischer Systeme mit vielen Einzelbestandteilen griffen sie auf Statistik und Wahrscheinlichkeit zurück. Bis dato wurden in der „klassischen Physik", wie der Zeitabschnitt zwischen dem Wirken Isaac Newtons und dem Beginn der Quantenphysik bald heißen sollte, die Gesetzmäßigkeiten genau definierter Dinge erforscht. Mit diesem neuen Arbeitsansatz konnte nun die wahrscheinlichste Verteilung der Geschwindigkeiten von Gasmolekülen in einem Behälter berechnet werden. Man begnügt sich dabei mit statistischem Wissen über einen Gesamtzustand statt genauem Wissen zum Zustand jedes Gasmoleküls.

Primär wollte man das Verhalten makroskopischer Systeme verstehen, deren Mikrobestandteile sich nicht einzeln messen ließen. Ein Mikrozustand ist dabei durch alle Orte und Impulse der beteiligten Teilchen, also beispielsweise der Gasmoleküle, im sogenannten Phasenraum (eine Bezeichnung von Boltzmann für die Menge aller Anfangsbedingungen) charakterisiert. Die Moleküle kollidierten, angetrieben durch ihre thermische Energie, mit den Behälterwänden und veränderten dabei ihre Geschwindigkeiten in Abhängigkeit von Energie und Winkel des Auftreffens. Die Entropie ist ein Maß für die Zahl der zugänglichen Zustände, die in einem derartigen Raum entstehen können. Sie wächst mit der Unbestimmtheit der mikroskopischen Zustände. Mit deren wachsender Unbestimmtheit sinkt auch das Maß an zur Verfügung stehender Information über sie. Jeder der Mikrozustände eines vollständig abgeschlossenen Systems tritt im Gleichgewichtszustand des Systems mit gleicher Wahrscheinlichkeit auf. Die Entropie ist dann maximal und das System gewissermaßen ohne Ordnung, da alle Mikrozustände gleichwahrscheinlich sind.

Boltzmann entwickelte aus der statistischen Betrachtung der Wahrscheinlichkeiten für die Einzelzustände in einem System mit vielen Subsystemen (beispielsweise Gasmolekülen) seine berühmte Formel $S = k_B \log \Omega$. Er summierte diese Einzelzustände zu Ω auf und bildete, weil die voneinander unabhängigen Energieniveaus der Einzelsysteme, also der Moleküle, multiplikativ miteinander verknüpft sind, den Logarithmus. Damit er zur Entropie kommen konnte, multiplizierte er sie mit einer Konstante k_B. Diese Konstante, die von Max Planck erstmals im Rahmen seiner Untersuchungen zur Hitzeabstrahlung eines sogenannten Schwarzen Körpers vorgestellt wurde, und die auf dessen Initiative hin nach Boltzmann benannt wurde (Kumar 2009), ist eine der universalen Naturkonstanten in der Physik. Sie bildet eine Brücke von der makroskopischen zur mikroskopischen Welt und stellt so eine Verbindung zwischen der Energie der individuellen Teilchen eines Gases und der Temperatur dieses Gases her, also seines energetischen Gesamtzustandes. Ω steht für das sogenannte „statistische Gewicht des Zustandes" und damit für die Anzahl der mikroskopischen Zustände im Phasenraum, die mit dem betrachteten makroskopischen Zustand vereinbar sind. Ω wird auch als thermodynamische Wahrscheinlichkeit des Zustandes bezeichnet, obwohl der Einwand besteht, dass es sich um keine Wahrscheinlichkeit im engen Sinne des Wortes handelt (es wird keine Normierung vorgenommen). Entscheidend war Boltzmanns Nachweis, dass seine und Clausius' Definition äquivalent sind. Damit war die Thermodynamik als statistische Mechanik für große Teilchenzahlen positioniert.

Auch wenn die Analogie zur Unordnung ihre Schwächen hat, kann man dennoch sagen, dass es gelungen ist, die Unordnung in Zahlen zu fassen. Boltzmann hat eine fundamentale Gesetzmäßigkeit gefunden, die entscheidend für den Fortschritt der Physik und des Weltverständnisses war und ist. Der bekannte englische Physiker Arthur Eddington (1882–1944) wird gerne mit den folgenden Sätzen zitiert:

> Ich glaube, dass dem Gesetz von dem ständigen Wachsen der Entropie – dem Zweiten Hauptsatz der Thermodynamik – die erste Stelle unter den Naturgesetzen gebührt. Wenn jemand Sie darauf hinweist, dass die von Ihnen bevorzugte Theorie des Universums den Maxwellschen Gleichungen widerspricht – dann können Sie sagen, umso schlimmer für die Maxwellschen Gleichungen. Wenn es sich herausstellt, dass sie mit der Beobachtung unvereinbar ist – gut, auch Experimentalphysiker pfuschen manchmal. Aber wenn Ihre Theorie gegen den Zweiten Hauptsatz der Thermodynamik verstößt, dann ist alle Hoffnung vergebens. Dann bleibt ihr nichts mehr übrig, als in tiefster Demut in der Versenkung zu verschwinden.

Das gilt offenbar auch heute noch.

Ist Entropie gleich Information?

Mit den Begriffen Ordnung und Unordnung kommt die Information ins Spiel. Man kann – wie es im vorherigen Kapitel bereits anklang – Ordnung als Wissen über ein System interpretieren und Unordnung als Nichtwissen. Je mehr man über ein System weiß, desto geordneter erscheint es und umso geringer ist seine Entropie. Hier ist natürlich von der Information im Sinne von Shannon die Rede, d. h., semantisches Wissen bleibt ausgeschlossen. Der israelische Wissenschaftler Arieh Ben-Naim fordert dazu auf, den Begriff Entropie durch Information zu ersetzen (Ben-Naim 2008).

Der Würzburger Physiker Haye Hinrichsen stellt den Zusammenhang zwischen dem Zweiten Hauptsatz und Information durch ein System her, das sich anfangs in einer bestimmten Konfiguration befindet und dann schrittweise und zufällig verändert (Hinrichsen 2014a). Dabei springt es zufällig von einer Konfiguration zu einer anderen, wobei jede mögliche Konfiguration mit gleicher Wahrscheinlichkeit erzeugt wird. Je länger dieses Springen stattfindet, je weiter sich also das System von der Anfangskonfiguration entfernt, desto größer wird das aktuelle Unwissen bezüglich einer realisierten Konfiguration. Diese Unwissenheit kann, sofern keine Messung stattfindet, nur zunehmen und erreicht ihren Maximalwert bei Gleichverteilung.

Der Oxforder Erkenntnistheoretiker und Philosoph Luciano Floridi hebt den grundsätzlichen Zusammenhang zwischen der Entropie der Informationstheorie, der Entropie der Thermodynamik und der Energie hervor (Floridi 2010). Diesen Zusammenhang leitet er wie folgt ab:

> Unter der Annahme eines störungsfreien Informationskanals kann Entropie gleichwertig durch drei Arten von Messungen bestimmt werden:
>
> a) durch die mittlere Informationsmenge je übertragenem Symbol
> b) durch das korrespondierende Informationsdefizit vor dem Lesen des eintreffenden Symbols (Shannons Unsicherheit) beim Empfänger
> c) durch das korrespondierende Informationspotenzial derselben Signalquelle (die Informationsentropie)
>
> In den Fällen a und b erzeugt der Sender durch die Wahl eines Zeichensatzes bzw. eines Alphabets ein Informationsdefizit beim Empfänger. Wählt er beispielsweise eine Seite einer Münze, so entsteht bei seinem Gegenüber, der die gewählte Münzseite durch Fragen herausfinden soll, sofort ein Informationsdefizit. Durch eine einzige Frage kann das Defizit von einem Bit beseitigt werden. Bei zwei Münzen beträgt das Defizit zwei Bit entsprechend zweier Fragen.
>
> Im Fall c wird Information wie die physikalischen Größen Masse und Energie behandelt. Die Brücke zwischen der Information und diesen beiden Größen wird durch Wahrscheinlichkeit und Zufall geschlagen.

Entropie, so Floridi, werde in der klassischen Physik und in der Informationstheorie gleichermaßen als „Vermischungsgrad" in Prozessen, in denen Energie und Information eine Rolle spielten, verstanden. Je höher das Potenzial für Zufälligkeit und je geringer das für Vorhersehbarkeit von Information in einem Übertragungskanal, umso mehr Informations-Bits werden erzeugt. Eine bekannte Nachricht erzeugt keinerlei Bits.

Entropie strebt das Maximum der Gleichverteilung an. Ein Glas mit Wasser und einem Eiswürfel enthält weniger Entropie als dasselbe Glas mit dem geschmolzenen Eis. Ebenso enthält eine manipulierte Münze, die nahezu beständig auf die gleiche Seite fällt, vor dem Wurf weniger Informationsentropie – das Ergebnis ist ja im Voraus schon fast bekannt – als eine nicht manipulierte. Mit wachsender Zufälligkeit sinkt die Voraussagbarkeit des Verhaltens. Das gilt auch beim Zustand von Teilchen eines Gases oder von Information in einem Übertragungsweg. In der Thermodynamik steigt die Entropie mit dem Grad der Nichtverfügbarkeit von Energie, oder anders herum, sie sinkt mit der Verfügbarkeit von Energie. Verfügbar ist (potenzielle) Energie nur, wenn auch Potenzialunterschiede bestehen. Dann kann eine Energieform in eine andere verwandelt werden. Eine hohe Entropie korrespondiert also mit einem hohen Energiedefizit und in der Informationstheorie mit einem hohen Informationsdefizit. Information und Energie sind folglich ineinander überführbar. Ein geschlossenes System ohne Potenzialunterschiede bietet keine Informationen (befindet sich im Zustand größtmöglicher Unordnung) und ist in einem Zustand, in dem keine Energieumwandlung möglich ist bzw. keine Arbeit verrichtet werden kann (Floridi 2010).

Aus dieser kurzen Betrachtung thermodynamischer Eigenschaften wird deutlich, dass Entropie und Information im Zusammenhang stehen. Schließlich kann man Nichtwissen über einen Zustand, also Entropie, auch als fehlende Information auffassen. Hätte ich alle Informationen, wäre der Mikrozustand, also Ort und Impuls jedes Moleküls, keine Frage mehr.

Dazu hat Ludwig Boltzmann ein Naturgesetz der Entropie mit fundamentaler Bedeutung für die Naturwissenschaften gefunden. Dieses Gesetz weist eine eklatante Ähnlichkeit mit der Formel auf, die Claude Shannon später für die Informationsentropie aufgestellt hat. Die Information bzw. Entropie eines Systems ist nach Shannon durch $H = -\log_2 \Omega$ bestimmt, während die physikalische Entropiedefinition $S = k_B \ln \Omega$ ist. Die physikalische Entropie unterscheidet sich von der Definition der Informationstheorie im Wesentlichen nur durch den konstanten Faktor k_B – die Boltzmann-Konstante – und das Vorzeichen.

Damit lässt sich – einem Beispiel von Haye Hinrichsen (Hinrichsen 2014a) folgend – der Informationsgehalt von Materie bestimmen. Ein Mol Helium, das sind 22,4 l bei Zimmertemperatur, besitzt etwa eine Entropie von $S = 126$ J/K. Mit Hilfe der Boltzmann-Konstante $\mathbf{k_B} = 1,38 \times 10^{-23}$ J/K lässt sich dies in einen Informationsgehalt von $\mathbf{S} \approx 1,3 \times 10^{25}$ Bit umrechnen. Das ist die etwa 1000-fache Kapazität aller bisher hergestellten elektronischen Speichermedien. Die Entropie pro Teilchen erweist sich mit 22 Bit jedoch als überraschend gering.

Experiment: Der Maxwellsche Dämon

Wir haben nun eine Grundlage geschaffen für die Auseinandersetzung mit dem Maxwellschen Dämon. An ihm entzündete sich über nahezu 100 Jahre eine Diskussion zur Rolle der Information in der Thermodynamik. Der Dämon bzw. das mit ihm verbundene Gedankenexperiment stand im Verdacht, ein Loch in den Zweiten Hauptsatz der Thermodynamik reißen zu können. Das wäre einem wissenschaftlichen Erdbeben gleichgekommen. Es ist also verständlich, dass die Jagd

4.4 Entropie, Information, Energie und Zeit

nach dem Maxwellschen Dämon nicht aufgegeben wurde, bis er erledigt war. Dass es dabei immer wieder auch neue wissenschaftliche Erkenntnisse zu finden gab, machte die Jagd noch spannender (Johannsen und Englert 2012).

Der Maxwellsche Dämon
Was hat es mit diesem Dämon auf sich? Um 1870 stellte sich James Clerk Maxwell die Frage, was denn geschehen müsste, um einen geordneten Zustand zweier getrennter Gase herzustellen. Er schlug ein Gedankenexperiment mit einem kleinen Dämon als Hauptakteur vor (Maxwell 1871). Dieser hat einen Verschluss zu bedienen, der zum Durchlass von Atomen bzw. Molekülen zwischen zwei mit Gas gefüllten Kammern angebracht ist. Die Moleküle dieser Gase würden, wie in der Realität auch, in ihrer Bewegung gegen die Behälterwände prallen und von dort zurückgeworfen werden, ebenso wie vom geschlossenen Verschluss. Bei geöffnetem Verschluss könnte ein herankommendes Molekül passieren. Der Verschluss würde – und das ist der Grund, warum seine Bedienung einem kleinen Dämon überlassen wurde – funktionieren, ohne dass dabei Arbeit zu verrichten wäre. Der Dämon würde beispielsweise langsamere, energieärmere Gasmoleküle von schnelleren, energiereicheren unterscheiden können und bei Annäherung eines Moleküls wahlweise den Verschluss öffnen oder geschlossen halten. Eine Behälterseite würde somit nach einer hinreichend langen Zeit die langsameren Moleküle enthalten, die andere Seite die schnelleren. Damit wäre die eine Seite erwärmt und die andere Seite wäre abgekühlt. Die Entropie des Gesamtbehälters wäre mithin reduziert.

Die entstandene Temperaturdifferenz in den Kammern könnte man nun nutzen, um eine Maschine anzutreiben. Ein Perpetuum mobile (der zweiten Art) wäre erschaffen – da der fleißige Dämon ja ständig für die Temperaturdifferenz sorgt und selbst keinen Energiehunger zeigt. Der Zweite Hauptsatz der Thermodynamik, nach dem in einem geschlossenen System die Entropie nie abnimmt, wäre verletzt. Wichtig für uns ist nun, dass der Dämon die Zufallsbewegungen der Moleküle genutzt hat und die Trennung ohne eigene Arbeit verrichten konnte. Allerdings wurde im Laufe der damals einsetzenden Diskussion deutlich, dass sich auch unter der Annahme, dass der Maxwellsche Dämon derart bedürfnislos ist, kein Perpetuum mobile bauen lässt, denn der Dämon braucht Information, um seine Wahl zwischen wärmeren und kälteren Molekülen zu treffen. Und diese – so ergab die Diskussion – ist nicht umsonst zu haben.

Der Preis für die Information, den der Dämon zu zahlen hat, wurde 1929 von Leó Szilárd näher bestimmt – obwohl er nicht direkt von Information, sondern von Entropie sprach (Szilárd 1929). Er sah davon ab, dem Dämon die Aufgabe der Betätigung des Verschlusses zu übertragen. Szilárds Modell war das einer Maschine, die in der Lage sein sollte, ein einzelnes Molekül nicht nur zu detektieren und die so gewonnene Information zu speichern, sondern auch die (Bewegungs-)Energie des Moleküls in Arbeit zu verwandeln (Abb. 4.5). Die beiden Kammern seines Modells sind so gedacht, dass sie sich trennen und vereinigen lassen. Jede der Kammern soll mit einem Kolben versehen sein, der sich beim Auftreffen eines Moleküls bewegt und damit etwas Arbeit verrichtet. Im System befindet sich ein Gas, bestehend aus nur einem Molekül (1). Zu Beginn eines Experimentdurchlaufs sollen die Kammern getrennt sein und das Molekül soll sich in genau einer der beiden Kammern befinden (2). Eine Ampel bzw. ein Register zeigt nach einer Messung an, in welcher Kammer des Kolbens sich das Molekül befindet (3). Der Kolben der leeren Kammer wird dann zur Trennvorrichtung hin verschoben und diese anschließend entfernt (4, 5). Das Auftreffen des Moleküls auf den nunmehr erreichbaren Kolben verschiebt diesen – unter Verrichtung von Arbeit am Gewicht des Kolbens – nach oben. Dieser Vorgang ist mit einer Abnahme von Entropie des Systems verbunden (6). Die beim Auftreffen verloren gehende Bewegungsenergie wird dann durch Wärmeenergie aus der Umgebung ersetzt, sodass die Temperatur gleich bleibt. Diese beschleunigt das Molekül wieder (6, 7). Ist der Kolben schließlich in seine Originalposition zurückgekehrt, könnte – so scheint es – ein neuer Zyklus beginnen, der Wärme vollständig in Arbeit umsetzt (8). Die Entropie hätte abgenommen. Das notwenige erneute Einbringen der Trennwand wäre, so Szilárd, mit vernachlässigbarem Aufwand verbunden. Könnte der gesamte Vorgang so ablaufen, wäre auch hier der Zweite Hauptsatz verletzt, da sich Wärme in beliebig vielen Zyklen vollständig in Arbeit umwandeln ließe.

Jeder Durchlauf entnimmt der Umgebung Wärme. Allerdings ist da noch die Sache mit der Information. Der Dämon muss bei jedem Neustart eine Messung des Ortes des Moleküls durchführen. Es reicht, eine beliebige

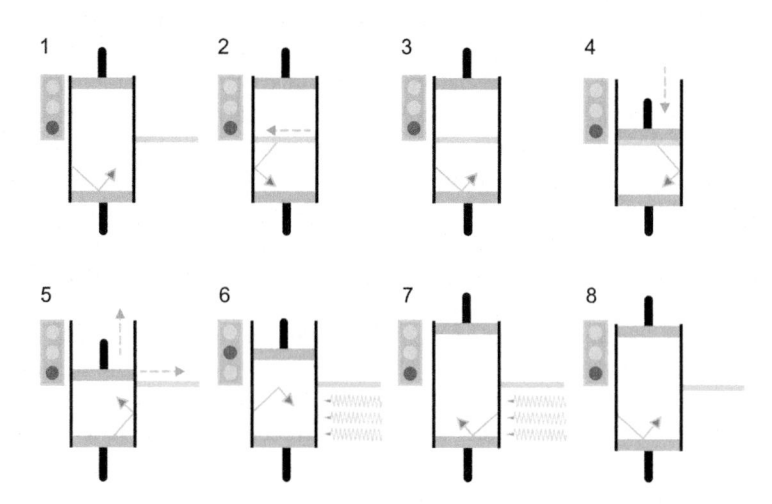

Abb. 4.5 Der Maxwell-Dämon: Versuch nach Leo Szilárd

Hälfte des Zylinders zu beobachten und zu messen, ob das Molekül darin ist oder nicht. Diese binäre Information muss nun, wenn auch nur kurzzeitig, zwischengespeichert werden. Dies ist die Aufgabe eines Registers bzw. im Modell die der Ampel, und dies erfordert Energie.

Wie sich später zeigte, irrte Szilárd insofern, als dass nicht die Messung und das Registrieren den Entropiezuwachs bewirkten, sondern das Zurücksetzen der Ampel bzw. das Löschen der zwischengespeicherten Information. Szilárds Dämon gewinnt Kenntnis über den Mikrozustand des Gases und diese Information verringert die Entropie. Wiederholte Messungen und die Notwendigkeit, irgendwann die gewonnene Information aus Speicherplatzmangel wieder zu löschen, würde die Entropie aufgrund der dann wieder zugenommenen fehlenden Information wieder ansteigen lassen (Hoffmann 2012).

Solange die Messprozesse reversibel sind, wird keine Entropie erzeugt. Erst wenn es um das irreversible Löschen der Messinformationen geht, entsteht der Entropiezuwachs. Dies ergab sich aus einer näheren Betrachtung des Registers im Modell Szilárds. Dieses Register enthält am Schluss des oben skizzierten Experimentdurchlaufs noch die gewonnene Information aus dem Messvorgang. Löscht man diese, kann das Register (die angedeutete Ampel) zurückgesetzt werden und ein neuer Zyklus beginnen (Scully 2007). Erst mit dem Löschen ist der Zyklus vollständig durchlaufen! Und genau dann wird Energie verbraucht (und Wärme erzeugt) und die Entropie steigt um den Betrag, um den sie vorher durch die Messung und den Registereintrag reduziert wurde.

Trotz dieses Irrtums war dennoch der Schritt zur Einbeziehung der Information in die Physik getan, denn die Information – als Messresultat – muss mit dem Entropiezuwachs unmittelbar zusammenhängen. Worin der Zusammenhang besteht, blieb zunächst ungeklärt, aber die Information war wenige Jahre vor der Schaffung der Informationstheorie bereits in einen Zusammenhang mit der Entropie gerückt.

Mit der Erkenntnis, dass das Löschen von Information zu Entropiezunahme führt, gingen Rolf Landauer (1927–1999) und Charles Bennett den Dämon frontal an (Landauer 1996). Landauer hat es mit der Entdeckung des Wärmeäquivalents zum Löschen eines Bits geschafft, die Beschreibungen der Entropie in der Thermodynamik und in der Informationstheorie zusammenzubringen. Charles Bennett, ein Physiker bei der IBM und Nobelpreisträger, zähmte den Dämon dann gänzlich. Er konstruierte gedanklich, den Dämon in eine Box zu sperren und ihn zu instruieren, einen Durchlass mit dem Ziel zu betätigen, die eine Seite der Box zu erwärmen, die andere abzukühlen. Die Entscheidung, die der Dämon zu treffen hätte, glich der einer informationsverarbeitenden Maschine, einer Turingmaschine also. Sie hätte die Aufgabe, ein Teilchen zu messen, das Resultat als ein Bit zu speichern und daraufhin zu entscheiden, ob der Durchlass geöffnet oder geschlossen werden muss. Wird das Bit nun geschrieben, muss das Resultat der vorangegangenen Messung natürlich gelöscht werden. Selbst wenn das Bit in einem neuen Speicherplatz und das darauffolgende gleichfalls in einem neuen Speicherplatz geschrieben würde, käme der Speicher irgendwann an die Grenze seiner Kapazität. Durch das dann notwendige Löschen würde die Entropie letztlich zunehmen. Dies wäre mehr zusätzliche Entropie als die Verringerung, die der Dämon durch das Sortieren erreicht hätte. Erst am logischen Schluss des Gedankenexperiments mit dem Maxwellschen Dämon wird also durch das Löschen des Speichers die Arbeit erbracht, die ihm endgültig seine Existenz nimmt. Informationen ineinander zu überführen ist unkritisch, sie zu löschen kostet Energie und lässt die Entropie ansteigen.

4.4.2 Reversible und irreversible Algorithmen

Unter der Voraussetzung jedoch, dass der Dämon unbegrenzt viel Speicher zur Verfügung hätte, ergäbe sich keine Notwendigkeit zum Löschen von Informationen. Mithin würden keine irreversiblen Prozesse ablaufen müssen und die Rechnung für den Energieverbrauch beim Speichern von Informationen wäre auch vom Dämon nicht zu begleichen (Floridi 2010). Dem Dämon ginge es sozusagen auf Kosten des Zweiten Hauptsatzes wieder gut.

Bennett konnte nachweisen, dass der Dämon notwendigerweise zur Entropieerhöhung beitrug. Erneut war das Perpetuum mobile ad absurdum geführt – und der Dämon im Alter von 111 Jahren gewissermaßen erlegt. Eines der meist beachteten Paradoxe in der Physik hatte sich im Kern als Problem der Manipulation von Bits erwiesen. Nicht zuletzt verwies Bennetts Lösung des Problems auch auf eine starke Verbindung zwischen der Thermodynamik – wo sich der Dämon anfangs aufhielt – und der Informationstheorie Shannons hin. Durch Bennetts Arbeiten wurde er dann auch in die Informationstheorie umgesiedelt.

Ebenso zeigten die Untersuchungen Charles Bennetts, dass ein Messprozess als logisch reversibler Prozess repräsentiert werden kann. Damit wird die Erzeugung von Wärme vermieden (Bennett 1987). Nicht die Messung, so Bennett, sondern das Löschen der Messresultate als nicht reversibler Prozess erzeuge Wärme und sorge für den Anstieg der Entropie. Seine weiteren Untersuchungen zu reversiblen und irreversiblen Algorithmen führten auch zu grundlegenden Erkenntnissen über die Leistungsaufnahme und Energieabgabe von Rechenmaschinen, die mit irreversiblen Algorithmen arbeiten (Bennett 1987). In diesem Zusammenhang konnte er zeigen, dass Algorithmen im Prinzip reversibel konstruiert werden können, also rückwärts ablaufen, vorausgesetzt, die zugrunde liegende Architektur der Computer ist darauf vorbereitet. In diesem Fall – im Gegensatz zu einer Annahme Landauers – „werden alle ursprünglichen Schritte rückgängig gemacht, und das Programm verschluckt alle Reste, die in den Speicherzellen noch verblieben sind. Es kehrt zum Ausgangszustand zurück, ohne dass irgendetwas gelöscht worden wäre" (Bennett 2003; Baeyer 2005). Allerdings dann auch ohne eine Wirkung zu erzeugen. Da alle heute verwendeten Computer jedoch endlich und irreversibel arbeiten, gehorchen sie dem Zweiten Hauptsatz und erzeugen eine Verlustleistung, deren theoretische Untergrenze durch die Löscharbeit gegeben ist, die Landauer vorgegeben hat (Plenio 2001).

In seinem Aufsatz „Demons, Engines and the Second Law" betont Bennett, dass der Zweite Hauptsatz der Thermodynamik durch den Maxwellschen Dämon nicht mehr bedroht ist (Bennett 1987). Diese Erkenntnis ordnet er als Beitrag zur Theoretischen Informatik ein. Interessant ist auch seine abschließende Bemerkung zur Information, die er, wenn sie veraltet ist, als eine belastende Größe versteht, wie etwa die Messinformation über den Ort des Moleküls in Szilárds Gedankenexperiment. Es würde etwas kosten, diese Information wieder loszuwerden. Dies, so Bennett, erinnere ihn an alte Zeitungen. Man erlebe Zeitungen als etwas Nützliches, wenn sie neu sind. Sie verursachen dann aber u. a. Umweltkosten, wenn man sie wieder loswerden möchte. Diese Gemeinsamkeit – so Bennett – würden wir alle mit dem Maxwellschen Dämon teilen.

Der Maxwellsche Dämon wäre in gewisser Weise gut geeignet, das Phänomen des Lebens zu erklären. Leben setzt Aktion voraus, die Ordnung, Strukturen und Prozesse aus dem Chaos der unbelebten Materie schafft. Da der Dämon jedoch, wie wir nachvollzogen haben, nicht möglich ist, da er den Zweiten Hauptsatz verletzen würde, taugt er auch als Erklärungsmodell nicht. Wir werden jedoch sehen, dass es durchaus Systeme gibt, die dem Zweiten Hauptsatz temporär widerstehen können. Diese offenen Systeme, weit vom thermischen Gleichgewicht entfernt, repräsentieren eine wichtige Eigenschaft des Lebens.

4.4.3 Die Kosten der Informationsverarbeitung

Was die Kosten für Energieverbrauch und Umwelt angeht, die durch Informationsverarbeitung entstehen, sprechen die Verbrauchszahlen der heutigen Mega-Rechenzentren eine eigene Sprache. Google, Clouds und Big Data sind einige der wichtigsten Stichworte in diesem Zusammenhang. Die Fehleinschätzungen über die Geschwindigkeit, mit der diese Entwicklung verläuft, illustriert eine Aussage des Physiknobelpreisträgers Richard Feynman (1918–1988) aus den achtziger Jahren. Dieser sonst so vorausschauende Mann, der sich intensiv mit Quantencomputing befasst hatte – er bewies, dass ein Quantencomputer leistungsfähiger als eine Turingmaschine und damit im Prinzip leistungsfähiger als jeder heute verwendete Computer ist –, meinte im Hinblick auf die Praxis, das Problem der Wärmeabgabe sei etwas an den Haaren herbeigezogen. Die (damaligen) Rechner seien millionenfach effizienter als sie es sein müssten. Ein weiterer Ausbau, noch dazu einer, der ein signifikantes Wärmeproblem erzeugen würde, sei nicht in Sicht. Die Explosion der Datenmenge in den vergangen 30 Jahren hat er nicht einmal erahnt. Trotz der drastischen Energieeinsparung pro bearbeitetem Byte sorgt die Datenexplosion dafür, dass Rechenzentren heute mit ihrem Energiehunger und ihrer Wärmeabgabe deutlich zur Verschärfung der Klimaproblematik beitragen.

Die Auseinandersetzung mit dem Dämon zeigt, dass die zusammenhängende Betrachtung von Information, Entropie und Energie zur Auflösung des Rätsels im

Gedankenexperiment des „Maxwellschen Dämons" und zur Festigung des Zweiten Hauptsatzes der Thermodynamik beitrug. Darüber hinaus wird deutlich, dass Landauers Vermutung, dass Information mehr als ein abstraktes „Etwas" sein müsse, ein wichtiger Impuls war. Information kann danach als ein eigenständiger und grundlegender Teil der physischen Welt verstanden werden (Landauer 1996), wenngleich sie andererseits zunächst an eine physikalische Repräsentation (Signale, Buchstaben, Steintafeln etc.) gebunden ist.

4.4.4 Information und Lichtgeschwindigkeit

Information breitet sich rasend schnell aus – aber nicht unbegrenzt schnell. Die obere Grenze wurde von Albert Einstein im Rahmen der Speziellen Relativitätstheorie definiert. Im Vakuum beträgt die Lichtgeschwindigkeit fast 300.000 km/s und bildet auch die obere Grenze für kausale Wirkungen. Seine erste von zwei Relativitätstheorien benannte Einstein Spezielle Relativitätstheorie. Darin setzte er sich kritisch mit der Newtonschen Mechanik, der euklidischen Geometrie und dem Zeitbegriff auseinander. Einstein ging also mehrere tragende Säulen der Physik gleichzeitig an. Er stellte in seiner Theorie fest, dass nicht nur die Gesetze der Mechanik, sondern alle Gesetze der Physik in allen Inertialsystemen – das sind Bezugssysteme, in denen sich Körper ohne Krafteinwirkung geradlinig und gleichförmig bewegen – dieselbe Form haben. So hat insbesondere die Lichtgeschwindigkeit in jedem Bezugssystem denselben Wert. Zudem gibt es keinen absoluten Raum und keine absolute Zeit – beide hängen vom jeweiligen Bezugssystem ab.

Bei der bereits früher, 1892, vom niederländischen Mathematiker und Physiker Hendrik Antoon Lorentz postulierten und nach ihm benannten Lorentzkontraktion sind Längen und Zeiten vom Bewegungszustand des Betrachters abhängig. Beim Phänomen der Zeitdilatation besagt die Spezielle Relativitätstheorie, dass Uhren eines bewegten Bezugssystems im Vergleich zu einem ruhenden oder in einer gleichförmigen Bewegung befindlichen Bezugssystem langsamer gehen. Befindet sich ein Beobachter im Zustand der gleichförmigen Bewegung bzw. ruht er in einem Inertialsystem, geht nach der Speziellen Relativitätstheorie jede relativ zu ihm bewegte Uhr aus seiner Sicht langsamer.

Die Äquivalenz von Masse und Energie, die über den Faktor Lichtgeschwindigkeit zusammenhängen, gehört gleichfalls in den Kontext der Speziellen Relativitätstheorie. Besonders wichtig in unserem Zusammenhang ist, dass die Geschwindigkeit von Licht im Vakuum unbeeinflusst und unabhängig von der Geschwindigkeit eines Empfängers und von der Geschwindigkeit der Lichtquelle selbst ist. Die Lichtgeschwindigkeit im Vakuum gilt als die absolute Geschwindigkeitsgrenze für die Bewegung von Masse, für die Übertragung von Energie und von Information in unserem Universum. Die Spezielle Relativitätstheorie schreibt der Information also eine Realität wie Masse und Energie zu. Sie wäre damit keine Metapher sondern eine physische Kategorie mit maximaler Geschwindigkeit.

4.4 Entropie, Information, Energie und Zeit

Experiment: Das Garagenexperiment

In unserem Zusammenhang ist wichtig, dass Informationsgeschwindigkeit durch die Spezielle Relativitätstheorie mit der Lichtgeschwindigkeit eine Obergrenze erhalten hat. Wie diese Sachverhalte zusammenhängen, wird im sogenannten Scheunen- oder Garagenparadox sehr anschaulich. Stellen wir uns vor, ein Auto rast mit sehr hoher Geschwindigkeit auf eine Garage mit zwei Toren zu, ein Tor vorn (V), ein Tor hinten (H). Das Auto möge im Ruhezustand genau in die Garage hineinpassen. Anfangs sind beide Tore geschlossen (dies wollen wir als Ereignisse V1, H1 bezeichnen) und werden dann beide gleichzeitig geöffnet (das sind die Ereignisse V2, H2), damit der Wagen hineinfahren kann. Gleichzeitigkeit wird über zwei Uhren an den beiden Toren festgestellt. Der Wagen erhält nun aus der Sicht des Beobachters an der Garage noch zusätzlich Platz, denn als System, das sich relativ zur Garage mit nahezu Lichtgeschwindigkeit bewegt, ist der Wagen durch die Lorentzkontraktion signifikant verkürzt. Sobald das Fahrzeug vollständig in der Garage ist, schließen beide Tore gleichzeitig. Dem nunmehr eingeschlossenen Auto öffnen sich sofort darauf wieder beide Tore (Ereignisse V3, H3) und der Wagen verlässt die Garage über Tor H (Abb. 4.6).

Aus der Sicht des Fahrers, der mit nahezu Lichtgeschwindigkeit auf die Garage zurast, stellt sich die Welt weniger harmonisch dar. Aufgrund der Lorentzkontraktion ist die Garage aus der Sicht des Fahrers kürzer als das Auto. Seiner – ebenfalls realistischen – Wahrnehmung gemäß nähert sich

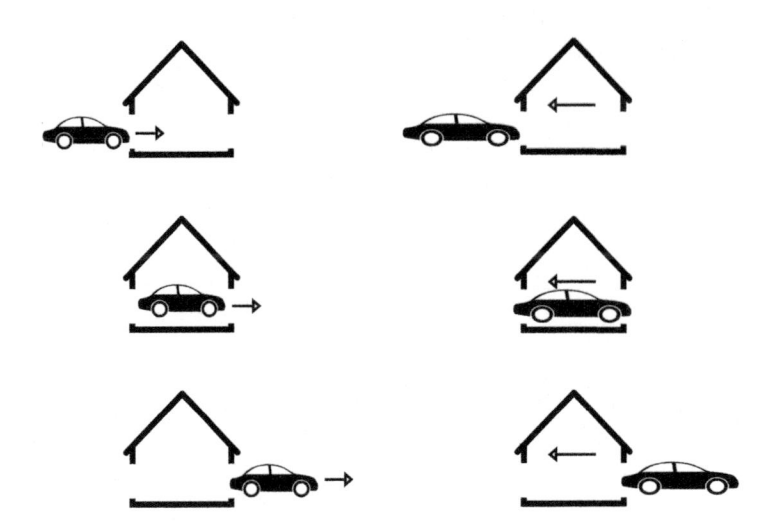

Abb. 4.6 Das Garagenexperiment. Links ist die Wahrnehmung des ruhenden Beobachters an der Garage dargestellt. Das Auto passt gut in die Garage mit den beiden Toren V und H hinein. Rechts, aus der Perspektive des Fahrers, der sich mit seinem Wagen mit nahezu Lichtgeschwindigkeit bewegt, ist die Länge seines Fahrzeugs konstant, jedoch die der Garage aufgrund der Lorentzkontraktion real verkürzt. (Abbildungsvorlage entnommen aus Seife 2007)

die zu kurze Garage mit nahezu Lichtgeschwindigkeit seinem Fahrzeug. Und doch kommt er heil und vollständig in die Garage herein, beide Türen schließen sich und das Auto verlässt (nach Ereignissen V2, H2) anschließend unbeschadet die Garage. Wie dies? Das liegt an den unterschiedlich voranschreitenden Uhren in der Garage. Die weiter vom rasenden Wagen entfernte Uhr an Tor H ist weiter vorangeschritten als die näher am Wagen befindliche bei Tor V. Damit finden Ereignisse an Tor H vor Ereignissen an Tor V statt. Folgende Abfolge ergibt sich: Zuerst – aus der Sicht des Fahrers – öffnet sich das hintere Tor H (H1), denn die Zeitdilatation sorgt dafür, dass dort die Uhr schneller geht. Dann öffnet sich das vordere Tor V (V1). Aus der Sicht eines Beobachters an der Garage öffnen sich dennoch beide Tore gleichzeitig. Tor H schließt sich (H2) und öffnet sich unmittelbar wieder (H3). Damit kann der Wagen die Garage verlassen. Das – für den Fahrer und das Auto – spätere Öffnen und Schließen von Tor V (V2 und V3) trifft das Auto nicht, weil es bereits die Garage verlassen hat bzw. verlässt. Die Ereignisse laufen also aus der Sicht des Fahrers so ab: H1 vor V1 vor H2 vor H3 vor V2 vor V3.

Ein Beobachter an der Garage würde die drei Ereignispaare jeweils als gleichzeitig wahrnehmen. Fahrer und Beobachter hätten – aus zwei unterschiedlichen Bezugssystemen heraus – aufgrund der Lorentzkontraktion und der Zeitdilatation unterschiedliche Wahrnehmungen der Wirklichkeit. Jedenfalls erleben sie diese nicht als simultane Erscheinung.

Simultane Ereignisse finden nach der speziellen Relativitätstheorie praktisch nicht statt. Gleichzeitigkeit wurde durch Einstein als Illusion entlarvt. Praktisch erfahrbar wird dies allerdings nur bei hohen relativen Geschwindigkeiten, also solchen, die der Lichtgeschwindigkeit nahekommen. Immer muss dabei auch die Zeit in Betracht gezogen werden, die für die Informationsübertragung vom Ereignis zum Empfänger aufzuwenden ist. Erst wenn die Information eingetroffen ist, kann das Ereignis als solches gelten. Die Wahrnehmung schafft die Realität durch Kenntnisnahme der Ereignisse und diese hängt vom Eintreffen der zugehörigen Informationen beim Empfänger ab. Eine absolute Realität, in der die Welt sich entlang eines Zeitstrahls entwickelt, gibt es nicht.

Wir haben gesehen, dass die dargestellte Abfolge aus beiden Perspektiven, der des Fahrers und der des ruhenden Beobachters an der Garage, ohne Unfall vonstattengehen kann, weil die Türen im ruhenden System als gleichzeitig schließend angenommen werden. Nehmen wir nun an, es wäre eine Kausalität im Spiel. Das heißt, dass Tor H sich erst dann öffnet, wenn Tor V geschlossen ist. Aus der Sicht des Fahrers, der eine sehr viel kürzere Garage wahrnimmt als der ruhende Beobachter, wäre dies ein Desaster. Er würde unweigerlich gegen die hintere Tür fahren. Aus der Sicht des ruhenden Beobachters kann sich die Sache allerdings so darstellen, dass genügend Zeit ist, die Tore der Garage vorne zu schließen und hinten zu öffnen, ohne dass die Kollision eintritt. Schließlich ist die Garage lang im Vergleich zum Wagen. Dies wäre ein Widerspruch und die Relativitätstheorie geriete in Schwierigkeiten (Seife 2007).

> Dass sie jedoch im Gegenteil in keinerlei Schwierigkeiten steckt, sondern täglich neu bestätigt wird, zeigt, dass es eine Auflösung des Widerspruchs geben muss. Die Lösung liegt in der Information bzw. in der endlichen Geschwindigkeit, mit der sie übertragbar wird. In unserem Beispiel muss die Information, dass die vordere Tür geschlossen ist und nun die hintere geöffnet werden kann, übertragen werden. Gleichzeitigkeit, wie oben idealisiert angenommen, wäre also nicht gegeben, denn die Information braucht ihre Zeit zum Durchqueren der Garage. Wenn wir berücksichtigen, dass der Wagen und sein Fahrer mit einer Geschwindigkeit nahe der Lichtgeschwindigkeit durch die Garage rasen, müsste die Information zum Öffnen der hinteren Tür schneller sein als Licht, denn sie muss den vorderen Teil des Wagens überholen, damit sie rechtzeitig am hinteren Tor ankommt. Wäre sie schneller als Licht, wäre – aus der ebenso realistischen Sicht des Fahrers wie der anderen Sicht des ruhenden Beobachters – die Wirkung, das Öffnen des Tores H, vor der Ursache, dem Schließen des Tores V, erfolgt. Da sie nicht schneller als Licht sein kann, schafft sie es nicht und es kommt zum Unfall. Der Widerspruch ist vermieden.

Hätte Information sich aber mit Überlichtgeschwindigkeit bewegen können, wäre nicht nur ein solcher Unfall ausgeblieben, sondern die Welt wäre einem ihrer Grundprinzipien, dem der Kausalität – keine Wirkung ohne Ursache – verlustig gegangen. Warum dies? Weil dann die Information über die geschlossene Tür V in die Vergangenheit gesendet worden wäre. Wir erinnern uns: Aus der Sicht des Fahrers ist die Uhr an Tor H weiter als die Uhr an Tor V. Dort ist also schon Vergangenheit, was an H noch Gegenwart ist. Eine Nachricht von V nach H, die die Kausalität „Tor H öffnet, wenn Tor V schließt" außer Kraft setzt, würde die Kausalität verletzen. Was möglich ist in Raum und Zeit, zeigt das Minkowski-Diagramm in Abb. 4.7.

Experimente und Konzepte, die obere Geschwindigkeit für Masse, Energie und Information zu brechen, gibt es immer wieder. Bisher jedoch ohne Erfolg. Eines der jüngsten und spektakulärsten war die Meldung italienischer Wissenschaftler, überlichtschnelle Neutrinos beobachtet zu haben. Sie konnten die Resultate ihrer Experimente dann jedoch nicht erhärten, sondern mussten eingestehen, dass eine elektrische Steckverbindung die Ursache für eine ausschlaggebende Signalverzögerung von einigen Nanosekunden war.

Obwohl die Informationsübertragung im Zentrum dieses Gedankenexperiments steht, wollen wir nicht übersehen, dass Information nie energiefrei übertragen wird. Die Information darüber, dass ein Garagentor geschlossen ist, wird mittels eines energetischen Signals übertragen.

Dort wird es wahrgenommen und – gemäß der Intention des Konstrukteurs der Anlage – zutreffend interpretiert. Obwohl nicht offensichtlich, so sind doch Syntax und Semantik – Regeln und die Beziehung von Signalen zur Realität – im Spiel. Die Interpretation des Signals ist offensichtlich semantischer Art. Syntaxregeln liegen vor, da das Signal z. B. in einem vorgegebenen Frequenzbereich des Lichts

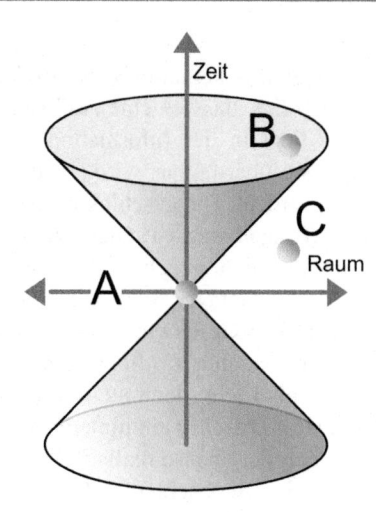

Abb. 4.7 Das Minkowski-Diagramm zeigt, was in Raum und Zeit möglich ist und was nicht. Der Raum – hier nur mit einer Achse X dargestellt – und die Zeit auf der senkrechten Z-Achse werden aus der Sicht von Ereignissen A, B und C dargestellt. Dabei repräsentiert der untere Kegel die Vergangenheit und der obere die Zukunft. Die Gegenwart liegt auf dem Berührungspunkt beider. Alle Punkte im Raum des oberen Kegels können kausal mit dem gegenwärtigen Ereignis A zusammenhängen, so wie dieses auch durch Ereignisse in der Vergangenheit – dem unteren Kegel – verursacht sein kann. Ereignis C hingegen kann nicht durch das Ereignis A verursacht sein, denn zu dem Zeitpunkt, zu dem A sich ereignet, kann C nicht durch Nachrichten mit höchstens Lichtgeschwindigkeit erreicht werden

liegt. Es muss hierfür eine gewisse Stärke aufweisen und auch in vorgegebener Zeit entstehen, um beispielsweise Verwechslungen zu verhindern.

Nun bräuchten uns diese Erkenntnisse aus der Speziellen Relativitätstheorie nicht weiter zu berühren, brächten sie nicht die Information ins Spiel und machten sie sich nicht fundamental beim Zusammenhang zwischen Informationsgeschwindigkeit und Kausalität bemerkbar. Ließe man überlichtschnelle Informationsübertragung zu, geriete die Welt aus den Fugen, weil eine ihrer Grundprinzipien, die Kausalität, nicht mehr gegeben wäre. Wir hätten plötzlich Wirkungen ohne Ursachen und Zeitreisen wären möglich.

4.5 Bizarre Quantenmechanik

Von Beginn an war die Quantenphysik eine Quelle des Staunens. Die Kontroverse darüber, was sie real bedeuten kann, macht das Thema je nach Standpunkt noch interessanter – oder noch ärgerlicher. Die Phänomene, denen man in der Quantenphysik begegnet, haben keine Entsprechung in der klassischen Physik, also in der Physik, die in der Zeit von Isaac Newton bis James Clerk Maxwell geprägt wurde. Sie offenbaren Grundlagen unserer Welt, die bis heute so bizarr erscheinen, dass sie nur schwer oder zum Teil gar nicht einzuordnen sind und so für anhaltende

Diskussionen sorgen. Erstaunlich ist auch, und dies führt uns in diesem Buch auf die Spur der Quantenphysik, dass die Information darin beständig auftaucht, aber nicht befriedigend erklärt werden kann. Information steht bei Quantenphysikern nur selten im Zentrum des Interesses, und folglich sind echte Kontroversen um die Information recht selten. Aus der Retrospektive jedoch wird deutlich, dass ihre Bedeutung besonders in der erkenntnistheoretischen Auseinandersetzung stetig zunahm. Dies ist Anlass, uns hier mit den Aspekten der Information in der Quantenphysik als der Wissenschaft über die fundamentalen Grundlagen des Seins auseinanderzusetzen.

In den 20er-Jahren des vergangenen Jahrhunderts wurde aus der Quantentheorie und -physik die Quantenmechanik. Mit der Quantelung der Welt, die Max Planck und Albert Einstein herausarbeiteten, der Unschärferelation von Werner Heisenberg und dem Welle-Teilchen-Dualismus von Louis de Broglie war ein neues Kapitel in der Physik aufgeschlagen. Man sprach daher auch zunehmend von der „Quantenmechanik", um die „Quantentheorie" bzw. die „Quantenphysik" von der Newton'schen Mechanik, die das Weltbild bis dato dominiert hatte, abzugrenzen. Bei diesem Begriff ist es bis heute geblieben.

Information spielt besonders in der erkenntnistheoretischen Betrachtung der Quantenmechanik eine wichtige Rolle. So wird bei Messungen von Quantensystemen notwendigerweise Information über das zu vermessende System gewonnen. Dabei ist bis heute strittig, wo die Grenze zwischen beobachtetem Objekt und Beobachter verläuft – wenn sie denn überhaupt existiert. Zu einem Quantensystem kann keine vollständige Information gewonnen werden – auch nicht durch noch so viele und präzise Messungen. Es lässt sich immer nur ein Maximum erreichen – dieses ist jedoch notwendigerweise unvollständig. Der amerikanische Physiker Christopher Fuchs schließt hieraus und aus der Tatsache, dass Quantenzustände von Raum-Zeit-Aspekten entkoppelt sind, dass Quantenzustände Informationen sind (Fuchs 2003). Er spricht daher von Quanteninformation und geht so weit, den größten Teil der Quantentheorie als Informationstheorie zu deklarieren (Gilder 2009). Die Sicht, dem Phänomen Information einen größeren Raum in der Physik einzuräumen, ist Teil einer schon länger geführten lebhaften Diskussion und gehört daher zu einer naturwissenschaftlichen Betrachtung von Information und ihrer Bedeutung.

4.5.1 Das Plancksche Wirkungsquantum

Den Entdecker und Namensgeber des 1899 entdeckten Wirkungsquantums Max Planck plagten Zweifel. War die von ihm entdeckte physikalische Größe eine fundamentale Naturkonstante der Physik oder lediglich ein Hilfskonstrukt zur Lösung einer Frage, mit der er sich damals auseinandersetzte? Der konservative preußische Wissenschaftler legte mit seiner Entdeckung immerhin die Axt an die uralte Weisheit, dass die Natur keine Sprünge macht. Diese Aussage galt seit Aristoteles als unumstößlich und wurde u. a. von Isaac Newton, Gottfried Wilhelm Leibniz und Immanuel Kant bestätigt. Das Wirkungsquantum zerlegte die Welt nun in kleinste diskrete Einheiten, die Quanten. Die Welt schien nicht mit kontinuierlichen Prozessen, sondern in diskreten Schritten zu funktionieren. „Kurz zusammengefasst kann ich die ganze Tat als Akt der Verzweiflung bezeichnen. Denn von Natur bin ich friedlich und bedenklichen Abenteuern abgeneigt", meinte Planck nach der Vorstellung seiner Thesen. Da er jedoch weder an seiner Mathematik noch an seinen Messresultaten vorbeikonnte, veröffentlichte er seine Ergebnisse dennoch. Und weil er seine eigenen Resultate anfangs eher als mathematischen Trick denn als eine fundamentale Entdeckung betrachtete und in den folgenden Jahren immer wieder seine Skepsis an ihnen äußerte, wird sein Beitrag zur Begründung der Quantenphysik zuweilen – wie beispielsweise vom populären britischen Physiker Jim Al-Khalili (2003) – geringer eingeschätzt als die von Bohr, Einstein, de Broglie, Heisenberg und Schrödinger. Planck wurde zweifellos zu Recht 1918 mit dem Nobelpreis geehrt und schloss sich später auch den Auffassungen der Quantenmechanik an (Hoffmann 2008).

Die von Planck gefundene Naturkonstante war zunächst rätselhaft und bildete eine radikale Abkehr von der elektromagnetischen Theorie Maxwells, dem Titan der zeitgenössischen Physik. Maxwell verstand die elektromagnetischen Felder als Kontinuum und nicht als eine Konfiguration kleiner Energiepakete. Als Albert Einstein das Plancksche Wirkungsquantum 1905 und 1906 dazu nutzte, die Lichtquanten zu definieren, gab es dann auch von namhaften Kollegen, u. a. auch von Planck, zunächst Opposition. Die Resultate Einsteins waren jedoch allzu überzeugend. Wenn man die Frequenz einer elektromagnetischen Welle mit dem Planckschen Wirkungsquantum multipliziere, so Einstein, erhalte man eine Energie. So warf er mit den Lichtquanten die Vorstellung von Licht als einer kontinuierlichen Welle um – eine Hypothese von Thomas Young, die seit dem Jahr 1802 Bestand hatte.

Die Arbeit zum fotoelektrischen Effekt brachte Einstein gleichfalls 1921 den Nobelpreis. In gewisser Weise entwickelte Einstein später sein Verhältnis zur Quantenphysik genau entgegensetzt zu Planck. Während Planck sie nach anfänglicher Ablehnung akzeptierte, wurde Einstein vom Mitbegründer zum Kritiker wesentlicher Aussagen dieser Theorie.

Erkenntnistheoretisch waren beide Entdeckungen revolutionär, denn schon allein durch sie musste die Physik in ihren Fundamenten neu verstanden werden. Ab jetzt galt, dass die Natur in ihren kleinsten Bestandteilen aus Sprüngen, den Quanten, besteht. Die Konsequenzen waren unabsehbar und natürlich reizte es viele Wissenschaftler, dieses neue Feld zu beackern. Dies war eine besonders aufregende Situation, denn noch bis zum Ende des 19. Jahrhunderts schien die Physik keine Überraschungen mehr bereitzuhalten. Dass es derart heftig kommen würde, hatte bis dato niemand geahnt, und dies war erst der Anfang. Ein Anfang, der auch zum neuen Nachdenken über das Wesen der Information führte.

4.5.2 Was ein Atom darf und was nicht: Das Bohrsche Atommodel

Das Bild vom Atom als einer Art miniaturisiertem Planetensystem hatte sich aus der Vorstellung von einer unteilbaren kleinsten Einheit des griechischen Philosophen Demokrit entwickelt. Das Modell von solchen Einheiten wurde Anfang des 19. Jahrhunderts von John Dalton aufgehoben. Mit der Entdeckung der Radioaktivität entwickelte sich stattdessen die Vorstellung von einem System aus verschiedenen Teilchen, das eine kleinste Einheit bildet. J. J. Thomson entdeckte dann 1897 das Elektron. Man stellte sich nun vor, dieses würde sich – als negativ geladenes Gebilde – in einer positiv geladenen Umgebung aufhalten, wobei die Elektronen in konzentrischen Ringen um einen Kern angesiedelt wären. Damit konnten dann wesentliche Eigenschaften des Atomkerns und seiner Umgebung beschrieben werden. Dieses Planetenmodell war zunächst sehr hilfreich beim Verstehen des Atomaufbaus.

Niels Bohr (1885–1962), dem das Planetenmodell zugeschrieben wird, arbeitete zu jener Zeit mit Ernest Rutherford (1871–1937) in Manchester an einem Modell des Atoms. Rutherford zufolge bestand ein Atom aus einem Kern, der von Elektronen in weit mehr als dem Tausendfachen des Kernradius umrundet wird. Die atomare Welt bestand demnach überwiegend aus materielosem Zwischenraum, also aus Nichts.

Kritische Kollegen meinten, die Elektronen müssten bei der Umrundung des Kerns diesem immer näher kommen und hineinstürzen, denn die negative Ladung der Elektronen würde von dem positiv geladenen Kern angezogen werden. Zu den Kritikern gehörte auch Niels Bohr selbst, der sich daran störte, dass nach der Theorie des Elektromagnetismus ein Elektron bei seinen Umrundungen Licht absorbieren müsste. Dies würde zu Energieverlusten und eben zum Sturz in den Kern führen. Dieser Kollaps der Atome würde in einer billionstel Sekunde vonstattengehen (Al-Khalili 2003). Bohrs Lösung dieses Problems bestand in der Annahme, dass die Materie Strahlungsenergie nur in Paketen, Quanten also, abgibt und in solchen Paketen auch aufnimmt. Atome, so Bohr, seien nicht in der Lage, Energiemengen in kleineren oder größeren Paketen aufzunehmen oder abzugeben. Damit war die Stabilität des Atoms erklärt und das bekannte Bohrsche Atommodell geschaffen, das vielen von uns noch aus der Schule als eine Art Planetensystem mit festen Bahnen für die Elektronen vertraut ist. Diese Erklärung erweiterte auch die Bedeutung der Quanten Plancks, die zunächst nur für die Strahlung warmer Körper galt. Bohr dehnte sie auf jedes Atom im Universum aus. Die wohl wichtigste Erweiterung des Modells kam vom schweizerisch-österreichischen Wolfgang Pauli (1900–1958), der theoretisch nachwies, dass Elektronen sich nur auf bestimmten Bahnen in festgelegter Ordnung aufhalten konnten.

So erweiterungsbedürftig sich Bohrs Modell später erwies, so hilfreich war es zunächst. Das schöne Bild von den herumsausenden Planeten – ein Bild der Physik Newtons – musste zugunsten einer quantenmechanischen Wahrscheinlichkeitsbetrachtung aufgegeben werden. Allerdings konnte Bohr mit diesem veränderten Modell erklären, wie die Spektrallinien entstehen, die Joseph von Fraunhofer bereits 1814 als Identitätsausweis für jedes Element ausgemacht hatte. Schwierigkeiten traten auf, als sich herausstellte, dass sich die Berechnungen kaum auf komplexere Atome als das Wasserstoffatom ausdehnen ließen. Mit diesen dennoch umwälzenden Einsichten Bohrs wurde – aus der Rückschau betrachtet – die erste Phase der Quantenrevolution beendet. Noch Aufregenderes kündigte sich an. Und Bohr stand im Mittelpunkt dieser Entwicklung.

Bohrs Modell wurde durch seine eigenen Arbeiten zur Quantenphysik abgelöst. Das neue Modell, vielfach nach Erwin Schrödinger benannt, verzichtet auf die Umlaufbahnen zugunsten von Wahrscheinlichkeitsräumen, die den Elementarteilchen zugeordnet werden (Abb. 4.8).

Der französische Physiker Jean Baptiste Perrin (1870–1942) bestätigte dann bald Einsteins Hypothese zur sogenannten Brownschen Bewegung von Teilchen und damit auch das Modell vom Atom. Er beschrieb später die weitreichende Bedeutung des Atommodells für das Verständnis von Materie und der Natur als Ganzem. „Das ganze Universum in all seiner außerordentlichen Komplexität", so schrieb Perrin, „könnte durch das Zusammenkommen von elementaren Einheiten, die selbst nur wenigen Elementtypen angehören", aufgebaut sein. Er stellte klar, dass sich aus der Radioaktivität die Veränderbarkeit der Materie ergibt (Weinert 2005). Wieder war mit einer Fundamentalannahme, dass die Welt an sich stabil und unveränderlich ist, aufgeräumt worden. Weil auch das Bohrsche Atommodell sehr bald durch die Quantenphysik in Frage gestellt wurde, vergisst man schnell, welche Revolution durch die Akzeptanz dieses Modells vollzogen wurde. Das Atommodell zwang dazu, wie vorher bereits beim Äther, von lieb gewonnenen Wahrheiten Abschied zu nehmen. Jetzt gab es nur noch wenige Bausteine, aus denen die Welt zu bestehen schien.

Die unglaublich komplexe Welt war einerseits plötzlich sehr viel einfacher geworden, denn sie setzte sich aus einer nun überschaubaren Zahl von Elementen zusammen. Dies galt gleichermaßen für die lebendige und die nicht belebte Natur. Auf der anderen Seite wies bereits Perrin darauf hin, dass die Eigenschaften der Atome auch die bis dato unumstößliche Mechanik Newtons in Gefahr brachten. Max Planck hatte schließlich schon 1900, also Jahre vorher und zu seinem eigenen

Rutherford   Bohr   Schrödinger

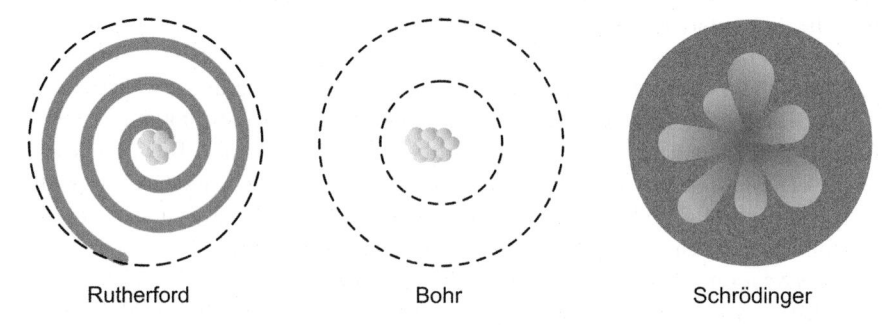

Abb. 4.8 Atommodelle: Im Rutherford-Modell stürzen die Elektronen in den Kern, im Bohrschen Modell befinden sie sich auf festen Bahnen um den Kern und mit Schrödingers Wellengleichung muss von Aufenthaltswahrscheinlichkeiten ausgegangen werden

offensichtlichen Missvergnügen, seine Forschungsergebnisse dahin gehend interpretieren müssen, dass die Natur Sprünge macht – seine Quantensprünge eben. Albert Einstein haderte mit den von ihm postulierten Lichtquanten nicht weniger. Er schrieb: „All meine Versuche, das theoretische Fundament der Physik diesen Erkenntnissen anzupassen, scheiterten aber völlig. Es war, wie wenn einem der Boden unter den Füßen weggezogen worden wäre, ohne dass sich irgendwo fester Grund zeigte, auf dem man hätte bauen können."

4.5.3 Zufall aus Prinzip statt vertrauter Kausalität

Mit der statistischen Thermodynamik zog der Zufall als Prinzip der Natur in die Physik ein. Das Boltzmann-Prinzip legt Entropie als Wahrscheinlichkeit, ein System in einem bestimmten Zustand vorzufinden, fest. Die maximale Entropie liegt in einem Gesamtzustand vor, wenn die höchste Zahl der Mikrozustände realisiert ist und dieser Zustand also der Wahrscheinlichste ist. Damit wird die Verbindung zwischen Makrosystem und lediglich statistisch erfassbaren Mikrosystemen hergestellt. In Boltzmanns statistischer Interpretation des Zweiten Hauptsatzes ist eine Abnahme der Entropie nicht prinzipiell ausgeschlossen. Es bleibt ein Weg zurück, wenn auch in unserer Makrowelt mit Wahrscheinlichkeiten, die ein Auftreten praktisch ausschließen.

Dennoch: Eine zerbrochene Tasse wird sich nicht selbst wieder zusammensetzen, den verschütteten Tee wieder aufnehmen und in die Hand des Besitzers zurückspringen. Völlig ausgeschlossen ist es zwar nicht, aber die Wahrscheinlichkeit dafür ist unglaublich gering. Viel wahrscheinlicher ist, dass der Zustand maximierter Entropie, also Tasse zerbrochen, Tee verschüttet und abgekühlt usw., eingenommen und eingehalten wird. Die Wahrscheinlichkeit selbst hatte sich durch diese Betrachtungen als Element der Realität etabliert. Für Max Planck war dies eine Kröte, die er schlucken musste, wollte er seine Theorie der Schwarzkörperstrahlung – die Grundlage für das Plancksche Wirkungsquantum und damit der Quantenphysik – aufrechterhalten. Konservativer Physiker der er war, tat er sich jedoch enorm schwer mit dem Gedanken, dass die Welt nicht mehr, wie seit Newton selbstverständlich, ausschließlich deterministisch, sondern mit Zufall behaftet ist.

Als nächsten traf es Einstein, der mit seiner eigenen Entdeckung der Lichtquanten die strikte Kausalität der klassischen Physik verwerfen musste. Niels Bohr hatte bereits früher entdeckt, wie die Wechsel von Elektronen von einem zu einem anderen Energielevel in einem Atom geschehen. Sowohl das Emittieren eines Lichtquants oder Photons beim Wechsel von einem höheren zu einem niedrigeren Energielevel als auch das Absorbieren eines Lichtquants durch Wechsel eines Elektrons zu einem höheren Energielevel und der Übergang des Atoms in einen nunmehr angeregten Zustand waren bekannt. Auf dem von Einstein entdeckten dritten Weg absorbiert ein bereits angeregtes Atom ein Photon und gibt ein Lichtquant ab. Das abgegebene Photon ist energetischer als das absorbierte. Man hat also eine Art Lichtverstärker. Diese Erkenntnisse führten einige Jahrzehnte später zur Erfindung des Lasers. Einstein konnte sich allerdings nicht damit abfinden, dass er den Zeitpunkt des Emittierens der Lichtquanten und die Austrittsrichtung nicht bestimmen konnte, denn er musste nun Kausalität durch Zufall und Wahrscheinlichkeit ersetzen. In einem Brief an den Göttinger Physiker Max Born (1882–1970) schrieb er 1920, dass er sehr unglücklich wäre, wenn er die Kausalität komplett aufgeben müsste (Kumar 2009).

Mit der Quantenmechanik wird in der Tat der Bruch zur klassischen Physik mit seinem Determinismus vollzogen. Bisher war man von der Möglichkeit ausgegangen, deterministische, also exakt vorhersagbare Abläufe nicht nur vor sich zu haben, sondern sie, im Prinzip jedenfalls, auch berechnen zu können. Wie schon erwähnt, herrschte in den Blütezeiten des Determinismus die Meinung vor, dass es die Mathematik der Naturgesetze erlaubt, einen beliebigen Endzustand zu berechnen, wenn nur genügend Informationen über die Ausgangssituation vorliegen. Der Dämon des französischen Mathematikers Pierre-Simon Laplace (1749–1827) ist hierfür ein Beispiel. Diesen Dämon, wie auch der Maxwellsche Dämon ein gedachtes Wesen mit überragenden Fähigkeiten, konnte man gedanklich mit solchem Wissen ausstatten. Ein Satz Billardkugeln nach dem Anstoß ist eine gute Illustration dieses Anspruchs. Der Dämon hätte ihre Bewegungen spielend mit Newtons Gesetzen nur aufgrund ihrer Position und Beschleunigung für alle Zeit berechnen können. Auch wenn die Berechnung des Verhaltens vieler Körper zueinander, z. B. in der Astronomie, noch heute eine nicht bewältigte Herausforderung ist. Zu Zeiten von Laplace war man erkenntnistheoretisch überhaupt weitgehend davon überzeugt, dass es einen großen Uhrmacher geben müsse, der das Universum einmal aufgezogen hatte. Und seitdem liefe es genauso vorhersehbar – und berechenbar – wie ein Uhrwerk ab. Diese Vorstellung kam mit Heisenbergs Unschärferelation an ihr Ende.

Die Wellengleichung von Erwin Schrödinger schlug eine weitere Bresche in die geordnete und vorhersagbare Welt des Determinismus. Mit ihr ließen sich – so eine weit akzeptierte Interpretation des Göttinger Physikers, späteren Nobelpreisträgers und Zeitgenossen Schrödingers, Max Born – die Eigenschaften von Teilchen und Teilchensystemen mit Wahrscheinlichkeiten berechnen. Welches Ergebnis sich schlussendlich in einer Messung realisiert, hängt vom Zufall ab. Diese Erkenntnis gefiel nicht jedem. Born erhielt 1926 einen Brief von Einstein mit dem berühmt gewordenen Schlusssatz, dass Gott nicht würfele: „Die Quantenmechanik ist sehr Achtung gebietend. Aber eine innere Stimme sagt mir, dass das noch nicht der wahre Jakob ist. Die Theorie liefert viel, aber dem Geheimnis des Alten bringt sie uns kaum näher. Jedenfalls bin ich überzeugt, dass der nicht würfelt." Einstein war und blieb skeptisch, was diese und andere Eigenschaften der Quantenmechanik anging, die er nicht mit der klassischen Physik vereinen konnte. Der Widerspruch ließ nicht lange auf sich warten und die folgende Replik von Niels Bohr illustriert ihn gut: „Aber es kann doch nicht unsere Aufgabe sein, Gott vorzuschreiben, wie Er die Welt regieren soll", antwortete er Einstein. Für diesen war die Quantenmechanik eine vorübergehende und nicht endgültige Theorie. Das sah Bohr ganz anders. Die Diskussion hatte angefangen und sollte in den Folgejahren ungeahnte Ausmaße und Schärfen annehmen (Heisenberg 1969). Der Dialog zwischen Bohr und Einstein kann sicher als einer der fruchtbarsten der Wissenschaftsgeschichte gelten.

Mit dem Verlust des Determinismus als bestimmender Weltsicht kam die Überzeugung von der exakten Berechenbarkeit der Welt abhanden, und wohl auch das Gefühl des Ausgeliefertseins an eine ratternde Weltmaschine. Es wurde Platz geschaffen für die Auffassung, dass über den Zufall die Freiheit auf fundamentaler Ebene in der Welt verankert ist. Wenn „Wahrscheinlichkeiten" das Voranschreiten des Weltablaufs bestimmen, dann ist es lohnenswerter als je zuvor, mit dem freien Willen – der mit Wahrscheinlichkeit erst möglich wird – einzugreifen.

Eine Grafik im Stil des Künstlers Roy Lichtenstein mit einem jungen, telefonierenden Paar zierte 1998 die Titelseite der Fachzeitschrift *Physics World*. „Oh Alice" – Alice ist der bevorzugte Name für einen von zwei Kommunikationspartnern in Quantenexperimenten –, versichert Bob, „du bist die Eine für mich". Alices Antwort an Bob – Bob wiederum ist der bevorzugte Name für den Zweiten Partner – ist von Unsicherheit geprägt: „Aber Bob, in einer Quantenwelt, wie können wir sicher sein." Im Hintergrund des Bildes, auf einer Labortafel, ist „ψ", das Symbol der Gleichung Ernst Schrödingers, zu sehen.

In der Tat hat der Zufall seine beunruhigenden Seiten. Wenn jede Messung das Messobjekt quantenmechanisch stört, dann ist es nicht mehr ganz so einfach, den Platz des Messenden zu definieren. Der Messende besteht auch aus Teilchen, die mit der Messapparatur und über sie mit dem Messobjekt interagiert. Wo, und das ist dann schon die nächste Frage, liegt die Grenze zwischen der von uns erfahrenen klassischen Welt und der Quantenwelt? Gibt es diese Grenze überhaupt?

Trost mag man darin finden, dass die Quantenmechanik zwar „nur" Vorhersagen aufgrund von Wahrscheinlichkeiten treffen kann, aber damit nicht das Chaos ausbricht. Messungen beziehen sich zwar nicht mehr auf einen fixen klassischen Zustand vor einer Messung sondern auf wahrscheinliche Zustände. Das Messergebnis ist dann zwar zufällig, jedoch nicht ohne Bezug auf eine dennoch vorhandene große Menge Struktur und Ordnung in der zeitlichen Entwicklung der vermessenen Systeme (Kofler und Zeilinger 2013).

Bei all dem geht es auch um das Wissen und die Information über den Zustand des Messobjekts, die Vorgänge bei der Messung und folglich darum, wie wir Informationen über die Welt gewinnen können. Die Unschärferelation – zusammen mit anderen quantenmechanischen Eigenschaften – löste eine heftige Debatte über die Interpretation von Realität aus.

4.5.4 Zwei in eins und überall: Die Realität der Quanten

Die Quantenmechanik schuf ein völlig neues Bild von der Realität. Die vertrauten Eigenschaften von Körpern im Raum, nämlich dass sie sich z. B. in dessen Grenzen aufhalten und an einen Ort gebunden sind, gehörten zu den Vorstellungen, die aufgegeben werden mussten. Auch dass Körper voneinander getrennt sind und einen festen Platz im Raum haben. So wollte es die Physik bis dato. Die Quantenmechanik kam zu anderen Ergebnissen und man hatte es zudem, wie Einstein sich ausdrückte, mit „spukhaften Fernwirkungen" bei der Verschränkung zu tun. Mit seinem Diktum „Gott würfelt nicht" machte er seinem Ärger über die offenbare Unvereinbarkeit der neuen und von ihm mitbegründeten Physik Luft. Da er aber selbst – u. a. mit seinen Relativitätstheorien – der Anschaulichkeit der klassischen Physik einen heftigen Stoß versetzt hatte, konnte man ihm kaum das Etikett anheften, stur im Alten verhaftet zu sein. Und er war in bester Gesellschaft. Der Physiker und Nobelpreisträger Richard Feynmann (1918–1988), selbst Begründer einer Quantentheorie, meinte lakonisch: „Wer sagt, er versteht die Quantenphysik, der hat sie nicht wirklich verstanden." Die Quantenmechanik hatte die Welt auf den Kopf gestellt – und Feynmans Satz gilt wohl heute noch.

Superposition und Verschränkung
Dass Licht aus masselosen Teilchen, den Photonen, bestehen sollte, wie Einstein es 1905 beschrieb, wurde vom französischen Physiker Louis de Broglie (1892–1987) schon bald wieder infrage gestellt. Der spätere Nobelpreisträger postulierte, dass Teilchen auch Welleneigenschaften haben müssten und umgekehrt Wellen auch Teilcheneigenschaften. Je nachdem, welchen Blick man auf die Wirklichkeit werfe, bestehe sie, so de Broglie, aus Wellen, aus Teilchen oder einer Mischform. Ob Teilchen oder Welle liegt also im Auge des Betrachters. Dies gilt konsequenterweise nicht nur für Elementarteilchen (oder deren vielfältige Bestandteile wie Quarks, Leptonen etc.), sondern auch für makroskopische Alltagsgegenstände wie einen Stuhl oder eine Ente. Damit verlor die Physik eine weitere Sicherheit. Die Wirklichkeit verschwamm zunehmend in janusköpfiger Unbestimmtheit zwischen Welle und Teilchen. Die Sache wurde noch undurchsichtiger, als ein Experiment, der Doppeltspaltversuch, zeigte, dass einzelne Teilchen Interferenzmuster, die bisher für Wellen reserviert waren, erzeugen konnten. Physiknobelpreisträger Richard Feynman nannte diesen Versuch mit gehörigem Understatement „das einzige Mysteriöse" an der Quantenphysik.

Teilchen sind Wellen und Wellen sind Teilchen
Es war ein ganz neues Verständnis von Realität gefordert. Das entwickelte sich auch, allerdings als konkurrierende Weltsicht. Zur Janusköpfigkeit der Realität, gleichermaßen aus Teilchen und Wellen bestehend, kam die Realität des Zufalls hinzu. Damit ging auch das Bild von der Welt als Uhrwerk verloren. Die Zukunft liegt in der Quantenmechanik nicht mehr deterministisch fest, sondern alles ist offen, weil der Zufall regiert. Er macht sich auf fundamentaler Ebene, eben auf der Ebene der Quanten, bemerkbar.

Damit war auch die Diskussion über die Freiheit des Menschen und die Frage, ob er durch seine Entscheidungen die Zukunft bestimmen kann oder ihr ausgeliefert ist, neu eröffnet. Erkenntnistheoretisch kann der Beginn dieser Spaltung der Weltsicht im Jahr 1924 verortet werden. Damals wandte sich der Doktorvater des am Beginn seiner wissenschaftlichen Karriere stehenden französischen Adligen Louis-Victor-Pierre-Raymond, siebter Duc de Broglie, kurz Louis de Broglie, an Albert Einstein. De Broglie postulierte, dass Photonen Wellen seien, eben das, was Einstein 20 Jahre vorher als Teilchen definiert hatte. De Broglie lehnte das Verständnis von Photonen als Teilchen jedoch nicht ab. Vielmehr hielt er beides – so widersprüchlich das erschien – für wahr und der Realität entsprechend.

De Broglies These führte zum Welle-Teilchen-Dualismus. Er konnte damit die Beziehung zwischen der Bahnstabilität und dem Bahnumfang der Elektronen im Bohrschen Atommodell zeigen. Erkenntnistheoretisch jedoch kam er zu einer neuen Sicht der Welt. Der Dualismus, so de Broglie, sei auf jede Materie anzuwenden und erlaube es, ein Molekül ebenso wie einen Fußball oder einen Planetenhaufen als Welle und auch als Teilchenansammlung zu verstehen und zu beschreiben.

Für de Broglie war die Erscheinungsform eines Teilchens oder einer Welle letztlich abhängig von der Art der Messung. Die Messung von Teilchen brachte Teilcheneigenschaften und die von Wellen Welleneigenschaften zutage. Er postulierte damit eine Welt, in der Materie sich faktisch nicht nur aufgelöst hatte, sondern die Intention eines Betrachters darüber bestimmt, ob in einer konkreten Situation Welle oder Teilchen vorliegen. Wenn im Folgenden von Teilchen die Rede ist, dann geschieht dies unter Berücksichtigung der Erkenntnisse von de Broglie, dass sich diese auch als Welleneigenschaften darstellen lassen. Teilchen können Frequenz und Wellenlänge zugeordnet werden und sind fähig zur Herstellung von Interferenzmustern, wie sie bei Wasserwellen und elektromagnetischen Wellen zu beobachten sind. De Broglie schloss aus der Verbindung zwischen Masse und Energie, die Einstein in seiner Formel $E = m\, c^2$ herstellte, und der Verbindung zwischen Energie und einer Wellenfrequenz, die aus Plancks Formel $E = h\, f$ (E: Energie, f: Frequenz, h: Plancksches Wirkungsquantum) hervorgeht, dass Masse eine Wellennatur besitzen muss. Diese Erkenntnis war ein entscheidender Teil der Promotionsschrift von de Broglie. Seine universitären Gutachter an der Pariser Sorbonne waren jedoch skeptisch. Einer von ihnen, Paul Langevin, fragte Einstein nach seiner Meinung. Die hätte kaum positiver ausfallen können: „Er hat eine Ecke des großen Schleiers gelüftet", schrieb Albert Einstein zurück, der die weitreichende Bedeutung der Arbeit de Broglies sofort erkannt hatte.

Superposition

Mit dem Begriff Superposition beschreibt man einen quantenmechanischen Zustand von einem Teilchen (Photon, Elektron, Atom etc.) vor der Messung. Mit einer Messung wird dieser Zustand auf die klassische Realität geführt, ein Vorgang, der Dekohärenz genannt wird. Ein Teilchen kann in Superposition – auch dies wurde vielfach experimentell bestätigt – gleichzeitig in sich gegenseitig ausschließenden Zuständen sein. Damit sind Zustände der klassischen Physik gemeint. Es kann beispielsweise an verschiedenen Orten gleichzeitig sein und verschiedene Polarisationsrichtungen aufweisen. Alles löst sich jedoch auf, wenn eine Messung vorgenommen und damit ein von uns als konkret wahrgenommener Zustand eingenommen wird. In welchem konkreten Zustand, hängt von der Art der Messung ab und vom Zufall (Seife 2007).

So ganz fremd ist diese Erscheinung der klassischen Physik jedoch nicht. Man kennt sie von vielen Wellen, seien es Wasserwellen oder elektromagnetische Wellen. Stellen wir uns einen Teich vor, in den ein Kind einen Stein wirft. Der Stein erzeugt gleichmäßige kreisförmige Wellen, die sich auf der Oberfläche des Teiches ausbreiten. Werfen jedoch viele Kinder viele Steine in den Teich, gerät die Wasseroberfläche in heftige Unruhe. Die Wellenberge addieren sich oder heben sich auf. Dort, wo zwei Wellentäler aufeinandertreffen, addiert sich gleichfalls die Wirkung zugunsten eines tieferen Wellentals: Ein Vorgang, der als Interferenz bezeichnet wird. Ähnliches geschieht in bestimmten quantenmechanischen Experimenten am Schirm, auf dem die „Teilchen" auftreffen – wir nennen diese doppelgesichtigen Partikel, die gleichzeitig Wellen- und klassische Teilcheneigenschaften aufweisen, weiter so. Wie an der Oberfläche des Teiches zeigen sich auch hier Interferenzmuster.

Nicht nur, dass ein Teilchen sich gleichzeitig mit verschiedener Geschwindigkeit bewegt. Es ist auch an mehreren Orten gleichzeitig. Die Wahrscheinlichkeit dafür kann für mehrere Orte gleich sein oder aber auch unterschiedlich. Dieser Zustand, den wir in unserer Naturwahrnehmung nicht erleben, ist dennoch real. Man kann ihn beispielsweise mit einem Inferometer messen, einem Messgerät, mit dem ein Teilchen auf verschiedenen Wegen gleichzeitig ausgesandt wird. Beim Empfang des Teilchens – das übrigens ein Elektron, ein Photon oder ein anderes Teilchen sein kann – entsteht ein Signal, das als Beweis dafür gilt, dass dieses Teilchen auch wirklich beide Wege gleichzeitig genutzt hat (Al-Khalili 2003).

In einem Inferometer (Abb. 4.9) werden die Teilchen auf einen halbdurchlässigen Spiegel gelenkt, sodass die Hälfte der Teilchen hindurchgeht und die andere Hälfte abprallt. Beide Teilstrahlen werden jetzt über zusätzliche Spiegel weitergeleitet und treffen schlussendlich auf einen gemeinsamen Detektor. Reduziert man nun die Intensität des eingespeisten Teilchenstrahls so weit, dass sich jeweils nur ein Teilchen im System befinden kann, würde man klassischerweise annehmen, das Teilchen nähme einen der zwei möglichen Wege. Allerdings ist dem nicht so. Das Interferenzmuster zeigt, dass zwei Wellen

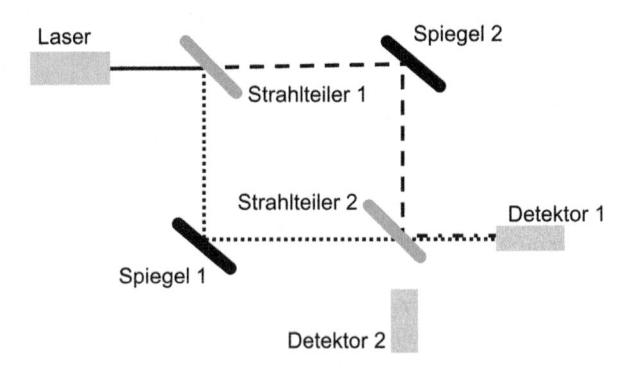

Abb. 4.9 Mach-Zehnder-Inferometer: Die gezeigte Prinzipkonfiguration illustriert seine Funktionsweise. Zwei Strahlteiler und zwei Spiegel bestimmen den Weg eines ausgesandten Teilchens. Im Ergebnis empfängt der Detektor 1 ein verstärktes Signal – aufgrund der positiven Überlagerung zweier Wellenberge – und Detektor 2 geht leer aus, weil sich hier Wellenberg und Wellental jeweils aufheben. Daraus darf geschlossen werden, dass ein vom Laser ausgesandtes Teilchen beide Wege in Superposition gleichzeitig durchläuft

interferiert haben müssen. Dies können nur die beiden Wellen des einen Teilchens sein, die über beide Wege gleichzeitig, aber dennoch getrennt, das Ziel erreicht haben. Das Teilchen – als Welle – nutzt beide Wege gleichzeitig und interferiert am Schluss an Detektor 1 mit sich selbst. Dies, so die Erklärung, sind die beiden Wellenfunktionen des getrennt laufenden Teilchens – dessen Aufenthaltswahrscheinlichkeiten ja in der Tat auf beide Wege verteilt war, die sich am Schluss zu einer dritten Wellenfunktion addierten.

Verschränkung
Eng verwandt mit der Superposition ist das Phänomen der Verschränkung. Nach entsprechender Präparierung sind Teilchen nicht mehr als separate Teilchen mit lokalen Eigenschaften wahrnehmbar. Vielmehr sind ihre Quantenzustände korreliert. Die Messung von einer Eigenschaft wie z. B. dem Spin (Eigendrehimpuls) an Teilchen A (er sei *spin up*) bringt das korrelierte Messergebnis an Teilchen B (dann *spin down*) mit sich. Vor der Messung an Teilchen A ist nicht bekannt, was gemessen wird, und dennoch ist unmittelbar (instantan) bekannt, in welchem Zustand sich das beliebig weit entfernte Teilchen B befindet. Der Zusammenhang entsteht also ohne Verzögerung (Abb. 4.10).

Für die Verschränkung ist es erforderlich, dass die beteiligten Teilchen in Superposition sind – dies bedeutet, mit klassischen Verfahren bzw. in der klassischen Physik gibt es keine Verschränkung. Und doch nehmen „klassische Objekte", wie bei großen Molekülen nachgewiesen, den Zustand der Superposition und Verschränkung ein. Neben Superposition und Verschränkung ist die scheinbar unbegrenzte Geschwindigkeit, mit der nach der Messung ein korrespondierender Zustand an den anderen Teilchen hergestellt wird, bemerkenswert. So bemerkenswert, dass Einstein, der ja schließlich die maximale Geschwindigkeit für die Übertragung von Information in seiner Relativitätstheorie festgelegt hatte, sie rundweg als „spukhafte Fernwirkung" ablehnte. Er störte sich besonders daran, dass diese Situationen weder lokal noch realistisch bzw. separierbar seien, wie er es formulierte. Zur Verschränkung gehört, dass der gemeinsame Zustand vormals separater Teilchen nicht getrennt beschreibbar oder behandelbar ist. Die Trennung ist aufgehoben. Die Beschreibung eines Teilchens setzt hier die Berücksichtigung des anderen voraus. Ähnlich wie bei den Quantenzuständen individueller Teilchen, also der Superposition, ist ein verschränkter Zustand mehrerer Teilchen als Summe von definierten Werten beobachtbarer Eigenschaften (Eigenwerte) nach einer Messung zu verstehen. Eine Messung zerstört die Verschränkung durch Dekohärenz.

Zerfällt also ein Teilchen in ein Paar verschränkter Subteilchen, steht mit einem Messergebnis, das an einem Subteilchen gewonnen wird, ohne Zeitverzögerung auch der Zustand des anderen Subteilchens fest. Das Ergebnis der Messung an einem Subteilchen ist dabei rein zufällig. Diese Fernwirkung ist insbesondere auch vorhanden, wenn die Subteilchen so weit auseinander sind, dass ein Messergebnis an einem Teilchen unmöglich dem anderen Teilchen hätte mitgeteilt werden können. Diese instantane Fernwirkung sorgte für viele Irritationen, wurde aber experimentell bestätigt.

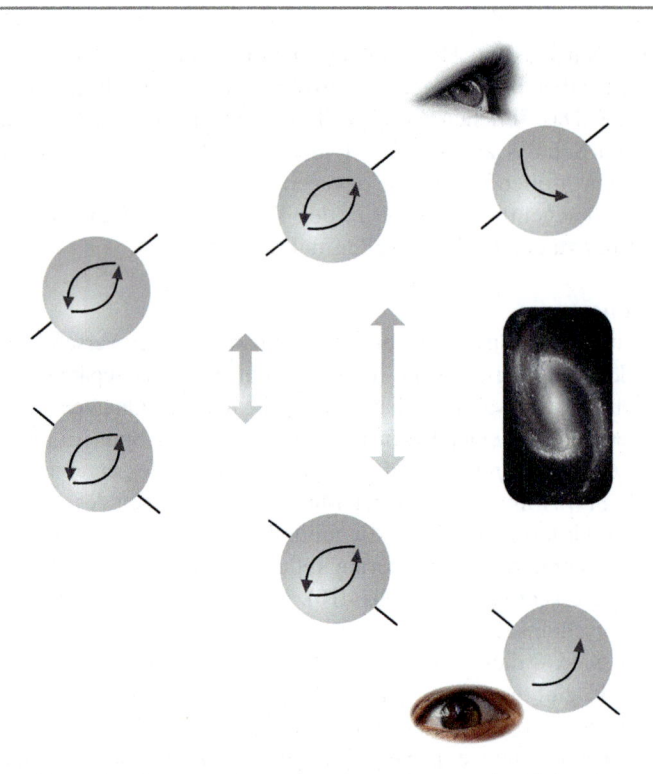

Abb. 4.10 Zwei verschränkte und sich voneinander wegbewegende Teilchen haben einen unbestimmten Eigendrehimpuls, den Spin. Letztlich sind sie simultan horizontal und vertikal (oder *up* und *down*). Sofort aber mit einer Messung – und das heißt hier ohne Zeitverzögerung – wird nicht nur der Spin des gemessenen Teilchens „festgelegt", sondern auch der seines Partners. Dabei kann das Partnerteilchen beliebig weit entfernt sein, es können Galaxien zwischen diesen beiden Teilchen liegen

Das Quantensystem ist demnach weder lokal, denn was an Teilchen A gemessen wird, legt auch Teilchen B fest, noch separierbar, denn die Teilchen bilden bis zu einer Messung eine quantenmechanische Einheit. Beide Eigenschaften, die Lokalisierbarkeit und die Separierbarkeit, waren für Einstein Kriterien der Realität. Er sollte sich damit irren.

Die Verschränkung irritierte. Sie ist schließlich eine Art Verbindung zwischen Teilchen, die gemeinsam ein Gesamtsystem bilden, und die bei einer Störung von außen, wie beispielsweise einer Messung, verschwindet. Teilchen befinden sich in der Verschränkung nicht an einem bestimmten, messbaren Ort, sondern gleichzeitig an allen Orten, an denen die Schrödingergleichung nicht Null ergibt. Das Quadrat des Wertes der Wellenfunktion wird als eine Wahrscheinlichkeitsverteilung verstanden. Wird nun der Ort eines Teilchens gemessen, bricht die Wellenfunktion zusammen und das Teilchen wird gewissermaßen an einer bestimmten Stelle geschaffen. Wie dies passieren soll, blieb bisher offen. Diese Interpretation der

Wirklichkeit bildete die Grundlage der „Kopenhagener Deutung", der bis heute dominierenden Interpretation der Quantenmechanik, die dem einflussreichen Physiker und Einsteinopponenten, dem Dänen Niels Bohr, zu Ehren so genannt wurde.

Die nichtlokale Eigenschaft der Verschränkung verschärfte die Situation noch. Sie erlaubt es, Zustände instantan – also ohne Verzögerung – an beliebig weit entfernten Orten herbeizuführen, ohne die Relativitätstheorie zu verletzen. Das heißt, dass dieser Vorgang nicht an die Lichtgeschwindigkeit gebunden ist, wohl aber die Übertragung von Informationen. Beim instantanen Vorgang selbst wird demnach keine Information übertragen und dennoch wirkt er beliebig weit.

Experiment: Der Doppelspaltversuch

Der Welle-Teilchen-Dualismus der Quantenmechanik und darüber hinaus die Superposition sowie die Verschränkung können im Doppelspaltexperiment sehr schön verdeutlicht werden. Der Versuchsaufbau für Untersuchungen zum Welle-Teilchen-Dualismus und darüber hinaus zum Messproblem und zur quantenmechanischen Realität brachte viele der bizarren Eigenschaften quantenphysikalischer Systeme ans Tageslicht. Der Doppelspaltversuch zeigt die Wirkungen der quantenmechanischen Eigenschaften der Superposition und der Verschränkung und erregte so viel Aufsehen und warf so viele neue Rätsel auf, dass er noch 2002 von den Lesern des naturwissenschaftlichen Magazins *Physics World* zum schönsten Experiment überhaupt („most beautiful experiment") gekürt wurde.

> Der Aufbau des Doppelspaltexperiments kam nicht von ungefähr, denn bereits 1802 hatte der englische Wissenschaftler Thomas Young (1773–1829) mit einem ähnlichen Experiment gezeigt, dass Licht aus Wellen besteht. Dies hatte Einstein dann revidiert und Licht als aus Lichtquanten bestehend definiert. Nun, 1927, also wieder Wellen. Welche Version entsprach der Wahrheit bzw. der physikalischen Realität?
>
> Was zu erwarten ist, wenn man einen hinreichend engen Spalt mit Photonen oder Elektronen beschießt, wusste man sehr genau, nämlich etwas Ähnliches wie beim Beschuss eines Spalts mit Kugeln. Ein Schirm, der hinter dem Spalt angebracht ist und die Kugeln aufnimmt, zeigt ein typisches Verteilungsmuster. Man erhält einen in der Mitte sehr stark ausgeprägten und an den beiden Außenbereichen schwächer werdenden Streifen mit Einschlägen. Es ergibt sich beim genaueren Hinsehen eine Gauß-Verteilung. Diese findet man auch – dann als Leuchtstreifen –, wenn man Elektronen auf einen Spalt schießt und sie auf einen fotoempfindlichen Schirm treffen lässt. Beim Experiment mit zwei Spalten (die eng genug beieinanderliegen) sieht das anders aus. Wären es wieder die kleinen Kugeln, würde man zwei nebeneinander liegende oder – je näher die Spalte zusammenliegen – überlagerte glockenförmige Verteilungskurven erwarten (Abb. 4.11). Nicht so beim Experiment mit Elektronen. Mit ihnen erhält man stattdessen ein Muster, das dem einer Welle gleicht, die durch zwei Spalte geht und deren Wellenberge und -täler sich auf der anderen Seite addieren oder subtrahieren. Es

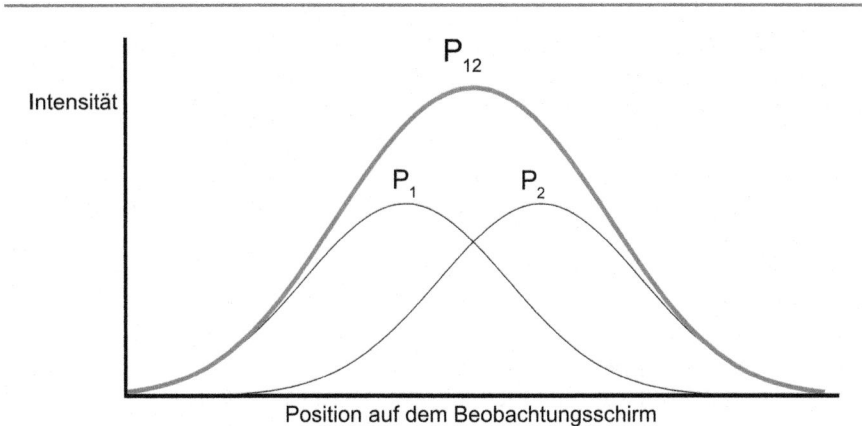

Abb. 4.11 Der klassische Doppelspaltversuch mit einzelnen Objekten. Durch zwei Schlitze fliegen Objekte wie z. B. Gewehrkugeln. Diese verursachen jeweils eine der beiden Verteilungen P1 und P2. Die Auftreffwahrscheinlichkeiten sind auf der Geraden zwischen der Quelle der Objekte und dem Schirm gegenüber der Mitte der Schlitze am höchsten. Die äußere Kurve gibt die Gesamtverteilung wieder. P1 und P2 geben die jeweiligen gemessenen Verteilungen der Eintreffintensitäten auf einem Schirm hinter den Schlitzen wieder. P12 bezeichnet die errechnete Gesamtverteilung mit einem Maximum hinter der Mitte zwischen den Schlitzen

zeigt sich ein typisches Interferenzmuster auf dem Schirm. Die Elektronen verhalten sich also nicht wie ein Strahl von Teilchen, sondern wie eine Welle in Interferenz. Elektronen weisen folglich offenbar Welleneigenschaften auf.

Völlige Verblüffung trat ein, als man die Zahl der Elektronen, die gerade unterwegs waren, so weit verringerte, dass nur noch jeweils ein Elektron im System war. Erneut wurde nach und nach ein Interferenzmuster erzeugt. Es war, als ob jedes der Elektronen, die jeweils im System waren, einzeln und gleichzeitig durch beide Spalte gingen und anschließend mit sich selbst interferierten, um dann ein kompliziertes Interferenzmuster zu erzeugen (Abb. 4.12). Einzelne Elektronen, die sich als Teilchen auf den Weg machen, kommen ganz offensichtlich als Welle an. Fragen wie „Wo findet diese Metamorphose statt?" oder „Kann man den Vorgang messen?" und vor allem „Warum ist das so?" stellten sich den Physikern mit ganzer Brisanz, denn hier war das ganze bisherige Verständnis von Realität unmittelbar berührt.

Man begann zu messen – und scheiterte. Weder der Vorgang selbst noch der Ort der Verwandlung vom Teilchen zur Welle ließ sich klären oder bestimmen. Jedes Mal, wenn man versuchte – wie trickreich auch immer – das Elektron (oder ein Photon oder anderes Teilchen) auf seinem Weg durch die Spalte zu stellen, konnte man zwar das Elektron messen, zerstörte aber auch das Interferenzmuster. Einige Beobachter, darunter auch der Mitbegründer der Quantenphysik Niels Bohr, begegneten dem Problem mit einem Schulterzucken. Man müsse die Komplementarität dieser Elementarteilchen akzeptieren, so Bohr. Sie seien beides zugleich: Welle und Teilchen. Würde

4.5 Bizarre Quantenmechanik

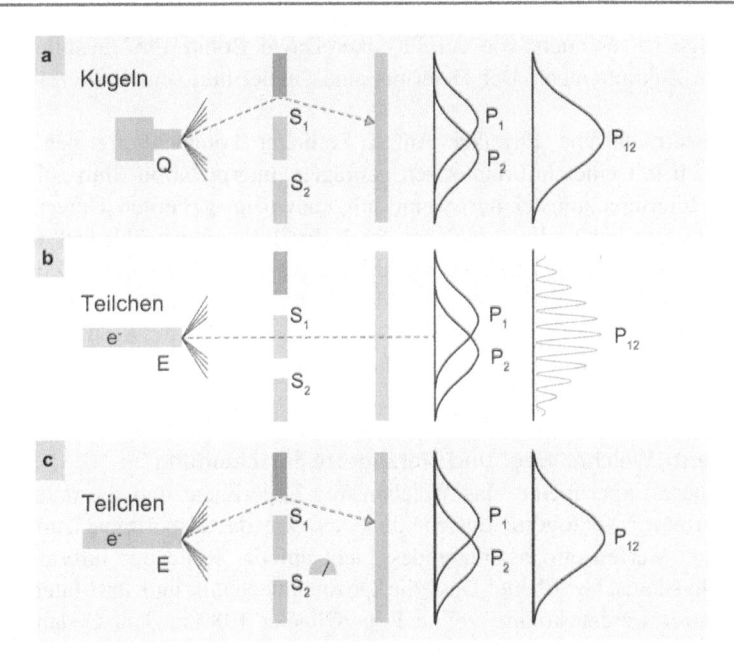

Abb. 4.12 Der Doppelspaltversuch mit Teilchen. Die illustrierte Intensitätsverteilung kommt aufgrund der Häufigkeit des Eintreffens von Teilchen auf einem Schirm zustande. **a** Es wird die bereits erläuterte Verteilung der Aufschlagorte von Kugeln (bzw. von vergleichsweise massiven Objekten) auf dem Schirm hinter den Schlitzen sichtbar. **b** Es zeigt sich ein Interferenzmuster als Resultat des Aussendens von Teilchen (hier Elektronen). Dieses Muster wird auch dann erzeugt, wenn lediglich einzelne Teilchen im System sind. Es gibt also nicht nur Interferenz zwischen Teilchen, sondern Teilchen interferieren auch mit sich selbst. **c** Hier wird eine Messapparatur eingebracht, um den Weg der Teilchen zu ermitteln. In der Konsequenz verschwindet das Interferenzmuster

> man die eine Eigenschaft messen, entzöge sich die andere Eigenschaft dem Messvorgang, ja, sie würde geradezu aufgehoben. Das Teilchen als Elektron habe eine Ergänzung – ein Komplement – als Welle und umgekehrt. Dieses Komplementaritätsprinzip – wie Bohr es nannte – sei Teil der Natur und durch Messungen nicht weiter auflösbar. Wie immer man auch messe, man würde quasi erhalten, wonach man suche: Welle oder Teilchen, aber nicht beides im selben Messvorgang.

Wie nicht anders zu erwarten, setzte eine mehr als lebhafte Diskussion nicht nur über den Doppelspaltversuch selbst, sondern auch über die Quantenmechanik und ihre erkenntnistheoretische Interpretation ein. Die Wirklichkeit hat sich somit in Wahrscheinlichkeiten aufgelöst. Das Elektron ist durch beide Spalte gleichermaßen gelaufen. Es hat keine eindeutige Historie mehr aufzuweisen, sondern potenzielle Historien, die beide zum Interferenzbild beitragen (Greene 2005).

Demzufolge hat es auch, wie der Physiker David Bohm 1952 ausführte, keine eindeutige Zukunft mehr. Der Determinismus findet hier sein Ende (Heisenberg 1927).

Der österreichische Physiker Anton Zeilinger kommentierte den Doppelspaltversuch mit einer informatorisch geprägten Interpretation. Ihm zufolge entsteht das Interferenzmuster nur, wenn „nirgendwo im gesamten Universum eine Information darüber vorliegt, welchen Spalt das Teilchen gewählt hat" (Zeilinger 2004). Daraus folgt auch, dass die eigentlich kritische Größe über den Zustand des Experiments die Information ist. Sobald diese das System infolge einer Messung verlässt, verändert sich der Zustand und wird „klassisch", d. h., die Teilchen gehen jeweils separat durch die einzelnen Spalte und erzeugen auf dem Schirm zwei charakteristische Häufigkeitshügel.

Experiment: „Welcher Weg" und „Verzögerte Entscheidung"

Zwei weitere Experimente, das Welcher-Weg-Experiment und die daraus abgeleitete Variante „Verzögerte Entscheidung", sowie das Experiment zum „Quantenradierer" werfen ein faszinierendes Licht auf die Rolle der Information auf quantenphysikalischer Ebene. Dass die Quantenmechanik und ihre Interpretation noch bizarrer werden konnte, zeigte John Wheeler 1980 in dem Gedankenexperiment zur „verzögerten Entscheidung", dem ein anderes Experiment, das Welcher-Weg-Experiment, zugrunde liegt.

> Zunächst wird im gedanklichen Grundaufbau der Versuchsanordnung ein Photonenstrahl durch einen Strahlteiler in zwei Wege aufgeteilt. Die beiden Strahlen werden später wieder zusammengeführt, um das bekannte Interferenzmuster zu erzeugen – oder auch nicht. Der Aufbau beruht auf einem Mach-Zehnder-Interferometer (Abb. 4.13).

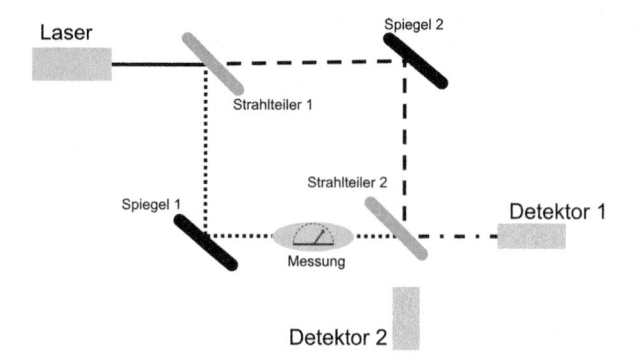

Abb. 4.13 Der Welcher-Weg-Versuch. Das Mach-Zehnder Inferometer ist im unteren Weg durch einen Detektor ergänzt, der wahlweise hinzugeschaltet werden kann

4.5 Bizarre Quantenmechanik

Wieder soll jeweils ein Teilchen wie beispielsweise ein Photon im System angenommen werden. In einem der beiden Wege – in Abb. 4.13 der untere – wird nun ein zusätzlicher Detektor eingebracht. Ist dieser ausgeschaltet, ergibt sich beim Zusammenführen der beiden Strahlen das typische Interferenzmuster. Ist er jedoch eingeschaltet, dann nicht. Der zusätzliche Detektor darf beliebig weit vom Strahlteiler aufgebaut sein. Wird nun eine „Welcher Weg"-Messung vorgenommen, also festgestellt, welcher der beiden zur Verfügung stehenden Wege von einem Photon genutzt wurde, so erfolgt dies, um nach einer vergleichsweise langen Zeit nachdem das Photon den Strahlteiler verlassen hat, die Unabhängigkeit vom anderen Weg sicherzustellen. Es hat sich dann also bereits „entschieden", ob es Welle oder Teilchen sein „wollte". Allerdings konnte es nicht „wissen", ob der zusätzliche Detektor ein- oder ausgeschaltet war, denn das Einschalten nimmt der Experimentator erst nach dem Durchlaufen des Photons durch den Strahlteiler vor. Tragisch sollte es für das Photon werden, wenn es sich „entschieden" hatte, eine Welle zu sein, sich konsequenterweise simultan auf beide Wege begab und der Detektor eingeschaltet war. Es müsste sich dann in einer „Identitätskrise", wie Brian Greene (Greene 2005) es formulierte, befinden, denn die Messung ergibt Gegenteiliges, nämlich „Teilchen". Irgendwie liegt das Photon in diesem Experiment jedoch immer richtig. Bei eingeschaltetem Detektor ist ein Teilchen im System zu finden. Im anderen Fall erzeugt eine Welle, die auf beiden Wegen gleichzeitig reist, das Interferenzmuster. Es ist, als ob das Photon seine „Entscheidung" in der Vergangenheit den Realitäten in der Gegenwart anpassen könnte.

Um die Sache auf die Spitze zu treiben, schlug John Wheeler vor, als Strahlenquelle einen weit entfernten Radiostern zu denken, also einen Quasar, dessen Photonenstrahlung durch eine dazwischenliegende Galaxie aufgespalten wird. Wir könnten dann das typische Interferenzmuster auf einem fotoempfindlichen Schirm entstehen lassen. Würde uns jedoch unsere Neugierde dazu veranlassen, kurz vor dem Schirm einmal nachzumessen, ob denn ein Teilchen unterwegs ist, würden wir wohl auch eines finden, allerdings zum Preis des Verschwindens des Interferenzmusters. Wir hätten die Vergangenheit – nämlich die „Entscheidung" des Photons vor Millionen von Jahren, als Welle oder Teilchen zu reisen – manipuliert (Greene 2005).

Die Eingangsseite dieses Kapitels zeigt auf einem Foto der NASA die Galaxien-Gruppierung SDSS J1038 + 4849. Genauer gesagt ist diese Gruppierung zweimal auf dem Bild des Hubble-Teleskops wiedergegeben. Zusammen mit der Korona aus Licht entsteht der Eindruck einer lächelnden Katze. In unserem Zusammenhang ist nur die doppelte Erscheinung dieser Konfiguration wichtig. Sie entsteht durch Beugung des Lichts an einer Gravitationslinse. Sie ist durch hohe Gravitation zwischen dem Hubble-Teleskop und der Galaxien-Gruppierung entstanden und beugt das Licht wie eine Linse. Dieser Effekt kann durch die Allgemeine Relativitätstheorie, genauer durch die Krümmung der Raumzeit erklärt werden. Eine derartige Konfiguration schwebte Archibald Wheeler für sein „Welcher Weg"-Experiment vor.

Mit einer Variation des Experimentaufbaus zeigten Marlan Scully und Kai Drühl dann, wie man im Prinzip mit einem sogenannten „Quantenradierer" die Angelegenheit noch ungewöhnlicher gestalten kann. Die Information einer Messung, welchen Weg das Teilchen – in diesem Fall ein Photon – nimmt, wird dabei wieder gelöscht. Erstaunlich ist nun, dass man dabei am Schirm Interferenzmuster erhält, obwohl ja eine Messung durch den Detektor stattgefunden hat (Scully et al. 1999). Allerdings dürfen die Messergebnisse nicht zum Experimentator oder zum Schirm gelangen. Sie müssen im System bleiben. Würde man diese Information dem System entnehmen, würde wie gehabt das Interferenzmuster verschwinden. Scully und Drühl war es gelungen, die gewonnene Welcher-Weg-Information mit dem erwähnten Quantenradierer zu löschen, bevor die Teilchen den Schirm erreichten. So konnte, gemeinsam mit anderen, ähnlich behandelten anfliegenden Teilchen wieder das Interferenzmuster erzeugt werden. Dieses Gedankenexperiment wurde inzwischen durch tatsächliche Experimente bestätigt.

Der Quantenradierer steht erneut diametral zu unserer makroskopischen Alltagserfahrung. Wir wissen, dass nahezu jede Messung das Messobjekt verändert. Im vorliegenden Fall müsste also die Messung zur Welcher-Weg-Information das Quantenobjekt erheblich beeinflussen – auch wegen der Heisenbergschen Unschärfebeziehung auf dieser Ebene. So könnte eine Eigenschaft des Teilchens, also z. B. seine Polarisation, verändert werden. Dies würde dann das Verschwinden des Interferenzmusters kausal nach sich ziehen. Die Veränderung wieder rückgängig zu machen, ist nicht möglich. Und dennoch bleibt das Muster erhalten. Zieht man jetzt die Kopenhagener Deutung heran, bleibt kaum etwas anderes übrig als die Annahme, dass die physikalische Realität ohne Messung nicht existiert, denn die durchgeführte Polarisation wird erst durch die Messung wirksam – nicht durch den Polarisator. Mit Goethe könnte man sagen: Erst das Auge schafft die Welt.

Es ist kein Wunder, dass diese Art von Experimenten die physikalische Debatte weiter befeuerte. Die Möglichkeit eines Quantenradierers wurde lange bestritten. Obwohl die Kopenhagener Deutung auch aus rein praktischen Gründen die Grundlage der Quantenmechanik blieb, so nagten doch weiter Zweifel an ihrer Interpretation. Sie verweist auf eine Realität, in der es prinzipiell Unbeobachtbares gibt. Diese Art von „Dogmatismus" reizt natürlich zum Widerspruch und so wird die Debatte auch heute noch weitergeführt. Dies zunächst in der Auseinandersetzung um das Messproblem und die Rolle des Beobachters dabei, dann um die Frage, ob die Quantenmechanik vollständig ist oder ob es bisher noch „Verborgene Variablen" – wie Einstein meinte – geben müsse. Die praktischen Erfolge (Transistor und Laser gehören dazu) der Quantenmechanik waren bisher jedoch derart grandios und die Experimente bestätigten die Theorie so umfassend, dass es wenig Raum für Zweifel an der Gültigkeit der Theorie an sich gibt. Offene Fragen z. B. im Zusammenhang mit der Schrödingergleichung gibt es dennoch. Wir werden einige näher betrachten.

4.5 Bizarre Quantenmechanik

Gerade weil festzustehen scheint, dass die Vergangenheit nicht durch unser heutiges Verhalten geändert werden kann, bleiben Experimente wie „Welcher Weg" und „Quantenradierer" nicht ohne Folgen für das Verständnis von Vergangenheit und Gegenwart. Und auch nicht ohne Folgen für unsere Sicht auf Raum und Zeit. Das Vergangene und das Gegenwärtige haben in der Quantenmechanik eine andere Bedeutung als in unserer klassischen Erfahrungswelt. Dies zeigen die skizzierten Experimente sehr anschaulich. Mit der bereits deutlich gewordenen Veränderung der Gegenwärtigkeit verändert sich die quantenphysikalische Vergangenheit hin zu einer „Überlagerung unterschiedlicher Realitäten" (Weber 2008). Das Teilchen befindet sich im Bezug zum Beobachter lange in einem Überlagerungszustand, der exakt berechenbar ist. Allerdings wird dieser Zustand – oder besser die Zustandswahrscheinlichkeit – erst durch die Messung zur Realität. Diese Auffassung hat auch Richard Feynman vertreten, der Vergangenheit und Gegenwart durch viele simultan nutzbare Pfade verbunden sah und erkannte, dass erst die Summation aller Pfade die Wahrscheinlichkeit für den tatsächlich gewählten, dann realen Pfad ergibt (Greene 2005).

Im Gedankenexperiment zur Welcher-Weg-Frage können zwischen Senden und Empfangen Millionen Jahre liegen und große Gebilde wie Galaxien als Strahlteiler wirken. Dennoch kann eine Entscheidung, ob auf der Erde gemessen werden soll oder nicht, darüber entscheiden, ob das betreffende verschränkte Teilchen als Teilchen oder als Welle wahrgenommen wird (Abb. 4.14).

In beiden vorgestellten Experimenten zeigt sich die Bedeutung der Information auf quantenphysikalischer Ebene. Das Interferenzmuster tritt nur dann hervor, wenn es keine Messung gibt oder wenn zwar eine Messung erfolgt, die Information zum Messresultat aber im System bleibt. Die Rolle des Beobachters spielt hier ganz offenbar eine wichtige Rolle. Jedenfalls kann sie nicht mehr als distanziert aufgefasst werden, wie wir es in Messungen im makroskopischen Bereich als selbstverständlich voraussetzen. John Wheeler schlug deshalb ein „partizipierendes Universum" vor. In diesem würde der Beobachter die Entwicklung von Raum, Zeit und Materie beeinflussen und seine Rolle wäre essenziell, d. h., ohne Beobachter könnte es kein Universum geben.

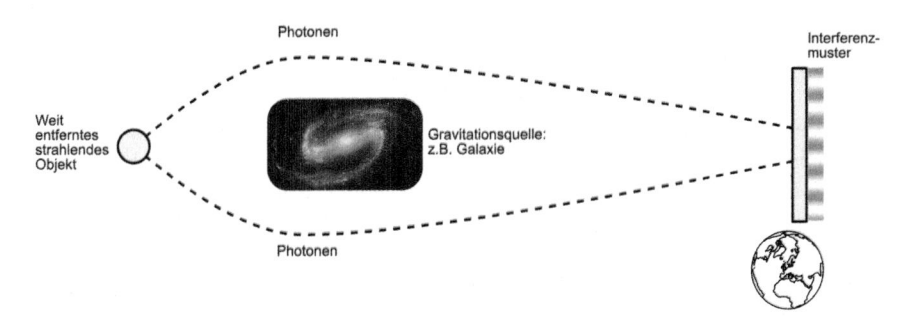

Abb. 4.14 Welcher-Weg-Gravitationslinse als Strahlteiler

In einem Beitrag zu Ehren John Wheelers, in dem dessen Idee eines partizipierenden Universums thematisiert wurde, berichtete der österreichische Physiker Anton Zeilinger von einem Experiment zur verzögerten Entscheidung an seinem Institut in Wien. In der Tat konnte immer dann, wenn der Experimentator sich dafür entschied, den Teilchencharakter zu messen, dieser auch durch die Positionsdaten der Teilchen nachgewiesen werden. Weil dafür jedoch die Pfadinformationen vorliegen mussten, wurde auch das typische Interferenzmuster nicht gemessen. Im Falle dass der Experimentator an den Welleneigenschaften interessiert war, änderte er den Versuchsaufbau dahingehend, dass eine sogenannte Heisenberg-Linse – in diesem Fall das Messinstrument für beide Fälle – statt der Position die Beschleunigung der Elektronen im System nachwies. Prompt zeigte sich der Wellencharakter der Elektronen durch das Auftauchen des erwarteten Interferenzmusters. Zeilinger schlussfolgert, dass durch die Wahl der Messcharakteristik die Art der Realität des gemessenen Objekts bestimmt wird. In diesem Sinne, so Zeilinger, sei die Wahl des Experimentators bzw. Beobachters konstitutiv für die Realität. Er warnte jedoch davor, dem Weg Wheelers zu folgen und dem Bewusstsein eine direkt beeinflussende Rolle zuzuweisen (Zeilinger 2004).

Offen ist jedoch, ob Information hier verschieden ist von der Energie, die beim Messvorgang übertragen wird. In diesem Fall wäre der Begriff „Information" auf eine bloße Metapher reduziert bzw. die Energie erhielte die Qualität von Information. Information würde dem Experiment durch Energiereduzierung entnommen. Der eigentliche Witz der Angelegenheit liegt wieder in der Rolle des Beobachters. Ist es ein Beobachter im Sinne eines Experimentators, verlässt die Information das Experiment, ist der Beobachter ein weiteres Stück Versuchsaufbau, bleibt die Information im Experiment.

Wellengleichung und Wellenfunktion

Die oben erwähnte Wellenbeschreibung der Quantenmechanik bezieht sich – im Unterschied zur klassischen Wellenlehre – nicht auf real messbare Eigenschaften eines Teilchens, sondern auf die Wahrscheinlichkeit, ein Teilchen an einem bestimmten Ort zu finden. Werner Heisenbergs Unschärferelation zufolge ist dieser Ort nie präzise bestimmbar. Durch Überlagerung vieler Wellenfunktionen kann lediglich die Verteilung von Aufenthaltswahrscheinlichkeiten in einem gegebenen Raum bestimmt werden. Ein Teilchen hat keinen bestimmten Ort. Es kann jetzt hier und sofort danach am Ende des Universums sein, denn die Quantenmechanik stützt sich ja auf wahrscheinliche und eben nicht auf feststehende Aufenthaltsorte.

Aussagen der Wellengleichung

Die nach dem österreichischen Physiker Erwin Schrödinger benannte Wellengleichung ist in ihrer Bedeutung für die Quantenmechanik kaum zu überschätzen. Sie beschreibt alle quantenmechanischen Eigenschaften eines Objekts als Wahrscheinlichkeiten. Die Entwicklung bzw. die Evolution einer Welle ψ (psi) – dieses Zeichen wurde zu einer Ikone der Quantenmechanik – enthält alle Möglichkeiten, die einem System aus Teilchen offenstehen. Im Extremfall können alle Teilchen im Universum (im Zweifel auch die aller Universen) darin enthalten sein. Die Gleichung berührt alle Aspekte von Materie wie z. B. die Struktur von Atomen, die mechanischen Eigenschaften fester Körper und die elektrische Energieübertragung. Die Welleneigenschaften aller elementaren Bausteine der Materie und der Materie selbst im Sinne de Broglies gehören heute zur Grundlage der modernen Physik. Die extreme Kurzwelligkeit der Materiewellen großer Objekte verhindert jedoch in der Regel, dass sie für das menschliche Auge unmittelbar sichtbar werden.

Bei genauerer Betrachtung ist die Unbekannte der Schrödingergleichung immer die Wellenfunktion Ψ. Die Wellenfunktionen der Schrödingergleichung wiederum spielen eine entscheidende Rolle beim Verständnis der existenziellen Eigenschaften der Teilchen. Diese Funktionen weisen tatsächlich Welleneigenschaften auf, denn sie entwickeln sich in der Zeit und können analog zu klassischen Wellen interferieren. Die Wellenfunktion kann beispielsweise für einen beliebigen Punkt im Raum über die Aufenthaltswahrscheinlichkeit des Teilchens Auskunft erteilen. Nun kann sich aber eine Eigenschaft in der Beschreibung mit eben dieser Funktion der Teilchen und in diesem Punkt verändert haben. Das Teilchen könnte die halbe Energie und halbe Geschwindigkeit aufweisen – oder sonst seine Charakteristik im Rahmen des Erlaubten verändert haben. Dies würde dann mit einer zweiten Wellenfunktion erfasst werden. Diese beiden Funktionen, die erste und die zweite, könnten nun interferieren – eine Situation, die durch eine dritte Wellenfunktion beschrieben werden kann. Diese dritte Wellenfunktion ergäbe sich für jeden Punkt im Raum aus der Summe der beiden anderen Wellenfunktionen. Dies ist eine Interferenzsituation. Aus klassischer Sicht verrückt ist die Tatsache, dass ein einzelnes Teilchen sich gleichzeitig schnell und langsam im gleichen Raum bewegt. Gleichzeitig schnell und langsam ist hierbei wörtlich zu nehmen und nicht mit einem Mittelwert aus beiden zu verwechseln. Die Wellenfunktion hat, wie man sagt, ihren Platz im sogenannten Hilbert-Raum. Dieser Raum hat nichts mit einem physischen Raum zu tun. Der Mathematiker David Hilbert (1862–1943) hatte damit eine Verallgemeinerung der euklidischen Geometrie – die Eigenschaften von Objekten, die sich in unserem vorstellbaren, dreidimensionalen Raum aufhalten – entwickelt. Die Unterscheidung zwischen Wellenfunktion und Schrödingergleichung wird im Weiteren nicht vorgenommen.

Schrödinger warf mit seiner alternativen Darstellung zur Heisenbergschen Dynamik quantenmechanischer Vorgänge einen Stein ins Wasser, der hohe Wellen schlagen sollte. Die von Heisenberg postulierte prinzipielle Unschärfe und damit auch ein gewisser Grad an Unwissen, den ein Beobachter in der Quantenwelt in Kauf nehmen muss, blieb mit diesem Ansatz jedoch erhalten. Die Schrödingergleichung erwies sich gegenüber der Formulierung Heisenbergs in vieler Hinsicht als mathematisch gleichwertig.

Was kann die Wellenfunktion nun beschreiben? Nehmen wir folgende Situation: Ein Teilchen bewegt sich von Punkt A nach Punkt B (Abb. 4.15). Im klassischen Fall folgt das Teilchen der durchgezogenen Linie zum Ziel. Die Quantenmechanik verlangt nun, dass vom Teilchen auch die anderen Wege genutzt werden. Nicht alternativ oder nacheinander, sondern simultan.

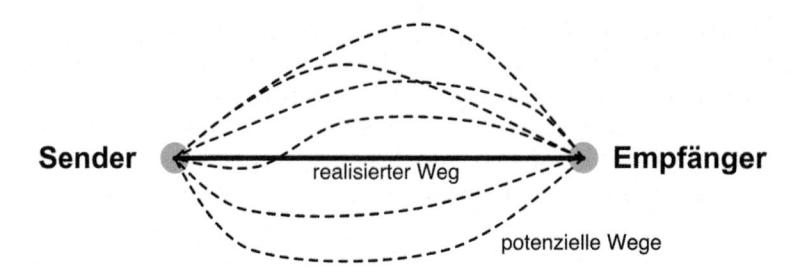

Abb. 4.15 Quantenparallelismus: Ein Objekt bewegt sich von einem Startpunkt zu einem Zielpunkt. In der klassischen Physik ist das Objekt zu jeder Zeit an einem konkreten Ort und bewegt sich daher auf einer ganz bestimmten Bahn. In der Quantentheorie hat das Objekt, sofern keine Messung stattfindet, keinen konkreten Aufenthaltsort, sondern es „koexistiert" auf verschiedenen Bahnen gleichzeitig. Die wahrscheinlichsten Bahnen liegen in der Nähe der klassischen Bahn (durchgezogene Linie), weiter entfernte Bahnen löschen sich dagegen durch destruktive Interferenz zunehmend aus. (Abbildungsvorlage entnommen aus Hinrichsen 2014b)

Die Koexistenz unseres Teilchens mit sich selbst entzieht sich unserer Vorstellungskraft. Allerdings ist sie eine physikalische Gegebenheit und beruht nicht etwa auf unvollständigem Wissen des Beobachters über den aktuellen Aufenthaltsort. Natürlich ist dies nicht einfach zu akzeptieren und so hat es Erklärungsversuche und Experimente gegeben, die eine bestimmte Bahn nachweisen wollten – allerdings vergebens. Nicht auflösbare Widersprüche waren die Folge. Die hier geschilderte Koexistenz, die mit der Schrödingergleichung beschrieben werden kann, ist somit ein Kernstück der Quantenmechanik.

Der schwedisch-amerikanische Physiker Max Tegmark illustriert den erkenntnistheoretischen Konflikt, der sich mit der Akzeptanz der gleichzeitigen Nutzung verschiedener Wege durch ein und dasselbe Objekt ergibt, sehr lebensnah. Er fragt sich, da er selbst nun einmal aus Partikeln bestehen würde, die sich so seltsam wie oben geschildert verhalten, was dies im Alltag bedeuten könnte. Und wenn diese Teilchen an zwei Orten gleichzeitig sein könnten, könnten das dann sein ganzer Körper und dessen Organe nicht auch? Und könnten sich daraus nicht ungeahnte Konsequenzen z. B. an einer Straßenkreuzung ergeben? Wenn sich kurz vor dem Erreichen der Kreuzung ein Kalziumatom in seinem Gehirn auf zwei Wegen gleichzeitig auf den Weg zu synaptischen Verbindungen im Cortex gemacht hätte und dort widersprüchliche Nachrichten an seine Augen ausgelöst hätte, wäre eine Katastrophe möglicherweise vorprogrammiert gewesen. Er wäre gleichzeitig aufmerksam und unvorsichtig, in einen Unfall verwickelt und nicht verwickelt und tot oder lebendig gewesen. In der Tat haben solche kurios anmutenden Überlegungen furiose Diskussionen über die Notwendigkeit der Ergänzung der Schrödingergleichung und der Möglichkeit der Aufspaltung der Welt in viele Universen geführt (Tegmark 2014).

In der Quintessenz wird die grundlegende Annahme der klassischen Physik, dass sich ein System unabhängig von Messungen stets in einer bestimmten konkreten Konfiguration befindet, in der Quantenmechanik aufgegeben. Das verbleibende Element der Realität ist dann das konkrete Ergebnis einer Messung. Dieses ist im

Allgemeinen nicht mehr deterministisch vorherbestimmt, sondern zufällig verteilt. Und der Messprozess ist nicht mehr unabhängig vom Messobjekt und von der messenden Instanz, sondern er wirkt auf das System zurück (Hinrichsen 2014b).

Experiment: Schrödingers Katze – Tot oder lebendig ist eine Frage der Information

Im Jahr 1935 hatte sich eine inzwischen stark gewachsene Gemeinschaft von Quantenphysikern gebildet. An vielen nagten die Zweifel nicht, die Einstein und Schrödinger plagten. Die unverminderte Skepsis der beiden war in den Eigenschaften quantenmechanischer Messungen, der Verschränkung und in den nichtlokalen Vorgängen zu suchen. Schrödinger traute der von ihm als Verschränkung getauften Eigenschaft und der mit ihr einhergehenden Nichtlokalität ebenso wenig wie Einstein, denn die Konsequenzen daraus waren mit fundamentalen Annahmen in der klassischen Sicht der Dinge nicht vereinbar. „Spukhafte Fernwirkungen" nannte Einstein das, und zog in einem berühmt gewordenen „EPR"-Papier, das er mit seinen Koautoren Boris Podolsky und Nathan Rosen 1935 verfasste, eine vermeintliche Reißleine. Während die daraufhin einsetzende Debatte zwischen Niels Bohr und Albert Einstein „nur" legendär wurde, erreichte Schrödingers Katze 1935 geradezu Kultstatus.

> Hier die Beschreibung des Gedankenexperiments in Schrödingers eigenen Worten (Schrödinger 1925):
>
> Man kann auch ganz burleske Fälle konstruieren. Eine Katze wird in eine Stahlkammer gesperrt, zusammen mit folgender Höllenmaschine (die man gegen den direkten Zugriff der Katze sichern muss): in einem Geigerschen Zählrohr befindet sich eine winzige Menge radioaktiver Substanz, so wenig, dass im Laufe einer Stunde vielleicht eines von den Atomen zerfällt, ebenso wahrscheinlich aber auch keines; geschieht es, so spricht das Zählrohr an und betätigt über ein Relais ein Hämmerchen, das ein Kölbchen mit giftiger Blausäure zertrümmert. Hat man dieses ganze System eine Stunde lang sich selbst überlassen, so wird man sich sagen, dass die Katze noch lebt, wenn inzwischen kein Atom zerfallen ist. Der erste Atomzerfall würde sie vergiftet haben. Die Psi-Funktion des ganzen Systems würde das so zum Ausdruck bringen, daß in ihr die lebende und die tote Katze ... zu gleichen Teilen gemischt oder verschmiert sind. Das Typische an solchen Fällen ist, daß eine ursprünglich auf den Atombereich beschränkte Unbestimmtheit sich in grobsinnliche Unbestimmtheit umsetzt, die sich dann durch direkte Beobachtung entscheiden lässt. Das hindert uns, in so naiver Weise ein „verwaschenes Modell" als Abbild der Wirklichkeit gelten zu lassen.
>
> Offensichtlich erfand Schrödinger sein Gedankenexperiment, das nach heutigen Maßstäben wegen seines Umgangs mit Katzen zumindest nicht als „kulturell korrekt" einzustufen ist (Abb. 4.16), um zu zeigen, was ihm an der Quantenphysik oder ihrer Interpretation nicht passte. Schrödinger wollte damit illustrieren, dass die quantenphysikalischen Gesetze zu bizarren Wirkungen auf der Makroebene führen, wenn man sie direkt aus der Quantenebene dahin überführt. In seinem Gedankenexperiment spielte er mit dem Tod

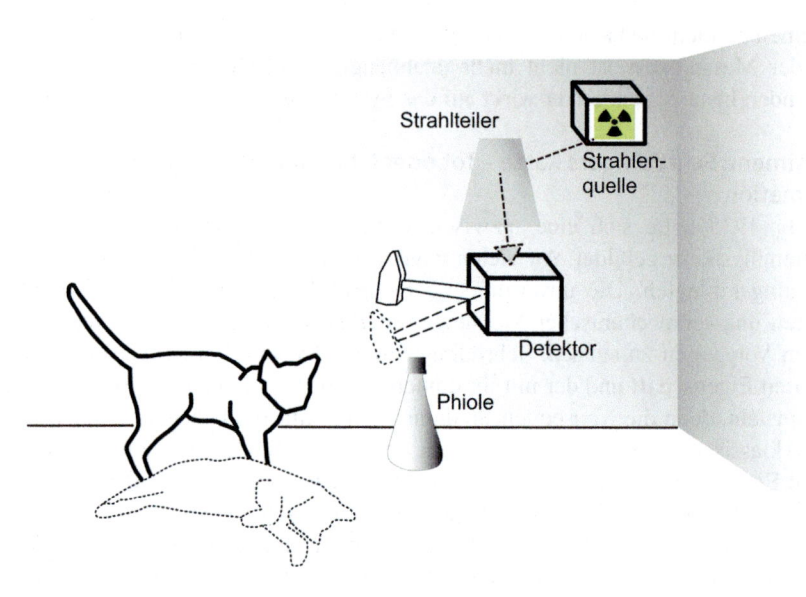

Abb. 4.16 Schrödingers Gedankenexperiment mit einer Katze

einer Katze. Diese stellt er sich in einer Kiste oder einen Raum eingesperrt vor. Mit im Raum sind eine Art Hammer und eine Phiole mit giftigem Gas. Der Hammer soll die Phiole zerstören, wenn er vom Detektor aufgrund eines zufälligen atomaren Zerfalls ein Signal erhält. Der Detektor wiederum registriert das Eintreffen eines Teilchens, das einen Strahlenteiler passiert hat. Da dieses Teilchen am Strahlenteiler zufällig alternative Wege geht, trifft am Detektor ein Elektron nur mit einer gewissen Wahrscheinlichkeit ein.

Zur Interpretation erinnern wir uns an das Experiment zum Doppelspalt und zum Welcher-Weg-Experiment. Wenn ein Teilchen den Strahlenteiler passiert, den Detektor aber noch nicht erreicht hat, ist alles in der Schwebe. Das Gesamtsystem befindet sich in einem speziellen Zustand, dem der Superposition, also einer Überlagerung der Zustände der Einzelsysteme bestehend aus Phiole, Hammer usw. zu einem nichtdeterministischen Gesamtsystem.

In der Superposition ist das Teilchen nicht Welle und nicht Teilchen und es befindet sich auf beiden Wegen (der andere Weg ist nicht dargestellt), es trifft auf den Detektor und trifft nicht darauf, der Hammer fällt und fällt nicht, die Phiole zerbricht und bleibt ganz und die Katze ist tot und lebendig. Und dies bleibt so, bis jemand nachschaut und den Zustand der Katze misst. Dann tritt durch Dekohärenz unmittelbar ein definierter Zustand ein, weil, so die gängige Anschauung, die Wellenfunktion des Gesamtsystems kollabiert und dadurch alles klassisch eindeutig macht. Wir können allerdings auch fragen, ob dieser Kollaps, in dem die überlagerten Zustände ihre Überlagerung verlieren und dekohärent werden, nicht durch Entnahme von Information aus dem Gesamtsystem im Messvorgang verursacht wird.

4.5 Bizarre Quantenmechanik

Auf die Absurdität des Ganzen braucht nicht näher eingegangen zu werden. Es galt und gilt: entweder tot oder lebendig. Allerdings läuft das Gedankenexperiment nicht konträr zur Mathematik der Quantenmechanik. Warum, so fragt Charles Seife, sehen wir keine halb lebenden und halb toten Lebewesen auf unseren Straßen? Und er fragt weiter, wo die Grenze zwischen der Quantenrealität und der klassischen Wirklichkeit liegt (Seife 2007). Die Fragen sind natürlich berechtigt und es hat Vermutungen gegeben, dass es eine spezifische Objektgröße gibt, ab der die Gesetze der Quantenmechanik nicht mehr gelten. Gezeigt werden konnte jedoch das Gegenteil. Diese Grenze existiert offenbar nicht. Vielmehr wurden im Laufe der Zeit immer größere Objekte bis hin zu großen Molekülen, wie z. B. von der Forschungsabteilung Anton Zeilingers an der Universität Wien 1999 bei Fullerenen, in Superposition versetzt und sie verhielten sich am Doppelspalt ähnlich wie es von Photonen und Elektronen bekannt war, d. h., sie interferierten. Allerdings verlieren große Objekte, wie Fullerene und erst recht Katzen, aufgrund der Interaktion mit ihrer Umgebung bereits nach sehr kurzer Zeit die Verschränkung.

Dies weist darauf hin, dass die Wellenfunktion eines Systems dessen makroskopische Eigenschaften – im Prinzip jedenfalls – beschreiben kann (Ney 2013). Wer hingegen auf der mikroskopischen Ebene die Haltung einnimmt, der Zustand eines Elektrons sei „verschmiert" in einer Region eines Raumes zu finden, oder Bohr und Heisenberg in der Argumentation folgt, dass es zu einer gegebenen Situation einfach keine Fakten geben könne, der kann diese Argumentation nicht bis auf die Makroebene durchhalten. Dies wollte Schrödinger mit diesem Experiment wohl auch zeigen (Ney 2013).

Die Unschärferelation

Der Zufall war bereits in der Physik etabliert, als Werner Heisenberg eine weitere Revolution lostrat. Seinen Anfang fand diese Entwicklung in langen Gesprächen, oder besser Auseinandersetzungen, zwischen Niels Bohr und Heisenberg. Sie konnten dabei keine Einigung über die paradoxen Aussagen zu Teilchen und Wellen und deren Bedeutung in der Quantenmechanik erzielen. Zudem war neben Heisenbergs Matrix-Modell der Quantenmechanik ein weiteres aufgetaucht, die Schrödingerschen Wellengleichungen. Heisenberg war jedoch nicht bereit, gegenüber Schrödinger irgendwelche Konzessionen zu machen. Er traute den Gleichungen nicht und reagierte sogar recht eifersüchtig, als sie an Boden gewannen. Die ermüdenden Diskussionen dazu fanden im Dezember 1926 in Kopenhagen statt. Man hatte Bohr dort ein großzügiges Forschungsinstitut inklusive Wohnung und Gästezimmern eingerichtet. Eines davon bewohnte Heisenberg. Nachdem Bohr zum Skifahren nach Norwegen abgereist war, nahm Heisenberg, damals 26 Jahre alt, einen neuen Anlauf.

Aus seinen autobiografischen Betrachtungen wird deutlich, woher Heisenberg den Schwung hierfür nahm (Heisenberg 1969). Er berichtet darin unter anderem von einem Gespräch mit Albert Einstein. Ausgehend vom Paradox von Welle und Teilchen nimmt Heisenberg Bezug auf Einsteins Entdeckung zu den Lichtquanten und wird dann vom älteren Einstein milde verwarnt, nicht allzu leichtfertig über die Realität zu sprechen. Hier ein Gesprächsausschnitt:

„Ich könnte mir vorstellen, daß man zum Beispiel eine interessante Auskunft bekommen würde, wenn man ein Atom betrachtet, das im Energieaustausch mit anderen Atomen in der Umgebung oder mit dem Strahlungsfeld steht. Man könnte dann nach der Schwankung der Energie im Atom fragen. Wenn sich die Energie unstetig ändert, so wie Sie es nach der Lichtquantenvorstellung erwarten, so wird die Schwankung, oder mathematisch genauer ausgedrückt, das mittlere Schwankungsquadrat größer sein, als wenn sich die Energie stetig ändert. Ich möchte glauben, daß aus der Quantenmechanik der größere Wert herauskommen wird, daß man das Element von Unstetigkeit also unmittelbar sieht. Andererseits müßte doch auch das Element von Stetigkeit zu erkennen sein, das im Interferenzversuch sichtbar wird. Vielleicht muß man sich den Übergang von einem stationären Zustand zu einem anderen so ähnlich vorstellen, wie in manchen Filmen den Übergang von einem Bild zum nächsten. Der Übergang vollzieht sich nicht plötzlich, sondern das eine Bild wird allmählich schwächer, das andere taucht langsam auf und wird stärker, so daß eine Zeitlang beide Bilder durcheinandergehen und man nicht weiß, was eigentlich gemeint ist. Vielleicht gibt es also einen Zwischenzustand, in dem man nicht weiß, ob das Atom im oberen oder im unteren Zustand ist."

„Jetzt bewegen sich Ihre Gedanken aber in einer sehr gefährlichen Richtung", warnte Einstein. „Sie sprechen nämlich auf einmal von dem, was man über die Natur weiß, und nicht mehr von dem, was die Natur wirklich tut. In der Naturwissenschaft kann es sich aber nur darum handeln, herauszubringen, was die Natur wirklich tut. Es könnte doch sehr wohl sein, daß Sie und ich über die Natur etwas Verschiedenes wissen. Aber wen soll das schon interessieren? Sie und mich vielleicht. Aber den anderen kann das doch völlig gleichgültig sein. Also, wenn Ihre Theorie richtig sein soll, so werden Sie mir eines Tages sagen müssen, was das Atom tut, wenn es von einem stationären Zustand durch Lichtaussendung zum anderen übergeht."

Stetigkeit und Unstetigkeit, Welle und Teilchen – wie sollte das zusammengehen und zu einem wirklichkeitsgetreuen Bild werden? Heisenberg nahm Einsteins Rat offenbar ernst, denn er erinnerte sich an die Spuren, die Teilchen bei ihrem Flug in Nebelkammern hinterlassen. War dies wirklich die Spur des Teilchens oder irgendetwas ganz anderes? In der Tat waren die beobachteten Wassertropfen ja sehr viel größer als die Elektronen. Er entschloss sich, die Fragestellung zu verändern. Sie lautete nun: „Kann man in der Quantenmechanik eine Situation darstellen, in der sich ein Elektron ungefähr – das heißt mit einer gewissen Ungenauigkeit – an einem gegebenen Ort befindet und dabei ungefähr – das heißt wieder mit einer gewissen Ungenauigkeit – eine vorgegebene Geschwindigkeit besitzt, und kann man diese Ungenauigkeiten so gering machen, daß man nicht in Schwierigkeiten mit dem Experiment gerät?" Heisenberg illustrierte dies mit einem Film, der ja aus Einzelbildern besteht, zwischen denen zeitliche Lücken klaffen. Bei der Betrachtung des Films verschwinden diese Lücken und die nun verschwommene Realität stellt sich uns als kontinuierlicher Vorgang dar (Abb. 4.17).

„Ungefähr" und „Ungenauigkeit" waren eben die Begriffe, die in der deterministischen Physik, und bis dato in fast der gesamten Physik der damaligen Zeit, verpönt waren. Heisenberg wurde sicher auch von einem Brief des Physikers Wolfgang Pauli zu seiner Frage angeregt. Pauli schrieb: „Man kann die Welt mit dem p-Auge und man kann sie mit dem q-Auge ansehen, aber wenn

Abb. 4.17 Verwischte Realität: Am Beispiel eines Films, dessen Einzelbilder sich im Gehirn des Betrachters zu einem Gesamtbild zusammenfügen, versuchte Werner Heisenberg gegenüber Albert Einstein das gleichzeitig Stetige und Unstetige in der neuen Auffassung von den Elementarteilchen zu erklären. (© 2012 Equestrian and Horse)

man beide Augen zugleich aufmachen will, dann wird man irre." Damit bezog er sich auf seine eigene Entdeckung, dass Ort und Impuls (q, p) eines Quantensystems eine Eigenschaft aufweisen, die sonst in der klassischen Physik nicht zu finden ist: dass sie nämlich nicht gleichzeitig beliebig genau bestimmbar sind.

Paulis q- und p-Augen brachten Heisenberg bei einem nächtlichen Winterspaziergang in Kopenhagen auf die richtige Idee und er konnte seine berühmte Formel niederschreiben:

$$\Delta p \Delta q \geq h$$

Die Unschärferelation sagt aus, dass das Produkt aus Unsicherheit bezüglich der Position eines Teilchens und der Unsicherheit bezüglich der Beschleunigung eines Teilchens größer oder gleich der Planckschen Konstante h sein muss.

Messungen beeinflussen immer auch das Objekt der Messung durch Berührung, Veränderung eines elektrischen Feldes oder durch Beschuss mit Photonen oder einer Kombination aus diesen und anderen Eingriffen. Dass dies auch auf der Ebene der Teilchen so ist, ist leicht einzusehen. Wenn wir an einem Atom eine Messung vornehmen wollen, sind Photonen ein sehr gebräuchliches Mittel der Wahl. Die Art und Weise, wie Photonen reflektiert werden, sagt etwas über die Beschaffenheit des Atoms aus. Die Veränderungen, die dadurch am Messobjekt bewirkt werden, sind jedoch relativ groß im Vergleich zu denjenigen, die beim Ausleuchten eines Alltagsgegenstandes auftreten. Je geringer die Größenunterschiede zwischen den benutzten Photonen und dem zu messenden Gegenstand sind, desto größer werden die verursachten Veränderungen. Trifft ein Photon auf ein Elektron, werden beide aus ihrer Bahn geworfen. Trifft ein Photon auf ein Containerschiff, ändert sich für dieses so gut wie nichts.

Eine solche Erklärung der Unschärferelation entspricht gängigen Darstellungen in Schulbüchern. Sie orientiert sich an der klassischen Mechanik, unterschlägt jedoch, dass es nicht an der Ungenauigkeit der Messinstrumente und -verfahren liegt, wenn das Elektron nicht genau vermessen werden kann. Die Unschärferelation führt zu weit fundamentaleren Aussagen. Sie macht Schluss mit der Anschauung der Newtonschen Mechanik, dass, wenn man nur genügend Daten zusammenbringt, die Zukunft berechenbar ist. Bestimmbar sind in der Quantenmechanik nur noch Wahrscheinlichkeiten. Die Welt entzieht sich prinzipiell der genauen Messbarkeit.

Messproblem und Rolle des Beobachters

Nicht nur die Messergebnisse quantenphysikalischer Vorgänge überraschten die Physiker. Auch der Messvorgang selbst warf bisher nicht gestellte Fragen auf. Bei der Vermessung eines Alltagsgegenstandes, z. B. mit einem Zollstock, bleiben die Eigenschaften des Messobjekts als Alltagsgegenstand unverändert. Dies ist auf subatomarer Ebene anders. Dort nimmt das Messwerkzeug massiv Einfluss auf Eigenschaften des Messobjektes. Auch Techniken des „berührungsfreien Messens", beispielsweise mit Laserlicht, helfen hier nicht weiter. Ein Laserstrahl würde Ort und Impuls eines Teilchens verändern und damit keine brauchbaren Messergebnisse liefern können. Wie wir noch sehen werden, kann bei Messungen in der Quantenmechanik auch nicht davon ausgegangen werden, dass ein Messwert einen Aspekt des vor der Messung vorhandenen Zustandes wiedergibt. Vermisst man einen Tisch, so hatte der Tisch bei korrekter Messung die resultierenden Maße auch schon vor der Messung. Bei Vermessung eines quantenphysikalischen Objekts hingegen stimmt der vermessene Zustand mit dem dann zufällig entstandenen Zustand des Quantensystems überein – und nicht mit einem fixen Zustand davor.

So waren sich Quantenphysiker wie Louis de Broglie, Paul Ehrenfest, Albert Einstein, Max Planck und Erwin Schrödinger nicht sicher, ob sie zu der neuen Physik stehen konnten. Ihr Argument war, entweder beschreibe Theorie die beobachtbare Realität, oder sie sei unvollständig – also falsch.

Die Kopenhagener Interpretation wurde wesentlich von Niels Bohr und Werner Heisenberg vertreten. Heisenberg fasste die Position wie folgt zusammen: „Die Idee einer objektiven realen Welt, deren kleinste Teile objektiv im selben Sinn existieren wie Steine und Bäume, unabhängig davon, ob wir sie beobachten oder nicht, ist unmöglich." Und an anderer Stelle: „Wir können nicht länger von dem Verhalten von Teilchen unabhängig vom Vorgang der Beobachtung sprechen. Auch ist es nicht länger möglich zu fragen, ob diese Teilchen objektiv in Raum und Zeit existieren." Bohr und Heisenberg fanden Unterstützung bei prominenten Kollegen wie Max Born, Paul Dirac, Pascual Jordan und Wolfgang Pauli. Diese bezweifelten, dass die Quantentheorie von einer „klassischen" Realität handelt – oder sie bezweifelten, dass diese überhaupt existiert. Albert Einsteins gefiel diese Sicht der Welt jedoch wenig und er beharrte auf einer klassischen Auffassung von Realität. Er meinte: „Der Mond ist auch da, wenn keiner hinschaut."

Die Kopenhagener Interpretation bildete in den Folgejahren den Ausgangspunkt einer der faszinierendsten Dispute der Wissenschaftsgeschichte, in dem Niels Bohr und Albert Einstein die Hauptrollen übernahmen. Mit dieser Interpretation wollten Bohr und Heisenberg die paradox erscheinenden Phänomene der Quantenmechanik erkenntnistheoretisch einordnen. Es gibt keine zusammenfassende Darstellung der Kopenhagener Interpretation. Ihre Einzelaussagen waren jedoch lange Zeit die Grundlage zum Verständnis der Quantenmechanik. Insbesondere die folgenden Punkte bilden das Profil der Kopenhagener Interpretation. Zunächst wird die Trennung von Mikroskopischem und Makroskopischem zwar vollzogen, aber die klassischen Begriffe der Physik werden dabei angewandt. Die Quantentheorie beruht auf der klassischen Physik. Dies wird insbesondere durch die klassische Beschreibung der Messungen und ihrer Resultate deutlich. Der Messapparat wird nicht Teil des zu vermessenden Quantensystems. Die Wahrscheinlichkeitsinterpretation der Wellenfunktion ψ von Max Born hilft, die auftretenden Paradoxien und Widersprüche aufzulösen. Weiter werden formale Analogien zwischen der Quantenmechanik und der klassischen Physik hergestellt. Mit diesem Korrespondenzprinzip können große Quantenzahlen, die makroskopische Zustände beschreiben, in die klassische Mechanik überführt werden. Die Komplementarität schließlich dient der erkenntnistheoretischen Zusammenführung sich gegenseitig ausschließender Konzepte der Makrowelt, wie sie im Dualismus von Teilchen und Welle als eine Wirklichkeit eines Teilchens deutlich wird. Die Annahmen und Positionen der Kopenhagener Interpretation waren lange Zeit die dominante Lehrmeinung zur Quantenmechanik. Sie wies allerdings bestimmte Fragen wie die, was sich mit einem Teilchen im Doppelspaltexperiment wirklich abspielt, schlussendlich als unerklärbar zurück. Nicht zuletzt deswegen geriet sie in die Kritik von Albert Einstein, Erwin Schrödinger, Louis de Broglie und anderen. Letztlich konnten sich deren Erklärungen jedoch, ebenso wenig wie die alternativen Erklärungsmodelle von David Bohm (1930–1982) und Hugh Everett (1917–1992), bisher nicht final durchsetzen.

Damit zusammen hing auch die Beteiligung des Beobachters und seiner Gerätschaften (und der Welt darüber hinaus) an verschränkten Zuständen. Bei der Messung würde der Zustand des Messobjekts durch Dekohärenz instantan klassisch real. Der Beobachter und seine Geräte stören also oder sie sind Teil des Messobjekts. Die Beschreibung der Wechselwirkung zwischen Objekt und Messgerät im Rahmen der Quantenmechanik kann somit keinen Endzustand des Gesamtsystems ergeben, der einer eindeutigen Zeigerstellung des Messgerätes entspricht. Andererseits werden am Messgerät in der Praxis eindeutige Ergebnisse abgelesen. Die Frage danach, auf welche Weise in diesem gesamten Prozess die Festlegung für den Endzustand des Gerätes geschieht, ist das Messproblem.

Bei einer Messung führt die Frage nach der spezifischen Reihenfolge von auftretenden Ereignissen zu anderen Ergebnissen als die nach der Häufigkeit des

Auftretens spezifischer Ereignisse. Während im ersten Fall eine deterministische Ergebnishypothese bzw. die Frage nach einem spezifischen Wert zugrunde liegt, ist sie im zweiten Fall probabilistisch, also an Wahrscheinlichkeiten geknüpft. Unter deterministischer Perspektive kann man sagen, dass die Messergebnisse die internen Gegebenheiten des Systems widerspiegeln. In der klassischen Physik sind dies Eigenschaften, die bereits vor der Messung vorlagen. Unter probabilistischem Blickwinkel werden die internen Gegebenheiten nicht individuell, sondern in großer Zahl statistisch erfasst. Wie oben skizziert, kann man bei Quantenmessungen generell nicht mehr davon ausgehen, dass man eine Eigenschaft des Quantensystems aufdeckt, die vor der Messung existiert hat. Der Grund hierfür, so Brukner und Zeilinger, liege in der limitierten Menge der Information, die mit einem Quantensystem verbunden sei. Diese könne nicht, nicht einmal im Prinzip, so groß sein, dass sie alle möglichen beobachtungsunabhängigen Eigenschaften, die mögliche Messungen als Resultat haben könnten, beschreiben könne. Die Fragestellung des Beobachters bestimmt also viel stärker als in der klassischen Physik die Art des Messergebnisses (Brukner und Zeilinger 2011).

Wenn daraus folgt, dass auf einer fundamentalen Ebene die Entscheidung eines bewussten Beobachters über den Variantenreichtum der Ergebnisse aus Messungen an einem Quantensystem entscheidet, dann darf daraus auch geschlossen werden, dass ein nicht entscheidungsfähiger Experimentator, also beispielsweise ein Teilchen, nur die Varianten an Ergebnistypen „erwarten" kann, die seinen spezifischen Eigenarten entspricht. Durch die Quantenmechanik wurde die Rolle des Beobachters in quantenphysikalisch dominierten Situationen, also wenn wir auf der Ebene der kleinsten „Teilchen" experimentieren, neu interpretiert. Die Debatte darüber ist – wie die zur Kopenhagener Interpretation – bis heute nicht gänzlich abgeschlossen.

Albert Einstein führte in einem Gespräch mit dem jungen Werner Heisenberg ins Feld, dass Beobachtungen und Messungen immer auf der Annahme beruhten, dass es eine unzweideutige Verbindung zwischen dem beobachteten Phänomen und den Reizen, die dieses letztlich in unserem Bewusstsein auslösten, gäbe (Gilder 2009). Man könne diese Sicherheit aber nur haben, wenn auch die Naturgesetze, durch die dieser Zusammenhang erst hergestellt wird, bekannt seien. Wenn hingegen diese Gesetze in Frage stünden, dann verlöre das Konzept der Beobachtung seine klare Bedeutung. Sein Gesprächspartner Heisenberg konterte, dass es die Theorie sein müsse, die festlege, was beobachtet werden könne. Einstein konstruierte daraufhin eine Messung an einem Elektron. Er bat Heisenberg sich vorzustellen, dass dieses Elektron, aus welchen Gründen auch immer, etwas im Atom anstellen würde, und dabei ein Lichtquant (nach heutigem Sprachgebrauch ein Photon) aussende. Diesen könne man als Teilchen messen. Aber, fuhr Einstein fort, man könne ja auch eine alternative Idee haben und eine kontinuierliche Welle statt des Teilchens messen. Im ersten Szenario könnten wir nicht für das so oft beobachtete Interferenzmuster im Doppelspaltexperiment verantwortlich sein und im zweiten Szenario nicht für die scharf voneinander abgegrenzten Spektrallinien, die jeweils auf eine bestimmte Frequenz hinweisen würden.

4.5 Bizarre Quantenmechanik

Das Messproblem, wie es im Dialog zwischen Einstein und Heisenberg zu Tage trat, legte es nahe, zur Rolle des Beobachters bei einer Messung vertiefte Gedanken anzustellen. Die Diskussion darüber und die Frage, welche Bedeutung einem bewussten Beobachter beim Messvorgang selbst zukommt, war ebenfalls bemerkenswert hitzig. Der Erkenntnistheoretiker Holger Lyre (Lyre 2003) beschreibt die Problematik des Messprozesses folgendermaßen:

> Vereinfacht besteht ein Messprozess aus drei Schritten: Erstens sind Messobjekt und Messgerät miteinander zu koppeln. Dabei tritt eine Wechselwirkung auf. Nach der Messwechselwirkung erfolgt zweitens eine Trennung von Messgerät und Messobjekt. Der dritte und letzte Schritt, zur Erfüllung des Zwecks einer Messung, besteht darin, dass das Messgerät sich nun in einem Zustand befindet, in dem es den gemessenen Objektzustand irreversibel registriert (und entsprechend anzeigt). Genau dieser letzte Schritt ist es, der sich im Rahmen der Quantenmechanik nicht erfassen lässt.

Dem englisch-irischen Physiker John Stewart Bell (1928–1990) zufolge besteht das Problem des quantenmechanischen Messprozesses darin, dass die Quantentheorie das Auftreten irreversibler und definiter Messergebnisse nicht erklären kann (Bell 1990).

John Bell verspottete die Einbeziehung des Bewusstseins in die Messapparatur. Er fragte, was denn ein physikalisches System dafür qualifizieren würde, die Rolle eines Messenden einzunehmen. Hat die Wellenfunktion – und zwar die für die gesamte Welt – Tausende von Millionen Jahre auf das Auftauchen eines Einzellers gewartet und darauf, dass dieser einen Sprung tut? Oder hat sie noch etwas länger auf ein besser qualifiziertes System warten müssen … etwa eines mit einem Doktortitel? Und er forderte, dass wir die Welt als eine annehmen müssen, in der messprozessähnliche Vorgänge ständig und überall stattfinden. Er wollte weder die orthodoxe Quantenmechanik mit ihrer unbestimmten Grenze zwischen System und (Mess-)Apparat akzeptieren noch eine Umdeutung des Begriffs „Messung" in seiner Verwendung im Quantenkontext. Die Übertragung von Erfahrungen und Begriffen des täglichen Lebens, also hier aus dem Alltagsverständnis von „Messungen", sei in diesem Kontext, so Bell, nicht angebracht.

Die Welt, die ein Experimentator sieht, ist nicht mehr wie eine Bühne, auf der er – oder sie – Dinge hin- und herschieben kann, ohne dass sich für seine äußeren Randbedingungen sonst etwas ändert. Vielmehr nimmt er mit seinen Entscheidungen, wie und was er messen will, direkten Einfluss auf die Art der Messergebnisse. Nicht nur, dass er bestimmt, ob das Ergebnis ein Teilchen oder eine Welle sein muss und damit die andere, ebenso wahre Alternative ausschließt. Er kann auch, wie wir gesehen haben, entscheiden, ob ein Photon auf einem von zwei Wegen oder auf beiden eintrifft – und das, nachdem das Photon bereits unterwegs ist. Die Wahrnehmung einer klassischen Realität, die unabhängig von uns existiert, kann also offensichtlich nicht richtig sein (Zeilinger 2004).

Wie gesagt, das Messproblem sorgte für eine breite Diskussion. In dieser Auseinandersetzung entstand, wesentlich durch Beiträge von Paul Dirac und John von Neumann, in den 1930er Jahren eine neue orthodoxe Quantenmechanik, gewissermaßen als Nachfolgerin der Kopenhagener Deutung. Ihr zufolge hatte die Schrödingergleichung ihre Grenzen außerhalb der Quantenwelt – wobei vorausgesetzt ist, dass es eine solche in Abgrenzung von der klassischen Realität überhaupt gibt. Das Ziel dieser Abgrenzung war, die Prozesse der Natur an der Grenze zur klassischen Welt und innerhalb der Quantenwelt zu beschreiben. Man gelangt so zu zwei Teilen der Realität, einem Teil, in dem Prozesse von einem Typ 1 an der Grenze zur klassischen Welt mit dieser interagieren, und einem weiteren Teil, in dem Prozesse von einem Typ 2 sich als Schrödingergleichungen innerhalb der Quantenwelt entwickeln. Typ 1 entsteht durch „Kollabieren" der Wahrscheinlichkeit der Schrödingergleichung durch Messung und kann so präzise, überprüfbare Werte zum gemessenen Objekt produzieren. Die Frage, wie dieser Kollaps zustande kommt und was er bedeutet, war Gegenstand weiterer Auseinandersetzungen und konnte bis heute nicht klar beantwortet werden. In Typ 2 werden gemäß der Schrödingergleichung Wahrscheinlichkeiten produziert. Die Natur wäre danach aufgeteilt in zwei Typen von Schrödingergleichungen, in Prozesse vom Typ 1, an denen gemessen wird und die dann kollabieren, sowie in Prozesse vom Typ 2, an denen nicht gemessen wird und die deshalb auch nicht kollabieren. Wäre diese Interpretation korrekt, so Kritiker, müsste es Unterscheidungsmerkmale dafür geben, welche Prozesse in der Natur als Messprozesse gelten können und welche nicht (Ney 2013).

Statt einer Lösung des Messproblems durch zwei Typen von Prozessen wurde durch diese Hilfskonstruktion eher eine neue Komplikation hineingebracht. John Bell kritisierte die Verwendung des Begriffs Messung in diesem Zusammenhang. Er meinte, in der Quantenmechanik seien unbestimmte Quantitäten zu bestimmen, während schon allein der Begriff „Messung" implizieren würde, dass ein bestimmter Wert schon vor dem Kollaps der Wellenfunktion vorliegt. Diese Annahme könne jedoch nicht getroffen werden. Auch die Diskussion über die Rolle des Messenden störte ihn. Eine fundamentale Theorie wie die Quantenmechanik, so Bell, sollte bei ihrer Beschreibung nicht auf einen solch komplexen Organismus wie den eines Beobachters zurückgreifen müssen (Ney 2013).

Lokalität und Realität im Disput zwischen Bohr und Einstein
Albert Einstein und Niels Bohr waren die Protagonisten eines Gelehrtenstreits bester Tradition. Ihre unterschiedlichen Auffassungen zu Fragen der Quantenmechanik waren bereits Gegenstand der 1927 in Brüssel stattfindenden Solvay-Konferenz. Die Solvay-Konferenzen erlangten nicht zuletzt wegen der Auseinandersetzung dieser beiden Mitbegründer der Quantenmechanik einen legendären Ruf. Dass so viele Nobelpreise in dieses noch neue Fachgebiet gingen und die oft sehr jungen Preisträger natürlich zu den Konferenzteilnehmern gehörten, mag den Ruf der Konferenzen noch weiter gefördert haben. Doch zurück zum Gelehrtenstreit zwischen Bohr und Einstein. Einstein versuchte durch eine ganze Serie von „Gedankenexperimenten", die Kopenhagener Deutung infrage zu stellen. Beispielsweise schlug er vor, die Impulsmessung beim Doppelspaltexperiment an einem der Eintrittsschlitze beim Passieren des Teilchens vorzunehmen und so den Weg für jedes Photon zu identifizieren. Bohr antwortete darauf, dass für die Schlitze natürlich die Heisenbergsche Unschärferelation gelte: Wenn man den

Impuls des Schlitzes hinreichend genau feststellt, wird der Ort so unscharf, dass das Interferenzmuster in Mitleidenschaft gezogen wird. Einstein, wie andere auch, wollte dennoch Bohrs lakonische Haltung, dass manches, wie die Vorgänge beim offenbar gleichzeitigen Durchqueren eines Elektrons durch zwei Spalte im Doppelspaltexperiment, nicht messbar oder interpretierbar sei, nicht hinnehmen. Der Streit über diese Kopenhagener Deutung zog sich über viele Jahre hin, Einstein konnte sich jedoch nicht durchsetzen. Beigelegt ist die Debatte allerdings bis heute nicht.

Die Unschärferelation hat weitreichende Konsequenzen und grenzt beileibe nicht nur eine erreichbare Messgenauigkeit an Teilchen ein. Sie gilt universell und damit auch ohne Beschränkung der Größe der Objekte. Ohne sie, so Richard Feynman, würde die gesamte Quantenmechanik in sich zusammenfallen. Die Unschärferelation würde die Quantenmechanik „beschützen". Heisenberg, so Feynman, sei sich darüber im Klaren gewesen, als er die gleichzeitige präzise Bestimmung von Position und Beschleunigung eines Teilchens schlicht für unmöglich erklärte. Viele andere hätten es danach dennoch versucht und festgestellt, dass sich nichts – kein Elektron und kein Billardball – genauer bestimmen ließe, als die Unschärferelation es vorgibt (Feynman 1963).

Die quantenmechanische Interpretation des Doppelspaltversuchs läuft darauf hinaus, dass ein Teilchen, beschreibbar als eine Wellenfunktion und damit als Wahrscheinlichkeitswelle, beide Spalte simultan durchläuft. Die Wahrscheinlichkeitswelle vereint sich dann wieder, interferiert dabei mit sich selbst und produziert dann beim Auftreffen auf den Schirm das Interferenzmuster. Der Kopenhagener Deutung zufolge ist in der Schrödingergleichung die Wahrscheinlichkeitswelle als Lösung enthalten und darin wiederum eine Beschreibung aller Informationen zu einzelnen Teilchen oder zu Systemen von Teilchen.

Aber was hat dies mit unserem Thema der Information zu tun? Wir bewegen uns mit der Quantenmechanik auf einer fundamentalen Ebene. Zumindest, wenn man einmal die Stringtheorie, zu der bisher keine experimentell überprüfbaren Erkenntnisse vorliegen, außer Acht lässt. Die Quantenmechanik ist mit den kleinsten und damit elementaren Komponenten der Realität befasst. Wenn wir mit dieser Realität in Interaktion treten, haben wir es mit Vorgängen zu tun, die sich unserer klassischen Wahrnehmung der Welt entziehen. Interagieren können wir mittels Informationsfluss in Messungen. Es zeigt sich, dass offenbar dann, wenn Information fließt, Entscheidendes mit den zu messenden Quantenobjekten passiert. Im Doppelspaltexperiment geht bei noch so listig konstruierten Versuchsaufbauten das Interferenzmuster verloren und im Welcher-Weg-Experiment passiert ähnliches, wenn wir Auskunft wollen, welchen Weg ein Teilchen durch die Versuchsanordnung wählt. Hier wirkt unsere Informationsentnahme sogar noch, wenn wir den Versuchsaufbau über Milliarden von Jahren ungestört lassen und erst zugreifen, kurz bevor ein Teilchen den Schirm erreichen müsste. Die entnommene Information bewirkt einen sofortigen Kollaps der Verschränkung, als hätte sich kein Teilchen auf dem vermessenen Weg befunden.

Lokalität und Realität auf dem Prüfstand
1935 war Einstein ein Weltstar und die Quantenmechanik, die er mitbegründete und die er durch eine Vielzahl kreativer Gedankenmodelle immer wieder kritisierte, hatte sich etabliert. Dieses Jahr ist in die Annalen der Physik eingegangen. Einstein holte, zusammen mit zwei wissenschaftlichen Kollegen, zum großen Schlag aus und erklärte, die Quantenmechanik sei unvollständig und würde die Realität nicht korrekt beschreiben. Der Aufsatz von Albert Einstein, Boris Podolsky und Nathan Rosen erregte großes Aufsehen. So groß, dass selbst die *New York Times* darüber berichtete (Abb. 4.18). Die darin vertretenden Thesen wurden unter dem Akronym EPR bekannt und gehören bis heute zu den meistzitierten Veröffentlichungen Einsteins.

Einsteins Attacke mit dem EPR-Papier richtete sich weniger gegen die innere Konsistenz der Quantenmechanik als vielmehr gegen ihre Art der Beschreibung der Realität, wie er sie verstand. Statt dafür nun die Philosophie der vergangenen Jahrtausende zu bemühen, konzentrierten er und seine Mitautoren sich auf Bedingungen, denen die Elemente der Realität genügen müssten. Ihre Position formulierten sie folgendermaßen: „Wenn wir, ohne auf irgendeine Weise ein System zu stören, den Wert einer physikalischen Größe mit Sicherheit (d. h. mit der Wahrscheinlichkeit gleich eins) vorhersagen können, dann gibt es ein Element der physikalischen Realität, das dieser Größe entspricht." Und eine Theorie, die in der Lage ist, diese Elemente der Realität zu beschreiben, müsse folgende Bedingung erfüllen: „Jedes Element der physikalischen Realität muss seine Entsprechung in der physikalischen Theorie haben" (Einstein et al. 1935).

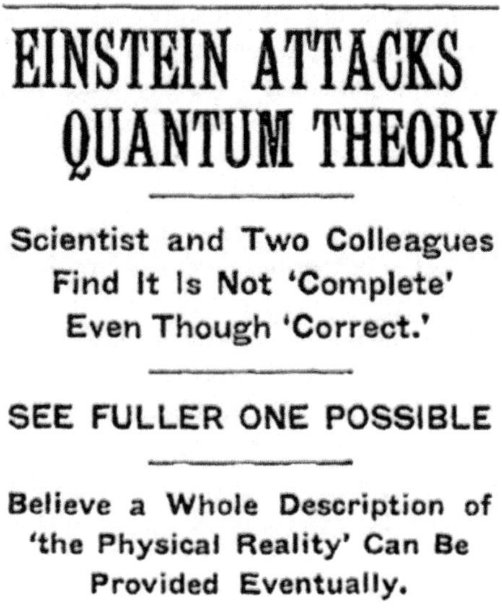

Abb. 4.18 Überschrift der *New York Times* zum EPR-Papier von Einstein, Podolsky und Rosen. (Überschrift aus New York Times, 4. Mai 1935, http://www.ias.edu/articles/physics)

EINSTEIN ATTACKS QUANTUM THEORY

Scientist and Two Colleagues Find It Is Not 'Complete' Even Though 'Correct.'

SEE FULLER ONE POSSIBLE

Believe a Whole Description of 'the Physical Reality' Can Be Provided Eventually.

Es waren insbesondere drei Punkte an der Quantenmechanik der 1930er-Jahre, die den Furor Einsteins weckten:

- **Das Realitätskriterium**: EPR fordern von einer Theorie, dass sie vollständig ist, d. h., dass sie für jedes Element der physikalischen Realität eine Entsprechung besitzt. Ein Element der physikalischen Realität ist EPR zufolge dann für eine physikalische Größe vorhanden, wenn sie mit Sicherheit vorherzusagen ist.
- **Die Lokalität**: Es gibt keine Wirkung oder Information, die sich schneller ausbreiten kann als mit Lichtgeschwindigkeit.
- **Die Vollständigkeit**: Jedes Element der physikalischen Realität muss auch eine Entsprechung in der zugehörigen Theorie haben.

> **Experiment: EPR - Einstein, Podolski, Rosen**
> Diese drei Punkte wurden in dem viel diskutierten EPR-Gedankenexperiment herausgearbeitet. Dort gleitet zunächst ein Teilchen durch den Raum. Irgendwann erfolgt ein zufälliger Zerfall des Teilchens und es bilden sich zwei unterscheidbare Zerfallsprodukte „L" und „R". Diese Teilchen entfernen sich voneinander. Nehmen wir nun an, wir würden das sich nach links bewegende Teilchen L untersuchen. Es wäre entweder leicht oder schwer, schnell oder langsam oder, wenn man es summarisch formuliert, „1" oder „0" für jeweils eine Eigenschaft. Die beiden Teilchen sind jedoch miteinander verschränkt. Sie sind also nicht in jeweils einem spezifischen Einzelzustand, sondern in einem gemeinsamen unbestimmten Zustand. Dieser kann durch die Wellenfunktion beschrieben werden, mit der Wahrscheinlichkeiten für die aktuellen und zukünftigen Aufenthaltsorte der beiden Teilchen angegeben werden können. Es ist jedoch nicht so, dass die beiden Teilchen wirklich an diesen Orten als Teilchen sind, sondern vielmehr, dass jedes Teilchen hier wie dort oder am anderen Ende des Universums „ist". Wohlgemerkt nicht „sein kann", sondern „ist". Diese Unbestimmtheit ist real und eine der Folgen aus dem Welle-Teilchen-Dualismus Louis de Broglies, der Unschärfebeziehung Werner Heisenbergs und der Funktion Erwin Schrödingers. Die verschränkten Teilchen sind unbestimmt und damit wird ihr Zustand als „verschmiert" charakterisiert. Bis eine Messung dem ein Ende setzt. Der Witz ist nun, mit einer Messung am linken Teilchen L wird die Information zum rechten Teilchen R gleich mitgeliefert – und umgekehrt. Dies, obwohl das Messergebnis rein zufällig ist. Es ist, als seien beide Teilchen über ihre Zustände ständig informiert und bestrebt, den jeweils anderen, komplementären anzunehmen, und dies über beliebig große Distanzen. Die Eigenschaften beider Teilchen werden durch ein Bit an Information bestimmt: Ist links 0, muss bei rechts 1 vorzufinden sein. Nachmessen erübrigt sich. Diese informationstheoretische und quantenphysikalische Verknüpfung macht letztlich das Wesen der Verschränkung aus (Seife 2007). Die beiden Partikel verhalten sich wie ein einzelnes Partikel. Eine Messung an einem der beiden Teilchen durchzuführen, heißt, an beiden zu messen. Sie verhalten sich also

> nicht lokal, wie wir dies von den Dingen unserer Alltagswelt und auch von allen Dingen der klassischen Physik erwarten. Müsste sich unsere Wahrnehmung, oder besser formuliert unsere evolutionär konstruierte Erfahrung, wie sie sich bis heute entwickelt hat, damit direkt auseinandersetzen, würden wir sicher vollständig orientierungslos sein.

Diese Nichtlokalität brachte Einstein dann auch in Harnisch, weil er sie nicht mit seinen Vorstellungen von der physikalischen Realität – sei sie klassisch oder quantenphysikalisch – in Übereinstimmung bringen konnte. Er war überzeugt, um Realität beschreiben zu können, muss Lokalität gegeben sein, und eine Messung muss etwas über die „Realität" des Teilchens aussagen. Bei Einstein und seinen Kollegen Podolski und Rosen heißt es dazu:

> Zwei oder mehr physikalische Dinge können nur als simultan existierende Elemente der Realität angenommen werden, wenn sie auch simultan gemessen und vorausgesagt werden können. An diesem Punkt an dem entweder L oder R gemessen werden kann, können sie nicht gleichzeitig real sein. So würde die Realität von L und R vom Vorgang der Messung abhängig werden, die am ersten System ausgeführt wird und die auf keine Weise das zweite System beeinflusst. Man darf nicht erwarten, dass dies irgendeine vernünftige Definition der Realität zulässt (Einstein et al. 1935).

Weil aber die Quantenmechanik über die Unschärferelation es nicht zulässt, dass die Position und Beschleunigung eines Teilchens gleichzeitig gemessen wird, war die Frage offen, ob es tatsächlich keine definierte Position des Teilchens in der Realität gibt. Die von Bohr vertretene Kopenhagener Deutung nahm die Position ein, dass es schlicht keine Position gibt. Einsteins Meinung war, dass der Quantenmechanik schlicht etwas fehlt, um die Position als Element der Realität zu beschreiben. Einsteins Realitätskriterium der Lokalität war nicht mit instantanen Wirkungen vereinbar. Die Quantenmechanik, so Einstein, sei unvollständig, und es sei anzunehmen, dass verschränkte Zustände, wie sie dem EPR-Gedankenexperiment zugrunde lägen, mithilfe bisher noch verborgener Parameter realitätsgerecht beschrieben werden könnten. Diese verborgenen Variablen oder Parameter seien „verborgen", weil sie in der Standardinterpretation der Quantenmechanik nicht enthalten seien und es kein Messverfahren für sie gebe.

Bohrs Antwort kam umgehend und der Gelehrtenstreit nahm seinen Lauf. Er wurde zu Lebzeiten beider nicht entschieden. Unterstützung für beide Seiten gab es jedoch zuhauf. Unter anderem verfasste der einflussreiche Mathematiker John von Neumann eine Position in Form eines mathematischen Beweises. Schon 1932 hatte von Neumann so etwas wie das Standardwerk der Quantenmechanik verfasst. Darin fragte er rhetorisch, ob die Quantenmechanik zu einer deterministischen Theorie werden könne, wenn verborgene Variablen eingesetzt würden. Die Annahme war, dass verborgene Variablen nicht gemessen werden können und daher auch nicht mit der Unschärferelation in Konflikt geraten. Er argumentierte in seiner Antwort an sich selbst, dass die Quantenmechanik objektiv falsch wäre, wenn andere Beschreibungen als die statistischen zugelassen wären. Seine Ablehnung verborgener Variablen untermauerte er mit einem mathematischen Beweis. Dieser Beweis stellte sich wie eine Mauer vor alle alternativen Denkansätze, und es dauerte 20 Jahre, bis David Bohm – auf den wir noch kommen werden – eine Quantenmechanik formulieren würde, die verborgene Variablen enthielt.

> **Experiment: EPR am Genfer See**
> Das zusätzlich Beunruhigende an dem ohnehin schon schwer einzuordnenden Verhalten der Teilchen war die beobachtete instantane Fernwirkung. Sie wurde inzwischen mehrfach bestätigt. So in einem bekannten Experiment des Schweizer Physikers Nicolas Gisin. Seine Forschergruppe an der Universität Genf schickte verschränkte Photonenpaare durch Glaskabelstrecken der Schweizer Telekom entlang des Genfer Sees. Die Teilchen verhielten sich so, wie EPR es vorausgesagt hatten, und wiesen immer das gleiche Muster auf. Bei einer Messung an einem Teilchen war klar, welcher Wert an dem anderen Teilchen zu finden war: nämlich der komplementäre. Dabei wurde auch deutlich, dass zwei Photonen bezüglich verschiedener Eigenschaften, u. a. der der Polarisation, mit mindestens 10.000-facher Lichtgeschwindigkeit über ein quantenmechanisches Phänomen in Beziehung standen. Kommunikation mit Information fand dennoch nicht statt (Salart et al. 2008). Vielmehr zeigte sich erneut die Realität der quantenmechanischen Verschränkung in ihrer rätselhaften Fernwirkung.
>
> Das Teilchen an einem Ende des Genfer Sees konnte weder „wissen", in welchem Zustand sich das andere Teilchen am anderen Seeufer befand, noch es ihm in hinreichender Geschwindigkeit mitteilen. Der jeweils komplementäre Zustand war immer ohne Zeitverzögerung gegeben. Die Lichtgeschwindigkeit – und das ist der springende Punkt – reicht keinesfalls aus, um entsprechende Signale zu transportieren. Wäre es anders, wäre auch die Lichtgeschwindigkeit als Maximalgeschwindigkeit für Information ad absurdum geführt. Dies verbietet Einsteins Relativitätstheorie jedoch und schützt damit, wie wir im Garagenexperiment gesehen haben, das Prinzip der Kausalität. Und in der Tat weiß man zwar nicht, wie diese „spukhafte Fernwirkung", wie Einstein sie nannte, zustande kommt, aber es zeigt sich bis heute, schneller als mit Licht kann Information nicht übertragen werden. Und dennoch gibt es diese Fernwirkung. Alle Science-Fiction-Anhänger, die es sich anders wünschen, müssen jedoch weiter ohne Teleportation à la Star Wars auskommen. Jedenfalls dann, wenn sie die Relativitätstheorie auch in fernen Welten als gültig annehmen und wenn man die Übertragung von Information dafür braucht.

Superposition und Verschränkung haben ihre Geheimnisse noch nicht vollständig preisgegeben, entsprechen aber ausgezeichnet unserer bekannten Wirklichkeit. Dies zeigt die Theorie und insbesondere die Praxis durch vielzählige Experimente, Messungen und technische Anwendungen. Laser und unzählige elektronische Geräte funktionieren gemäß der Quantentheorie. Bereits vor etwa zehn Jahren vertraten namhafte Wissenschaftler die Auffassung, dass bereits etwa ein Drittel des

Bruttosozialprodukts der USA direkt auf Technologien mit quantenmechanischen Technologien basieren würden (Kofler und Zeilinger 2006). Ähnliches gilt für die spezielle und die allgemeine Relativitätstheorie, die gleichfalls durch Experimente und nicht zuletzt auch durch Astronomie und Raumfahrt bestätigt werden. Diese beiden Theoriekomplexe sind (noch?) nicht zu einer umfassenden Theorie vereint, sie zeigen aber, was die Information angeht, eine erstaunliche Gemeinsamkeit: Information bleibt auch in Umgebungen, in denen – wie oben geschildert – verschränkte Teilchen beobachtet werden, an die Lichtgeschwindigkeit als Maximum gebunden. Und dennoch gibt es die instantane „Fernwirkung", wenn eine Messung vollzogen wird und Verschränkung und Superposition verschwinden. Physiker zweifeln nicht daran, dass Nichtlokalität eine Eigenschaft der Quantenwelt und damit der Natur ist. Sie ist offenbar eine Art Kommunikation, die an keine Signal- bzw. Informationsübertragung gebunden ist (Al-Khalili 2003).

Die Bellsche Ungleichung
Die EPR-Debatte, die von Niels Bohr, Albert Einstein und ihren jeweiligen Verbündeten vehement geführt wurde, und in der Bohr nicht zuletzt durch seine Verteidigung der „Kopenhagener" Quantenmechanik einen Sieg nach Punkten verbuchen konnte, zog sich über beider Tod hinaus und wurde erst 1964 durch John Stewart Bell (1928–1990) (Abb. 4.19) entschieden. Der irische Mathematiker arbeitete am internationalen Forschungsinstitut CERN in Genf. Bell zeigte nicht nur, dass eine grundlegende Annahme in dem „Beweis" von von Neumann falsch und damit der

Abb. 4.19 John Stewart Bell im CERN. (© CERN)

4.5 Bizarre Quantenmechanik

gesamte Beweis der Unmöglichkeit verborgener Variablen in der Quantenmechanik hinfällig war. Er zeigte auch, dass Einsteins Annahme, dass verborgene Variablen in die Quantenmechanik gehören, nicht zwingend ist. Nichtlokalität gehört also zur Wirklichkeit der Natur (Kumar 2009).

Ohne den etwas umfangreicheren Beweis von John Bell hier en Detail nachzuvollziehen, ist festzuhalten, dass Bell zeigen konnte, dass die Welt der Quantenmechanik aus Objekten besteht, die entweder nicht lokal kausal, nicht separierbar oder unbeobachtet nicht real sind (Gilder 2009). Das hatte die unmittelbare Konsequenz, dass Einstein mit seiner Forderung nach lokalen Variablen Unrecht hatte. Die Kopenhagener Deutung Bohrs und anderer ist eine Theorie mit nichtlokalen Variablen, und sie ist nicht realistisch. Der Kollaps der Wellenfunktion (Dekohärenz) erfolgt mit großer Reichweite, im Zweifel über das ganze Universum hinweg – vermutlich ohne Zeitverzögerung (instantan), und das Messsystem ist nicht unabhängig von den zu vermessenden Elementen der physikalischen Realität. Mit klassischen physikalischen Theorien ist die Quantenmechanik also nicht in Einklang zu bringen.

Man muss die Verstörung verstehen, die nach wie vor bestand. Einstein sprach ja nicht umsonst von gespenstischen Effekten quer durchs Universum. Er sah die gesamte naturwissenschaftliche Physik gefährdet, denn wie sollten die Naturgesetze experimentell überprüft werden können, wenn die Objekte der Welt nicht mehr getrennt und unabhängig voneinander untersucht werden können. Und wenn lokale Kausalität nicht mehr universell gelten würde, wäre das Tor zu einem neuen Mystizismus geöffnet. Außerdem hätte der Verlust der uns weithin vertrauten Realität, in der Objekte auch existieren können, ohne dass sie vom Menschen beobachtet werden, einen wiedererweckten Anthropozentralismus zur Folge. Der Mond scheine auch, wenn niemand hinschaue, so Einstein.

Bells genialer Beweis blieb lange unbeachtet, sollte sich aber als eine der einflussreichsten Veröffentlichungen der Physik erweisen, trug er doch wesentlich zur inhaltlichen Beilegung des Disputs zwischen Bohr und Einstein bei (beide waren 1964 bereits tot).

Im Jahr 1978, trotz der Veröffentlichung seines Theorems 14 Jahre vorher, galt das Thema EPR nach wie vor als so etwas wie eine „Peinlichkeit" in der Physik. Dennoch blieb Bell am Ball und publizierte weiter zum Thema. Einer seiner Aufsätze erregte dann besondere Aufmerksamkeit. Schon dessen Titel „Bertlmanns Socken und das Wesen der Realität" musste neugierig machen. Einer Schilderung der amerikanischen Physikerin Louisa Gilder zufolge führte er auch innerhalb des CERN zu Belustigungen und bei Reinhold Bertlmann, Bells Kollegen, zunächst zu Zorn. Bell hatte ihn nicht vorher informiert (Gilder 2009).

Der Alltagsphilosoph auf der Straße, so schrieb Bell, der selbst keinen Kurs in Quantenmechanik über sich hatte ergehen lassen müssen, in seinem Artikel, sei recht unbeeindruckt vom Problem der Einstein-Podolsky-Rosen-Korrelationen. Schließlich könne er auf viele Beispiele ähnlicher Zusammenhänge in seinem täglichen Leben verweisen. Der Fall der Bertlmannschen Socken würde häufig erwähnt. („Meine Socken? Worüber redet er? Und EPR-Korrelationen? Das ist ein Witz, John Bell veralbert mich öffentlich", wird ein erzürnter Bertlmann zitiert.)

Bell erklärt in seinem Papier die Angewohnheit von Dr. Bertlmann, stets unterschiedlich farbige Socken zu tragen. Würde man die Farbe einer Socke sehen, wüsste man, die andere Socke wäre andersfarbig. Bell schloss nun daraus, dass die Kenntnis einer Sockenfarbe und des Bertlmannschen Verhaltensmusters verlässliche Informationen zum anderen Socken liefert. Einmal vom Geschmack abgesehen, so Bell, wären diese keine Geheimnisse. Er sah Ähnlichkeiten mit dem EPR-Experiment. Misst man das eine Teilchen, kennt man den Zustand des anderen.

Natürlich unterscheidet sich dieses quantenmechanische Experiment gravierend von der Untersuchung zur Sockenfarbe Dr. Bertlmanns. So gibt es kein geheimnisvolles Gehirn, das, wie in der Realität bei der Sockenfarbe, die Teilchen synchronisiert. In der Realität, auch der der Sockenauswahl, hängen die Dinge in ungebrochenen Kausalketten zusammen und sind deswegen auch lokal und nicht nichtlokal.

In zahlreichen Experimenten, in denen die von Bell aufgestellten Ungleichungen verletzt werden, konnten inzwischen die Voraussagen der Quantenmechanik bestätigt werden. Sie widersprechen damit Einsteins Festhalten an der Lokalität als physikalischer Notwendigkeit. 1982 wurde einer der bekanntesten Versuche dazu von Alain Aspect in Paris durchgeführt. Die Distanzen für die sich voneinander entfernenden Teilchen von einigen Dutzend Metern reichten in seinem Laborgebäude aus. Erhärtung erfuhr sein Messergebnis dann u. a. durch das bereits skizzierte Experiment von Nicolas Gisin.

In die Diskussion um die Interpretation der Bellschen Ungleichungen drängte sich immer wieder die Frage, ob die Korrelationen dieser Ungleichungen wirklich existieren. Man hatte früh zwei „Schlupflöcher" identifiziert, die genau dies in Frage stellten. Das eine Schlupfloch, als „Schlupfloch der Detektoreffizienz" bezeichnet, beschreibt den Verlust von verschränkten Photonen auf dem Übertragungsweg zum Detektor. Rückte man jedoch Sender und Empfänger zusammen, öffnete sich ein weiteres Schlupfloch, das der freien Wahl. Mit einer freien Wahl ist einzig deren Wirkung korreliert, sodass (wie Einstein es in seinem Kausalitätsprinzip forderte) Einstellungen, die spät genug frei und damit echt zufällig gewählt wurden, nicht mit den anderen Variablen korreliert sein dürften. Wenn man nun die Steuerung der im Experiment verwendeten Polarisationsfilter von den Signalen ferner Quasare abhängig macht, kann man dieses Schlupfloch stopfen. Beide Schlupflöcher konnten 2015 mit einem einzigen Experiment von Wissenschaftlern der Universität Delft geschlossen werden (Hensen et al. 2015). Auf die Darstellung des aufwendigen Experiments wird hier verzichtet. Wichtig ist, dass sich die Resultate Bells behaupten konnten und Nichtlokalität als physikalische Realität akzeptiert wurde.

Sind damit alle Zweifel ausgeräumt? Mitnichten, die Bellschen Ungleichungen oder Bellschen Korrelationen wurden, je nach Betrachter, als Problem oder Chance aufgefasst (Wiseman 2014). Die unterschiedlichen Ansichten zwischen Anhängern der Lokalität und denen der Nichtlokalität sind nicht ausgeräumt. Die erste Gruppe hebt die erkenntnistheoretischen Prinzipien der „relativistischen Kausalität" und der „gemeinsamen Ursache" nach Einstein hervor. Ein kausal hervorgerufenes Ereignis kann danach ein anderes, nachfolgendes Ereignis nur hervorrufen, wenn sich die beiden räumlich so nahe sind, dass die „Wirkung" durch einen von der „Ursache" ausgehenden Lichtstrahl erreicht werden könnte. Verstärkung erhält die Fraktion der Anhänger der Lokalität durch Ansätze, die gesamte Quantenmechanik in einem neuen Licht zu sehen, dem des Quanten-Bayesianismus oder kurz QBismus. Diese Interpretation geht davon aus, dass die Wellenfunktion nur die subjektive Erwartungshaltung des quantenmechanischen Beobachters wiedergibt. Sie ist damit auch kein Element der Realität sondern lediglich ein Werkzeug zur Berechnung derselben (Fuchs et al. 2013; Baeyer 2013). Die Annahme der Nichtlokalität bleibt dennoch bestimmend für den wissenschaftlichen Diskurs.

Dekohärenz – Information schafft Realität

Ebenso grundlegend wie schwer verständlich ist die Dekohärenz. Mit ihr wird der Übergang von der Quantenwelt in die uns anschaulich bekannte Welt der klassischen Physik betrachtet.

Von der Quantenwelt zur klassischen Realität

Wenn an einem quantenmechanischen System eine fehlerfreie Messung durchgeführt wird, ergibt sich ein eindeutiger Wert. Er wird auch als der Eigenwert bezeichnet, mit dem die betrachtete Größe im betrachteten Zustand vorliegt, und die physikalische Größe (Ort, Spin etc.) an sich wird in diesem Zusammenhang als Observable bezeichnet.

Wird also der Ort eines Teilchens gemessen, reduzieren sich die vielen gleichzeitig und verschieden wahrscheinlichen Orte auf genau einen Ort (Abb. 4.20). Dieser ist dann als klassischer Messwert interpretierbar. Versteht man die Wellenfunktion selbst als real, ergeben sich natürlich Fragen, wie ein Kollaps instantan im ganzen Universum gleichzeitig erfolgen soll. Einfacher verständlich wird die Sache, wenn man die Schrödingergleichung lediglich als Rechengröße versteht und nicht als Teil der Wirklichkeit im ganzen Raum (Zeilinger 2004):

> Die Annahme, dass sich diese Wahrscheinlichkeitswellen tatsächlich im Raum ausbreiten, ist also nicht notwendig – denn alles, wozu sie dienen, ist das Berechnen von Wahrscheinlichkeiten. Es ist daher viel einfacher und klarer, die Wellenfunktion ψ nicht als etwas Realistisches zu betrachten, das in Raum und Zeit existiert, sondern lediglich als mathematisches Hilfsmittel, mit Hilfe dessen man Wahrscheinlichkeiten berechnen kann. Zugespitzt formuliert, wenn wir über ein bestimmtes Experiment nachdenken, befindet sich ψ nicht da draußen in der Welt, sondern nur in unserem Kopf.

Eine weitere Ursache für die entstandenen Interpretationsfragen liegt in der Eigenschaft quantenmechanischer Experimente. Im Unterschied zu Gedankenexperimenten, die lange Zeit die Diskussion dominierten, lassen sich reale Experimentalaufbauten nur sehr schwer in hinreichendem Maße von ihrer Umgebung isolieren. Die Schrödingergleichung beschreibt jedoch stets ein isoliertes Quantensystem, etwas, das in der Natur so gut wie nicht vorkommt. Jedes reale Quantensystem unterliegt nämlich einer steten und kaum zu kontrollierenden Wechselwirkung mit Photonen, anderen Elementarteilchen und thermischen Fluk-

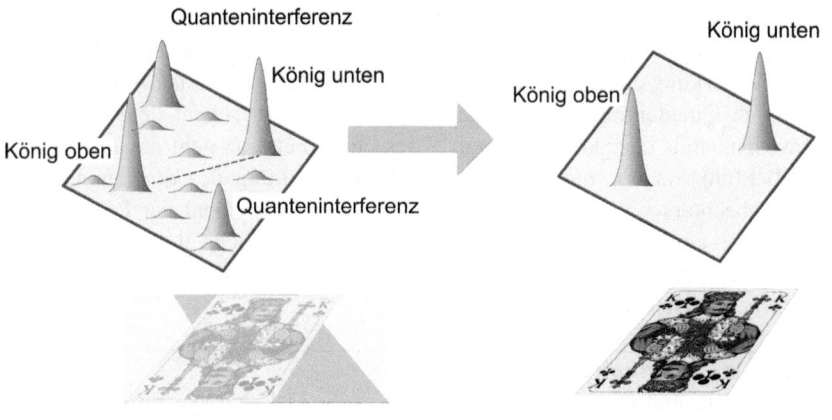

Abb. 4.20 Wirkung der Dekohärenz. Die Abbildung zeigt auf der linken Seite verschiedene Wahrscheinlichkeiten für eine Spielkarte in Superposition. Entlang der gestrichelten Diagonale findet sich die Wahrscheinlichkeit, die Karte nach einer Messung in einer bestimmten Position zu finden. Die anderen Plätze auf dieser Ebene repräsentieren die bizarre Eigenschaft von Quantenobjekten, mit sich selbst zu interferieren und an mehreren Positionen gleichzeitig zu sein. In diesem Fall simultan „das Kartenbild ist oben" und „das Kartenbild ist unten". Im Falle einer „Messung" d. h. der Interaktion mit der Umgebung, werden alle Hügel dieser Dichtematrix ausradiert, bis auf die beiden, die Zustände wiedergeben, die tatsächlich eintreten können: König oben und König unten. (Abbildungsvorlage entnommen aus Tegmark 2014)

tuationen. Diese Wechselwirkungen führen zu einem Phänomen, das Dekohärenz genannt wird. Die dazugehörige Theorie wurde von Heinz-Dieter Zeh, Wojciech Zurek und Erich Joos begründet. Der Physiker Haye Hinrichsen beklagt: „Obwohl Dekohärenz eine ganz wesentliche Rolle für das Verständnis der Quantentheorie spielt, wird dieses Phänomen nach wie vor in den meisten Lehrbüchern ignoriert. Studierende bekommen so den Eindruck, als ob die von der Schrödingergleichung beschriebene ... Zeitentwicklung das Maß aller Dinge sei" (Hinrichsen 2014b).

Dekohärenz scheint mit der Entnahme von Information aus dem Quantensystem verbunden zu sein. Diese Information gibt zwar Wissen über das System preis, zerstört jedoch dabei den zufallsbehafteten Quantenzustand zugunsten einer zufälligen Eindeutigkeit, sodass gewonnenes Wissen unvollständig bleiben muss. Bei der Behandlung der konzeptionellen Probleme des Messproblems, der Verschränkung und der Nichtlokalität, spielt die Dekohärenz eine inzwischen zentrale – jedoch nicht die einzige – Rolle. Bei der Dekohärenz wird angenommen, dass durch die Kopplung des Systems an die Umgebung und die dadurch vorgenommene Vielzahl der „Messungen" bzw. Interaktionen „die typisch quantenmechanischen Korrelationen zwischen Messgerät und Messobjekt praktisch zum Verschwinden gebracht werden können" (Kiefer 2011, Lyre 2003). Dadurch wird dann eines der möglichen Messergebnisse erzeugt, das dann für die Praxis die

4.5 Bizarre Quantenmechanik

gewünschte Irreversibilität aufweist. Das Messproblem besteht jedoch im Kern als Interpretationsproblem weiter.

Messungen selbst seien, so Hinrichsen, „massive Dekohärenzphänomene". Wenn man einmal diese Sicht eingenommen hat, erscheint das Messproblem auch weniger befremdlich. Weiter heißt es bei Hinrichsen:

> Experimentell wurden Quantenphänomene zunächst nur im mikroskopischen Bereich gesehen. Deshalb setzte sich die Sichtweise durch, dass die Quantenmechanik nur auf sehr kleine Systeme anwendbar sei, während die makroskopische Welt weiterhin mithilfe der klassischen Physik beschrieben werden muss. Erst langsam setzt sich die Einsicht durch, dass die Quantenmechanik die fundamentale Theorie für alle Naturwissenschaften ist, unabhängig von der Skala der betrachteten Phänomene. Dabei stellt sich allerdings die Frage, warum für das Verständnis der makroskopischen Welt klassische Naturgesetze ausreichen, wie also konkret der Übergang von der quantenmechanischen zur scheinbar klassischen Welt stattfindet. Heute gilt es als sicher, dass Dekohärenz dabei eine entscheidende Rolle spielt.

Dekohärenz wirkt wie eine Messung. „Anstatt eines Messgeräts wird hier allerdings die gesamte Umgebung in die quantenmechanische Betrachtungsweise eingeschlossen", so Hinrichsen. Dekohärenz setzt bei Messungen im traditionellen Sinn und Messungen als Einwirkungen auf quantenmechanische Systeme von außen sofort ein. Verschränkung und Superposition werden sofort aufgehoben. Die makroskopische Welt wird mit ihren Gesetzmäßigkeiten sichtbar.

John Wheeler merkte Folgendes an: „Sollten wir in der Natur jemals etwas entdecken, das Raum und Zeit erklärt, dann müsste es auf jeden Fall etwas sein, das tiefer ist als Raum und Zeit – etwas das selbst keine Lokalisierbarkeit in Raum und Zeit hat. Und genau das ist das Erstaunliche an einem elementaren Quantenphänomen ... ein Informationsatom, das vor seiner Registrierung keine Lokalisierbarkeit in Raum und Zeit hat."

Quanten-Zeno-Effekt

Dekohärenz zerstört bei Messungen die Superposition. Eine in einem „verschmierten" Zustand zwischen Leben und Tod angenommene Schrödinger-Katze ist nach der Messung definitiv lebendig oder nicht. Die Messung entscheidet gewissermaßen über die Realität. Was Schrödinger in diesem Gedankenexperiment beschrieb, sollte die ganze Absurdität aufzeigen, die mit der Verschränkung verbunden ist.

Aber ist sie wirklich so absurd und sind es nicht tatsächlich die Messungen, die, verbunden mit der Extraktion von Information, die Realität auf der Quantenebene nicht nur leicht beeinflussen, sondern sie bestimmen? Es gibt ein Experiment, das auf der Mikroebene in der Messung sehr deutlich und verständlich Einfluss auf das Messobjekt nimmt, wie der Wissenschaftsjournalist Charles Seife postuliert. Nehmen wir einen Atomkern an, der sich konstant in Superposition befindet. In einem Zustand „0" ist er ein einzelnes, nicht zerfallenes Objekt. Im anderen Zustand „1" ist der Kern in zwei Zerfallsprodukte gespalten. Anfangs mag sich der Kern im Zustand 0 – sogar im „puren" Zustand mit 100 %iger Wahrscheinlichkeit – befinden. Mit der Zeit verändert sich der Zustand zu einem mit geringeren Wahrscheinlichkeiten. Dafür steigt dann die Wahrscheinlichkeit für Zustand 1. Irgendwann zerfällt der Kern, und Zustand 1, jetzt mit einer hohen Wahrscheinlichkeit verknüpft, wird eingenommen. Kommt nun aber jemand auf die Idee, in kurzen Abständen nachzumessen, in welchem Zustand sich der Kern befindet, wird die Superposition des Kerns jedes Mal aufgehoben und der Kern geht zurück in den puren Zustand, und zwar mit der 100 %igen Wahrscheinlichkeit, dass er unzerstört ist. Der Vorgang beginnt anschließend erneut und die Wahrscheinlichkeit für einen intakten Kern sinkt. Eine neuerliche Messung führt dann wieder zum gleichen Resultat etc. Durch ständiges Messen und Dekohärenz kann also verhindert werden, dass der Kern zerfällt. Der Name für diesen erstaunlichen Vorgang ist Quanten-Zeno-Effekt. Was ist passiert? Die wiederholten Messungen haben dem Kern jedes Mal Information entzogen und ihn in einen definierten Zustand gebracht oder, anders formuliert, die (Quanten-)Information ist mit dem Verhalten von Materie verbunden oder, mehr noch, sie steuert das Verhalten von Materie (Seife 2007).

Die Hypothese Seifes, dass die Entnahme von Information den Kern daran hindert zu zerfallen, ist nicht an einen menschlichen Beobachter gebunden. Messvorgänge finden ständig und überall in der Natur statt. Aber Seife geht noch weiter: Information ist ständig im Spiel, wenn neue Teilchen als Fluktuationen im Vakuum entstehen und wenn sie wieder verschwinden. Sie sammeln während ihrer Existenz Informationen und geben sie weiter bzw. streuen sie in ihre Umgebung. Hier sieht Seife auch die Antwort auf das Paradox der Schrödinger-Katze. Die Tatsache, dass sich mikroskopische Quanten anders verhalten als makroskopische, klassische Objekte, und dass Atomkerne in Superposition sehr viel länger bestehen können als Schrödinger-Katzen in ihrem „verschmierten" Zustand, erklärt er durch Information. Der ständige Transfer von Quanteninformation in die Umgebung – verursacht durch die unablässigen Messprozesse der Natur – unterscheidet die Situation des Atomkerns von dem der Katze. Das mikroskopische Objekt wird ungleich seltener gemessen und hat dadurch eine ungleich höhere Chance, längere Zeit zu bestehen. Die Katze hingegen unterliegt einem Bombardement von Messungen und verliert – als Ganzes betrachtet – ihre Superposition in einer minimalen Zeit. Der Effekt wurde 1958 vom sowjetischen Physiker Leonid Khalfin vorhergesagt und wurde inzwischen für mikroskopische Systeme experimentell bestätigt.

Aus einer augenzwinkernden Perspektive betrachtet, kann der Quanten-Zeno-Effekt der Katze Schrödingers das Leben retten. Dazu, so der Physiker Hayo Hinrichsen, „muss man lediglich den Deckel der Kiste öffnen und die Katze intensiv anschauen. Durch die ständig wiederholte Beobachtung wird nämlich der Zustandsvektor immer wieder auf die Eigenzustände ‚lebendig' bzw. ‚tot' projiziert. Die Wahrscheinlichkeitsrate für eine Projektion auf den Zustand ‚tot' nimmt dabei mit zunehmender Beobachtungsfrequenz ab". Die Katze wird infolge kontinuierlicher Beobachtung im Grenzfall unsterblich (Hinrichsen 2014b).

Eine Bestätigung dieser Sicht haben Messungen an Superpositionen größerer Objekte gebracht. So hat Anton Zeilinger (Abb. 4.21) mit seiner Forschergruppe an der Universität Wien mit Experimenten an vergleichsweise riesigen Molekü-

Abb. 4.21 Der Physiker Anton Zeilinger hat in vielen quantenmechanischen Experimenten die Eigenschaften verschränkter Systeme untersucht. Er weist der Information eine fundamentale Rolle in der Wirklichkeit der Welt zu. (Mit freundlicher Genehmigung von Anton Zeilinger, © Jacqueline Godany / CC BY-SA 2.5)

len (Fullerenen) gearbeitet. Solange die Moleküle ungestört waren, konnten sie in Superposition gleichzeitig nicht entweder hier oder dort, sondern an beiden Plätzen gleichzeitig sein. Allerdings ist es nicht ganz einfach, die Fullerene ungestört zu halten. An der Luft würden sie sehr schnell mit Sauerstoff- und Stickstoffmolekülen kollidieren. Jede Kollision wäre eine Messung. Dabei würden die beiden Moleküle sich verschränken können. Würde man die Bahn eines kollidierten Moleküls messen, so würde man Informationen über das getroffene Fulleren gewinnen. Würde dieses nun mit einem weiteren Molekül kollidieren, würde es damit verschränkt sein, und so fort. Der Prozess würde sich fortsetzen und Informationen über das Fulleren würden sich breit verteilen. Daher ist es unmöglich, den Zustand der Superposition größerer Objekte längere Zeit aufrechtzuerhalten. Und dies ist auch einer der Gründe, warum es so schwierig ist, Quantencomputer zu bauen. Die notwendige Superposition zerfällt allzu schnell, wenn viele Moleküle oder gar größere materielle Strukturen beteiligt sind.

Dekohärenz und Bewusstsein

In Schrödingers Gedankenexperiment mit der Katze entsteht ein „verschmierter" Überlagerungszustand aus lebendiger und toter Katze. Wir nehmen die Welt allerdings nicht als eine Komposition aus Zuständen von Teilchen oder Objekten in Superposition wahr. Die Quantenmechanik liefert uns jedoch bemerkenswert präzise Ergebnisse, was das Verhalten von Teilchen der Mikrowelt angeht. Sie liefert uns allerdings keine endgültigen Erkenntnisse darüber, wie die nichtdeterministischen Mikrozustände in deterministische Makrozustände transformiert werden, wie also die Grenze zwischen klassischer und quantenmechanischer Welt beschaffen ist – sofern sie überhaupt besteht. Und in dem angenommenen und unrealistischen Katzenexperiment genügt zwar ein Blick auf den Geigerzähler oder in die Box mit der Katze, um deren Zustand eindeutig zu klären, hingegen ohne uns eine

Antwort auf die Frage geben zu können, wie der „verschmierte" Zustand in einen kristallklaren verwandelt wurde. Auch alle anderen messbaren Werte wie z. B. der Spin (Eigendrehimpuls) eines Teilchens scheinen sich ihrer mit Wahrscheinlichkeitswerten behafteten Eigenschaften entledigt zu haben.

Diese Transformation, die Dekohärenz (Zeh 2003) oder der Kollaps der Wellenfunktion, wurde lange Zeit als unvermeidbare Wissenslücke hingenommen. Seitdem John Bell jedoch zeigte, dass mit einer Messung nicht nur unser Wissen einer Veränderung unterworfen ist, sondern auch das zu messende System, wird das Messproblem wieder intensiv diskutiert. Die Diskussion erstreckt sich von der Annahme, dass der Formalismus der Quantenmechanik an dieser Stelle eine Lücke aufweist, bis hin zu der Annahme, dass es keinen Kollaps der Wellenfunktion gibt (Bierman und Whitmarsh 2006). Keine Lösung gilt als befriedigend, sodass die Annahme des Physikers Henry P. Stapp weiter im Raum steht, dass eine subjektive Transformation die bevorzugte Lösung bieten wird (Stapp 2011). Er stützt sich dabei auf frühere Argumente u. a. von John von Neumann (1903–1957) und Eugene Wigner (1902–1995).

Vielen Wissenschaftlern erscheint der Versuch, die Dekohärenz mit dem menschlichen Bewusstsein in Verbindung zu bringen, als eine Kombination zweier bisher nicht gut verstandener Phänomene. Eine prominente Ausnahme bildet der britische Physiker Roger Penrose. Er geht davon aus, dass im Gehirn die Informationsverarbeitung auf zwei Ebenen aktiv ist. Eine Ebene, die nichtbewusste, arbeitet nach quantenmechanischen Prinzipien und bedient sich des Quantencomputings, während die andere Ebene klassisch funktioniert. Er geht so weit mit seiner Annahme, dass er dem Gehirn die Fähigkeit zuspricht, Zustände in Superposition aufrechtzuerhalten und sie selektiv zum Kollabieren zu bringen. Die biochemischen Grundlagen hierfür fehlen allerdings bisher, und auch sonst steht ein Beweis für die unmittelbare Beteiligung des Gehirns oder des bewussten Geistes am Kollaps der Wellenfunktion noch aus. Im Kapitel zum Quantencomputing nehmen wir diesen Punkt in Form einer Kritik seitens des Quantenphysikers Max Tegmark wieder auf.

4.5.5 Ein Universum aus Information – Information und Astrophysik

Quantenphysikalische Phänomene sind nicht auf die „kleine Welt", also den subatomaren Bereich, begrenzt. Da sie die uns heute bekannten Grundlagen der Welt aufzeigen, müssen sie sich auch in den ganz großen Dimensionen des Universums finden lassen. In der Tat hat sich mit der Quantenkosmologie ein entsprechender Wissens- und Forschungszweig etabliert, der sich auch der Fragen zur Information im Universum und bei der Entstehung des Universums annimmt.

Information, Entropie und raumzeitliche Zustände sind von besonderem Interesse bei der Betrachtung von Grundlagenfragen der Raumzeit und der Kosmologie. Die sogenannte Bekenstein-Hawking-Entropie Schwarzer Löcher und das „information loss paradox", mit dem die Entwicklung der Wellenfunktion im

Zusammenhang mit Schwarzen Löchern thematisiert wird, sind die prominentesten Theorieansätze in diesem Bereich. Die Bekenstein-Hawking-Entropie ist diejenige Informationsmenge, die einem Schwarzen Loch entsprechend seiner Masse und seines Ereignishorizontes zugeschrieben werden kann. Der physikalische Informationsgehalt eines Raumgebietes lässt sich damit auf dessen Oberfläche zurückführen, eine Idee, die man als Holografisches Prinzip bezeichnet (Lyre 2015).

Dabei wird der Ereignishorizont Schwarzer Löcher als die Grenzfläche in der Raumzeit verstanden. Für den Ereignishorizont gilt, dass Ereignisse – Punkte in der Raumzeit, die durch Ort und Zeit festgelegt sind – jenseits dieser Grenzfläche für Beobachter prinzipiell nicht sichtbar sind, die sich diesseits der Grenzfläche befinden. Jedes Schwarze Loch weist einen derartigen Ereignishorizont auf. Für Informationen und kausale Zusammenhänge bildet der Ereignishorizont eine Grenze, die sich aus den physikalischen Gesetzen unter Berücksichtigung der vorliegenden Raumzeit und der Lichtgeschwindigkeit ergibt.

Dem Holografischen Prinzip zufolge enthält unser Universum etwa 10^{124} Bits. Für jeden Raumteil, der nicht größer ist als ein Atom, bleiben dann etwa 10 Terabyte an Information (Tegmark 2014). Ob das viel oder wenig ist, hängt wohl von ganz persönlichen Erwartungen und Einschätzungen ab. Aus der Schrödingergleichung kann geschlossen werden, dass Information weder erzeugt noch zerstört werden kann. Die angegebene Informationsmenge ist also als konstant anzunehmen – ähnlich wie die Energiemenge.

Der amerikanische Physiker Max Tegmark leitet aus dem Holografischen Prinzip und der Aussage der Schrödingergleichung zur Information ab, dass ein Mangel an Information die Welt zerstören könnte (Tegmark 2014). Diese Gefahr ergibt sich durch die zunehmend schnelle Ausdehnung des Universums. Er fragt sich, ob durch die damit zwangsläufig einhergehende Informationsausdünnung nicht schon, bevor die Sonne irgendwann in einigen Milliarden Jahren erlischt, eine Situation auftreten wird, die die Existenz des Universums gefährdet. Dann nämlich, wenn in einem Liter Raum nur noch einige Megabyte Information zu finden wären. Was dann wäre, weiß man nicht, es gibt keine Szenarien dafür. Aber vernünftigerweise kann man eine Grenze annehmen, unter der die Informationsdichte nicht liegen darf, damit die Struktur der Welt noch in irgendeiner Form aufrechterhalten werden kann. Tegmark, der sich mit Szenarien der astronomischen Entwicklung des Universums auseinandersetzt, nennt diese Version des Weltenendes „Big Snap" – in Analogie zum Reißen eines Gummibandes, in dem sich ja auch die Moleküle bei Überdehnung an der schwächsten Stelle voneinander trennen und damit das Band reißt (Tegmark 2014).

4.5.6 Die verwischte Realität – Interpretationen der Quantenmechanik

Wo die Grenze zwischen Quantenwelt und unserer wahrnehmbaren Realität liegen soll und ob es sie überhaupt gibt, ist weiterhin offen. Das folgende Zitat vom amerikanischen Physiker und Mathematiker Edwin T. Jaynes zeigt seine Frustration bei der Bewertung der bereits Jahrzehnte andauernden Diskussion (Jaynes 1990):

> Unser gegenwärtiger Formalismus in der Quantenmechanik ist nicht wirklich erkenntnistheoretisch. Er beschreibt auf der einen Seite eine eigentümliche Mischung von Realitäten der Natur und auf der anderen Seite unvollständige menschliche Informationen über die Natur. All das wurde von Heisenberg und Bohr zu einem Omelett verrührt. Niemand hat bisher gesehen, wie man das Omelett wieder trennen kann. Wir denken jedoch, diese Trennung ist Voraussetzung für jeden weiteren Fortschritt in der physikalischen Grundlagenforschung. Wenn wir die subjektiven und objektiven Aspekte des Formalismus nicht trennen können, können wir auch nicht wissen, worüber wir überhaupt reden. So einfach ist das.

In seinen Erinnerungen „Der Teil und das Ganze" beschreibt Werner Heisenberg die Diskussion über die Realität, für die sich der Begriff „Heisenbergschnitt" gehalten hat. Irgendwo, so die Problemstellung, liegt die Grenze zwischen der klassischen Welt und der der Quantenphänomene. Zur Beschreibung beider haben wir nur die Sprache, so wie sie uns zurzeit verfügbar ist. Dazu folgendes Zitat von Niels Bohr (Heisenberg1969):

> Es gehört doch geradezu zum Wesen eines Experiments, daß wir das Beobachtete in den Begriffen der klassischen Physik beschreiben können. Darin besteht natürlich auch die Paradoxie der Quantentheorie. Einerseits formulieren wir Gesetze, die anders sind als die der klassischen Physik, andererseits benützen wir an der Stelle der Beobachtung, dort wo wir messen oder fotografieren, die klassischen Begriffe ohne Bedenken. Und wir müssen das tun, weil wir ja auf die Sprache angewiesen sind, um unsere Ergebnisse anderen Menschen mitzuteilen. Ein Meßapparat ist eben nur dann ein Meßapparat, wenn in ihm aus dem Beobachtungsergebnis ein eindeutiger Schluß auf das zu beobachtende Phänomen gezogen, wenn ein strikter Kausalzusammenhang vorausgesetzt werden kann. Sofern wir aber ein atomares Phänomen theoretisch beschreiben, müssen wir an irgendeiner Stelle einen Schnitt ziehen zwischen dem Phänomen und dem Beobachter oder seinem Apparat. Die Lage des Schnittes kann wohl verschieden gewählt werden, aber auf der Seite des Beobachters müssen wir die Sprache der klassischen Physik verwenden, weil wir keine andere Sprache besitzen, in der wir unsere Ergebnisse ausdrücken könnten. Nun wissen wir zwar, daß die Begriffe dieser Sprache ungenau sind, daß sie nur einen begrenzten Anwendungsbereich haben, aber wir sind auf diese Sprache angewiesen, und schließlich können wir doch mit ihr das Phänomen wenigstens indirekt begreifen.

Der Heisenberg-Schnitt kennzeichnet die Grenze zwischen der verstärkten Messinformation, die am mikroskopischen Objekt gewonnen wurde, und dem direkt beobachtbaren Phänomen bzw. der Wahrnehmung des Beobachters. Auf der makroskopischen Seite dieser Grenze kann das Objekt makroskopisch und somit klassisch interpretiert und beschrieben werden.

Wo aber liegt diese Grenze? Im Laufe der Zeit wurden verschiedene Orte angenommen. Abb. 4.22 zeigt die wichtigsten Heisenberg-Schnitte. Die mit „U" gekennzeichneten Kreise kennzeichnen die Umgebung des Beobachters „B" und der Messapparatur „A". „S" sei das zu vermessende mikroskopische System. Max Born und Wolfgang Pauli wandten den traditionellen Kollaps der Wellenfunktion

4.5 Bizarre Quantenmechanik

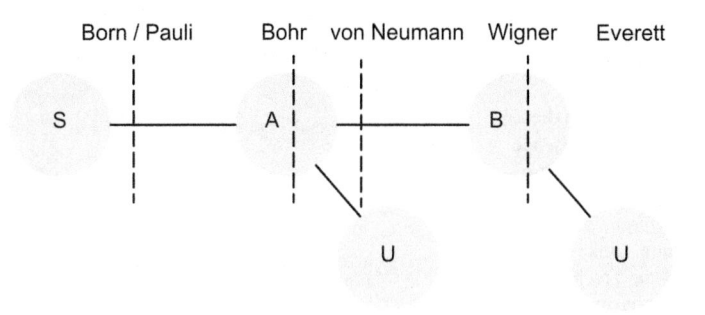

Abb. 4.22 Verschiedene Heisenberg-Schnitte. (Abbildungsvorlage entnommen aus Zeh 2011)

auf mikroskopische Systeme an. Niels Bohr nahm an, dass Messapparate teilweise klassisch sein müssen und teilweise der Quantenwelt zuzurechnen sind. Ihm zufolge ist die klassische Physik ein Grenzfall der Quantenmechanik. Klassische Vorgänge, wie die Flugbahn eines Balls, lassen sich gut mit der klassischen Mechanik beschreiben, während für Phononen und die durch sie ausgelösten Wirkungen die Quantenmechanik heranzuziehen ist. Die Grenze zwischen beiden konnte er nicht beschreiben, und auch heute ist sie immer noch nicht gezogen bzw. sie ist verschoben, denn es ist gelungen, sogenannte Makromoleküle in quantenmechanischer Superposition zu isolieren (Tipler und Mosca 2015). Von Neumann legte die Grenze außerhalb der Messapparatur und beschrieb beispielsweise auch dessen Zeiger als Wellenfunktion. Wigner brachte durch ein Gedankenexperiment die Frage auf, ob nicht auch ein zwischengeschalteter weiterer Beobachter den Kollaps auslösen könnte (Zeh 2011). Die radikalste Position zur Trennung von Quantenwelt und klassischer Realität findet sich bei Everett. Es gibt schlicht keine, die Schrödingergleichung wird so genommen wie sie ist. Jeder Messvorgang führt zu einer Aufspaltung der Welt in Richtung der vorhandenen Möglichkeiten. Die Schrödinger-Katze lebt danach in der einen Realität weiter, während sie das in der anderen nicht kann. Beide Realitäten sind, wenn man so will, real.

Natürlich kann man das nicht so einfach hinnehmen. Und so geht die Suche nach der Grenze zwischen klassischer Physik und Quantenmechanik weiter. Inzwischen kann man quantenmechanische Effekte an immer mehr und größeren makroskopischen Objekten wie Molekülen sichtbar machen. Den Anfang machte Anton Zeilinger mit den bereits erwähnten Fullerenen, Molekülen, die in ihrem Aufbau einem klassischen Fußball, mit seiner Oberfläche aus sechs- und fünfeckigen Flächen, ähnelt. Das Experiment mit dem Kohlenstoffmolekül C_{60}, das aus immerhin 60 Kohlenstoffatomen mit 360 Neutronen, 360 Protonen sowie 360 Elektronen besteht, waren wegweisend (Arndt et al. 1999). Inzwischen kann die Dualität von Welle und Teilchen an wesentlich komplexeren Molekülen nachgewiesen werden (Abb. 4.23). Das Molekül $C_{284}H_{190}F_{320}N_4S_{12}$ mit einer ausgeprägten Komplexität der Fullerene mag als Beleg dafür gelten. Ob die mit erheblichem Aufwand betriebenen Experimente – je größer die Moleküle, desto größer die Gefahr von Dekohärenz durch die Umwelt – eine Grenze finden, hängt auch davon

Abb. 4.23 Moleküle unterschiedlicher Komplexität, mit Quanteninterferenz. An dieser Auswahl wird die wachsende Masse und Komplexität von Molekülen deutlich, an denen Quanteninterferenz gezeigt werden konnte. Links oben das Fulleren- und rechts unten ein Porphyrinmolekül (organisch-chemischer Farbstoff). Die Größenangabe von 10 Ångström entspricht einem nm, also 1 millionstel mm. (Arndt et al. 2014). (Mit freundlicher Genehmigung von Michael Arndt)

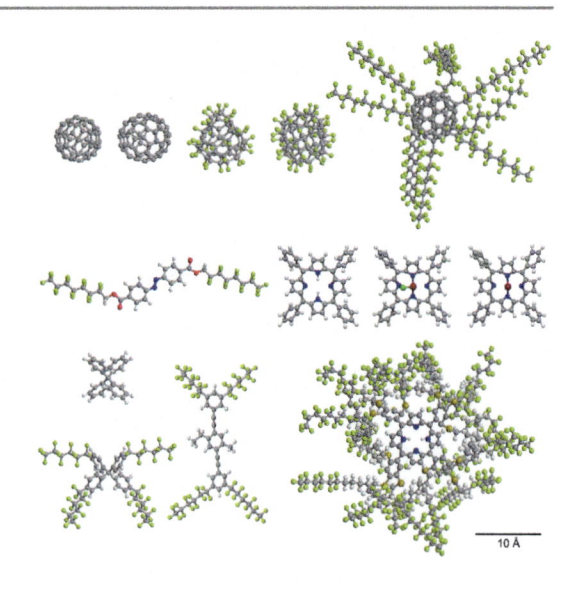

ab, ob sich Theorien bewahrheiten, dass bei einer bestimmten Größe Dekohärenz spontan auftritt oder ob sie vielleicht durch Schwerkraft ausgelöst wird (Arndt et al. 2014).

> **Experiment: Die kollabierte Information**
> Der Londoner Physikprofessor Terry Rudolph vom Imperial College illustriert das Verwischen der Realität in einem kleinen Experiment, das er auch im Internet als YouTube-Video unter „Quantum theory: it's unreal" zugänglich machte. Das Nichtreale, um das es ihm geht, ist die Nichtlokalität. Ein Teilchen, so Rudolph, sei ja im superponierten Zustand nicht teilweise an einem Ort (x_1, y_1, z_1) und teilweise an einem anderen Ort (x_2, y_2, z_2) usw., sondern an allen Orten gleichzeitig, allerdings mit unterschiedlichen Wahrscheinlichkeiten. Man könne sich das zwar kaum vorstellen, aber immerhin mit einem Experiment anschaulich machen. In diesem Experiment wirft Rudolph einen (leichten) Gegenstand ins Publikum, nachdem er darum gebeten hatte, die Augen zu schließen. Wo denn der Gegenstand nun sei, fragte er dann das Publikum, das die Augen wieder öffnen durfte. Nachdem jemand sich meldete, war die Sachlage klar und der aktuelle Ort bestimmt. Die vorher unbestimmte und gewissermaßen im Raum verteilte Information über den Ort des Teilchens kollabierte zu einem Punkt, so Rudolphs Interpretation. Hier ist das Kollabieren der Wellenfunktion veranschaulicht. Aus den Wahrscheinlichkeiten zum Aufenthaltsort des Teilchens wird Gewissheit.
>
> Auf die Dekohärenz-Zeiten werden wir später näher eingehen, wenn wir die Rolle der Quantenmechanik in der Biologie genauer betrachten.

Zwei wichtige Modelle

Es gibt weitere Modelle zur Erklärung der Quantenphysik. Ein früheres von David Bohm, das eine nichtlokale Welt mit verborgenen Variablen voraussetzt, und ein weiteres von Hugh E. Everett, in dem die Wellenfunktion nicht kollabiert, sondern die Welt sich aufspaltet. Darüber hinaus existieren vielzählige Interpretationsansätze, ohne dass sich bisher ein verbindliches Bild ergeben hätte.

Die Bohmsche Mechanik

Dass die Wellenfunktion bestenfalls ein wahrscheinliches Messergebnis eines Quantenzustandes liefert, und dass sie gleichzeitig eine vollständige Beschreibung eines Systems aus Quantenzuständen von Teilchen bietet, wurde bereits zu Beginn der Quantenmechanik als unbefriedigend empfunden. Der damals angebotene Ausweg war das Komplementaritätsprinzip, demzufolge es schlicht sinnlos ist, über die Position eines Teilchens zu sprechen, geschweige denn konkrete Informationen zu erwarten. Eine Messung, so viel konnte gesagt werden, würde zum Kollaps des Quantenzustandes respektive der Wellenfunktion führen und dieses oder jenes Resultat mit einer bestimmten Wahrscheinlichkeit liefern. Dies war natürlich auch unbefriedigend und stieß demzufolge weiter auf Kritik. So kritisierte David Bohm, dass es dem Komplementaritätsprinzip zufolge kein Modell geben könne, welches eine rationale Analyse des Zusammenhangs zwischen den Situationen vor und nach einer Messung böte. Es wäre demnach sinnlos, die zukünftige Entwicklung eines Systems von Teilchen präzise voraussagen zu wollen. Zukünftige Zustände würden „irgendwie" erzeugt, eine detaillierte Beschreibung, wie dies geschehen könne, verbiete sich aber. Was bliebe, so Bohm, wären statistische Aussagen (Bohm 1952).

Bohm entwickelte daraufhin eine eigene Quantentheorie, die nach ihm benannte „Bohmsche Mechanik". Er arbeitete dabei mit versteckten Variablen, wie sie Einstein, Podolsky und Rosen im EPR-Artikel zur Vervollständigung der – aus ihrer Sicht – unvollständigen Quantenmechanik unterstellten. Zwar wurde die Annahme, dass es dieser Variablen bedürfe, um nichtlokales Verhalten von verschränkten Teilchen hinreichend zu beschreiben, von John Bell widerlegt. Allerdings schloss Bell nicht aus, dass diese Variablen angenommen werden dürften, sofern nichtlokales Verhalten akzeptiert würde.

Genau dies tat Bohm und formulierte eine Theorie, die sowohl das Messproblem löste als auch präzise Gesetze zur Entwicklung von Quantenzuständen anbot. Bohm zufolge beschreibt der Quantenzustand den Status einer Welle. Diese Welle – oder auch Führungswelle genannt – wiederum führt das Teilchen zu einem definierten Ziel. Bohm zahlte jedoch einen Preis für die Neuinterpretation der bisherigen Quantenmechanik. Er musste die Annahme aufgeben, die Wellenfunktion würde eine vollständige Beschreibung eines physikalischen Systems bieten (Ney 2013). Die Annahme verborgener Variablen schloss dies aus.

Die Aufgabe der Führungswelle wird im Doppelspaltexperiment deutlich. Nach Bohm laufen die Teilchen entlang von spezifischen Bahnen oder Tälern der Führungswelle. Dabei wird ihre Bewegung ähnlich wie bei einem Surfer auf einer Wasserwelle von dieser Welle gelenkt. Die Bewegung der Teilchen wird von der Schrödingergleichung bestimmt. Im Gegensatz zur Kopenhagener Deutung von

Bohr und Heisenberg beschreibt die Bohm'sche Mechanik die Wirklichkeit streng deterministisch und sie hat – auch deswegen – nicht mit dem Messproblem zu kämpfen. Da John Bell nachwies, dass es keine Quantenmechanik geben kann, die in ihrem Charakter deterministisch und lokal ist, die Bohmsche Mechanik aber deterministisch ist, ergibt sich die Beibehaltung der Nichtlokalität. Die „spukhafte Fernwirkung", die Einstein so sehr störte, verschwindet nicht.

Kritik an Bohm kam, u. a. wegen der verborgenen Variablen, vom deutschen Physiker Heinz-Dieter Zeh: „Die Situation sollte … kein Grund sein, einfach zusätzliche, prinzipiell unbeobachtbare Variablen einzuführen, die nur den Zweck haben, mittels einer obskuren Dynamik Messergebnisse auf nicht nachprüfbare Weise zu determinieren – wie es in der Bohmschen Theorie geschieht" (Zeh 2011).

Die Everettschen Multiversen
Während Bohm annahm, die Wellenfunktion beschreibe das Verhalten von Teilchensystemen nicht umfassend genug, nahm Hugh Everett III in seiner Dissertationsschrift genau das Gegenteil an (Everett 1957). Er entwickelte eine kompromisslose Theorie, nach der sich Teilchensysteme der Wellenfunktion gemäß entwickeln. Die Wellenfunktion bietet ihm zufolge eine komplette Beschreibung für jeden Ort und zu allen Zeiten. Seine – wenn man so will – buchstabengetreue Interpretation der Eigenschaften einer Wellenfunktion führte ihn zu dem Schluss, dass bei einer Messung bzw. einer „Interaktion" – die ja an einem verschränkten, also in Superposition befindlichen Teilchen(-system) ausgeführt wird – nicht nur ein Messergebnis erzeugt wird. Vielmehr bleibt die Wellenfunktion erhalten statt zu kollabieren (Abb. 4.24). Alle Verzweigungen existieren und verzweigen sich weiter, gemäß ihrer unterschiedlichen Messergebnisse. Geradezu die Vorstellungskraft sprengend – jedoch nicht ausgeschlossen – ist die dahinterstehende Behauptung, jede der unzähligen Messungen, die ständig geschehen, führe zu einer Verzweigung des gesamten Universums.

Unter der realistischen Annahme, dass Verschränkung der Normalzustand in der Natur ist und damit Interaktionen zwischen verschränkten Teilchensystemen das normalste auf der Welt sind, wundert man sich nicht, dass Everetts Theorie schnell den Namen Viele-Welten(Multiverse)-Theorie erhielt und viel Unglauben und Ablehnung erntete. Die Vorstellungskraft versagt angesichts dieser unglaublichen Zahl an Verzweigungen. Wie auch soll ständig eine wahrlich astronomisch hohe Zahl an Universen erzeugt werden? Und wie sieht es mit den Erhaltungssätzen der Physik aus? Entsteht bei jedem Split, d. h. bei der Messung einer Eigenschaft wie Spin oder Ladung eines Teilchens, ein weiteres Universum mit der gleichen Energiemenge? Wie auch immer: Everett hatte die Wellenfunktion als Beschreibung der Realität direkt interpretiert und viele Anregungen zu weiterer Forschung gegeben.

Wie viele Dimensionen und wie viel Information?
Wie viele Dimensionen sind genug?
Die entscheidende Frage ist die nach dem wirklich Fundamentalen in unserer Welt. Und in der Tat gibt es die Auffassung – heute mehr denn je –, dass die Wellenfunktion alles über das Fundamentale aussagt, ja dass sie das Fundamentale

4.5 Bizarre Quantenmechanik

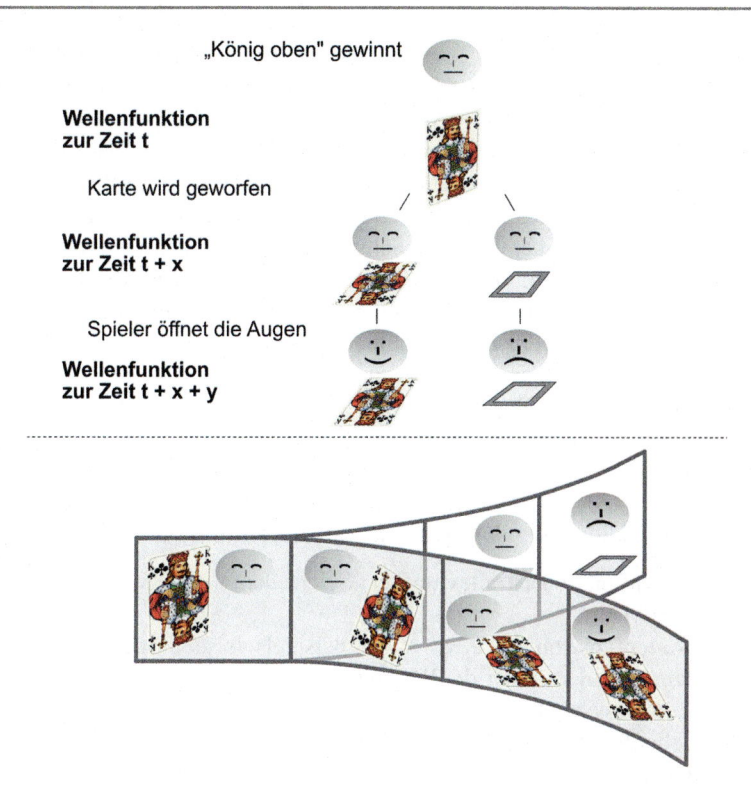

Abb. 4.24 Jede Quantenmessung lässt nach Hugh Everett eine neue Welt entstehen. Nach Everetts buchstabengetreuer Interpretation der Wellenfunktion führt eine Messung bzw. eine „Interaktion" mit einem verschränkten, also einem in Superposition befindlichen Teilchen(-system) – hier die Spielkarte – nicht nur zu einem einzelnen Messergebnis. Die Wellenfunktion produziert in diesem Fall beide Ergebnisse, also Bild oben und Bild unten. Allerdings auch in getrennten Realitäten. Der Spieler sieht ein Ergebnis, da er sich jedoch bei der Spaltung der Realitäten mit gespalten hat, sehen zwei Spieler zwei Resultate – in zwei Welten. Es ist, als würde sich ein Film teilen und beide Handlungsstränge liefen weiter. (Zeichnung nach Tegmark 2014, mit freundlicher Genehmigung von Max Tegmark)

selbst ist. Hans-Dieter Zeh plädiert dafür, die Anwendbarkeit der Wellenfunktion auch für makroskopische Objekte nicht auszuschließen. Gerade die von ihm mit entdeckte Dekohärenz würde dafür sprechen: „Anstatt aus der experimentellen Bestätigung der Dekohärenz nun zu lernen, daß die Schrödinger-Gleichung sehr wohl auch auf makroskopische Objekte anwendbar ist, verschieben die meisten beteiligten Physiker die traditionelle Interpretation, also den Heisenbergschen Schnitt, einfach um einen Schritt" (Zeh 2011).

Dieser Aussage kann man sich nur nähern, wenn man sich einige entscheidende Gesichtspunkte der Wellenfunktion vor Augen führt. Da ist zunächst der sogenannte Konfigurationsraum. In diesem Raum mit speziellen Eigenschaften ist die Wellenfunktion ein Feld, in dem jeder Punkt mit einer Konfiguration von Teilchen korrespondiert. Der Raum hat sage und schreibe so viele Dimensionen wie Partikel, die er beschreibt. Genauer gesagt sogar 3N Dimensionen, wobei N die Zahl der Teilchen in der Welt umfasst. Im Zweifel also dreimal so viele Dimensionen wie es Teilchen in unserem Universum gibt (Ney 2013). Die Auffassung, dass die Wellenfunktion ein reales Objekt und ein reales physikalisches Feld im Konfigurationsraum ist, wird heute als Wellenfunktions-Realismus bezeichnet. Wie nicht anders zu erwarten, gibt es hierzu durchaus abweichende Ansichten. So schreibt beispielsweise der Physiker Joachim Schulz, dass er Wellenfunktionen nicht für existierende Entitäten hält. Ganz im Gegenteil, es gebe Zustände, die sich nicht durch Wellenfunktionen beschreiben ließen. Aber da wo es möglich ist, mit Wellenfunktionen etwas zu berechnen, scheinen sie eine sehr gute Beschreibung dessen zu sein, was real ist. Für die Auffassung, dass die Wellenfunktion alles ist, was real ist, wurde der Begriff Wellenfunktions-Monismus geprägt (Schulz 2013).

> Festzuhalten ist, dass es drei wesentliche Interpretationsansätze für die Rolle der Wellenfunktion gibt (Goldstein und Zangh 2013):
> - Die Wellenfunktion ist alles und entspricht damit dem Multiversen-Modell von Everett.
> - Die Wellenfunktion ist etwas (wie beispielsweise in der Bohmschen Quantenmechanik, in der die Wellenfunktion nicht das gesamte Verhalten von Teilchensystemen beschreibt).
> - Die Wellenfunktion ist aussagelos bzw. überflüssig für das Verständnis der Quantenvorgänge.

Die ersten beiden Punkte sind strittig. Der dritte Fall ist nach breitem Verständnis in der Physik ausgeschlossen. Die beiden anderen Fälle werden also weiter diskutiert. Die Quantenmechanik gehört schließlich inzwischen zu den bestüberprüften Theorien in der Physik überhaupt, und die Wellenfunktion steht in ihrem Zentrum. Dabei ist ein zentraler Gesichtspunkt der Wellenfunktion nie aus der Diskussion herausgekommen. Und zwar wird der sogenannte Konfigurationsraum sehr unterschiedlich interpretiert. Insbesondere die schiere Zahl der Dimensionen, die zu berücksichtigen sind, verursacht Kopfzerbrechen. Unsere Wahrnehmung sagt uns, dass wir in einem dreidimensionalen Raum mit den Dimensionen Höhe, Breite und Tiefe leben. Eine Welt in zwei Dimensionen, wie sie Ende des 19. Jahrhunderts vom englischen Lehrer und Theologen Edwin A. Abbott in seiner Novelle „Flatland" durchgespielt wurde (Abbott 1992), kommt nicht in Frage. Über unmittelbare Indizien, die auf mehr als drei Dimensionen hinweisen, verfügen wir allerdings auch nicht. Unsere Vorstellungskraft macht da nicht mit. Mit der Speziellen Relativitätstheorie hat Albert Einstein jedoch gezeigt, dass wir unseren Raum nicht ohne die Zeit verstehen können und die Zeit nicht ohne Raum. Dies akzeptieren wir als Realität einer weiteren, vierten Dimension, obwohl wir es uns nicht anschaulich vorstellen können. Die vieldiskutierte Stringtheorie arbeitet hingegen je nach Variante mit neun oder zehn Dimensionen. Alle, außer unseren drei vertrauten Dimensionen, sind in dieser Theorie so eng „aufgerollt", dass sie sich unserer Wahrnehmung entziehen. Da die Stringtheorie selbst bisher keine experimentelle Verifikation geliefert hat, berücksichtigen wir die damit verbundenen Vorstellungen hier nicht.

Die Quantenmechanik fordert – je nach Interpretation – bis zu 3 N Dimensionen, wobei „3 N" für die dreifache Zahl der Teilchen im Universum steht. So, wie die Viele-Welten-Interpretation und auch die Superposition und Verschränkung jenseits von allem liegen, was wir uns vorstellen können, so unvorstellbar ist diese Menge an Dimensionen. Dies wären vermutlich mindestens 10^{80} Dimensionen (Lewis 2013). John Bell schrieb allerdings dazu: „Niemand kann diese Theorie verstehen, bis er nicht bereit ist, die Wellenfunktion als reales Objektfeld zu verstehen. Sogar wenn es sich nicht in drei Dimensionen sondern im 3 N-Raum ausbreitet." An anderer Stelle ordnet er jedoch die Wellenfunktion als Werkzeug und mithin nicht essenziell für das Verständnis der Quantenmechanik ein. Was zähle, so Bell, sei die dreidimensionale Realität (Bell 1987). Wenn es so ist, dann hat die Evolution – wohl aus gutem Grund – keine Vorsorge getroffen, dass wir uns diese Welt mit unserem Gehirn auch nur ansatzweise vorstellen können.

Warum erleben wir diese vielen Dimensionen – sofern sie existent sind – nicht? Die Frage nach dem, was wirklich real ist, und dem, was uns lediglich als real erscheint, wird in der Erkenntnistheorie der Quantenmechanik intensiv diskutiert, und zwar eigentlich schon seit der Kopenhagener Deutung und im Disput zwischen Bohr und Einstein. Entweder, so schließt Peter J. Lewis, sei die Quantenmechanik falsch oder wir würden radikal hintergangen, was unsere Erfahrung mit der Natur angehe. Ein Ausweg besteht darin, dem Konfigurationsraum ganz andere Qualitäten zuzuschreiben als dem dreidimensionalen Raum unserer Erfahrung. Dann hätte die Wellenfunktion unsere drei Dimensionen als Parameter und würde einen – wie auch immer – anders gearteten Raum besetzen (Lewis 2013).

Eine moderate Haltung nehmen Wallace und Timpson ein, wenn sie die uns vertrauten Dimensionen als emergiert betrachten (Wallace und Timpson 2009). Dahinter steht die Annahme, dass, solange wir nicht wissen, wie die Wellenfunktion in der Realität verankert ist oder ob sie selbst Realität darstellt, die Dinge unserer dreidimensionalen Welt nicht real existieren. Nicht real in dem Sinne, dass sie in ihrer Existenz nicht fundamental sind. Vielmehr sind sie aus dem Fundamentalen abgeleitet. Auch diese vergleichsweise indifferente Sicht ist nicht unumstritten, da wir die physikalischen Gesetze, die aus einem Konfigurationsraum der Wellenfunktion Objekte unsere Realität werden lassen, nicht kennen (Monton 2013).

Wenn diese Sichtweisen in ihren verschiedenen Varianten die Realität wiedergeben, bleibt doch die Frage, woher dann die Teilchen kommen, aus denen die Materie besteht und die letztlich die Welt, wie wir sie sehen, möglich machen. Die Physikerin Alyssa Ney weist darauf hin (Ney 2013), dass die Wellenfunktion die Existenz von Partikeln nicht ausschließt. Sie emergieren als Resultat des dekohärenten Verhaltens der Wellenfunktion. Verschränkung und Superposition werden durch eine Interaktion aufgehoben und Teilchen werden wahrnehmbar. Dies ist besonders bei Messvorgängen, die mit der Wahrnehmungsfunktion eines Menschen durchgeführt werden, interessant. Wir können keine verschränkten Situationen messen bzw. wir erhalten als Resultat immer ein eindeutiges Ergebnis und damit auch lokalisierbare Teilchen. Dies gilt unabhängig davon, ob man die Welt gemäß der Kopenhagener Deutung oder als Wellenfunktions-Monist verstehen will.

Einen anderen Blickwinkel, der die Rolle der Information betont, nehmen Johannes Kofler und Anton Zeilinger ein. Im Unterschied zur klassischen Physik, so das Argument, besitzen Objekte der Quantenmechanik nicht zu jeder Zeit definierte Eigenschaften. Im Allgemeinen sind daher nur Vorhersagen aufgrund von Wahrscheinlichkeiten möglich. Die Wellenfunktion würde einem Katalog mit Informationen zu einem physikalischen System gleichen. In seiner Gesamtheit würde dieser Katalog die vollständige Information zur Beschreibung aller denkbaren Resultate eines Experiments bzw. einer Messung umfassen (Kofler und Zeilinger 2013).

Wie viel Information enthält ein Quantensystem?

In einer Festschrift von Ĉaslav Brukner und Anton Zeilinger zum Geburtstag von Carl Friedrich von Weizsäcker wird ein Zusammenhang zwischen der Quantentheorie und einer informationstheoretischen Perspektive hergestellt (Brukner und Zeilinger 2011). Zunächst wird, ganz im Sinne Niels Bohrs, festgestellt, dass die Beschreibung aller physikalischen Objekte durch Aussagen erfolgen muss, die der klassischen Physik entlehnt sind. Dies ist Voraussetzung dafür, dass die Erkenntnisse über diese Objekte mit anderen Menschen ausgetauscht werden können. Insbesondere sind Aussagen dann unerlässlich, wenn diese Erkenntnisse kontraintuitiv sind und sowohl unserer Alltagserfahrung als auch der klassischen Physik widersprechen. Man könnte sogar sagen, dass der einzige Weg, die Quantenmechanik überhaupt zu verstehen, über ihre Formulierungen in erkenntnistheoretischen Aussagen führen muss. Dass diese dann letztlich der klassischen Physik entstammen, ist eine unvermeidliche Einschränkung, denn etwas Besseres steht nicht zur Verfügung. Beispielsweise sind die beiden Aussagen 1. die Geschwindigkeit des Objekts ist „v" und 2. die Position des Objekts ist „x, y, z" der klassischen Physik entlehnt, auch wenn sie einen Quantenzustand beschreiben. Allerdings, und hier wird der Unterschied zwischen klassischer Physik und Quantenmechanik sichtbar, kann man wegen der Unbestimmtheitsrelation nicht beiden Aussagen simultan Wahrheitswerte zuschreiben. Ist Aussage 1 voll zutreffend, ist Aussage 2 vollständig unbestimmt und umgekehrt. Die Aussagen schließen sich wechselseitig aus und zeigen so die Quantenkomplementarität.

Zur Beschreibung quantenmechanischer Phänomene stehen uns die Mathematik und die natürliche Sprache zur Verfügung. Ein weiteres Zitat von Werner Heisenberg:

> Ob wir entfernte Sterne oder Elementarteilchen studieren – auf diesen neuen Gebieten endet die Kompetenz unserer Sprache, die Kompetenz unserer konventionellen Kategorien. Mathematik ist die einzige Sprache, die uns verbleibt. Ich persönlich halte es für falsch, zu sagen, die Elementarteilchen der Physik seien kleine Stückchen von Materie; ich ziehe es vor, zu sagen, sie seien Repräsentanten von Symmetriegesetzen. Je kleiner die

Partikel werden, umso mehr bewegen wir uns in einer rein mathematischen Welt und nicht mehr in der Welt der Mechanik.

Heisenberg weist damit auf ein Problem hin, denn unsere Modelle und Vorstellungen sind durchweg klassisch geprägt, quantenmechanische Darstellungen müssen wir mit diesen an sich wenig adäquaten Mitteln kommunizieren. Und dennoch stellt sich weiter die Aufgabe, gesprächsfähig zu bleiben. Wissenschaft, die sich auf die Sprache der Mathematik beschränkt, ist vergleichbar mit dem Glasperlenspiel im gleichnamigen Roman von Hermann Hesse. Einige wenige „Meister" in einer klosterähnlichen Gemeinschaft kommunizieren untereinander über die Welt, aber nicht mit der Welt.

Es ergäben sich, so Brukner und Zeilinger, zwei unvereinbare Erklärungswege. Die erkenntnistheoretischen Aussagen müssten zwar der klassischen Physik entlehnt sein, müssten jedoch nicht gleichzeitig Quantensystemen zugeordnet werden können. Zur Vereinigung dieser scheinbar unvereinbaren Wege schlagen die Autoren vor, sich auf die Konzepte „Information" und „Wissen" zu stützen. In Situationen, in denen man es mit sich wechselseitig ausschließenden Aussagen zu tun hätte, und in denen diesen Aussagen keine Wahrheitswerte zuzuordnen seien, könne man eine informatorische Bewertung der Wahrheitswerte der Aussagen vornehmen. Dazu müsste ein Maß für die Information definiert werden.

Den Gedanken, dass die Information eine fundamentale Rolle spielen könnte, hegte bereits Carl Friedrich von Weizsäcker (von Weizsäcker 1977). Von der Heisenbergschen Unschärferelation ausgehend und unter der Annahme, dass in einem räumlichen Bereich, dessen Begrenzungen kleiner sind als 10^{-35} Meter, über Ort und Impuls keine sicheren Aussagen mehr möglich sind, definierte er diesen Bereich als „Ur". Dies sei der kleinste Bereich, über den sich noch vernünftig sprechen ließe, so von Weizsäcker. Diese „Ur"-Einheiten hielten sich jenseits der kleinsten Materieeinheiten auf. Das Universum bestehe aus Myriaden solcher „Ur"-Einheiten.

Bruckner und Zeilinger wurden durch Richard Feynman zu einer informationstheoretischen Sicht auf die Quantenmechanik inspiriert. Feynman störte es, dass, nach den quantenmechanischen Gesetzen, wie sie heute verstanden werden, ein Computer unendlich viel Zeit brauchen würde, um die Vorgänge in einem kleinen Raumzeit-Teil zu berechnen. Und dies unabhängig davon, wie klein der Raum und wie kurz die Zeit wäre (Feynman 1965). Die Rechengeschwindigkeit ist in den vergangenen fünfzig Jahren um ein Millionenfaches angestiegen, und dennoch bleibt Feynmans Statement richtig (Jaeger 2009).

Nach Brukner und Zeilinger ist das Maß für Information anders zu verstehen. In Quantensystemen ist die Vorhersage eines definitiven Wertes, wie er in Einzelexperimenten gewonnen werden kann, nur in wenigen Ausnahmefällen möglich. Für alle anderen Experimente ist der Wahrheitswert nicht deterministisch. Dennoch muss jedes physikalische System durch eine Menge von Aussagen, die mit Wahrheitswerten „Richtig" oder „Falsch" verbunden sind, beschreibbar sein. Ein elementares Quantensystem ist mit nur einem Wahrheitswert verbunden. Daraus ziehen Brukner und Zeilinger den Schluss, dass der Informationsinhalt eines

Quantensystems endlich ist. Daraus folgt, dass ein Quantensystem nicht genügend Information tragen kann, um auf alle denkbaren Fragen, die experimentell zu beantworten sind, definierte Antworten zu geben. Daraus wiederum folgt, dass die Antworten auf eine so gestellte Frage ein Zufallselement, das selbst nicht weiter auf „versteckte" Eigenschaften reduzierbar ist, enthalten müssen. Ansonsten würde das Quantensystem mehr Information tragen als Platz dafür verfügbar ist. Im Umkehrschluss heißt dies, dass die nicht reduzierbare Zufälligkeit eines Ereignisses eine Konsequenz aus der Endlichkeit der verfügbaren Information ist (Brukner und Zeilinger 2011).

Das elementarste Quantensystem repräsentiert den Wahrheitswert für eine Aussage. Zur Bestimmung der Menge der jeweils verfügbaren Information in einem Quantensystem zerlegen Brukner und Zeilinger ein Quantensystem maximal. Jeder Bestandteil kann dann durch weniger Aussagen beschrieben werden als der Teil, zu dem er gehört. Die Teilung wird so lange fortgesetzt, bis jeweils nur eine Frage bleibt, die mit „wahr" oder „falsch" beantwortet werden kann. Daraus ergibt sich dann folgende Aussage: Die fortgesetzte Teilung der Quantensysteme führt zu einer Quantisierung der Information, die den Wahrheitswert der Aussage mit „1" und „0" für „wahr" und „falsch" bildet. Die zugehörige Informationsmenge ist 1 Bit.

Für komplexere Quantensysteme mit N Elementen wird dann angenommen, dass die zugehörige Informationsmenge proportional mit N wächst.

Wissen oder Information über ein physikalisches Objekt kann nur durch Beobachtung und damit letztlich durch Fragen mit binären Ergebnissen „wahr" und „falsch" an sogenannte elementare Systeme gewonnen werden. Diese elementaren Systeme tragen jeweils nicht mehr als ein Bit an Information

Daraus ergibt sich dann:

- N-elementige Quantensysteme repräsentieren den Wahrheitswert für N Aussagen.
- N-elementige Quantensysteme tragen N Bit Information bzw. sie sind die Manifestation von N Bits.

Für verschränkte Systeme gilt als Konsequenz, dass die totale Menge an Information für die Definition des verschränkten Gesamtsystems und nicht für die individuellen Eigenschaften der beteiligten Systeme gebraucht wird (Kofler und Zeilinger 2013).

In verschränkten Systemen, die sich notwendigerweise beeinflussen, verteilt sich die Information so, dass sich nach einer erneuten Aufteilung – einem „Kollaps" der Wellenfunktion – das Wissen über die einzelnen Systeme verändert hat. Daraus ergibt sich, dass die Realität und die Information über sie mit einer Messung geschaffen wird (Kofler und Zeilinger 2006).

Zur Realität der Schrödingergleichung

Zu den philosophischen Interpretationen darüber, welche Bedeutung die Quantenmechanik für das Verständnis der Welt hat, bestehen, wie wir gesehen haben, weiter unterschiedliche Auffassungen. Wie wenig die Debatte darüber letztlich zur Ruhe gekommen ist, zeigt eine Arbeit von drei jungen Wissenschaftlern aus England. Matthew F. Pusey, Jonathan Barrett und Terry Rudolph vertreten die Auffassung, dass die Wellenfunktion viel mehr ist als nur eine physikalische Formel – man muss ihr eine konkrete physikalische Realität zuschreiben (Pusey et al. 2012). Die Wellenfunktion spiegelt danach nicht nur unser Wissen über ein System wider, sondern sie ist selbst eine physikalische Realität. Im Kern wird also die Debatte von Bohr und Einstein mit der Frage „Was können wir über die Realität wissen?" weitergeführt.

Dazu passt auch gut die Realitätsauffassung von Max Tegmark. Der amerikanische Physiker meint lakonisch, dass Mathematik nicht die Wirklichkeit beschreibe, sondern dass sie die Wirklichkeit sei (Tegmark 2014). Da es nicht unmittelbar einsichtig sein kann, dass eine mathematische Funktion – also Schrödingers Wellengleichung – nicht nur Realität beschreibt, sondern Realität ist, und weil mathematische Funktionen zweifellos nicht materiellen, sondern informatorischen Charakter aufweisen, wollen wir diesen Gedanken hier nicht unerwähnt lassen.

Dafür, dass aus erkenntnistheoretischer Sicht die Schrödingergleichung ein mathematisches Objekt mit einer Wellenfunktion als Lösung ist, und nicht etwa die Realität selbst, spricht auch die folgende Argumentation. Mit dieser Gleichung wird das dynamische Verhalten eines Teilchensystems beschrieben. Enthalten sind jedoch komplexe Zahlen – solche, die wiederum imaginäre Zahlen enthalten, deren Quadrat -1 ergibt. Diese Zahlen haben keine Entsprechung in der Natur wie wir sie kennen. Der Physiker Tim Maudlin argumentiert deshalb skeptisch, dass die Wellengleichung eine mathematische Funktion ist und daher nicht die Realität selbst sein kann (Maudlin 2013). Zu den Skeptikern, die bezweifeln, dass die Schrödingergleichung die Realität beschreibt, gehörte übrigens auch Schrödinger selbst, der bereits 1935 erklärte, er hätte diesen Gedanken aufgegeben (Monton 2013).

4.6 Quanteninformation und -computing

Quanteninformation ist anders. Nach dem, was die Quanteninformation an Seltsamkeiten zu bieten hat, sollte dieser Satz kein großes Erstaunen mehr auslösen. Gregg Jaeger (2009) betont, dass die Andersartigkeit der Quanteninformation jedoch nicht trivial ist. Insbesondere im Vergleich zur Shannon-Information werden die Unterschiede deutlich.

4.6.1 Quanteninformation

Zu Anfang der 1980er-Jahre forderte der visionäre Physiker und Nobelpreisträger Richard Feynman am Massachusetts Institute of Technology, MIT, die Zunft der Computerwissenschaftler heraus. Er beschrieb ihnen eine völlig neue Art des Computers, den Quantencomputer. Das war etwa zur gleichen Zeit, als der experimentelle Beweis für die Existenz der „spukhaften Fernwirkung", wie Einstein die Eigenschaften der Verschränkung beschrieb, durch Alain Aspect erbracht wurde. Nicht nur die Logik der skizzierten Maschine war anders, sondern ihr gesamter Aufbau. Der erste Quantencomputer war dann auch keine Maschine aus Halbleiterchips, sondern eine Flüssigkeit mit speziell zu diesem Zweck hergestellten Molekülen (Gilder 2009).

Fangen wir mit den Teilchen an. Sie haben – zuerst wurde diese Eigenschaft 1925 an Elektronen nachgewiesen – eine Art Drehimpuls. Natürlich keinen klassischen Drehimpuls wie der, der bei der Rotation einer Masse entsteht. Vielmehr einer, der ohne Masse auskommt. Eine weitere Merkwürdigkeit der Quantenmechanik. Diese Eigenschaft wird Spin genannt, also Drehung oder Drall.

Der Spin wird durch Spin-Quantenzahlen gemessen. Bei Elektronen ist dieser Spin durch die Spin-Quantenzahl = ½ quantifiziert. Selbst wenn das Elektron energielos ruht, ist er vorhanden. Der Ursprung des Spins lässt sich nur quantenmechanisch erklären. So schwer verständlich der Spin auch ist, so fundamental ist er für die Physik. Ohne ihn sind weder die Atomhülle noch die Materie verständlich, und die makroskopischen oder klassischen Eigenschaften der Materie erst recht nicht.

Spins sind auch durch starke Magnetfelder beeinflussbar. Mit Magneten kann man – aus den Schulexperimenten bekannt – Metallsplitter und mit ihnen ihre Moleküle und Atome ausrichten. Spins sorgen dafür, dass sich die Bewegungsrichtung eines Teilchens in einem Magnetfeld ändert. Dies wurde zuerst im Stern-Gerlach-Experiment nachgewiesen. Wichtig für uns ist, dass die Spins damit Träger von Informationen sind (Seife 2007). Dabei handelt es sich um Quanteninformationen, denn die Spins sind quantenmechanische Eigenschaften, die nicht direkt messbar sind, sondern immer, gemäß der Schrödingergleichung, über Wahrscheinlichkeiten definiert werden.

Die sich wechselseitig ausschließenden, komplementären Eigenschaften von Teilchen korrespondieren mit der Informationseinheit Bit. Im Gegensatz zu klassischen Bits kennen die Qubits, also die kleinsten Informationseinheiten der Quantenmechanik, mehr als nur zwei Zustände. Die beiden Zustände eines binären klassischen Bits „0" und „1" schließen sich wechselseitig aus, und wenn der Wert dieser Bits gelesen wird, bleibt er danach unverändert. Der gelesene Wert ergibt eine Informationsmenge von genau einem Bit. Dies ist exakt das, was in einem Computerregister vor sich geht.

Man kann binäre Einheiten jedoch auch auf quantenmechanischer Ebene erzeugen. Mit einem Mach-Zehnder-Interferometer – dies hat in dem Welcher-Weg-Experiment bereits eine Rolle gespielt – ist dies möglich. Dazu wird ein Teilchen bzw. ein Teilchenstrahl, z. B. ein Photon, auf einen Strahlteiler geschossen. Die beiden nun entstehenden Teilstrahlen gelangen nach einer Spiegelung jeweils über den oberen und unteren Weg auf den Strahlteiler 2. Von den einzelnen Teilchen müssen wir annehmen – da weder auf dem oberen Weg noch auf dem unteren ein Hindernis respektive eine Messeinrichtung zu finden ist –, dass diese Teilchen verschränkt sind, sich also in Superposition befinden. Genau in dieser Situation repräsentieren diese Teilchen ein Qubit. Hinterfragt man ihre Zustände oder besser den

4.6 Quanteninformation und -computing

der verschränkten Situation, ergibt sich kein Entweder-oder sondern wegen der Wahrscheinlichkeiten ihrer Existenz ein Sowohl-als-auch.

> Hinsichtlich der Qubits lassen sich Zustände nur als Wahrscheinlichkeiten angeben. Qubits repräsentieren physikalische Systeme mit zwei Basiszuständen. Bei einer Messung nimmt die verschränkte Einheit einen der beiden Basiswerte ein. Nach einer Messung kann aus einem Qubit, ebenso wie beim klassischen Bit, genau ein Bit klassischer – und damit nutzbarer – Information gewonnen werden. Dies ist der Fall, obwohl die verschränkte Situation viel mehr Möglichkeiten und damit Information zugelassen hat.
>
> In dieser Verschränkung jedoch, die man sich dann unter Teilnahme von mehr als einem einzelnen Teilchen oder einem Teilchenpaar, sondern von vielen Teilchen vorzustellen hat, ergeben die Kombinations- und Manipulationsmöglichkeiten der Verschränkungen die Option, eine eigene Art von Algorithmus zu bearbeiten.
>
> Ein Qubit kann, aufgrund der vielen möglichen, oder besser gesagt, real vorhandenen zahlreichen, aber unterschiedlich wahrscheinlichen Zustände sehr viele Quanteninformationen umfassen. Diese bleiben bestehen, bis sie durch eine Operation auf Quantenebene verändert oder durch Dekohärenz oder Messung auf ihre Basiswerte zurückgeführt werden. Was dann übrig bleibt ist – wie gesagt – ein Bit klassischer Information.
>
> Die Operationen, die mit einem Qubit ausgeführt werden können, umfassen seine Änderung, seinen Transfer und seine Teilnahme an Operationen, die mit anderen Qubits durchgeführt werden. Es ist jedoch nicht möglich, diese Information auf einen Schlag zu extrahieren und in klassische Information zu verwandeln. Sie könnte nur statisch, unter Nutzung vieler identisch produzierter Qubits, gewonnen werden (Roederer 2005).

Die Verschränkung ist Segen und Fluch des Quantencomputings. Sie erlaubt neuartige Wege des Programmierens. Obwohl die Kommunikation, also Eingabe und Entnahme von Informationen, klassisch, also mit Bits, erfolgen muss, bietet die Verschränkung und die Manipulation von Qubits eine große Chance zur Abarbeitung von Algorithmen, für die klassische Computerarchitekturen mit ihren bisher noch recht begrenzten Fähigkeiten zur Parallelität einen Engpass darstellen. Die Achillesferse ist jedoch die Dekohärenz. Verschränkte Systeme verlieren die Eigenschaft der Superposition und damit auch die der Verschränkung durch Kontakt mit externen Teilchen. Damit werden die Resultate von Berechnungen zufällig, denn die Geschehnisse liegen in der Regel außerhalb des Einflusses der Programmierer (Gilder 2009). Leider ist es technisch sehr schwierig, Verschränkungen so zu isolieren, dass jeglicher externer Kontakt unterbleibt. Aus diesem Grund sind praxistaugliche Quantencomputer noch nicht verbreitet.

4.6.2 Mehr als wahr oder falsch – das Quantencomputing

Quanteneffekte wirken sich dann spürbar aus, wenn die physikalischen Vorgänge sich in sehr kleinen Systemen (auf der Ebene von Nanometern oder darunter) abspielen. In der Alltagswelt wird die klassische Physik nicht spürbar beeinflusst. Dies ist – wendet man das Dekohärenzprinzip an – auf die ungleich vielfältigeren externen Kontakte im Vergleich zu Systemen auf der Nanoebene zurückzuführen. Sie führen sehr schnell Dekohärenz herbei und stellen damit die klassische Sicht bzw. die Sicht der klassischen Newtonschen Physik her. Dekohärenz findet unter diesen Bedingungen ständig statt und hebt die Verschränkung von Quantensystemen auf (Hinrichsen 2014b).

Die Möglichkeiten des Quantencomputing und der Übertragung von Quanteninformationen, also der quantenmechanischen Bearbeitung von Algorithmen, ist mehr als eine einfache Erweiterung des Rechnens mit klassischen Computern. Dies liegt an den genuin quantenmechanischen Verfahren der Informationsmanipulation, die klassischen Computern nicht zur Verfügung stehen (s. Abb. 4.25).

Zunächst zum Speicherort. So wie es gleichgültig ist, ob ein Bit durch die Diderot-Enzyklopädie, durch eine Gurke, eine Bibliothek oder ein Siliziumatom repräsentiert ist, so ist es gleichgültig, ob ein Qubit durch den Spin (*up* oder *down*) oder den Weg eines Teilchens (linker und rechter Weg gleichzeitig) dargestellt wird. Entscheidend ist nicht das Medium, sondern die Quanteninformation – das sind alle seine Möglichkeiten –, die es repräsentiert.

Einige sehr schöne Beispiele führt Charles Seife an (Seife 2007). Er tut dies mit einer passenden Notation, in der er die verschränkten Informationszustände mit „0&1" kennzeichnet, also die digitale Zuordnung von „0", Schrödingers Katze ist tot, und „1", Schrödingers Katze ist lebendig, aufhebt zugunsten aller wahrscheinlichen Zustände dazwischen. Wie wir wissen, wird eine Messung jedoch immer „0" oder „1" ergeben.

Hierfür gibt Charles Seife eine passende Interpretation zur Katze Schrödingers (Seife 2007). Deren klarer Zustand „lebendig" oder „tot" hängt an dem Unterschied zwischen klassischen Bits und Qubits. Wir erinnern uns an einen ähnlich

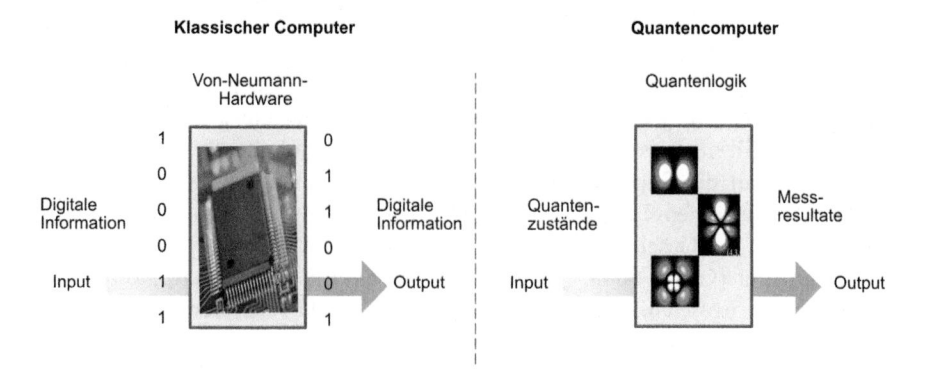

Abb. 4.25 Klassischer Computer versus Quantencomputer

4.6 Quanteninformation und -computing

gelagerten Versuch: Wenn ein Teilchen den Strahlteiler passiert, den Detektor aber noch nicht erreicht hat, ist alles in der Schwebe bzw. in Superposition. In diesem Zustand kann das Teilchen beide Wege nehmen. Das Atom hat ein Qubit gespeichert. Im Katzenexperiment gehören dazu die Basiszustände „0" gleich „tot" und „1" gleich „lebendig". Der „0&1"-Zustand repräsentiert „linker und rechter Weg" gleichzeitig bzw. – wenn nicht gemessen wurde und die Verschränkung weiter besteht – auf die Katze übertragen „tot und lebendig".

Die Wahrscheinlichkeit für das Eintreten einer der beiden Zustände 0 = tot und 1 = lebendig muss nicht unbedingt gleich, also jeweils 50 % sein. Dies ist nur gegeben, wenn die Verschränkung durch einen Strahlteiler erzeugt wird, der beide möglichen Wege „links" und „rechts" gleich bedient. Verzweigen sich diese Wege jedoch mittels zweier weiterer Strahlteiler jeweils eine Stufe weiter, ergeben sich vier mögliche Wege zu jeweils einem Zustand 0 oder 1 mit je 25 % Wahrscheinlichkeit. Die Superposition erstreckt sich also auf vier Zustände. Wenn lediglich einer der vier Wege zum Detektor führt und damit die Katze tötet, hätten wir: 25 % 0 & 75 % 1.

Es wird deutlich, dass sich Superpositionen in vielfältiger Form konstruieren lassen. Superpositionen können heute auch tatsächlich experimentell manipuliert werden. Dabei können die Konstrukte gängiger Programmiersprachen klassischer Computer nachgebildet und damit Algorithmen erzeugt werden. Bereits 1995 zeigte der Physiker Peter Shor, dass mit Quantencomputing das Zerlegen von Primzahlen in ihre Faktoren ungleich schneller geschehen kann, als es mit klassischen Computern möglich ist. Damit hat er nebenbei verdeutlicht, dass die heute üblichen Kryptografieverfahren, deren Schlüssel auf großen Primzahlen beruhen, durch das Quantencomputing in Gefahr sind.

In einem anderen Experiment von Lov Grover wird die höhere Leistungsfähigkeit von Quantencomputern deutlich. Hier geht es um die Zahl von Abfragen, die maximal notwendig sind, um aus einer gegebenen Menge von Alternativen die richtige herausfinden zu können. Sind es 1000 Alternativen, reichen der klassischen Informationstheorie von Shannon/Weaver zufolge zehn Ja/Nein-Fragen. Grover zeigte, dass mit Quantencomputing dieselbe Aufgabe mit vier Ja/Nein-Fragen zu bewältigen ist. Ein Problem, für das klassischerweise 256 Abfragen notwendig wären, ist mit Quantencomputing mit vier Fragen zu schaffen. Wir ahnen, dass die Suchen in großen Datenbeständen, die heute auch gerne als „Big Data" bezeichnet werden, enorm beschleunigt werden könnten. Und in der Tat wurde die Einführung solcher Verfahren ursprünglich auch mit schneller bewältigten Datenbankanfragen begründet.

Der israelisch-britische Quantenphysiker und Pionier des Quantencomputings David Deutsch, Begründer einer Theorie des Quantencomputings, ist der Auffassung, dass der Algorithmus von Shor und damit jeder Algorithmus, der mittels Quantencomputer bearbeitet wird, seine Resultate aus Paralleluniversen bezieht. Er unterstellt, dass unser Universum allein nicht genügend Elementarteilchen für Quantenberechnungen zur Verfügung hat. Als einzige Alternative kämen die Universen, wie sie Hugh Everett postulierte, in Frage. Quantencomputer, so Deutsch, teilten Information mit riesigen Mengen von Versionen von sich selbst durch die

Multiversen hindurch. Dabei geht Deutsch mit großen Zahlen um. Unvorstellbare 10^{500} Universen nimmt er als beteiligt an, um Zahlen von 256 Bit Länge zu faktorisieren – eine Operation, die heutige Verschlüsselungsverfahren wertlos machen würde (Deutsch 1996). Unser Universum wird mit 10^{80} Teilchen geschätzt. Das sich jeder Vorstellung entziehende 10^{420} fache an Universen ähnlicher Ausmaße wäre dann an der Ausführung beteiligt.

Die Realisierung von praxistauglichen Quantencomputern hat trotz der mit ihnen verbunden Hoffnungen auf sich warten lassen. Die Schwierigkeiten, verschränkte und in Superposition befindliche Quantensysteme zu erzeugen und sie gezielt zu manipulieren, sind nach wie vor nicht überwunden. Allzu oft ergeben sich durch Beeinflussung dieser Systeme infolge externer Ursachen die Aufhebung der Superposition und damit das Ende des Algorithmus.

4.6.3   It from Qubit

Der amerikanische Physiker Seth Lloyd (MIT) weist auf die Universalität der Verschränkung hin. Sie ist überall im Universum vorhanden und es ist davon auszugehen, dass alle Teile des Universums verschränkt sind. Darüber hinaus vertritt er die Auffassung, das Universum würde aus Bits bestehen. Jedes Elementarteilchen und jedes Molekül würde Bits beinhalten und diese würden bei einer Interaktion mit anderen Teilen des Universums verändert werden. Lloyd mutmaßt, das Universum sei ein Quantencomputer (Lloyd 2006).

Der italienische Physiker Giacomo D'Ariano führt die gesamte materielle Welt auf Qubits zurück (D'Ariano 2015). Die von uns als materiell wahrgenommene Welt (It) emergiert ihm zufolge aus Quanteninformation. „Es gibt keine Materie!", postulierte auch Hans Peter Dürr (1929–2014), der ehemalige Direktor des Max-Planck-Instituts für Physik in München, und erklärte, dass es die Materie im geläufigen Sinne nicht geben könne. Die Gründe dafür haben wir in diesem Kapitel bereits dargestellt.

Die Quantenmechanik hat klar aufgezeigt, dass Realismus nicht mehr traditionell aufgefasst werden kann, und dass allein schon seine Gleichsetzung mit Materialismus in die Irre führt. Dies gilt auch für unser Verständnis von Objektivität. Nicht das Offensichtliche und Sichtbare repräsentiert diese, sondern ein Resultat einer Messung, für die zunächst die Randbedingungen im Sinne einer Ergebniserwartung präzise beschrieben werden müssen. Das Resultat wird je nach Erwartung ausfallen.

Physiker wie D'Ariano ziehen für ihre Argumentation eine Erweiterung der Quantenmechanik heran. Dabei werden klassische Feldtheorien wie die Elektrodynamik mit der Quantenmechanik kombiniert. So können Elementarteilchen und Felder einheitlich beschrieben werden. Die Partikel werden so als Zustände eines Feldes beschrieben, dem Quantenfeld. Dabei werden nicht nur die Elementarteilchen quantisiert, sondern auch andere physikalische „Observablen", beobachtbare Größen wie Energie und Impuls. In dieser sogenannten zweiten Quantisierung werden also Felder und Observablen ähnlich behandelt, und zwar einschließlich ihrer Erzeugung und Vernichtung. Elementarteilchen werden somit zu Zuständen bzw. Feldquanten im Quantenfeld. Diese Felder sind jedoch keine Objekte im klassischen Sinne. Sie sind überall gleichzeitig und sie sind, wie ihre klassischen Pendants, nicht materiell – dies sind nur die Zustände des Feldes. Infolge der Quantifizierung sind die Felder als eine Ansammlung unendlich vieler Quantensysteme zu verstehen. Diese sind jedoch lediglich abstrakte Beschreibungen einer Realität – oder besser eine immaterielle Basis der Quantenzustände. D'Ariano vergleicht sie mit dem Bit der Informatik, in der das abstrakte System durch die Zustände 0 und 1 beschrieben werden kann. In Analogie zum Bit existiert in der Quantenmechanik das Qubit, allerdings nicht mit zwei Zuständen, sondern mit denen all ihrer Superpositionen.

Wir enden also in dieser Argumentation mit der Auflösung der Objekte und der Materie. Was bleibt sind Qubits als Konstituenten der Wirklichkeit. Selbstironisch kommentiert D'Ariano diese mit einer rhetorischen Frage: „Ist dies nicht so, wie wenn wir Software ohne Hardware annehmen würden?"

4.7 Unterm Strich – Kernpunkte dieses Kapitels

▶ **Information und Entropie** Die Entropie ist ein Maß für die Zahl der zugänglichen Zustände, die in einem Raum entstehen können. Sie wächst mit der Unbestimmtheit der mikroskopischen Zustände. Mit deren wachsender Unbestimmtheit sinkt auch das Maß an zur Verfügung stehender Information über sie.

Entropie und Information stehen im Zusammenhang. „Unordnung" eines Zustandes oder Nichtwissen (also Entropie) ist fehlende Information darüber.

Der Informationsgehalt von Materie ist bestimmbar.

Die Datenexplosion sorgt dafür, dass Rechenzentren heute mit ihrem Energiehunger und ihrer Wärmeabgabe deutlich zur beschleunigten Entropieerhöhung und zur Verschärfung der Klimaproblematik beitragen.

▶ **Welle-Teilchen-Dualismus** De Broglie postulierte, dass Photonen Wellen seien, lehnte aber Einsteins Verständnis, dass es sich um Teilchen handelt, nicht ab. Dies ist der Welle-Teilchen-Dualismus.

Ein Teilchen kann in Superposition gleichzeitig in sich gegenseitig ausschließenden Zuständen sein.

Die Grenze zwischen der von uns erfahrenen klassischen Welt und der Quantenwelt ist unbestimmt.

Teilchen im Doppelspaltversuch verhalten sich nicht wie ein Strahl von Teilchen, sondern wie eine Welle, die mit sich selbst interferiert.

▶ **Messungen und Realität** Das Interferenzmuster im Doppelspaltversuch entsteht Anton Zeilinger zufolge nur, wenn „nirgendwo im gesamten Universum eine Information darüber vorliegt, welchen Spalt das Teilchen gewählt hat".

Die Wahrnehmung einer klassischen Realität, die unabhängig von uns existiert, kann offensichtlich nicht richtig sein. Vielmehr entsteht wahrgenommene Realität erst durch Messungen an der zugänglichen Realität und durch die Interpretation der Ergebnisse.

„Die Idee einer objektiven realen Welt, deren kleinste Teile objektiv im selben Sinn existieren wie Steine und Bäume, unabhängig davon, ob wir sie beobachten oder nicht, ist unmöglich" stellt Werner Heisenberg fest.

Das Komplementaritätsprinzip – so Niels Bohr – sei Teil der Natur und durch Messungen nicht weiter auflösbar. Wie immer man auch messe, man würde quasi erhalten, wonach man suche: Welle oder Teilchen, aber nicht beides im selben Messvorgang.

In zahlreichen Experimenten, in denen die von Bell aufgestellten Ungleichungen verletzt werden, konnten inzwischen die Voraussagen der Quantenmechanik bestätigt werden. Die Lokalität ist danach kein Element der Realität.

Brukner und Zeilinger zufolge kann man bei Quantenmessungen generell nicht mehr davon ausgehen, dass man eine Eigenschaft des Quantensystems aufdeckt, die vor der Messung existiert hat. Der Grund hierfür liegt in der limitierten Menge der Information, die mit einem Quantensystem verbunden ist.

▶ **Messungen und Dekohärenz** Der Kollaps der Wellenfunktion, bei dem die überlagerten Zustände ihre Überlagerung verlieren und dekohärent, also klassisch, werden, könnte durch Entnahme von Information aus dem Gesamtsystem beim Messvorgang verursacht werden – so der Wissenschaftsjournalist Charles Seife.

Bestimmbar sind in der Quantenmechanik nur noch Wahrscheinlichkeiten. Die Welt entzieht sich prinzipiell der genauen Messbarkeit.

John Bell zufolge liegt das Problem des quantenmechanischen Messprozesses darin, dass die Quantentheorie das Auftreten irreversibler und definiter Messergebnisse nicht erklären kann.

Dekohärenz wirkt wie eine Messung. „Anstatt eines Messgeräts wird hier allerdings die gesamte Umgebung in die quantenmechanische Betrachtungsweise eingeschlossen", so Haye Hinrichsen.

▶ **Welcher Weg-Experiment** In diesem Experiment ist es, als ob das Photon seine „Entscheidung" in der Vergangenheit den Realitäten in der Gegenwart anpassen könnte.

Es ist möglich, die gewonnene „Welcher Weg"-Information mit einem „Quantenradierer" zu löschen, bevor die Teilchen den Schirm erreichten. Niemand darf dabei jedoch die gemessene Information wahrnehmen.

Anton Zeilinger schlussfolgert, dass durch die Wahl der Messcharakteristik die Art der Realität des gemessenen Objekts bestimmt wird.

▶ **Die Realität der Wellenfunktion** Diskutiert wird heute auch die Auffassung, dass die Wellenfunktion viel mehr ist als nur eine physikalische Formel – man muss ihr eine konkrete physikalische Realität zuschreiben.

Physiker wie Max Tegmark nehmen an, dass Mathematik nicht die Wirklichkeit beschreibt, sondern dass sie die Wirklichkeit ist.

Der Spannungsbogen reicht von Auffassungen, die der Wellenfunktion die Beschreibung der Realität schlechthin zuschreiben und damit das Multiversen-Modell von Everett unterstützen, bis zur Beschreibung von Teilen der Realität im Sinne der Bohmschen Mechanik.

▶ **It from Bit** Der amerikanische Physiker John Archibald Wheeler postulierte, dass jedes „Es", also jeder Partikel, jedes Kraftfeld und sogar das Raum-Zeit-Kontinuum, seine jeweilige Bedeutung und seine Existenz fundamental aus Bits ableitet. Wheeler prägte so ein inspirierendes Schlagwort.

Literatur

Abbott, Edwin A. 1992. *Flatland: A romance of many dimensions*. New York: Dover.
Al-Khalili, Jim. 2003. *Quantum: A guide for the perplexed*. UK: Phoenix.
Arndt, Markus, et al. 1999. Wave–particle duality of C60 molecules. *Nature* 10:680–682.
Arndt, Markus, et al. 2014. *Matter-wave interferometry with composite quantum objects*. arXiv:1501.07770v1.
Aspelmeyer, Markus, und Anton Zeilinger. 2008. A quantum renaissance. *Physics World* 21 (7): 22–28.
Baeyer, Hans Christian von. 2005. *Das informative Universum: Das neue Weltbild der Physik*. München: Beck.
Baeyer, Hans Christian von. 2013. Eine neue Quantentheorie. Spektrum.de. Zugegriffen: 18. Okt. 2013.
Bell, John S. 1987. *Speakable and unspeakable in quantum mechanics*. Cambridge: Cambridge University Press.
Bell, John S. 1990. *Against 'Measurement'*. Physics World. New York: Oxford University Press.
Ben-Naim, Arieh. 2008. *A farewell to entropy: Statistical thermodynamics based on information*. Singapore: World Scientific.
Bennett, Charles H. 1987. Demons, engines and the second law. *Scientific American* 257 (5): 108–116.
Bennett, Charles H. 2003. Notes on Landauers principle, reversible computation, and Maxwells demon. *Studies in History and Philosophy of Modern Physics* 34 (3): 501–510.
Bierman, Dick J., und Stephen Whitmarsh. 2006. Consciousness and quantum physics: Empirical research on the subjective reduction of the statevector. In *The emerging physics of consciousness*, Hrsg. Jack A. Tuszynski, 27–48. Berlin: Springer.
Bohm, David. 1952. A suggested interpretation of the quantum theory in terms of "Hidden" variables. *Physical Review* 85 (2): 166.

Brukner, Časlav, und Anton Zeilinger. 2011. *Information and fundamental elements of the structure of quantum theory*, 2011. Wien: Institut für Experimentalphysik, Universität Wien.
Chaitin, Gregory J. 1999. *The unknowable*, 1999. Singapore: Springer.
D'Ariano, Giacomo. 2015. It from Qubit. In *It from bit or bit from it?*, Hrsg. Antony Aguirre, Brendan Foster, und Zeeya Merali. Switzerland: Springer.
Deutsch, David. 1996. *The fabric of reality: Towards a theory of everything.* UK: Penguin Science.
Einstein, Albert, Boris Podolsky, und Nathan Rosen. 1935. *Can quantum-mechanical description of physical reality be considered complete?* Princeton: Institute for Advanced Study.
Everett, Hugh. 1957. „Relative state" formulation of quantum mechanics. *Reviews of Modern Physics* 29 (3): 454.
Feynman, Richard P. 1963. *Six easy pieces.* New York: Basic Books.
Feynman, Richard P. 1965. *The character of physical law.* Cambridge: MIT Press.
Floridi, Luciano. 2010. *Information.* Oxford: Oxford University Press.
Fuchs, Christopher A. 2003. Quantum mechanics as quantum information, mostly. *Journal of Modern Optics* 50 (6–7): 987–1023.
Fuchs, Christopher A., Mermin, N. David, und Rüdiger Schack. 2013. An introduction to QBism with an application to the locality of quantum mechanics. arXiv:1311.5253v1. Zugegriffen: 5. Nov. 2016.
Furner, J. 2004. Information studies without information. *Library Trends* 52 (3): 427–446.
Gilder, Louisa. 2009. *The age of entanglement: When quantum physics was reborn.* New York: Vintage.
Goldstein, Sheldon, und Nino Zangh. 2013. Reality and the role of the wavefunction in quantum theory. *The wave function*, Hrsg. Alyssa Ney und David Z. Albert. New York: Oxford University Press.
Greene, Brian. 2005. *The fabric of the cosmos.* UK: Vintage.
Heisenberg, Werner. 1927. Über den anschaulichen Inhalt der quantentheoretischen Kinematik und Mechanik. *Zeitschrift für Physik* 43 (3): 172–198.
Heisenberg, Werner. 1969. *Der Teil und das Ganze: Gespräche im Umkreis der Atomphysik.* München: Piper.
Hensen, Bas, et al. 2015. Experimental loophole-free violation of a Bell inequality using entangled electron spins separated by 1.3 km. arXiv:1508.05949. Zugegriffen: 5. Nov. 2016.
Hinrichsen, Haye. 2014a. Entropie als Informationsmaß. White paper, Theoretische Physik, Universität Würzburg.
Hinrichsen, Haye. 2014b. Quanteninformation. Skript zur Vorlesung – (Entwurfsversion). Universität Würzburg.
Hoffmann, Dieter. 2008. *Max Planck. Die Entstehung der modernen Physik.* Beck: München.
Hoffmann, Peter M. 2012. *Life's ratchet: How molecular machines extract order from chaos.* New York: Basic Books.
Jaeger, Gregg. 2009. *Entanglement, information, and the interpretation of quantum mechanics.* Berlin: Springer Frontier Collection.
Johannsen, Wolfgang, und Roman Englert. 2012. *Information über Information.* Göttingen: Cuvillier Verlag.
Jaynes, Edwin T. 1990. Probability in quantum theory. In *Complexity, entropy and the physics of information*, Hrsg. W. H. Zurek. Redwood city: Addison-Wesley: 381–404.
Kiefer, Claus. 2011. *Quantentheorie – Eine Einführung.* Frankfurt a. M.: Fischer.
Kofler, Johannes, und Anton Zeilinger. 2006. The information interpretation of quantum mechanics and the Schrödinger Cat Paradox. *Sciences et Avenir Hors-Série.* 2006(148): 58.
Kofler, Johannes, und Zeilinger, Anton. 2013. Quantum information and randomness. arXiv:1301.2515. Zugegriffen: 5. Nov. 2016.
Kumar, Manjit. 2009. *Quantum.* London: Icon Books.
Landauer, Rolf. 1996. The physical nature of information. *Physics Letters A.* 217 (4): 188–193.

Lewis, Peter J. 2013. Dimension and illusion. In *The wave function*, Hrsg. Alyssa Ney und David Z. Albert. New York: Oxford University Press.

Lloyd, Seth. 2006. *Programming the universe: A quantum computer scientist takes on the cosmos*. New York: Knopf.

Lyre, Holger. 1998. *Quantentheorie der Information*. Wien: Springer.

Lyre, Holger. 2003. *Ein Einblick in die Philosophie der Physik*. Bonn: Universität Bonn.

Lyre, Holger. 2015. Der Begriff der Information: Was er leistet und was er nicht leistet. In *Teleakademie der ARD*, http://programm.ard.de/?sendung=284861190359923. Zugegriffen: 5. Nov. 2016.

Maudlin, Tim. 2013. The nature of the quantum state. In *The wave function*, Hrsg. Alyssa Ney und David Z. Albert. USA: Oxford University Press. 126–153.

Maxwell, James Clerk. 1871. *Theory of heat*. Dover: Dover.

Monton, Bradley. 2013. Against 3N-Dimensional Space. In *The wave function*, Hrsg. Alyssa Ney und David Z. Albert. New York: Oxford University Press. 154–167.

Ney, Alyssa. 2013. Introduction to essays on the metaphysics of quantum mechanics. In *Essays on the metaphysics of quantum mechanics*, Hrsg. Alyssa Ney und David Z. Albert. New York: Oxford University Press. 1–51

Plenio, Martin, und Vincenzo Vitelli. 2001. The physics of forgetting: Landauer's erasure principle and and information theory. *Contemporary Physics*. 42 (1): 25–60.

Pusey, Matthew F., Jonathan Barrett, und Terry Rudolph. 2012. On the reality of the quantum state. *Nature Physics*. 8:476–479.

Roederer, Juan G. 2005. *Information and ist role in nature*. Berlin: Springer.

Salart, Daniel, et al. 2008. Testing the speed of 'spooky action at a distance'. *Nature* 454:861–864.

Schulz, Joachim. 2013. scilogs. http://www.scilogs.de/quantenwelt/subjektive-wellenfunktion/. Zugegriffen: 15. Juli 2015.

Scully, Marlan O. 2007. *The demon and the quantum: From the Pythagorean mystics to Maxwell's demon and quantum mystery*. Weinheim: Wiley.

Scully, Marlan O., et al. 1999. A delayed choice quantum eraser. arXiv:quant-ph/9903047v1 Zugegriffen: 5. Nov. 2016.

Seager, William. 2012. *Natural fabrication – science, emergence and consciousness*. Berlin: Springer.

Seife, Charles. 2007. *Decoding the universe: How the new science of information is explaining everything in the cosmos, from our brains to black holes*. New York: Penguin (Non-Classics).

Stapp, Henry P. 2011. *Mindful universe*, 2. Aufl. Berlin: Springer.

Stonier, Tom. 1997. *Information and meaning: An evolutionary perspective*. London: Springer.

Szilárd, Leó. 1929. Über die Entropieverminderung in einem thermodynamischen System bei Eingriffen intelligenter Wesen. *Zeitschrift für Physik* 53 (11–12): 840–856.

Tegmark, Max. 2014. *Our mathematical universe: My quest for the ultimate nature of reality*. New York: Knopf.

Timpson, Christopher. G. 2013. *Quantum information theory and the foundations of quantum mechanics*. Oxford: Clarendon.

Tipler, Paul A., und Gene Mosca. 2015. *Physik wür Wissenschaftler und Ingenieure*, Hrsg. Jenny Wagner, 7. Aufl. Heidelberg: Springer Spektrum.

Wallace, David, und Timpson, Christopher G. 2009. Quantum mechanics on spacetime I: Spacetime state realism. arXiv:0907.5294 Zugegriffen: 5. Nov. 2016.

Weber, Franziska. 2008. *Dimensionen des Denkens: Der raumzeitliche Kollaps des Gegenwärtigen*. Bielefeld: Transcript.

Weinert, Friedel. 2005. *The scientist as philosopher – philosophical consequences of great scientific discoveries*. Berlin: Springer.

Weizsäcker, Carl Friedrich von. 1974. *Die Einheit der Natur*. München: Deutscher Taschenbuch Verlag.

Weizsäcker, Carl Friedrich von. 1977. Lattice theory, groups and space. In *Quantum theory and the structures of time and space*, Hrsg. L. Castell und M. Drieschner. München: Hanser.

Wheeler, John Archibald. 1990. Information, physics, quantum: The search for links. In *Complexity, Entropy, and the Physics of Information*, Hrsg. Hubert Zurek Wojciech. Redwood City: Addison-Wesley. 3–28.

Wiseman, Howard. 2014. Bellsche Ungleichung – Kontroverse Korrelationen. http://www.spektrum.de/news/kontroversekorrelationen/1302714. 5. Nov. 2016.

Zeh, Heinz-Dieter. 2003. Basic concepts and their interpretation. In *Decoherence and the appearance of a classical world in quantum theory*, Hrsg. Erich Joos, et al. Berlin: Springer. 7–40.

Zeh, Heinz-Dieter. 2011. *Dekohärenz und andere Quantenmißverständnisse. Beitrag zum Didaktik-Workshop Physik an der TU Karlsruhe 2009*. Berlin: Springer.

Zeilinger, Anton. 2004. Why the quantum? "It" from "bit"? A participatory universe? Three far-reaching challenges from John Archibald Wheeler and their relation to experiment. In *Science and ultimate reality*, 201–220. Hrsg. John D. Barrow, Paul C. W. Davies, und Charles L. Harper. Cambridge: Cambridge University Press.

Leben, Evolution und Information 5

Die antike Weisheit, dass die Natur keine Sprünge mache, wird in der molekularen Biologie hinterfragt. Das Leben könnte hybrid sein, meinen Forscher wie Paul C. W. Davies und Sara I. Walker. Sie vermuten, Speicher und Schaltkreise – digitale und auch quantenmechanische – ermöglichen die Kontrolle über analoge biologische Prozesse.

Alles Leben spielt sich in der Evolution ab. Es gibt offenbar nur eine Evolution auf unserem Planeten und diese hat das gesamte Leben hervorgebracht. Mit ihm entstanden Strukturen, die zur Selbstreproduktion fähig sind und denen alle Lebewesen und ihre Arten in der Evolution ihren Fortbestand verdanken. Dieser Vorgang

Abb. 5.1 Ein Produkt der Evolution, wie es sich der Evolutionsbiologe Ernst Haeckel um 1900 vorstellte. (© Kurt Stueber 2007/Modifiziert aus www.biolib.de)

ist mit der Weitergabe von Information an die jeweiligen Folgegenerationen jeder Art verbunden. Während der gesamten biologischen Evolution hat jedes Lebewesen Informationen an seine jeweiligen direkten Nachfolger weitergegeben, um den Fortbestand seiner Art zu ermöglichen.

Erbinformation und andere biologische Information tragen Bedeutung, es handelt sich um semantische Informationen. Die unterschiedlichen Arten verfügen über unterschiedliche semantische Informationen, die sie im Laufe ihrer evolutionären Entwicklung angesammelt haben, z. B. im Bereich ihrer Sinneswahrnehmung, ihrer Gehirnfunktionen und ihrer Vererbungsmuster. Diese Vielfalt abzubilden gelang unter anderem auch im künstlerischen Bereich. Abb. 5.1 zeigt einen fantastischen Fisch, gezeichnet vom Evolutionsbiologen und Künstler Ernst Haeckel, etwa um 1900.

Semantische Information ist mit der Evolution entstanden und existiert als Energie. Jedoch ist nicht jede Energie auch semantische Information. Die Bestimmung ob semantische Information vorliegt, wird immer von einer Empfängerinstanz in deren spezifischem Kontext getroffen.

5.1 Behandelte Themen und Fragen

- Diskussion zur Information und ihren Platz in der Biologie
- Prinzipien des Lebens und der Evolution
- Voraussetzungen für und Thesen zur Entstehung des Lebens

- Prinzipien der Evolution
- Rolle der Information in lebenden Organismen und in der Evolution
- Informationsverarbeitung mit DNA
- Informationsmenge in der biologischen Evolution
- Komplexität, Selbstorganisation und Emergenz
- Syntaktische und semantische Information in der Biologie

5.2 Einleitung und Kapitelüberblick

Leben und Evolution sind die zwei Seiten derselben Medaille. Das Leben selbst verändert sich dynamisch, und diese Dynamik wird durch die Wirkungsweisen der Evolution erzeugt. Die Veränderungen der Lebewesen wiederum wirken auf die Evolution zurück. Die Evolution hat die einzige uns bekannte Umgebung geschaffen, in der Leben möglich ist. Sie bildet das „System Leben" auf unserem Planeten. Die heutige Sichtweise auf beides, Leben und Evolution, entfernt sich zunehmend von einer traditionellen, rein biochemisch geprägten Auffassung hin zu einer informatorischen (Mayfield 2013). Die Konsequenzen sind profund und sollen im Folgenden dargestellt werden.

Die Evolution tritt in der Formulierung oben gewissermaßen als Akteur auf. Im Unterschied zu einer Auffassung, die mit dem Begriff ein passives Geschehen verbindet, liegt dieser Sicht in der Tat die Vorstellung einer vorwärtsstreibenden Kraft zugrunde. Nicht im teleologischen Sinne, also auf ein final zu erreichendes Ziel, sondern im Sinne eines Antreibens auf einen nächst optimaleren Zustand hin. Diese Kraft, so wird im Folgenden deutlich, könnte die Thermodynamik sein.

Individuelles Leben und Evolution folgen einem dualen Prinzip. Individuelle Organismen zeichnen sich durch charakteristische Eigenschaften und Funktionen aus. Sie kennzeichnen eine Manifestation des Lebens der Erde. Eine zweite Manifestation des Lebens ist die Interaktion der Organismen mit ihrer Umwelt und damit auch die Interaktion untereinander. Letztere erlaubt der Evolution die Entwicklung der Arten (im Folgenden werden wir uns nicht der biologischen Systematik in ihrer Unterscheidung zwischen Arten, Gattungen, Familien usw. bedienen, sondern lediglich von Arten sprechen). Das Leben manifestiert sich so als zusammenhängende Einheit (Zhegunov 2012).

Evolution verstehen wir also nicht als eine übergeordnete Steuerungsinstanz, sondern als Wirkung bereits früh vorhandener und aktiver Selbstorganisation, die mit komplexer werdenden Prozessen auch komplexere Optimierungen ermöglichte und herbeiführte. Selbstorganisation, so nehmen wir hier an, war seit dem sogenannten Urknall wirksam (vielleicht auch bereits vorher schon, wenn man den Theorien von Wissenschaftlern wie dem englischen Physiker Roger Penrose folgt). Die Selbstorganisation ist für die Strukturbildung im weitesten Sinne verantwortlich und leitet einfache in komplexere Strukturen über. Dazu gehört auch die Information in biologischen Organismen.

Information durchzieht unser Leben – das geistige und das physische Leben gleichermaßen. Der Ursprung für diese Omnipräsenz von Information im Leben ist in der Evolution zu finden. Sie hat mit den ihr eigenen Gesetzen seit der Entstehung des Lebens – und je nach Sichtweise auch schon vorher – alle Ausprägungen von Leben auf und vielleicht auch außerhalb der Erde hervorgerufen und ihre Richtung bestimmt.

Die Entwicklung des Lebens kann man als rein energetischen oder biochemischen Vorgang, der auf geheimnisvolle Weise mit der Evolution verbunden ist, verstehen. Diese Sichtweise erscheint heute jedoch als veraltet, weil spätestens mit der Molekularbiologie die Information ins Spiel gekommen ist. Das „zentrale Dogma" der Molekularbiologie fordert, dass es einen Fluss biologischer Informationen von den DNA-Molekülen zu den produzierten (synthetisierten) Proteinen geben muss. Dieser Fluss ist mit den Prozessen der sogenannten Transkription und Translation der Information durch RNA-Moleküle verbunden. Mit Informationsprozessen also.

Wir haben es in der Biologie mit janusköpfiger Information zu tun oder, besser gesagt, mit einer kontroversen Debatte über die Verwendung des Begriffs Information. Diese Doppelgesichtigkeit ergibt sich aus der Unterscheidung zwischen Shannon-Information, der das Modell eines Informationskanals mit Störungen zugrunde liegt, und semantischer Information, die Informationsinhalte, also Bedeutungen und ggfs. Instruktionen, umfasst. Das Shannonsche Modell findet z. B. Anwendung in der Neurowissenschaft, zeigt aber seine Grenzen, wenn es beispielsweise um die Untersuchung der Informationsinhalte bei der Vererbung und bei den kognitiven Leistungen des Gehirns geht. In der Genetik und der Evolutionslehre kommt man ohne die Berücksichtigung der Bedeutung, also der semantischen Information, kaum aus.

Mit der wachsenden Erkenntnis über Vererbung, über die Funktionsweise der körpereigenen Nachrichtenwege und natürlich über die des Gehirns kann man kaum umhin, der Information und der Informationsverarbeitung einen eigenen Stellenwert zuzuschreiben. Diese Sichtweise unterscheidet sich ganz offensichtlich qualitativ von der Variante, die ausschließlich auf vielfältige biochemische Vorgänge zur Erklärung von Vererbung, Wachstum und Lernen von Organismen abstellt. Information selbst und ihre Manipulation sind allzu offensichtlich gleichzeitig Mittel und Zweck, und Information bedient sich der biochemischen Prozesse, um sich dynamisch weiterzuentwickeln. Neben der kausalen Betrachtungsweise über die Codierung von Informationen im Genom und damit in DNA- und RNA-Molekülen wird heute auch eine zusätzliche Transmissionsfunktion der Erbinformation neben den DNA-Molekülen in Betracht gezogen. Diese soll als semantische Information sowohl von Generation zu Generation als auch zwischen Zellverbänden weitergereicht werden (Bergstrom und Rosvall 2011). Ohnehin ist die Gesamtheit aller Erbinformationen eines Lebewesens im Genom stärkeren Veränderungen unterworfen als bisher weitgehend angenommen. Es zeigt sich, dass die Zellteilung keine absolut identischen Nachfolger hervorbringt. Vielmehr mutieren eigentlich alle Zellen und das Genom erhält damit einen dynamischen Charakter, den man bis vor Kurzem noch nicht wahrnahm. „Bei den unzähligen Zellteilungen, die das werdende Leben aufbauen, verändert sich die Struktur des menschlichen Quellcodes. Bald regiert den Körper kein einheitlicher Bestand an

Erbdaten mehr, vielmehr herrscht ein Patchwork aus Zellverbänden mit diversen Genausstattungen", schreibt Ulrich Bahnsen in *Die Zeit* über den aktuellen Trend in der Genetik, nicht mehr von statischen, sondern von sich variabel verändernden Erbinformationen auszugehen (Bahnsen 2015a). Auch das Forschungsgebiet der Epigenetik stellt durch Untersuchungen zu weiteren Wegen der Vererbung von Eigenschaften das klassische Bild der Gene infrage.

Die Evolution steuert die Entwicklung der Arten und damit ihre Organismen und Fähigkeiten mittels Information, und zwar dergestalt, dass immer neue informatorische Qualitäten erreicht werden. Um diese Perspektive besser zu verstehen, werfen wir in diesem Kapitel einen kurzen Blick auf die Entstehung des Lebens auf der Erde und beschäftigen uns dann mit grundlegenden und komplexen informationsverarbeitenden Prozessen der Sensorik und des Denkens.

Bei der Betrachtung des Phänomens Leben schauen wir zunächst auf Grundprinzipien wie das der Selbstorganisation. Anschließend beschäftigen wir uns aus informatorischer Perspektive mit der Vererbung. Die informationsverarbeitende Kompetenz unserer Gene, Zellen, Sensoren und unseres Gehirns steht außer Frage. Weniger eindeutig ist, woher diese Kompetenz kommt und welche Fähigkeiten konkret mit ihr verbunden sind.

Bei dieser Auseinandersetzung wird deutlich, dass mit dem Phänomen Leben viele noch nicht zu beantwortende Fragen verbunden sind. Die Theorie der Evolution selbst, so die Physikerin und Biologin Hildegard Meyer-Ortmanns, sei offen für weitere Evolution (Meyer-Ortmanns und Thurner 2011).

5.3 Information in der Biologie

Der britische Neurologe Oliver Sacks (1933–2015) vertrat die Auffassung, dass Sprache und natürliche Intelligenz durch ein Medium der „Bedeutung" aufgebaut werden (Weber 2003). Diese Bedeutung muss natürlich irgendwoher kommen. Der naheliegende Gedanke, dass sie aus der Sprache geschöpft werden kann, wird von Sacks verworfen. Vielmehr ist die körperliche Interaktion mit der Umgebung die Quelle der Bedeutung. Der verkörperte Wert aus dieser Interaktion, also der in biologische Substanz umgesetzte Lerneffekt, gehe dem Bewusstsein und der Sprache voraus, so Sacks. Die Bedeutung ist demnach also existenziell verkörpert und angeboren.

Die gegensätzliche und konventionellere Auffassung, dass Bedeutung durch Sprache entsteht, wird gleichfalls vertreten. Beide Positionen nehmen direkt oder indirekt Bezug auf Information als Träger von Bedeutung. Die unterschiedlichen Haltungen dazu illustrieren eine nicht abgeschlossene Diskussion in der Biologie.

5.3.1 Das „Gerede" von der Information

Nehmen wir eine Buchseite. Ein Photon, das auf diese Seite trifft und reflektiert wird, ist zum Informationsträger geworden. Es müssen viele Photonen sein, die von einer Buchseite reflektiert werden, um das Bild eines Zeichens oder einer beschriebenen oder gedruckten Seite zu vermitteln. Es sind also sehr viele Bits in kurzer Zeit, die sich auf den Weg zum Auge machen und dort auftreffen. Sollten keine weiteren Übertragungskanäle wie Kameras, Kabel, Brillen oder Ähnliches dazwischenliegen, werden die Photonen ohne größere Störungen auf die Netzhaut treffen. Dort bewirkt ihre Energie Veränderungen, die zu einer Menge erstaunlicher biochemischer und elektrischer Prozesse führen. Diese sind dazu da, die Information, die mit den Photonen eintrifft, entgegenzunehmen und weiter ins Gehirn zu leiten. Dort gibt es gleichfalls Prozesse der Entgegennahme und Weiterverarbeitung.

Betrachten wir diesen Vorgang des Lesens einmal spezifischer und aus einem anderen Blickwinkel. Zu Beginn steckt alle „Information", an der wir interessiert sind, in einem Buch. In einem Stück lebloser Materie, ähnlich wie bei einem Mauerstein. Nun treffen Photonen auf eine aufgeschlagene Seite und werden reflektiert. Nehmen wir an, sie finden ihren Weg zum Auge über diverse Übertragungskanäle. Jeder dieser Wege ist ein Übertragungskanal im Sinne der Shannonschen Informationstheorie. Das Auge empfängt also direkt oder indirekt einen Strom von Photonen, der von der Buchseite herrührt. Die Sensoren im Auge werden angeregt, leiten nun die erzeugten Bildinformationen weiter an das Gehirn und erlauben es ihm so, das Bild einer Buchseite entstehen zu lassen. Die Tatsache, dass es sich beim Medium Buch um feste Materie handelt, und die Bestimmung von Eigenschaften, z. B. um welche Art von Materie es sich handelt, wie die räumliche Beschaffenheit ist oder welche Farbe der Gegenstand hat, ermittelt das Gehirn aus vorliegender Kontextinformation. Es verfügt über „Weltwissen", teilweise ererbt und teilweise erworben. Erst das Kontextwissen erlaubt es, die Semantik, also die Bedeutung „Buchseite", zu ermitteln. Ähnlich wird es bei einem Frosch ablaufen, der eine Fliege entdeckt oder bei einer Fliege, die ihrerseits etwas „Interessantes" sieht, wie z. B. einen Pflaumenkuchen.

Die Möglichkeit, einen Signalstrom durch Interpretation überhaupt erst zu einer kognitiv verwertbaren Information zu machen, die etwas mit einem Objekt, wie beispielsweise einem Mauerstein, einer Schrift oder einer Musik zu tun hat, muss irgendwo gegeben sein: Kontextwissen in den Sensororganen wie dem Auge in Kombination mit dem Gehirn bietet die notwendige Referenzinformation. Das Kontextwissen muss beim Empfänger vorhanden sein, gleichgültig, wo in unserem Modell der Photonenstrom seinen Ursprung nimmt. Ansonsten wäre dieser etwa gleichbedeutend mit dem Zufallsrauschen, das wir überall in der Atmosphäre messen können, das uns aber nichts sagt.

Was muss im Gehirn bereits als Wissen vorhanden sein, damit es lesen und verstehen kann? Zunächst Wissen über die Regeln, die mit der eintreffenden Information verbunden sind – syntaktische Information also. Diese sind vielfältig und betreffen das Aussehen der zulässigen Buchstaben ebenso wie die möglichen Reihenfolgen von Buchstaben sowie Leer- und Satzzeichen. Der wissende Empfänger, der über diese Syntaxregeln verfügt, wird sie anwenden und erkennen, dass es sich um eine Sprache handelt. Schön, wenn er dieser dann auch noch mächtig ist. Diese Fähigkeit und weiteres Wissen ermöglichen es dann, dem empfangenen

5.3 Information in der Biologie

Text Bedeutung zu entnehmen. Im Falle eines simplen Mauersteins sieht die Sache lediglich in qualitativer Hinsicht deutlich anders aus. Das Bild von ihm wird in der Regel einfacher zu empfangen und durch das Gehirn auch einfacher zu konstruieren sein als eine gefüllte Buchseite. Auf Kontextwissen wie das zur Textur der Oberfläche, der Entfernung, des möglichen Gewichts u. v. a. m. kann jedoch auch hier nicht verzichtet werden. Selbst syntaktische Regeln spielen hier mit. Erschiene der Stein zum Beispiel schwebend, ohne Kontakt mit einer Oberfläche, würde eine Regel – oder ein gesundes Vorurteil, wenn man so will – verletzt sein. Ohne das Kontextwissen, dass Buchstaben Zeichen mit Regeln sind und Steine nicht schweben, dürfte also das jeweilige Bild unverständlich bleiben oder widersprüchlich sein.

> In einem Artikel der britischen Zeitschrift *The Economist* fand sich 1999 ein Statement zur Rolle der Information in lebenden Organismen. Physiologie und Verhalten eines Organismus, so der Autor, seien weitgehend durch seine Gene bestimmt. Und solche Gene sind Speicher von Informationen. Dies, so der damals einflussreiche britische Evolutionsbiologe John Maynard Smith (1920–2004), geschehe in einer überraschend ähnlichen Weise wie bei den von Computerwissenschaftlern für die Speicherung und Übertragung anderer Informationen entwickelten Verfahren. Der australische Wissenschaftsphilosoph Paul E. Griffiths trat dieser Auffassung mit einem Aufsatz unter dem Titel „Genetische Information: eine Metapher auf der Suche nach einer Theorie" entgegen (Griffiths 2001). Er betonte, dass es seiner Meinung nach zwar einen genetischen Code gibt, der die Reihenfolge der DNA-Basen in den codierenden Regionen eines Gens bestimmt, und dass dieser mit der Sequenz der Aminosäuren von einem oder mehreren Proteinen korrespondiert. Der Rest dieses „Informationsgeredes" in der Biologie sei jedoch nicht mehr als eine pittoreske Art, über Korrelation und Kausalität sprechen. Die Behauptung, dass die Biologie „selbst eine Informationswissenschaft ist", entspreche in etwa der Behauptung, dass die Planeten ihre Umlaufbahnen um die Sonne selbst berechneten. Diese fehlgeleitete Sicht der Dinge, so Griffith, sei nicht nur eine journalistische Fehlinterpretation im Economist-Magazin, sondern wird fälschlicherweise von vielen Biologen so vertreten.

Inzwischen haben sich die Evolutionsgenetik und die Molekularbiologie entscheidend weiterentwickelt. Von „Informationsgerede" spricht kaum noch jemand. Griffiths Einwand zeigt deutlich, dass die informatorische Sicht auf biologische Prozesse auch Widerstände erzeugt. Um Griffiths kein Unrecht zu tun, sei darauf hingewiesen, dass seine pauschale Ablehnung der Information in der Biologie durch die aufkommende Diskussion zur Teleosemantik, mit der versucht wird, das Phänomen der Bedeutung durch seine biologische Funktion zu erklären, motiviert war. Dieser Denkhaltung misstraute er und überzog dann offenbar seine Kritik.

Dennoch repräsentiert sie sehr pointiert eine noch heute vorzufindende ablehnende Haltung in der Biologie.

Abgesehen von der Offensichtlichkeit, mit der Information und Leben miteinander verwoben sind, schwindet die ablehnende Haltung gegenüber der Information auch, weil neben erkenntnistheoretischen Gesichtspunkten auch rein praktische Aspekte dafür sprechen. Eine informatorische Sicht, so Jablonka und Lamb, auf biologische Vorgänge erleichtere es wesentlich, über verschiedene Vererbungsmechanismen in ein und demselben Kontext zu sprechen (Jablonka und Lamb 2005).

5.3.2 Für eine informatorische Sicht in der Biologie

Die Frage nach der Rolle der Information in der Biologie führt zu vielfältigen Antworten und in der Regel direkt zum Gehirn oder dem Genom. Zum Gehirn, weil es in der Lage ist, enorm viel Information zu verarbeiten. Zum Genom, weil es die Gesamtheit der vererbbaren Informationen umfasst, die sich bei Mensch und Tier ebenso wie beim Virus in den Informationsträgern einer Zelle befinden, der Desoxyribonukleinsäure (DNS) und der Ribonukleinsäure (RNS) also. Der Quantenphysiker Erwin Schrödinger vermutete bereits 1935, dass es sich bei Genen um sehr lange Moleküle handeln müsse, die die Aufgabe haben, in irgendeiner Weise Informationen zu verarbeiten (Schrödinger 1989).

Die Reproduktion von Lebewesen auf der Ebene der Zellen beruht auf informationsverarbeitenden Systemen und Teilsystemen, die in der Lage sind, aufgrund von Anweisungen spezifische Proteine zu produzieren. Dies geschieht in großer Diversität durch natürliche Informationsprozesse, ohne dass Menschen bzw. Lebewesen aktiv und bewusst daran beteiligt sind. Jenseits des Alltagsumgangs mit Information durch Kommunikation aller Art spielt sich im molekularen Bereich eine überaus wichtige Verarbeitung von Information ab.

Gene realisieren einen Basisprozess alles Lebendigen auf der Erde, die Speicherung und Übertragung der Erbinformation. Darauf basiert die Fortpflanzung alles Lebendigen – jedenfalls der Varianten, die wir bei uns auf der Erde kennen. Das genetische System kann als Symbol-Code verstanden werden, dessen Konventionen bzw. dessen Regeln von allen Lebensformen akzeptiert werden (Burgin 2010). Darüber hinaus gibt es verschiedenste andere Kommunikationswege, wie die Signalübertragungen im Gehirn (Neuronen), auf der Zellebene oder als soziale Botschaften (chemische Markierungen, Laute und Lautsequenzen).

Der amerikanische Biophysiker Werner Loewenstein vertritt die Auffassung, dass Information selbst die Grundlage für das Leben bildet und nicht nur ein Mittel zum Zweck ist. Information wird bei ihm als ein Maß für Ordnung verstanden, das auf jede Struktur und jedes System anwendbar ist. Dieses Maß quantifiziert die Zahl der Instruktionen, die zur Herstellung einer bestimmten Organisationsausprägung benötigt werden (Loewenstein 1999). In Anwendung der Informationstheorie identifiziert Loewenstein ein ganzes Netz von „Computern" im Gehirn, die dessen immense Leistungsfähigkeit ermöglichen. Nur so sei verständlich, wie die Bewältigung der enormen Informationsströme, die unsere Sinne zum Gehirn leiten, um ein kohärentes und sinnvolles Bild von der Welt zu erzeugen, möglich sei. Loewenstein bringt bei der Erklärung, wie die großen Informationsmengen bewältigt werden können, die allein schon von unseren Augen aufgenommen werden, auch die Quantenphysik mit ins Spiel (Loewenstein 2013).

Die zentrale Bedeutung von DNA und RNA für alle Lebewesen verdeutlicht uns, dass Leben aus biologischen Strukturen mit den in ihnen enthaltenen Informationen besteht. Was bedeutet dies für Prozesse der Evolution? Richard Dawkins stellte 1976 die These auf, das Gen sei die fundamentale Einheit der natürlichen Selektion. Die vorherrschende Meinung sah eher die biologische Gattung und die in der Systematik darunter angesiedelten Arten in dieser Rolle. Das Gen, so Dawkins, würde den Körper gewissermaßen als „Überlebensmaschine" gebrauchen. Er sprach vom „egoistischen Gen" (Dawkins 1976). Für den Erfolg in der Evolution, so Dawkins, seien Konkurrenzsituationen auf genetischer Ebene ausschlaggebend für die Selektion. Die Gruppenselektion – also der Erfolg von Gruppen von Individuen – habe eine geringere Bedeutung. Diese Anschauung, so populär sie war, brachte ihm viel wissenschaftliche Kritik ein. Davon später mehr.

Auch wenn der Begriff Egoismus primär der Veranschaulichung des Phänomens diente, so warf dieser postulierte Wettbewerb doch ein neues Schlaglicht auf die Evolution. Haben wir bisher, so kann man sich fragen, Koch und Kellner verwechselt? Ist unsere ganze bunte biologische Welt nur die Bühne für Darsteller, von denen wir erst seit kurzer Zeit wissen, dass es sie überhaupt gibt? Sind wir – also die biologischen Organismen – gar nicht Herr im Haus, sondern hängen gewissermaßen am Draht der Gene? Und wenn dem so wäre, wer treibt dann die Gene an, die diese Welt aus Pflanzen, Tieren und Menschen entstehen lassen? Ist Selbstorganisation der passende Begriff für diesen Vorgang, der so viel Komplexität hervorbringt? Und wenn ja, was steckt hinter dem Geheimnis dieser Selbstorganisation, die aus dem Nichts Strukturen schafft? Deutlich spürbar, wenn auch noch nicht zu beweisen, spielt die Information eine ganz zentrale Rolle in diesem Spiel. Komplexität ist schließlich auch ein Ausdruck nichttrivialer informatorischer Zusammenhänge.

So nah am Daseinszweck der Gene und der Informationsverarbeitung stellt sich zwangsläufig die Frage nach einer Brücke zwischen beiden. Die Vorgänge auf vielen biologischen Ebenen, bei der Vererbung ebenso wie beim Denken, bei der Herstellung von Zellen und auch bei ihrer Organisation, werden heute durch die Verarbeitung von Information erklärt. Es drängt sich die Frage nach der Ursache auf. Welche Art Energie, so möchte man fragen, verleiht der Information die Kraft, all diese Strukturen zu bilden und zu manipulieren? An dieser Stelle stellt sich auch erneut die Frage nach der Selbstorganisation, der Fähigkeit also, ohne äußere Einwirkung Form und Gestalt zu erzeugen. Sie ermöglicht es, höhere strukturelle Ordnungen zu erreichen, ohne dass erkennbare äußere steuernde Elemente im Spiel wären.

Die Prinzipien der Kommunikation und der Informationsverarbeitung finden sich also auch in der belebten Natur, der Biologie, wieder. Und damit stellen sich Fragen nach den Grundlagen und Ursprüngen des Lebens neu. Sowohl die Frage, was Information in der Biologie bedeutet, als auch die Frage, ob und wie die Natur sich die Prinzipien der Informationsverarbeitung zunutze gemacht hat, können durch die Molekularbiologie neu beantwortet werden. Es ist weitgehend unbestritten, dass die Prinzipien der Evolution in ihrer Essenz informationsverarbeitend sind. Spätestens seit der Entdeckung der Kopiervorgänge in und durch die DNA- und RNA-Moleküle stellt sich die Frage, ob die Vorgänge dort nicht vergleichbar mit den Instruktionen und Manipulationen der Informationsverarbeitung sind. Und dies wiederum wirft die Frage auf, ob Evolution ohne logische Verknüpfungen von Informationen, ohne Veränderungen durch Instruktionen, ohne Replizierung und ohne Speicherung überhaupt möglich ist. Anders gefragt: Ist Information ein Grundelement des Lebens, und wenn ja, wie ist sie dann beschaffen?

Information im Sinne von Signalen und Daten gab es sehr früh in der Geschichte des Universums. Jedenfalls ist dies so, wenn man unter Signalen und Daten jede Art von Wirkung versteht, die durch ein wie auch immer strukturiertes Element der Welt auf eine andere Einheit ausgeübt wird. Wir tun das und orientieren uns dabei auch an der Auffassung von Gregory Bateson, dem Mitbegründer der kybernetischen Systemtheorie, dass Information den Unterschied macht, der den Unterschied macht. Bateson nimmt an, dass die kleinste Einheit einer Information ein Unterschied oder eine Unterscheidung sein muss (Bruni 2008).

Allerdings kam – so unsere These – erst mit der Evolution Bedeutung hinzu. Wir können auch sagen, dass bis zum Beginn der Evolution Informationen im Sinne der Informationstheorie Shannons da waren, dass sie jedoch keine Bedeutung für irgendjemanden besaßen. Die Bedeutung – und mit ihr irgendjemand – kam erst durch die Evolution hinzu, also mit der Existenz von Leben.

Ähnlich sahen es der Informatiker Klaus Fuchs-Kittowski und der Biologe Hans-Alfred Rosenthal (1924–2009) (Fuchs-Kittowski et al. 1998). Sie schreiben, dass „eine biologische Struktur auf der Basis spezifischer (genetischer) Information entsteht und funktionelle Aktivitäten, die letztlich die Erhaltung und Reproduktion dieser Information bewirken, ermöglicht." Sie stellen jedoch mehr als nur den Zusammenhang zwischen Information und Evolution her, denn sie betonen darüber hinaus, dass Information die Voraussetzung für biologische Strukturen ist und dass diese den Zweck haben, für das „Überleben" der Information zu sorgen. Hier begegnet uns wieder – ähnlich wie bei Dawkins – die Annahme, es gäbe eine Art übergeordnete Kraft oder Instanz, die sich der Biologie und der Evolution bedient.

5.4 Das Leben

„Das Leben ist bemerkenswert." So subsumieren die beiden britischen Wissenschaftler Jim Al-Khalili und Johnjoe McFadden mit englischem Understatement das Phänomen Leben. Die Auseinandersetzung mit der Frage, was Leben im Kern ist, wird wohl schon seit den Zeiten geführt, in denen der Mensch anfing, sich mit spirituellen und religiösen Fragen auseinanderzusetzen. Die Auffassung von Aristoteles und Sokrates, das Leben drücke sich durch eine – abgestufte – Seele aus, gehört genauso dazu wie das „Qi", die göttliche Lebensenergie, aus dem historischen China. Auch der Vorschlag des Berliner Arztes und Biologen Rudolf Virchow im 19. Jahrhundert, die Zelle als ultimativen Ursprung des Lebens zu betrachten, wurde viel diskutiert. Theorien über Chaos und Komplexität aus jüngerer Zeit sowie die Auseinandersetzungen über Gene, Ordnungsstrukturen und die Rolle der Quantenphysik ergänzen das Spektrum (Al-Khalili und McFadden 2014). Allen bisherigen Erklärungsversuchen fehlt jedoch eines: eine plausible Antwort auf die Frage, was denn Leben nun tatsächlich ist.

1922 äußerte der russische Forscher Aleksandr Oparin (1894–1980) die Meinung, dass es keinen fundamentalen Unterschied zwischen lebenden Organismen und toter Materie gibt. Die komplexen Ausprägungen von Leben müssten nach Auffassung Oparins als Teil der Evolution von Materie – also Leben aus toter Materie – entstanden sein. Das ist sicher streng materialistisch gedacht und wenig überzeugend. Allerdings findet sich diese Sicht bis heute in Darstellungen zum Leben und zur Evolution. Nicht zuletzt die Molekularbiologie der vergangenen Jahrzehnte hat jedoch eine andere Sicht verbreitet. Eine, die Information als differenzierenden Faktor in die Betrachtungen zum Unterschied von toter und lebender Materie mit einbezieht. Auf der anderen Seite des Spektrums fanden sich die Vitalisten, für die eine grundsätzliche Andersartigkeit lebender im Vergleich zu toter Materie den Ausgangspunkt aller Überlegungen bildete. Louis Pasteur wollte dies experimentell nachweisen, scheiterte jedoch, wie viele andere bisher, an dieser Aufgabe. Leben ist auf synthetischem Weg sehr schwer herzustellen und hat entgegen aller Hoffnungen von Science-Fiction-Anhängern sein Entstehungsgeheimnis bis heute bewahrt. Damit ist die Aufgabe, Leben zu synthetisieren, jedoch nicht vom Tisch. Der englische Philosoph Bertrand Russel forderte im Sinne eines fundamentalen Forschungsauftrages, dass es uns gelingen müsste, lebende Materie herzustellen oder, wenn dies nicht möglich sei, die Gründe dafür zu finden.

Unstrittig ist zunächst einmal, dass alles Lebendige in der Evolutionsgeschichte Eigenschaften aufweist, die mit den folgenden Stichworten beschrieben werden können (Ryan et al. 2014):

Reproduktion
Zur Aufrechterhaltung der Art – und des Lebens selbst – ist die Reproduktion der Organismen notwendig, also die Herstellung von hinreichend ähnlichen Nachkommen. Diese kann sowohl asexuell, durch Erzeugung von genetisch identischen Nachfahren, als auch sexuell, durch die Produktion von Nachfahren mit verändertem Genpool, geschehen. Auch eine Kombination beider Varianten ist möglich.

Zellularität
Alle Lebewesen bestehen aus Zellen. Zellen stammen immer von anderen Zellen ab. Sie können spezialisiert sein und führen dennoch gleichzeitig all die metabolischen Funktionen des Stoffwechsels aus, die eben nur von Zellen ausgeführt werden können. Grundsätzlich werden zwei Zelltypen, die in unterschiedlichen Gruppen von Lebewesen zu finden sind, unterschieden. So weisen Prokaryoten vergleichsweise einfach strukturierte Zellen ohne Kern auf, während Eukaryoten

aus Zellen mit einem Kern bestehen und über eine wesentlich komplexere Struktur verfügen. Sowohl Prokaryoten als auch Eukaryoten sind als Ein- und als Mehrzeller vertreten. Der Stoffwechsel oder Metabolismus der Zellen erlaubt es Organismen, sich zu reproduzieren, ihre Struktur aufrechtzuerhalten, auf die Umgebung zu reagieren und zu wachsen. Der Stoffwechsel sehr verschiedener biologischer Arten unterscheidet sich oft erstaunlich wenig.

Homöostase (griechisch „Gleichstand") Hierunter wird die Aufrechterhaltung eines Gleichgewichts in einem offenen dynamischen System verstanden. Zellen existieren, wachsen und reproduzieren sich nur in recht engen Temperaturbereichen. Diese können durch Regelmechanismen (Feedback) stabilisiert werden. Lebende Organismen sind offene thermodynamische Systeme und damit auf diese internen Prozesse zur Regulierung des thermodynamischen Gleichgewichtes angewiesen. Fallen die Regelmechanismen komplett aus, bedeutet dies den Tod des Organismus bzw. mit dem Tod wird - wenn man Erwin Schrödinger folgt - alle gespeicherte negative Entropie aufgegeben.

Energiegewinnung und -nutzung
Die meisten Organismen hängen von der Sonnenenergie ab. Nur eine kleine Anzahl, so z. B. Eisen verspeisende Bakterien, nehmen direkt chemische Energie auf. Pflanzen, Algen und die meisten Bakterien erhalten Energie durch die Fotosynthese. Damit schaffen sie die Grundenergieversorgung für das sonstige Leben, also für Pflanzen- und für Fleischfresser.

Austausch mit der Umgebung
Es gibt kein von seiner Umwelt isoliertes Leben. Sogar Einzeller reagieren auf Veränderungen ihrer Umgebung, z. B. wenn eine Chemikalie das Habitat bedroht, mit Veränderungen ihres Aufenthaltsraumes. Pflanzen wurzeln der Gravitation folgend nach unten und orientieren sich der Fotosynthese wegen mit ihrem Blattwerk nach oben zum Sonnenlicht hin.

Evolution
Organismen passen sich ihrer – sich verändernden – Umgebung an. Dies geschieht im Laufe der Zeit durch den jeweils höheren Erfolg besser angepasster Varianten und durch Mutation, die diese Varianten zulässt.

Ein klares „Lebensprinzip", mit dem die belebte von der unbelebten Welt unterschieden werden kann, kennen wir nicht, so der amerikanische Physiker und Biologe Paul C.W. Davies (2009). Es gibt jedoch eine Vielzahl von Hypothesen zur Entstehung des Lebens und der Herkunft des Menschen, vor allem in den Religionen. Im Bereich der Naturwissenschaften konzentrieren sich die Annahmen auf physikalisch-chemische Prozesse, aus denen Leben entstanden sein kann.

Grundsätzlich ließen sich, so der amerikanische Astrobiologe Robert M. Hazen, vier Möglichkeiten für ein Grundverständnis des Lebens unterscheiden (Hazen 2012):

5.4 Das Leben

Das Leben ist ein Wunder und von Gott geschaffen
Alles, was es hierzu zu sagen gibt, lässt sich in den ersten Büchern Moses – der Genesis – finden.

Das Leben befindet sich in Übereinstimmung mit Chemie und Physik
Seine Entstehung ist jedoch extrem unwahrscheinlich. Die Betonung des extrem Unwahrscheinlichen wirft unweigerlich die Frage nach dem „warum dennoch" und dem „warum hier" auf. Sie sie ist letztlich erst zu beantworten, wenn wir sehr viel mehr über die Möglichkeiten wissen, die das Universum dem Leben als solchem bietet bzw. geboten hat.

Das Leben ist eine unausweichliche Konsequenz der Naturgesetze
Voraussetzung dafür ist eine geeignete Umgebung und hinreichend Zeit. Diese – vom Autor favorisierte – Variante geht davon aus, dass Leben entstand, weil es entstehen konnte. Dabei wird angenommen, dass die Gesetze der Naturwissenschaften, oder besser die Prozesse der Natur, so beschaffen sind, dass unter bestimmten Voraussetzungen Leben entstehen muss. Auf der Grundlage chemischer Schritte entstand mehr und mehr Komplexität, die zu Leben wurde. Das Universum, so Hazen recht bildhaft, sei „schwanger mit Leben"..

Das Leben ist auf einen „intelligenten Designer", einen intelligenten Urheber also, zurückzuführen
Das Beispiel der komplizierten Taschenuhr in der Wüste wird gerne herangezogen, um „intelligent design" oder Kreationismus zu begründen. So wie die Taschenuhr nicht per Zufall entstanden sein kann, so das Argument, könne auch so etwas Komplexes wie der Mensch nicht zufällig entstanden sein. Vielmehr wurde die Welt – so eine populäre Variante – vor 6000 Jahren erschaffen, innerhalb einer Woche versteht sich, inklusive der Fossilien, die uns gleichzeitig vermuten lassen, die Welt sei doch sehr viel älter. Dies mag sich etwas ironisch lesen und ist auch so gemeint, liegt aber nahe an dem, was Kreationisten dazu sagen.

Unser Anliegen ist es, die Entstehung von Information und Wissen als Teil der Evolution zu erklären. Die Möglichkeit, dass Leben außerhalb der Evolution entstanden ist und sich entwickelt hat, lassen wir somit unberücksichtigt. Die fortlaufenden Bestätigungen und kontinuierlichen Weiterentwicklungen der Evolutionslehre sind eine solide Basis für unseren Ansatz. Zudem sind die erste und die letzte der genannten Möglichkeiten unwissenschaftlich, weil nicht falsifizierbar – es sei denn, man würde annehmen, die Existenz Gottes im Rahmen eines wissenschaftlichen Rahmenwerkes beweisen oder widerlegen zu können.

Aber was bedeutet Lebendiges im Gegensatz zu Nichtlebendigem? Sicherlich ist die Fähigkeit zur Vererbung und zur Vermehrung wesentlich für das, was wir unter Leben verstehen. Wir nehmen allerdings auch an, dass die Vererbung nicht perfekt ist und zu Variationen infolge fehlerhafter Reproduktion und Rekombination führt, sodass die Vermehrung über die Zeit hinweg in sehr unterschiedlichen Ergebnissen resultiert. Des Weiteren setzen wir voraus, dass Leben Energie benötigt und lokal Entropie senkt. Es wird also zur Erzeugung der molekularen Bausteine des Organismus ein Stoffwechsel benötigt.

> Die Frage, was Leben im naturwissenschaftlichen Sinne ist, lässt sich auf unterschiedliche Weise beantworten. Die folgenden drei repräsentativen Auffassungen und ihre Protagonisten, die von den amerikanischen Wissenschaftlern Alonso Ricardo und Jack W. Szostak, der 2009 den Medizin-Nobelpreis erhielt, zusammengefasst wurden, deuten die ganze Breite des Spektrums an (Ricardo und Szostak 2014):
>
> - Der Quantenphysiker Erwin Schrödinger war der Meinung, lebende Systeme würden sich der Entropievermehrung erfolgreich durch Selbstorganisation widersetzen. Lebendige Systeme sind ihrer Natur nach offen. Sie importieren und vermehren während ihrer Existenz, so Schrödinger, negative Entropie (Negentropie). Dies erlaubt es ihnen, geordnete Strukturen zu erzeugen und deren Funktion aufrecht zu erhalten. „Das, wovon ein Organismus sich ernährt, ist negative Entropie. Oder, um es etwas weniger paradox auszudrücken, das Wesentliche am Stoffwechsel ist es, daß es dem Organismus gelingt, sich von der Entropie zu befreien, die er, solange er lebt, erzeugen muß.." so Schrödinger (1989).
> - Der Chemiker Gerald Joyce versteht Leben als chemisches System mit der Fähigkeit zur Selbsterhaltung und zur Darwinschen Evolution. Dieses Verständnis wurde u. a. von der NASA übernommen und damit für universell gültig im Universum angenommen.
> - Dem Krakauer Molekularbiologen Bernard Korzeniewski zufolge ist Leben ein Netzwerk von Rückkopplungsprozessen. Seine Definition beruht wesentlich auf seinen Untersuchungen zu den Grundlagen des Stoffwechsels und der Entstehung der Denkleistung des Gehirns aus molekularen Wechselwirkungen.

Vom Beginn der Evolution an war die Rolle der Information zentral, ja, sie war und ist der Motor der Evolution. Diese These soll im Folgenden erhärtet werden. Hierfür spüren wir dem Evolutionsprozess in einigen seiner signifikanten Schritte nach, um zu zeigen, dass die Information in immer komplexer werdenden Kontexten – also aufwendigerer Syntax, reichhaltigerer Semantik und ausgefeilterer Pragmatik – essenziell für die Evolution war und ist. Es war die rudimentäre Informationsverarbeitung zu Beginn der Evolution, die die Entwicklung von Organismen startete und strukturell die Entwicklung von Erkenntnis und Wissen über die Welt, das Ich und die soziale Welt vorbereitete. Das Leben – so impliziert die These – ist ohne Information nicht verständlich und Information nicht ohne das Leben.

Trotz der Erfolge der Molekularbiologie, in der die Informationsverarbeitung großen Raum einnimmt, findet man, überwiegend in populärwissenschaftlichen

Darstellungen, auch heute noch den Aspekt der Information bei der Erklärung des Lebens vollständig ausgeklammert. So z. B. die oben zitierte, sehr schön aufbereitete multimediale Darstellung „E. O. Wilson's Life on Earth" (Ryan et al. 2014) oder die Auseinandersetzung mit den Funktionen des menschlichen Hirns und der zugehörigen Biochemie in „Biologie des Geistesblitzes – Speed up your mind!" von Henning Beck, in der die Information im Buch zwar oft für Erklärungen herangezogen, sie selbst jedoch in keiner Weise erklärt wird (Beck 2013).

Aber Leben ist mehr als Chemie. „Es ist eine Form der Selbstorganisation, bei der etwas auftaucht, was bei chemischen Reaktionen nicht da ist: Nämlich das *Interesse* (Hervorhebung durch den Autor) eines eigenen Zusammenhaltes. Eine Zelle muss sich immer wieder selbst aufbauen, weil sie sich sonst auflöst", so der Biologe und Philosoph Andreas Weber in einem Interview im April 2015. Dieses „Interesse" entsteht durch Information und Informationsverarbeitung.

5.4.1 Voraussetzungen für das Leben

Der Beginn des Lebens ist bis heute nur ansatzweise erklärbar. Zu seinen Voraussetzungen besteht jedoch in einer Reihe von Punkten weitgehende Einigkeit. Diese werden nun kurz angesprochen.

Offene Systeme zur Entropiereduktion
Der Zweite Hauptsatz der Thermodynamik verlangt die Zunahme der Entropie. Für das Universum, für lebende Organismus als offene Systeme, gilt dies während ihrer Lebenszeit nicht. In geschlossenen Systemen nimmt Entropie zu, bis sie ein Maximum erreicht. In dem dann entstandenen thermodynamischen Gleichgewicht sind alle Energieniveaus ausgeglichen und der Grad an Unwissenheit über die Mikrozustände – beispielsweise eines Gases – ist gleichfalls maximal. Die damit verbundene Information ist konsequenterweise minimiert. Offene Systeme hingegen können ihre Entropie lokal durchaus reduzieren, geordnete Zustände schaffen und damit die ihnen innewohnende Information erhöhen.

Lebende Organismen sind solche offenen Systeme. Sie setzen der universellen Tendenz der Entropiezunahme die Abgabe von Entropie an die Umgebung entgegen. Sie selbst nehmen dazu Energie auf und schaffen mit ihrer Hilfe Strukturen, die genau dazu fähig sind: Entropie abzuführen und sich selbst so die Grundlage für ihr Leben zu schaffen. Mit dem Tod endet dies. Der tote Körper verfällt schnell, maximiert seine Entropie und ist dann nicht mehr in der Lage, weitere Entropie abzugeben. Der ständige Versuch, sich gegen die Zunahme der Entropie zu stemmen, ist also ein Markenzeichen alles Lebendigen. Dies hat bereits Erwin Schrödinger erkannt und die Entropieabnahme als „Negentropie" bezeichnet. Mit dem Begriff der Negentropie wird häufig Ordnung verbunden und damit der Informationsgehalt eines Systems. Man kann beides auch als Strukturwissen eines lebenden Organismus bezeichnen und damit die Brücke zur Information schlagen.

Zu vermuten ist, dass der Zweite Hauptsatz der Thermodynamik, gegen den sich die offenen Systeme zeitweilig und die Evolution als Ganzes dauerhaft zu behaupten scheinen, eine wesentlich größere Rolle für das Prinzip Leben spielt als bisher angenommen. So legen es jedenfalls neue Forschungsergebnisse nahe, auf die wir später noch eingehen werden. Zunächst wollen wir jedoch die lebenden Organismen unter Gesichtspunkten der Information und der Informationsverarbeitung betrachten.

John von Neumann stellte im Rahmen seiner Untersuchungen zu künstlicher Intelligenz und künstlichem Leben die folgende Behauptung auf (Delahaye 2012): „Lebende Organismen sind komplizierte Aggregate einfacher Bestandteile. Gemäß allen Theoremen der Wahrscheinlichkeitstheorie oder Thermodynamik sind sie sehr unwahrscheinlich. Der einzige Aspekt, der dieses Wunder erklären oder plausibel machen kann, ist die Tatsache, dass sie sich reproduzieren. Ist erst einmal ein Exemplar zufällig entstanden, so finden die Gesetze der Wahrscheinlichkeitsrechnung keine Anwendung mehr, weil dann viele Exemplare entstehen."

Selbstreproduktion und genetischer Code
Der Schlüssel zur Entstehung und zur Inbetriebnahme des Lebens liegt in der Fähigkeit von Materie zur Selbstreproduktion. Dies bedeutet, dass die dazu befähigten Moleküle und Molekülgruppen nicht nur sich selbst erhalten, sondern auch Kopien im Sinne von Nachkommen produzieren mussten. Ähnliche Kopien sind dabei eher erwünscht als perfekte identische Replikate, damit die Evolution Vielfalt und Variation produzieren kann. Dabei ist zu berücksichtigen, dass der Anfang davon vor über vier Milliarden Jahren unter recht widrigen Umständen für die Stabilität der Moleküle und ohne hoch entwickelte Korrektur- und Reparaturmechanismen vonstattenging.

Die am weitesten verbreitete Hypothese dürfte heute die sein, dass RNA-Moleküle – oder solche, die ihnen ähnlich waren – am frühesten die Fähigkeit zur Selbstreproduktion entwickelten. Auf das Pro und Kontra zu dieser Hypothese werden wir noch näher eingehen. Inzwischen hat man festgestellt, dass nicht nur langkettige RNA-Moleküle, sondern auch kurze Abschnitte aus Nukleinsäuren diese Selbstreproduktion fertigbringen. Sie brauchen nicht einmal Enzyme als Hilfsstoffe für diese erstaunliche Leistung. Selbstreproduktion wurde auch für andere chemische Strukturen wie Peptide bis hin zu abiogenen Molekülen festgestellt. Damit stellt sich die Frage nach dem Beginn der Selbstreproduktion. Sie könnte bereits vor dem Beginn des Lebens in der damaligen Umwelt stattgefunden haben. Später hätten sich dann die stabileren DNA-Moleküle entwickelt und aufgrund dieser Eigenschaft als Medium zur Weitergabe von Erbinformationen etabliert.

Die Selbstreproduktion geschieht unter Verwendung eines weitgehend universellen genetischen Codes. Wie die Molekularbiologie gezeigt hat, findet er sich bei den meisten Lebewesen vom Bakterium über Pilze, Pflanzen bis hin zu den Nematoden (Fadenwürmer), Amphibien und Primaten in nahezu identischer Form (Penzlin 2014). Abweichungen bei Menschen und Tieren in einigen Facetten sind inzwischen auch bekannt. Allerdings ändert sich das fundamentale Gesamtbild von Zusammengehörigkeit und gemeinsamem Ursprung aller Arten dadurch nicht.

Die Selbstreproduktion mit dem genetischen Code stellt „einen absoluten Unterschied zwischen Lebewesen und unbelebter Materie dar", wie der große deutsch-amerikanische Evolutionsbiologe Ernst Mayr (1904–2005) hervorhebt (Penzlin 2014). Dabei sichert der Code, dass die Selbstreproduktion wiederholbar ist und kontrolliert abläuft. Es können viele identische Kopien aus dem gleichen Material hergestellt werden, solange der Code sich nicht ändert. Grundlegende Änderungen, also solche an der Primärstruktur, werden seit der Etablierung des Codes vor 3,5 Mrd. Jahren nicht stattgefunden haben. Wäre der genetische Code weniger stabil, und hätte sich z. B. die Bedeutung der Übersetzung eines Tripletts aus DNA-Basen von Aminosäure A nach Aminosäure B geändert, würde schließlich nicht nur ein spezifisches Protein betroffen sein, sondern potenziell und über die Zeit alle Proteine, die die Aminosäure A aufweisen. Die Evolution wäre sicher, wenn es sie überhaupt noch gegeben hätte, ganz anders verlaufen. Und selbst wenn eine solche grundlegende Änderung irgendwie verkraftbar gewesen wäre, dann dies sicher nicht mehrmals, ohne dass katastrophale Folgen aufgetreten wären.

Die Informationsträger DNA und RNA

Der Molekularbiologie zufolge muss es einen Fluss biologischer Informationen von den DNA-Molekülen (DNA, aus dem Englischen: *deoxyribonucleic acid*) zu den produzierten (synthetisierten) Proteinen geben. Dieser Fluss ist mit den Prozessen der Transkription und Translation der Information durch RNA-Moleküle (RNA, aus dem Englischen: *ribonucleic acid*) verbunden und ist so grundlegend, dass er als „zentrales Dogma der Molekularbiologie" gilt.

Die damit verbundene Sichtweise auf die Natur der Dinge ist nicht selbstverständlich und wird zuweilen angezweifelt oder schlicht ignoriert. Zweifel rühren aus der Sorge, dass „Information" einen wissenschaftlichen Stellenwert bekommt, der einer Metapher nicht zusteht. Es wird also bezweifelt, dass Information als identifizierbare Größe der Natur im Prozess der Reproduktion und Organisation lebender Organismen eine Rolle spielt.

Während die statistische und syntaktische Information sich gut mit der Shannonschen Informationstheorie analysieren lässt, ist die Behandlung von Semantik und Pragmatik schwieriger. Bis heute wird ein verbindliches Modell dafür gesucht. Ein gutes Beispiel ist die Diskussion zur Frage, ob DNA-Moleküle neben syntaktischer auch semantische Information tragen, und ob diese über Generationen weitergegeben wird. Damit wird die Frage nach den Informationsinhalten gestellt. Natürlich steht die Erbinformation im Mittelpunkt. Zunehmend aber auch die Frage, wie die Ausprägung eines lebenden Organismus mit Organen, Skelett und Gestalt zustande kommt und wie der dafür notwendige Informationsfluss aussieht.

DNA

Was spricht dafür, dass DNA-Moleküle (Abb. 5.2) Informationsträger sind? Eine interessante weil nicht alltägliche Begründung dafür, dass DNA-Moleküle Speicher- und Übertragungsfunktionen von Informationen über Generationen hinweg

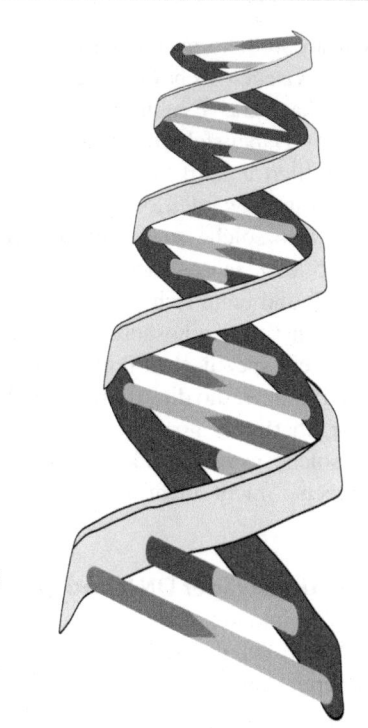

Basenpaare aus jeweils zwei Nukleotiden

Guanin (G)   Cytosin (C)

Adenin (A)   Thymin (T)

Drei Nukleotide bilden die kleinste Informationseinheit zur Codierung der genetischen Information

Abb. 5.2 Ausschnitt aus einem Molekül der Desoxyribonukleinsäure (DNA)

aufweisen, liefern der amerikanische Evolutionsforscher Carl T. Bergstrom und sein Kollege, der Physiker und Informatiker Martin Rosvall. Sie argumentieren mit der physischen Struktur der DNA und identifizieren mehrere Gründe für ihre These:

1. Lange Sequenzen werden auf kleinem Raum codiert.
2. Die Information ist „unglaublich einfach" zu kopieren.
3. Die Information ist willkürlich und unbegrenzt erweiterbar in dem, was ihr Inhalt bedeutet.
4. DNA ist strukturell sehr stabil und träge.

Bergstrom und Rosvall heben die beeindruckenden Fähigkeiten der DNA hervor. Keine bekannte Maschine im Sinne eines Artefakts könne z. B. eine Kopie eines Proteins aufgrund einer optischen Analyse durchführen. Die „Maschinerie" der DNA-Replikation, die Polymerase, obwohl recht simpel, erledige dies mit hoher Geschwindigkeit und Zuverlässigkeit (Bergstrom und Rosvall 2011). DNA-Polymerasen sind Enzyme. Sie fungieren als Katalysatoren und stellen aus den einzelnen DNA-Bausteinen, den Nukleotiden, Kopien der doppelsträngigen DNA her. Die Einzelstränge der DNA bilden dabei die Matrize für die jeweils komplementären Stränge. Dabei paaren sich die vier verschiedenen Basen der DNA-Nukleotide immer nach demselben Muster wieder zu einem Doppelstrang: Adenin (A) mit Thymin (T) und Guanin (G) mit Cytosin (C).

DNA-Polymerasen kopieren die ursprüngliche Basensequenz mit einer geringen Fehlerrate. Sie liegt während der eigentlichen Synthese bei einem falsch eingebauten Nukleotid pro 10.000 Nukleotiden. Zur Sicherstellung dieses Ergebnisses kommen spezielle Korrekturlese- und Reparaturfunktionen zum Einsatz. Falsch gepaarte Nukleotide werden von weiteren Enzymen, sogenannten Exonucleasen, entfernt. DNA-Polymerasen setzen dann das richtige Nukleotid ein. Für die Evolution war und ist es von großer Wichtigkeit, dass die Fehlerrate über Null liegt, also nicht perfekt ist. Auf diesem Weg kann das Erzeugen von Variabilität durch Mutation erreicht werden (Storch et al. 2001).

Auftretende Kopierfehler beschädigen die Information einer DNA. Die Polymerase selbst führt eine Art Gegenprüfung *(proofreading)* durch, damit Fehler entdeckt werden können. Darüber hinaus wird, wenn notwendig, eine Fehlerkorrektur aktiviert und ein fälschlich eingefügtes Nukleotid ausgetauscht (Abb. 5.3).

DNA-Moleküle weisen geradezu ideale Eigenschaften zum Speichern, Manipulieren und Kommunizieren von Information auf. Dazu ein Bild von Bergstrom und Rosvall. Es sei geradezu, als ob man ein Wasserbad nähme, einen Speicher eines Computers hineinwürfe, ein paar Enzyme und genügend Rohmaterial dazu gäbe

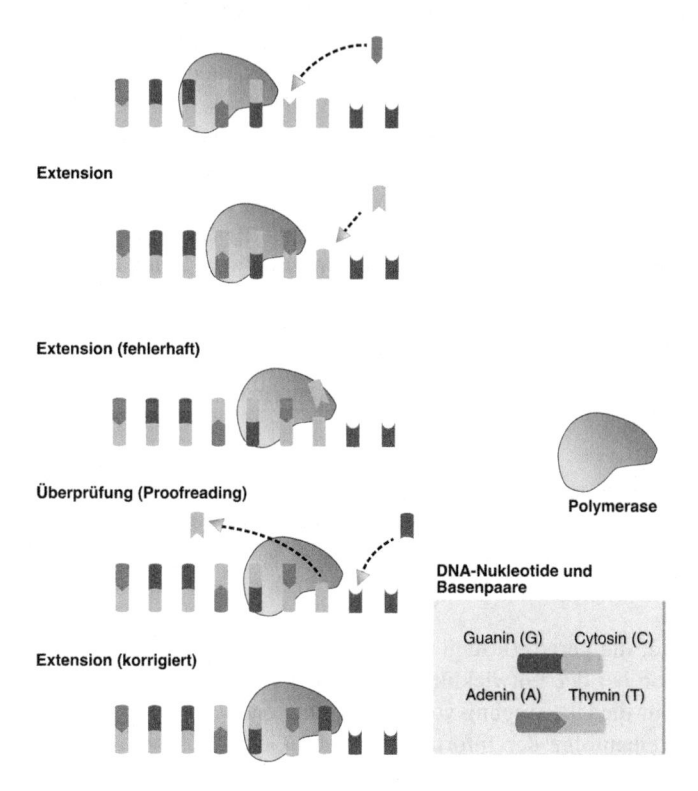

Abb. 5.3 DNA-Polymerase mit Fehlerkorrektur. (Abbildungsvorlage Madeleine Price Ball)

und dann die Temperatur einige Zyklen durchlaufen ließe, um dann schließlich Millionen identischer Kopien des Speichers vorzufinden. DNA würde geradezu schreien: „Ich bin zum Speichern und Übertragen geschaffen" (Bergstrom und Rosvall 2011). Dem lässt sich noch hinzufügen, dass Syntax, Semantik und Pragmatik bei der DNA gut zu identifizieren sind. Die Syntax, also die Struktur des Ausdrucks der Information, wird allein schon durch das Vorhandensein von Start-/Stop-Sequenzen sichtbar. Semantik findet sich auf den Genen und wird z. B. zur Proteinproduktion gezielt aus spezifischen DNA-Sequenzen herausgelesen. In der Weiterverwendung der Gensequenzen bereits bei der DNA-Replikation wird das Vorhandensein der Pragmatik deutlich.

Informationen der Organismen werden auch in strukturelle und funktionale Information eingeteilt. Die strukturelle Information ergibt sich z. B. bei der Sequenzierung eines DNA-Abschnitts und umfasst die Reihenfolge und die Regeln der Nukleotide. Diese Information der 1. Art wird ergänzt um eine der 2. Art, deren Aufgabe in der Deutung und der algorithmischen Behandlung der funktionalen Information liegt. Dies ist die semantische Information. In Anlehnung an die Informatik kann diese Unterteilung auch als syntaktische und algorithmische Information verstanden werden (Ebeling et al. 1998). Der Informatiker Peter Schefe vertrat 1993 die Auffassung, dass der zentrale Begriff der Informatik nicht die Information, sondern der Algorithmus ist (Schefe et al. 1993).

Das menschliche Genom, die Erbinformation der DNA, besteht aus etwa $3,2 \times 10^{12}$, also etwa 3 Mrd. Basenpaaren (Nukleotiden), die einen Abstand von jeweils 0,34 nm aufweisen. Somit ist eine DNA des Menschen etwa 1 m lang (Abb. 5.4). In jeder Körperzelle ist das Erbgut beider Eltern in einem doppelten Chromosomensatz gespeichert, sodass sich 2 m DNA für die Erbinformation je Körperzelle ergeben. Keimzellen, also Eizellen und Spermien, besitzen nur einen einfachen Chromosomensatz. Da die roten Blutkörperchen (Erythrozyten) keinen Zellkern haben, tragen sie auch keine Erbinformationen. Der Körper eines Menschen umfasst ca. 100 Billionen. (10^{14}) Körperzellen, davon 25 Billionen Erythrozyten. Die Keimzellen einmal außen vor gelassen, bleiben also 75 Billionen Zellen mit jeweils 2 m DNA. Das macht 150 Mrd. km DNA für jeden Menschen.

Vergegenwärtigt man sich diese Zahl, kommt man auf die folgenden Vergleiche (Spektrum-Verlag):

- 4.000.000-mal um den Äquator (40.000 km),
- fast 400.000-mal von der Erde zum Mond (380.000 km),
- 1000-mal von der Erde zur Sonne (150 Mio. km),
- 25-mal von der Sonne zum Pluto (6 Mrd. km).

Diese Länge, die geradezu unglaublich erscheint, illustriert die enorme Leistung der Evolution bei der Entwicklung eines effizienten und zuverlässigen Informationsträgers für die Übertragung von Erbinformation.

In der Reihenfolge der Informationen von Genen, Chromosomen und Basenpaaren steckt die Syntax, die aufgrund einer dem Organismus bekannten

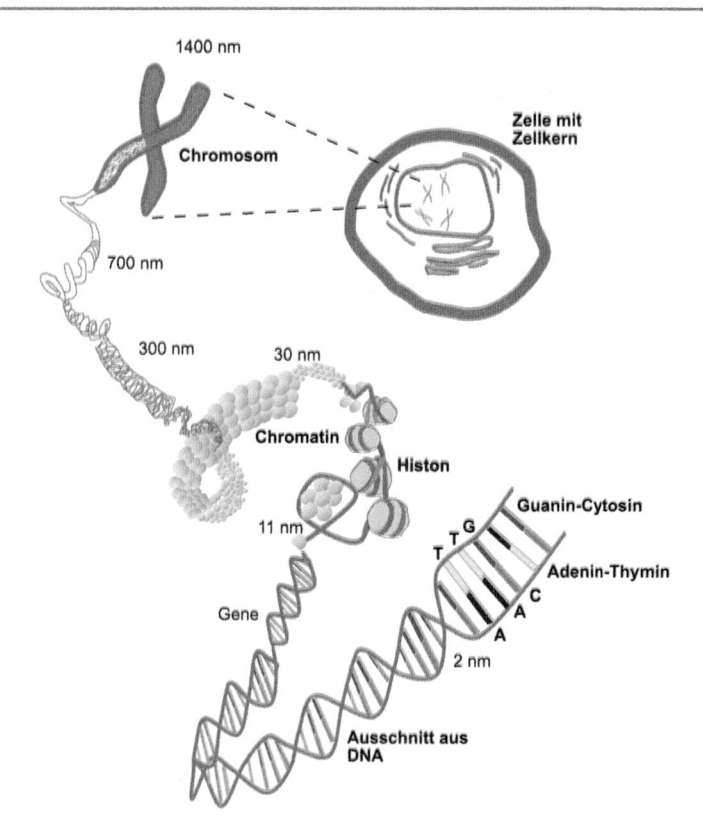

Abb. 5.4 Aufbau der Doppelhelixstruktur einer DNA bis hin zur Zelle. Zu erkennen sind die Basenpaare des genetischen Codes. Die Längenangaben verdeutlichen, dass zwischen den Ausdehnungen der Basenpaare und dem eines Chromosoms nahezu der Faktor 1000 liegt. (Abbildungsvorlage entnommen aus Andreas Friebe, Aufbau, Struktur, Funktion von DNA, RNA und Proteinen, http://www.ruhr-uni-bochum.de/genetik/)

Pragmatik ausgewertet und einer Semantik – einer genetischen Bedeutung – zugeordnet wird (Johannsen 2015).

RNA

Das RNA-Molekül (Abb. 5.5) ist der einfachere chemische Cousin der DNA. RNA tritt in unserem Zusammenhang üblicherweise als einsträngige Helix auf, während DNA als Doppelhelix ausgeprägt ist. Abgesehen davon ist RNA zu ähnlicher Codierungs- und Speicherleistung fähig. Der fehlende zweite Strang reduziert gegenüber der DNA allerdings die erreichbare Sicherheit und Zuverlässigkeit der Informationsverarbeitung, was wohl zur „Auswahl" des DNA-Moleküls als Träger der Erbinformation in einer Zelle geführt hat. RNA codiert wie DNA auch mit vier verschiedenen Basen in den Nukleotiden, ebenso mit den Anfangsbuchstaben abgekürzt. Drei davon sind identisch mit denen der DNA, die Base Thymin ist durch Uracil (U) ersetzt. Gene, die in DNA codiert werden können, können auch

Abb. 5.5 Das Ribonukleinsäure(RNA)-Molekül ist ein einkettiges Molekül, das eine räumliche Struktur einer Helix annimmt. Im Unterschied zur DNA ist die Base Thymin durch Uracil ersetzt

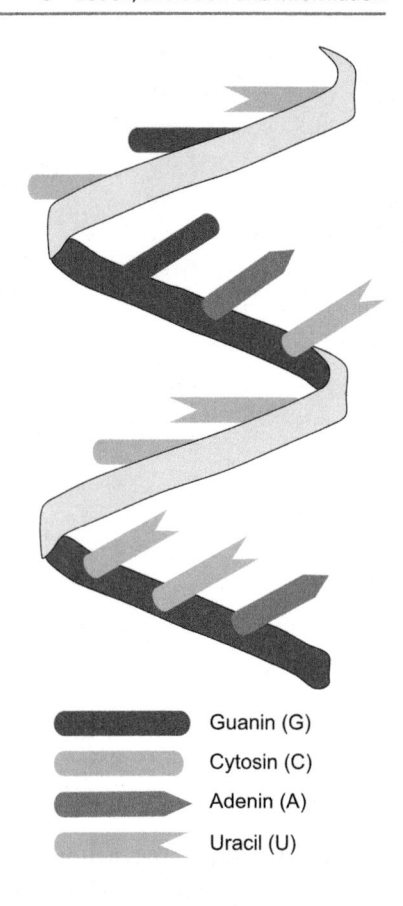

Guanin (G)
Cytosin (C)
Adenin (A)
Uracil (U)

in RNA codiert werden. Viele Viren besitzen in RNA – statt in DNA – codierte Gene. In lebenden Zellen von Bakterien, Pflanzen und Tieren hingegen hat RNA die Rolle eines Zwischenspeichers von Erbinformation.

Für die Synthese von Proteinen wird die jeweilige DNA zunächst in die flexiblere und aufwandsärmere RNA kopiert (Al-Khalili und McFadden 2014).

RNA wurde lange Zeit als eher simpler Überbringer von Nachrichten und als Produktionsstätte von Proteinen eingeschätzt. In der Tat vermittelt die Messenger-RNA (mRNA) den Bauplan der Proteine. Sie verfügt über die gleiche Gensequenz wie die DNA, der Speicher der Gene. Eine zweite Sorte, die Transfer-RNA (tRNA), übersetzt den Bauplan in die Aminosäureabfolge. Die tRNA dockt mit der zu einem Basentriplett jeweils passenden Aminosäure im Gepäck an der mRNA an. Eine dritte RNA-Variante, die ribosomale RNA (rRNA), bildet einen wichtigen Bestandteil der Ribosomen, an denen die Proteinsynthese stattfindet.

Das Ribosom gilt übrigens als das womöglich älteste Fossil des Lebens auf dem Planeten Erde. Es ist ein lebendes Fossil, das seit seiner Entstehung „trillionenfach" in den Zellen von Tieren, Pflanzen, Pilzen und Bakterien kopiert wurde. Seine Stabilität und Fehlerfreiheit bei Kopiervorgängen könnte ein Schlüssel zur Erklärung der Entstehung des Lebens sein.

Neben diesen drei Typen des RNA-Moleküls mRNA, tRNA und rRNA wurde in den vergangenen Jahren eine Reihe weiterer Typen identifiziert, wie die aRNA, lincRNA, miRNA, siRNA und snRNA. Es ist noch nicht ganz geklärt, worin die Einzelaufgaben dieser Varianten bestehen, aber die Annahme, dass das Genom aus 2 % wertvoller Erbinformation und 98 % Ramsch – also überflüssiger oder im Laufe der Evolution veralteter und dann mitgeschleppter Information – besteht, ist nicht zu halten. Inzwischen wurden im menschlichen Genom ungefähr 160.000 Orte identifiziert, die als Startpunkt für Kopiervorgänge von Information in eine RNA geeignet sind. Das ist das Achtfache dessen, was im Humangenomprojekt zur Entschlüsselung des Genoms zutage trat. RNA-Moleküle, so viel wurde deutlich, kontrollieren die Arbeitsweise der Zellen und regulieren letztlich, was im Körper vor sich geht, und – nicht zu vergessen – sie kontrollieren das Wachstum und die Ausbildung eines Körpers von der Eizelle bis zum erwachsenen Lebewesen. Diese erstaunliche Leistung wird aufgrund der im Molekül codierten und gespeicherten Informationen vollzogen.

Angesichts des Variantenreichtums der RNA erscheint die Rolle der Gene in der DNA in einem anderen Licht. Offenbar sind sie zwar Informationsspeicher zum Bau von Proteinen, wie bisher angenommen, aber auch und besonders sind sie Produzenten der RNA. Die Protein codierenden Gene beim Menschen bilden mit etwa 20.000 Varianten wahrscheinlich sogar die Minderheit gegenüber den über 35.000 Varianten der nicht codierenden microRNA (Nussbaum et al. 2016).

Auch die Frage, warum es große und kleine Tiere, oder besser komplexere und einfachere gibt, hilft, die neue Einschätzung der RNA zu beantworten. Bekannt war, dass Tiere, ob Fadenwurm oder Mensch, etwa 20.000 Gene zur Proteinproduktion aufweisen. Die Annahme, dass ein größerer Organismus auch mehr Gene braucht, bestätigt sich darin nicht. Das Erbgut der Bananen-Wildsorte *Musa acuminata*, die in Asien beheimatet ist, kann der Wissenschaft zufolge mehr als 36.500 Gene mit 523 Mio. Basen vorweisen – mehr als das 1,5-Fache der menschlichen DNA. Anders sieht das Bild aus, wenn die Rolle der RNA näher betrachtet wird. Einfachere Organismen scheinen die Funktionen der RNA überwiegend fest „verdrahtet" zu haben, während komplexere Varianten sie bei verschiedenen Proteinen einsetzen und für die RNA für so etwas wie ein Instrument zum Informationsmanagement sind. Diese sind dann auch in der Lage, die Information anderer RNA zu „editieren". Ein wenig mehr von dieser Sorte RNA addiert keine neuen Fähigkeiten, sondern multipliziert sie. Wenig mehr an Masse bringt in diesem Fall viel mehr an Klasse (The Economist 2007).

Das RNA-Molekül besteht aus drei Abschnitten, der RNA-Base, einer Phosphat-Gruppe und einem Zucker (Ribose). Alle Versuche, ein RNA-Molekül in einer chemischen Umgebung, die der Ursuppe ähnlich sein könnte, zu synthetisieren, schlugen bislang fehl. Der richtige Zucker wurde schon selten genug erzeugt, die weiteren Grundbestandteile dann hinzuzufügen erwies sich als eine Aufgabe, die auch unter Laborbedingungen nur schwer zu bewältigen ist. Zur Synthese einer RNA aus einfachen organischen Molekülen, wie sie vielleicht in der Ursuppe zu finden gewesen wären, sind 140 Schritte zu veranschlagen. In jedem Schritt sind dann noch einmal mindestens sechs alternative chemische Reaktionen zu vermeiden bzw. zu unterbinden. Im günstigen Fall wird der Prozess also zufällig mit einer Wahrscheinlichkeit zu einer RNA führen, der dem 140-maligen Würfeln einer Sechs entspricht. Gäbe es also keine Randbedingungen wie die richtige Sonnenstrahlung, die richtigen Temperaturschwankungen, die richtige Strömung oder was man sonst noch ins Feld führen kann, dann entspräche dies einem Zufall mit einer Wahrscheinlichkeit von $1:6^{140}$, was etwa $1:10^{109}$, also einer Zehn mit 109 Nullen unter dem Bruchstrich entspricht. Überlegt man, dass die Zahl der Fundamentalteilchen im sichtbaren Universum vom Physiker Roger Penrose auf 10^{80} geschätzt wird, dann muss man die zufällige Synthese eines RNA-Moleküls, ob in natürlicher Umgebung oder im Labor, eigentlich verwerfen, denn die Erde hätte weder genügend Teilchen noch genügend Zeit in ihrer Geschichte dafür gehabt.

Selbst wenn wir annehmen, diese unwahrscheinliche RNA-Synthese wäre zufällig in der Ursuppe gelungen, haben wir sofort die nächste Hürde vor Augen. Wie wahrscheinlich wäre es gewesen, dass dieses RNA-Molekül dann eine Selbstreplikation begonnen hätte? Dazu, so Jim Al-Khalili und Johnjoe McFadden, hätten die vier verschiedenen Nukleotide eine (Buchstaben-)Sequenz bilden müssen, die diese Replikation zugelassen hätte. Die meisten dieser sogenannten Ribozyme – katalytisch aktive RNA – sind mehr als 100 Informationseinheiten – oder wenn man so will „Buchstaben" – lang. Damit ergeben sich etwa 4^{100} (oder 10^{60}) Kombinationsmöglichkeiten dieser 100 Buchstaben. An jeder Position dieser RNA hätte sich ein gültiger Buchstabe befinden müssen. Wie wahrscheinlich ist es unter diesen Bedingungen, dass sich zufällig eine Kombination ergibt, die zur Selbstreplikation fähig ist? Auch hier schlagen die großen Zahlen zu. Man bräuchte etwa 10^{50} kg RNA um sicher zu sein, dass eines mit der richtigen Kombination dazwischen ist. Und da die Masse des Universums lediglich auf etwa 10^{54} kg (die dunkle Materie und interstellarer Staub nicht berücksichtigt) geschätzt wird, ist die Zufallslösung auch hier so gut wie ausgeschlossen. Selbst wenn man annimmt, dass es nicht nur eine Zeichenkombination ist, die zur Selbstreplikation fähig ist, wird das Problem nicht sehr viel kleiner. Es scheint, dass diese Fähigkeit in der Tat sehr selten auftritt. Schließlich ist es auch noch niemandem gelungen, ein selbstreplizierendes Molekül (RNA, DNA) oder Protein (Enzym) herzustellen, und noch nie wurde eines außerhalb lebender Organismen gefunden (Al-Khalili und McFadden 2014).

Also müssen wir aus der schlichten Tatsache, dass es Leben gibt, schließen, dass es einen einfacheren oder effizienteren Weg zur Herstellung dieser Moleküle gegeben haben muss.

Eine Rolle für die Quantenphysik
Vielleicht war die Quantenmechanik ein Prozessbeschleuniger. Die Frage ist, ob die Herstellung der richtigen Molekülkonfiguration in der unendlich erscheinenden Menge von Möglichkeiten irgendwie hätte schneller ablaufen können. Hier drängt sich ein quantenmechanisches Szenario auf. Danach hätte sich in der Ursuppe Vergleichbares dessen abspielen können, was man in Pflanzen und Mikroben gefunden hat, nämlich eine Art

> Suchalgorithmus auf Quantenbasis (McFadden 2000). Nehmen wir an, in der Ursuppe seien Abschnitte von Enzymen (oder RNA) entstanden. Und weiter angenommen, diese Abschnitte würden zwar enzymatische Reaktionen vollziehen können, aber keine Fähigkeit der Selbstreplikation aufweisen. Charakteristisch für Elektronen und Protonen ist nun, dass sie klassische Energiebarrieren durchtunneln können, wenn sie in Superposition sind. Ein- und dasselbe Teilchen ist dann auf der einen Seite wie auf der anderen eines Energieniveaus. Diese beiden Seiten könnten jeweils mit unterschiedlichen Fähigkeiten des Enzyms hinsichtlich chemischer Reaktionen in Verbindung gestanden haben. Nehmen wir nun an, auch weil mit dieser Zahl gut die Situation durchzuspielen ist, dass 64 Protonen und Elektronen in dem Enzym die Fähigkeit aufweisen, den Tunneleffekt für die zwei Positionen zu nutzen. Das ergibt einen Variationsraum von 2^{64} Möglichkeiten. Sofern die Superposition lange genug aufrechterhalten werden kann, wird dieses Enzym als ein Quantencomputer alle Variationen durchspielen und die selbstreplizierende Variante finden können. Die Schwierigkeit mit diesem Szenario liegt in der Dekohärenz. Sie wird in der angenommenen Umgebung schnell auftreten. Allerdings würde die Superposition über die 2^{64} möglichen Zustände sofort wieder eingenommen. Dieser Zyklus des Einnehmens der Superposition und der Dekohärenz würde theoretisch laufen, bis sich eine Variante des Moleküls aus der Dekohärenz ergibt, die zur Selbstreplikation fähig wäre. Damit würde sie dann beginnen und die Fähigkeit zur erneuten Superposition dieser Variante zerstören. Dann müsste ein Mechanismus bereitstehen, der die Superposition der neuen, selbstreplizierenden Variante verhindert. Dies könnte – so eine heute diskutierte Annahme – durch das neue RNA-Molekül selbst geschehen sein, das die Eigenschaft aufweist, den Tunneleffekt zu erschweren.

Das gesamte Szenario ist natürlich spekulativ. Allerdings gewinnt die Betrachtung quantenmechanischer Effekte in der Biologie zunehmend an Interesse und erlaubt Erklärungen, so auch z. B. bei der Navigation von Vögeln im Langstreckenflug, die sich bisher nicht anboten. Die Frage nach der Entstehung des Lebens ist immer auch die Frage, wie die dafür notwendigen Informationen entstehen konnten, und damit auch, ob sie als Quanteninformation in Erscheinung traten.

Kopieren und Mischen für die Vererbung
DNA und RNA sind Polymere, also Stränge aus kleineren Molekülen, in diesem Fall aus Nukleotiden, die jeweils aus drei Komponenten bestehen: einem Zucker, einer Phosphatgruppe und einer Nukleinbase. RNA und DNA bestehen aus vier Nukleinbasen, die als ein Alphabet (aus den „Buchstaben" A,C, G oder T), mit dem das Polymer seine Information codiert, verstanden werden. Bei der doppelsträngigen DNA paaren sich jeweils zwei dieser Basen. Die korrekte Paarung ist

entscheidend dafür, dass bei der Reproduktion der Zelle exakte Kopien entstehen (Ricardo und Szostak 2014). Die Reihenfolge von jeweils drei Basen, die Codons oder Tripletts, codiert die genetische Information für eine bestimmte Aminosäure in ähnlicher Weise wie die Reihenfolge von Zeichen einer Nachricht die Information codiert.

Abschnitte dieser Zeichenfolge, die spezifische Erbinformationen enthalten, sind die Gene. Die Informationen der Gene dienen zur Herstellung von RNA-Molekülen über einen Transkriptionsprozess. Es handelt sich dabei um einen Kopierprozess der Informationen auf einen neuen Informationsträger, die RNA. RNA sind einsträngig und damit auch effizienter im weiteren Verlauf der Informationsbehandlung. Innerhalb von Zellen findet man lange Stränge von DNA, die kompakt zu Chromosomen zusammengefasst sind. Die Gesamtheit der vererbbaren Informationen in den Chromosomen, die DNA- und den RNA-Moleküle, bildet (bei Viren) das Genom. Im Unterschied zum Genom werden beim Genotyp die nicht codierenden DNA-Abschnitte und die redundanten Gene nicht berücksichtigt.

Zellen bilden Proteine durch das Kopieren der Information für das Startsignal und das Erzeugen eines Startsignals als erstem Codon. Anschließend erfolgt gemäß der Vorlage das Erzeugen und Hinzufügen der Aminosäure für das zweite Codon usw., bis ein Stoppsignal auftaucht. Die entstandene Sequenz der Aminosäuren ist das Protein.

Für jedes Basenpaar ergeben sich aus A, C, G oder T vier Kombinationsmöglichkeiten. Der genetische Code ist in der Reihenfolge der Nukleinbasen enthalten, von denen spezifische Dreiergruppen (Tripletts oder Codons) in Aminosäuren übersetzt werden oder Sonderaufgaben wie Start und Stopp einer Übersetzung übernehmen. Es können also 4 × 4 x 4 (drei Basen zu je vier Möglichkeiten), also $4^3 = 64$ verschiedene Codons entstehen. Die RNA codiert jedoch lediglich 20 Aminosäuren und zusätzlich ein Start- und Stoppsignal, also 22 Werte – genauer 21, wenn man berücksichtigt, dass das Startsignal bereits in den 20 Aminosäuren enthalten ist. Diese Informationssegmente kommen jeweils in den DNA- und RNA-Molekülen zum Einsatz. Es ist also erhebliche Redundanz vorhanden. Informationstheoretisch ergibt die benötigte Informationsmenge zur Identifizierung eines Codons auf einem Strang DNA statt $\log_2 64 = 6$ Bit Zeichenlänge bzw. Wortlänge lediglich $\log_2 20 = 4{,}22$ Bit Information für die reine Information. Dazu braucht man, wie dargestellt, drei Aminosäuren mit drei Basenpaaren. Eine Wortlänge von zwei Basenpaaren wäre zu wenig, weil damit lediglich $4 \times 4 = 16$ Varianten zu codieren wären. (Die Betrachtung gilt auch bei aktuell 22 „offiziell" anerkannten proteinogenen Aminosäuren.)

Die vorhandene Redundanz hat nach der Decodierung des Genoms zunächst zu einigen Fehlschlüssen geführt. Die ersten Annahmen zielten auf eine Art informatorischen Schrotts, der sich im Laufe der Evolution angesammelt hatte und nicht abgeworfen werden konnte. Später stellte sich dann heraus, dass einige dieser Codon-Sequenzen Regulatorinformationen zur Expression und Repression von Genen mit sich führten. Insbesondere die Repression von Genen spielt eine wichtige Rolle bei der Regulation des Zellverhaltens in Multizellverbänden. Ganz offensichtlich sind in der Gesamtstruktur der DNA auch heute noch unerkannte Informationen versteckt, die wertvoll für die Vererbung und die Produktion von Proteinen sind.

Transkribieren für die Reproduktion
Für dreidimensionale Körper ist eine Reproduktion, also die Vermehrung aus sich selbst heraus, nicht möglich. Allerdings lassen sich – wie es bei der Vererbung geschieht – die Informationen zu den dreidimensionalen Körpern durch eindimensionale Strukturen repräsentieren. Dies sind die zwei Typen von Makromolekülen, die Nukleinsäuren und die Proteine in den Zellen. Die Erbinformation steckt verschlüsselt in den eindimensionalen Sequenzen der Buchstaben der Nukleotide der DNA. Im Laufe der Proteinsynthese wird diese „Schrift" in eine neue eindimensionale Schrift, diesmal mit 20 Buchstaben, der Aminosäuresequenzen von Proteinmolekülen übersetzt.

Diese Informationen können dann kopiert, manipuliert und als Ausgangsmuster bei der Konstruktion der zu reproduzierenden dreidimensionalen Struktur genutzt werden. Dies ist das Prinzip, das bei lebenden Organismen angewandt wird.

Die Kopie eines menschlichen Körpers wird also nicht als dreidimensionale Struktur, sondern über seine Erbinformation und deren Träger, die DNA, und die Proteine ermöglicht. Aus der DNA, sofern sie die richtige Umgebung – z. B. in einer Eizelle – vorfindet, kann dann über die Aktivierung geeigneter Prozesse ein reproduzierter Körper entstehen. Im Prinzip können diese sogar identische Kopien sein – sie sind dann als Klone bekannt (Mayfield 2013).

Der Bezug zwischen Information und materiellen chemischen Prozessen stellt sich dabei wie folgt dar:

$DNA^{Replikation} - DNA^{Transkription} - RNA^{Translation} - Polypeptid^{Faltung} - Protein^{Expression} - Merkmal$

Bei der Übersetzung und Auswertung der Erbinformation wird zunächst mittels einer Transkription eine komplementäre Kopie eines sogenannten codogenen DNA-Stranges (Abschnitt der DNA, der zur Codierung herangezogen wird) als einsträngige RNA hergestellt (Abb. 5.6). Die genetische Information ist darin als lineare Sequenz der Tripletts vorhanden. Diese wird dann in eine Sequenz von Aminosäuren, in Polypeptide, überführt (Translation). Polypeptide sind vergleichsweise kurzkettige Proteine, die dann in einem Faltungsprozess zu langkettigen Proteinen werden. In diesem letzten Schritt der Proteincodierung erhält das erzeugte Protein seine räumliche Struktur. Die Erzeugung der Proteine aus DNA legen als früher Schritt letztlich die Eigenschaften des Phänotyps des Organismus fest (Expression) und definieren u. a. dessen biochemische, physiologische und morphologische Eigenschaften bzw. Merkmale.

Die skizzierte Herstellung von Proteinen mithilfe von Informationen, die in den DNA-Molekülen stecken und die über die Zwischenschritte RNA und Protein hin zum äußerlichen Merkmal, dem Phänotyp, vonstattengeht, gilt als zentrale Doktrin der Molekularbiologie. Mit anderen Worten: Das grundlegende Gesetz der Molekularbiologie ist ein informatorisches Gesetz (Zhegunov 2012).

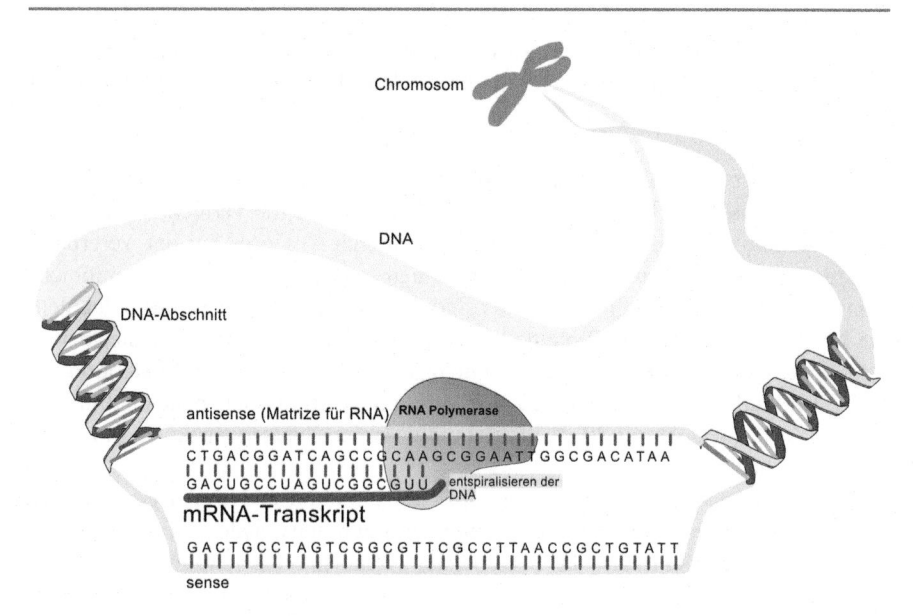

Abb. 5.6 Die Erzeugung eines RNA-Moleküls durch Transkription. (Abbildungsvorlage entnommen aus http://www.genome.gov/Images/EdKit/bio2c_large.gif)

5.4.2 Die Entstehung des Lebens

Irgendwann gab es die erste Zelle und damit die Kompartimentierung, die Abgrenzung von Reaktionsräumen voneinander, die nur noch in begrenztem Stoffaustausch zur Umwelt stehen. Dieser Schritt zählt zu den unverzichtbaren Voraussetzungen von Leben und Individualisierung, wie wir sie heute verstehen. Anders sind Zellen nicht denkbar. Von denen gibt es zwei Arten, die einfacheren Prokaryotenzellen für Bakterien, und die wesentlich komplexeren und etwa 1000fach voluminöseren, mit einem Zellkern versehenen Eukaryotenzellen für Pilze, Pflanzen und Tiere.

Teilungsfähige Zellen werden allgemein als Basiskomponenten lebender Organismen gesehen. Sie gelten als Kernmechanismen der Reproduktion. Die Meiose als Voraussetzung für die sexuelle Fortpflanzung über Elternpaare ist hingegen nicht der einzige Weg der Reproduktion, allerdings der gängigste. In der Regel wird er von Lebewesen mit Eukaryotenzellen beschritten, nicht aber von einzelligen Bakterien (Prokaryotenzellen). Als weitere wesentliche Eigenschaft lebender Organismen ist die Zelldifferenzierung zu nennen. Sie beschreibt die Ausdifferenzierung von Zellen zur Übernahme spezifischer Aufgaben während des Wachstums, aber auch während des weiteren Lebens.

Das Leben entstand nach heute weit verbreiteter Auffassung der Naturwissenschaften aus Molekülen, die in der ersten Milliarde der etwa 4,5 Mrd. Jahre Erdgeschichte entstanden, nach neuen Untersuchungen bereits vor etwa 4,1 Mrd. Jahren. Diese Moleküle wurden in der Frühphase des Lebens durch deren Reaktionen auf

Energiezufuhr in Form von Photonen von der Sonne, von vulkanischer Wärme oder auch von irdischen Energiequellen wie heißen Quellen geformt. Nach und nach entstanden immer komplexere Moleküle und Molekülkombinationen, die in der nächsten Phase als Bausteine für die ersten Zellen dienten. Eine Datierung dieser Phasen ist schwierig, da es letztlich an gesicherten Erkenntnissen mangelt, denn das hierzu erforderliche Mittel zur Altersbestimmung, fossile Überreste ersten Lebens, existieren nicht.

Die Entstehung des Lebens wird populär oft durch chemische Reaktionen in einer Art Ursuppe erklärt, in der sich die „richtige" Mischung aus Aminosäuren und anderen Chemikalien befand. Diese Ursuppe war angeblich von einer Atmosphäre umgeben, die aus einer günstigen Zusammensetzung von Methan, Ammoniak und Wasserstoff bestand sowie elektromagnetischen Entladungen, also Blitzen und ähnlichem, ausgesetzt war. Eine solche Modellumgebung beschrieb Stanley L. Miller Anfang der 1950er-Jahre als Voraussetzung dafür, Leben bzw. biologische Makromoleküle synthetisch herstellen zu können. Hierfür fehlte jedoch bisher der glückliche Zufall, den diese Annahme als Mitspieler braucht, um den Beweis zu erbringen.

Dafür, dass es einen gemeinsamen Ursprung aller lebendigen Organismen gibt, sprechen einige wichtige Fakten. So weisen alle heute bekannten Zellen eine gemeinsame Chemie, die „organische Chemie", auf. Sie verfügen über eine gemeinsame Menge an Makromolekülen, also Nukleinsäuren, Proteinen, Kohlenhydraten und Fettsäuren. Und soweit heute bekannt, ist die Informationsverarbeitung auch überall ähnlich organisiert, und es gibt eine allen Zellen gemeinsame Organisation der Stoffwechselwege.

Synthetisches Leben
Bisher zeigten sich alle Versuche, unter den angenommenen Bedingungen der Urzeit die genannten Bestandteile und ein RNA-Molekül synthetisch herzustellen, als wenig zielführend. Die Reaktionen, die nach dem Mischen der als präbiotisch angenommenen Grundsubstanzen und der Zufuhr von Energie angetrieben werden, erweisen sich als völlig ineffizient. Der Wissenschaftler John Sutherland und seine Mitarbeiter von der Universität Manchester kamen jedoch 2009 einen wichtigen Schritt weiter. Sie stellten aus den präbiotischen Substanzen zunächst so etwas wie Zwischenprodukte her, die sie dann zusammenbrachten und denen sie Energie zuführten. Nach einer aufwendigen chemischen Reaktion entstand ein kleines Molekül, das 2-Aminooxazol. Dieses ist eine Art Zucker mit einer Bindung an eine Nukleinbase. 2-Aminooxazol ist jedoch sehr flüchtig. Es verdampft mit dem Wasser, in dem es sich aufhält, und kondensiert in reiner Form. In den Versuchen bildete es das Ausgangsmaterial für weitere chemische Reaktionen, die zu einer Verbindung aus einem vollständigen Zucker und einer Nukleinbase führten. Die richtigen Nukleotide, also die, die in RNA und DNA enthalten sind, ließen sich auf diesem Weg jedoch nur vermischt mit den falschen Nukleotiden schaffen. Bestrahlung mit ultraviolettem Licht – dieses

wird es in der präbiotischen Welt reichlich gegeben haben – zerstörte dann Sutherlands Theorie zufolge die falschen Moleküle. Immerhin konnte im Labor ein Reaktionsverlauf zu den C- und U-Nukleotiden vollzogen werden. Obwohl noch ein Reaktionspfad zu den Nukleinbasen G und A fehlt, zeigen diese Experimente doch, wie ein RNA-Molekül aus toten chemischen Substanzen hätte entstehen können. Was nun noch fehle, so Alonso Ricardo und Jack W. Szostak (2014), sei der letzte Schritt zur Synthese eines RNA-Moleküls, die Polymerisation: Der Zucker des einen Nukleotids bildet eine chemische Brücke zur Phosphatgruppe des nächsten, sodass sich die Nukleotide kettenförmig aneinanderreihen. Obwohl Experimente weit reichen, reichen sie nicht weit genug, um den Riesensprung zu erklären, der für die Entstehung der RNA notwendig gewesen wäre.

Zur Entstehung des Lebens dominieren heute mehrere Hypothesen. Lebende Systeme, so die Astronomin Sara Imari Walker, kann man als eine Überlagerung zweier Kernfunktionen verstehen. Die eine ist der Metabolismus, der für die Reproduktion zuständige Stoffwechsel, die andere ist die genetische Vererbung, die für die Replikation von genetischen Informationen wirkt (Walker 2014). Für beide Sichten gibt es Anhänger, was den Ursprung des Lebens angeht. Die Anhänger der *metabolism first*-Strömung sehen den Energiefluss, der zur Aufrechterhaltung eines Organismus notwendig ist, als wesentlicher an, während für die Anhänger der *genetic first*-Theorien die Weitergabe der genetischen Information im Vordergrund steht. Ein möglicher Ansatz, beide unter einen Hut zu bringen, erfordert, die Rolle der Information verstärkt in Augenschein zu nehmen.

Die Stellung der Information in lebenden Organismen sei zu zentral, als dass man sie bei der Entstehung des Lebens außer Acht lassen könne, so Walker. Lebende Systeme beschränken sich nicht darauf, Informationen zu sammeln und zu speichern, sondern sie verarbeiten sie auch sehr aktiv. Viele fundamentale biochemische Prozesse beinhalten den Transfer und die Verarbeitung von Information. So liefern DNA-Sequenzen algorithmische Instruktionen, die in zellinternen chemischen Prozessen zur Ausführung kommen bzw. diese steuern. Dazu kommen weitere Prozesse wie die Genregulierung, in der Feedback-Mechanismen über die Genaktivitäten gesteuert werden, und die Steuerung von Proteinen, über die das Verhalten von Zellen beeinflusst wird. In diesem Zusammenhang wird auch die Analogie zur Informationstechnik und der darin vorhandenen Trennung in Hardware und Software mitberücksichtigt. Ob Metabolismus oder Vererbung zuerst da waren, wird ähnlich diskutiert, wie man sich einen Disput in der Computertechnik zur Frage, ob Hardware oder Software zuerst entstanden, vorstellen könnte.

Allen Hypothesen und Deutungsversuchen zum Trotz ist die Entstehung des Lebens ein immer noch nicht verstandener Vorgang geblieben. Grundsätzlich lässt sich jedoch sagen, dass im Kern dieses Mysteriums die Erzeugung kritischer Information zu finden ist, die es erlaubt, mindestens folgende drei Funktionen des Lebens in Gang zu setzen und aufrecht zu erhalten:

- Informationsspeicherung,
- Replikation bzw. Reproduktion mit Fehlertoleranz,
- Gewinnung von „Negentropie".

Eine biochemische Erklärung für die Entstehung des Lebens

Die natürliche Entstehung des Lebens, dachte man früher in der Biochemie, ging in etwa gleich großen Schritten vor sich. Biochemische Strukturen würden sich mit wachsender Komplexität entwickeln und ihre Fähigkeiten nach und nach erweitern. Diese Auffassung lässt sich heute nicht mehr aufrechterhalten. Vielmehr dürfte sich die Entwicklung bis heute durch abrupte Sprünge ausgezeichnet haben. Das Genom, so der amerikanische Genetiker James A. Shapiro, könnte in allen seinen Bestandteilen plötzlichen Änderungen unterworfen gewesen sein. Diese reichen von horizontalen Transfers der Erbinformationen bis hin zu Zellfusionen (Shapiro 2011).

Eine gewisse Komplexität als Potenzial der natürlich vorkommenden Stoffe muss jedoch vorhanden gewesen sein, bevor es mit dem Leben losgehen konnte. Die folgenden Voraussetzungen für eine Evolution gelten als allgemein anerkannt:

- Auftreten von Biomolekülen,
- organisierte Molekülsysteme,
- selbstreplizierende Molekülsysteme,
- natürliche Selektion.

So weit herrscht eine gewisse Einigkeit in den Naturwissenschaften. Unter der Voraussetzung, dass bereits Makromoleküle entstanden waren, konkurrieren bei der Erklärung zur Entstehung ersten Lebens auf der Erde dann die beiden Modelle *genetic first* und *metabolism first:*

Die Vererbung bildet den Ursprung *(genetic first)*

Dem Ursprung der DNA nachzugehen, scheint vielen Wissenschaftlern der am meisten versprechende Weg zur Erklärung der ersten Schritte des Lebens zu sein. Allerdings braucht man zur Codierung der Information und zur Herstellung von Proteinen DNA, und diese kann wiederum nur mithilfe von Proteinen synthetisiert werden. Dieses Henne-Ei-Problem wurde in den 1980er-Jahren gelöst, als man feststellte, dass die strukturell ähnliche RNA ohne die Hilfe der Proteine synthetisiert werden kann. Sie könnte also spontan entstanden sein. Betrachtet man die Funktion der RNA in heute lebenden Organismen, so liegt es auch nahe, dass die RNA vor der DNA entstanden ist, denn zur Herstellung eines Proteins wird in den Zellen zunächst die DNA gelesen, dann das entsprechende Gen in ein RNA-Molekül kopiert und dieses dann als Bauanleitung für die Proteine genutzt. Die ausgelesene Information zur Codierung von Aminosäuresequenzen aus der DNA wird durch die Boten-RNA (mRNA) vermittelt. RNA selbst agiert als Katalysator in diesem Spiel: Das Ribosom (bzw. das katalytisch wirksame RNA-Molekül Ribozym), an dem Proteine entsprechend der Basensequenz der DNA hergestellt werden, enthält möglicherweise fossile Bestandteile einer urtümlichen „RNA-Welt".

Das weist darauf hin, dass die RNA zuerst da gewesen sein könnte und die chemisch stabilere DNA erst später (Ricardo und Szostak 2014). Im Labor ist die Erzeugung dieser komplexen Moleküle bisher nicht gelungen. Bisher konnte auch nicht schlüssig erklärt werden, wie die komplexen RNA-Moleküle gewissermaßen aus dem Nichts entstanden sein könnten. Dennoch hat die Idee großen Charme, denn mit dem Vorhandensein der ersten RNA-Moleküle und damit der Fähigkeit zur Selbstreproduktion hätte die Evolution des Lebens ihren Lauf nehmen können (Meyer-Ortmanns und Thurner 2011).

Am Anfang waren Konfigurationen mit der Fähigkeit zum Stoffwechsel *(metabolism first)*
Wie könnte eine hinreichend dichte Menge an Molekülen zur Synthese von Biomolekülen entstanden sein? Der Gedanke eines sehr frühen Stoffwechsels, der anorganische Materialien in organische transferiert und dafür eine externe Energiequelle nutzt, ist als Antwort sehr attraktiv. Der Begriff Stoffwechsel beschreibt dabei einen zyklischen, chemischen Prozess, mit dem Energie produziert werden kann, die dann für andere (bio-)chemische Prozesse nutzbar ist. Die dafür nötigen komplexen Kreisläufe, die sich dann wahrscheinlich in den frühen Ozeanen abgespielt hätten, konnten jedoch im Labor bisher nicht nachvollzogen werden. Die Theorie selbst wurde bereits in den 1990er-Jahren wesentlich von dem deutschen Patentanwalt Günter Wächtershäuser beeinflusst, dessen „Eisen-Schwefel-Hypothese" (Wächtershäuser 2015) später durch eine „Zinn-Welt-Hypothese" ergänzt wurde und auch bei der „Schwarze-Raucher-Hypothese" die Grundlage bildet.

Moleküle oder Molekülgruppen mit einer räumlichen Abgrenzung waren sicher ein elementarer Schritt irgendwann in einer Frühphase des Lebens. Diese Konfigurationen mit einer Trennung von Innen- und Außenwelt (Kompartimentierung) sind Voraussetzung für das Entstehen von Zellen. Wasser abstoßende und mit Wasser reagierende Komponenten amphiphiler Moleküle (Liposomen) könnten den Anfang gemacht haben. Von Liposomen ist bekannt, dass sie bereits unter präbiotischen Bedingungen vorhanden waren. Sie bilden in wässrigen Umgebungen Strukturen. Diese können durch eine Membran abgeschlossene Einheiten bilden, wobei die Membran elementare Eigenschaften von Zellwänden aufweisen. Im Kern basiert diese Hypothese also auf der spontanen Bildung von Zellwänden. Angesichts des komplexen Aufbaus der Zellwände ist dies jedoch ein sehr unwahrscheinlicher Vorgang.

Irgendwie müssen auch die Proteine in die Welt gekommen sein. Das Vertrackte daran ist, dass es so aussieht, als seien zur Erzeugung von Proteinen bereits Proteine notwendig. Dies kann man an den Vorgängen in einer Zelle gut beobachten. Komplizierte Enzyme, also Proteine, trennen die beiden Stränge der DNA-Doppelhelix voneinander, andere Enzyme lesen die darauf in Genen codierten Informationen, also Protein-Bauanleitungen, ab und übersetzen sie in die fertigen Produkte, also wiederum Proteine.

Jedes Modell (Abb. 5.7) steht vor einem Henne-Ei-Problem. Die Frage, wie viel codierte Information in den Strukturen des Anfangszustandes bereits vorhanden gewesen sein muss, sagt etwas über die Erreichbarkeit fortgeschrittener

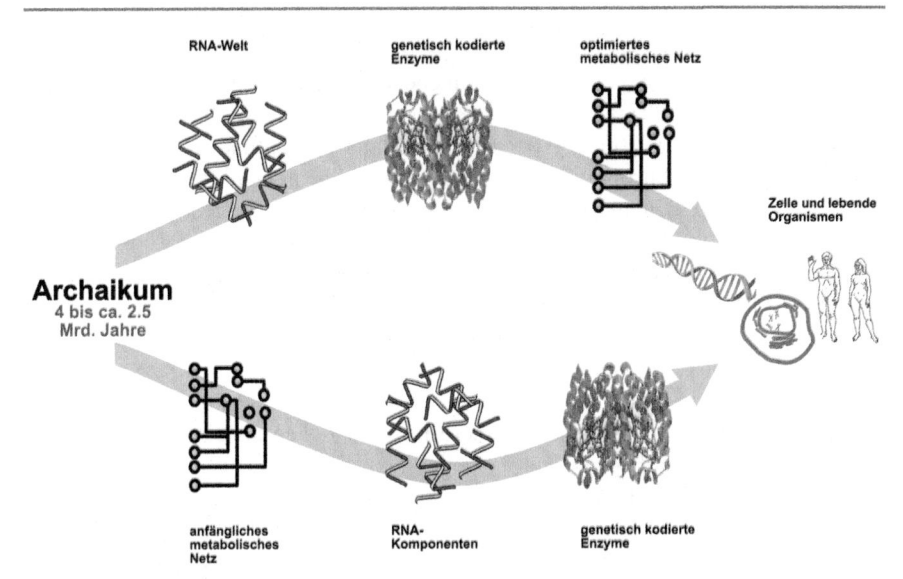

Abb. 5.7 Alternative Hypothesen zur Entstehung des Lebens. „RNA-Welt zuerst" (oben) versus „Metabolismus zuerst" (unten). (Quelle: Molecular Systems Biology via phys.org. http://phys.org/news/2014-04-metabolism-early-oceans-life.html)

Zustände aus. So ist das RNA-Modell sehr plausibel, setzt jedoch die spontane Entstehung des komplexen RNA-Moleküls unter präbiotischen Bedingungen voraus. Ähnlich verhält es sich mit Nukleinsäuren als Träger von Information und mit Proteinen, die für die Gestalt eines Organismus, den Phänotyp, verantwortlich sind. In lebenden Organismen sind beide in Arbeitsteilung aufeinander angewiesen. Wer entstand zuerst und wie wirkte sich dies aus? Die Entstehung des Lebens muss natürlich auch die Frage beantworten, wie die Evolution in Gang gesetzt wurde, woher die Information für einen Start kam und wie Information bei einer Vererbung weitergegeben wurde und wird (Meyer-Ortmanns und Thurner 2011). Nach wie vor ist die Notwendigkeit zur Überwindung einer anfänglichen Komplexitätsschwelle auch ein Hindernis bei der Aufstellung plausibler Hypothesen.

Eine thermodynamische Erklärung für die Entstehung des Lebens

Einen *metabolism first*-Weg geht Jeremy L. England, Wissenschaftler am MIT. Er beruft sich auf die universelle Kraft der Entropie (England 2013). Seiner Meinung nach sind es deren Gesetze, die den Weg aus der unbelebten Materie hin zum Leben vorzeichnen. Der Beginn der Evolution ergebe sich, so England, dabei etwa so zwingend wie das Abwärtsfließen von Wasser an einem Berghang. England stellt fest, dass lebende Organismen viel bessere Fähigkeiten als tote Materie aufweisen, Energie aus ihrer Umgebung aufzunehmen und als Wärme wieder an ihre Umgebung abzugeben. England hat eine Theorie entwickelt und sie auch mathematisch begründet, die zeigt, dass Gruppen von Atomen dazu tendieren, sich so zu arrangieren, dass sie danach mehr Energie als vorher verteilen können.

Voraussetzung ist, dass sie externe Energie wie das Sonnenlicht oder chemische Brennstoffe aufnehmen können. Ein umgebendes Bad, in das sie Wärme abgeben können, wie ein Ozean oder eine Atmosphäre, begünstigt den Prozess. Dies bedeute, so England zu seiner Theorie, dass Materie unaufhaltsam die Fähigkeit zur Produktion von Entropie aufbaut und dadurch zunehmend offene Systeme mit irreversiblen Prozessen und schließlich die Grundstrukturen des Lebens entwickelt.

Ähnlich argumentiert die mexikanische Physikerin Karo Michaelian. Sie findet eine Erklärung für die Entstehung von Leben, das früher als das Leben selbst begann (Michaelian 2011). Dabei argumentiert sie mit der Thermodynamik und der Entropieproduktion. Der wichtigste irreversible Prozess für die Erzeugung von Entropie in der Biosphäre ist die Absorption von Sonnenlicht und die Transformation in Wärme. Michaelians Hypothese ist, dass Leben als ein Katalysator für eben diese Absorption begann und weiter besteht. Die produzierte Wärme konnte danach in der Frühzeit effizient für andere irreversible Prozesse eingesetzt werden, so beispielsweise für den Wasserkreislauf, Wind und Sturm, ozeanische Strömungen und anderes mehr. Unterstützend für diese Argumentation ist, dass RNA und DNA zu den effizientesten Molekülen gehören, die hochenergetisches UV-Licht von der Sonne entgegennehmen und als Wärme an ein umgebendes Bad (Ozeane) abgeben können. Für Michaelian zeigt sich dadurch bereits die Vorstufe zum Leben. Wasserkreislauf und Wärmebad vorausgesetzt, kann die Entstehung des Lebens als ein Resultat der Thermodynamik betrachtet werden. Gewissermaßen erzeugte der naturgesetzliche Zwang zur Entropiemaximierung eine Notwendigkeit, die Interaktion der Erde mit dem Sonnenlicht in seiner Funktion als Energiespender zu optimieren, um noch mehr Entropie zu erzeugen. Die frühe Existenz der RNA- und DNA-Moleküle, ohne dass Enzyme vorhanden gewesen wären, erklärt die Autorin mit der Einwirkung von UV-Licht. Diese Moleküle verwandeln das Sonnenlicht im Bereich von 200 bis 300 nm besonders effizient in Wärme – auf einer Wellenlänge also, die die Atmosphäre präbiotischer Zeit besonders gut durchdringen konnte. Michaelian ist damit nah an den bereits skizzierten Hypothesen von Jeremy L. England.

Auf der Basis dieser Annahmen erklärt sich dann auch der generelle Trend der Evolution zu immer komplexeren Lebensformen. Die Evolution gehorcht dem Zweiten Hauptsatz und leistet einen Beitrag zur Entropiemaximierung. Der Zweck des Lebens wäre damit auf originelle Art erklärt.

Noch einmal: Bereits vor dem Beginn des Lebens hätten diesen Theorien zufolge die für die Vererbung zuständigen Schlüsselmoleküle RNA und DNA eine Rolle gespielt: bei der Maximierung der Entropie nämlich. Die Geschichte der Evolution, der Aminosäuren, der Moleküle zum Einfangen der Sonnenenergie usw. hätte also mit kurzen RNA- und DNA-Strängen begonnen. Zunächst wären diese Moleküle als Katalysator tätig gewesen. Sie hätten chemische Prozesse beschleunigt und ermöglicht, die keinen anderen „Zweck" verfolgt hätten als die Entropie zu vermehren, also einem Naturgesetz, dem Zweiten Hauptsatz, zu gehorchen. Später dann – die Atmosphäre hatte sich abgekühlt – wurde ihre Funktion insofern geändert, als dass beide Moleküle eine Schlüsselrolle bei der

Reproduktion, dem Bau und dem Betrieb lebender Organismen einnahmen. Die Entropiemaximierung wäre danach jedoch gewissermaßen im Hintergrund geblieben. Die Evolution der Aminosäuren, der Proteine und des Chlorophylls hätten ihren Ursprung in kurzen RNA- und DNA-Strängen, die halfen, Entropie zu produzieren.

Zuerst wären diese kurzen RNA- und DNA-Stränge also als Katalysatoren chemischer Prozesse und als Ergänzungen von Verbindungen zur Absorption von ultraviolettem und sichtbarem Licht aktiv gewesen und später dann bei der Synthese von Nukleotiden und als Polymerasen – also als Enzyme zur Synthese von DNA und RNA – sowie beim Abwickeln bzw -spulen länger gewordener DNA und RNA, und zwar zu einer Zeit, als die Temperatur des umgebenden Meeres sank. Die zunehmende Produktion organischer Moleküle in der frühen Atmosphäre und der wachsende Wettbewerb zwischen den sich reproduzierenden DNA- und RNA-Segmenten um organische Moleküle sowie die Wirkung dieser Reproduktion auf die Entropievermehrung könnte, so die These von Karo Michaelian, der Mix zum Beginn der biologischen Evolution durch natürliche Auslese gewesen sein (Michaelian 2011).

Dieser Ansatz würde die Schwierigkeit der RNA-Welt-Hypothese vermeiden, ein fertiges RNA-Molekül mit der Fähigkeit zur Reproduktion als a priori gegeben anzunehmen. Experimentell wird die These bisher nicht gestützt. Lediglich die Polymerase-Kettenreaktion – im Labor seit langem *ex vivo* durchführbar – gibt den Hinweis, dass wichtige Reproduktionsinformationen nicht innerhalb eines Organismus vervielfältigt werden müssen.

Eine quantenphysikalische Erklärung für die Entstehung des Lebens

Zunächst galt es nicht als ausgemacht, dass quantenmechanische Effekte in der Biologie zu beobachten seien. Die Umgebung schien vielen Wissenschaftlern für solche Effekte nicht geeignet, weil zu viele Störgrößen erwartet wurden, die zu schneller Dekohärenz führen. Das Bild wandelt sich inzwischen. Insbesondere die Verschränkung – der vielleicht wichtigste Aspekt der Quantenmechanik – ist in den Mittelpunkt entsprechender Forschungen gerückt.

Dort, wo sich die Gesetze der Quantenmechanik auswirken, auf der molekularen und submolekularen Ebene, können die Verschränkung und ihre Wirkungen beobachtet werden. Im biologischen Bereich werden Experimente jedoch durch den Verlust der paarweisen Verschränkung von Teilchen erschwert, der beim Auftauchen eines dritten oder von mehr Teilchen entsteht (Briegel und Popescu 2014). Denn so routiniert Wissenschaftler heute paarweise Verschränkungen herbeiführen können, so fragil sind diese Zustände. Sobald ein drittes Teilchen auftaucht, geht die paarweise Verschränkung zugunsten eines nun entstehenden verschränkten Tripletts verloren. Ein viertes Teilchen kann für eine Verschränkung in einem dann entstehenden komplizierteren Quartett sorgen, jedoch wiederum nur um den Preis, dass die Verschränkung des bisherigen Tripletts verloren geht. Dies lässt sich weiter so fortsetzen und bedeutet, dass Verschränkung in komplexen Systemen wie z. B. biologischen Organismen grundsätzlich schwer zu beobachten ist. Die Dekohärenz ist einfach zu schnell.

Experimente und Untersuchungen mit quantenmechanischem Hintergrund sind, damit die Dekohärenzeffekte möglichst gering bleiben, darauf aus, ihre Umgebung kontrolliert und isoliert zu halten. Ansonsten würde sich der Effekt der Verschränkung auf immer mehr Teilchen ausdehnen und nichts bliebe übrig von denen, auf die sich das Interesse eigentlich richtet. Unter Laborbedingungen ist eine solche Isolation möglich, indem die zu untersuchenden Teilchen extrem gekühlt, im Vakuum gehalten und von sie beeinflussenden magnetischen und elektrischen Feldern isoliert werden. Die beschriebenen Maßnahmen lassen sich jedoch in biologischen Organismen schlecht durchführen. Biologie ist warm und feucht (Briegel und Popescu 2014).

Diese Schwierigkeiten stützen die bis vor kurzem gepflegte Annahme, dass Quantenmechanik und Biologie nichts miteinander zu tun hätten. Dies änderte sich, als sich das Augenmerk stattdessen auf dynamische Systeme richtete. Dabei ist die Tatsache, dass biologische Organismen offene thermodynamische Systeme bilden, die sich weit entfernt vom thermischen Gleichgewicht aufhalten, von entscheidender Bedeutung. Solche Systeme sind in der Lage, Quantenfehler zu korrigieren. Der Verlust von Verschränkung zwischen zwei quantenmechanischen Systemen ist solch ein Fehler. Die Korrektur des Fehlers bedeutet dann das Aufrechterhalten von Verschränkung.

Wie könnte nun die Quantenphysik an der Entstehung des Lebens beteiligt gewesen sein? Per se bietet das typische Umfeld des Lebendigen mit seiner Wärme und Feuchte keine guten Voraussetzungen für die Aufrechterhaltung quantenmechanischer Phänomene. Andererseits ist es nicht a priori auszuschließen, dass Quantenphänomene, die ja auf der molekularen Ebene vielfältig zu finden sind, auch bei der Entstehung des Lebens eine Rolle gespielt haben. Das Leben bzw. die Evolution hat schließlich mehr als vier Milliarden Jahre Zeit gehabt, sich die Quantenphänomene nutzbar zu machen, betont der amerikanische Physiker Paul C.W. Davies, der auch den Begriff *Q-Life* für quantenmechanische Aktivitäten in biologischen Systemen prägte. Man könne, so Davies, aufgrund der bereits bekannten Beispiele von Quanteneffekten in der belebten Natur annehmen, dass sie in noch viel größerer Vielfalt einen Teil der biologischen Wirklichkeit beschreiben (Davies 2009). Da dieser Vorgang üblicherweise sehr schnell vonstattengeht (10^{-13} s ist ein durchaus realistischer Wert für die Dauer bis zur Dekohärenz), stellt sich die Frage, ob im Quantenzustand überhaupt noch Zeit bleibt, biologisch relevante Aktivitäten auszuführen.

Adaptive Veränderungen mithilfe der Quantenmechanik
Johnjoe McFadden untersuchte den quantenmechanischen Einfluss auf den Aufbau der DNA-Moleküle und entwickelte ein Modell für ihre adaptive Veränderung. Seiner Analyse zufolge entwickeln Bakterien unter Umweltstress mithilfe von DNA-Molekülen vorteilhafte Mutationen, die ihre Überlebensfähigkeit verbessern. Dies geschieht mithilfe des

quantenmechanischen Tunneleffektes, der die Konfiguration des DNA-Moleküls und damit die Vererbung beeinflussen kann. Wie funktioniert das? Die genetische Basis des Lebens ist – wie wir gesehen haben – in einem DNA-Molekül mittels vier Basen in den Nukleotiden verankert, abgekürzt mit den Buchstaben A, T, G und C. Im Regelfall gibt es eine Paarung A und T sowie G und C, wobei die Paare jeweils durch eine sogenannte Wasserstoffbrücke zusammengehalten werden. Allerdings kann eine Paarbildung auch in chemisch verwandter Form z. B. durch T und G erfolgen. Das „Tunneln" von Protonen durch eine energetische Barriere, die diese Paarbildung im Regelfall verhindert, ermöglicht diese ungewöhnliche Paarbildung und sorgt so für eine Mutation. Da Mutationen die Evolution gewissermaßen antreiben, wird hier ein möglicher quantenmechanischer Effekt auf die Evolution sichtbar (McFadden 29. Dezember 2014). Doch es gibt noch weitere Beispiele für den Einfluss der Quantenmechanik auf Prozesse in lebenden Organismen. So wird, gleichfalls durch den Tunneleffekt ermöglicht, bei komplexen, dreidimensional gefalteten Proteinen dafür gesorgt, dass ein Andocken von Wasserstoffatomen beschleunigt wird.

Photosynthese und Quantenphysik
Ein weiteres Indiz für die integrierte Beteiligung der Quantenmechanik an den Prozessen des Lebens ist die Photosynthese. Bei der Photosynthese selbst handelt es sich um einen hoch entwickelten Prozess, bei dem auftreffendes Licht, also Photonen, dazu genutzt wird, Wasser zu spalten und so eine Kaskade weiterer Schritte auszulösen, um die gewünschte Energie aus dem Licht zu gewinnen. Der hochkompakte Aufbau der beteiligten Moleküle lässt darauf schließen, dass er zur Optimierung quantenmechanischer Effekte entstanden ist. Es wird vermutet, dass auf diesem Weg ungewöhnlich lang anhaltende kohärente Effekte erzeugt werden können. Diese würden es in Superposition befindlichen Molekülsystemen erlauben, simultan viele Lösungswege zur Lieferung von Energie zum Ort einer chemischen Reaktion zu explorieren. Von besonderem Interesse ist die Photosynthese auch deshalb, weil die Quantenprozesse zur „Ernte von Licht" zur Energiebereitstellung für das Leben mit einer sehr hohen Effizienz ablaufen (Fleming und Scholes 2014).

Vogelflug und Quantenmechanik
Das vielleicht bekannteste Beispiel für quantenmechanische Wirkungen auf biologische Vorgänge ist der Vogelflug. Die Fähigkeit von Zugvögeln, sich das Magnetfeld der Erde für ihre Navigation nutzbar zu machen, ist an sich schon erstaunlich. Dies umso mehr, als dass der spezifische Sensor dafür schwer zu identifizieren ist, denn das Magnetfeld durchdringt den gesamten Körper der Tiere. Irgendwie und irgendwo muss jedoch z. B. der Winkel des

Körpers relativ zum Magnetfeld bestimmt und in Neuroinformationen transformiert werden, damit eine Orientierung möglich wird. Der amerikanische Physiker Thorsten Ritz hat beim Rotkehlchen eine bestimmte Klasse von Proteinen in der Netzhaut ausgemacht (Ritz 2011). Offenbar werden dort zu einem zweidimensionalen Feld angeordnete Proteine dazu gebracht, Ionenpaare mit verschränkten Elektronen zu produzieren. Die Spins der Elektronen sind in einem homogenen Magnetfeld uniform synchronisiert. Ändert sich bei einem der verschränkten Elektronen jedoch das Magnetfeld, ergibt sich eine Verschränkung mit einem dritten Teilchen. Diese neue Verschränkung oszilliert dann mit einer Frequenz, die z. T. von der Stärke und der Ausrichtung des magnetischen Feldes, in dem sich das Rotkehlchen aufhält, abhängt. Eine Dekohärenz des verschränkten Tripletts führt dann, so die Theorie, zu einer auswertbaren Information. Eine Vielzahl dieser Informationen aus den Netzhäuten beider Augen liefert dann insgesamt dem Gehirn die Information zum Navigieren. Diese Erkenntnisse wurden inzwischen durch Arbeiten von Wolfgang und Roswitha Wiltschko von der Universität Frankfurt erhärtet (McFadden 2014).

Man hat in den vergangenen Jahrzehnten mit großem Aufwand versucht, lang anhaltende Quanteneffekte zu erzeugen, wie sie auch für die Funktion von Quantencomputern Voraussetzung sind. Das ist notwendig, weil Dekohärenz bei ihnen Berechnungsfehler auslöst. Die störenden Umwelteinflüsse wurden durch drastische Maßnahmen wie Hochreinräume, Vakuum und Tiefsttemperaturen so weit wie möglich reduziert. Für biologische Organismen sind Tiefsttemperaturen und Vakuum jedoch tödlich. Es muss also warm und feucht zugehen. Und dennoch bleibt Dekohärenz oft überraschend lange aus. Zurückgeführt wird diese erstaunliche Stabilität der Quantenzustände auf die eingebauten Fehlerkorrekturen in den offenen thermodynamischen Systemen, die Organismen nun einmal sind. Gäbe es diese Korrekturen nicht, ließe sich deren Zustand weit jenseits vom thermischen Gleichgewicht keinesfalls aufrechterhalten.

Jianming Cai und Hans Briegel von der Universität Innsbruck rechneten die Dekohärenz von Verschränkungen bei sehr komplexen Molekülen durch. Dazu gehört auch ein Molekül in der Klasse der Chryptochrom-Proteine, die als Fotorezeptoren z. B. in Pflanzen zu finden sind. Dieses Molekül ist der mögliche Kandidat für den Kompass des Rotkehlchens (Briegel 2011). So konnte gezeigt werden, wie Verschränkung prinzipiell in der Wärme und im Rauschen von biologischen Systemen bestehen kann. Leider ist noch nicht bewiesen, dass sie dort überhaupt vorkommt.

Was hätte das Leben davon, sich quantenmechanischer Prozesse zu bedienen – vorausgesetzt natürlich, dass es das auch könnte. Ein offensichtlicher Vorteil wäre Geschwindigkeit (Davies 2009). Das Kopieren von Information eines DNA-Basenpaares würde in Femtosekunden (femto: 10^{-15}, also ein Millionstel von einem Milliardstel) vonstattengehen können. Das ist sehr schnell im Vergleich zu dem schon flinken Kopieren von DNA-Molekülen, das etwa 10 ms (und damit 10 Mio. mal millionenfach mehr Zeit) beansprucht.

Als weiterer Vorteil wird die Robustheit von molekularen Datenspeichern angeführt. Quantenprozesse, in sich sehr fragil und ohne korrigierende Maßnahmen ständig von Dekohärenz und damit Datenverlust bedroht, könnten sich der Moleküle als Speicher bedient haben. Dies wäre ähnlich – und hier sei die Analogie zum Computer erlaubt – wie bei einem Prozessor in einem Rechner, der zur dauerhaften Speicherung seiner verarbeiteten Daten einen stabilen Back-up-Speicher braucht. Paul C. W. Davies zufolge könnte das Leben mit solchen quantenmechanischen Informationsprozessen begonnen haben, die sich dann, aufgrund der größeren Vielseitigkeit und Robustheit der molekularen Speicher, auch zur molekularen Informationsverarbeitung hin verlagerten.

So reizvoll diese Spekulation ist, so wenig gründet sie derzeit auf einem konzeptuellen und tragfähigen Rahmen, der eine Verbindung zwischen Leben und *Q-Life* begründen würde. Die Untersuchungen zu Systemeigenschaften weit jenseits des thermischen Gleichgewichts und Entwicklungen biologischer Nanomaschinen könnten, so erwartet Davies, noch einige Überraschungen dazu bereithalten.

5.4.3 Information und lebende Organismen

Das Leben hat eine informationelle Basis. Selbstreproduktion sowie Entwicklung und Funktion der Organismen wie auch deren Evolution sind also info-genetische Prozesse (Zhegunov 2012). Wir finden Information und informationsverarbeitende Prozesse in allen Bereichen des Lebens. Der österreichische Wissenschaftstheoretiker Erhard Oeser definierte 1983 drei Ebenen, auf denen Information in Lebewesen entscheidend im Spiel ist (Oeser 1983):

Ebene der genetischen Information
Diese Ebene bezieht sich auf die Entwicklung von Organismen. Die Informationsverarbeitung findet im Genom statt, und damit im kompletten Satz aller DNA inklusive der Gene, und bedient sich dabei aller verfügbaren Information zur Konstruktion und Lebenserhaltung eines Organismus. Gene sind Abschnitte, die Grundinformationen zur Herstellung biologisch aktiver RNA enthalten. Die Vorgänge auf der RNA betreffen damit potenziell die gesamte Art, denn ihre Informationen können per Vererbung genetisch weitergereicht werden. Die Sprache hat einen weiteren Weg der Informationsweitergabe in Form von Wissen ermöglicht. Damit rückt der Anpassungsprozess, der über Generationen wirkt und die gesamte Art betrifft, und nicht unmittelbar die Individuen einer Art selbst, in das Blickfeld.

Ebene des zentralen Nervensystems
Das Vorhandensein eines zentralen Nervensystems zur Verarbeitung von Information prägt viele Lebewesen. Individuelles Lernen wird sichtbar. Das zentrale Nervensystem unterscheidet sich von der Informationsverarbeitung auf der Ebene

eines Genoms durch die Fähigkeit, bestimmte Daten über individuelle Situationen und Ereignisse in der Umgebung aufzunehmen, zu speichern und später in einen neuen Kontext zu stellen. Diese Prozesse vollziehen sich auch schon in primitiven Organismen und Pflanzen. Die Informationen des zentralen Nervensystems sind jedoch keine „intellektuellen" Informationen, da solche eng mit Kognition, also Wahrnehmen und Erkennen verknüpft sind. Die Informationen des zentralen Nervensystems sind noch sehr direkt an eine stoffliche Basis gebunden. Obwohl eine scharfe Trennung schwierig erscheint, werden diese Informationen dem „Vorbewusstsein" zugeordnet. Der Verhaltensforscher Konrad Lorenz nannte sie ratiomorphische, also den vorgegebenen Verhaltensmustern zugehörige Informationen. Oeser betont, dass diese Informationen nicht nur eine Voraussetzung, sondern auch ein unverzichtbarer Bestandteil des abstrakten Denkens sind.

Wissensebene

Vernunft und Wissen finden sich auf einer dritten Ebene der Information. Hier wird sogenannte „reine Information" vorgefunden, die als abstrakte Information unabhängig von der stofflichen Basis des Gehirns zu verstehen ist. Nur diese Information ist, so wird es seit Aristoteles immer wieder gesehen, gleichzusetzen mit menschlichem Wissen. So beschreibt der englische Philosoph John Locke (1632–1704) Wissen als etwas, das auf dem Speisen des Verstandes durch die Sinne beruht. Der französische Philosoph René Descartes (1596–1650) war schon vor ihm der Ansicht, dass es einen klaren Unterschied gibt zwischen den Informationen, die aus der äußeren Welt durch die Sinne in uns transportiert werden, und dem Prozess, der aus unseren Ideen genuines und sicheres Wissen erzeugt. Ideen sind Gedanken, die unser Gehirn informieren, nicht jedoch physisch in unser Gehirn „geschrieben" werden. Auch Immanuel Kant (1724–1804) unterscheidet zwischen Form und Inhalt (Materie) und zwischen a priori und a posteriori – eine Unterscheidung, die bei der Erklärung von Information und Wissen ein zentraler Bezugspunkt ist. Dieser Dualismus im Wissen wird in der modernen Erkenntnistheorie durch die Notwendigkeit aufgelöst, dass A-priori-Wissen durch Beobachtungen bestätigt werden muss. A-priori-Wissen wird also durch A-posteriori-Wissen ergänzt. In der Quantenphysik wird je nach Denkansatz diese Dualität weiter verwischt. Definierte Wahrheiten scheinen verloren zu gehen – was bleibt, sind nützliche oder weniger nützliche Beschreibungen wie in der Kopenhagener Deutung.

Information, Entropie und Energie

Wir wollen annehmen, dass unmittelbar nach dem Urknall die Gesamtmenge aller Information, die es gab (und je geben wird), in einem winzigen Punkt versammelt war. Dies mag zunächst befremdlich klingen, ergibt sich jedoch unter Berücksichtigung des Zweiten Hauptsatzes der Thermodynamik, der besagt, dass Entropie im Universum nur zunehmen kann. Der Urknall als der Ursprung des Geschehens in unserer – uns zugänglichen – Welt muss laut Stephen Hawking also durch minimale Entropie gekennzeichnet gewesen sein. Dieser Zustand zeichnete sich dadurch aus, dass er extrem unwahrscheinlich war und keine materielle Struktur und keine Gravitation aufwies.

Minimale Entropie ist zudem, wie wir gesehen haben, gleichbedeutend mit maximaler Information. Seit dem Urknall nimmt die Entropie zu und die Gesamtmenge der Information demzufolge ab. Maximale Information heißt jedoch, maximal bezogen auf das „wenige", was existierte. Wem diese Erklärung nicht ausreicht, befindet sich in guter Gesellschaft. Roger Penrose zieht aus der Schwierigkeit, zu erklären, wieso im Augenblick des Urknalls, als extreme Dichte und Hitze herrschte, ein Höchstmaß an Ordnung vorzufinden war und damit ein Maximum an Information, den Schluss, es müsse eine Vorgeschichte zum Urknall geben (Penrose 2011).

In seinem jetzigen Stadium weist das Universum noch eine recht geringe Entropie auf. Wenn das Universum einmal den „Wärmetod" sterben wird und die Entropie maximiert ist, wird es keine Potenzialunterschiede und keine sonstigen Differenzierungsmöglichkeiten mehr geben – und damit auch keine Information über diese Unterschiede. Information und Entropie, so ergab schon die Informationstheorie, sind Partnerkonzepte.

Zusammen mit der Energie durchquert die Information seit dem singulären Ereignis vor etwa 13,7 Mrd. Jahren das sich ausbreitende Weltall und erlaubt es, dass wir uns ein Bild von fernen Welten bzw. Regionen des sichtbaren Teils des Universums machen. Wenn ein Energiestrahl aus Elementarteilchen wie z. B. Photonen die Erde erreicht und sich hier ein Empfänger aufhält, der in der Lage ist, sie als Information auszuwerten, dann setzt dies die Fähigkeiten des Sehens und Denkens bei diesem Empfänger voraus. Die Informationen über das Aussehen ferner Sterne und Galaxien müssen entgegengenommen, weitergeleitet und interpretiert werden. Wohlgemerkt, Information ist dabei nicht identisch mit seinen physischen Trägermedien. Unter denen spielt das Photon allerdings die wichtigste Rolle. Wie können wir diese Information, die vom Urknall bis heute fast 14 Mrd. Jahre unterwegs war, wahrnehmen und damit in weit entfernte zeitliche Distanzen zurückschauen? Wie entsteht aus dem Schauer von Teilchen ein Bild oder eine Vorstellung?

Wir können uns hier lediglich auf den Beginn einer komplexen und vielstufigen Wirkungskette konzentrieren und die Frage beleuchten, wie aus körperexternen Ereignissen körperinterne Informationen werden. Mit anderen Worten, wie entstehen einzelne Bits an der Schnittstelle zur Außenwelt? Dazu betrachten wir das biochemische Grundprinzip und exemplarisch das Auge. Wie aus den gewonnenen informatorischen Elementarfragmenten Bilder entstehen, Verhaltensweisen, Theorien und alles, was wir oder andere Organismen im Leben an Information brauchen, bleibt ausgeklammert. Uns interessiert der Anfang und damit die Frage, wie Information entsteht, entstand, und was sie eigentlich ist.

> Stellen wir uns einen externen Beobachter vor, der die Ausbreitung der Information (Entropie) im Universum beobachtet. Überall verläuft diese Ausbreitung mehr oder wenig geradlinig. Die Erde bildet jedoch eine

Ausnahme. Der Beobachter würde feststellen, dass sich hier die Entropie in Zyklen bewegt. Sie ist scheinbar eingefangen. Der Beobachter würde sich vielleicht fragen, was da los ist in diesen Zyklen aus Entropiezu- und -abnahme in lokal begrenzten Körpern. Die Antwort ist natürlich: das Leben. Lebendige Organismen sind in der Lage, Informationen einzufangen, zu kommunizieren und weiterzuverarbeiten und so Informationszyklen zu erzeugen. Dieser Informationskreislauf, in den die Information gebracht und gespeichert wird und aus dem heraus sie weitergegeben werden kann, ist für Werner Loewenstein eine der zentralen Fähigkeiten des Lebens überhaupt. Zu seinem Betrieb wenden alle Organismen sehr viel Energie auf, um Strukturen zu bauen, Komplexität zu beherrschen, Vererbung zu sichern und vor allem die Evolution zu betreiben. Der Informationskreislauf ist eine Art Grundbaustein des Lebens, von dem immer mehr Einheiten in immer komplexere Strukturen verbaut wurden – ohne dass sich diese Einheit selbst grundlegend geändert hat (Loewenstein 2013).

Entscheidend für das Leben auf der Erde ist in diesem Spiel die Information, die uns mithilfe von Photonen erreicht. Diese haben im Bereich des sichtbaren Lichts eine Wellenlänge von 380 bis 750 nm (Nanometer) und decken damit den Farbbereich zwischen Ultraviolett und Infrarot ab. Dieser Farbbereich wird von der Strahlung der Sonne, unserer wichtigsten Energiequelle überhaupt, besonders üppig bedient. Jedes Photon trägt ein Bit an Information. Unser Planet wird geradezu übergossen mit diesen Photonen. Von der Sonne zur Erde strömen etwa 26×10^{24} Bit Informationen in der Sekunde (das sind 26-mal Billionen mal Billionen).

Wenn Informationen also sind, was uns die Photonen zutragen, bzw. wenn wir den Informationsgehalt von Photonen in Bits bestimmen können, wie können sie dann wahrgenommen und weiter genutzt werden? Hier stellen sich die Fragen nach der Funktionsweise eines Auges oder der Haut und damit auch die Frage, wie das Auge und das Gehirn den energetischen Trägern ihre Informationen abnehmen, sie weiterleiten und letztlich durch Kombination mit anderen Informationen einer Verarbeitung und weiteren Nutzung zuführen. Gehirne hätten sich natürlich nie entwickeln können, wenn nicht der informative Kontakt mit der Außenwelt als Grundvoraussetzung vorhanden gewesen wäre.

Eine essenzielle Voraussetzung aller Kognition ist die effiziente Gewinnung von Information aus Entropie, und zwar aus einer Umgebung mit höherer Entropie als das System, das die Information aufnimmt. Mit anderen Worten, wir können nichts aus unserer Umwelt wahrnehmen, geschweige denn verstehen, wenn wir nicht in der Lage sind, Informationen über sie zu gewinnen. Natürlich spielt hier auch die Energie eine bedeutende Rolle. Sie ist die treibende Kraft zum Transfer der Informationen. Sie speist die biochemischen Prozesse, die in überaus erstaunlicher Weise spezialisiert sind und zusammenarbeiten, um den Zweck der Informationsübertragung zu erreichen. Energie und Information sind also nicht zu verwechseln.

Weil Energie im Spiel ist, muss auch der Zweite Hauptsatz befolgt werden, und damit ist ausgedrückt, dass die biologische Informationsverarbeitung eine Wirkung hat: Die Erhöhung der Gesamtentropie des Universums.

Wie wir gesehen haben, ändert sich die Entropie in einem System bei der Aufnahme oder der Abgabe von Wärme, also von Energie. Handelt es sich um ein abgeschlossenes System, das mit der Umgebung keine Wärme oder Material austauscht, bleibt die Entropie konstant oder sie steigt an. So will es der Zweite Hauptsatz der Thermodynamik. Entropie kann also nicht vernichtet, wohl aber vermehrt werden, dann z. B., wenn eine Energieform in eine andere umgewandelt wird. Wenn man so will, kann man die am Anfang solch einer Kette stehende Energie auch als höherwertig einstufen.

Ludwig Boltzmann verknüpfte die Entropie mit der Zahl der Zustandsmöglichkeiten, die ein thermodynamisches System, also ein Gas bzw. ein Stoff, zu einer gegebenen Zeit einnehmen kann. Dies wird landläufig oft mit einem Maß für Unordnung illustriert – ein typisches Bild ist ein aufgeräumtes Zimmer, in dem jedes Ding seinen spezifischen Platz hat, im Vergleich zu einem unaufgeräumten Zimmer. In einer anderen Sicht wird die Entropie als Nichtwissen über die präzise Entwicklung der Zustände von Atom- oder Molekülsystemen der Thermodynamik interpretiert (Floridi 2011). Mehr Entropie – mehr Unordnung – bringt danach also ein höheres Informationsdefizit mit sich. Die Entropie, so Carl Friedrich von Weizsäcker und Holger Lyre (Lyre 2002), misst, wie viel derjenige, der den Makrozustand des thermodynamischen Systems kennt, noch lernen könnte, wenn er auch den Mikrozustand kennen würde. Mikrozustände sind die Wahrscheinlichkeitsverteilungen der Energiezustände des thermodynamischen Systems. Nimmt die Entropie zu, nimmt auch diejenige Menge an potenziellem Wissen zu, die zur Kenntnis des jeweiligen Makrozustandes fehlt, die aber durch Messung des jeweiligen Mikrozustandes prinzipiell zu gewinnen wäre.

Die Fähigkeit der lebenden Organismen zum Umgang mit Information, Entropie und Energie hat sich offenbar evolutionär entwickelt. Die Entropiereduktion ist eine Konsequenz der Befähigung der beteiligten Zellen zur Selbstorganisation (Davies et al. 2012). Sie scheint dem Zweiten Hauptsatz zu widersprechen. Dass dies jedoch nur scheinbar so ist, liegt am Unterschied zwischen einem Organismus und einer Maschine. Dieser wiederum wird an dem Ort der sogenannten Wirkursache deutlich, von Aristoteles als „causa efficiens" bezeichnet, also der Quelle der Energie. Diese liegt bei einer Zelle innerhalb des Zellkörpers, während sie bei einer Maschine extern zu finden ist. Dabei sind es keine einzelnen Bestandteile, die bei der Zerlegung einer lebenden Zelle zu identifizieren wären, sondern eher – im Sinne Humberto Maturanas und Francisco Varelas (1946–2001) (Maturana und Varela 1987) – eine autopoietische, also lebende Quelle, die den gesamten Organismus ausmacht. Diese Quelle bildet den wesentlichen Unterschied zu allgemeinen komplexen Systemen. Während ein Organismus zweifellos ein komplexes offenes System bildet, ist nicht jedes komplexe System auch ein Organismus oder ein offenes System. Beispiele für ein geschlossenes – der Roboterhund – und ein offenes System – der lebende Hund – sind in Abb. 5.8 dargestellt.

a **b**

Abb. 5.8 Ein lebender Hund (**a**) und ein Roboterhund (**b**). Der lebende Hund repräsentiert ein offenes thermodynamisches System, während der Roboterhund ein geschlossenes System bildet. Worin unterscheiden sich die beiden? In vielem, aber auch darin, dass die Entropie des geschlossenen Systems künstlicher Hund beständig zunimmt, während der Border Collie als lebender Organismus und offenes System Entropie abbauen kann – solange er lebt.

Informationsübertragung zwischen den Generationen
Weil sie den Begriff der Information unterschiedlich verwendet, sitzt die Biologie hinsichtlich des von ihr gepflegten Informationsverständnisses zwischen zwei Stühlen oder gewissermaßen zwischen den Felsen Skylla und Charybdis der griechischen Mythologie, an denen Odysseus beinahe zerschmettert worden wäre. Die eine gebräuchliche Interpretation von Information ist die Shannon-Information, die andere befasst sich mit der Bedeutung der Erbinformation bei der Weitergabe von Generation zu Generation und mit ihrer Wechselwirkung mit dem Phänotyp, der Ausbildung (Expression) und Erscheinung eines Organismus also.

Die erste Interpretation, die Shannon-Information, ist insofern erfolgreich, als dass man mit ihr kausale Zusammenhänge der Neurobiologie analysieren und beschreiben kann. Die Verhältnisse zwischen Ursache und Wirkung in einem Modell eines Kommunikationskanals, wie Shannon ihn seiner Theorie zugrunde legte, und einem Nervenstrang sind recht ähnlich. Neurobiologische Systeme lassen sich gleichfalls als Sender, Empfänger, Störungen und Signale modellieren und untersuchen. Diese Analogie zu den statistischen Eigenschaften von Signalen ist im Bereich der Genetik hinsichtlich der semantischen Information nicht so unmittelbar herzustellen.

DNA-Moleküle werden als Träger von Information in einem breiten Spektrum von Meinungen diskutiert. So gibt es eine Fraktion in der Biologie, die zwar anerkennt, dass die Informationen zur Synthese von Proteinen im Genom zu finden

5.4 Das Leben

sind, aber nicht bei der Ausprägung der Charakteristika der Organismen (Griffiths 2001). Mit anderen Worten: Das Genom spielt nicht die bedeutende Rolle, die ihm zuweilen für Evolution und Entwicklung des Phänotyps eines Organismus zugeschrieben wird. Die gegensätzliche Fraktion argumentiert, dass die Gene des Genoms, DNA also, durchaus kausale Informationen zur „Expression" des Organismus beisteuern – allerdings in einer eher indirekten Weise durch Regulierung der Prozesse. Eine dritte Meinung schreibt dem Genom die Rolle eines essenziellen Teils des durch die Evolution optimierten Übertragungssystems für Informationen von Generation zu Generation zu. Die Optimierungsziele dabei sind: Datenkompression, Fehlerkorrektur und Unterdrückung von Störsignalen.

Die dritte Variante vermittelt gewissermaßen zwischen den beiden ersten Positionen und betrachtet semantische Informationen der DNA-Moleküle nur im Zusammenhang mit der Vererbung dieser Informationen über Generationen hinweg. Sie spielt danach keine ausgeprägte kausale Rolle bei der Herausbildung des Phänotyps. Damit bleibt diese Interpretation auch im Rahmen des sogenannten zentralen Dogmas der Molekularbiologie, das einen Informationsfluss vom Genotyp zum Phänotyp fordert, also von der DNA über diverse Stufen zum Protein.

Die Auffassung von DNA als Träger der Phänotyp-Semantik lässt in der Tat Fragen offen. Sollte diese Semantik mehr umfassen als die Codierung der Aminosäuren aus den Informationen der Gene, bliebe zu erklären, woher das zweifellos umfangreiche Kontextwissen stammen sollte, das bei der Herausbildung des Phänotyps gebraucht wird. Dieses „Wissen" ist derart vielfältig mit Ursache-Wirkung-Beziehungen verschränkt, dass seine Herleitung aus der DNA-Information kaum möglich sein wird – sofern es denn als semantische Information überhaupt existiert (Bergstrom und Rosvall 2011).

Auch die Auffassung, dass DNA als Träger des Genoms semantische Information zur jeweils nächsten Generation überträgt, stößt auf Kritik. Zumindest, wenn man sich an das Shannonsche Modell eines Übertragungskanals hält. Dafür müsste ein Empfänger bzw. Konsument der Information bereitstehen. Diese Hürde versucht der amerikanische Biologe Nicholas Shea zu reduzieren, indem er den Organismus als Konsument positioniert. Er argumentiert dabei mit der Rolle der DNA bei Prokaryoten. Bei diesen einfachen Lebewesen ohne Zellkern ist die DNA Informationsträger bei der Vererbung wie auch Teil des Organismus und somit beteiligt an der Herausbildung des Phänotyps. Per Rückschluss auf die Evolution der Eukaryoten wird der Organismus als Konsument der Genominformation identifiziert (Shea 2011).

Dies bedeutet dann auch, dass dieses Modell kompatibel ist mit der semantischen Information des Genoms für beide Zwecke, der Übertragung von Erbinformation und der Informationsquelle bei der Herausbildung des Phänotyps. Letzteres geschieht nicht direkt kausal. Das kann man in Analogie zur Interpretation eines „Buches über Bücher" über Aminosäuren und Proteine verstehen. Diese indirekten Vorgänge sind von der Biologie noch nicht vollständig erschlossen.

Die hier deutlich werdende unauflösliche Rolle der DNA und der RNA bei der Vererbung und bei der Entstehung des Phänotyps führte zu dem berühmt-berüchtigten Henne-Ei-Problem. Was war zuerst da, das Genom oder ein Phänotyp? Aus dieser Diskussion entstand der bereits geschilderte Denkansatz der RNA-Welt als Kompromiss.

Biologische Informationsgewinnung

Nun ist in Erinnerung gerufen, wie Information und Entropie im Zusammenhang stehen, jedoch nicht gesagt, warum und wie Information aus Entropie gewonnen werden kann. Dabei denken wir an Maxwells Dämon. Dieses fiktive Wesen ist ja in der Lage, sich einzelne Moleküle (beispielsweise sich schnell oder langsam bewegende) zu greifen und dann ein Gas nach wärmeren (schnelleren) und kälteren (langsameren) Molekülen zu sortieren. Als Folge hätte der Dämon durch Entropieverringerung – er sorgt für Ordnung – Potenzialunterschiede zwischen Warm und Kalt erzeugt und so das Potenzial zur Verrichtung von Arbeit schaffen können. Der Dämon stellt Ordnung her, d. h., er verringert die Entropie und erhöht die Information. Es gibt nun Moleküle, die sich wie der Dämon verhalten und spezifische andere Moleküle bzw. Teilchen einfangen können. Sie verringern damit die Entropie – allerdings ohne den Zweiten Hauptsatz der Thermodynamik zu verletzen. Es kostet sie nämlich Energie und sie erhöhen die Entropie des Universums – also die der Umgebung –, indem sie Energie, z. B. in Form von Wärme, abgeben.

Was passiert dabei in einem Organismus? Es geht um die Nutzung von Energie, die von außen eintrifft. Dabei spielen das ATP(Adenosintriphosphat)-Molekül und sein Verwandter, das ADP(Adenosindiphosphat)-Molekül, eine zentrale Rolle. ATP, ein phosphathaltiges Molekül, ist so etwas wie der universelle Energieträger jeder Zelle und gleichzeitig ein wichtiger Regulator für Energie liefernde Prozesse. Man findet das ATP-Molekül in seiner Rolle als Energieüberträger quer durch die gesamte Evolution. Sowohl bei Eukaryoten als auch bei den viel weniger komplexen und einzelligen Prokaryoten.

ATP-Moleküle bestehen aus Adenin (eine Base, die auch in DNA und RNA zu finden ist), Ribose (Zucker) und drei Phosphat-Gruppen. Durch Hydrolyse können die Bindungen der Phosphatgruppen aufgebrochen werden. Die Abtrennung der am „Schwanz" befindlichen Gruppe setzt gespeicherte Energie frei. Diese Energie wird im Organismus für mechanische und chemische Arbeit sowie für den Transport von Energie verwendet. Insbesondere innerhalb von Zellen wird sie als „Antrieb" für dort ablaufende Prozesse verwendet.

Man kann ATP als Speicher für Energie von der Sonne auffassen. Zusammen mit ADP wird eintreffende Energie transformiert und stabilisiert. In Abb. 5.9 ist ein schematischer Ablauf dargestellt, in dem ein Nukleotid, das ADP, durch externe Energie in Form von Sonnenlicht, also Photonen, oder auch in Form von Energie aus Lebensmitteln exogen dazu angeregt wird, unter Hinzunahme einer Phosphatgruppe „P_i" zu einer neuen Form zu wechseln und als ATP einen neuen stabilen Zustand einzunehmen. Durch das Aufbrechen des ATP-Moleküls mit Hilfe von Wasser wird Energie frei, und zwar mehr Energie, als das Molekül zur Rückkehr zum ADP-Molekül

5.4 Das Leben

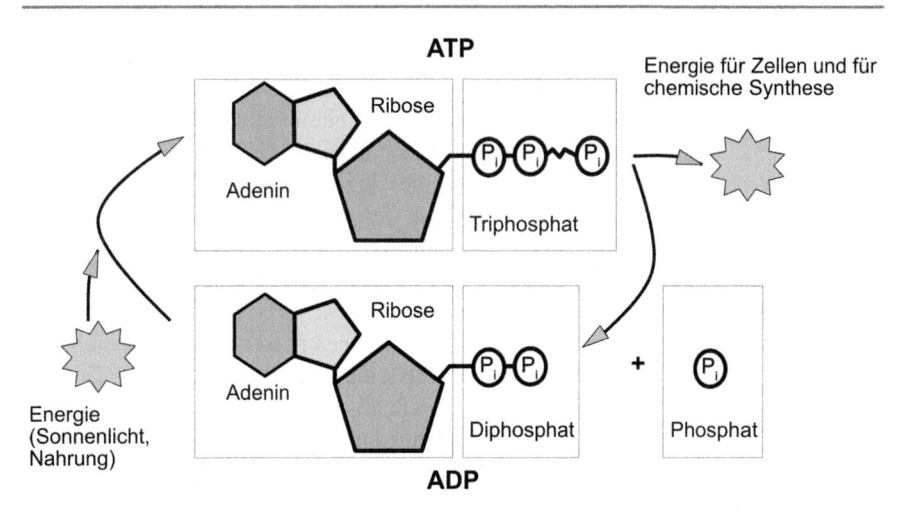

ATP

```
Adenin — Ribose — Pᵢ-Pᵢ~Pᵢ   →  Energie für Zellen und für
              Triphosphat         chemische Synthese

Adenin — Ribose — Pᵢ-Pᵢ   +   Pᵢ
              Diphosphat       Phosphat
**ADP**

Energie
(Sonnenlicht,
Nahrung)
```

Abb. 5.9 Der ATP-ADP-Zyklus

braucht. Die Energie wird durch das „Aushaken" eines Phosphatmoleküls aus dem ATP-Molekül freigesetzt. Durch erneute Zuführung von Energie von außen und das „Einhaken" einer Phosphatgruppe wird eine Rückkehr zum ATP möglich. Der Zyklus kann erneut beginnen. Dieser Kreislauf mit dem Einhaken und Aushaken der Phosphatmoleküle ist für das Energiemanagement eines lebenden Organismus von entscheidender Bedeutung. Energie wird so in eine homogene Form transferiert und überall im Körper über ATP-Moleküle zugänglich gemacht (Davies et al. 2012).

Das Recycling der ADP-Moleküle zu ATP-Molekülen geschieht in großem Stil in den Mitochondrien, die daher auch als Kraftwerke der Zellen gelten. So produziert der menschliche Körper täglich ATP in einer Menge, die seinem Eigengewicht entspricht. Damit wird auch die Energie für das offene System Organismus bereitgestellt, die es erlaubt, die Entropie gegenüber der Umgebung niedrig zu halten. Jede Sekunde werden etwa 10^{21} ATP-Moleküle umgesetzt. Bei ungefähr $3,5 \times 10^{13}$ Zellen und etwa 10^3 Mitochondrien pro Zelle ergibt sich eine ATP-Produktionsrate von etwa 30.000 je Mitochondrium und Sekunde. Der chemische Prozess zur Herstellung von ATP, wobei aus einem Zuckermolekül 38 ATP-Moleküle gewonnen werden, ist recht komplex. Im Mittel befinden sich in jeder Zelle zu jedem Zeitpunkt eine Milliarde (10^9) ATP-Moleküle. Der Wechsel von ATP zu ADP und wieder zurück erfolgt sehr energieeffizient, denn eine wichtige Eigenschaft der ATP-Moleküle ist ihre recht träge Reaktion ohne einen Katalysator. Damit wird sichergestellt, dass ein passendes Enzym präsent sein muss, um die gespeicherte Energie auch abzurufen (Davies et al. 2012).

Wir haben unsere Darstellung auf die Energie konzentriert und Information kaum berücksichtigt. Auf der molekularen Ebene können wir beide Begriffe weitgehend synonym verwenden. Das Resultat ist, dass ATP-Moleküle Energie liefern, und ein Teil davon als Information verwertet wird (Loewenstein 2013). Information wird also aus einer gezielten thermodynamischen Transaktion gewonnen. Der Erste und der Zweite Hauptsatz setzen dabei die Grenzen des Möglichen. Sowohl die gewonnene Information bzw. die Negentropie als auch die erzeugte Entropie kann in diesem Prozess einen Grenzwert nicht überschreiten. Die Entropie innerhalb und außerhalb des Informationssystems muss also berücksichtigt werden. Aus der Summe beider ergibt sich die praktische Grenze der Entropieerhöhung im Molekularsystem und außerhalb desselben.

Ein ATP-Molekül vollzieht nach der Abwahl eines passenden Partnermoleküls und mit der Abgabe eines Phosphatmoleküls eine Transformation bzw. Gestaltveränderung und verwandelt sich anschließend zurück. Der mögliche Informationsgewinn (ΔIm) wird durch die Reduzierung der Entropie im gesamten Molekülsystem (ΔSm) des Proteins und in der Umgebung des Systems (ΔSe) limitiert, sodass sich $\Delta Im = \Delta Sm + \Delta Se$ ergibt. Die erste Komponente ist die Zuführung von Energie durch das Partnermolekül M, und die zweite Entropieerhöhung erfolgt durch das ATP-Molekül von extern (e). Weil die Sonne als dominierendes von außen wirkendes Informationsreservoir wirkt, ist der Informationsgewinn lediglich durch die Entropie, die außerhalb des molekularen Informationssystems produziert wird, begrenzt.

So weit ist nun beschrieben, wie Information prinzipiell aus eintreffenden Photonen gewonnen werden kann. Dies geschieht durch Umwandlung des Lichts in biochemisch gebundene Energie und durch Herauslösung eines Teils der gebundenen Energie und deren Einbringung in nun folgende Prozesse, die zur Weiterverarbeitung der Information geeignet sind. Der semantische Gehalt der so gewonnenen Information ist denkbar gering. Er besagt lediglich, dass ein oder mehrere Photonen eine Konformitätsänderung und eine Spaltung des ATP-Moleküls herbeigeführt haben. Extrapoliert man diesen Vorgang jedoch und nimmt große Zahlen von Photonen und große Zahlen von gestaltverändernden Proteinen an, die sich aus den ATP-Molekülen bedienen, dann wird der erste Schritt zur Sehfähigkeit erkennbar. Licht wird eingefangen und in Informationseinheiten verwandelt.

Dass eintreffende Energie in Form von Licht als Information weitergegeben werden kann, ist z. B. in der Retina des Auges zu beobachten. Das Auge ist in der Lage, schon ein einziges Photon zu registrieren. Auch hier spielen die ADP-/ATP-Reaktion und das ATP-Molekül als Energieträger wieder eine Rolle. Die eintreffende Energie führt zu einer Veränderung der Gestalt des Proteins Rhodopsin. Diese sogenannte Konformationsänderung erlaubt es dann dem Rhodopsin, mit anderen Molekülen zu reagieren. Dabei wird eine zuvor eingegangene Bindung wieder aufgelöst und frei werdende Energie wird abgegeben. Diese ist einerseits Energie und andererseits aber auch – zu dem Teil, der in die Informationsverarbeitung des Organismus eingeht – Information. Das Rhodopsin, für die Hell-Dunkel-Wahrnehmung zuständig, hilft also, aus dem Strom eingehender Photonen eine Schaltfunktion zur Informationsgewinnung aufzubauen (Loewenstein 2013).

Informationen werden durch Proteine von außerhalb eines Organismus in sein Inneres gebracht. Diese Proteine sind Makromoleküle mit der Fähigkeit, den notwendigen thermodynamischen Ausgleich zu schaffen. Angesichts des hohen „Rauschanteils" in biochemischen Prozessen jedoch sind relativ komplexe Strukturen vonnöten, damit ein Molekül seinen Partner in dem skizzierten Vorgang der Informationsgewinnung zuverlässig erkennen kann und dann den oben beschriebenen Kreislauf initiiert. Dabei ist zu berücksichtigen, dass diese Selektion aus Myriaden möglicher Molekülausprägungen sicher erfolgen muss. Ein Schloss-und-Schlüssel-Mechanismus hilft, den bezeichneten Vorgang einer Formerkennung zu bewerkstelligen und die Störsignale zu eliminieren. Der Vorgang kann durchaus als informationsverarbeitender Prozess im Sinne der Informationstheorie gesehen werden (Davies et al. 2012). Dieser erste Schritt in der Sensorik gehört, Werner Loewenstein zufolge, bereits zur Kognition, die wir üblicherweise im Bereich unserer informationsverarbeitenden Gehirntätigkeit ansiedeln – also auf einer sehr viel höheren.

Beschränkt man sich auf eine konservative Interpretation biochemischer Prozesse, die nicht explizit der Informationsgewinnung dienen, sondern Energie weitergeben und umwandeln, ist man zwar näher an der vorherrschenden Darstellung vieler Lehrbücher, aber wohl ferner von den offensichtlichen Kernaufgaben der beteiligten Moleküle. Deutlicher wird dies noch, wenn wir skizzieren, wie die Informationen kommuniziert und schließlich verarbeitet werden können. Dann festigt sich der Eindruck, dass viele biologische Funktionen zweckorientiert an der Aufgabe der Informationsverarbeitung ausgerichtet sind. Die Biochemie ändert sich dadurch nicht, wohl aber die Perspektive, unter der wir sie betrachten. Dieser Perspektivenwechsel verhilft zu einem tieferen Verständnis des Ursprungs und der Entwicklung des Lebens selbst.

Das folgende Beispiel zeigt die Umsetzung eingehender Energie in Information, die kommuniziert und ausgewertet werden kann.

▶ **Spike trains** Wie kann die Informationstheorie Shannons in der Biologie eingesetzt werden? Unser Beispiel bezieht sich auf die Neurobiologie und beschreibt einen Versuch, in dem Fliegen mit einem beweglichen Gitter als visuellem Stimulus konfrontiert werden. Dabei werden die Aktivitäten einer einzelnen Zelle – die des H1-Neurons – gemessen. Diese Nervenzelle reagiert auf horizontale Bewegungen eines Objekts im Blickfeld und erlaubt es der Fliege, schnell zu reagieren und ihr Flugverhalten anzupassen. *Spike trains* sind so etwas wie die Sprache der Neuronen im Gehirn. Die *spikes* (Spitzen) sind dabei die kleinste Einheit der Informationsübertragung und ein *spike train* ist eine Informationsfolge auf den Verbindungsbahnen zwischen den Neuronen. Das Experiment misst die Informationsmenge, die in einem *spike train* bei der Umsetzung der beobachteten Bewegung in Information erzeugt wird. Im Experiment wurde als Versuchsreihe die mittlere Informationsmenge (Shannon-Entropie) gemessen, wenn die Fliege die Bewegung des Gitters im Sichtfeld hatte. Durch Wiederholung derselben optischen Stimulierung wurde gemessen, inwieweit sich im *spike train* Abweichungen von den vorherigen Messwerten ergaben. Diese wurden als Rauschen bzw. Störgröße *(noise entropy)* gewertet. Die Differenz zwischen den beiden Messergebnissen ergab dann die Information, die vom Stimulus auf den *spike train* übertragen bzw. abgebildet wurde. Im Ergebnis zeigte sich, dass jedes Neuron des Insekts 80 Bit Information pro Sekunde weitergab (Abb. 5.10). Dies ist – einer etwas gröberen Schätzung zufolge – etwa das Siebenfache der Tippleistung eines trainierten Tastaturnutzers. Variationen des Experiments zeigten die Anpassungsfähigkeit des Neurons auf unterschiedliche Stimuli (Steveninck und Laughlin 1996).

Das Experiment zeigt, dass unabhängig davon, welche Bedeutung das Gitter im Blickfeld der Fliege in deren Gehirn hervorruft, und unabhängig davon, wie die Bedeutung codiert und entschlüsselt wird, die Modellierung mit Shannon-Information bei lebenden Organismen zu sinnvollen Analysen führt. Die Experimentatoren betonen in diesem Zusammenhang dann auch, dass die Übertragung von Information unabhängig von der Betrachtung des dabei vermittelten Wissens analysiert werden kann. Wenn Informationstheoretiker über Codierung nachdächten, dann nicht über die Bedeutung der codierten Nachrichten. Die Antwort auf die Frage, *wie* der Datenstrom A die Nachricht B verschlüsselt, ist für sie lediglich hinsichtlich technischer Parameter wie Kanalkapazität, Kompression der Signale, Störungen, Redundanzen usw. interessant. Daraus lassen sich die statistischen Größen zur Datenquelle und des Übertragungskanals und die Parameter zur Planung der Technik bestimmen oder, wie in diesem Experiment, die Charakteristika des Kanals ermitteln.

Moleküle mit den skizzierten Fähigkeiten zu einem Zyklus wie den der ATP-Moleküle gab es offenbar schon in der Frühzeit der Evolution. Sie waren in dem hier beschriebenen Sinne wahrscheinlich die ersten, die Information aus der Umwelt

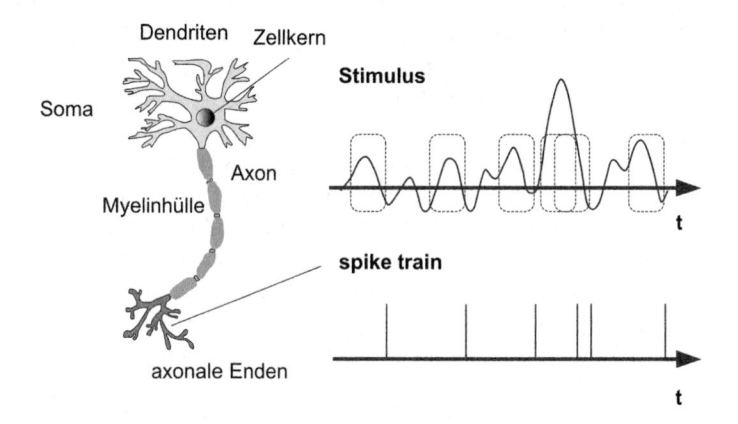

Abb. 5.10 Spike train

gewinnen konnten. Ihre Arbeitsweise sei, so Davies et al., auch insofern bemerkenswert, als dass sie durch Faltung und anschließende Aufhebung der Faltung einen eindimensionalen Strom von Daten in dreidimensionale Strukturen (die jeweilige Gestalt) übersetzen können. Dabei ergeben sich die jeweils stabilen Zustände des gefalteten und des entfalteten Proteins aus der Balance jeweils vergleichsweise großer Kräfte (Davies et al. 2012).

Lebende Systeme befinden sich nicht im thermodynamischen Gleichgewicht. Sie sind offene Systeme. Wenn man Stoffwechsel, Wärmeabgabe und ähnliche externe Faktoren einbezieht, wird klar, wie die Entropieabnahme im geschlossenen System eines Organismus, einer Zelle oder eines Nukleotids ausgeglichen wird, und zwar durch Entropieerhöhung der externen Welt, letztlich also des Universums. Der Zweite Hauptsatz gilt für geschlossene Systeme, in denen irreversible Prozesse wie Wärmeerzeugung zu Entropieerhöhungen führen. Reversible Prozesse können weder Wärmeerhöhung noch Entropieveränderungen herbeiführen. Die hier beschriebenen Makromoleküle sind gleichfalls offene Systeme, die zusammen mit ihrer Umgebung die gesamte Entropie ansteigen lassen.

Lebende Organismen und Prozesse können sowohl aus der Perspektive der Entropieveränderung – also der biochemischen Prozesse – als auch aus der Sicht der Informationstheorie betrachtet werden. Die Auseinandersetzung mit der Rolle von Information und Entropie in lebenden Organismen ist dabei nicht so theoretisch wie sie zunächst erscheinen mag. Davies et al. weisen darauf hin, dass beispielsweise in der Krebsforschung die Vorgänge auf molekularer Ebene, die zur Änderung von Molekülen führen, mit Informationsverlust bzw. Entropiegewinn charakterisiert werden. In ähnlicher Weise trägt der informatorische Ansatz dazu bei, dass die Prozesse der Embryogenese, also der Entwicklung eines ungeborenen Kindes im Frühstadium, besser als bisher verstanden werden können (Davies et al. 2012).

Überraschend und trickreich ist dieser Vorgang des Einfangens von Information allemal. Es gehört jedoch noch mehr dazu, um die externe Welt über Informationsaufnahme wahrnehmen zu können. Zwingend muss in einem kognitiven System Kommunikation stattfinden und schließlich die Interpretation der Information durchgeführt werden.

Der Grundgedanke der Nutzung von Entropie war bereits Ludwig Boltzmann bekannt, der den Sachverhalt auf den Punkt brachte: „Der allgemeine Lebenskampf der Lebewesen ist daher nicht ein Kampf um die Grundstoffe – auch nicht um Energie, welche in Form von Wärme, leider unverwandelbar, in jedem Körper reichlich vorhanden ist –, sondern ein Kampf um die Entropie, welche durch den Übergang der Energie von der heißen Sonne zur kalten Erde disponibel wird."

Sehen

Wie nehmen der Mensch und ihm strukturell ähnliche Lebewesen nun die Welt wahr? Wir haben bisher skizziert, wie einzelne Bits aus der Umgebung durch Sensoren eingefangen und wie sie in schnellen Kommunikationskanälen weitergereicht werden können. Dies sind nicht mehr als Skizzen von Bausteinen der

Informationsverarbeitung der Biologie. Sie sollen uns helfen zu verstehen, wie Informationen kommuniziert werden können.

Diese Vorgänge wären jedoch bedeutungslos, wenn diese Einzelinformationen nicht mit anderen koordiniert und auch irgendwo ausgewertet würden, und zwar nicht als einzelne Bits sondern in Massen, damit ein Bild, ein Ton, ein Geruch und ein Gefühl entstehen kann. Zwar können wir hier die Vielfalt der informationsverarbeitenden biochemischen Konstrukte nicht im Detail beschreiben, wir wollen aber doch zumindest eines der faszinierendsten Verfahren der Informationsverarbeitung der Biologie skizzieren: das Sehen.

Damit das offene System Organismus Informationen nutzen kann, muss dieser sie mittels Sensor an den äußeren Grenzen unseres Körpers aus der Umwelt aufnehmen. Dann müssen die Informationen, gegebenenfalls nach einer Vorverarbeitung, einer Weiterleitung zugeführt werden. Wir wollen einen Blick auf diese Informationsverarbeitung aus der Perspektive der Evolution werfen. Zugegeben, dies geht nicht ohne Hypothesen und spekulatives Denken. Wir wissen so wenig, wie sich das Leben in seinen Ursprüngen entwickelt hat, wie wir präzise Vorstellungen über die Entwicklung unserer Sensoren, die den Kontakt zur Außenwelt herstellen, haben.

Sensorzellen machen sich das schon skizzierte Verhalten der Moleküle bei der Informationsgewinnung und der Informationsweiterleitung zunutze. Sie haben die Aufgabe, Informationen aus der Umwelt in elektrische Signale umzuwandeln und in Richtung einer auswertenden Instanz, in der Regel unser Gehirn, zu senden. Dafür stehen drei Verfahren zur Verfügung: das mechanoelektrische, das chemoelektrische und das fotoelektrische. Mit ihrer Hilfe sind wir in der Lage zu fühlen, zu riechen, zu schmecken, zu hören und zu sehen. Diese Signale müssen jeweils eine bestimmte Stärke – also Druck, Konzentration oder elektrische Spannung – und gleichzeitig eine hinreichende Genauigkeit aufweisen, damit die Informationsübertragung nicht im Grundrauschen anderer Signale untergeht und im Gehirn und durch das Gehirn zuverlässig wiedergegeben werden kann, was denn da draußen los ist.

Die Evolution hat es nicht bei den sich faltenden Proteinen als „Signalfänger" bzw. Signalempfänger bewenden lassen. Nehmen wir beispielsweise die sekundären Botenstoffe. Es handelt sich dabei um chemische Substanzen, die in den Zellen dafür verantwortlich sind, dass (Primär-)Signale, die an der Zellmembran ankommen, jedoch nicht durch diese hindurch können, weitergeleitet werden. Die sekundären Botenstoffe verändern beim Eintreffen eines Primärsignals (*first messenger* oder Ligand) ihre Konzentration und vermitteln damit das Ereignis des Eintreffens als Signal weiter an das Innere der Zelle (Beck 2013). „Ist dieses Stück Biochemie nun Informationsverarbeitung?", möchte man an dieser Stelle fragen. Ich meine ja, denn der dahinterstehende evolutionäre Zweck ist der der Informationsverarbeitung. Das Mittel zum Zweck sind optimierte biochemische Vorgänge, die sich in diesem Fall der sekundären Botenstoffe bedienen.

Was wir sehen, ist nicht Realität, sondern ein Modell der externen Welt, wie wir es strukturell bereits im Gehirn gespeichert haben. Die eingehenden Informationen, Energie, die als Information erkannt und verwertet wird, gelangen nach einer

5.4 Das Leben

Vorverarbeitung im und am Auge zum Gehirn und werden dort ständig mit dem Modell abgeglichen. Das Modell ist nicht, wie Platons Ideen, unabänderlich, sondern wird einer Anpassung unterzogen. Nur so kann auch aus zweidimensionalen Bildern der Retina ein dreidimensionales Bild der externen Welt entstehen.

Die Signale der körpereigenen Informationsverarbeitung sind in aller Regel elektrisch. Sie haben eine messbare Spannung, lösen einen elektrischen Strom aus und treten in messbaren Frequenzen und Impulscharakteristiken auf. Dennoch sind sie anders geartet als die elektrischen Signale aus freien Elektronen elektronischer Sensoren wie sie Fotozellen, Mikrofone oder Dehnungssensoren aus Halbleitern abgeben. Vielmehr entstehen diese Signale bei chemischen Reaktionen. Beispielsweise findet man für gewöhnlich außerhalb einer tierischen Zelle etwa die zwölffache Anzahl von Natriumionen als innerhalb. Da das Innen und das Außen entgegengesetzt polarisiert sind, strömen elektrisch geladene Ionen von außerhalb sofort ins Zellinnere, wenn der (Kommunikations-)Kanal geöffnet wird (Loewenstein 2013).

Die Sensoren sind einerseits jeweils spezifisch ausgeprägt, weisen andererseits aber auch sehr viele Ähnlichkeiten auf. Das Sammeln externer Informationen und ihre Weitergabe über Kommunikationskanäle ist das gemeinsame Merkmal aller Sensoren, unabhängig davon, für welchen unserer Sinne sie tätig sind. Daraus kann man schließen, dass die zugrunde liegenden Verfahren sich bereits vor der Entstehung von Gehirnen entwickelt haben. Die Gemeinsamkeiten deuten auf ein sehr altes Grundmuster hin.

Das Auge leistet wahrhaft Erstaunliches. Nicht nur, dass es dem Gehirn sehr große Informationsmengen in sehr kurzer Zeit liefert, und dass es mit einer verblüffenden Empfindlichkeit auf Lichtreize reagiert und zudem mehrfarbiges Sehen ermöglicht. Das Auge filtert auch viele Informationen aus, die offenbar von der Evolution bzw. in der Evolutionsgeschichte als nachrangig eingestuft wurden.

Die Informationsmenge, die der Sehnerv des Auges überträgt, liegt bei 1 Mbit/s. Auch wenn wir uns daran als technische Größe z. B. des Internets gewöhnt haben, so ist diese Datenmenge für ein biochemisches System doch sehr beachtlich. Die Empfindlichkeit des Auges könnte wahrhaft nicht höher sein. Es kann auf ein einzelnes Photon reagieren. Dabei wird ein Strom von etwa 1 pA (Picoampere) erzeugt, das ist ein Billionstel eines Amperes. Zum Vergleich: Eine 100-W-Glühbirne braucht etwa 0,4 A, also das 400-Milliardenfache der Strommenge, die durch ein Photon vom Auge erzeugt wird.

Bei dieser Stromstärke sind zwei Aspekte bemerkenswert: Die Fähigkeit der beteiligten Moleküle, mit diesem geringen Strom umzugehen, und die Fähigkeit, aus einem Lichtquant einen – trotz seiner geringen Stärke – makroskopischen Strom zu erzeugen. Photonen kommen in der Natur in einem sehr breiten Spektrum vor. Sie sind Bestandteile des Spektrums elektromagnetischer Wellen – und doch sind sie als Quanten kleine Energiepakete. Diese Janusköpfigkeit, dass alles Welle und Teilchen zugleich ist, und doch beide unvereinbar erscheinen – wie wir im vorangegangenen Kapitel gesehen haben – ist eine der Grundlagen der Quantenmechanik. Licht ist ein elektromagnetisches Spektrum von Lichtquanten, das sich in dem von uns wahrnehmbaren, also sichtbaren Bereich über einen recht kleinen Ausschnitt des Photonenspektrums bzw. elektromagnetischen Spektrums erstreckt. Vom Gesamtspektrum zwischen den kurzwelligen Gammastrahlen und den langwelligen Radiowellen besetzt das Spektrum sichtbaren Lichts nur einen recht geringen Teil in der Mitte des Gesamtbereichs (Abb. 5.11). Dies mag daran liegen, dass dieser Bereich auf der Erde durch das Sonnenlicht besonders üppig versorgt wird. Die Evolution hat sich dieser Quelle besonders gern bedient.

Die Photonen, auf die das Auge so sensibel reagiert, sind typische Vertreter der Quantenmechanik. Nicht nur ihre Erscheinungsform – sie sind masselos –, sondern auch ihre zwei gleichzeitigen Ausprägungen als Welle und als Teilchen und auch ihr Verhalten entziehen sich unserem Alltagsverständnis. Beispielsweise mag ein Photon als sichtbares Teilchen von der Sonne kommen und hier auf der Erde mit einem Atom kollidieren. Dabei wird dann ein Elektron in der Hülle des Atoms auf eine neue, energiereichere, weil höhere „Umlaufbahn" gehoben. Wie wir wissen, ist diese Planetenvorstellung in der neuen Physik der Quanten nicht mehr exakt zutreffend, da es sich nach der Schrödingergleichung um den wahrscheinlichen und nicht den bestimmten Aufenthalt von Teilchen handelt. Dennoch ist die Wirkung der Energiezunahme konkret vorhanden. Daraufhin wird es unsichtbar und mutiert zu einem „virtuellen Photon". Es taucht jedoch prompt wieder auf, wenn das Elektron zu einer niedrigeren Umlaufbahn zurückfindet – und ist dann auch wieder nachweisbar.

Erstaunlich ist in unserem Zusammenhang weniger das geisterhafte Verhalten der Photonen als die Fähigkeit des Auges, damit umzugehen und beim Auftreffen der Photonen elektrische Energie zu erzeugen. Es gibt technische Lösungen, die eine gewisse Verwandtschaft dazu aufweisen, wie etwa Fotozellen, aber die Evolution hatte diese nicht als Blaupause zur Hand, und biologisches Leben ist nun einmal nicht unter Verwendung von Halbleitern entstanden.

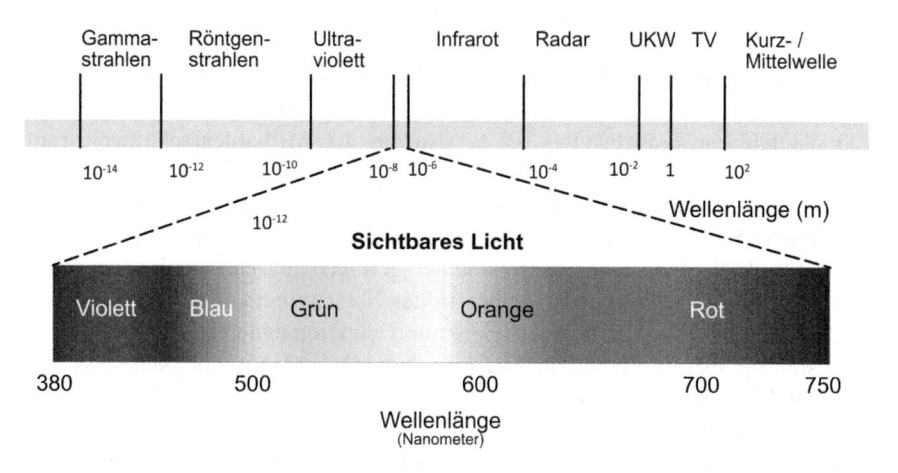

Abb. 5.11 Das elektromagnetische Spektrum

5.4 Das Leben

Damit dies möglich wird, sind biochemische Vorgänge mit spezifischen Molekülen am Werke. Die Proteine Rhodopsin (Abb. 5.12), ein Sehpigment, das für das Hell-dunkel-Sehen zuständig ist, und Iodopsin, dessen Varianten Farben unterscheiden, sowie einige weitere Fotorezeptoren, die gleichfalls auf verschiedenen Wellenlängen aktiv sind, bilden die Netzhaut des Auges. Rhodopsin ist in den Stäbchen der Netzhaut zu finden und besteht aus sieben zu jeweils einer Helixstruktur gedrehten Aminosäureketten. Inmitten dieser sieben Helices ist ein sogenanntes Retinal zu finden, ein Kohlenwasserstoff, das zu den sogenannten Carotinoiden gehört. Dieses Retinal ändert sich beim Eintreffen eines Photons.

Wir haben bereits geschildert, wie Licht eingefangen wird, indem die Energie von Photonen z. B. des Sonnenlichts den oben geschilderten ATP-ADP-Zyklus auslöst. Die Energieaufnahme erfolgt über das Sonnenlicht, dessen Photonen Energie an ein Molekül abgeben. Dadurch wird – wie in dem Tandem aus Rhodopsin und Iodopsin beschrieben – die Weitergabe des eingefangenen Signals und damit der eingefangenen Information ermöglicht.

Der gesamte Vorgang des Einfangens, der Drehung des Retinals, der Veränderung der Gestalt des Proteins und der damit erfolgten Signalweitergabe dauert lediglich 200 fs (Femtosekunden, 1 fs = 1×10^{-15} s, das ist ein Millionstel einer Milliardstel Sekunde). Und dabei passiert eine spontane Aktivierung des

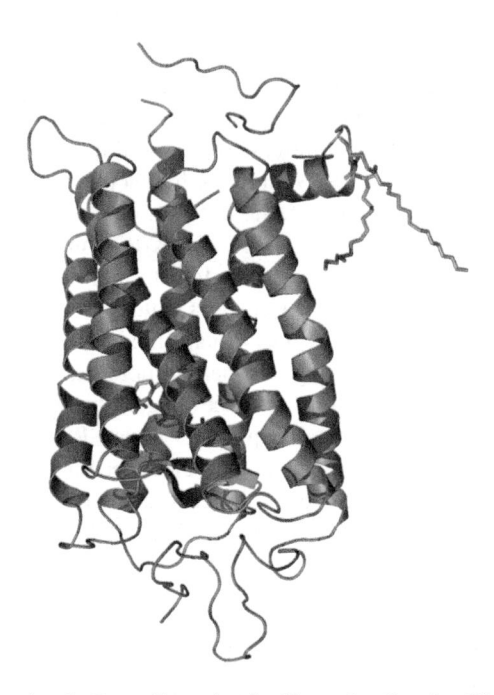

Abb. 5.12 Dreidimensionale Darstellung des *backbone* des Proteins Rhodopsin, mit dessen Hilfe das Hell-Dunkel-Sehen ermöglicht wird. Es besteht aus 348 Aminosäuren, die zu sieben Helices angeordnet sind. Etwa in der Mitte ist ein Teil des Retinals (kleine Sechsecke) zu erkennen

Rhodopsin sehr selten – bestenfalls einmal in 800 Jahren. Die Fehlerrate ist also gering. Dieser gesamte Vorgang ist so erstaunlich, wie er nur sein kann – auch wenn seine Erfindung durch die Evolution schon etwas zurückliegt.

Wir Menschen sehen Farben. Das liest sich banal, ist es aber insofern nicht, als dass es in der Natur keine Farben gibt. Farben sind im Außen unbekannt, sie entstehen in unserem Inneren. Wir produzieren sie aus elektromagnetischen Wellen im Bereich des sichtbaren Lichts, und zwar in einem Frequenzbereich (380–750 nm), bei dem die Energiedichte der Solarstrahlung ihr Maximum hat. Wir optimieren für das Sehen also die Sonne, die Hauptenergiequelle der Erde. Physikalisch gibt es unterschiedliche Wellenlängen der Photonen, bei deren Eintreffen wir reagieren und eine Farbe wahrnehmen. Bei 700 nm ist diese rot und bei etwa 530 nm grün. Das allein ist schon faszinierend. Für die drei Primärfarben, nämlich Rot, Grün und Blau, verfügt unser Auge über sogenannte Zäpfchen, die spezifisch auf die Wellenlängen dieser Farben reagieren. Fällt z. B. gelbes Licht auf diese Zäpfchen, werden deren verschiedene Pigmente unterschiedlich stark angeregt, was zu unterschiedlich starken Nervensignalen für Rot, Grün und Blau führt. Aus dem Verhältnis der Signalstärken wird dann im Gehirn der Eindruck „Gelb" errechnet. Die Fähigkeit Farbigkeit wahrzunehmen ist in der Biologie von großer Bedeutung. Die spektral selektiv wirkende Absorbanz, die Lichtdurchlässigkeit der Lebewesen, der Pflanzen und der nicht belebten Gegenstände hilft wesentlich dabei, unser Bild von der Welt überhaupt erst entstehen zu lassen. Manche Lebewesen, wie beispielsweise das Chamäleon, verändern den von ihnen wiedergegebenen Farbeindruck ihrer Haut aktiv und situationsbedingt.

Der evolutionäre Vorteil bzw. der evolutionäre Druck, der zu diesem ausgeklügelten Verfahren des Farbsehens führte, liegt in der so erreichbaren hohen Qualität der Wahrnehmung der Objekte der Welt. Die Photonen prallen an diesen Objekten ab oder werden von ihnen absorbiert. Sie liefern so ein energetisches und räumliches Bild dieser Objekte. Genauer gesagt, dieses Bild muss nach dem Empfang der Photonen im Auge erst erzeugt werden. Es ist unmittelbar einsichtig, dass ein so entstandenes, detailreiches Bild derjenigen Gattung Wettbewerbsvorteile bringt, die es empfangen und nutzen kann. Der Unterschied zum Riechen und Hören ist quantitativ und liegt in der Nutzung der vielen Photonen. Ganz anders ist es bei den vergleichsweise wenigen in Luft und Wasser gelösten Molekülen, auf die eine chemosensorische Wahrnehmung (beispielsweise das Riechen) angewiesen ist, und bei der vergleichsweise langsamen und wegen der Langwelligkeit der Schallwellen auch ungenaueren akustischen Wahrnehmung.

Genauigkeit der Wahrnehmung
Der Vorteil einer qualitativ guten Wiedergabe der externen Realität für einen Organismus liegt auf der Hand. Oder doch nicht? Nehmen wir an, eine hohe Qualität würde bedeuten, die Oberflächen der Gegenstände – nehmen wir einen Tisch – mit einer 1000fach größeren Genauigkeit als heute zu erfassen, und über eine vergleichbare Genauigkeit beim Sehen der Luft zu verfügen. Was würden wir sehen? Eine raue Oberfläche würde rau wirken. Die

> Luft wäre voll von Staubkörnern, die uns wie Asteroiden in Nahaufnahme erscheinen würden, und die Haut unserer Hand wäre zerklüftet wie ein alpines Gebirge. Unser Auge – ähnliches gilt für die Augen anderer Gattungen – ist weit davon entfernt, perfekt zu sein, vor allem, was Genauigkeit, Geschwindigkeit und auch die Größe des Sehfeldes betrifft. Andere Fähigkeiten wiederum sind exzeptionell gut ausgebildet. Schließlich geht es in der Evolution des Auges ja auch nicht um einen Wettbewerb der Gattungen um das genaueste Auge, sondern um ein Auge, das in der Summe die besten Beiträge für das Überleben und die Weiterentwicklung der eigenen Art liefert. Diese Art von Qualität war offenbar nicht das Ziel der Evolution (oder sie hat es nicht erreicht).

Wahrscheinlich ist, dass die Fähigkeit zur Unterscheidung der Objekte der Außenwelt, deren Größe und Umfang mit denen unseres Körpers korrespondiert, den größten evolutionären Vorteil brachte: Dinge voneinander zu trennen, gleichartige Objekte als solche wahrzunehmen, sich zurechtzufinden. Und natürlich ist für die räumliche Wahrnehmung die Fähigkeit der Entfernungsschätzung von Vorteil. Auch die Wahrnehmung dynamischer Vorgänge, wie ein fliehendes oder angreifendes Tier oder ein fliegender Vogel, sind Kernaufgaben des Auges, die unserer Gattung und – je nach Ausprägung – den Lebewesen Vorteile im evolutionären Anpassungswettbewerb gaben und geben. Auch das Erkennen von Gesten und das Erfassen der Mimik in den Gesichtern unserer Mitmenschen sind ohne das Auge kaum vorstellbar und von sozial eminent hoher Wichtigkeit.

Darauf, dass Sehen bereits in sehr frühen Stadien der Evolution eine wichtige Fähigkeit war, verweisen Einzeller, die linsenähnlich aufgebaut sind. Das Cyanobakterium Synechocystis ist so ein Einzeller. Es nutzt das Prinzip des Linsenauges, um den Weg in Richtung einer Lichtquelle zu finden. Sein gesamter Zellkörper ist als Linse aufgebaut, die das Licht, also eintreffende Photonen, zu einem hellen Fleck auf der rückseitigen Zellmembran bündelt. Die Arbeitsgruppe um Nils Schürgers an der Universität Freiburg konnte kürzlich nachweisen, dass die Zellen auf der so beleuchteten Seite fadenartige Anhängsel bilden, sogenannte Pili, die dem Bakterium dann zur Bewegung verhelfen. Damit könne der Photosynthese betreibende Organismus als das kleinste bekannte Linsenauge gelten (Fischer 2016).

Die Photonen sind geradezu ideale Mittel zum Zweck. Gewissermaßen tasten sie für uns die Welt ab, indem sie an den Objekten unserer Umgebung abprallen und so die Voraussetzungen für die Eindrücke von Hell und Dunkel und die der Farben schaffen. Dabei darf man nicht übersehen, dass das Abprallen auch als Abtasten verstanden werden kann. Die Photonen tasten die Quantenzustände der Atome ab, auf die sie prallen. Von diesen erhalten sie dann den spezifischen Impuls ihrer Reflektion. Die Evolution macht sich dabei zwei der am häufigsten vorkommenden Energiefelder zunutze: das der Elektronen und das der Photonen. Oder, wie Loewenstein zum Ausdruck bringt: Die Evolution hat zwei überlappende Energiefelder in unserer Umgebung vorgefunden, ein Feld mit Elektronen als Quanten und eines mit Photonen als Quanten. Dort, wo diese sich trafen, gab es Information zu gewinnen, und zwar fast zum Nulltarif (Loewenstein 2013).

Riechen

Hochnäsigkeit ist keine gute Eigenschaft. Auch im evolutionären Sinne hat sie den Menschen – hier präziser *Homo erectus* – wenig gebracht. Seit er vor knapp 2 Mio. Jahren bereits wie der moderne Mensch aufrecht ging und damit seine Nase von der von reichhaltigen und vielfältigen Gerüchen durchsetzten Umgebung des Bodens entfernte (Al-Khalili und McFadden 2014), verlor er viel an Informationspotenzial.

Die olfaktorischen Leistungen von Mensch und Tier sind verblüffend und legendär. Ob ein Hai einen Blutstropfen aus kilometerweiter Entfernung wahrnimmt, die Lachse anhand von Geruch ihren Weg zurück zu ihrem Geburtsort finden oder der Hund am Flughafen die feinsten Mengen geschmuggelten Rauschgifts wahrnimmt – wir können nur staunen. Bären riechen einen Kadaver über 20 km und ein Elch eine Elchkuh über 10 km. Ratten riechen in Stereo – kombinieren also richtungsspezifische Informationen – und Schlangen mit ihrer Zunge.

Diese Art der Informationsaufnahme ist beim Menschen etwas weniger ausgeprägt, aber dennoch können wir mehr als 10.000 Gerüche unterscheiden. Nicht jeder kann das, aber manchem erlauben es die relativ wenigen olfaktorischen Rezeptoren dann doch.

Die Nase ist nicht einmal die wichtigste Quelle unserer Geruchswahrnehmung. Die Wahrnehmung der Gerüche wird vielmehr in erster Linie auf dem Weg von Speisen und Getränken durch den Mund bewerkstelligt. Die sich dabei entfaltenden Aromen wandern zu den Geruchssensoren. Diese gibt es in hunderten verschiedener Ausprägungen, während sich der Geschmack mit der Unterscheidung in fünf Richtungen bescheidet: süß, sauer, bitter, salzig und „umami" (japanisch für wohlschmeckend, fleischig und herzhaft).

Während das Sehen und das Hören indirekt von der verursachenden Quelle über elektromagnetische oder akustische Wellen funktioniert, basieren Riechen und Schmecken auf direktem Kontakt mit dem verursachenden Objekt bzw. einem übertragenden Molekül. Die Geschmacks- und Geruchsmoleküle werden im Speichel aufgelöst bzw. gelangen zu den Geruchsrezeptoren in der Nasenhöhle.

Diese Rezeptoren bieten den Molekülen der Geruchsstoffe nach einem Schlüssel-Schloss-Prinzip eine Andockmöglichkeit. Die so hergestellte Selektivität differenziert die Geruchsstoffe. Je nach Stoff passt ein Molekül oder eine Molekülgruppe ähnlicher Struktur in eine Proteintasche eines Rezeptors oder nicht. Passt es, verändert das Protein seine Faltung und damit seine Form. Zusätzlich wird ein angehängtes Protein aktiviert. Die Kombination aus Rezeptor und angehängtem Protein sorgt dann für eine Signalübermittlung an das Innere der Zelle, in der beide lokalisiert sind.

Hinsichtlich der Rolle der Information im lebenden Organismus wollen wir auf die Frage zurückkommen, wie Gerüche unterschieden werden können, wie also die Information in den Organismus gelangt. Für die Identifizierung von etwa 1000 Genen, die für Geruchsaufgaben zuständig sind, erhielten die Amerikaner Linda Buck und Richard Axel 2004 einen Nobelpreis. Immerhin umfassen diese 1000 Gene 5 % des menschlichen Genoms.

Die 1000 für das Riechen verantwortlichen Gene passen nicht 1:1 zu den 10.000 wahrnehmbaren Gerüchen. Man vermutete also, dass es so etwas wie eine Arbeitsteilung zwischen den Rezeptoren geben müsse, also dass mehrere Rezeptoren für einen Geruch zuständig sein müssten. Damit tauchte dann die Frage auf, wie die Rezeptoren ihre individuelle Menge an zulässigen Molekülen, die andocken dürfen, erkennen. Dies gilt als das zentrale Geheimnis des Riechens (Al-Khalili und McFadden 2014). Damit geriet dann auch das Schlüssel-Schloss-Prinzip in die Kritik, denn wie mehrere Schlüssel in ein Schloss, bestehend aus einem Protein, passen sollen, erschließt sich nicht so einfach.

Olfaktorische Erklärungsversuche
Daher griff der italienische Biophysiker Luca Turin auf eine Theorie von Malcom Dyson aus den 1930er-Jahren zurück. Dyson erklärte den Geruchssinn nicht mit der Fähigkeit, Moleküle an den Rezeptoren anzudocken, sondern damit, dass unterschiedliche und geruchsspezifische Schwingungsfrequenzen dieser Moleküle erkannt werden. Diese Theorie ist nach wie vor strittig. Allerdings kann sie erste Erfolge verzeichnen. So wurde nachgewiesen, dass Menschen gewöhnliches und mit Deuterium (schwerem Wasserstoff) angereichertes Benzaldehyd unterscheiden können. Über ähnliche Fähigkeiten verfügen die Fruchtfliegen. Im Jahr 2013 entdeckte Turin, dass Menschen Moschus unterschiedlich wahrnehmen, wenn es mit geringsten Mengen Deuterium versehen ist. Turin erklärt: „Die Nase arbeitet wie ein Elektronenspektroskop und kann die Vibrationen von Molekülen erfassen. Das ist eine Art physikalische Decodierung. Verbreitet war bisher die Auffassung, dass dabei die Form des Moleküls für die Geruchsempfindung ausschlaggebend ist. Aber das ist es nicht. Sondern es sind molekulare Schwingungen, die auf atomarer Ebene erfasst werden können. Wir haben das mit einem chemischen Trick experimentell sogar für den Menschen nachgewiesen, indem wir in Moschus-Molekülen die Wasserstoffatome durch ein schwereres Isotop, nämlich Deuterium, ausgetauscht haben. Das riecht dann gar nicht mehr verführerisch, sondern nach verbranntem Plastik."

Von Luca Turin wird der Geruchssinn als eine Art biologische Spektrografie eingeordnet, die wiederum auf quantenphysikalischen Vorgängen beruht. Dabei wird die Frequenz der chemischen Bindung zwischen Rezeptor und Molekül gemessen. Dies wurde von Turin mit der Anwendung des quantenmechanischen Tunneleffekts erklärt, mit dem ein Elektron die Energiebarriere zwischen dem olfaktorischen Molekül und dem Rezeptor überwinden und die erwähnte Reaktion der Proteine bewirken kann.

Die Vorgänge sind noch nicht vollständig geklärt, und inzwischen wurde aus den beiden alternativen Lösungsansätzen, dem räumlichen Schlüssel-Schloss-Verfahren und dem quantenspektrografischen Frequenzverfahren, eine Kombination entwickelt. Danach spielt die räumliche Ausprägung ähnlich wie in einem Kartenlesegerät (Geometrie der Karte, Anordnung der Kontakte etc.) eine Rolle und wenn diese passt, wird die Frequenz der Bindung überprüft. Passt beides, wird über den Tunneleffekt das Signal des Rezeptors ausgelöst. Entschieden ist die Sache noch nicht. Das liegt sicher auch daran, dass die Struktur der Geruchsrezeptoren noch nicht bekannt ist. Die zugehörigen Proteine sind in die Zellmembran integriert und verlieren ihre Form, wenn man sie dort herauslöst – ähnlich wie eine Qualle, wenn man sie aus dem Meer fischt (Al-Khalili und McFadden 2014).

5.5 Die Evolution

5.5.1 Voraussetzungen für Evolution

Die Evolution ist singulär. Sie ist die einzige Entwicklung von Leben, die wir kennen – sowohl auf unserem Planeten als auch in der gesamten uns bisher zugänglichen Realität. Wir wollen uns im Folgenden den Eigenschaften und treibenden Kräften dieses einzigartigen Prozesses widmen, der aus einem – möglicherweise – einzelnen Ereignis die riesige Fülle von Arten hervorbrachte, die wir Leben nennen. Die Fülle offenbart auf einer tieferen Ebene erstaunliche Gemeinsamkeiten. Alle lebenden Organismen führen fundamental sehr gleichartige Prozesse aus, die es ihnen erlauben, zu leben, sich zu reproduzieren und sich weiterzuentwickeln (Ryan et al. 2014).

Der deutsch-amerikanische Evolutionsbiologe Ernst Mayr hebt dies hervor, indem er auf die Einzigartigkeit jeder Zelle und jedes Individuums verweist (Mayr 2002): „Wohin wir auch in der Natur blicken, entdecken wir Einzigartigkeit, und Einzigartigkeit ist gleichbedeutend mit Vielfalt … Die Unterschiede zwischen den biologischen Individuen sind real, wohingegen die Mittelwerte, mit denen wir beim Vergleich von Individuengruppen (beispielsweise Arten) rechnen, vom Menschen gemachte Ableitungen sind. Dieser grundlegende Unterschied zwischen den Klassen des Physikers und den Populationen des Biologen hat verschiedene Konsequenzen. Zum Beispiel ist jemand, der die Einzigartigkeit der Individuen nicht begreift, nicht in der Lage, die Wirkungsweise der natürlichen Auslese zu verstehen."

Vereinzelt wird diese Einzigartigkeit auch infrage gestellt. So vom amerikanischen Evolutionsbiologen Geerat Vermeij, der argumentiert, dass einige Innovationen der Natur, wie beispielsweise die Fotosynthese, Pflanzensamen, mineralisierte Knochen und die Sprache, so gute „Erfindungen" seien, dass sie auf jeden Fall wiederholt würden, wenn auch zu unterschiedlichen Zeiten und vielleicht in etwas anderer Form. Nachweisen kann er es nicht, denn entsprechende Fossilien liegen nicht vor. Vermeij verweist auf andere, erdähnliche Planeten, bei denen er eine Evolution für möglich hält.

> **Evolutionäre Wunder**
> Die Evolution ist ein Prozess, der die biologischen Arten zu verbesserten Anpassungen an Lebensbedingungen bringt, die sich laufend verändern, da sie selbst evolutionär geprägt sind. Die treibende Kraft für diese Anpassung ist die ständige Informationsaufnahme, die Auswertung von Information und die Rückkopplung zum Organismus. Daher hat die Perfektionierung der sensorischen Kanäle einen sehr hohen Stellenwert (Oeser 1983). Für einen Organismus ist es eminent wichtig, so viele und so zuverlässige Informationen aus der Umwelt zu erhalten wie möglich. Es sind nicht nur die hoch entwickelten Fähigkeiten eines Falkenauges, die akustische Navigation von Fledermäusen oder der fantastische Geruchssinn mancher Hunde, die zeigen, dass die Natur auf ihrem Evolutionspfad sehr weit gekommen ist. Bei den Entwicklungen zum Menschen und zu den Tieren änderte sich alles mit der Entwicklung ihrer Gehirne. Sie ermöglichten es den Spezies, sich proaktiv auf die Ereignisse der Umwelt einzustellen. Die Fähigkeit, konstruktive Modelle der Realität im Voraus zu entwickeln, die dann an den eintreffenden Daten verifiziert werden konnten, wurde zur differenzierenden Fähigkeit. Diese Modelle sind in gewissem Sinne „Vorurteile". Der Falke sieht eine Maus und jagt sie mithilfe eines Realitätsmodells, in dem das Verhalten der Maus als Erwartungsmuster, als Vor-Urteil, enthalten ist. Ein falsches Modell führt zu geringem Jagderfolg und geringeren Fortpflanzungschancen, während ein realitätsnahes Modell sich in beiden Aspekten positiv auswirkt.

Wir können nur mutmaßen, wie der Anfang aussah, und widmen uns vielversprechenden Hypothesen dazu später. Immer genauer jedoch zeichnet sich ab, dass es sich bei der Evolution um einen Prozess mit klar identifizierbaren Triebkräften, Mechanismen und Prinzipien handelt. Was sich da vor unseren Augen und – wir sind Beteiligte – in uns abspielt, gehört mit zu den erstaunlichsten Vorgängen, die die Wissenschaften der vergangenen Jahrhunderte zutage brachten und immer weiter vervollständigen.

Vor mehr als 150 Jahren verursachte Charles Darwin mit seinem Buch *The Origin of Species* ein wissenschaftliches und kulturelles Erdbeben, das bis heute nachwirkt. Er führte alle Lebewesen auf einen gemeinsamen genealogischen Stammbaum zurück. In diesem vereinen sich, so seine Beobachtungen, die gleichen und gleichartige Merkmale, die man in allen Arten findet. Diese Merkmale, so seine Annahme, sind auf eine gemeinsame Entwicklung durch Vererbung und immer neue Anpassung zurückzuführen. Den Prozessen dieser Evolution der Arten liegt ein gemeinsamer Ursprung, ein gemeinsames Verfahren der Selektion zugrunde. Die deutsche Übersetzung trug zunächst den Titel *Über die Entstehung der Arten durch natürliche Zuchtwahl oder die Erhaltung der begünstigten Rassen im Kampfe ums Dasein.* Sie war insbesondere in Deutschland ideologischer Sprengstoff, der gerne zur Begründung und Legitimierung von Rassismus herangezogen wurde. Zudem hatte die Übersetzung des Ausdrucks *survival of the fittest* in „die Überlegenheit des Stärkeren" anstatt in „Überlegenheit des Bestangepassten" eine Verstärkung dieser Fehlinterpretation zur Folge.

Charles Darwin vertrat – wie auch sein wissenschaftlicher Konkurrent Alfred Russel Wallace, der die Prinzipien unabhängig von und früher als Darwin entdeckt hatte – die Auffassung, dass die biologischen Arten nicht statisch sind, sondern sich dynamisch in der Zeit verändern. Die Lehre von der Evolution befasst sich mit der Veränderung der vererbbaren Merkmale in Populationen von Lebewesen von Generation zu Generation. Die Merkmale sind durch Gene codiert, die bei der Fortpflanzung weitergegeben werden. Veränderungen der Gene entstehen z. B. durch Mutationen – dann entstehen verschiedene Genvarianten, sogenannte Allele. Evolution findet durch die Veränderung der Häufigkeit der Genvarianten statt. Damit verändert sich auch die Häufigkeit der von den Genen codierten Merkmale in der Population. Als Ursache dafür sind die natürliche Auslese oder Selektion und der Zufall zu nennen, der für eine sogenannte Gendrift sorgt.

Charles Darwin stützte sich auf die während seiner Reise mit dem Segelschiff HMS Beagle zwischen 1831 und 1836 gewonnenen Beobachtungs- und Forschungsergebnisse. Seine Lehre von der Evolution wurde von Anfang an kontrovers rezipiert, widersprach sie doch in entscheidenden Punkten der zu seiner Zeit vertretenen christlichen Schöpfungslehre (Abb. 5.13). Obwohl derzeit unter dem Dach des sogenannten Kreationismus noch Nachhutgefechte fundamentalistischer Gruppen, vor allem in den USA, ausgetragen werden, ist die Evolutionslehre als Wissenschaft schon sehr lange anerkannt. Sie fußt heute – und tat dies bereits mit Darwin – nicht auf einer Auffassung, sondern auf wissenschaftlich abgesicherten Theorien.

Die Tübinger Nobelpreisträgerin und Molekularbiologin Christiane Nüsslein-Volhard kommentierte Darwins Haltung dazu in einem Interview mit *Die Zeit* (Sentker 2008): „Er hat das selbst gar nicht gern gesehen. *Struggle for existence* heißt das bei ihm. Und natürlich gibt es diesen Kampf. Und natürlich gibt es Selektion. Und natürlich haben die besser Angepassten mehr Nachkommen. Ich bin kürzlich gefragt worden, was von Darwins Ideen übrig ist. Als wäre da nichts mehr übrig. Doch es ist alles noch wahr."

Zur Erhärtung der Evolutionslehre trugen später die ergänzenden Wissensgebiete Zellbiologie, Biochemie, Genetik und Molekularbiologie bei. Hinzu kamen in jüngerer Vergangenheit neue Instrumentarien und Methoden wie das DNA-Fingerprinting, die DNA-Sequenzialisierung und die vergleichende Genomanalyse. Damit lässt sich auch eine „molekulare Uhr" erstellen. Sie entsteht aus der Analyse der genetischen Unterschiede zwischen Arten und Gattungen. Je größer die Unterschiede sind, desto weiter ist ein gemeinsamer Vorfahre zeitlich entfernt.

Unterschiede innerhalb der Arten, mithin Unterschiede, die eine Reproduktion über Sexualität nicht ausschließen, sind Voraussetzung für die Evolution. Diese kann nur stattfinden, wenn es Unterschiede in einer Population gibt.

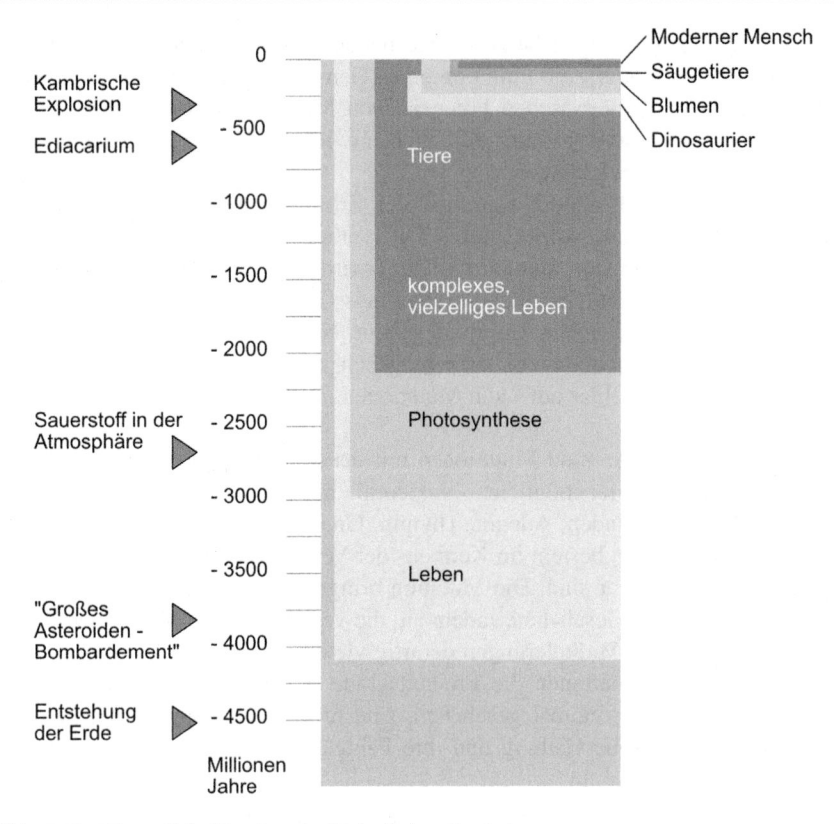

Abb. 5.13 Wesentliche Epochen der biologischen Evolution

5.5.2 Funktionsweisen der Evolution

Evolution verstehen wir so: Biologische Arten entwickeln sich durch zufällige Mutation sowie durch Selektion und Anpassung. Dabei vererben sich von Generation zu Generation Eigenschaften mit artspezifischen und individuellen Merkmalen. Artprägende Charakteristika haben dabei einen gemeinsamen Ursprung. Das Ganze vollzieht sich auf verschiedenen Ebenen, den Arten, den individuellen Organismen bis hin zur Molekülebene.

Mutation und Zufall
Mutationen sind Veränderungen in der DNA-Sequenz einer Zelle, eines Virus oder anderer genetischer Bausteine. Sie entstehen in der Folge von Beschädigungen von DNA-Strängen, von Fehlern im Reproduktionsprozess oder beim Entfernen oder Einfügen von DNA-Sequenzen. Sie können, müssen aber nicht, Veränderungen im Phänotyp des Organismus bewirken. Mutationen sind an normalen und abnormalen biologischen Prozessen wie Evolution, Krankheiten wie Krebs oder

Immunsystemveränderungen beteiligt. Sie haben entweder keinen Effekt, beeinträchtigen oder verändern die Funktion eines Gens oder beeinflussen das Produkt eines Gens. Dem zerstörerischen Potenzial von Mutationen gewissermaßen zum Trotz hat die Evolution Reparaturfunktionen entwickelt, die bestimmte Genmutationen wieder ausgleichen können.

Da das Genom, also die Gesamtheit der Erbinformationen, aus DNA (oder selten aus RNA) besteht, wird es durch die Synthese eines neuen Strangs entlang der alten Nukleinsäurekette dupliziert. Dabei wird die Abfolge der Nukleotide in beiden Teilketten der aufgespaltenen Ursprungs-DNA abgelesen und das jeweils paarende Nukleotid im neuen Strang eingebaut. Nur so kann die Reihenfolge der Basenpaare an die Nachkommen weitergegeben werden. Wie bei jedem Kopierprozess treten dabei Fehler auf – die Mutationen. Es entsteht genetische Variabilität.

Bei allen Lebewesen sind Mutationen mit der Veränderung in der Anordnung oder der Anzahl der vier möglichen Nukleotide aufgrund der vier verschiedenen Basen der DNA verbunden: Adenin, Thymin, Guanin und Cytosin (abgekürzt: A, T, G und C). Evolution besteht im Kern aus der Veränderung von Genomen, deren Informationen vererbbar sind. Die Mutation bringt durch das Element des Zufalls eine Dynamik in das Geschehen, indem sie die vererbbaren Informationen verändert. Es gibt für diese Veränderungen derartig viele Varianten, die zufällig geschehen können, dass Mutationen die Freiheitsgrade in der Vererbung entscheidend erweitern. Mutationen, einmal geschehen, sind nicht rückgängig zu machen und können eine biologische Gattung und ihre Fähigkeiten auf Dauer prägen (Krauß 2014).

Mutationen sorgen in den Populationen einer Art also für eine gewisse Variabilität in der Nachkommenschaft. Daraus ergibt sich ein jeweils neuer Wettbewerb um die verfügbaren Ressourcen bzw. ein Wettbewerbsvorteil für vorteilhafte Mutationen, folglich entsprechende Nachteile für nicht vorteilhafte Mutationen. Zentral für das Verständnis von natürlicher Auslese ist das Kriterium der bestmöglichen evolutionären Anpassung eines Organismus. Diese Anpassung ist ein entscheidendes Maß für die Fähigkeit eines Organismus, zu überleben und Nachkommen zu erzeugen, und damit ein Maß für den anteiligen genetischen Beitrag zum allgemeinen Genbestand dieser Art.

Vielfalt und Selektion

Die Vielfalt des Lebens – ihre Diversität – ist also direkt auf die durch den Zufall verursachte Mutation zurückzuführen. Diese verändert die Erbinformation im Genom und damit auch die Produkte der Vererbung. Die Selektion, oder natürliche Auslese, kann als zweite Säule der Evolution (Mayfield 2013) betrachtet werden. Unter natürlicher Auslese ist der Prozess zu verstehen, der genetischen Mutationen und den damit neu entstandenen Eigenschaften bei Mitgliedern einer Art zu ihrer Durchsetzung verhilft. Sie sorgt dafür, dass die Fortpflanzungschancen der Art beeinflusst werden. Dies geschieht wesentlich über die Wahrscheinlichkeit, sich fortpflanzen zu können, bzw. die Gelegenheiten dazu. Wenn es für die potenziellen Partner visuell erkennbare Mutationsfolgen sind, die die Auswahl beeinflussen, können sie die Fortpflanzungsrate erhöhen oder senken. Die Selektion fügt der Mutation eine weitere Dynamik hinzu. Nicht jede Mutation, wie etwa ein zu kurz geratener Finger oder ausgeprägtere Augenwimpern, ist jedoch dazu geeignet, die Chancen auf Fortpflanzung zu schmälern bzw. zu steigern. Damit wird auch deutlich, dass Selektion nur bei hinreichend großen Populationen einer Art signifikant wirksam werden kann.

Natürliche Auslese führt zu einer veränderten, oftmals optimierten Fähigkeit von Organismen, im gegebenen Habitat besser angepasst zu überleben bzw. verbesserten Nutzen aus der Umgebung zu ziehen. Je adaptionsfähiger ein Organismus sich zeigt, desto besser ist er in der Lage, sich den Umgebungsbedingungen anzupassen, und desto besser sind dann seine Überlebensmöglichkeiten. Es kann auch sein, dass Selektion die Aufgabe hat, evolutionär, also durch Mutation entstandene „Neuheiten", die sich als nicht hinreichend funktionsfähig erweisen und zu Adaptionsnotwendigkeiten im Widerspruch stehen, auszusondern. Selektion ist dann eine reinigende, keine kreative Kraft (Shapiro 2011). Eine solche Argumentation birgt natürlich die Gefahr in sich, auf einer Makroebene für üble demagogische Zwecke genutzt zu werden. Dies zeigt uns unsere eigene Geschichte.

Im Genlocus, also dem physischen Ort eines Gens im Genom, sind Allele zu finden. Dies sind verschiedene Ausprägungen desselben Gens am selben Genlocus. Sie können beispielsweise verschiedene Haar- oder Augenfarben bewirken. Evolution findet auch statt, wenn sich die Erbinformation in Form der Allele verändert. Ist ein Allel besser angepasst als ein anderes und tritt demzufolge häufiger in der Generationenfolge der Art auf, hat ihre natürliche Selektion bereits stattgefunden.

Selektion
So wichtig die natürliche Auslese für die Evolution ist, so kann man sich dennoch fragen, ob es auch ohne sie ginge. Die Mutation allein sorgt schließlich im Prinzip dafür, dass sich die notwendigen Merkmalsänderungen einstellen. Es ergibt daher Sinn, Selektion und genetische Drift als „unvermeidbare Begleiter" der Evolution zu betrachten, nicht jedoch als ihre Ursache (Krauß 2014). Evolution wird danach durch die genetische Veränderung, also die Mutation, angetrieben. Erst das Ergebnis der Mutation, die Veränderungen, die „zwischen nicht messbar und sofortigem Tod" schwanken, muss sich gegebenenfalls der Selektion stellen. Selektion und Drift sind Bestandteile der Evolution, jedoch offenbar nicht ihre Ursache.

Daraus folgt auch, dass ein Organismus der Mutation unterlag, sobald man von dessen Existenz sprechen konnte. Die bloße Existenz von Leben ist ohne Evolution nicht denkbar. Die zufällige Veränderung der Erbinformation war ein Risiko von Anfang an, denn sie führte zwangsläufig zur Selektion von erfolgreichen und weniger erfolgreichen Ergebnissen.

Der amerikanische Mikrobiologe James A. Shapiro betont, dass die Rolle der Selektion in der Eliminierung von evolutionären „Neuheiten" besteht, also insbesondere der Ergebnisse von Mutationen, aber auch der Resultate von künstlichen Eingriffen wie beispielsweise dem *genetic engineering*. Sie werden ausgeschaltet, wenn sie sich als untauglich erweisen bzw. sich nicht an bestehende Umweltbedingungen anpassen können. Neuerungen wiederum die standhalten, können Gegenstand von Optimierungen auf der molekularen Mikroebene werden. Erfolgreiche Mutationen etablieren sich, werden optimiert und dem ökologischen Umfeld angepasst, wie dies beispielsweise über den größten Teil der landwirtschaftlichen Geschichte nachvollzogen werden kann (Shapiro 2011).

Reproduktion und Vererbung

Das Erscheinungsbild des Menschen bzw. das von Organismen – der sogenannte Phänotyp – wird in wesentlichen Zügen durch Vererbung bestimmt. Dazu kommen dann die Auswirkungen von externen Einflüssen wie Hautveränderungen durch Sonneneinstrahlung oder Auswirkungen von Krankheiten. Die Vererbung beruht auf der Weitergabe von Informationen durch die Sexualpartner. Diese Informationen werden als Kombinationen beider Eltern in DNA-Molekülen codiert.

Der Vorgang der Vererbung selbst ist in seiner Komplexität, wie das Leben selbst, wenn kein Wunder, so doch äußerst staunenswert. In dem ganzen Prozess steckt viel mehr als die zunächst so elegant erscheinende Herstellung der Erbinformation durch Trennung komplexer DNA-Moleküle der Eltern und die Kombination der entstehenden zwei Hälften zu einem neuen DNA-Molekül, dem des Kindes. Der Vergleich mit der Erstellung einer 3D-Kopie eines lebenden Organismus ist als Illustration nicht sehr weit hergeholt. Eine originalgetreue Weitergabe der Erbinformationen der Eltern ist – abgesehen davon, dass diese unterschiedlich sind und beide Elternteile ihre Erbinformationen einbringen – jedoch nicht vorgesehen. Veränderungen gehören zum Prozess der Vererbung. Die Mutation bedroht die Zukunft von Mehrzellern, den Eukaryoten, ebenso wie sie als Motor der Evolution ihre Zukunft überhaupt ermöglicht. Einzeller wie Bakterien haben es einfacher. Sie passen sich der Umwelt an und sind sogar in der Lage, dabei ihre Mutationsraten mit anzupassen, also ihr Genom zu optimieren. Die erfolgreiche Anpassung der Bakterien an die feindliche Umgebung von Krankenhäusern belegt diese Fähigkeiten. Mehrzellern bietet sich diese Chance der Optimierung nicht. Sie sind zu komplex und treten in zu geringer Zahl auf (Krauß 2014).

> Sehr schön beschreibt der amerikanische Wissenschaftsjournalist Matt Ridley das Erstaunen und die Freude über die Entdeckung der Struktur der DNA durch Francis Crick und James D. Watson (Ridley 2013). Es ginge schließlich, so Ridley, um die Frage: „Was ist Leben?" Man war bis dato der Meinung, dass Leben in spezifischen dreidimensionalen Objekten mit hoher Komplexität, die auf seine Proteine zurückzuführen ist, zu Hause ist. Diese Objekte waren zudem in der Lage, sich energetisch von außen zu versorgen und sich mit ziemlicher Präzision zu kopieren. Aber wie eine Kopie

5.5 Die Evolution

> aus einem dreidimensionalen Objekt herstellen, wie es zum Wachsen bringen und wie es sich in einer vorhersagbaren Weise entwickeln lassen? Viele Wissenschaftler dachten über diese Frage nach, u. a. Erwin Schrödinger, und kamen der Antwort doch nicht wirklich nahe. Ausgerechnet das monotone und einfache DNA-Molekül machte das Rennen. Seine Doppelhelix konnte schnell mit all den notwendigen Attributen zur Erklärung des Lebens in Verbindung gebracht werden: digital, linear, zweidimensional, kombinatorisch unendlich und selbstreplizierend. Ridley zitiert einen Brief, den Francis Crick nicht ganz drei Wochen nach der Entdeckung, am 28. Februar 1953, an seinen Sohn schrieb. Er erklärte darin, dass er überzeugt sei, dass ein DNA-Molekül ein Code sei. Man könne nun sehen, so Crick, wie die Natur Kopien herstellt und wie die Nukleotide eine Art Buchstaben formen würden. Sie hätten den Code entdeckt, der Leben aus Leben entstehen lässt.

Nahm man früher an, die Eigenschaften der Eltern würden sich vermischen und dann bei den Kindern wieder in Erscheinung treten, so entstand mit der Entdeckung der DNA die Auffassung, dass die Eigenschaften nicht vermischt werden, so wie etwa zwei Flüssigkeiten dies tun, sondern dass sie sich in der Nachkommenschaft neu kombinieren. Dies bedeutet, dass ein Nachkomme ein elterliches Merkmal entweder erbt oder nicht.

Merkmale von Lebewesen werden nicht direkt vererbt. Die Vorstellung des französischen Wissenschaftlers Jean-Baptiste de Lamarck (1744–1829) – er führte den Begriff „Biologie" ein –, dass sich zu Lebzeiten erworbene Merkmale weitervererben lassen, wurde weitgehend entkräftet. Darwinismus und Lamarckismus waren in den 1920er-Jahren Gegenstand heftiger Auseinandersetzungen auch auf politischer Ebene. Während dem Darwinismus die Unterstützung rassistischen Gedankenguts unterstellt wurde, nahmen die sogenannten Neolamarckisten für sich in Anspruch, gültige Theorien über die Veränderung der Vererbung aufgrund der lokalen Gegebenheiten zu besitzen (Mayr 2002).

Statt Merkmale direkt zu vererben, belässt es die Evolution jedoch bei der Vererbung der Fähigkeit zur Ausbildung von Merkmalen. Die Vererbung ist Aufgabe des Genoms. Dabei kommen stoffwechselaktive Moleküle wie z. B. Proteine zum Einsatz (Krauß 2014). Proteine sind zwar unverzichtbar für den Aufbau der Merkmale, können sie aber nicht allein bewirken. Dazu müssen sie auf das Genom zurückgreifen, in dem die erblichen, aber auch die variablen Informationen dafür abgelegt sind.

Die Codierung der Erbinformation in DNA-Molekülen ist – auch wenn wir Lamarck beiseitelassen – offenbar nicht der einzige Weg der Evolution, Erbinformationen weiterzugeben. Hinzu kommen Wirkungen aus der Umwelt, die durch die Art selbst gestaltet werden oder durch Umweltveränderungen entstehen.

Dieser Erbfaktor wird inzwischen als wesentlich angesehen. Nicht zuletzt spielt er eine Rolle für die Arten, die ihre Umwelt selbst bestimmen. Dazu gehört natürlich der Mensch. Andere Beispiele sind Regenwürmer und Biber. Der Regenwurm hat durch eigene Aktivitäten dazu beigetragen, dass sein Lebensraum besonders für ihn selbst geeignet ist, und fördert so das quantitative Anwachsen seiner Art. Auch der Biber sorgt durch teilweise massive Veränderungen ganzer Landschaften durch eigene Gestaltung dafür, dass sie seinen eigenen Erfordernissen bestmöglich genügen. Gleichzeitig fördert er so die Weitergabe von wichtigen relevanten Erbinformationen zum weiteren Ausbau dieser Fähigkeiten.

Feedback
An diesen beiden Beispielen wird deutlich, dass die Prozesse der Evolution reziprok, also mit Rückkopplungseffekten (Feedback) versehen sind und zudem vernetzt agieren. Lange Zeit war man der Auffassung, dass die Evolution ohne Umweltbeeinflussung abläuft, und dass sich die natürliche Selektion und damit die Adaption der Arten aus der zufälligen Variation ergibt. Inzwischen streitet man darüber, ob diese Wirkungen durch die vorherrschende Evolutionslehre nicht allzu stiefmütterlich behandelt werden (Laland et al. 2014).

Horizontale Vererbung
Interessant ist auch die Fähigkeit des Genoms, gewissermaßen quer zu Entwicklungslinien der Vererbung Informationen aufzunehmen. Diese horizontale Vererbung stellt gleichfalls das traditionelle Bild darwinscher Evolution infrage. Dem britischen Wissenschaftler Alistar Crisp und seinen Kolleginnen und Kollegen an der Universität Cambridge gelang jetzt offenbar der Nachweis, dass der menschliche Körper mindestens 145 Gene enthält, die irgendwann im Laufe der Menschheitsgeschichte von ihren Vorfahren aufgenommen wurden. Es handelt sich dabei um einen transgenen Vorgang, dessen Existenz man bisher bereits bei Bakterien beobachten konnte, nicht aber bei Menschen annahm. Der Anteil, gemessen an den insgesamt etwa 20.000 menschlichen Genen, mag auf den ersten Blick nicht hoch erscheinen. Er ist aber sehr bemerkenswert, da man die wahrscheinlich vielen Generationen in Betracht ziehen muss, über die diese fremden Gene Zeit hatten, Wirkung zu entfalten. Und die Tatsache, dass wir nicht nur alle vom Affen abstammen – was die Viktorianer in Rage brachte – sondern nun auch wissen, dass Bakterien, Algen und Pilze – über die horizontale Vererbung – zu unseren direkten Vorfahren zählen, gibt der Sache zusätzliche Würze. Forscher weisen darauf hin, dass dieser horizontale Gentransfer für alle Tiere anzunehmen ist, dass sie ihn zunächst sehr konservativ, also zurückhaltend einschätzen, und dass sich daher noch eine sehr viel höhere Intensität des Transfers herausstellen könnte (Crisp et al. 2015).

Sexualität
Paarung bringt neben all den besonderen Aspekten des Lebens die notwendige Vielfalt in die Evolution komplexer Lebewesen. Die Auswahl des jeweiligen Partners ist selbst ein komplizierter, durch die Evolution entwickelter Prozess. Vieles,

5.5 Die Evolution

was einen Organismus für einen potenziellen Sexualpartner „attraktiv" macht, z. B. schillernde Farben, körperliche Attribute, schöne Stimme usw., gehört in diesen Bereich.

Zeugen Sexualpartner Nachwuchs, so verfügt dieser über zufällige Kombinationen der Chromosomen seiner Eltern. Das Ergebnis ist also Variation und nicht die möglichst identische Kopie. Die einzelnen Erbanlagen werden dabei unabhängig voneinander weitergegeben und neu kombiniert. Darüber hinaus werden homologe DNA-Abschnitte ausgetauscht, also solche, die stammesgeschichtlich übereinstimmen und damit entwicklungsgeschichtlich von gleicher Herkunft sind. Im Resultat erhält der Nachwuchs neue Kombinationen von Allelen, beispielsweise blonde Haare und blaue Augen statt brauner Augen und brauner Haare wie jeweils bei den Eltern.

Sexualität als „Technik der Fortpflanzung" ist evolutionär vorteilhaft, weil sie die Variation erhöht und die Evolutionsgeschwindigkeit bzw. Evolutionsrate steigert. Diese Rate gibt die Geschwindigkeit vor, mit der sich neue Arten bilden oder neue Ausprägungen der Merkmale Form, Größe oder Funktion entstehen. Ein Nachteil der Sexualität im evolutionären Kontext ist die begrenzte Weitergabemöglichkeit genetischer Information. Jeder Partner trägt 50 % bei, im Laufe der Generationenfolge verwässert sich dieser Beitrag immer mehr. Als möglicher weiterer Nachteil ist anzuführen, dass nur einer der beiden beteiligten Geschlechter Nachwuchs austragen kann. Dennoch ist Sexualität die am weitesten verbreitete Fortpflanzungsart unter eukaryotischen Organismen.

Die sexuelle Selbstreproduktion vollzieht sich bei Eukaryoten in den folgenden Schritten:

- Erstellen einer Kopie des Codes zur Reproduktion, d. h. Herstellen einer Kopie des DNA-Moleküls,
- Transfer des genetischen Codes zu Tochterzellen durch Zellteilung und Halbierung der Chromosomenzahl (Mitose, Meiose),
- Austausch von DNA-Segmenten zwischen gleichartigen Chromosomen während der Meiose, Herstellung von Gameten, d. h. Geschlechtszellen oder Keimzellen, als Transferform vor der Befruchtung,
- Vereinigung zweier Gameten und Erzeugung einer diploiden Zygote, aus der ein neues Individuum entstehen kann,
- zellweise Realisierung des genetischen Codes bzw. Programms.

Alle Prozesse und Schritte werden unter Veränderung der Erbinformation durchgeführt. Die Basis für die Selbstreproduktion liegt also in den Genomen der Individuen. Es ist leicht ersichtlich, dass es sich auch hierbei um eine Mischung aus biochemischen und informatorischen Vorgängen handelt.

Die Werbung um einen Partner der Wahl ist ebenfalls ein Prozess, der mit einem komplexen Informationsaustausch verbunden ist. Dieser vollzieht sich zudem, so die Erkenntnisse der Biologie und Psychologie, zu erheblichen Teilen im Unterbewusstsein. Die Evolution hat es gewissermaßen vermieden, der einfachen Vernunft, oder wenn man so will, dem Augenschein allein das Feld zu überlassen. Zu wichtig ist die richtige Partnerwahl für das Fortbestehen der Art.

> **Ungewöhnliche Partnerwerbung**
> Auch Tiere verstehen es, durch den Einsatz von Akustik, Farben, Olfaktorik, Gebärden, Kunststücken etc. die Werbetrommel für sich zu rühren, um einen ausgesuchten Partner zu überzeugen. Dabei geht es manchmal – zumindest in unseren Augen – recht bizarr zu. Selten aber ist es so bizarr wie bei einer bestimmten Gruppe der Landschnecken, die durchweg Zwitter (Hermaphroditen) sind. Beim Werben geht es zunächst um die Bewertung eines potenziellen Partners aus einer weiblichen und einer männlichen Perspektive. Und dann, vor der eigentlichen Paarung, „feuert" jeder der beiden Partner ein Objekt aus Kalkstein durch die Körperwand des anderen. Dieses Geschoss wird, nur bedingt zutreffend, „Liebespfeil" genannt. Die Pfeile sind mit einem Schleim bezogen, der die Zugangswege zu dem Ort blockiert, an dem Eier befruchtet werden. Sperma wird erst später und gewaltfrei übergeben. Es wird vermutet, dass die beteiligten Samen spendenden Schnecken sich so, also durch die Verzögerung der Samenübergabe, einen Wettbewerbsvorteil gegenüber Konkurrenten verschaffen. Das Werben und Paaren der Schnecken wurde kürzlich – unter besonderer Berücksichtigung der Lebensdauer der Pfeile schießenden Partner – von Kazuki Kimura und Satoshi Chiba an der japanischen Universität Tohoku untersucht (Kimura und Chiba Kimura 2015).

Asexuelle Selbstreproduktion ist auch möglich. Dabei ist – vorwiegend bei zellkernlosen Prokaryoten, Einzellern, Pilzen und auch Pflanzen – nur ein Elternteil vorhanden. Die Nachkommen erhalten die identische Kopie der Gene eines Elternteils. Es gibt also keine Keim- oder Geschlechtszellen. Dabei wird die DNA repliziert oder eine einzelne Zelle oder der gesamte Körper. Im Ergebnis sind die Nachfahren sowohl untereinander als auch mit dem Elternteil identisch. Die Fortpflanzung kann mit hoher Reproduktionsrate erfolgen. Der evolutionäre Vorteil liegt in der Fähigkeit, auf Änderungen der Lebensbedingungen durch hohe Wachstumsraten bereits angepasster Exemplare schnell zu reagieren (Zhegunov 2012).

5.6 Phylogenese

Die Phylogenese, die stammesgeschichtliche Entwicklung der Lebewesen als Gesamtheit, wirft einige Fragen auf, denn es besteht keine Einigkeit darin, ob das Leben einen Ursprung oder mehrere hat. Abb. 5.14 und 5.15 zeigen die drei Hauptstämme des Lebens: Bakterien (Bacteria), Archaeen (Archaea), Einzeller mit einem in sich geschlossenen DNA-Molekül, und Eukaryoten (Eukaryota), deren DNA im Zellkern vorliegt. Menschen und Tiere gehören zur letzten Stammesgruppe. Welcher der drei Stämme den Ursprung bildet, aus dem dann die anderen beiden Gruppen entstanden, ist nicht geklärt. Die große Ähnlichkeit zwischen den eukaryotischen Lebewesen hinsichtlich ihrer chemischen und strukturellen

5.6 Phylogenese

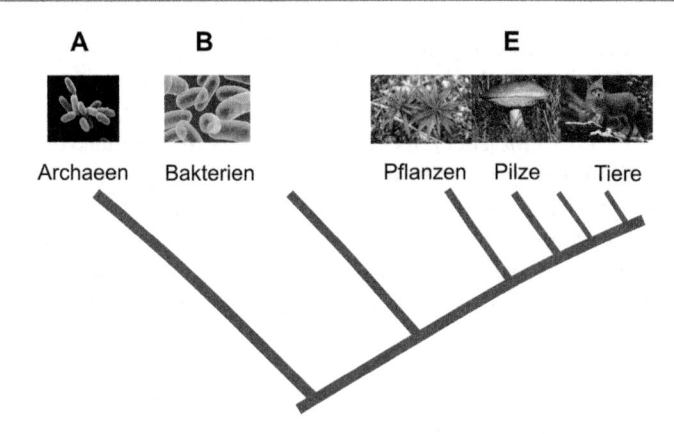

Abb. 5.14 Der phylogenetische Stammbaum des Lebens. Die drei Domänen sind Archaeen (A), Bakterien (B) und Eukaryoten (E)

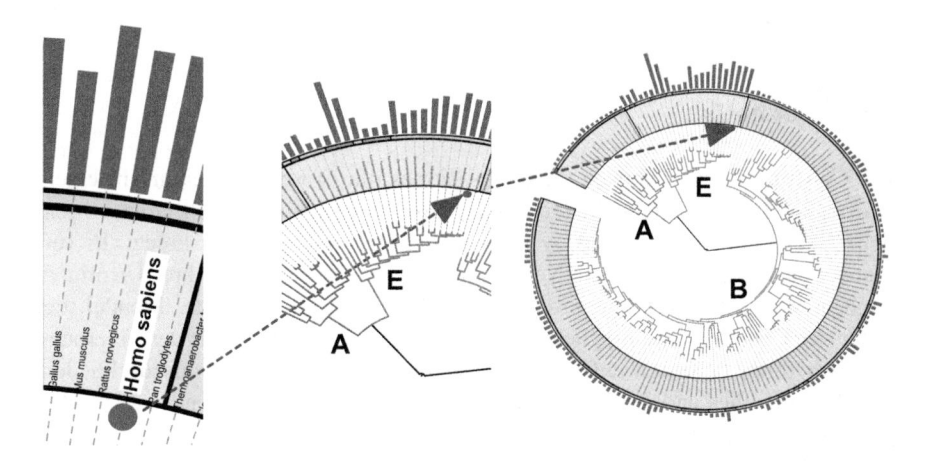

Abb. 5.15 Der Stammbaum des Lebens in detaillierterer Darstellung. Die Abbildung illustriert das Verzweigen der heutigen Arten aus einer Urform (im Mittelpunkt) heraus. Die drei Domänen sind Bakterien (B), Archaeen (A) und Eukaryoten (E). Der Platz des Menschen ist – mit abnehmender Detaillierung von links nach rechts – als Punkt gekennzeichnet. (Abbildungsvorlage entnommen aus Wikipedia, https://en.wikipedia.org/wiki/Phylogenetic_tree)

Eigenschaften (insbesondere der Organisation der DNA) weist jedoch darauf hin, dass alle dazu gehörenden Lebewesen miteinander verwandt sind und alle Zellen von einer Urzelle abstammen (Boujard et al. 2014). Sollten andere Arten als Ahnen eines ersten gemeinsamen Vorfahrens von uns – der den schönen Namen LUCA für *last universal common ancestor*, „letzter universeller gemeinsamer Vorfahre", trägt – existiert haben, so sind sie offensichtlich ausgestorben.

Festzuhalten ist, dass die Evolution selbst keine Verwandten, weder Vorgänger, Geschwister noch Nachfahren hat. Sie ist einzigartig. Dies weist auf äußerst unwahrscheinliche Startbedingungen des Lebens hin, denn wären diese wahrscheinlicher, hätten sie in der Erdgeschichte häufiger auftreten können. Offenbar waren sie jedoch so selten oder das Zeitfenster dafür so klein, dass die Evolution nur einmal auftrat. Es gibt jedenfalls keinen Nachweis für Parallelevolutionen.

Auch die Kluft zwischen „lebendig" und „nichtlebendig" ist – obwohl immer wieder gerne ignoriert oder kleingeredet – im Lichte dieser Außergewöhnlichkeit nach wie vor überdeutlich. Sie ist durch die neuen molekularbiologischen Erkenntnisse nicht schmaler, sondern eher breiter geworden. Das Leben ist eine neue Qualität, die erst auf einem bestimmten Niveau komplexer Wechselwirkungen in Erscheinung tritt, aber keiner einzelnen Systemkomponente allein zukommt. Es gibt kein Mehr oder Weniger an „Leben", es gibt nur lebendig oder nichtlebendig. Leben lässt sich nicht allein aus „Kraft und Stoff" erklären, also aus Physik plus Chemie. Auch wenn man Leben als Produkt aus der Dreiheit von Energie, Stoff und Information (Penzlin 2014) betrachtet, bleiben viele Fragen offen.

Insbesondere muss aber die Rolle der Information viel besser verstanden werden, damit auch die Funktionen der Evolution, also Mutation, Selektion und Reproduktion, nachvollziehbarer werden können.

5.6.1 Genetik

Die Genetik fing im wahrsten Sinne des Wortes mit Erbsenzählerei an. In seinem Kloster in Brünn untersuchte der österreichische Augustinermönch Gregor Mendel (1822–1884), was passiert, wenn man Pflanzen untereinander kreuzt. Er vermutete, dass alle Pflanzen eine Neigung haben, wieder zurück zu ihrer Urform zu streben, wie es ein zeitgenössischer lokaler Journalist formulierte. Mendel, der Vater der Genetik, hatte möglicherweise ganz anderes im Sinn, als der Vererbung oder gar ihren Gesetzen auf die Spur zu kommen. Es ist nicht auszuschließen, dass Mendel alles andere als ein Anhänger des Evolutionsgedankens war (Fischer 2010).

> **Mendels Entdeckung der Gene**
> Wie auch immer seine Motivationslage war, Mendels Ergebnisse waren so fundamental, dass er als der Entdecker der Gene gilt. Er stellte sich Gene als unteilbare Grundbestandteile vor, die gewissermaßen als Atome des Lebens gelten können. Diese standen in Wechselwirkung zueinander und erzeugten so den Variantenreichtum von Erbsen ebenso wie von anderen Pflanzen und Lebewesen.

Einen weiteren großen Schritt zu einem realistischen Verständnis von Vererbung tat der britische Arzt Archibald Garrod (1857–1936). Ihm wurde klar, dass manche Krankheiten erblich sind. Er präzisierte seine Aussage bald selbst, indem er darauf hinwies, dass nicht die Krankheiten selbst, sondern eher die Anlagen für sie erblich sind. Garrod beobachtete, dass die Menschen sehr unterschiedliche und individuelle Krankheitsbilder zeigen und stellte dabei fest, dass die Anlagen dafür den Mendelschen Gesetzen gemäß vererbt wurden. Daraus wiederum zog er den Schluss, dass die Individualität bereits in den Genen ihren Ausdruck findet. Mendel legte damit zu Anfang des vergangenen Jahrhunderts den Grundstein zur Genetik und sorgte dafür, dass Wissenschaftler sich seitdem der Frage widmen, wie durch Eingriffe auf der Ebene der Gene das Heilen von Krankheiten möglich ist. Heute haben wir diesen Durchbruch bereits vollzogen und hoffen auf weitere Erfolge einer immer besser verstandenen Genetik.

Mendels Leistung
Mendel war ein außerordentlicher Forscher. Der Wissenschaftshistoriker Staffan Müller-Wille hebt für diese heute mehr denn je gültige Einschätzung drei Gründe hervor (Müller-Wille 2015).

Die wohldefinierte experimentelle Methode
Mendel beschränkte sich bei seinen Experimenten, den Kreuzungen, auf eine einzige Art: die Gartenerbse. Bei ihr wiederum fokussierte er sich auf wenige, wohldefinierte Merkmale wie die Farbe. Er zeigte, dass er mit seinen Experimenten von dem Besonderen auf das Allgemeine schließen konnte, und wurde so zu einem Pionier der experimentellen Induktion und der Genetik.

Natur mit mathematischem Modell interpretieren
Die Natur mit einem mathematischen Modell zu beschreiben, heute ein Kennzeichen der Naturwissenschaften, war zu Mendels Zeit ein revolutionärer Arbeitsansatz. „Bei rund 300.000 Erbsen muss Mendel eigenhändig abgezählt haben, ob sie rund oder runzelig, grün oder gelb waren", hebt Müller-Wille hervor.

Unabhängige Vererbung von Merkmalen
Dass die vererbbaren Merkmale nicht alle zusammen, sondern unabhängig voneinander weitergegeben werden können, war eine weitere wichtige Erkenntnis Mendels. Auch dass Merkmale sogar im Verborgenen über mehrere Generationen hinweg erblich sind, konnte er nachweisen.

Das Wort Genetik stammt von dem dänischen Wissenschaftler Wilhelm Johannsen (1857–1927). Er suchte und fand einen kurzen prägnanten Begriff, um ihn gut in Texten kombinieren und in einfacher Weise über Gene mit spezifischen Eigenschaften sprechen zu können. In gewisser Weise ist ihm das zu gut gelungen, denn die inflationäre Verwendung des Begriffs, beispielsweise „Gene für Krebs" und „Gene für Untreue", zeigt, dass er hier einen Punkt ansprach, der die Menschen beschäftigt, nämlich Ursachen für Krankheiten und auch unerwünschte soziale Verhaltensweisen benennen zu können (Fischer 2010).

Nachweis der Gene
Thomas Hunt Morgan (1866–1945) erging es ähnlich wie Georg Mendel. Er veröffentlichte vor etwa 100 Jahren Ergebnisse von Versuchsreihen, in den denen er Fliegen untereinander gekreuzt hatte. Eigentlich wollte er so zeigen, dass es Gene nicht gibt. Tatsächlich aber gelang ihm der Nachweis derselben und er konnte eine erste Theorie der Gene aufstellen. Zusätzlich gelang ihm der Nachweis, dass sich die Gene nicht beliebig kombinieren lassen, sondern in definierter Ordnung auf den – gleichfalls damals neu entdeckten – Chromosomen angeordnet sind (Fischer 2010).

Gene und Strahlung
Ein Student Morgans, der amerikanische Genetiker und Nobelpreisträger Hermann J. Muller (1890–1967), stellte in den 1920er-Jahren fest, dass sich Mutationen bei Genen durch den Beschuss mit Röntgenstrahlen herbeiführen ließen. Die Idee Mullers zur Verbesserung des allgemeinen menschlichen Genbestandes, des Genpools, durch geplante Befruchtung vermeintlich normaler Frauen mit den Samen genialer Männer wie Einstein und Lenin führten zum Glück zu nichts. Seine Arbeiten legten jedoch die Grundlage zur Strahlenbiologie und damit zur physikalisch-mathematischen Untersuchung der Gene. Dies lockte in den 1930er-Jahren den jungen Göttinger Quantenphysiker Max Delbrück zur Biologie. Er schlug bald vor, die Gene als Verbünde von Atomen zu betrachten. In einer aufsehenerregenden Arbeit zusammen mit dem russischen Genetiker Nikolai Timofejew-Ressowski und dem deutschen Physiker Karl G. Zimmer wurde diese Theorie begründet. Sie hat eine historische Bedeutung auch dadurch, dass Erwin Schrödinger sie als Ausgangspunkt für seine Betrachtungen zu „Was ist Leben?" heranzog (Fischer 2010).

Im Jahr 1944 wurde dann die Funktion der Desoxyribonukleinsäure, der DNA, bei der Vererbung entdeckt. Dem kanadischen Arzt Oswald Avery (1877–1955) gelang es, mit DNA ungefährliche Varianten von Bakterien in gefährliche zu verwandeln. DNA wird, so stellte Avery fest, von Bakterien vererbt, und er schlussfolgerte zu Recht, diese Säure sei der Träger von Erbanlagen. James D. Watson und Francis Crick entdeckten dann 1953 die Doppelhelix-Struktur dieses Moleküls. Es war Crick und Watson klar, dass sie, wie Crick es formulierte, entdeckt hatten, dass „das Leben ein Code ist".

Die DNA codiert die Instruktionen zur Herstellung und zum „Betrieb" von Organismen. Die Säure wirkt auf drei Ebenen. Auf der molekularen Ebene wird die Produktion von Proteinen für das zelluläre Leben gesteuert. Auf der Ebene des

5.6 Phylogenese

Organismus wird das Entstehen von Individuen von der DNA bestimmt. Auf der Ebene der Art bildet DNA das Material, das, durch natürliche Selektion geformt, die evolutionäre Dynamik bzw. die evolutionären Veränderungen beeinflusst (Ryan et al. 2014). Das Prinzip der Weitergabe genetischer Information, der genetischen Codes, hat sich seit der Entstehung des Lebens nicht geändert. Nahezu alle heute lebenden Organismen bedienen sich dieser Codierung. Dies wird häufig als ein Beweis für den monophyletischen Ursprung, also für die gemeinsame Abstammung aller Lebewesen, gesehen (Wuketits 2000).

Die Entschlüsselung der Erbinformationen
Die Genetik als Forschungszweig intensivierte sich in den 1960er-Jahren und führte bald zu der Entdeckung, dass Gene Proteine „produzieren". Proteine sind Schlüsselbausteine des Lebens – wie wir bereits im Abschnitt zur Sensorik und zum Informationstransport gesehen haben. Die Produktion der Proteine wird durch die Sequenz der Basenpaare auf der Leiter der Doppelhelix gesteuert. Die Basensequenz des sogenannten codogenen DNA-Einzelstrangs bestimmt die Reihenfolge der Aminosäuren in einem Protein. In der Reihenfolge der Basen steckt also die biologische Information zur Vermehrung von Zellen und zur Vererbung des ganzen Organismus.

Es war zunächst nicht einfach, den Code in der Basensequenz (Abb. 5.16) zu verstehen, und man steckte auch nicht übermäßig viel Forschergeist und Geld in die Beantwortung dieser Frage. Erst hinreichend schnelle Rechner machten es lohnenswert, sich an die Sequenzierung einzelner Gene und später dann ganzer Genome zu machen. Die Einsicht, dass Krebserkrankungen auch genetische Ursachen haben können, sorgte dann für die nötige Beschleunigung und ließ die Geldquellen üppiger sprudeln.

Abb. 5.16 Der Aminosäure-Code. Die Buchstaben des inneren Kreises (grau schattiert) ergeben, zu Dreiergruppen von innen nach außen gelesen, die zugehörige, im äußeren Kreis ablesbare, Aminosäure. (Abbildungsvorlage entnommen aus: http://www.chemgapedia.de)

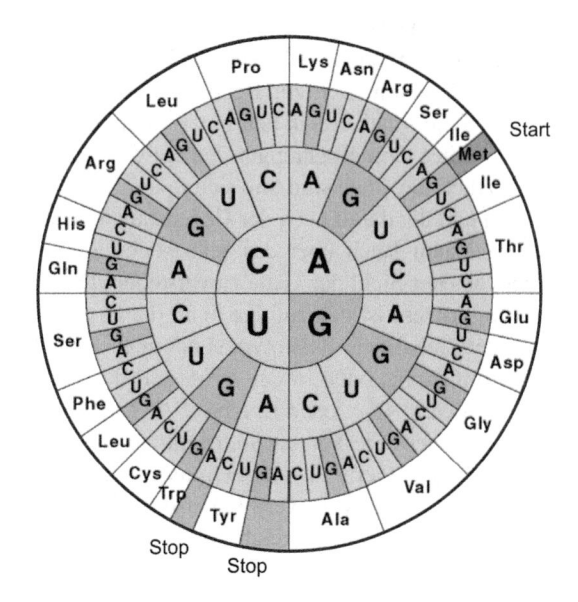

Plötzlich gab es einen internationalen Wettlauf zur Entschlüsselung des menschlichen Genoms. Viele Vorarbeiten hatten dafür gesorgt, dass inzwischen eine Reihe von Wegweisern und Markierungen auf einer fiktiven genetischen Karte vorlagen. Auch an kleineren Karten hatte man sich versucht, etwa an den Genomen von Hefepilzen und Fliegen. Beim Menschen ging es immerhin um die Entschlüsselung von etwa 3 Mrd. Basenpaaren, von denen jedes ein Träger von Information ist. Das entspricht etwa einer veritablen Bibliothek von 1000 Büchern mit jeweils etwa 1000 Seiten (Fischer 2010). 2001 lag das Ergebnis vor: das entschlüsselte menschliche Genom. Es handelt sich dabei um ein „Konsensgenom", dessen Abschnitte unterschiedliche Menschen mit unterschiedlicher Herkunft aus unterschiedlichen Kontinenten bestimmt haben. Die Zusammensetzung traf dennoch auf Kritik, weil dieses, für alle Menschen repräsentativ gedachte Genom aus Sequenzen besteht, die von forschenden Teilnehmern aus dem Genomprojekt stammen, die wiederum überwiegend in den Industrienationen ihre Herkunft haben. Die anderen Weltregionen blieben dabei weitgehend außen vor.

DNA und RNA sowie bestimmte Enzyme und Proteine sind Übermittler von Information. Nicht alle Informationen haben instruktiven bzw. befehlsorientierten Charakter (Davies et al. 2012). Ähnlich einem simplen Algorithmus, mit dem sich per Rekursion, also wiederholter Selbstanwendung, komplexe Strukturen wie z. B. fraktale Strukturen erzeugen lassen, regen die RNA- und DNA-Informationen zwar die Prozesse zur Gestaltbildung und anderen Vorgängen an, wirken jedoch nicht unmittelbar als Instruktionen darauf ein. Details organischer Strukturen sind also nicht unbedingt auf DNA-Codes zurückzuführen. Nach heutigem Kenntnisstand entfalten sie sich als Teil vermittelnder Vorgänge. Ordnung und Struktur entstehen als Teil nichtlinearer Systeme, wie sie bei extremen thermodynamischen Ungleichgewichten vorgefunden werden.

Das „selbstsüchtige" Gen

Einen inspirierenden Gedanken zur Bedeutung der Gene in der Natur und der Evolution und damit auch zur Bedeutung der Information brachte der britische Wissenschaftsjournalist und heutige Evolutionsbiologe Richard Dawkins 1976 ins Spiel. Unter dem eingängigen Schlagwort „egoistisches Gen" postulierte er, dass es letztlich die Gene sind, die sich in der Evolution entwickeln, die im Wettbewerb stehen und die damit auch der Gegenstand der Selektion sind (Dawkins 1976).

In seinem Buch über das selbstsüchtige Gen postuliert er, die Evolution sei allein aus der Sicht der Gene zu verstehen. Die „Einheit der Selektion" im evolutionären Prozess ist demzufolge nicht der Organismus (Pflanzen, Tiere, Menschen), also der eigentliche Phänotyp, sondern es sind die Gene. Gene sind die Einheiten der Erbinformationen in der DNA und der verwandten RNA – sowie der Untergruppe der mRNA oder Boten-RNA. Ihre Informationen erlauben die Synthese von Proteinen. Sie können sich replizieren und werden – im Gegensatz zu ihren temporären Trägern, also den Organismen – dadurch nachgerade unsterblich. Die Evolution, so Dawkins, verfolge also den „Zweck", durch geeignete Selektion den Trägerorganismus erfolgreich zu gestalten. So wird das bestmögliche Überleben der Spezies gesichert, was wiederum dessen Genen zum Überleben verhilft. Der

Schlüssel liege, so Dawkins, in den optimalen Chancen der erfolgreichen Weitergabe der Erbinformation. Eine kritische Auseinandersetzung dazu findet sich weiter unten.

Dawkins erhielt viel Zuspruch und seine These wurde sehr populär. Er erntete allerdings auch viel Kritik aus den Reihen der Wissenschaft. Der Biologe Veiko Krauß ordnet Dawkins heute als Ultradarwinisten ein, der eine durch „Anekdoten und trickreiche Argumentationen gestützte Vorstellung von allgegenwärtiger, direkter Selektion auf der Ebene einzelner Gene eine simplifizierte Version der Evolutionstheorie" verbreitet. Der Erfolg liege eher in der Eingängigkeit der These und weniger im wissenschaftlichen Gehalt begründet, so Krauß (2014). In der Tat musste Dawkins seine Darstellung über Struktur und Aufgabe der Gene und ihre Bestandteile inzwischen korrigieren (Krauß 2014). Dawkins Versuch, die Argumentation mit dem Ersetzen des Begriffs „Gen" durch „Replikator" zu entschärfen, brachte nicht den gewünschten Erfolg. Die Unbestimmtheit der Aufgaben und Grenzen eines Replikators verhinderte es, dass dies breite wissenschaftliche Berücksichtigung fand.

Genauso wenig setzte sich Dawkins Einführung des Begriffs „Meme" als Informationseinheit des Bewusstseins durch, auch wenn Meme immer wieder ins Feld geführt wird, wenn es um die Frage der Vererbung des semantischen Kontextes geht (Crofts 2007). Dabei mag bisher die Unklarheit über die Semantik selbst die entscheidende Rolle gespielt haben. Denn schließlich setzt ein Meme voraus, dass es kleinste Bewusstseinseinheiten, kleinste Gedanken etc. gibt. Diese Einheiten bilden dann, so kann man schließen, eine Art selbstreplizierenden Pool von Kunst und Wissenschaften, Literatur und Musik, Wissen, Folklore etc., der mit jedem menschlichen Leben überlebt. Den Beweis für seine Hypothese konnte Dawkins bisher nicht erbringen.

Kontroverse Diskussion zu Dawkins Meme
Natürlich entzündet sich Kritik am Begriff „egoistisches Gen" auch deswegen, weil Molekülen wie DNA und RNA kaum ein Egoismus zugesprochen werden kann. Eine Übertragung der Prinzipien der Evolution auf die Gedanken- und Bewusstseinswelt scheint nicht möglich und führte deshalb gleichfalls zu vehementer Kritik (Krauß 2014). Andererseits trifft man auf viele Metaphern, wenn Naturwissenschaft erklärt wird. So gibt das „Streben" einer chemischen Reaktion nach einem möglichst energiearmen Produkt zwar eine Richtung an, hat aber mit einem willentlichen Streben nichts zu tun.

Der amerikanische Biologe Jerry A. Coyne nimmt Dawkins in Schutz. Dawkins habe, so Coyne, den Genen selbst keinen Egoismus irgendeiner Art zugesprochen und auch nicht behauptet, alle biologischen Arten seien primär egoistisch ausgerichtet. Ebenso wenig wie er behauptet habe, alle Arten seien überwiegend altruistisch, also selbstlos orientiert. Dawkins habe vielmehr eine Metapher für die Wirkungsweise der Evolution, was die natürliche Auslese angeht, gefunden: Gene verhalten sich, als ob sie egoistisch

> orientiert seien. Solche, die vorteilhaft an die Umwelt adaptierte Phänotypen hervorbringen, würden Gene, die dies nicht schaffen, aus dem weiteren Geschehen ausgrenzen (Coyne 2009).

Trotz aller Kritik muss man durchaus konstatieren, dass die Metapher – Dawkins positioniert den Begriff des eigensüchtigen Gens als solche – auch eine produktive Seite hatte. Sie warf immerhin die Frage auf, ob die Evolution nicht durch eine ganz andere Triebkraft als die ständige Optimierung der Arten vorangebracht wird. Auch wenn die Genetik bei Dawkins offenbar zu kurz kam, so stieß er doch interessante Diskussionen an.

Epigenetik
Hatte Jean-Baptiste de Lamarck mit seiner Theorie der Evolution, in der erworbene Fähigkeiten weitervererbt werden können, doch recht? Der Lamarckismus galt bis in die junge Vergangenheit als eine Art rotes Tuch für jedermann, der sich schützend vor die Evolutionslehre stellen und sie verteidigen wollte. Die Giraffe, die für sich und ihre Nachkommen einen langen Hals erwarb, weil sie das Laub der hohen Bäume fressen wollte, war das Standardbeispiel. Es war das Zerrbild, mit dem Lamarck bis heute verspottet wird. Allerdings lässt das noch recht junge Gebiet der Epigenetik ein milderes Urteil zu. Danach hat Lamarck zwar nicht recht, denn erworbene Eigenschaften werden auch im Lichte der Epigenetik nicht genetisch vererbt, aber auch nicht vollständig unrecht, denn eine Vererbung findet gleichwohl statt.

> Während im Kern der gängigen Lehrmeinung der Genetik nur spontane Genmutationen für die Veränderung des Erbguts verantwortlich gemacht werden, rücken jetzt auch Wirkungen aus der direkten Interaktion eines Organismus mit seiner Umwelt ins Blickfeld. „Epigenetik" (von griechisch „epi" für „darüber") zielt auf eine dem eigentlichen Genom übergeordnete Organisationsebene. Zwar steckt im DNA-Text des Erbguts der Bauplan für das Leben. Doch damit dieser überhaupt einen Sinn ergibt, regulieren epigenetische Mechanismen, welche Bereiche aktiv sind und abgelesen werden, damit neue Proteine entstehen, und welche stillgelegt werden, weil ihre Informationen in der jeweiligen Zelle oder unter den aktuellen Bedingungen nicht benötigt werden. So entscheiden letztlich diese epigenetischen Mechanismen über die Funktion von Zellen und Organen, aber auch darüber, ob ein Mensch eher füllig oder schlank ist, ob er zu Krankheiten neigt oder ob seine Psyche stabil oder instabil ist (Reinberger 2014).

Von der Rolle der Basen als Buchstaben der Erbinformation wird in der Epigenetik nicht abgerückt, jedoch hat man Markierungen auf den DNA-Basen des

5.6 Phylogenese

Genoms gefunden, die eine Erbinformation aktiv an- oder abschalten können. Die Umwelt nimmt so Einfluss auf die Aktivität einzelner Gene. Diese wird als neue Informationsebene auf dem Genom interpretiert und Epigenom genannt. Die Epigenetik untersucht mithin das Zusammenspiel zwischen Umwelt und Genom. Auch nach Lamarck sollten Umwelteinflüsse die Vererbung beeinflussen. Das Genom war zu seiner Zeit noch nicht bekannt. Der intensive Gebrauch oder Nichtgebrauch von Organen sollte ihm zufolge deren Funktion verändern, und diese Änderungen würden an die Nachkommen vererbt. So entwickelte die Giraffe seiner Meinung nach ihren langen Hals.

Die Epigenetik greift diesen Gedanken in einem zentralen Punkt auf: Die Umwelt spielt eine direkte Rolle bei der Ausprägung und Verwendung der Erbinformation. Die Epigenetik sieht jedoch die Veränderungen mittelbar im genetischen Bereich wirksam werden und nimmt an, dass sie sich über nur wenige Generationen vererben.

Der Wiener Biologe Paul Kammerer (1880–1926) vertrat das Postulat der Vererbung erworbener Eigenschaften bereits in den 1920er-Jahren. Seine Ergebnisse, die er z. B. an den Hautzeichnungen festmachte, die Lurche in Abhängigkeit von den Bodenfarben erwerben (Abb. 5.17), wurden sehr skeptisch bewertet und dann über Jahrzehnte vergessen.

Neuere Positionen, so z. B. die der israelischen Biologin Eva Jablonka und ihrer englischen Kollegin Marion J. Lamb, betonen, dass der wichtigste Unterschied zwischen damals und heute darin besteht, dass man heute besser verstehen kann, wie die Umwelteinflüsse sich Geltung auf die Vererbung verschaffen. Man beobachtete schon vor 100 Jahren Umwelteffekte, die über mehrere Generationen anhielten. Heute hingegen sind vielfältige epigenetische Mechanismen bekannt, und man weiß, wie das funktionieren kann – auch wenn noch nicht alle Details der Vererbung geklärt sind (Jablonka und Lamb 2005a).

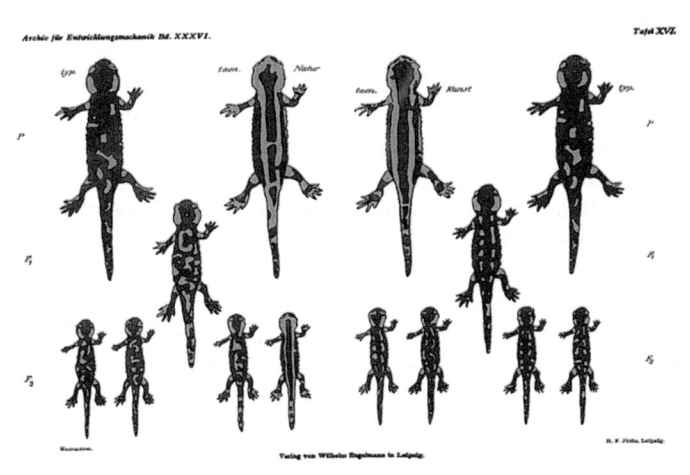

Abb. 5.17 Epigenetische Wirkungen bei Lurchen. Die Hautzeichnungen der Nachkommen sind eine Funktion der Bodenfarben des Lebensraumes der Eltern. (© Archiv der Österreichischen Akademie der Wissenschaften)

Epigenetik wird heute weit über die Naturwissenschaften hinaus diskutiert. Dabei werden Fragen berührt, ob und wie Umweltbelastungen sich auf Schwangerschaften auswirken und ob sich bei Depressionen die Informationen des Genoms verändern. In diesem Zusammenhang ist auch die *Evolutionary Developmental Biology* zu erwähnen, auch Evo-Devo genannt. Insbesondere die evolutionären Zusammenhänge zwischen dem Erbgut (Genotyp) eines Lebewesens und seinem Erscheinungsbild (Phänotyp) bilden in diesem Forschungsansatz die Zielrichtungen. Evo-Devo-Forschung ist der Auffassung, dass der Neodarwinismus (Darwinismus in Abgrenzung zu den Thesen von Lamarck) und die Synthetische Evolutionstheorie (Evolutionstheorie seit den 1950er-Jahren) den evolutionären Wandel nicht vollständig erklären können. Die Geschichte der Evolution durch vergleichende Untersuchungen biologischer Organismen und die darin auftretenden Innovationen wie z. B. Knospen, Federn und Verhaltensmuster bilden einen entwicklungsgeschichtlichen Forschungsschwerpunkt. Epigenetik wird im Rahmen von Evo-Devo-Forschung als vielversprechende Alternative gesehen.

Der Biologe Veiko Krauß betont die unterschiedlichen Rollen von Epigenetik und Genetik. Die Wirksamkeit der Umwelteinflüsse auf die Vererbung epigenetischer Muster wird gern als Vorteil der Epigenetik gesehen. Die Genetik hingegen sei relativ robust gegenüber Umwelteinflüssen. Und nur so könne sie ihre Rolle als evolutionäres Gedächtnis spielen. Es sei aussichtslos, so Krauß, von derselben Struktur sowohl eine Stabilität über Generationen hinweg als auch eine Sensibilität gegenüber aktuellen Veränderungen der Umwelt zu erwarten (Krauß 2014).

5.6.2 Information und biologische Evolution

In der Biologie kam es mehrfach zu bahnbrechenden Paradigmenwechseln. Die Evolutionstheorie von Charles Darwin im 19. Jahrhundert glich einem tektonischen Beben. Sie brachte ein völlig neues Bild vom Leben, seinem Entstehen und seiner Entwicklung mit sich. Die Entdeckung der DNA als zentralem Werkzeug der Evolution durch James D. Watson und Francis Crick sorgte dann etwa 100 Jahre später für einen weiteren Paradigmenwechsel.

Mit der Beschreibung der DNA und damit des genetischen Codes wurde nicht nur der zentrale Baustein zur Verschlüsselung der Erbinformation aller lebenden Wesen gefunden, sondern in der Folge auch seine (Rechen-)Vorschrift zur Entschlüsselung. In diesem Zusammenhang wurde deutlich, dass sich in lebenden Organismen Ähnliches abspielt wie in einer Turingmaschine: In einem Speicher kann Information gelesen werden, sie wird manipuliert und das Ergebnis wird erneut gespeichert. Aber auch wenn die Suche nach Ähnlichkeiten zwischen Organismus und Maschine nicht überstrapaziert werden sollte, so stellt sich doch sofort die Frage, ob der Schluss gezogen werden kann, dass die Evolution in Teilen wie ein Computer funktioniert. Selbst wenn nicht, so bleibt doch festzuhalten, dass die Evolution sich – ähnlich wie in einem Computer – der Prinzipien der systematischen Informationsmanipulation bedient. Fakt ist auch, dass die Prinzipien der Informationsmanipulation, die bisher häufig als rein chemische Reaktionen verstanden wurden, immer mehr in ihren eigentlichen Funktionen wahrgenommen werden. Neu gewonnene Perspektiven wie die der informatorisch geprägten Biologie haben inzwischen massiv praktische Auswirkungen, indem sie die Entwicklung neuer pharmazeutischer Produkte ermöglichen oder erleichtern.

> Die Frage nach der Entstehung biologischer Information bei der Suche nach dem Ursprung des Lebens ist für viele Wissenschaftler bereits seit Längerem von zentraler Bedeutung. Selbstorganisation und Zufall gelten dabei als ebenso wichtige Mechanismen wie Interaktions-, Replikations- und Archivierungsfähigkeit. Diese Mechanismen beruhen im Kern auf Informationsnutzung bzw. -verarbeitung. Jeder Organismus ist selbst eine „Theorie" über seine Umgebung (Munz 2004, S. 3). Dies bedeutet, dass ein Organismus die Bedingungen seiner Umwelt bzw. seines Lebensraums widerspiegelt. Er kann dieses, weil er durch evolutionäre und selektive Adaption Information und Wissen über sie gesammelt hat und sich stetig selbst daran optimiert. Die grundlegenden Funktionen des Nervensystems beispielsweise sind darauf ausgerichtet, auffallende, sich ändernde oder „interessante" Merkmale der Umwelt aufzunehmen und angemessen – im Sinne der Evolution zum Vorteil der eigenen Entwicklung – darauf zu reagieren.

Festzuhalten ist, dass die Entstehung des Lebens und die Evolution inzwischen überwiegend als informatorische Prozesse der Biochemie und der Komplexitätsbildung interpretiert werden. Nicht die Kombination und Anordnung von Elementen und Substanzen, die letztlich die Anatomie eines lebenden Organismus bilden, oder sein Stoffwechsel sind dabei die entscheidenden Merkmale, sondern bereits in der Entstehungsphase des Lebens seine Fähigkeit, Information zu speichern, zu replizieren und sie über Generationen hinweg zu kommunizieren (Bawden 2007).

Evolution der Information in biologischen Prozessen
Bei komplexer werdenden Vorgängen wird es zunehmend deutlich, dass energetische und biochemische Prozesse zweckgerichtet sind in dem Sinne, dass ihre Arbeit nicht zufällig, sondern gemäß einem übergeordneten Prozessgeschehen verläuft. Zwar ist die Fähigkeit von Makromolekülen, Photonen einzufangen und das Resultat als biochemische Reaktion weiterzugeben, sicher auch ohne den Aspekt der Information analysierbar. Wenn jedoch dieses Einfangen und die Weitergabe ein Teil einer groß angelegten, konzertierten Aktion sind, die sich in einem Organ wie z. B. dem Auge manifestieren, und dieses Auge das Gesamtergebnis an das Gehirn weitergibt, dann liegt eine neue Qualität vor, nämlich die der biologischen Informationsverarbeitung. Wer hier immer noch den Aspekt der Information ausblendet, handelt ähnlich, als würde er einen Ottomotor ohne das Verständnis von Energie und Entropie oder einen Computer ohne eine Vorstellung von Hard- und Software analysieren wollen.

Biologische Information

Der Unterscheidung zwischen Shannon-Information und semantischer Information ist gravierend und muss auch im biologischen Kontext beachtet werden. Semantische Information kann weiter in syntaktische, semantische und pragmatische Bestandteile differenziert werden. Die semantischen Anteile beziehen sich dabei sowohl auf die Bedeutung von Daten als auch auf den Instruktionsgehalt zu ihrer Verarbeitung.

Üblicherweise wird die Informationsmenge in DNA-Molekülen in Basenpaaren (Symbol bp, Kilo-Basenpaare, kbp, oder Mega-Basenpaare Mbp) gemessen, also jeweils zwei gegenüberliegenden, komplementären Nukleinbasen in der doppelsträngigen DNA oder RNA. Die Anzahl der Basenpaare eines Gens stellt ein wichtiges Maß der Information dar, die im Gen gespeichert ist.

DNA-Moleküle sind Hochleistungsspeicher

Die Fehlerrate beim Kopieren von DNA ist mit etwa zwei Fehlern pro 1 Mio. Bits verblüffend gering. Sie entspricht damit den heute üblichen Kopierfehlern bei rotierenden Datenträgern wie DVDs und Festplatten. Das Speichervolumen für 1 g DNA wurde mit etwa 2,2 PB bestimmt. Damit übertrifft die Speicherdichte der 25 Billionen Zellen des menschlichen Körpers mit jeweils 6 Mrd. genetischen Zeichen alles, was heute technisch realisierbar ist. Kein Wunder, dass DNA-Moleküle als potenzielle Massenspeicher der Zukunft zu einem Forschungsfeld von Ingenieuren und Informatikern geworden sind.

Informationsverarbeitung und Evolution

Unser Bild von den entscheidenden technologischen Umwälzungen der vergangenen Jahrzehnte ist mehr mit den technischen Systemen verbunden, die sie ermöglichen, als mit dem Stoff, der sie antreibt, nämlich der Information. Dass die Informatisierung über digitale Technologien und digitale Medien nicht nur staunenswerte Möglichkeiten der Unterhaltung, des Lernens und der Arbeit in allen Bereichen gebracht hat, sondern zu einem vorher nicht denkbaren Zuwachs an semantischer Information führte, wird kaum zur Kenntnis genommen. Und auch die ständig steigende Wachstumsgeschwindigkeit wird eher als technische Herausforderung begriffen denn als ein Wachstum der Informationsmenge und den damit verbundenen Strukturen als Teil der Wirklichkeit.

In der Biologie nehmen wir die Information bevorzugt im Kontext von biochemischen Prozessen wahr anstatt als wirkenden Bestandteil der Natur. Sie bekommt dadurch den Charakter einer nachgelagerten, auch noch zu erwähnenden und unvermeidlichen Eigenschaft. Der Versuch, sie näher zu erklären, wird meist unterlassen. Sie erscheint als a priori vorhanden. Wir verwechseln dabei die Ursache – die Optimierung und Schaffung von Informationsprozessen – mit den Wirkungen – den materiellen, biochemischen Ausprägungen zu ihrer Verarbeitung. Dies ist umso erstaunlicher, als gerade die Biologie eine Umwälzung als Wissenschaft erlebt hat, die nur mit der der Informationstechnologie zu vergleichen ist. Sie wurde vor etwa 60 Jahren durch die Entdeckung der Doppelhelix und der Anordnung der sie bildenden Basenpaare durch Watson und Crick ausgelöst. Die wichtigsten Transformationen der Naturwissenschaften und der Technik hängen eng mit der Auseinandersetzung über das Verständnis von Information zusammen.

Zunächst geschah dies in der Physik, der Technik und der Biologie aus einer Perspektive heraus, die zu einer Herangehensweise führte, die der des 19. Jahrhunderts gleicht. Man versuchte damals oft, die Welt und das Leben in ihr in Analogie zu Maschinen zu sehen, die, durch ein inneres Feuer angetrieben, in der Lage sind, Arbeit zu verrichten. Richard Dawkins tritt dieser Auffassung seit langem entgegen (Dawkins 1986):

> Was im Herzen eines jeden Lebewesens liegt, ist kein Feuer, kein warmer Atem, kein „Funke des Lebens". Es sind Information, Wörter, Anweisungen... Wenn Sie das Leben verstehen wollen, denken Sie nicht über lebendige, pochende, sickernde Säfte nach, denken Sie an Informationstechnologie. Die Zellen eines Organismus sind Knoten in einem reich verwobenen Kommunikationsnetz mit Übertragung, Empfangen, Codieren und Decodieren. Evolution selbst verkörpert einen ständigen Informationsaustausch zwischen Organismus und Umwelt.

Die Evolution ist informationsverarbeitend
Information kann und wird zweifellos mittels natürlicher Verfahren wie chemischer Prozesse verarbeitet. Beim Blick auf die Natur zeigt uns die Evolution eine unglaubliche Fülle dieser Verfahren, die offenbar einzig zum Zweck des Umgangs mit Information entstanden sind. Und diese sind nicht allein auf den Bereich der Vererbung beschränkt, in dem das DNA- und das RNA-Molekül Berühmtheit erlangten. Informationsverarbeitung und -übertragung geschieht gleichermaßen in Zellen, zwischen ihnen und auch innerhalb einzelner Biomoleküle. Viel von dem, was wir als Leben wahrnehmen, ist ein Resultat der bemerkenswerten Fähigkeiten biologischer Bausteine, hoch entwickelte Berechnungen anzustellen (Benenson 2012).

Der dänische Theologe und Naturwissenschaftler Niels Henrik Gregersen vertritt die Auffassung, dass in der biologischen Information der Ursprung der biologischen Evolution und damit des Lebens zu suchen ist. Dabei stellt er die Frage, ob die Evolution als eine Art Computerprogramm, ein Algorithmus also, zu betrachten ist (Gregersen 2003). Information würde dann schrittweise im Zuge von Mutation und Selektion entstehen.

Es lohnt sich daher auch, einen genaueren Blick auf die informationsverarbeitenden Verfahren biologischer Systeme wie die Menschen, die Tiere und die Pflanzen zu werfen. Das Verständnis der biologischen Evolution ist der Schlüssel zur Analyse des Umgangs mit Information in den biologischen Prozessen. Dabei müssen wir uns von dem üblichen Bild verabschieden, dass es sich um Vorgänge handelt, die von der Evolution primär mit dem Ziel geschaffen wurden, immer neue ökologische Nischen zu besetzen und darin eine Optimierung der Arten zu betreiben. Dies mag eine Wirkung sein, sie sollte jedoch nicht mit einem Zweck verwechselt werden.

Zumal ein Zweck im teleologischen Sinne als gegebenes Ziel auch nicht zu erkennen ist. Dies sieht allerdings nicht jeder so, und das Thema bietet daher Anlass zu heftigen Diskussionen. Die Evolution entwickelt sich jedenfalls ständig weiter und mit ihr die inhärente Informationsverarbeitung, die sie dabei antreibt und unterstützt.

Die Evolution und der Zweite Hauptsatz der Thermodynamik
Mehrere Experimente haben die Fähigkeit nicht lebender Materie zur Selbstreplikation bestätigt. So vor kurzem an den amerikanischen Universitäten Berkeley und Harvard (Wolchover 2014). Am Massachusetts Institute of Technology (MIT) vertritt Jeremy L. England die Position, dass auch die Evolution durch die große Kraft des Zweiten Hauptsatzes der Thermodynamik angetrieben wurde und wird. Und dies sei bereits lange vorbereitet gewesen, bevor die Evolution überhaupt begann. Sein entscheidender Punkt ist die Einordnung der Selbstreplikation als dissipativer Prozess, der Energie aufnimmt und verteilt, wodurch dann die Entropie des Gesamtsystems – letztlich des Universums – erhöht wird. Dass dabei im größeren Stil der Umweg über offene Systeme, im Falle der Evolution über lebende Organismen, gegangen wird, stört England wenig. Er sieht die resultierende Entropievermehrung, die bei der Selbstreproduktion zugunsten höherer Entropie ausgeht, als entscheidend an. „Ein guter Weg, die Dissipation zu erhöhen, besteht darin, Kopien von Dir selbst anzufertigen", so England (2013). Er zeigt, dass RNA, das Molekül, von dem verbreitet angenommen wird, es sei der heutigen DNA-basierten Lebenswelt vorausgegangen, ein besonders günstiges Baumaterial zur Aufnahme und Umwandlung von Energie darstellt. „Mit dem Auftauchen von RNA ist die folgende darwinsche Evolution nicht mehr überraschend", so England gegenüber einer Fachzeitschrift (Wolchover 2014).

Diese physikalische Herleitung der Evolution auf der Grundlage des Zweiten Hauptsatzes der Thermodynamik wird vielfach bereits zum Anlass genommen, England auf eine Stufe mit Darwin zu stellen. Es sei eine Sache, so kann man lesen, die Evolution als biologischen Prozess abzulehnen, ganz anders sei es mit der Ablehnung physikalischer Gesetze. Englands Anhänger erwarten also eine felsenfeste Barriere gegen die Kritiker bzw. Leugner der biologischen Evolution. Entschieden ist nicht, ob England zum zweiten Darwin wird, aber seine Theorie könnte die Diskussion über die Bedeutung der Evolution entscheidend beeinflussen. Damit wäre über die Entropie im Zweiten Hauptsatz auch die Bedeutung der Information in der Evolution gestärkt. Die Zunahme der Entropie des Universums über den Umweg der Erzeugung von Negentropie in offenen Systemen dissipativer Umgebungen würde der Information auch aus dieser Perspektive eine Schlüsselrolle bei der Evolution zuweisen. Und sie würde der Evolution einen naturwissenschaftlich-physikalischen Pfeiler verleihen.

Dissipative Systeme
Das Leben erweckt den Anschein, als würde es sich dem Zweiten Hauptsatz der Thermodynamik entgegenstellen. Es fällt zunächst schwer, unter diesen Annahmen den Grund zu erkennen, warum die Evolution dennoch genau den Weg

gewählt hat, sich als offenes System zu etablieren. Jeder lebende Organismus reduziert für sich seine Entropie, anstatt sich direkt dem Zweiten Hauptsatz zu beugen und sie zu erhöhen.

Der Grund mag in den Eigenschaften dissipativer Systeme liegen. Weit entfernt vom thermodynamischen Gleichgewicht ist Ordnung in ihnen nicht nur möglich, sondern es entstehen geradezu geordnete Strukturen aufgrund dieser Sondersituation. Und der Zweite Hauptsatz wird nicht verletzt. Im Gegenteil, es spricht einiges dafür, dass Leben auch ein Mittel ist, ihm seitens der Natur besser folgen zu können.

Ilya Prigogine erhielt 1977 den Nobelpreis für seine Voraussagen über das Verhalten offener Systeme, die durch externe Energiequellen gespeist werden. Bis dato war es lediglich möglich gewesen, die Gleichungen der Thermodynamik für geschlossene Systeme im thermodynamischen Gleichgewicht zu lösen. Die offenen Systeme, die fern vom thermodynamischen Gleichgewicht operieren und die sich in ihrer (niedrigen) Entropie stark von der Umgebung unterscheiden, nannte Prigogine dissipativ (umwandelbar).

Lebende und nicht lebende Systeme
Auf dissipative Systeme bezieht sich auch der slowakische Biologe Ladislav Kováč. Er vertritt die Meinung, dass die biologische Evolution ein fortschreitender Prozess der Energie- und Wissensbeschaffung ist. Dazu stellt er den Unterschied zwischen nicht lebender, anorganischer Materie und lebenden Organismen heraus. Nicht lebende Systeme in diesem Sinne können z. B. die Bénard-Zellen sein, die sich als regelmäßige Materiestrukturen unter bestimmten Bedingungen der Energiezufuhr herausbilden. Während nicht lebende und selbstorganisierte Systeme bei Energiemangel ihre Existenz aufgeben, intensivieren lebende Systeme ihre Aktivitäten in einer solchen Situation. Er bezieht sich auf den Verhaltensforscher Konrad Lorenz, nach dem das Leben als eminent tätiges Unternehmen auf den Erwerb von Energie und von Wissen ausgerichtet ist. Der Erfolg der einen Aktivität hängt dabei direkt vom Erfolg der anderen Aktivität ab. Beide sind daher jeweils über Rückkopplungsmechanismen untereinander verbunden. „Dies ist die Voraussetzung dafür, dass das Leben sich gegen die Übermacht der erbarmungslosen anorganischen Welt behaupten konnte" (Kováč 2007).

Der Zweite Hauptsatz als Treiber der Evolution
Die geordneten Strukturen lebendiger Organismen mit ihrer reduzierten Entropie sind besser geeignet, der Entropiemaximierung des Zweiten Hauptsatzes zu genügen, als ungeordnete Strukturen oder solche es könnten, die näher am thermodynamischen Gleichgewicht angesiedelt sind. Eine Pflanze beispielsweise ist so ein offenes System. Ihre Strukturen zur Selbsterhaltung sind dafür optimiert, aus dem Sonnenlicht gewonnene Energie weiterzuleiten und letztlich als Wärme

abzugeben. Pflanzen können diese Wirkung wesentlich besser erzeugen als eine gleich große Menge Kohlenstoff.

Unter den Bedingungen dissipativer Systeme, so Jeremy L. England, könne sich Materie spontan selbst organisieren. Dies könnte für viele Aspekte der internen Strukturen lebender Organismen ebenso ursächlich sein wie für die Entstehung von nicht lebenden Strukturen wie Wind, Schneeflocken und Sanddünen. Daraus leitet England eine weitreichende Hypothese ab. Ihr zufolge ist das Grundprinzip des Lebens, nach der Flora und Fauna entstanden sind, vom Zweiten Hauptsatz getrieben – obwohl alle möglichen Zufälle, Katastrophen und vielfältige andere Faktoren auch eine Rolle spielen.

Das Wirken des Zweiten Hauptsatzes stellt Jeremy L. England auch ins Zentrum seiner Erklärung zur Entstehung des Lebens. Die Irreversibilität der Entropieprozesse interessiert ihn dabei besonders. Beispiele irreversibler Vorgänge finden wir überall: Eine Tasse Tee kühlt ab, wird aber nicht spontan wieder wärmer, ein zerschlagenes und zerlaufenes Ei fügt sich nicht selbsttätig wieder zusammen, ein Bakterium teilt sich, setzt sich aber nicht wieder zusammen. So auch in der Fotosynthese. Eine Pflanze wandelt energiereiches Sonnenlicht in langwelligere und damit energieärmere Infrarotstrahlung um. Aus der Energiedifferenz erzeugt die Pflanze Zucker als Energieträger zur Aufrechterhaltung ihres lebenden Zustandes als offenes System. Dennoch nimmt die Entropie des Universums bei dieser Aufteilung des Sonnenlichts zu.

Damit Leben möglich wird, muss ein sehr großer Abstand der betreffenden Systeme zum thermodynamischen Gleichgewicht hergestellt werden. Die so beschaffenen Systeme, die stark von externen Energiequellen abhängig sind, entzogen sich bis vor ca. 20 Jahren der wissenschaftlichen Analyse. Dies änderte sich mit der Entdeckung eines recht einfachen Sachverhalts: Die erzeugte Entropie – beispielsweise einer sich abkühlenden Tasse Tee – folgt dem Verhältnis aus der Wahrscheinlichkeit, dass Atome an diesem Prozess (des Abkühlens) beteiligt sind, und der Wahrscheinlichkeit, dass sie am reversiblen Prozess (die Temperatur des Tees nimmt spontan zu) beteiligt sind. Je höher dieser Quotient ausfällt, desto größer ist auch der Abstand zum thermodynamischen Gleichgewicht und desto höher ist die Entropieproduktion. Ein Systemzustand, dessen Quotient steigt, wird zunehmend irreversibel. Diese Formel wurde von den amerikanischen Wissenschaftlern Chris Jarzynski und Gavin Crooks entwickelt.

England leitet daraus eine generalisierte Form des Zweiten Hauptsatzes ab. Diese gilt für Systeme, die stark durch externe Energieaufnahme und durch ein sie umgebendes Bad, an das Wärme abgegeben werden kann, charakterisiert sind. Diese Charakteristika gelten für alle lebenden Organismen. Von hier aus gelangt England zur Irreversibilität der Systeme über die Zeit. Je wahrscheinlicher das Auftreten von Konfigurationen ist, die für die Evolution des Lebens nützlich sein könnten, desto größer ihre Tendenz, den oben genannten irreversiblen Abstand möglichst zu erhöhen. Zusammenballungen von Atomen, so England, die von einem Bad wie der Atmosphäre oder dem Ozean umgeben sind, werden tendenziell einen Zustand suchen, der mit den elektromagnetischen, chemischen und physischen Energien ihrer Umwelt harmoniert. Sie selbst nehmen dabei Energie auf und geben Entropie ab bzw. erhöhen die Entropie der Umgebung.

Diese Position steht im Gegensatz zur vorherrschenden Lehrmeinung, die John E. Mayfield mit einem Beispiel zum Ausdruck bringt: Viren würden zweifellos mechanische Energie in Wärme transformieren und sich dabei am Energiefluss durch die Atmosphäre und letztlich am Transfer der Sonnenenergie in das Universum beteiligen. Einmal abgesehen davon, so Mayfield, dass Viren sicher nicht die effizientesten Strukturen dafür seien, würde man auch kaum annehmen, dass ihr Hauptzweck diese Energieumwandlung sei, sondern vielmehr, dass sie ihre Weiterexistenz gewährleisten (Mayfield 2013).

Information und Energie
Zusammen mit der Energie oder besser als Energie durchquert die Information seit dem singulären Ereignis des Urknalls vor etwa 13,7 Mrd. Jahren das sich ausbreitende Weltall und erlaubt uns, dass wir uns ein Bild über ferne Welten machen. Wenn so ein Energiestrahl aus Elementarteilchen wie Photonen die Erde erreicht und sich hier ein Empfänger befindet, der in der Lage ist, die Informationen, die sie tragen, auszuwerten, dann setzt dies die Fähigkeiten des Sehens und Denkens bei diesem Empfänger voraus. Die Informationen über das Aussehen ferner Sterne und Galaxien müssen entgegengenommen bzw. dem Photon abgenommen, weitergeleitet und interpretiert werden. Wohlgemerkt, Information ist dabei nicht identisch mit seinen physischen Trägermedien. Unter denen spielt das Photon allerdings die wichtigste Rolle. Wie können wir diese Information, die vom Urknall bis heute fast 14 Mrd. Jahre unterwegs war, wahrnehmen und damit in weite zeitliche Entfernungen zurückschauen? Wie entsteht aus dem Schauer von Teilchen ein Bild oder eine Vorstellung?

Zur Erinnerung: Das sichtbare Licht hat eine Wellenlänge von 380–750 nm und deckt damit den Farbbereich zwischen Ultraviolett und Infrarot ab. Dieser Farbbereich wird von der Strahlung der Sonne, unserer wichtigsten Energiequelle überhaupt, besonders üppig bedient. Jedes Photon trägt ein Bit an Information – sofern ein Empfänger es als solche bewertet. Unser Planet wird geradezu übergossen mit diesen Photonen. Von der Sonne zur Erde strömen etwa 26×10^{24} Bit Informationen in der Sekunde – also 26 mal 1 Billion mal 1 Billion Informationen (Loewenstein 2013).

Voraussetzung für die Kognition
Wenn Informationen also das sind, was uns mittels Photonen zugetragen wird, bzw. wenn wir den Informationsgehalt von Photonen in Bits bestimmen können, wie können sie dann wahrgenommen und weiter genutzt werden? Unsere Augen – also die aller Arten – sind bestens für die Erstauswertung eingerichtet, und unser Gehirn ist bestens für die weitere Bearbeitung dieser Informationen ausgestattet. Durch Kombination mit anderen Informationen und weitere Verarbeitungen werden diese Informationen dann artspezifisch nützlich. Gehirne hätten sich natürlich nie entwickeln können,

wenn nicht der informative Kontakt mit der Außenwelt als Grundvoraussetzung vorhanden gewesen wäre.

Werner Loewenstein betont, dass eine essenzielle Voraussetzung aller Kognition die effiziente Gewinnung von Information aus Entropie ist. Mit anderen Worten, wir können nichts aus unserer Umwelt wahrnehmen, geschweige denn verstehen, wenn wir nicht in der Lage sind, Informationen über sie zu gewinnen. Die Energie, mit deren Hilfe wir die lokale Entropieverminderung zustande bringen, ist die treibende Kraft zum Transfer der Informationen. Sie speist die biochemischen Prozesse, die in überaus erstaunlicher Weise spezialisiert sind und zusammenarbeiten, um den Zweck der Informationsübertragung zu erreichen. Energie und Information sind also nicht miteinander zu verwechseln. Weil Energie im Spiel ist, muss auch der Zweite Hauptsatz befolgt werden, und damit ist ausgedrückt, dass die biologische Informationsverarbeitung einen Preis hat: die Erhöhung der Gesamtentropie des Universums (Loewenstein 2013).

Rechnende DNA-Moleküle

Um es vorwegzunehmen: Die DNA kann Algorithmen bearbeiten, und dies im Prinzip so umfangreich, wie Computer es können. Sie kann dies in der Tat mit gleicher Mächtigkeit wie Turingmaschinen. Sie kann also alle berechenbaren Probleme bearbeiten. Allerdings nicht wie eine Turingmaschine, das Molekül ist ja auch nicht wie eine derartige Maschine aufgebaut, sondern nach biochemischen Abläufen. Wer dabei nicht ins Staunen kommt, hat es wahrscheinlich bereits verlernt. Interessant ist in diesem Zusammenhang auch die Frage, woher die Instruktionen kommen, die mit der Verarbeitung der Information einhergehen. Nimmt man an, dass die Information einer instruktionsbasierten Verarbeitung unterliegt (Mayfield 2013), dann müssen auch die Instruktionen im Laufe der Evolution geschaffen worden sein.

Diese biochemischen Bestandteile unseres Organismus können also Algorithmen bearbeiten. Nicht nur unser Kopf kann rechnen, sondern die DNA auch. Und sie kann im Prinzip die schwierigsten Probleme lösen, die ein Computer heute bewältigen kann, wie Schachspielen auf Weltmeisterniveau, Raumschiffe steuern, Wettervorhersagen errechnen und Börsenkurse prognostizieren. Und natürlich ist sie der Schlüssel zur Informationsweitergabe des Lebens, zur Vererbung, zur Steuerung des Wachstums und des Organismus.

Im Prinzip kann die DNA all dies tun, bzw. sie und ihre Umgebung, die sie zum Funktionieren braucht, haben die Fähigkeit dazu. Und hier greift dann der Hinweis auf das Prinzip. Denn DNA-Moleküle funktionieren anders als Computer, von denen die meisten auf der Grundlage der Von-Neumann-Architektur arbeiten. Für DNA-Moleküle wurden natürlich keine Programme mit Programmiersprachen geschrieben. Und doch gibt es Anweisungen, die dann mit dem *cut and paste*-Prinzip, also mit Ausschneiden, Einfügen, Ergänzen, Löschen usw., die DNA und ihre aktuelle Funktion manipulieren. Nach vielen solchen Manövern ist dann ein Algorithmus bearbeitet.

Bereits vor mehr als 20 Jahren wurde erfolgreich versucht, mit DNA tatsächliche Berechnungen durchzuführen: 1994 publizierte Leonard Adleman eine Berechnung unter Nutzung von Strängen interagierender Nukleinsäuren, eine Miniversion des als „Handlungsreisender" *(travelling salesman)* bekannten Optimierungsproblems (Adleman 1994). Lulu Qian und Erik Winfree beschrieben in der Folge die Bildung von logischen Schaltkreisen aus DNA-Strängen. Mit aus 74 verschiedenen DNA-Strängen bestehenden Schaltkreisen gelang es ihnen, die Quadratwurzel aus vierstelligen Binärzahlen zu bestimmen (Qian und Winfree 2011).

Die Moleküle, die für die grundlegenden Prozesse der Vererbung zuständig sind, verfügen also über Fähigkeiten, die wir eher den Computern zugetraut hätten. Wenn wir die Moleküle als die Hardware dieser informationsverarbeitenden Systeme annehmen, woher kommen dann die Instruktionen, die Software, die diese Prozesse steuern? Sicher, sie stecken irgendwie in den Molekülen und in ihrer chemischen Umgebung. Allerdings wirft diese naheliegende Antwort wiederum viele Fragen auf. Instruktionen tragen zweifelsohne Struktur in sich. Aber woher kommt diese? Und: Wenn wir sie auf dieser Ebene finden und auf der Ebene der Computer auch, steckt dahinter dann ein universelles Prinzip, das der Natur als solcher zugrunde liegt?

DNA-Speicher
Offensichtlich sind DNA-Moleküle Speicher der Erbinformationen. Man kann allerdings auch andere Informationen dort unterbringen und sich überlegen, ob DNA-Moleküle als (technische) Speichermedien nicht auch für Zwecke, für die heute Halbleiterchips und laseroptischen Platten (DVDs) eingesetzt werden, geeignet sind.

> Was bedeuten die 3,2 Mrd. Basenpaare in der DNA eines Menschen in Informationseinheiten? Würden wir mit jeweils vier Basenpaaren ein Byte verschlüsseln, ließen sich 0,8 Mrd. Byte bzw. nahezu 1 Gigabyte (GB) speichern. Das ist etwa ein Sechstel des Fassungsvermögens einer klassischen DVD (4,7 GB). Nimmt man jetzt die etwa 100 Billionen Körperzellen mit je $2 \times 0,8$ Terabyte, kommt man auf $10^{14} \times 0,8 \times 2 \times 10^9 = 1,6 \times 10^{23}$ oder 160 Zettabyte. Das ist etwa das Vierzigfache aller Informationen, die vom Menschen heute (Marktforschungsunternehmen zufolge etwa 4 Zettabyte in 2013) produziert werden.

Die Vorteile der DNA-Speicher – an denen intensiv geforscht wird – sind beeindruckend. Zunächst ist das Medium sehr stabil. „DNA kann hunderte und tausende Jahre in einer Schachtel in der Garage gelagert werden, ohne die Daten zu verlieren", wie George Church und Sri Kosure von der Universität Stanford betonen. Ihnen ist das Abspeichern dieser Datenmengen in DNA-Molekülen 2012 gelungen. Weitere Vorteile sind die extreme Datendichte und die dreidimensionale

Struktur. Für ein Bit wird ein Basenpaar benötigt, also nur wenige Atome. Und die Volumenstruktur spart im Gegensatz zur planaren Festplatte zusätzlich Platz. Nachteilig ist die geringere, heute zu erreichende Auslesegeschwindigkeit und der Umstand, dass die Auslesung bei synthetisierter DNA nicht zerstörungsfrei abläuft. Die geringe Fehlerrate bei der DNA-Reproduktion spricht wiederum für die DNA als Langzeitspeicher. Natürlich stehen experimentelle Erfahrungen mit dem Langzeitverhalten von DNA-Speichern noch aus, aber die Erfahrungen der Archäologie mit gefundenen DNA-Resten sind sehr vielversprechend.

In der vergleichsweise zuverlässigen Langzeitspeicherung bei hoher Informationsdichte ist sicher der größte Vorteil der DNA-Speicher zu sehen. Derzeit stehen noch relative hohe Kosten für das Synthetisieren der DNA einer industriellen Nutzung und Fertigung im Wege. Erwartet wird jedoch allgemein ein breiter Einsatz innerhalb der nächsten Dekaden.

Im Vergleich zu Bändern und Platten zeichnet sich DNA durch eine hohe Stabilität aus – die Lesbarkeit der DNA in Fossilien beweist dies. Zudem bietet sich die Chance, heute ein einheitliches Format zur Speicherung der Informationen festzulegen. Die Idee ist, den „ACGT-Code" der DNA zum Speichern von Informationen aller Art zu nutzen. Dazu müsste, wie in Abb. 5.18 illustriert, eine Transformation aus der heute üblichen binären Darstellung aus Nullen und Einsen

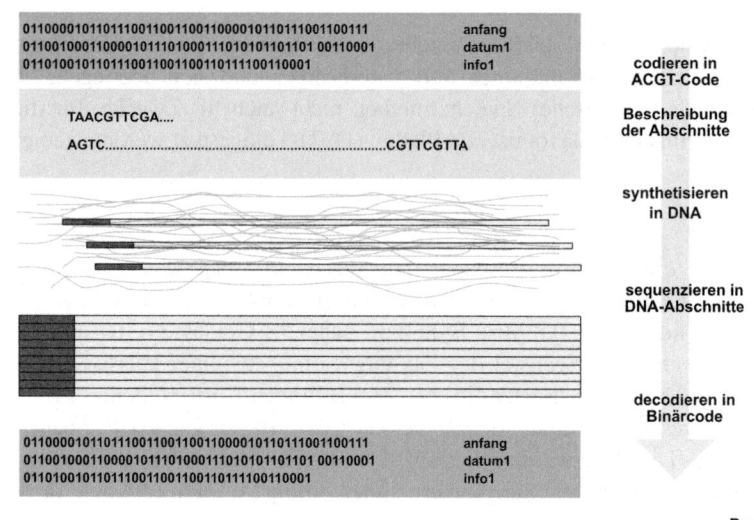

Abb. 5.18 Codieren und Decodieren von Information beim DNA-Speicher. Die Abbildung illustriert die Codierung beliebiger binärer Information (Text, Bild, Audio, Video) in den ACGT-Code der DNA-Nukleotide. Aufgrund dieser codierten Information wird DNA synthetisiert. Die DNA wird vor dem späteren Lesen sequenziert, d. h. mithilfe der eingefügten Strukturinformationen in Abschnitte geordnet. Die enthaltene Information kann dann decodiert werden. (Abbildungsvorlage aus Harvard Medical School. Writing the book in DNA: Geneticist encodes his book in life's language. ScienceDaily, 17 August 2012. www.sciencedaily.com/releases/2012/08/120817135601.htm)

stattfinden. Dies ist bereits in größerem Umfang unter Einbeziehung eines Zeichenschritts in eine dreiwertige, ternäre Zahlendarstellung, bestehend aus Nullen, Einsen und Zweien, vollzogen worden. Aus dieser Darstellung wurde dann die Repräsentation mit den vier Buchstaben der DNA-Basen gewonnen. Der Zwischenschritt erwies sich als günstig, um lange Wiederholungen eines Zeichens, wie z. B. des „T", zu vermeiden. Dies war bei einer einstufigen Abbildung eine der häufigsten Fehlerquellen bei der dann erschwerten Sequenzialisierung der Informationen. Bei der Reduzierung auf drei Zeichen bleibt das vierte für die Trennung von Informationsblöcken (Goldman et al. 2013).

Genetische Algorithmen
Die Evolution funktioniert nicht wie ein Computer und vor Übersimplifikationen in diese Richtung sollte man sich hüten. Dieser Empfehlung werden wir jedoch gleich selbst zuwiderhandeln. Es geht nachfolgend um sogenannte genetische Algorithmen. In diesen sind Prinzipien der Evolution übernommen, um komplexe Probleme schneller zu lösen, als dies herkömmlich möglich ist.

Genetische Algorithmen sind im Kern Such- und Optimierungsprogramme, die den Rechenaufwand durch die Anwendung von Selektionskriterien einschränken. Sie wurden erstmals 1975 von John H. Holland vorgestellt (Holland 1975). Mit genetischen Algorithmen lassen sich für sehr viel größere Bereiche potenzielle Lösungen auf ihre Tragfähigkeit hin erkunden als mit herkömmlichen Programmen.

Typischerweise starten genetische Algorithmen mit einer Menge potenzieller Lösungen, aus denen sich dann eine Menge lokal optimierter Lösungsmöglichkeiten entwickelt. Schwache Lösungspotenziale scheiden aus, während sich bessere Potenziale mit den Potenzialen anderer Lösungsmöglichkeiten kombinieren

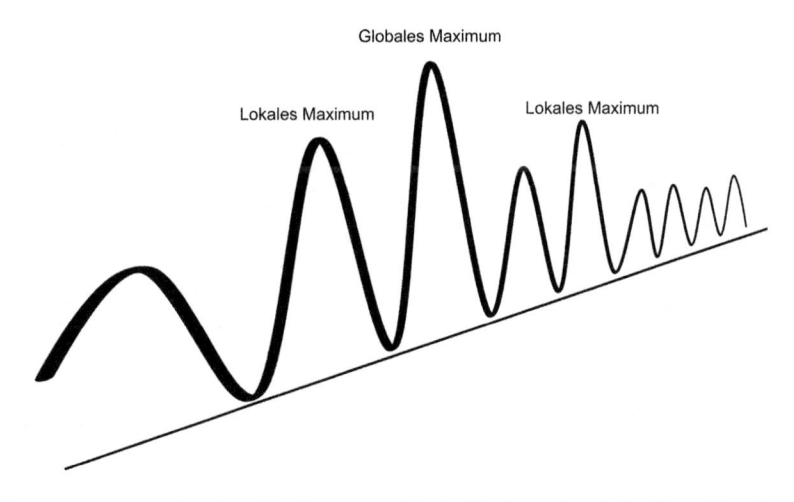

Abb. 5.19 Lokale und globale Maxima. Das globale Maximum ist eindeutig zu identifizieren. Eine suboptimale Suche würde gegebenenfalls zu einer der lokalen Maxima führen, die dann akzeptiert würde.

(Anwendung der Evolutionsprinzipien Selektion und Sexualität). Die neu entstandenen Potenziale ergänzen den Pool möglicher Lösungen und führen zum Aussortieren schwächerer Potenziale. Das Stagnieren von Potenzialmengen wird durch das Einbringen zufälliger Veränderungen verhindert. Dies entspricht dem Evolutionsprinzip der Mutation.

Der große Vorteil genetischer Algorithmen liegt im Vermeiden von allzu viel Aufwand für lokale Maxima (Abb. 5.19). Diese werden durch Selektion ausgesondert. Vorausgesetzt ist jedoch, dass die Bewertung des Lösungspotenzials relativ einfach ist, dass potenzielle Lösungen in Teillösungen aufzubrechen sind, und dass in einem komplexen System eine gute Antwort und nicht unbedingt die optimale Antwort gesucht wird.

In der Praxis wird eine Generation möglicher Lösungen durch ein Feld von Zeichen gleicher Länge repräsentiert. Dies sind gewissermaßen die Chromosomen. Während eines Durchlaufs werden die Lösungspotenziale bewertet, schwache Potenziale ausselektiert, Kreuzungen durch Austausch von Chromosomen simuliert, hieraus resultierende schwache Potenziale wiederum ausselektiert und Mutationen eingefügt. Danach startet ein neuer Durchlauf.

Das Verfahren hat sich dort als sinnvoll einsetzbar erwiesen, wo die Formulierung von eindeutigen oder mathematischen Funktionen nicht möglich oder zu aufwendig ist und wo lokale Maxima zu erwarten sind. So z. B. im Maschinenbau beim Entwurf von Turbinen, in denen nichtlineare mathematische Funktionen mit vielen Parametern eingesetzt werden. Ein prominentes Beispiel ist die etwas bizarr anmutende Antenne, die von der NASA für eines ihrer Raumfahrzeuge entwickelt wurde (Abb. 5.20).

Abb. 5.20 Resultat eines genetischen bzw. evolutionären Algorithmus: Gezeigt ist die „2006 NASA ST5 spacecraft"-Antenne. Die komplizierte Form wurde mithilfe einer evolutionären Software gefunden. (© http://ti.arc.nasa.gov/m/pub-archive/1244h/1244%20Hornby.pdf)

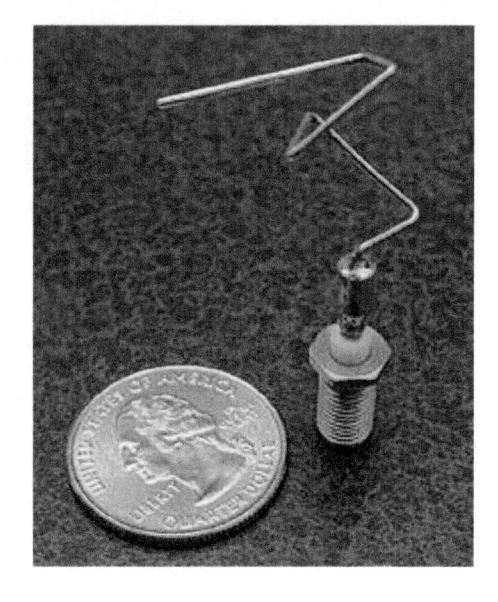

Die Informationsmenge in der Biosphäre

Die Frage, mit wie viel Information die DNA denn rechnen könnte, liegt auf der Hand. Denn die Fähigkeit zu rechnen bzw. Information zu manipulieren ist nur dann wirklich interessant, wenn auch viel Information als Rohstoff vorhanden ist, der verarbeitet und zu neuen informatorischen Endprodukten werden kann. Drei junge schottische Wissenschaftler der Universitäten Edinburgh und St. Andrews sind dieser Frage nachgegangen. In einem viel beachteten Aufsatz stellten Hanna K. E. Landenmark, Duncan H. Forgan und Charles S. Cockell die Quintessenz ihrer Untersuchung vor. Dieser zufolge gibt es in der Biosphäre 5×10^{10} t DNA (Landenmark et al. 2011). Damit ist natürlich nicht so sehr die Frage nach der Informationsmenge, sondern die nach einem wichtigen Informationsträger beantwortet (bzw. berücksichtigt).

Die Autoren argumentieren, dass sie eine informatorische Sicht auf die Biodiversität einnehmen, in der die Gesamtmenge der Information in der Biosphäre durch die Gesamtmenge der verfügbaren DNA repräsentiert wird. Sie argumentieren weiter, dass mit dieser Sichtweise die Biosphäre als ein riesiger Parallel-Supercomputer dargestellt werden kann. In dieser Analogie wird der Informationsspeicher des Supercomputers mit der Gesamtmenge der DNA gleichgesetzt und die Rechenleistung mit der gesamten Transkriptionsrate dieser DNA. In Analogie zum Internet sind dann alle Organismen auf der Erde Informationsspeicher, die untereinander durch Interaktionen und biochemische Zyklen vernetzt sind.

Bei der Berechnung der DNA-Gesamtmenge gehen die Autoren von den unterschiedlichen mittleren Genomgrößen von Prokaryoten (zelluläre Lebewesen ohne Zellkern, also Bakterien und Archaeen) und Eukaryoten (alle Lebewesen, deren Zellen einen Zellkern besitzen) aus. Sie decken damit die drei Domänen in der Systematik der Lebewesen sowie die DNA-Viren ab. Für diese Bereiche wurde die gesamte Biomasse abgeschätzt und daraus dann eine anzunehmende Menge bzw. Masse von DNA ermittelt.

Die Autoren weisen darauf hin, dass ihre Annahme, dass die Organismen der Biosphäre informatorisch untereinander vernetzt sind, nicht als Hinweis darauf missverstanden werden sollte, hier liege ein einziger selbst regulierter Organismus etwa im Sinne der Gaia-Hypothese vor.

In den Berechnungen zur Gesamtmenge der DNA in der Biosphäre wurden die folgenden Annahmen getroffen und Werte bestimmt:

- Die geschätzte Gesamtmenge an DNA in der Biosphäre beträgt $5,3 \times 10^{31}$ ($\pm 3,6 \times 10^{31}$) Megabasenpaare (Mb).
- Diese Menge an Megabasenpaaren korrespondiert dann näherungsweise mit 5×10^{10} t, wobei angenommen wird, dass 978 Mb DNA einem Picogramm entsprechen.
- Legt man die üblich angenommene Dichte der DNA von 1,7 g/cm^3 zugrunde, dann ist diese DNA-Menge äquivalent zu einer Milliarde Standard-Schiffscontainern (6,1 × 2,44 × 2,44 m).

- Die DNA ist schätzungsweise in 2×10^{12} t Biomasse enthalten, das sind 5×10^{30} lebende Zellen (Prokaryoten).

> **Die Informationsmenge der Biosphäre**
> Die Informationsmenge wird von den Autoren in Tonnen DNA beschrieben. Hier sei nun eine Umrechnung in Bit nachgeholt. Ein Basenpaar (1 bp) entspricht einer Informationsmenge von 2 Bit. Dies ergibt sich, weil dieses Paar vier verschiedene Werte darstellen kann. Damit repräsentiert ein Basenpaar die doppelte Informationsdichte des Binärcodes. $5{,}3 \times 10^{31}$ ($\pm 3{,}6 \times 10^{31}$) Megabasenpaare (Mb) – die errechnete Gesamtzahl in der Biosphäre – entspricht dann $10{,}6 \times 10^{31}$, also etwa 10^{32} Bits oder $1{,}25 \times 10^{31}$ Byte oder $1{,}25 \times 10^{22}$ GB (Gigabyte) (10 Billionen mal 1 Mrd.) oder $1{,}25 \times 10^{16}$ PB (Petabyte), 1 PB $= 1.000.000$ GB $= 10^{15}$ Byte.

Die derzeit von der National Science Foundation der USA in Auftrag gegebenen Supercomputer (z. B. Comet) werden mit Hauptspeichern in der Größenordnung von 10 Petabyte ausgerüstet sein. Damit umfasst die errechnete Gesamtmenge an DNA etwa 10^{15} Hauptspeicher derartiger Supercomputer. Das sind in Worten tausend Milliarden Supercomputer. Diese kleine Rechnung weicht in der Anzahl der Supercomputer um den Faktor 1 Mio. von der Berechnung im oben genannten Artikel ab, in dem zwar Namen von Supercomputern, aber nicht die zugrunde gelegte Größe der Hauptspeicher aufgeführt sind.

Die digitale Datenmenge in unseren Medien, Computern, Datenspeichern etc. wächst rasant. Das Unternehmen IDC schätzt die 2013 elektronisch vorhandene digitale Datenmenge auf 4,4 Zettabyte und erwartet für 2020 eine Verzehnfachung auf 44 Zettabyte. Das wären laut IDC so viele Bits wie Sterne im Universum (Turner et al. 2014). Ein Zettabyte entspricht einer Datenmenge von 10^{21} Byte, das sind eine Million Petabyte. Mithin wäre die digitale Datenmenge 2020 auf 10^{6} Petabyte angewachsen. Das wäre in etwa das 100.000-Fache der oben angenommenen Speichergröße für einen heutigen Supercomputer. Allerdings wäre dieser Wert nur das $1/10^{10}$-Fache (d. h. ein Zehntel eines Milliardstel) des oben angenommenen Wertes für die Gesamtdatenmenge in der gesamten Biosphäre.

Weiter gehen Landenberg et al. davon aus, dass neben der Gesamtinformationsmenge auch die Gesamtrechenleistung der Biosphäre bestimmbar ist. Sie legen dafür Nukleinsäure-Operationen pro Sekunde (NOPS, englisch: *nucleotide operations per second*,) analog zu den Gleitkommaberechnungen pro Sekunde (FLOPS, englisch: *floatingpoint operations per second*) als Maßeinheit fest. Eine typische *In-vivo*-Geschwindigkeit bei der Transkription der DNA in RNA liegt bei 18–42 Basen pro Sekunde für die RNA-Polymerase II. Wie viel der gesamten DNA zu einem Zeitpunkt transkribiert werde, sei unbekannt, so die Autoren. Der jeweilige Prozentsatz hängt von der Reproduktionsrate der Arten und dem physiologischen Zustand eines Organismus ab und ist insofern auch für die gesamte Biosphäre nicht zuverlässig abzuschätzen. Würden jedoch alle DNA-Moleküle der Biosphäre zu den oben angegebenen Raten transkribiert und eine mittlere Rate von 30 Basen pro Sekunde zugrunde gelegt, erhielte man eine Rechenleistung der Biosphäre von 10^{15} YottaNOPS (yotta = 10^{26}). Das wäre etwa die 10^{24}-fache Rechenleistung eines Tianhe-2-Supercomputers, dessen Rechenleistung bei 10 TeraFLOPS (Tera = 10^{12}) liegt. Der Abstand ist mit dem 100-Mio.-mal-1-Mrd.-mal-1-Mrd.-Fachen unvorstellbar groß.

Auch wenn diese großen Zahlen völlig außerhalb vorstellbarer Dimensionen liegen, zeigen sie gleichsam das unvorstellbare Ausmaß der biologischen Evolution. Neben der schon schier unfassbaren Artenvielfalt liegt auf der Ebene der gespeicherten Information eine Komplexität vor, die geradezu atemberaubend ist.

Komplexität, Selbstorganisation und Emergenz

Komplexität ist mehr als das Gegenteil von Einfachheit. In dem Begriff schwingt auch Unbestimmtheit, Unentscheidbarkeit und etwas unvollständig Beschriebenes mit. Weiß man von einem System etwas über dessen Einzelkomponenten, kann jedoch das Gesamtverhalten daraus nicht herleiten, dann findet der Begriff Komplexität Verwendung. Er steht in enger Verbindung zu Struktur und Organisation und im Gegensatz zu Überschaubarkeit und Bestimmbarkeit. Damit ergibt sich der unmittelbare Bezug zur Information, denn wenig überschaubar und bestimmbar ist das, wozu nicht hinreichend Information vorliegt. Auch die Nähe zur Entropie drängt sich auf, wenn hohe Komplexität mit geringer Entropie in Verbindung gebracht wird. Allerdings wird hier eine gewisse Doppeldeutigkeit sichtbar, denn mit hoher Komplexität kommt auch oft viel Struktur und Information und somit geringe Entropie.

Ein enger Bezug der Komplexität besteht auch zur Emergenz. Der Begriff ist aus dem lateinischen „emergere" abgeleitet und steht für „emporsteigen" und „auftauchen". Darunter wird üblicherweise das Erscheinen von Eigenschaften eines Systems verstanden, die aus den Einzelelementen diese Systems oder aus ihrer Kombination nicht erwartet werden konnten. Der Begriff wird breit verwendet und mit ihm wird das Bewusstsein, das aus dem Gehirn emergiert, beschrieben, aber auch viele Phänomene in den Natur- und Sozialwissenschaften.

Komplexität scheint einerseits ständig zuzunehmen. Insbesondere die Evolution erweckt den Eindruck, als sei eine Kraft hinter der Gesamtentwicklung, die über einfachste und einfache Organismen bis hin zum Menschen und der von ihm geschaffenen Welt wirkt und immer mehr Komplexes und damit schwer zu Verstehendes schafft.

Komplexität

Der Begriff Komplexität ist aus dem lateinischen Wort „complexum", also das Umschlingen, Umfassen oder Zusammenfassen, hergeleitet. Bereits die griechischen Philosophen Platon und Aristoteles befassten sich mit der Frage, woher der Unterschied zwischen der Summe der Einzelteile und dem Ganzen stammt. Auf der Suche nach der Verbindung zwischen dem Einfachen und dem Komplexen definierte Aristoteles den Gedanken des ungeformten Urstoffs der Materie, der materia prima. Durch Formung entsteht daraus die materia secunda, die ihrerseits wiederum als materia prima für komplexere Formen dienen kann.

Diese Beschreibung legt schon eine gewisse Übereinstimmung mit der Anschauung darüber nahe, was Information ist. Ein schwer zu fassender Begriff, dessen Sinnhaftigkeit aber kaum infrage zu stellen ist. Insbesondere ob und wie komplexe Systeme und Objekte sich von einfacheren in fundamentaler Weise unterscheiden, ist nicht einfach zu beantworten. Offenbar sind lebende Organismen wesentlich komplexer als nicht lebende Materie (Abb. 5.21). Auch die Frage nach den Grenzen der Komplexität realer Objekte wird diskutiert. Interessant ist, dass die eben skizzierte Komplexität auf der klassischen Annahme beruht, dass es überhaupt getrennte Objekte gibt. Dass also die Welt aus voneinander getrennten Objekten und Ereignissen sowie den Interaktionen zwischen ihnen besteht. Die verschränkte Welt der Quantenmechanik hat darin zunächst keinen Platz. Es ist, als gäbe es einen Heisenberg'schen Schnitt, der die Quantenwelt – zumindest was unsere Erkenntnisfähigkeit angeht – sauber von der klassischen Welt der Newton'schen Physik trennt.

Auch wenn der Begriff der Komplexität schwer fassbar ist, so hat es doch viele Versuche gegeben, ihn zu konkretisieren und naturwissenschaftlich zu begründen. Charles Bennett (2003) und Seth Lloyd (2002) haben Vorschläge dazu entwickelt. Lloyd orientiert sich an drei Grundfragen:

1. Wie schwer ist das betreffende System (Haus, Bakterium, Prozess, Kreditvertrag usw.) zu beschreiben?
2. Wie schwer ist es, dieses System herzustellen?
3. Welchen Grad an Organisation weist das System auf?

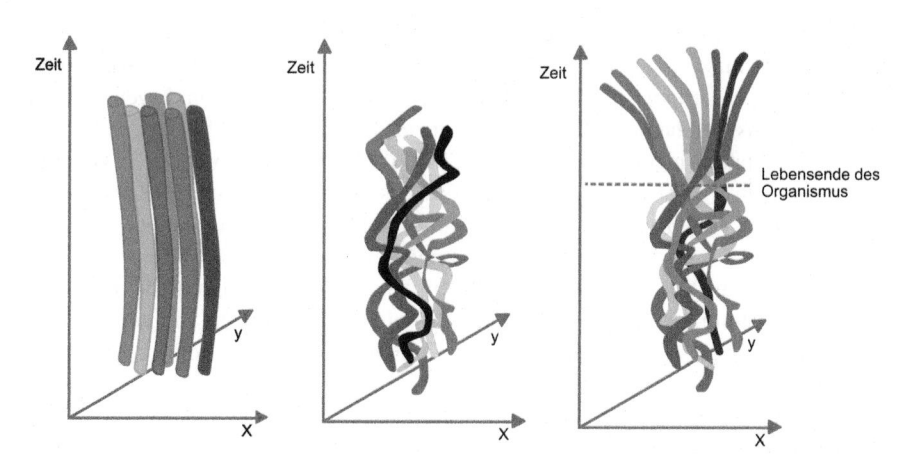

Abb. 5.21 Komplexität lebender Organismen: Das Verhalten unbelebter und belebter Materie kann man als Gleichförmigkeit versus Dynamik der Anordnung in der Raumzeit (hier in den zwei Dimensionen x und y zusammengefasst) auffassen. Während nicht belebte Materie sich in der Zeit wenig ändert (links), ist die lebende Materie von hoher Dynamik und gegenseitigen Abhängigkeiten gekennzeichnet (Mitte). Das statische Muster tritt nach dem Tod des Organismus wieder auf (rechts). Diese Illustration bezieht sich auf sieben Materieteilchen, während der menschliche Organismus 10^{29} (eine Zehn mit 29 Nullen) aufweist. (Mit freundlicher Genehmigung von Max Tegmark.)

5.6 Phylogenese

Die erste Frage lässt sich u. a. mit den Maßeinheiten Information, Entropie und Algorithmische Komplexität, also mit der Kolmogorov-Komplexität, in Verbindung bringen. Für die zweite Frage kommen Antworten wie Berechnungskomplexität (zeitlich, räumlich und Aufwand in Rechenschritten), Verschlüsselungsgrad, Kosten usw. infrage. Für die dritte Frage hält Seth eine ganze Reihe an Messgrößen bereit: u. a. Raffinesse, Verfeinerung, Grad der Bedingtheit, Hierarchiestufen, Heterogenität und Korrelationen.

Komplexität wird auch anhand zellulärer Automaten studiert. Zelluläre Automaten sind beliebte Strukturen u. a. in der theoretischen Informatik, Mathematik, Biologie und Komplexitätslehre. Sie bestehen aus einem Gitter von abstrakten, also nichtbiologischen Zellen, die im einfachsten Fall binär belegt sind, also z. B. an- oder abgeschaltet oder weiß oder schwarz ausgefüllt sind. Das Gitter kann mehr als zwei Dimensionen aufweisen. Jede Zelle ist in Bezug auf seine Nachbarzellen definiert. Bereits früh wurde festgestellt, dass ein zellulärer Automat in eine Turingmaschine überführt werden kann und umgekehrt. Im Prinzip sind zelluläre Automaten also in der Lage, alle berechenbaren Aufgabenstellungen zu bewältigen. Sie können also alles berechnen, was Computer auch berechnen können.

Der Computerpionier John von Neumann betrachtete die Eigenschaften der damals, also vor 50–60 Jahren, neuen Rechenmaschinen bzw. Computer unter dem Gesichtspunkt der Reproduktion. Er vermutete, zelluläre Automaten seien prinzipiell in der Lage, sich selbst zu reproduzieren. Heute existieren eine ganze Reihe zellulärer Automaten, die selbstreplizierend ablaufen, untereinander im Wettbewerb stehen und sogar virtuelle Befruchtung vollziehen. Leben ist das allerdings nicht.

Dass von Neumann eine Nähe zwischen zellulären Automaten und lebenden Organismen vermutete, zeigt folgendes Zitat (von Neumann 1966):

> Lebende Organismen sind komplizierte Aggregate einfacher Bestandteile. Gemäß allen Theoremen der Wahrscheinlichkeitstheorie oder Thermodynamik sind sie sehr unwahrscheinlich. Der einzige Aspekt, der dieses Wunder erklären oder plausibel machen kann, ist die Tatsache, dass sie sich reproduzieren. Ist erst einmal ein Exemplar zufällig entstanden, so finden die Gesetze der Wahrscheinlichkeitsrechnung keine Anwendung mehr, weil dann viele Exemplare entstehen.

Dies traute von Neumann Maschinen offenbar auch zu. Und mehr noch, er vermutete, dass selbst replizierende Informationsstrukturen nicht nur sich selbst replizieren können, sondern durch Veränderung der zur Replikation genutzten Einheit auch veränderte Versionen, die wiederum zur Selbstreproduktion fähig sind. Die Evolution würde damit den biologischen Bereich verlassen haben bzw. eine Parallelevolution hätte begonnen.

Im Folgenden werden zwei Beispiele zellulärer Automaten gezeigt, das bekanntere populäre *Game of Life* und die Langton-Schleifen.

Game of Life

Eine beliebte Übungsaufgabe bei der Programmierung von Computern ist das *Game of Life,* das Spiel des Lebens. Nun handelt es sich dabei nicht etwa, wie man heute erwarten könnte, um ein Strategiespiel mit aufwendigen Szenarien, bestehend aus Menschen, Tieren und Landschaften. Vielmehr findet das Spiel auf zwei Dimensionen einer Fläche statt, die wie bei einem karierten Papier in Rasterkästchen mit jeweils acht Nachbarkästchen unterteilt ist. Jedes dieser Rasterkästchen ist eine Zelle, die abhängig vom Zustand ihrer acht Nachbarzellen ihren eigenen Folgezustand bestimmt. In sehr grober Analogie zu lebendigen Zellen kann eine solche Zelle z. B. an Einsamkeit sterben, wenn sie nicht mindestens zwei lebendige Nachbarzellen hat. Zwei oder drei lebendige Nachbarzellen sichern hingegen das Überleben. Eine tote Zelle wird lebendig, wenn drei der Nachbarn leben. Ab vier lebendigen Nachbarzellen beginnt eine tödliche Überbevölkerung. Anfangskonfigurationen werden definiert und Folgegenerationen dann anhand der Regeln erzeugt.

Game of Life wurde vom britischen Mathematiker John H. Conway 1970 erfunden. An diesem Spiel, oder besser Algorithmus, entzündete sich schon viel Begeisterung, sei es, weil der Name dieses zellulären Automaten viel verspricht und immerhin einiges davon hält, sei es, weil die Regeln des Automaten sich bestens für Programmieraufgaben in der Informatik eignen, oder sei es, weil man auch mathematisch dem Konstrukt viel abgewinnen kann. Wer sich selbst einen optischen Eindruck von der Dynamik dieses Algorithmus und seiner Figuren verschaffen will, muss lediglich im Internet den Namen des Spiels eingeben. Er wird schnell fündig werden und kann selbst Figuren entwerfen oder Beispielabläufe bestaunen.

Es ist beeindruckend, welche Figurenvielfalt sich aus diesen einfachen Regeln ableiten lässt. Noch erstaunlicher ist jedoch das Verhalten der Figuren. Manche bleiben unverändert, manche bewegen sich oder oszillieren, manche „feuern" mit Tochterkonfigurationen, ohne ihre Gestalt zu verlieren. Zu den populärsten Figuren – die Fangemeinde des *Game of Life* im Internet ist nach wie vor groß – gehören *glider*, periodische Figuren, die sich über die Fläche bewegen und immer wieder ihre Ursprungsform annehmen (Abb. 5.22).

Stark angewachsene Konfigurationen zeigen ein mehr oder weniger geordnetes Gewimmel solcher Zellen. Die einzelnen Strukturen weisen zuweilen Muster auf, die an große Armeen oder an Versammlungen von Menschen erinnern. Die Analogie zum Verhalten lebendiger Systeme macht sicher einen Teil der Attraktivität dieses zellulären Automaten aus.

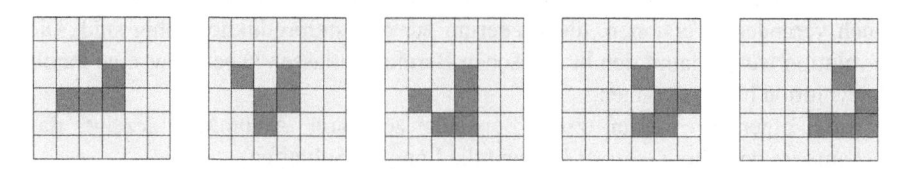

Abb. 5.22 Die Figur *glider* aus dem *Game of Life*. In einer Simulation bewegt sich dieser Gleiter über die Fläche. Andere Figuren sind z. B. in der Lage, diese Gleiter zu erzeugen und dabei ihre eigene Gestalt nach einigen Zyklen wieder einzunehmen, um dann den nächsten Gleiter auszustoßen

Eine besonders interessante konzeptionelle Eigenschaft ist die Turingmaschinen-Berechenbarkeit des *Game of Life*. Das *Game of Life* ist also äquivalent zu einer Turingmaschine. Das wiederum heißt, man kann im Prinzip eine Konfiguration definieren, die in der Lage ist, die Berechnungen jeder Turingmaschine durchzuführen. Damit kann das *Game of Life* auch jeden anderen zellulären Automaten und jeden digitalen Rechner simulieren. Der Beweis dafür wurde von Elwyn R. Berlecamp und seinen Kollegen im Rahmen einer Arbeit zur kombinatorischen Spieltheorie erbracht (Berlekamp et al. 1982).

Von zellulären Automaten – und besonders von denen – hofften einige Wissenschaftler eine Zeit lang, etwas über die tatsächliche biologische Evolution lernen zu können. Vom Computerpionier Konrad Zuse bis zum amerikanischen Mathematiker Stephen Wolfram (Wolfram 2002) gab es verschiedene Ansätze, die Verbindung zwischen diesen Automaten, Modellen und dem realen Leben herzustellen. Zuse ging so weit, das gesamte Universum als zellulären Automaten anzunehmen. Für die Versuche, die reale Welt als zellulären Automaten zu verstehen bzw. zu modellieren, haben sich die Begriffe „Digitale Physik" und auch „Finite Natur" etabliert.

Mit der Digitalen Physik soll die Welt durch zelluläre Automaten gewissermaßen berechnet werden. Dabei geht man natürlich von sehr kleinen Zellen aus, die so klein sind, dass sie nicht an physische Strukturen gebunden sind, sondern rein abstrakter Natur sein können. Sie würden letztlich auch keinen Raum beanspruchen (Seager 2012). Eines der großen Probleme dieser Denkansätze besteht darin, eine Verbindung zwischen den abstrakten Automaten und der bekannten Physik herzustellen. Dies ist bisher noch nicht gelungen. Dennoch ist nicht abzustreiten, dass Prozesse, die wir geneigt sind lebenden Organismen zuzuschreiben, wie die Selbstreplikation, sich in völlig anderen Umgebungen unter völlig anderen Voraussetzungen abspielen. Ein zellulärer Automat ist in keiner Zelle zu finden, und doch repliziert er sich.

Digitale Physik und die Versuche, die zellulären Automaten mit ihren verblüffenden Eigenschaften als Grundlage der Wirklichkeit zu verstehen, beinhalten im Kern ein informatorisches Erklärungsmodell der Welt. Letztlich sind die Zellen, ihre Regeln und die erzeugten Muster Informationen und deren Verarbeitung. Der Begriff Digitale Physik ist gut gewählt, denn die zellulären Automaten sind ihrer Natur nach digital – ein Kontinuum fehlt. Das hieße, dass die Welt an sich digital wäre. Eine auf den ersten Blick naheliegende Verbindung in diesem Aspekt zur Quantenphysik herzustellen wäre jedoch schwierig, denn die zellulären Automaten folgen einem strengen Determinismus, nach dem das Geschehen abgewickelt wird, während in der Quantenphysik der Zufall eine elementare Rolle spielt.

Langton-Schleifen

Die Langton-Schleifen können in Analogie zu einem Genom, das mit einer Außenhülle ausgestattet ist, verstanden werden. Anfänglich sind 86 Zellen in Form einer Schleife vorhanden (Abb. 5.23). Mit den Operationen des Automaten verändert sich die Ursprungsform, es entsteht ein Auswuchs, der sich im weiteren Verlauf von der ursprünglichen Schleife abtrennt.

a	b	c	d

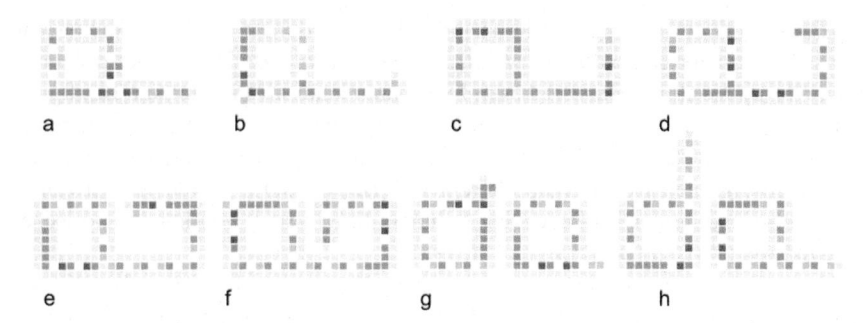

e	f	g	h

Abb. 5.23 Langton-Schleife: Schritte der Transformation. (© Jean-Paul Delahaye 2012)

Diese beiden Schleifen produzieren neue Schleifen, sodass schließlich ein dichter Teppich identischer Schleifen entsteht. Wenn man so will, befindet sich in den Schleifen ein stabiles DNA-Molekül, dessen Information die Erzeugung weiterer Schleifen erlaubt (Delahaye 2012).

Die gezeigte Konfiguration aus verschieden schattierten Quadraten (Zustand a) wird gemäß den Regeln der Langton-Schleifen verändert. Dabei erfolgt eine Transformation nach Zustand b und schrittweise bis h. Zu erkennen ist, dass in Zustand h die Ursprungsform a in der linken der beiden Konfigurationen wiederzufinden ist. Im Prinzip bekommt ein schleifenförmiger „Körper" einen Auswuchs, der sich selbst zur Schleife krümmt (b bis f) und vom „Mutterkörper" abschnürt. Beide Schleifen vermehren sich sodann unabhängig voneinander weiter (g, h).

Selbstorganisation
Viele Übergänge von einfachen zu komplexen und von dort zu noch komplexeren Systemen kann man sich nicht besser erklären, als dass selbstorganisierende Prozesse diese Übergänge bewerkstelligen. Zu berücksichtigen ist dabei, dass nicht lediglich ein neuer Zustand erreicht wird, sondern es entstehen – ohne dass äußere Einflüsse erkennbar wären – Zustände höherer Ordnung. Obwohl diese Vorgänge immer noch befremdlich oder gar mysteriös erscheinen, wurden sie vielfältig in der Natur identifiziert.

Für die Biologin Hildegard Meyer-Ortmanns ist Selbstorganisation ein Schlüsselkonzept zu einer Erklärung, wie komplexe Strukturen der Natur aus weniger komplexen entstehen können. Die Annahme, dass Selbstorganisation real ist, erübrigt es, beim Auftreten komplexer(er) Strukturen nach Erklärungen im Außersinnlichen zu suchen. Insbesondere kann auf einen „Designer", einen übermenschlichen Architekten oder einen Schöpfer, der von einer erhabenen Position herab die Evolution steuert, verzichtet werden (Meyer-Ortmanns und Thurner 2011). Der Preis dafür muss natürlich mit einer Erklärung der Selbstorganisation bezahlt werden, was bis heute jedoch nicht möglich ist.

Der amerikanische theoretische Biologe Stuart Kauffman meint, dass die Auffassung von den darwinschen Evolutionsprozessen um die Fähigkeit zur

5.6 Phylogenese

Selbstorganisation ergänzt werden muss. Anders könne man die verblüffendste Eigenschaft des Lebens nicht verstehen. Diese sei, so Kauffman, die Fähigkeit lebender Organismen, ein eigenes Leben zu führen und sich autonom zu verhalten statt als Sklaven der Gesetze von Physik und Chemie (Kauffman 2003). Kauffman stellt die Frage nach den Ursachen der Entstehung eines solchen Ausmaßes an Komplexität. Er nimmt auch eine Grenze irgendwo im Spektrum komplexer Moleküle (wie RNA) über Bakterien, Mehrzeller bis hin zum Menschen an, jenseits derer diese Autonomie wirklich wurde. Damit tauchen dann auch Fragen auf, inwieweit es beispielsweise freien Willen geben kann und wie sich Ethik entwickelt hat. An einer – bisher nicht eindeutig definierten – Komplexitätsschwelle befreit sich ein lebender Organismus offenbar von den Begrenzungen der Physik und Chemie und bleibt ihnen letztlich doch unterworfen. Diesen graduellen Übergang vom Nichtlebendigen zum Lebendigen, der auch als Schritte der Evolution noch im Lebendigen selbst vollzogen wird, verstehen wir nur unvollständig. Allerdings hat sich insgesamt der Eindruck verbreitet, dass nicht zuletzt die Komplexität der Organismen jeweils an diesen Schwellen deutlich zugenommen hat.

Die Beispiele der zellulären Automaten, also das *Game of Life* und die Langton-Schleifen, zeigen, wie einfache Regeln komplex erscheinende Muster erzeugen, die sich in überraschender Weise entwickeln. Manche Muster reproduzieren sich sogar, und man kann in sie so etwas wie sexuelle Vermehrung und Mutation hineininterpretieren. Dennoch, so komplex dies alles auf den ersten Blick aussieht, so einfach ist es auch wiederum. Die Übersetzung in Algorithmen beispielsweise erzeugt keine riesigen, sondern vergleichsweise kurze Programme. Und die dann zu messende Information im Sinne von Kolmogorov ist dementsprechend gering.

Zu betonen ist jedoch, dass die zellulären Automaten prinzipielle Funktionsweisen aufzeigen, wie sie für das Leben und die Evolution von Bedeutung sind. Ähnlich in einem anderen Modell zur Illustration von Selbstorganisation in physischen Systemen. In Abb. 5.24 sind vier verschiedene Kacheln dargestellt sowie

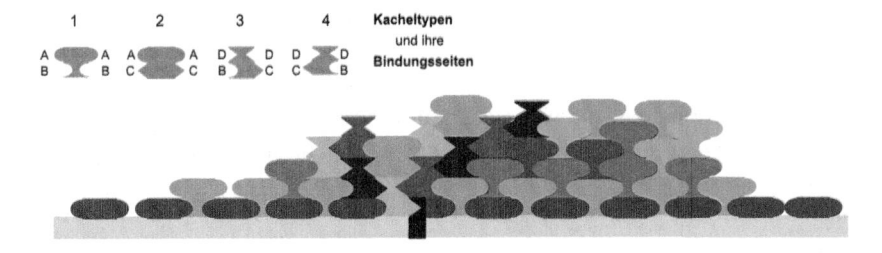

Abb. 5.24 Kacheln mit unterschiedlichen Bindungsseiten. Die Seite A bindet an Seite B und C an D. Die Kacheln ordnen sich regelmäßig an, wie auf der rechten Seite zu sehen ist. Dargestellt ist eine Schablone, bestehend aus schmalen Elementen, auf denen die Kacheln vom Typ 1 aufsetzen können. An einer Stelle (schwarzer Block) ist die Schablone verunreinigt. An diese Stelle kann die Kachel vom Typ 3 binden und so auch durch Integrationen der verbleibenden zwei Kacheltypen 2 und 4 das Wachsen eines geschlossenen Musters erlauben. Die verschiedenen Schattierungen dienen lediglich der Unterscheidbarkeit der angeordneten Kacheln. (Mit freundlicher Genehmigung von John E. Mayfield)

eine weitere, kleinere Variante. Jede der Kacheln hat vier Abschnitte (A–D), an denen sie andere Kacheln anbinden kann. Die vier Kacheltypen passen nur bedingt zusammen. Die jeweiligen Randformen (rund und spitz) müssen dafür ineinandergreifen können. Im Beispiel ist eine Basis, bestehend aus den schmaleren Kacheln, angegeben, in die sich eine der Kacheltypen (Typ 1) einpassen lässt. So kann eine homogene Struktur entstehen. An einer Stelle der Basis ist jedoch eine Unregelmäßigkeit zu finden. In diese passt nur eine Kachel des Typs 3. So ergibt sich in der dann folgenden Struktur nach oben hin aus dieser Störung heraus eine fortgesetzte Inhomogenität. Trotz dieser lässt sich aus den zur Verfügung stehenden Kacheln eine geschlossene Struktur bilden.

Das Ganze lässt sich auf DNA-Moleküle übertragen. Nimmt man eine beliebige Menge kurzer DNA-Abschnitte, die in ihren Bindungsfähigkeiten den Kacheln entsprechen, bilden diese spontan das gleiche Muster, die sogenannten Sierpiński-Dreiecke. Eine Salzlösung und eine vorbereitete Basisstruktur reichen dafür aus. Prinzipiell können aus solchen molekularen Kacheln beliebige Sequenzen erzeugt werden. Jede endliche zweidimensionale Struktur kann im Prinzip durch geeignete Kacheln und auf einer geeigneten Ausgangsbasis erzeugt werden. Dies wiederum heißt, dass theoretisch jeder Algorithmus, der in einem elektronischen Computer berechenbar ist, auch durch diese Art Kacheln modellierbar ist. Hier ist sie wieder, die Turingmaschinen-Berechenbarkeit.

Dass dies in der Praxis ganz anders aussieht und mit DNA wegen der vergleichsweise hohen Fehlerraten auch besonders schwer zu machen ist, darf man nicht vergessen. Allerdings zeigt sich hier eine Brücke zwischen Programmen auf Computern und physikalischen Prozessen. Am Ende, so Mayfield, könnten beide als Konfigurationen verstanden werden, die mit anderen Konfigurationen über die Zeit interagierten. Dabei sind deterministische Digitalrechner, die nur 0 und 1 als „Teile" kennen und deren Regeln fehlerfrei befolgt werden, doch ziemlich anders geartet als die physikalischen Prozesse in der Biochemie oder mit DNA-Abschnitten. Letztere gehen mit viel mehr unterschiedlichen Teilen um und sind störanfällig, woraus sich eine gewisse Zufälligkeit und damit erschwerte Vorhersagbarkeit des Ergebnisses ergibt.

Emergenz
Es gibt viel Information, die wir nicht wahrnehmen können, weil für sie entweder die Fähigkeiten unserer Sensoren bzw. Sinne nicht ausreichen, oder weil wir nicht über das notwendige Kontextvorwissen zur damit verbundenen Syntax und Semantik verfügen. Für manches, was wir erkennen können, sind wir zwar vorbereitet, wissen es jedoch nicht. Wir erkennen dann plötzlich Muster und Sachverhalte, die wir uns vorher nicht erschließen konnten. Manches, was sich uns vorher als komplex und undurchdringlich darstellte, erscheint dann mit Struktur und Ordnung versehen. Dieses Neue ist dann aus dem Alten heraus gewissermaßen emergiert.

Damit sind wir bei einem zuweilen umstrittenen Schlüsselbegriff, dem der Emergenz. Üblicherweise beschreibt der Begriff das objektive Umschlagen von einer Qualität in eine andere, höherwertige. Die wenigen Ameisen, die, wenn sie in großer Zahl auftreten, einen Ameisenstaat bilden, der aus dem Verhalten der einzelnen Ameisen nicht zu erahnen war, sind ein gern benutztes Beispiel zur Illustration. Im Unterschied zu diesem allgemeinen Gebrauch, der die tatsächliche Transformation von einer Qualität in die andere unterstellt, möchte ich jedoch Emergenz als eine Gehirnleistung des Wahrnehmens und Denkens verstanden wissen. Nicht die Natur, so meine Annahme, erzeugt über Emergenzprozesse Qualitäten höherer Ordnung, sondern es ist unser Gehirn – auch hier nicht anthropologisch verstanden, sondern prinzipiell alle Arten betreffend. Dabei verändert es die äußere Wirklichkeit nicht, sondern sieht diese neu – ähnlich wie bei der Abstraktion, jedoch einschneidender.

Emergenz ist somit ein Mittel der Abstraktion und wird vom Gehirn von der Quantenebene bis hin zur Alltagswelt angewandt, und darüber hinaus auch auf die großen Strukturen des Universums. Emergenz ist keinesfalls mit Modellbildung gleichzusetzen. Modelle werden vom Gehirn geschaffen, um Komponenten der Realität durch Realitätsabbildungen zusammenzufassen und sie abstrahiert als Bezugssysteme für Denkprozesse bereitzuhalten. Dabei werden Informationen gefiltert, d. h. entweder berücksichtigt oder nicht berücksichtigt, verstärkt oder geschwächt. Modelle sind Instrumente der Abstraktion.

> Emergenz schafft auch neue Modelle, jedoch solche, deren Qualitäten bis dato nicht in ihren Komponenten vom Gehirn identifizierbar waren. So sind Moleküle Modelle von zusammen auftretenden Atomen. Die spezifischen Eigenschaften der Moleküle wie beispielsweise ihre räumliche Ausrichtung sind zunächst nicht den Eigenschaften der beteiligten Atome zu entnehmen. Emergente Eigenschaften der Moleküle sind ihre chemischen Eigenschaften. Diese sind erst durch identifizierbare und spezifische Kombinationen von Atomen als solche feststellbar. Ein angenommener Beobachter, der, ähnlich wie Maxwells Dämon, auf der Ebene der Atome operiert, sieht nur diese, nicht die komplexe Chemie, die damit möglich ist. Gewissermaßen kann er den Wald vor lauter Bäumen nicht sehen, denn es fehlt ihm an der geeigneten Perspektive dafür.

Warum sehen wir Quantenobjekte nicht? Der Grund hierfür ist, dass sich die Eintrittsebene für die Evolution auf einem höheren Niveau befand. Dies wurde nicht so entschieden. Vielmehr erlaubte diese Ebene die energetisch und informatorisch günstigste Nutzung dessen, was wir als Materie und Energie bezeichnen. Dazu gehört z. B. die Interaktion mit Photonen, die gleichermaßen als Energie und Information aufgenommen werden können. Letztere entstand zunächst durch sehr einfache Interaktionen zwischen Organismen (und ihren Vorgängern) und ihrer externen Welt. Sie nahmen nicht nur Energie auf, sondern immer mehr auch Information über die Umwelt.

Hier noch einmal: Durch die Behandlung von Energie als Information konnten von Anfang an Modelle von der Welt geschaffen werden. Ein Licht oder ein dunkler Fleck, ein sich bewegendes Objekt mit den Charakteristika einer Beute und so weiter. Hinzu kam Farbempfindlichkeit. Die Fähigkeiten, sehr einfache Modelle von der externen Welt zu kreieren, wurden dann dazu verwendet, anspruchsvollere Modelle von der Umwelt zu entwickeln. Dies wurde offensichtlich auf unterschiedliche Art und Weise von verschiedenen Spezies so gemacht. Aufgrund der langen gemeinsamen Geschichte der Spezies sind die Ähnlichkeiten zwischen ihnen, beispielsweise der Säugetiere, groß.

> Nun kommt die Emergenz ins Spiel. Neue Fähigkeiten, in Kombination mit älteren, erlaubten die Entstehung neuer Modelle der Welt. Bei bestimmten Kombinationen von Fähigkeiten erschienen bisher nicht wahrgenommene Besonderheiten der äußeren Welt als völlig neuartig. Viele dieser Formen des Auftretens wurden einfach nur angenommen, können aber nicht bewiesen werden. Ob Emergenz als objektives Charakteristikum der Welt oder als lediglich existent im Auge des Betrachters eingestuft werden kann, wird noch diskutiert.

Ich betrachte Evolution nicht als direkte Ursache von Emergenz. Emergenz ist Teil der kognitiven Fähigkeiten, die während und innerhalb der Evolution entstanden. Unser Zugang zur Realität ist begrenzt und wir müssen uns dabei auf Modelle von Realität verlassen, denn die Umwelt kann nicht direkt verstanden werden. Wir müssen uns mit unseren Modellen von Realität behelfen. Wie der Philosoph Fritz Wallner (1998) für Modelle im Kontext des Konstruktivismus konstatiert, behalten wir Modelle auf Dauer, wenn sie uns dienlich sind, um Kontrolle über unsere Umwelt zu erlangen. Wenn nicht, können sie entfernt werden. Modellbildung ist offensichtlich eine informationelle Fähigkeit, die alle Organismen, oder besser noch, alle Organismen oberhalb einer bestimmten Komplexität besitzen. Modellbildung in diesem Sinne ist die Anwendung von Kognition zur Erzeugung von Wissen in reduzierter Komplexität. Emergente – also konstruierte – Modelle werden von Organismen und ihren Gehirnen produziert und benutzt. Durch die Schaffung von immer fortschrittlicheren Modellen können bereits a priori vorgefundene Modelle erneut benutzt und – dort wo Emergenz stattfindet – mit neuen Qualitäten versehen werden, die vorher nicht vorhanden waren (z. B. Bakterien, die sich an Stimuli orientieren, die es vorher nicht gab, oder Krähen, die neue Arten von Feinden erkennen, oder Menschen, die über Informationsmodelle nachdenken). So ist also Emergenz als das Ergebnis von Informationsverarbeitung zu verstehen, und nicht als das Ergebnis einer Art Wunder als Resultat einer Eigenschaft der Materie.

Wie der Philosoph Jeremy Butterfield (2011) verstehe ich Emergenz gleichfalls als erzeugtes neues und robustes Wissen. Der Prozess, semantische Information von der Außenwelt der sich entfaltenden biologischen Umwelt aufzunehmen und sie in die Evolution zu integrieren, löste den Prozess der Modellbildung aus. Dieser findet seitdem in allen Spezies statt. Modelle werden auf einfacheren (oder weniger angepassten) früheren Modellen aufgebaut und bilden die Basis für noch anspruchsvollere Modelle. Dies ist offensichtlich ein Prozess des Wissensaufbaus. In verschiedenen Stadien werden spezifische Sichten der Welt geschaffen.

Der Prozess der Modellbildung verläuft nicht kontinuierlich. Er basiert auf Informationsaufnahme, die mit bereits vorhandener Information kombiniert wird und neue Information schafft. Mit zunehmender Informationsmenge musste eine Komplexität von Informationsmodellen geschaffen werden, die dazu in der Lage sind, zu bearbeitende Datenmengen und Komplexität zu reduzieren. Da Information Energie ist, sparen beide Vorgehensweisen Energie, und sie optimieren so das Betreiben thermodynamisch offener organischer Systeme.

Warum sprechen wir das hier an? Offensichtlich entstehen diese neuen Qualitäten, um die es hier geht, durch Informationsverarbeitung des Gehirns. Das Gehirn geht mit gewonnenen Informationen so um, dass es diese neu zusammenfasst, kombinieren und verarbeiten kann. Daraus entsteht dann irgendwann der Perspektivenwechsel, der es erlaubt, von den einzelnen Bäumen auf ein völlig neues Konzept zu schließen, das des Waldes. Diese Modellbildung erlaubt es dann, die erzeugten Einsichten wiederzuverwenden und gegebenenfalls unter Heranziehung weiterer Modelle und Informationen neue Modelle emergieren zu lassen.

Syntaktische und semantische Information

Die Codierung der Erbinformation in den Doppelhelix-Strängen der DNA bildet den Schlüssel zu einem erweiterten, genetischen Verständnis der Evolution. Mit der Entschlüsselung des Genoms des Menschen durch das Humangenomprojekt zwischen 1990 und 2001 gelang es, die Abfolge der Basenpaare der menschlichen DNA in den einzelnen Chromosomen durch Sequenzieren zu identifizieren. Der Wissenszuwachs war enorm, hatte man doch nun eine Art Katalog, in dem man nachschlagen konnte, wo grundsätzlich die vielen Proteine des Menschen herkommen.

Der Begriff „Entschlüsselung" passt für das beeindruckende Ergebnis jedoch nicht wirklich gut. Er suggeriert, dass jetzt die Ursache-Wirkung-Beziehungen offenliegen und verstanden sind. Dass dies nur bedingt richtig ist, zeigt die Diskussion über ganze Abschnitte des Genoms, die scheinbar funktionslos sind. Recht nutzlose Überbleibsel der Evolution aus lange vergangenen Zeiten, wie man dachte. Nach und nach zeigte sich jedoch, dass auch diese Abschnitte Information tragen, ohne die der Aufbau und der Betrieb des menschlichen Organismus nicht möglich wären.

Genetische und kulturelle Vererbung

Man ist also, was die Informationsweitergabe an folgende Generationen angeht, nicht vor Überraschungen sicher. Immer wieder zeigen neue Erkenntnisse, wie sich die Prozesse des Wachstums und Lebens mit Informationen versorgen. Dazu kommt, dass die ganze Geschichte bzw. Evolution sich nicht auf die Ebene der Moleküle zu beschränken scheint. Gibt es noch weitere Formen der Informationsweitergabe?

Zweifellos ist neben dem durch die DNA-Moleküle vorgezeichneten ein kultureller Vererbungsweg vorhanden, der gleichfalls dem Geschehen der Evolution ausgesetzt ist. Hier wird Information über die Sprache und über weitere Abstraktionen, die sich die Lebewesen als superphänotypische Vehikel geschaffen haben, durch semantische Vererbung an die Folgegenerationen weitergereicht. So zumindest beschreibt der amerikanische Biochemiker Antony R. Crofts den Vorgang (Crofts 2007).

Crofts fragt rhetorisch, wo angesichts der vielen erstaunlichen und reichhaltigen Taten aus der Menschheitsgeschichte die Informationen hierfür geblieben sind. Neben den von Menschen geschaffenen Strukturen und Bauten wurden schließlich auch sie überliefert – könnte man meinen. Die gesamte Biosphäre sollte sich durch die ständige Tradierung und Ansammlung von Information verändert haben, so Crofts. Allerdings ist, abgesehen von der messbaren Erbinformation in RNA und DNA, keine nachweisbare Veränderung des chemischen Potenzials infolge Informationszuwachses festzustellen.

Zivilisatorische Errungenschaften, wie Städte, Straßen, Häfen und das Internet, auch Bibliotheken und Datenspeicher, können durchaus als Ergebnisse der sozialen und ökonomischen Nutzung eines abstrakten Rohstoffes, namentlich der Information, verstanden werden.

Wir können Informationszuwachs auch als Resultat menschlicher Arbeit und Aktivität wahrnehmen. Informationszuwachs bedeutet im informationstheoretischen Sinn Struktur und damit Zuwachs an Ordnung und Abnahme an Entropie. Im Kontext dieses Buches sind wir jedoch lediglich beim physikalisch-chemischen Aspekt des zivilisatorischen Systems, der uns natürlich keine Auskunft über den Bedeutungszuwachs im sozial-/ökonomischen Bereich selbst gibt. Die Nutzung des Begriffs „Information" in einem thermodynamischen und damit informationstheoretischen Zusammenhang lässt die Bedeutung als Eigenschaft von Information schließlich schlicht offen. Semantik wird schließlich von der klassischen Informationstheorie nicht erfasst.

Zwar können wir bei der Untersuchung eines Datenträgers oder einer Bibliothek die physikalischen Eigenschaften des Informationsträgers analysieren und die Information lesen und übertragen. Dieser Vorgang verändert auch notwendigerweise den physikalischen Status des Trägersystems in mehr oder weniger signifikanter Weise. Ob es sich bei der übertragenen Information jedoch um Werke von Shakespeare, Woody Allen oder Gerhard Richter handelt, ist nicht ersichtlich. Bedeutung entsteht erst in einem sinnvollen, also bedeutungsvollen, Kontext.

> Die Bedeutung bleibt zunächst „intangible" – nicht greifbar – und somit nicht an eine Masse, eine Energie oder einen elektrodynamischen Vorgang gebunden. Wir können zwar die Encyclopaedia Britannica auf einem elektronischen Datenträger im Auto installieren, allerdings ist es nicht möglich, die „Bedeutung" des Inhalts in Energie umzusetzen und damit das Auto anzutreiben. Es gibt keine ausbeutbare Energie in der Bedeutung. Das reichhaltige Lexikon ist unter diesem Gesichtspunkt einer Sammlung von Zufallsdaten gleichwertig. Voraussetzung für die Gewinnung des Bedeutungsgehaltes ist ein Übersetzungs- oder Interpretationsvorgang.

Die beiden wichtigen Übertragungswege semantischer Information in der Vererbung via DNA und RNA sowie über kulturelle Pfade weisen gemeinsame Charakteristika auf (Crofts 2007):

- Auf beiden Wegen spielen thermodynamische Aspekte der Datenspeicherung und -übertragung eine Rolle.
- Die semantischen Inhalte erzeugen im Vergleich zu den syntaktischen Informationseinheiten keine zusätzlichen thermodynamischen Kosten.
- Bei jedem semantischen Informationsaustausch kann Bedeutung nur aus Übersetzung und Interpretation im Kontext gewonnen werden.

Man könnte noch den Aspekt der Pragmatik, also den der mit Bedeutung verbundenen Zielsetzung, ergänzen. Allerdings würde die Kernfrage, die Beziehung von Bedeutung und Information im informationstheoretischen Sinne, die gleiche bleiben – und nicht beantwortet werden können.

Die drei Punkte bringen zum Ausdruck, dass die Struktur der Information für die Veränderungen von Entropie und den Verbrauch von Energie verantwortlich ist. Semantik ist diesbezüglich nicht wirksam. Vielmehr entsteht ihre thermodynamische Wirkung bei der Einbeziehung des Kontextes – was wieder Informationsübertragung und damit Entropieveränderung bedeutet.

Die beiden skizzierten Wege zur Vererbung von Information, also der Weg über den genetischen Code und der über den kulturellen Kontext, bieten Crofts die Grundlage für das Herausstellen von Merkmalen und den Hinweis auf bedeutungstragende, semantische Information. Beide Vererbungswege sind mit natürlichen Fehlerraten verbunden. Fehler entstehen durch Mutation in dem einen Fall und durch inkorrekte verbale oder schriftliche Weitergabe im anderen Fall.

> Leben hängt von der Verarbeitung semantischer Inhalte ab. Die Evolution hat sich dafür die drei räumlichen Dimensionen und die zeitliche Dimension zunutze gemacht. Die Dreidimensionalität zeigt sich am besten bei räumlich komplexen Proteinen und deren Nutzung für die Informationsverarbeitung. Die zusätzliche zeitliche Dimension wird durch Speicherung und Weitergabe von Informationen im Organismus und in externen Medien sichtbar. Alle Lebewesen zeigen ein Verhalten, das auf die Wahrnehmung von Zeit hindeutet. Die etwa vier Milliarden Jahre Zeit, in der die Evolution bisher aktiv war, führten zu zunehmend ausdifferenzierten sensorischen Fähigkeiten auch in dieser Beziehung.

Die hier aufgeworfene Frage nach dem Platz der Bedeutung im Informationsbegriff ist von großer Relevanz für die Interpretation vieler biologischer Vorgänge. Im Zentrum steht die Vererbung, die ohne die Evolution nicht denkbar ist. Vom ersten Schritt der Evolution an war das Leben ganz offensichtlich von der Verarbeitung und der Interaktion mit semantischer Information abhängig.

Semantische Information
Mit komplexer werdenden Fähigkeiten, auch hinsichtlich der Bildung von Syntaxen und Semantiken, wuchsen die Fähigkeiten des Gehirns und jedes Organismus, Information aus der Energie zu extrahieren, für die wir Sensoren haben. Auch die Fähigkeiten der Sensoren wuchsen bzw. passten sich dem Lauf der Evolution an. Die extrahierte Energie liefert bzw. ist Information aus unserer näheren und weiteren Umgebung. Andere Energie wird sensorisch nicht ausgewertet und ist daher auch nicht informatorisch zu bewerten bzw. in diesem Sinne nutzlos.

> Wie bereits ausgeführt, verwende ich die Begriffe Syntax, Semantik und Pragmatik, um zu verdeutlichen, dass alles Denken durch eine Wahrnehmung der Außenwelt initiiert ist, die bereits in sehr frühem Stadium durch Regeln und durch Kombination von aufgenommener Information mit vorhandener oder hinzugeholter Information bestimmt war. Immer, so die These, gab es dabei Regeln (Syntax) und Bedeutungen (Kombinationen von Semantik).

Mit der Entwicklung des Gehirns steigen seine Fähigkeiten, Informationen zu rezipieren und mit ihnen zu arbeiten. Die Komplexität der Information ergibt sich wesentlich aus ihrem Kontext. Dieser liegt im Gehirn bereits in Form von Syntax und Semantik vor, muss hinzugeladen werden oder wird bei der Interaktion des betrachteten bzw. auszuwertenden Objekts erzeugt. So beruht Musikwahrnehmung auf der bisherigen Auseinandersetzung des Empfängers etwa mit Musik einer oder mehrerer Richtungen, mit Musiktheorie und vorhanden Kenntnissen zur Musikkonservierung per Noten. Vieles davon ist syntaktisch geprägt, also regelbehaftet. Diese Regeln wiederum sind mit Bedeutung verknüpft. In ihrer Kombination entsteht Musikwissen. Gleichermaßen ist der Vorgang des Komponierens an mehr oder weniger starke Regeln gebunden. Der so entstehende erweiterte Kenntnisstand des Komponisten wird anderen Menschen, die nötigenfalls über entsprechendes Rüstzeug verfügen, kommuniziert. Diese ergänzen damit ihren semantischen Bestand und – wenn notwendig – syntaktische Regeln, um mit ihm umzugehen.

Sprache und Erkenntnis
Dass es Objekte gibt, dürfte eigentlich nicht als selbstverständlich gelten. Die Wahrnehmung von Objekten setzt bereits ein gegenständliches Weltbild voraus. Für das frühe Stadium der Evolution ist jedoch von eher quantenmechanischen Wechselwirkungen auf der Ebene von Photonen auszugehen. Auch weil die Photonen selbst masselos und daher nur bedingt als Objekt zu verstehen sind, ist der Begriff Objekt in gewisser Weise irreführend.

Objekte sind Konstruktionen eines Gehirns, nicht die getreue Abbildung der Realität. Sie sind Resultate einer Filterfunktion, die das Auge und die anderen Sensoren des Menschen vornehmen, also Haut, Nase, Ohren, Geschmack und

Gleichgewichtssinn. Die Fähigkeit der Datenauswertung aller Sinne wurde im Laufe der Evolution durch immer komplexere Interpretationsmöglichkeiten des Gehirns ergänzt. Das führte dazu, dass die sich entwickelnden Gehirne Modelle von Objekten schafften. Modelle haben Effizienz- und Effektivitätsvorteile. Effizienzvorteile haben sie, weil sie sich so eine oder mehrere angepasste Syntaxen und Semantiken über eine spezifische Umgebung, über verschiedene Umgebungen oder verschiedene Umgebungsebenen schaffen. Modelle sind also keine vollständigen Abbildungen und sie sollen es auch nicht sein. Die Unvollständigkeit der Abbildungen wirkt als Filter. Das für die Evolution bzw. für das unmittelbare Überleben Wesentliche wird aus den Signalströmen herausgefiltert. Außerdem wird der zur Verfügung stehenden Verarbeitungskapazität für Information und dem damit zusammenhängenden Energiebedarf Rechnung getragen. Die Anpassung des inzwischen so entstandenen Organismus bzw. seiner Spezies in seiner evolutionären Nische war immer das eigentliche Optimierungsziel und ist es bei allen Lebewesen auch heute noch. Weiterhin bietet dieses Verfahren auch Effektivitätsvorteile, weil ein Optimierungsziel wirkungsvoller unter Nutzung der begrenzten Ressourcen angesteuert werden kann.

Die Wirklichkeit, die aus der Wechselwirkung eintreffender Photonen und anderer Elementarteilchen mit der Oberfläche eines frühen Organismus entstand, wurde und wird also zur Modellbildung genutzt. Wohlgemerkt waren und sind es bis heute Modelle, die der Evolution des Organismus dienen und nicht etwa dem Ziel, die Wirklichkeit getreulich wiederzugeben. Eine exakte und/oder vollständige Wiedergabe konnte auch schon deshalb nicht das Ziel gewesen sein, weil dies außerhalb der Erreichbarkeit dieser rudimentären – wenn auch schon hochkomplexen – Organismen war. Schon allein die hierfür benötigte Energie wäre nicht vorhanden gewesen. Zudem mussten immer mehrere Optimierungsziele gleichzeitig verfolgt werden.

Bis hin zur Weltfremdheit vereinfacht durften die Modelle natürlich auch nicht sein, denn dies hätte den Untergang des Individuums und der sich entwickelnden Spezies riskiert. Voraussetzung dafür, dass dies nicht passieren konnte, war die Schaffung von Syntax und Semantik für die variierenden Sichten. Diese mögen vererbbar, aus geschaffenen externen Quellen abrufbar oder durch Kreativität entstanden sein.

> Entscheidend ist die Einsicht, dass es sich bei den Modellen um vielschichtige Denkkonstruktionen aus Informationen handelt, die – ohne dass es uns bewusst wird – immer umfangreichere Sichten auf die Welt produzieren.

Kontexte mit Syntax und Semantik entstehen auch bei der Beobachtung der Natur. Nehmen wir das Verständnis von Materie und Raum des griechischen Philosophen Demokrit. Er postulierte unteilbare, kleinste Komponenten im leeren Raum. Aus diesen Atomen, die durchaus verschieden sein sollten, sollte die Welt zusammengesetzt sein. Im 19. Jahrhundert – die Idee der Atome war bekannt, aber in der

Physik nicht allgemein akzeptiert – ging man experimentell auf die Suche. Über verschiedene Zwischenschritte kam man zu dem Bohrschen Atommodell, wie es lange Zeit in der Schule gelehrt wurde. Um einen Kern, der aus Protonen und Neutronen zusammengesetzt ist, bewegen sich auf unterschiedlichen Kreisbahnen die Elektronen. Die einzelnen Konfigurationen aus diesen Elementarteilchen und Bahnen bilden die derzeit bekannten 118 chemischen Elemente im Periodensystem. Allein diese Elemente bilden die anorganischen und organischen chemischen Verbindungen des Universums.

Dass mit jedem neuen Atommodell auch neue Inhalte – Semantiken – zu dessen Beschreibung und Verständnis entstanden, liegt auf der Hand. Die Syntax änderte sich mit den Regeln zum Aufbau des Modells. Und noch etwas änderte sich: das Verständnis vom Wesen der Welt. Das sich zunächst stabilisierende Modell vom Atom in Verbindung mit dem Periodensystem der Elemente schuf neue Anschauung und ein neues Verständnis von der Realität. Die Realität selbst hatte sich natürlich überhaupt nicht verändert. Nur ihre Wahrnehmung durch das Gehirn und das Denken waren neu. Aus dem Neuen, den Vorgängermodellen und vielen Einzelaspekten entstand so eine neue Qualität, die den Aufbau der Welt viel plausibler erscheinen ließ als sich vorher hätte erahnen lassen. Die Bilder des Miniaturplanetensystems und des Periodensystems waren so eindringlich und plausibel, dass sie begannen, das Denken zu bestimmen. Dies war auch weit hinein in die Zeit so, in der diese Bilder bereits durch die Quantenphysik infrage gestellt worden waren. Man kann sagen, diese neuen, plausiblen Bilder seien emergiert, also aufgetaucht. Sie waren ein Resultat einer Emergenz, die als Gehirnleistung zu werten ist. Das Gehirn, in seiner Suche nach optimierten Denkstrukturen, akzeptiert nur zu gerne ein Modell, das sich durch Klarheit, Übersichtlichkeit und vor allem Widerspruchsfreiheit auszeichnet und zu seiner Zeit jeweils ein wertvolles Werkzeug zur Erklärung der Welt darstellt.

Bernd-Olaf Küppers erkennt Parallelen zwischen natürlicher Sprache und der „Sprache der Gene", die er auf Erkenntnisse des amerikanischen Linguisten und Philosophen Noam Chomsky zurückführt (Küppers 2013). Danach verwendet die Biologie ein spezielles Semantikkonzept, das planerisch und zweckgerichtet die Konstruktion selbstkonstruierender lebender Materie erlaubt. Ähnlich der Semantik in Konstrukten natürlicher Sprachen ist die Semantik genetischer Ausdrücke offenbar ein nicht reduzierbarer Bestandteil lebender Materie. Auch wenn die Sprache der Gene die logische Tiefe natürlicher Sprachen nicht erreichen kann, können die Parallelen zwischen beiden am Beispiel des Unterschieds zwischen „Sinn" und „Bedeutung" verdeutlicht werden. Genetische Information, so Küppers, werde von einer Generation zur nächsten primär als Instruktion weitergereicht, also als eine Art Rezept, das in den Erbmolekülen gespeichert sei. Dies kann mit der Bedeutung in einem linguistischen Ausdruck einer natürlichen Sprache verglichen werden. Allerdings wird die genetische Information nicht wirksam, bevor sie die Eizelle erreicht hat. Hier beginnt dann eine permanente Neueinschätzung und Auswertung der Information zur Sinnbestimmung in diesem spezifischen Kontext. Instruktion und Information, so Küppers, hätten dieselbe Bedeutung, jedoch einen unterschiedlichen Sinn.

Bedeutung und Information in der Biologie

Können kommunizierte Informationen die Vererbung beeinflussen? Ja, so die Antwort von Ruth Millikan, einer amerikanischen Sprachphilosophin. Sie vertritt in ihren Arbeiten zur Biosemantik die Auffassung, dass eine zweckvolle informatorische Repräsentation eines Sachverhalts beim Empfänger dieser Information durchaus Folgewirkungen zur nächsten Generation hin auslösen. Sie begründet dies mit einer Intention bei der Repräsentation dieses Sachverhalts. Ist diese zum Vorteil der Art, hat sie auch das Potenzial, in die Vererbungsinformation der Art aufgenommen zu werden (Millikan 2008, 2012).

Für Millikan hängen menschliche Gedanken und Handlungen, Organe und Organismen, Werkzeuge und sprachliche Bedeutungen hinsichtlich ihres Beitrags zur Evolution enger zusammen als gemeinhin angenommen wird. Sie repräsentieren jeweils keine voneinander isolierten Entwicklungen, sondern stehen über Ziele und Zwecke miteinander in Verbindung. Zur Begründung ihres Denkansatzes entwickelte sie eine neue Sicht auf die Sprache, auf Zeichenverwendung und eine Philosophie als Erweiterung der Denkrichtung der Intentionalität, die auf den deutschen Philosophen und Psychologen Franz Clemens Brentano (1838–1917) zurückzuführen ist.

In Millikans Darstellungen spielt ein Modell aus drei Komponenten eine Rolle. Sie geht von einem Produzenten (erste Komponente) aus, der eine Repräsentation (zweite Komponente) erstellt, die von einem Konsumenten (dritte Komponente) verarbeitet wird. Ein solches Modell könnte man vielen biologischen Funktionen zuordnen. Eine Zusatzforderung lautet deshalb, dass die Repräsentation die Eigenschaft haben muss, über etwas eine Aussage zu treffen. Vom Protein bis hin zur komplexen Struktur eines Auges finden wir überall biologische Funktionen, die sich in der Evolution entwickelt haben. Sie funktionieren oder funktionieren auch nicht, sie sagen aber im Sinne Millikans nichts über „falsch" oder „richtig" im Hinblick eines repräsentierten Sachverhalts aus. Genau diese Eigenschaften sind es, die in der Intentionalität gesucht sind.

Ruth Millikan führte Beispiele an, um die Wirkung der Repräsentation auf das evolutionäre Geschehen zu illustrieren. Zwei davon, das Verhalten von Bibern und das von Bienen, sollen kurz aufgeführt werden.

Beispiel Biber

Bei aufziehender Gefahr nutzen die Biber ihren breiten und flachen Schwanz, um damit auf das Wasser zu schlagen. Das entstehende Geräusch wird von den Artgenossen als Warnung verstanden und führt zu entsprechenden Aktionen, wie z. B. die Flucht durch den Unterwassereingang in den Bau. Das Schlagen auf das Wasser hat natürlich den Zweck, auf Feinde hinzuweisen. Allerdings repräsentiert der Schlag auch etwas: Gefahr. Erfolgt er, wenn keine Gefahr besteht, ist etwas falsch gelaufen: Der Schlag sagt, es sei Gefahr, aber es existiert keine. Die Nachricht ist also falsch.

> **Beispiel Bienen**
>
> Bienen verfügen über komplexe Muster bei der Kommunikation mit anderen Bienen. So können sie diese sehr zielgerichtet zu einem Nektarfund leiten. Die Sprache, die sie benutzen, ist die eines Tanzes. Bei der Rückkehr vom Fund zum Bienenstock tanzen sie um eine virtuelle Linie herum, die direkt zu den Blumen mit dem Nektar führt. Damit nicht genug. Die Zahl bestimmter Bewegungen korrespondiert mit der Entfernung zu diesen Blüten und die Intensität dieser Bewegungen mit der Attraktivität des Fundes. Dieser Tanz wird innerhalb des Bienenstocks vollzogen, und verstanden wird er nicht optisch oder akustisch, sondern über das Fühlen der Bewegungen. Und in der Tat fliegen Bienen, wenn sie die Botschaft verstanden haben, in der angegebenen Richtung die mitgeteilte Distanz.
>
> Etwas detaillierter funktioniert der Vorgang, indem die Biene mit der guten Nachricht eine senkrechte Wand im Bienenstock hochkrabbelt und sich dabei wackelnd bewegt. Der abweichende Winkel von der Senkrechten gibt den abweichenden Winkel von der Richtung des aktuellen Sonnenstandes an. Die Zahl der Wackelbewegungen steht für die Entfernung. In Tab. 5.1 sind die dafür beobachteten Daten angegeben.

Diese beiden Beispiele zeigen das Grundmodell des von Ruth Millikan definierten Kommunikationsmodells aus drei Komponenten. Es wird aus der Produzentenkomponente eines Organismus, der Repräsentation bedeutungsvoller Information und einer Konsumentenkomponente in einem anderen Organismus gebildet (Tab. 5.2). In beiden Fällen kann das Gesamtsystem falsche Ergebnisse produzieren. Ein „irrtümlicher" Schlag mit dem Biberschwanz auf das Wasser oder ein Tanz mit falschen Figuren erzeugt eine Repräsentation mit Fehlinformation. Diese wiederum verleitet ihren Konsumenten zu Fehlhandlungen.

Aber auch innerhalb eines Organismus lassen sich Beispiele für dieses Dreikomponentenmodell finden. So z. B. beim Frosch, der aufgrund eines optischen Impulses seine Zunge herausschnellen lässt. Die Retina des Froschauges enthält einige (Ganglien-)Zellen, die auf schwarze, sich bewegende Objekte reagieren und

Tab. 5.1 Tanz der Bienen. (Shea 2012)

Variable	Antwort des Konsumenten	Spezielle Randbedingung
Tanzen	*Fliegen*	*Es wurde Nektar gefunden …*
2 × mit 45 Grad zur Vertikalen wackeln	60 s Flug mit 45 Grad zur Sonnenrichtung	200 m in südwestlicher Richtung
3 × mit 90 Grad zur Vertikalen wackeln	90 s Flug mit 90 Grad zur Sonnenrichtung	300 m in westlicher Richtung
5 × mit 45 Grad in vertikaler Richtung wackeln	150 s Flug in Sonnenrichtung	500 m in südlicher Richtung
…	…	…

5.6 Phylogenese

Tab. 5.2 Beispiele für Produzenten und Konsumenten von Information nach Millikan. (Shea 2012)

Produzent	Repräsentation	Konsument
Biber schlägt bei Gefahr Schwanz ins Wasser	Mit Schwanz platschen	Andere Biber: tauchen unter Wasser
Biene tanzt bei der Rückkehr vom Nektarfund	Bienentanz	Andere Bienen: fliegen in indizierte Richtung und Entfernung
Auge und optisches System des Frosches reagieren	Feuern einer retinalen Ganglienzelle	Zungen-Pfeil Mechanismus im selben Frosch wird aktiviert

damit die Zungenbewegung des Frosches auslösen. Diese Zellen repräsentieren also Fliegen bzw. Beute im Allgemeinen.

Auch die Ausrichtung von Bakterien an Himmelsrichtungen kann als Beispiel für das Komponentenmodell Millikans gesehen werden. Bakterien mit magnetotaktischen Eigenschaften bewegen sich entlang von Magnetfeldlinien. Die Richtung wird dabei durch magnetische Partikel, Magnetosomen, innerhalb der Bakterien erzwungen. In der nördlichen Hemisphäre bedeutet dies nicht nur eine Ausrichtung hin zum magnetischen Nordpol, sondern auch etwas unterhalb und damit in Richtung tieferes Wasser. So schützen sich die Bakterien vor dem Kontakt mit dem giftigen, sauerstoffreichen Oberflächenwasser. Sie steuern also permanent ein für ihre Reproduktion günstiges Lebensumfeld an. Die Ausrichtung der Magnetosomen repräsentiert die Richtung, in der sauerstoffarmes Wasser zu finden ist. Der Konsument ist der Bewegungsapparat der Bakterien, und der Produzent ist das Magnetfeld (Shea 2006).

In allen Beispielen wird Information über etwas erzeugt (von Millikan *aboutness* genannt), das als Repräsentation der Bedeutung eines Sachverhalts gilt. Die Repräsentationen können aus unterschiedlichsten Gründen falsch oder richtig sein. Die Konsumenten werden darauf unterschiedlich reagieren – sie sind auf variable Repräsentationen eingestellt. Zu den Möglichkeiten, falsche Repräsentationen zu erzeugen, gehören natürlich auch Störungen in der Übertragung der Repräsentationsinformationen. Damit wären wir dann sehr nahe am Modell eines Übertragungskanals, wie er der Informationstheorie Shannons zugrunde liegt.

Unabhängig vom breiteren Kontext der Philosophie Millikans ist Folgendes festzuhalten:

- Eine Repräsentation in der Kommunikation zwischen biologischen Organismen und innerhalb solcher Organismen im Millikanschen Komponentenmodell weist Information mit Bedeutung (semantische Information) auf. Mit ihr sind Wahrheitswerte (richtig, falsch) verbunden.
- Das Komponentenmodell weist eine strukturelle Ähnlichkeit mit dem Übertragungskanal der Informationstheorie auf.

Wie kann man nun angesichts der Vielfalt der biologischen Funktionen solche Komponentenmodelle finden und nachweisen, dass es welche sind? Millikan skizziert ein Experiment. Zunächst muss ein Kandidat für einen Konsumenten gefunden werden, der auf eine angebotene Repräsentation bzw. auf Variationen derselben unterschiedlich reagiert. Darüber hinaus sollen die Reaktionen eine evolutionäre Funktion aufweisen – im Fall der Biber Gefahren schneller erkennen können – und mit evolutionären Bedingungen verknüpft sein – im Fall der Biber, dass Gefahren existieren. Die Konsumentenkomponente macht also Annahmen über die Welt, indem sie sich durch spezifische Reaktionen auf unterschiedliche Repräsentationen und damit auf Sachverhalte einstellt. Eine möglichst große Realitätsnähe dieser Annahme bedeutet einen evolutionären Wettbewerbsvorteil.

Warum wir besonders sind

Wir Menschen sind nicht die einzigen intelligenten Lebewesen. Jedenfalls nicht, wenn man Intelligenz nicht allzu eng auslegt. Dieser Verdacht hat sich inzwischen zur Gewissheit erhärtet. Auch Eigenschaften wie Humor und unser Gefühlsleben dürften auf keinen evolutionären Sonderweg hinweisen. Ebenso wenig tun dies „menschliche" Fähigkeiten wie Kommunikation, Sprache und Kooperation. Unsere Fähigkeiten des Bewusstseins und damit zur Selbsterkenntnis und Reflexion dürfen wir jedoch nach jetzigem Kenntnisstand exklusiv in Anspruch nehmen.

Wenn wir uns die neueren Untersuchungsergebnisse zur Lernfähigkeit und Gewitztheit von Primaten anschauen, die Fähigkeit der Elefanten zu planvoller Kooperation oder die Gruppenlernfähigkeit von Krähen, dann wissen wir, wie viele Gemeinsamkeiten diese Arten mit uns teilen. Die Evolution hat Intelligenz in den verschiedenen Arten entwickelt. Es sind, je nach evolutionärem Umfeld, verschiedene Intelligenzen geworden, die sich auch in ihrer jeweiligen Spezialisierung sehr unterscheiden.

Gehirne und Nervensysteme unterscheiden sich. Sie sind bei Tieren unterschiedlich ausgeprägt. Insekten, Vögel, Primaten und andere Tierarten weisen dennoch Gemeinsamkeiten auf. Und auch wer kein Gehirn hat, versteht es, sich in der Welt zu orientieren. Manche Einzeller wie Bakterien und Pantoffeltierchen sowie manche primitive wirbellose Tiere kommen ohne Neuronen, also Nervenzellen, aus. Sie sind dennoch in der Lage, spezifisch auf ihre Umwelt zu reagieren. Das Pantoffeltierchen zeigt beispielsweise ein ausgeprägtes Ausweichverhalten in Bezug auf Objekte in seiner Umgebung. Allerdings sind die Reaktionszeiten manchmal lang. Schwämme z. B. schicken Botenzellen auf die Reise, um ein Ereignis innerhalb des Organismus zu melden. Das kann Minuten in Anspruch nehmen.

Schauen wir genauer hin, ist es mit den humanen Exklusivrechten auf Intelligenz und Wissen nicht mehr so weit her wie früher einmal angenommen. Information wird intensiv von allen Arten zum Leben und Überleben genutzt. Vielzellige Organismen sind darauf angewiesen, schnell auf ihre Umwelt zu reagieren. Gehirne mit vielen Neuronen ermöglichen dies. Dabei ist die jeweilige maximale Hirngröße aus statischen und energetischen Gründen an die

Körpermaße gekoppelt. Innerhalb einer Gattung haben die größeren Tiere in der Regel auch die größeren Gehirne. Allerdings korrelieren Gehirngröße und Intelligenz nicht direkt. Offensichtlich sind viele kleine Affen intelligenter als beispielsweise Kühe.

Mit gerade einmal 1 mg Gehirn bewältigt eine Honigbiene höchst anspruchsvolle Aufgaben – so kann sie sich ähnlich gut wie viele Säugetiere in ihrer Umgebung zurechtfinden, so der amerikanische Wissenschaftsjournalist Douglas Fox. Ihre geringe Zahl zur Verfügung stehender Neuronen begrenzt zwar ihre Fähigkeiten, allerdings scheint die Biene aus ihrer neuronalen Kapazität das Letzte herauszuholen. Die Effizienz des fünf Millionen Mal größeren Gehirns eines Elefanten hingegen erinnert an die Bürokratie eines mesopotamischen Königreichs: Signale brauchen für den Weg zwischen den beiden Hirnhälften 100-mal länger; ähnlich sieht es mit der Reizleitung vom Gehirn zu den Füßen aus, sodass sich das Tier weniger auf seine Reflexe verlassen kann und daher schlicht und einfach langsamer geht. Ein Elefant muss also wertvolle neuronale Ressourcen dafür verschwenden, jeden einzelnen Schritt zu „planen" (Fox 2012).

Gemessen an den Körpermaßen zeigen größere Wirbeltiere zwar absolut gesehen auch größere, aber relativ gesehen dennoch kleine Gehirne. Ausnahme sind hier die Primaten, bei denen die mittlere Gehirngröße der Arten mit den Körpermaßen wächst. Beim Menschen ist der Anteil des Gehirns am Körpergewicht am höchsten, nämlich für jedes Kilogramm dreimal so viel wie beim Schimpansen, und achtmal so viel wie bei einer Katze.

Die Effizienz eines Gehirns hängt auch wesentlich von der Packungsdichte seiner Neuronen ab. Die Zahl der Neuronen im Intelligenzzentrum von Vogelgehirnen wird je nach Art auf 100–400 Mio. geschätzt. Beim Menschen befinden sich 12–15 Mrd. Neuronen (von insgesamt rund 100 Mrd.) in der Großhirnrinde. Eine Honigbiene bringt es immerhin noch auf insgesamt 960.000 Neuronen.

Entscheidend sind jedoch die synaptischen Verbindungen der Neuronen. Jedes Neuron der menschlichen Hirnrinde, dem Intelligenzzentrum, kann 1000 bis 30.000 Synapsen herausbilden – die Wissenschaft hat hier noch kein einheitliches Bild. Die menschliche Hirnrinde ist – so viel ist bekannt – modulartig über 150 Areale mit 60 Verbindungsstellen verschaltet, die damit insgesamt 9000 Arealverschaltungen ermöglichen. Hier wird die hohe Optimierungsleistung der Evolution sichtbar. Die informationsverarbeitenden Verbindungen des menschlichen Gehirns sind nicht nur schnell und dicht gepackt, sondern integrieren einen großen Cortex, der evolutionsgeschichtlich relativ spät hinzugekommen ist. Zusammengenommen hat die Evolution mit dem menschlichen Gehirn die höchste Informationsverarbeitungskapazität und Intelligenz unter allen Lebewesen hervorgebracht.

> **Energiehunger des Gehirns**
> Das Gehirn muss Unglaubliches für diesen Vorsprung leisten. Embryos bilden in jeder Minute 250.000 neue Nervenzellen und verschalten sie in jeder Sekunde mit etwa 10.000 neuen Verbindungen. Der Energieverbrauch des Gehirns ist etwa zehnmal größer als der von anderen Körpergeweben. In

> einem fünfjährigen Kind hat es seine endgültige Größe ungefähr erreicht und beansprucht etwa 30 % der dem Körper zugeführten Kalorien. Auch bei Erwachsenen wird der Energiehunger des Organs deutlich. Bei weniger als 2 % Anteil an der Körpermasse ist es für etwa 25 % des gesamten Nährstoffumsatzes verantwortlich.

Festzuhalten ist also, dass ein großes Gehirn im Kontext der Evolution einen Luxus darstellt, der durch den biologischen Unterbau energetisch zu finanzieren ist. Hier hat der Mensch mit seinem Organismus in Wechselwirkung mit seinem großen Gehirn einen offensichtlichen evolutionären Vorsprung. Ob eine weitere Steigerung der Leistung des Gehirns über eine Vergrößerung des Organs zu erreichen ist, kann man durchaus skeptisch beantworten. Abgesehen vom erhöhten Energieverbrauch wären wegen der größeren Entfernungen auch längere Signallaufzeiten zu erwarten und die Störungswahrscheinlichkeit – das Rauschen – nähme zu. Leistungssteigerungen im Rahmen der derzeit gesetzten biologischen Grenzen sind damit natürlich nicht ausgeschlossen.

Und dennoch: Das Gehirn ist ein Produkt der Evolution. Und da diese nicht zum Stillstand gekommen ist, muss auch die Annahme, es könne keine größeren und effizienteren Hirne geben als die unsrigen heute, mit Skepsis bewertet werden. Ein evolutionärer Stillstand ist nicht zu erkennen und neue Wachstumsschübe sind nicht auszuschließen. Das schnelle Wachstum der menschlichen Gehirne erleben wir als Momentaufnahme.

Die Einzigartigkeit des menschlichen Gehirns sollte sich auch in seinen Erbinformationen zeigen. Diese naheliegende Vermutung hat sich bestätigt. Das Gen ARHGAP11B findet sich nur beim Menschen im Chromosom 15 ebenso beim Neandertaler und beim – genetisch von diesen beiden verschiedenen – Denisova-Menschen, der vor etwa 40.000 Jahren im sibirischen Altai-Gebirge beheimatet war. Es handelt sich hier um eine aufsehenerregende Entdeckung, die Wissenschaftler am Max-Planck-Institut für molekulare Zellbiologie und Genetik gemacht haben (Florio et al. 2015).

Die im Februar 2015 publizierte Entdeckung dieses Gens ist insofern eine Sensation, als dass sie einen Schlüssel für die Erklärung des rasanten Wachstums des menschlichen Hirns darstellt. Immerhin brachten es die frühen Homini-Vertreter *Homo habilis, H. erectus* und *H. rudolfensis* bereits auf 900 cm^3 Gehirnvolumen, doppelt so viel wie ihre wahrscheinlichen Vorfahren, die aufrechtgehenden Menschenaffen der Gattung *Australopithecus* (vor 4–2 Mio. Jahren). Die Mutation des Gens ARHGAP11B bewirkt, dass mehr Nervenzellen entstehen. Bei Versuchen mit Mäuse-Embryonen bewirkt eine Injektion von ARHGAP11B ein verstärktes Wachstum von Gehirnzellen und sogar das walnussartige Falten des Gewebes wie im menschlichen Großhirn. Allerdings sei offen, so Marta Florio, ob die so produzierten Gehirnzellen bei Mäusen vernetzt sind oder künftig sein könnten. Die intelligente Supermaus wird es nicht so bald geben. Die erstaunliche Wirkung dieses Gens ist jedoch auch ein Indikator dafür, dass zufällige Veränderungen, also

Mutationen der Gene und damit der Chromosomen, zu Innovationsschüben in der Gehirnentwicklung führten (Florio et al. 2015).

Von anderen Mutationen etwa in Chromosom 1 weiß man, dass sie für den Ausbau der kognitiven Leistungen des menschlichen Gehirns gesorgt haben. Vor 3,5 Mio. Jahren beginnend bis vor 900.000 Jahren verdoppelte und veränderte sich ein Gen im Chromosom 1 dreimal. Zunächst fand eine räumliche Ausdehnung des Schädels statt, das Gehirn bekam so mehr Platz. Experimenten mit Mäusen zufolge konnten sich dann vor ca. 900.000 Jahren die Nervenzellen auch besser vernetzen, weil sie im vergrößerten Schädelraum mehr Kontakte bilden konnten. Die Evolution hatte somit gewissermaßen nicht die Zahl der „Prozessoren" erhöht, sondern die „Rechnerarchitektur" verbessert. (Bahnsen 2015b).

Biochemische Ereignisse in Form von Mutationen schufen also ganz neue und vielfach erweiterte Möglichkeiten zur Verarbeitung von Informationen durch das Gehirn.

5.6.3 Evolutionäre Trends und evolutionärer Fortschritt

Die Evolution ist offenbar nicht teleologisch, sie steuert nicht auf ein bestimmtes Ziel hin und wird auch nicht irgendwie von diesem Ziel her gesteuert. Der Begriff des „evolutionären Fortschritts" ist daher also problematisch. Dennoch lassen sich Trends in den diversen Entwicklungen erkennen, die häufig jedoch eher als lokale Optimierungen denn als langfristige und breit wirkende Veränderungen zu werten sind. Die langen Hälse der Giraffen und manche Tarnmuster von Häuten und Fellen verschiedenster Tiere gehören zu lokalen Optimierungen der Arten. Zu den langfristigen Trends der Biologie gehören hingegen die Entwicklung des aufrechten Ganges und die der Fähigkeit zum Fliegen. Und sicher auch die Entwicklung der Kognition, des Wissens und des Denkens.

Auch die Weiterentwicklung des Genpools darf man den langfristigen Trends zuordnen, denn darin kommen die Erweiterung der Artenvariation und die Entstehung komplexerer Arten zum Ausdruck. Darunter sind auch solche Entwicklungen, die man als Fortschritt werten kann. Ob Fortschritt, Stillstand oder Rückschritt zu konstatieren ist, hängt allerdings nicht zuletzt von der Perspektive ab. Jemand, der einer teleologischen Idee anhängt, wird das als Fortschritt identifizieren, was ein Stück näher an dem von ihm identifizierten Fern- und Endziel liegt. Jemand anderes, der solche Kräfte in keiner Weise identifizieren kann, kommt eher zu dem Schluss, dass der Zufall einmal mehr zugeschlagen hat und der Begriff „Fortschritt" daher keinen Sinn ergibt.

Manche Arten zeigen eine sehr kontinuierliche Entwicklungsrichtung. Aus kleinen, etwa fuchsgroßen Allesfressern mit fünf Zehen entwickelten sich die Grünfutter verdauenden Pferde heutiger Größe mit einem ausgeprägt großen und vier verkümmerten weiteren Zehen. Das ehemalige Waldtier wurde zum schnellen Steppenbewohner. Die Evolution verläuft insgesamt recht kontinuierlich, wenn man einmal außer Acht lässt, dass es diverse Seitenlinien gibt und gab, und dass sich nicht alle Pferdearten wohlgeordnet nacheinander entwickelten. Klar zu erkennen ist aber ein Trend zu mehr Größe und zur Reduzierung der Zahl der Zehen. Das Pony als Ausnahme bestätigt hier die Regel. Diesem Trend, so mutmaßt der Evolutionsbiologe Franz M. Wuketits, könnte eine Orthoselektion, eine „gleichgerichtete" Auslese also, zugrunde liegen (Wuketits 1981). Diese Form der Auslese könnte dafür gesorgt haben, dass sich den Pferden aller anderen Varianten, außer den relativ großen Einhufern, unter den sich wandelnden Umweltbedingungen keine Überlebenschance bot. Auch die Elefanten haben große Körper entwickelt, allerdings sind auch Zwergvarianten entstanden. Eine einheitliche Regel gibt es also in dieser Hinsicht nicht.

Die Evolution plant nicht
Evolutive Trends sind im Großen und Ganzen gewissermaßen eine statistische Angelegenheit. Es ist recht einfach, aus Fossilfunden orthogenetische Entwicklungsreihen zusammenzustellen, vor allem, wenn man fest davon überzeugt ist, dass sich Evolution schrittweise abspielt und dabei konstant eine bestimmte Richtung verfolgt. Wir neigen schließlich dazu, die Evolution von ihren heutigen Ergebnissen aus rückwärts zu beurteilen, und interpretieren dabei die Existenz früherer (ausgestorbener) Formen gern als „Vorbereitung" auf den heutigen Status der Tier- und Pflanzenwelt. Wir sehen so eine Folgerichtigkeit der Entwicklung. Diese Interpretation ist falsch, wie Wuketits betont. Es gibt in der Evolution keinen Entwicklungsplan, sondern nur Entscheidungen, die sich recht unmittelbar bewähren oder deren Auswirkungen nach wenigen Generationen wieder verschwinden.

Zweifellos jedoch bestehe ein evolutiver Gesamttrend zur mehr Komplexität, so Wuketits. Schimpansen sind komplexer angelegt als Schnabeltiere und diese wiederum weit komplexer als Bakterien. Allerdings ist dies die Gesamtschau. Nicht alle Organismen bzw. Arten machen diese Gesamtentwicklung mit. Viele haben sich längst zu lebenden Fossilien gewandelt, die heute noch den gleichen Stand der Entwicklung wie vor Millionen von Jahren haben. Das Krokodil, das es in sehr ähnlicher Form bereits vor 200 Mio. Jahre gab, und die Kakerlake, die sich seit etwa 300 Mio. Jahren nicht verändert haben soll, sind Beispiele für lebende Fossilien.

Die Irreversibilität in der evolutionären Entwicklung scheint hingegen eine Art universelles Gesetz zu sein. Einmal vollzogene komplexere stammesgeschichtliche Umwandlungen der Arten können nicht rückgängig gemacht werden. Die Evolution verläuft über Einbahnstraßen. Weder werden sich die Pferde zurückentwickeln, noch werden Dinosaurier durch natürliche Entwicklung wiedererstehen.

Das Aussterben von Arten gehört zum Wesen der Evolution. Umweltkatastrophen oder massiven Wettbewerben um Ressourcen sind bereits viele Arten zum Opfer gefallen. Dazu gehören die Dinosaurier, vermutlich als Folge eines Meteoriteneinschlags, und der Auerochse, dem die Zerstörung seines Lebensraumes durch die fortschreitende Rodung der Wälder und die immer intensivere

Landwirtschaft zum Schicksal wurde. Heute sorgt die Rodung der Regenwälder für ein gigantisches Aussterben der Arten. Einem Sonderheft des Wissenschaftsmagazins „Science" aus 2014 zufolge liegt die Zahl bei nahezu sieben Arten pro Stunde. Dazu kommt die Verschmutzung und Überfischung der Meere als große Gefahr für viele Arten. Unter unseren Augen vollzieht sich ein Artensterben, dessen Geschwindigkeit in der bisherigen Geschichte wahrscheinlich keine Parallelen hatte.

Ist die Evolution denn nun fortschrittlich? Wohl aufgrund einer gewissen kulturellen Prädisposition in der Folge der Industrialisierung und des erwachten Selbstbewusstseins in der Aufklärung neigt der Mensch dazu, diese Frage zustimmend zu beantworten. Ständige Höherentwicklung ist jedoch nach Auffassung der Evolutionswissenschaftler in der Evolution nicht vorgesehen, insbesondere dann nicht, wenn dies mit Wertungen wie „gut", „besser" oder „schlecht" verbunden ist. Von der uneingeschränkt angenommenen Erhabenheit der menschlichen Art ist man nicht zuletzt wegen Umweltfolgen ihres Handelns inzwischen zum Glück abgekommen.

5.7 Unterm Strich

▶ **Molekularbiologie** Das „zentrale Dogma" der Molekularbiologie fordert, dass es einen Fluss biologischer Informationen von den DNA-Molekülen zu den produzierten Proteinen geben muss. Dieser Fluss ist mit den Prozessen der sogenannten Transkription und Translation der Information durch RNA-Moleküle verbunden. Mit Informationsprozessen also.

▶ **Leben** Die Selbstreproduktion mit dem genetischen Code stelle „einen absoluten Unterschied zwischen Lebewesen und unbelebter Materie dar", so der große deutsch-amerikanische Evolutionsbiologe Ernst Mayr.

Information, so Werner Loewenstein, ist selbst Grundlage für das Leben und nicht nur ein Mittel zum Zweck.

Eine direkte Selbstreproduktion dreidimensionaler Körper, also die Vermehrung aus sich selbst heraus, erscheint nicht möglich. Bei der Vererbung werden die Informationen zu den dreidimensionalen Körpern durch eindimensionale Strukturen – zwei Typen von Makromolekülen: Nukleinsäure und Proteine – repräsentiert.

Lebende Systeme, so die Astronomin Sara Imari Walker, kann man als eine Überlagerung zweier Kernfunktionen verstehen. Die eine ist der Metabolismus, der für die Reproduktion zuständige Stoffwechsel, die andere ist die genetische Vererbung, die für die Replikation von genetischen Informationen wirkt.

▶ **Entstehung des Lebens** Die Entstehung des Lebens war sehr unwahrscheinlich. Die Entstehung einer zufälligen Kombination von RNA mit der Fähigkeit zur Selbstreplikation in einer „Ursuppe" erscheint ausgeschlossen.

Man müsste die zufällige Synthese eines RNA-Moleküls als Entstehungsthese eigentlich verwerfen, denn die Erde hätte weder genügend Teilchen noch genügend Zeit in ihrer Geschichte dafür gehabt.

▶ **Evolution** Die Evolution steuert die Entwicklung der Arten und damit ihrer Organismen und Fähigkeiten mittels Information, und zwar dergestalt, dass immer neue informatorische Qualitäten erreicht werden.

Es hat – soweit bekannt – nur eine biologische Evolution gegeben.

„Und natürlich gibt es Selektion. Und natürlich haben die besser Angepassten mehr Nachkommen. Ich bin kürzlich gefragt worden, was von Darwins Ideen übrig ist. Als wäre da nichts mehr übrig. Doch es ist alles noch wahr", so die Molekularbiologin und Nobelpreisträgerin Christiane Nüsslein-Volhard.

Wir neigen dazu, die Evolution von ihren heutigen Ergebnissen aus rückwärts zu beurteilen, und interpretieren dabei die Existenz früherer (ausgestorbener) Formen gern als „Vorbereitung" auf den heutigen Status der Tier- und Pflanzenwelt. Wir sehen so eine Folgerichtigkeit der Entwicklung. Diese Interpretation ist falsch, betont Franz Wuketits. Es gibt in der Evolution keinen Entwicklungsplan, sondern nur Entscheidungen, die sich recht unmittelbar bewähren oder deren Auswirkungen nach wenigen Generationen wieder verschwinden.

▶ **RNA und DNA** RNA-Moleküle kontrollieren die Arbeitsweise der Zellen und regulieren, was im Körper vor sich geht, und sie kontrollieren das Wachstum und die Ausbildung eines Körpers von der Eizelle bis zum erwachsenen Lebewesen. Diese erstaunliche Leistung wird aufgrund der im Molekül codierten und gespeicherten Informationen vollzogen.

In Anlehnung an die Informatik kann die strukturelle und funktionale Information der DNA auch als syntaktische und algorithmische Information verstanden werden.

DNA-Moleküle nehmen Speicher- und Übertragungsfunktionen von Informationen wahr (Martin Rosvall, Carl T. Bergstrom):
1. Lange Informations-Sequenzen werden auf kleinem Raum codiert.
2. Die Information ist „unglaublich einfach" zu kopieren.
3. Die Information ist willkürlich und unbegrenzt erweiterbar in dem, was ihr Inhalt bedeutet.
4. DNA ist strukturell sehr stabil.

Jeder Mensch hat 100 Billionen Zellen mit einem Kern und darin jeweils DNA in einer Länge von ca. 2 m. Das macht 150 Mrd. km DNA für jeden Menschen.

▶ **Leben und Thermodynamik** Erwin Schrödinger war der Meinung, lebende Systeme würden sich der Entropievermehrung erfolgreich durch Selbstorganisation widersetzen. Lebende Organismen sind ihrer Natur nach offene Systeme.

Erwin Schrödinger hat die Entropieabnahme als „Negentropie" bezeichnet. Mit dem Begriff der Negentropie wird häufig Ordnung verbunden und damit der Informationsgehalt eines Systems. Man kann beides auch als Strukturwissen eines lebenden Organismus bezeichnen und damit die Brücke zur Information schlagen.

Materie, so Jeremy England, baut unaufhaltsam die Fähigkeit zur Produktion von Entropie auf und entwickelt dadurch zunehmend offene Systeme mit irreversiblen Prozessen und schließlich die Grundstrukturen des Lebens.

Karo Michaelian weist darauf hin, dass der wichtigste irreversible Prozess für die Erzeugung von Entropie in der Biosphäre die Absorption von Sonnenlicht und die Transformation in Wärme ist. Ihre Hypothese ist, dass Leben als ein Katalysator für eben diese Absorption begann und weiter besteht.

Die Evolution gehorcht dem Zweiten Hauptsatz und leistet mit dem Leben einen Beitrag zur Entropiemaximierung. Der Zweck des Lebens wäre damit auf originelle Art erklärt.

▶ **Leben und Quantenmechanik** Biologische Organismen als offene thermodynamische Systeme, die sich weit entfernt vom thermischen Gleichgewicht aufhalten, sind in der Lage, Quantenfehler zu korrigieren. Dies heißt den Verlust von Verschränkung zwischen zwei quantenmechanischen Systemen wieder aufzuheben. Damit können quantenmechanische Aktivitäten in biologischen Systemen trotz häufig auftretender Dekohärenz erklärt werden.

Bakterien verbessern ihre Überlebensfähigkeit unter Umweltstress mithilfe des quantenmechanischen Tunneleffektes. Dieser kann die Konfiguration des DNA-Moleküls und damit die Vererbung über vorteilhafte Mutationen beeinflussen.

Lang anhaltende Superposition erlaubt es Molekülsysteme, simultan viele Lösungswege zur Lieferung von Energie zum Ort einer chemischen Reaktion bei der Fotosynthese zu explorieren. Die „Ernte von Licht" zur Energiebereitstellung für das Leben kann so mit einer sehr hohen Effizienz ablaufen.

Zur Navigation beim Vogelflug werden Felder von Proteinen dazu gebracht, Ionenpaare mit verschränkten Elektronen zu produzieren. Verschränkungen mit jeweils dritten Teilchen und darauffolgende Oszillationen mit spezifischen Frequenzen zeigen Änderungen im umgebenden Magnetfeld an und erlauben die Bereitstellung auswertbarer Informationen.

▶ **Biologische Information** Eine essenzielle Voraussetzung aller Kognition ist die effiziente Gewinnung von Information aus Entropie, und zwar aus einer Umgebung mit höherer Entropie als das System, das die Information aufnimmt.

Durch Umwandlung von Licht in biochemisch gebundene Energie kann Information aus eintreffenden Photonen gewonnen werden. Die Herauslösung eines Teils der gebundenen Energie und ihre Einbringung in Folgeprozesse leitet die Weiterverarbeitung der Information ein.

Francis Crick schrieb kurze Zeit nach der Entdeckung, am 28. Februar 1953, an seinen Sohn, er er überzeugt sei, dass ein DNA-Molekül ein Code sei. Man könne nun sehen, so Crick, wie die Natur Kopien herstellt und wie die Nukleotide eine Art Buchstaben formen würden. Sie hätten den Code entdeckt, der Leben aus Leben entstehen lässt.

Information kann und wird zweifellos mittels natürlicher Verfahren wie chemischer Prozesse verarbeitet. Die Evolution zeigt uns eine unglaubliche Fülle dieser Verfahren, die offenbar einzig zum Zweck des Umgangs mit Information entstanden sind. Und diese sind nicht allein auf den Bereich der Vererbung beschränkt, in dem das DNA- und das RNA-Molekül Berühmtheit erlangten. Informationsverarbeitung und -übertragung geschieht gleichermaßen in Zellen, zwischen ihnen und auch innerhalb einzelner Biomoleküle, betont Yaakov Benenson.

Mit komplexer werdenden Fähigkeiten, auch hinsichtlich der Bildung von Syntaxen und Semantiken, wuchsen die Fähigkeiten des Gehirns und jedes Organismus, Information aus der Energie zu extrahieren, für die wir Sensoren haben.

Einer 2015 veröffentlichten Schätzung zufolge beträgt die Informationsmenge in der gesamten Biosphäre etwa 10^{22} GB (Gigabyte) das sind 10 Billionen mal 1 Mrd. GB.

Literatur

Adleman, Leonard. M. 1994. *Molecular Computation of Solutions to Combinatorial Problems.* Science, 266:1021–1023. s. l.: Science.
Al-Khalili, Jim, und Johnjoe McFadden. 2014. *Life on the edge.* New York: Random House.
Bahnsen, Ulrich. 2015a. Im Kern überraschend. *Die Zeit.* http://www.zeit.de/2015/42/genetik-krankheiten-zellen-genom-erbgut. Zugegriffen: 8. Nov. 2016.
Bahnsen, Ulrich. 2015b. Zufällig schlau. *Die Zeit.* http://www.zeit.de/2015/13/evolution-gehirn-wachstum-zufall. Zugegriffen: 8. Nov. 2016.
Bawden, David. 2007. Information as self-organized complexity: A unifying viewpoint. *Information Research, 12 (4).* InformationR.net/ir/.
Beck, Henning. 2013. *Biologie des Geistesblitzes – Speed up your mind!* Berlin: Springer Spektrum.
Benenson, Yaakov. 2012. Biomolecular computing systems: principles, progress and potential. In *Nature Reviews Genetics* 13:455–468.
Bennett, Charles H. 2003. How to define complexity in physics, and why. In *From complexity to life: On the emergence of life and meaning,* Hrsg. Henrik Gregersen. New York: Oxford University Press.

Bergstrom, Carl T., und Martin Rosvall. 2011. The transmission sense of information. *Biology & Philosophy* 11:159–176.
Berlekamp, Elwyn R., John H, Conway, und Richard K, Guy. 1982. What is life? In *Winning ways for your mathematical plays,* Bd. 2, Chap 25. New York: Academic Press.
Boujard, Daniel, et al. 2014. *Zell- und Molekularbiologie im Überblick.* Heidelberg: Springer Spektrum.
Briegel, Hans J. 2011. Verschränktes Leben? *zukunft forschung* 2:165–198.
Briegel, Hans, und Sandu Popescu. 2014. A perspective on possible manifestations of entanglement in biological systems. In *Quantum effects in Biology. Cambridge CB2 8BS,* Hrsg. Masoud Mohseni, et al. Cambridge: Cambridge University Press.
Bruni, Luis Emilio. 2008. Gregory bateson's relevance to current molecular biology. In *A legacy for living systems.* Hrsg. Jesper Hoffmeyer. Berlin: Springer Verlag.
Burgin, Mark. 2010. *Theory of information – fundamentality, diversity and unification.* World Scientific Series in Information Studies, Bd. 1. Singapore: World Scientific.
Butterfield, Jeremy. 2011. Less is different: Emergence and reduction reconciled. *Foundations of physics* 41:1065–1135.
Coyne, Jerry A. 2009. *Why evolution is true.* New York: Penguin.
Crisp, Alastair et al. 2015. Expression of multiple horizontally acquired genes is a hallmark of both vertebrate and invertebrate genomes. *Genome biology* 16 (1): 2157–2167.
Crofts, Antony R. 2007. Life, information, entropy, and time vehicles for semantic inheritance. *Complexity* 13 (1): 14–50.
Davies, Paul C. W. 2009. The quantum life. *Physics World* 22 (7): 24–29.
Davies, Paul C. W., Elisabeth Rieperb, und Jack A. Tuszynski. 2012. Self-organization and entropy reduction in a living cell. *BioSystems* 111:1–10.
Dawkins, Richard. 1976. *Das egoistische Gen.* Hamburg: Rowohlt.
Dawkins, Richard. 1986. *The blind watchmaker (zitiert nach Gleick, The Information).* Berlin: Penguin.
Delahaye, Jean-Paul. 2012. Vermehrungsfähige Maschinen. *Spektrum der Wissenschaft.* 5:236.
Ebeling, Werner, Jan Freund, und Frank Schweitzer. 1998. *Komplexe Strukturen: Entropie und Information.* Leipzig: Teubner.
England, Jeremy L. 2013. Statistical physics of self-replication. *The Journal of Chemical Physics* 139 (12): 121923.
Fischer, Ernst Peter. 2010. *Information.* Berlin: Jacoby & Stuart.
Fischer, Lars. 2016. Einzellige Algen sind die kleinsten Augen der Welt. *Spektrum der Wissenschaft.* 2016 (2).
Fleming, Graham R., und Gregory D. Scholes. 2014. Quantum biology: Introduction. In *Qunatum effects in biology* Hrsg. Masoud Mohseni, et al. Cambridge: Cambridge University Press.
Floridi, Luciano. 2011. *The Philosophy of Information.* Oxford: Oxford University Press.
Florio, Marta et al. 2015. Human-specific gene ARHGAP11B promotes basal progenitor amplification and neocortex expansion. *Science* 6229 (347): 1465–1470.
Fox, Douglas. 2012. Die Grenzen des Gehirns. *Spektrum der Wissenschaft.* http://www.spektrum.de/magazin/die-grenzen-des-gehirns/1146807. Zugegriffen: 31 Okt. 2016.
Fuchs-Kittowski, Klau, und Hans Alfred Rosenthal. 1998. *Selbstorganisation, Information und Evolution – zur Kreativität der belebten Natur.* Innsbruck: Studien Verlag.
Goldman, Nick et al. 2013. Towards practical, high-capacity, low-maintenance information storage in synthesized DNA. *Nature* 494 (7435): 77–80.
Gregersen, Niels Henrik. 2003. *Introduction to "From complexity to life:On the emergence of life and meaning".* New York: Oxford University Press.
Griffiths, Paul E. 2001. Genetic information: A metaphor in search of a theory *Philosophy of Science* 68 (3) 394–412.
Hazen, Robert M. 2012. *The story of earth: The first 4.5 billion years, from stardust to living planet.* New York: Penguin.
Holland, John H. 1975. *Adaptation in natural and artificial systems.* Cambridge, Massachusetts: The MIT Press.

Jablonka, Eva, und Marion J. Lamb. 2005. *Evolution in four dimensions*. London: Bradford.
Johannsen, Wolfgang. 2015. On semantic information in nature. *Information* 6 (3): 411–431.
Kauffman, Stuart A. 2003. The emergence of autonomous agents. In *From complexity to life:On the emergence of life and meaning* Hrsg. Niels Henrik Gregersen. New York: Oxford University Press.
Kimura, Kazuki und Satoshi, Chiba. 2015. The direct cost of traumatic secretion transfer in hermaphroditic land snails: individuals stabbed with a love dart decrease lifetime fecundity. *Proceedings of the Royal Society B. 282 (1804)*. doi: 10.1098/rspb.2014.3063.
Kováč, Ladislav. 2007. Information and knowledge in biology. *Plant Signaling & Behavior* 3 (4): 205–207.
Krauß, Veiko. 2014. *Gene, Zufall, Selektion*. Berlin: Springer.
Küppers, Bernd-Olaf. 2013. Elements of a semantic code. In *Evolution of semantic systems*, Hrsg. Bernd-Olaf Küppers, Udo Hahn und Stefan Artmann. 67–86. Berlin: Springer.
Laland, Kevin, Wray, Gregory A. und Hoekstra, Hopi E. 2014. *Brauchen wir eine neue Evolutionstheorie?* Spektrum.de.
Landenmark, Hanna K.E., Duncan H. Forgan, und Charles S. Cockell. 2011. An estimate of the total DNA in the biosphere. *PLOS Biology* 13 (6): e17497.
Lloyd, Seth. 2002. Measures of complexity. *Control Systems, IEEE* 21 (4): 1359–1372.
Loewenstein, Werner R. 1999. *The touchstone of life: Molecular information cell communication, and the foundation of life*. Oxford: Oxford University Press.
Loewenstein, Werner R. 2013. *Physics in Mind*. New York: Basic Books.
Lyre, Holger. 2002. *Informationsthheorie. Eine philosophische-naturwissenschaftliche Einführung*. München: Fink.
Maturana, Humberto R., und Francisco J. Varela. 1987. *Der Baum der Erkenntnis*. Frankfurt: Fischer Scherz.
Mayfield, John E. 2013. *Evolution as computation*. New York: Columbia University Press.
Mayr, Ernst. 2002. *Entwicklung der biologischen Gedankenwelt*. Berlin: Springer.
McFadden, Johnjoe. 2000. *Quantum evolution*. New York: Norton.
McFadden, Johnjoe. 2014. Life is quantum. *aeon magazine.*.
Meyer-Ortmanns, Hildegard, und Stefan Thurner. 2011. *Principles of evolution*. Berlin: Springer.
Michaelian, Karo. 2011. Thermodynamic dissipation theory for the origin of life. *Earth System Dynamics* 2:37–51.
Millikan, Ruth G. 2008. *Die Vielfalt der Bedeutung: Zeichen, Ziele und ihre Verwandtschaft*. Berlin: Suhrkamp.
Millikan, Ruth G. 2012. *Biosemantk*. Berlin: Suhrkamp.
Müller-Wille, Staffan. 2015. Erbsenzähler im Kloster. *Der Spiegel*.
Munz, Peter. 2004. *Beyond Wittgenstein's poker: New light on Popper and Wittgenstein*, 1. Aufl. Berlin: Ashgate.
Nussbaum, Robert, McInnes Roderick R, und Willard Huntington F. 2016. *Thompson & Thompson genetics in medicine*. Philadelphia: Elsevier Health Sciences. ISBN 978-1437706963.
Neumann, John von. 1966. *Theory of self-reproducing automata*. Urbana: University of Illinois Press.
Oeser, Erhard. 1983. The evolution of scientific method. In *Concepts and approaches in evolutionary epistomology*, Hrsg. Wuketitis Franz M. Dordrecht: Reidel.
Penrose, Roger. 2011. *Zyklen der Zeit*. Berlin: Springer Spektrum.
Penzlin, Heinz. 2014. *Das Phänomen Leben*. Berlin: Springer Spektrum.
Qian, L., und E. Winfree. 2011. Scaling up digital circuit computation with DNA strand displacement cascades. *Science* 332 (6034): 1196–1201.
Reinberger, Stefanie. 2014. Angst im Genom. *Spektrum der Wissenschaft kompakt*. 2014:30–34.
Ricardo, Alonso, und Jack W. Szostak. 2014. Der Ursprung irdischen Lebens. *Spektrum der Wissenschaft* 1: 24–31. (Hrsg. Gerhard Trageser).
Ridley, Matt. 2013. Life is a digital code. In *This explains everything*, Hrsg. John Brockman. New York: Harper Perennial.

Ritz, Thorsten. 2011. Quantum effects in biology: Bird navigation. *Procedia Chemistry* 3:262–275.
Ryan, Morgan, Gaël McGill und Edward. O, Wilson. 2014. *E.O. Wilson's Life on Earth, Bd. 1.* s. l.: E.O. Wilson Biodiversity Foundation, (iBook).
Schefe, P. et al. 1993. *Informatik und Philosophie.* Mannheim: BI Wissenschaftsverlag.
Schrödinger, Erwin. 1989. *Was ist Leben?* München: Serie Piper.
Seager, William. 2012. *Natural fabrication – science, emergence and consciousness.* Berlin: Springer.
Sentker, Andreas. 31. Dezember 2008. "Es ist alles wahr", Medizin-Nobelpreisträgerin Christiane Nüsslein-Volhard über Darwins Einfluss auf die Gedankenwelt der modernen Biologie. *Die Zeit.*
Shapiro, James A. 2011. *Evolution – A view from the 21st century.* Upper Saddle River: FT Press Science.
Shea, Nicholas. 2006. Millikan's contribution to materialist philosophy of mind. *Matière Première* 1:127–156.
Shea, Nicholas. 2011. What's transmitted? Inherited information. (Discussion Note). *Biology & Philosophy* 26 (2): 183–189.
Shea, Nicholas. 2012. *Millikan and her critics.* Oxford: Wiley. 0470656859.
Steveninck, R. R. de Ruyter van, und S. B. Laughlin. 1996. The rate of information transfer at graded-potential synapses. *Nature* 2 (379): 642–645.
Storch, Volker, Ulrich Welsch, und Michael Wink. 2001. *Evolutionsbiologie.* Heidelberg: Springer.
The Economist. 2007. Really new advances. http://www.economist.com/node/9333471. Zugegriffen: 31. Okt. 2016.
Turner, Vernon et al. 2014. *The digital universe of opportunities: Rich data and the increasing value of the internet of things.* Framingham, MA 01701: IDC, 2014. White Paper.
Wallner, Fritz. 1998. A new vision of science. The proceedings of the Twentieth World Congress of Philosophy, Boston, MA, 10–15 August, 1998.
Weber, Andreas. 2003. *Natur als Bedeutung.* Würzburg: Königshausen & Neumann.
Wuketits, Franz M. 1981. *Biologie und Kausalität.* Berlin: Parey.
Wächtershäuser, Günter. 2015. From chemical invariance to genetic variability. In *Bioinspired Catalysis: Metal-Sulfur Complexes.* Hrsg. Wolfgang Weigand und Philippe Schollhammer. Berlin: Wiley.
Walker, Sara Imari. 2014. Top-down causation and the rise of information in the emergence of life. *Information* 7 (5): 424–439.
Wolchover, Natalie. 2014. A new physics theory of life. *Quanta Magazine.*
Wolfram, Stephen. 2002. *A new kind of science.* Champaign, Il.: Wolfram Media.
Wuketits, Franz M. 2000. *Evolution.* München: Beck.
Zhegunov, Gennadiy. 2012. *The dual nature of life.* Berlin: Springer.

Weltwahrnehmung und Erkenntnis 6

Es wäre das höchste zu begreifen, dass alles Faktische schon Theorie ist, so schrieb der Dichter und Naturphilosoph Johann Wolfgang von Goethe. Er war sich sehr bewusst, dass alle Weltbilder eben Bilder sind – und damit informatorisch abgeleitete Modelle der Wirklichkeit. Diese Modelle – so faktenreich sie sein mögen – sind Theorien der Wirklichkeit.

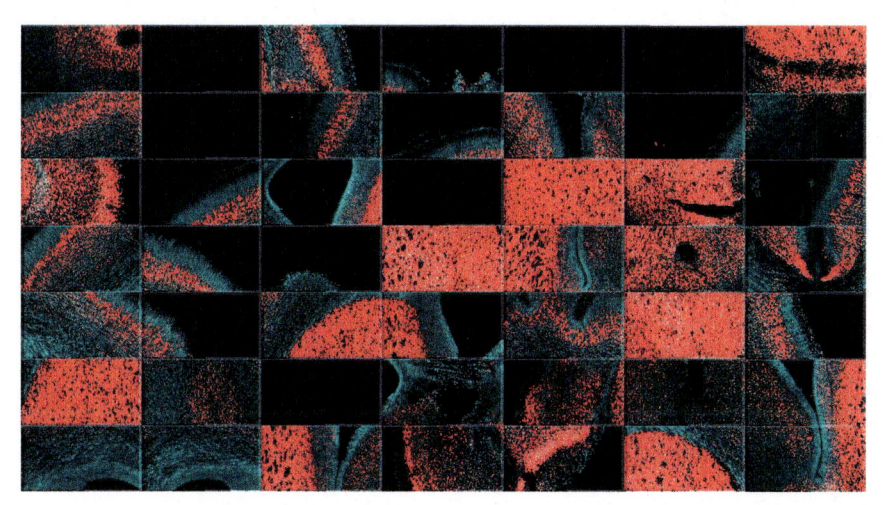

So selbstverständlich es ist, dass sich Lebewesen in ihrer Umgebung orientieren können und dass sie diese Fähigkeit immer weiter optimieren, so erstaunlich ist es auch. Selbstverständlich, weil sonst kein Existieren möglich wäre, und erstaunlich, weil diese Fähigkeit auf der intensiven Auswertung von Umgebungsinformationen beruht. Diese Orientierungsfähigkeit ist sehr komplex.

Wir werfen einen Blick auf die erkenntnistheoretischen Einsichten, die zu der Wahrnehmung der Welt und anderer Lebewesen gereift sind. Die umfasst auch einen kleinen philosophischen Diskurs und eine Vertiefung der biologischen Erkenntnistheorie.

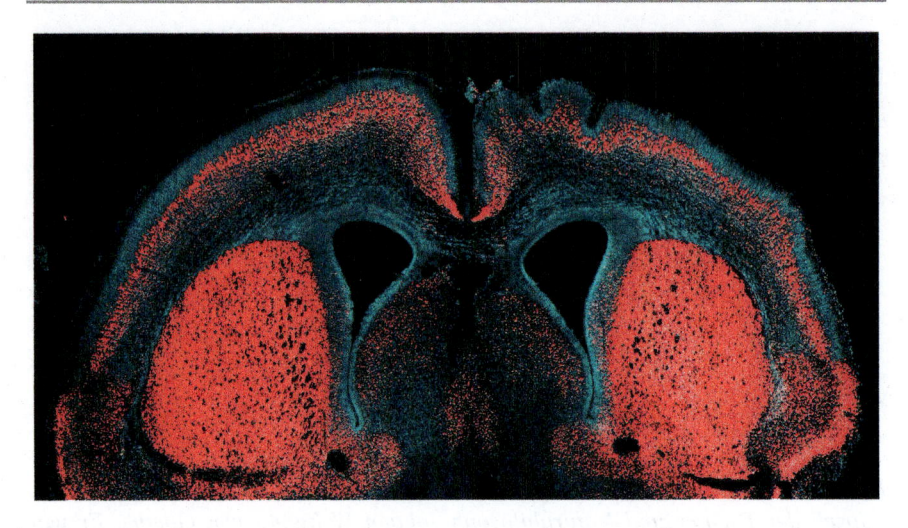

Abb. 6.1 Ein Schnitt durch das Großhirn einer Maus, dessen Ähnlichkeit mit Schnitten durch einen menschlichen Cortex frappierend ist. (© Marta Florio & Wieland B. Huttner/Max-Planck-Institut für molekulare Zellbiologie und Genetik)

Wir haben dabei immer die Evolution und die von ihr hervorgebrachten Arten im Blick und beschränken uns nicht auf den Menschen. Die Ähnlichkeit der Ergebnisse der Evolution bei Mensch und Tier zeigt der Schnitt durch ein Mäusehirn in Abb. 6.1.

6.1 Behandelte Themen und Fragen

- Bemerkungen zur Realität und ihrer Wahrnehmung
- Warum wir die Welt erkennen und was wir erkennen können
- Evolutionäre Erkenntnistheorie
- Vernunft und Evolution
- Philosophischer Kontext und Skeptizismus
- Semantische Information und ihre Übereinstimmung mit der Realität

6.2 Einleitung und Kapitelüberblick

Konstruieren wir uns unsere Welt aus den Informationen, die wir von ihr erhalten? Dies ist die Position des Konstruktivismus. Oder, die Haltung des Rationalismus, sind diese Informationen ohnehin vorhanden und wir haben mit unserer Vernunft das ideale Werkzeug, um die Welt zu erkennen, wie sie tatsächlich ist?

Ob Konstruktivismus oder Rationalismus, bei beiden philosophischen Haltungen geht es um die Frage der Information: Wie können wir die äußere Welt erkennen bzw. wie entsteht Erkenntnis? Der erkenntnistheoretische Konstruktivismus hatte seinen Ausgangspunkt bei Giambattista Vico (1668–1744) . Dieser italienische Philosoph erklärte 1710, dass die menschliche Erkenntnis über die Dinge der Natur begrenzt ist. Und zwar auf die Dinge, die der Mensch in seinem Kopf mithilfe von mentalen Operationen aus Elementen zusammensetzen kann. Vito trat damit dem damals modernen Rationalismus entgegen, dessen Credo die menschliche Vernunft war. Auf deren Fähigkeit zur Welterkenntnis und daraus abgeleitete wissenschaftliche Positionen beriefen sich bereits Francis Bacon und später René Descartes. Der Rationalismus führte direkt zu den modernen Naturwissenschaften mit Isaac Newton als einem der wichtigsten Vertreter in der Anfangsphase der klassischen Physik.

Vicos Ansatz war nicht minder nachhaltig. Sein viel zitierter Satz „Das Kriterium und die Regel des Wahren ist, es selbst gemacht zu haben" war geradezu Programm. Obwohl begrenzt in unserem Bezug zum Realen, sind wir doch dazu in der Lage, Wahres in der Natur zu erkennen. Nur ist dieses Erkennen ein kreativer Akt, der zudem damit verbunden ist, das Wahre als solches auch zu definieren. Damit gehen allerdings absolute Wahrheiten verloren. Alles was als wahr erkannt wird, ist immer auch infrage gestellt. Bis zu Karl Poppers Kriterium der Wissenschaftlichkeit, nach dem die wahre (natur-)wissenschaftliche Erkenntnis nie bewiesen, dafür aber immer falsifizierbar sein muss, ist es gedanklich nicht mehr sehr weit, obwohl zwischen Vico und ihm zeitlich noch 200 Jahre liegen.

Der Konstruktivismus geht also von der Erschaffung eigener Realitäten, Dimensionen und sogar Fähigkeiten aus. In der ihm eigenen Logik muss man schließen, dass jeder Mensch die Welt anders wahrnimmt. Wie groß die Unterschiede jedoch sind und wie wir – hier sind alle biologischen Organismen einbezogen – es dennoch fertigbringen, so viele gemeinsame Erkenntnisse zu produzieren, dass wir in der Evolution Erfolg hatten und haben, subsumiert sich in der Frage nach der Nutzung von Information im Erkenntnisprozess.

Jeder Mensch nimmt die Welt anders wahr. Also kann der Mensch seiner eigenen Wahrnehmung letztlich nicht trauen, da diese immer in gewissem Maße verzerrt ist. Deutlich wird dies an dem uns vertrauten Phänomen, dass jeder von jedem jeweils anders wahrgenommen wird.

Wer oder was also ist das Subjekt, und in welcher Beziehung steht das Subjekt zu den Objekten der Wirklichkeit – was immer diese auch sind? Und hier ist wichtig: Welche Rolle spielt die Information in dieser Beziehung und um welche Art von Information handelt es sich? Oder: Wie steht das Subjekt zu den Beziehungen der Objekte der Wirklichkeit untereinander? Und: Ist die Information eine objektive oder subjektive Größe? Ist sie *wirklich*, wie Lienhard Pagel fragt, selbst ohne einen Beobachter (Pagel 2013).

6.3 Etwas existiert wenn es zurückschlägt

Der philosophierende Schriftsteller Samuel Johnson (1709–1784) ärgerte sich über den philosophierenden Bischof George Berkeley (1685–1753) so sehr, dass er gegen einen Stein trat. Berkeley vertrat nämlich die Ansicht, dass die Materie nicht existiert. Alles was ist, entsteht im Kopf, ist also geistig. Diese Denkhaltung, in der alle Dinge nur als Wahrnehmung bestehen, mithin auch die menschlichen Körper, lässt schlussendlich die Frage zu, ob in den anderen menschlichen Körpern wie auch in dem eigenen überhaupt ein Geist steckt. Der eigene Geist wäre die gesamte Realität. Diese erkenntnistheoretische Position wird Solipsismus genannt. Johnson versuchte, als er mit Berkeley auf einem Kirchhof zusammenstand, sie durch einen schnellen Gegenbeweis zu entkräften, indem er gegen einen Stein trat. Er spürte natürlich dessen Widerstand und nahm dies als Beweis für die Existenz materieller Realität.

Wir wollen hier den Solipsismus nicht vertiefen. Er ist weder beweisbar noch falsifizierbar, also nicht widerlegbar, und entzieht sich deshalb von vorneherein einer wissenschaftlichen Bewertung. Die bekannte Anekdote dient uns lediglich als Startpunkt für eine Auseinandersetzung mit dem Realen und dem Konstruierten, also mit der Frage, was die Welt eigentlich ist. Auch ein kleiner philosophischer Standardwitz passt zu gut, um ihn hier auszulassen: Einige begeisterte Studenten beeilen sich, ihrem Professor nach der Vorlesung zu seiner eben vehement vorgetragenen Verteidigung des Solipsismus zu beglückwünschen. „Ich stimme mit jedem ihrer Worte überein", so ein Student. Ein anderer bestätigt, dass es ihm genauso gehe. Der Professor nimmt das Lob huldvoll mit den Worten entgegen: „Ich freue mich sehr, man hat so selten die Gelegenheit, andere Solipsisten zu treffen."

Beide, die Anekdote und der Witz, sind einer Abhandlung von David Deutsch entnommen (Deutsch 1996). Er begründet darin unter anderem die Bedeutung von Komplexität und geht den Solipsisten sogar ein Stück entgegen. Wir hätten viel von unserem Realitätsempfinden aufgeben müssen, so Deutsch, und illustriert dies durch einen Verweis auf Galilei und Newton. Galilei hatte die Inquisition gegen sich aufgebracht. Stellt man sich in deren Schuhe, so sah dieses Gremium die Welt realistisch. Galilei war überzeugt davon, dass seine Beobachtungen das heliozentrische Konzept unterstützen und all die komplizierten Schleifen der vermeintlichen Planetenbahnen tatsächlich sehr einfach sind – wie es sich später dann auch bestätigte. Die Inquisition vertrat die feste Überzeugung, dass die Bahnen so kompliziert sind wie sie aussehen. Dies war handfester Realismus, denn dass die Erde sich durch den dreidimensionalen Raum bewegen sollte, war damals unvorstellbar und stieß auf so viele Widersprüche und Fragen (Warum fallen wir nicht herunter?), dass die Bibel kaum zusätzlich herangezogen werden musste, um die ganze „Absurdität" der Theorien von Galilei, Brahe, Kopernikus und später auch noch Kepler aufzuzeigen.

Es kommt auf den Blickwinkel an. Die Zeitgenossen Isaac Newtons waren schon mit vielen erstaunlichen Experimenten und Theorien der sich entfaltenden Naturwissenschaften konfrontiert. Dennoch hatten auch sie ihre Probleme mit den unsichtbaren Kräften, die sowohl die Äpfel vom Baum fallen ließen als auch die Planeten auf ihrer Bahn hielten. Was uns selbstverständlich erscheint – wohl weil wir es als Selbstverständlichkeit in der Schule lernen –, forderte damals die Menschen zum radikalen Umdenken heraus. Auch wenn es uns heute dämmert, dass die endgültigen Schlussfolgerungen noch weit in der Zukunft liegen könnten, sind wir immer noch mit Erkenntnissen im inneren Widerstreit, die schon hundert Jahre alt sind. So erscheint es uns durchaus als überraschend, dass wir nicht deshalb nach unten fallen, weil eine Kraft uns zieht, sondern weil die Raumzeit gekrümmt ist. Unsere gewohnten Vorstellungen werden immer wieder auf die Probe gestellt.

Als sehr einflussreiche Denkrichtung entwickelte sich der Positivismus. Erkenntnis beruht hier auf der Interpretation von „positiven" Befunden. Dies können Experimente, mathematische Aussagen oder Ergebnisse von logischen Ableitungen sein. Insbesondere gelten solche Experimente als Erkenntnis bringend, die unter klar spezifizierten Vorbedingungen die erwarteten Ergebnisse produzieren.

Werner Heisenberg wies auf die Schwierigkeiten hin, die eine positivistische Denkhaltung bei der Interpretation der Quantenphysik aufwirft. In seinen Erinnerungen findet sich ein Ausschnitt aus einer Konversation Heisenbergs nach seinem Vortrag 1952 in Kopenhagen mit dem Physiker Wolfgang Pauli (Heisenberg 1969).

Werner Heisenberg und Wolfgang Pauli im Dialog:
Wolfgang meinte: „Es gehört doch zum Glaubensbekenntnis der Positivisten, daß man die Tatsachen sozusagen unbesehen hinnehmen soll. Soviel ich weiß, stehen bei Wittgenstein etwa die Sätze: ‚Die Welt ist alles, was der Fall ist.' ‚Die Welt ist die Gesamtheit der Tatsachen, nicht der Dinge.' Wenn man so anfängt, so wird man auch eine Theorie ohne Zögern hinnehmen, die eben diese Tatsachen darstellt. Die Positivisten haben gelernt, daß die Quantenmechanik die atomaren Phänomene richtig beschreibt; also haben sie keinen Grund, sich gegen sie zu wehren. Was wir dann noch so dazu sagen, wie Komplementarität, Interferenz der Wahrscheinlichkeiten, Unbestimmtheitsrelationen, Schnitt zwischen Subjekt und Objekt usw., gilt den Positivisten als unklares lyrisches Beiwerk, als Rückfall in ein vorwissenschaftliches Denken, als Geschwätz; es braucht jedenfalls nicht ernst genommen zu werden und ist im günstigsten Fall unschädlich. Vielleicht ist eine solche Auffassung in sich logisch ganz geschlossen. Nur weiß ich dann nicht mehr, was es heißt, die Natur zu verstehen."

„Die Positivisten würden wohl sagen", versuchte ich zu ergänzen, „daß Verstehen gleichbedeutend sei mit Vorausrechnen-Können. Wenn man nur ganz spezielle Ereignisse vorausrechnen kann, so hat man nur einen kleinen Ausschnitt verstanden; wenn man viele verschiedene Ereignisse vorausrechnen kann, hat man weitere Bereiche verstanden. Es gibt eine kontinuierliche Skala zwischen Ganz-wenig-Verstehen und Fast-alles-Verstehen, aber es gibt keinen qualitativen Unterschied zwischen Vorausrechnen-Können und Verstehen."

All die aufgeführten Eigenschaften der Quantenphysik können durch die Beschränkung auf das faktisch Messbare ausgeblendet werden. Damit würden dann auch alle Fragen, die mit der Information und ihrer Rolle in der Natur im Zusammenhang stehen, als unklares Beiwerk abqualifiziert.

6.4 Was wir erkennen können

Eine Untersuchung zur Natur der Information kann ohne erkenntnistheoretische Grundlagen kaum auskommen. Sie sind deshalb so wichtig, weil wir zur Realität bzw. Wirklichkeit keinen anderen Zugang haben als über Informationen. Stimmen unsere Annahmen über die „Information an sich" nicht mit ihren tatsächlichen Eigenschaften überein, können wir nicht erwarten, dass unser Bild von Wirklichkeit real ist. Gleichgültig ist dabei, woher dieses Bild kommt und bis zu welchem Grad es ein Produkt unseres eigenen Denkens ist.

Wir versuchen also zunächst einmal zu verstehen, wie die Wirklichkeit entsteht. Präziser, wie sie in uns – den biologischen Lebewesen – entsteht. Und weiter untersuchen wir, wie sehr sie mit anderen Auffassungen von Wirklichkeit korrespondieren – insbesondere die Relativitätstheorie und die Quantenmechanik haben hier entscheidende Fragen aufgeworfen. Wir wollen auch verstehen, wie wir Informationen verarbeiten und wie sich unsere Verfahren, dies zu tun, im Laufe der Evolution weiterentwickelt haben. Wie aber entsteht Erkenntnis? Hierfür widmen wir uns vor allem der Frage, welche Rolle unsere Gehirne und die anderer Lebewesen bei der Erkenntnisgewinnung spielen.

Wo also anfangen? Am besten mittendrin. Widmen wir uns erst einmal der Frage, was Realität für biologische Organismen ist. Hierbei hilft uns die evolutionäre Erkenntnistheorie. Sie erklärt die Entstehung von Wissen als ineinandergreifende Prozesse der Evolution des Lebens. Somit wird eine Abgrenzung von der allgemeinen Erkenntnistheorie vollzogen.

Unsere Erkenntnisse über die Welt sind jedoch beschränkt. Die Welt da draußen – also außerhalb von uns selbst – nehmen wir nur sehr unvollständig wahr. Wir sind auf unsere Sinne und ihre Sensoren angewiesen, um uns ein Bild vom „Außen" zu machen. Bei allem Respekt vor der Leistung unserer fünf Sinne, den Augen, den Ohren, der Nase, der Haut und dem Gaumen, ist auch Bescheidenheit angebracht. Sie lassen ja bei Weitem nicht alles an uns heran, was es zu sehen, hören, riechen, fühlen oder schmecken geben könnte. Unsere Sinne filtern das Wichtige aus all den Informationen, die auf sie zuströmen, für uns heraus. Sie sind in der Evolution als deren Produkt entstanden und geben uns zunächst vor, was wir erkennen sollen. Später zeigen wir, dass unser Gehirn jedoch durchaus in der Lage ist, diese Fesseln zu sprengen.

Die Grenzen der Wahrnehmung
Unsere Sinne und das, was sie zulassen, sind nicht die einzige Einschränkung, die wir hinnehmen müssen, wenn wir unsere eigene Erkenntnisfähigkeit einschätzen wollen. Vier weitere Filter zwischen uns und der Wirklichkeit sind, so hat es die Wissenschaft herausgearbeitet, zu berücksichtigen. Diese vier Filter wirken wie eine Milchglasscheibe, die uns den klaren Blick nach außen verwehrt. Es sind:

6.4 Was wir erkennen können

- die biologische Bedingtheit der Erkenntnis,
- angeborene Strukturen unseres Denkens,
- die bevorzugte bzw. ausschließliche Wahrnehmung der mittleren Welt,
- die Leistungsfähigkeit unseres Gehirns.

Diese vier begrenzenden Randbedingungen, denen unser Denken unterworfen ist, sollen im Folgenden etwas näher betrachtet werden. Dabei werden dann nicht nur die Begrenzungen, sondern die erstaunlichen Fähigkeiten unseres Erkenntnisapparates, wie Konrad Lorenz sie formulierte, deutlich.

6.4.1 Die biologische Bedingtheit der Erkenntnis

Die biologische Bedingtheit der Erkenntnis sollte von vorneherein im Zusammenhang mit der evolutionären Entwicklung insgesamt verstanden werden. Eine Annahme, dass der Mensch geboren wird und dann sein bis dato leeres Gehirn mit Wissen angefüllt wird – eine sogenannte Tabula-rasa-Annahme – schließen wir als vordarwinistisch aus.

Die Erklärung, dass das rationale menschliche Verhalten durch die Evolution entstand, gibt eine stammesgeschichtlich begründete Antwort auf die schon sehr alte Frage, warum unsere Erkenntnis der Wirklichkeit entspricht.

Im Bereich der vergleichenden Biologie wurde die biologische Bedingtheit geistiger Kategorien vom österreichischen Zoologen Rupert Riedl (1925–2005) identifiziert. Sie wurden damit einer evolutionären Erklärung zugänglich. Aus diesem pragmatischen Ansatz leitet er den Anspruch ab, auf der Grundlage vergleichender Untersuchungen auch gewisse Eigenschaften der „Welt an sich" herausgefiltert zu haben. Diese wiederum positioniert er als Aussagen über objektive Strukturen der Welt, die bei Kant noch unmöglich erschienen.

Der empirische Weg der evolutionären Erkenntnistheorie von Rupert Riedl und anderen dient uns im Folgenden als erkenntnistheoretische Grundlage. In sie kann die oben postulierte Entwicklung der semantischen Information in der Evolution bruchlos integriert werden.

6.4.2 Angeborene Strukturen unseres Denkens

Aus gutem Grund nehmen wir an, dass Ordnung in der Welt vorgegeben ist. Der Mensch muss sich individuell und als Gattung dieser Ordnung anpassen. Der Evolutionsbiologe Bernhard Rensch (1979) stellte fest, dass die Welt auch existierte, ehe wahrnehmende Wesen entwickelt worden waren, und so galten offenbar die logischen Gesetze auch bereits zu dieser Zeit. Sie sind also nicht nur die Gesetze des Denkens. Vielmehr hat sich das Denken während der Stammesentwicklung der höheren Lebewesen zum heutigen Menschen hin notwendigerweise an die logische Welt angepasst.

Unser Denken – das der Tiere in unterschiedlichem Maße auch – wird also a priori durch vorhandene Strukturen gesteuert. Strukturell sind sie dem Denken, also dem Gehirn, mitgegeben. Allerdings sind sie auch aus den Umweltbedingungen hervorgegangen, die es im Laufe der Evolution zu berücksichtigen galt und die sich im Sinne von Selektion und Anpassung im Gesamtorganismus niedergeschlagen haben.

6.4.3 Die bevorzugte bzw. ausschließliche Wahrnehmung der mittleren Welt

Wir leben in „Mittelerde". Gemeint ist in diesem Fall nicht der beschauliche Lebensraum der Hobbits. Es geht vielmehr um unsere Ausrichtung auf mittlere Dimensionen. Unsere – in einem weit gefassten Sinne – Gattung, damit unser Organismus, hat Millionen von Jahren der Anpassung hinter sich. Dies ist ein Optimierungsprozess, der diejenigen mit besonders viel Nachkommen belohnt, die besondere Fähigkeiten an ihre Nachkommen weitergeben konnten, vor allem Fähigkeiten zur Erhöhung ihrer (Über-)Lebenschancen.

Der Philosoph Gerhard Vollmer beschreibt den Ausschnitt der realen Welt, an den sich der Mensch wahrnehmend, erfahrend und handelnd angepasst hat, als „Mesokosmos". Es ist eine Welt der mittleren Dimensionen: mittlerer Entfernungen und Zeiten, kleinerer Geschwindigkeiten und Kräfte, geringerer Komplexität (Abb. 6.2). Unsere Intuition (unser „ratiomorpher Apparat") ist auf die Welt der mittleren Dimensionen, auf den Mesokosmos, ausgerichtet und entsprechend geprägt. Hier ist unsere Intuition brauchbar; hier sind unsere spontanen Urteile zuverlässig; hier fühlen wir uns zu Hause. Während Wahrnehmung und Erfahrung

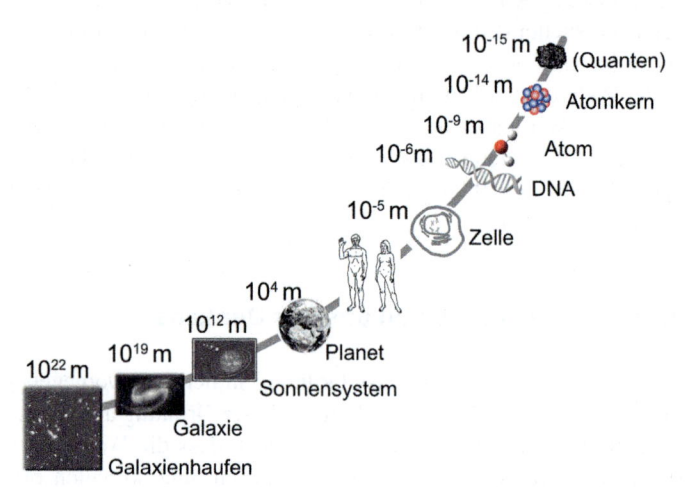

Abb. 6.2 Skalen der physikalischen Realität. Das biologische Leben der Menschen, Tiere und Pflanzen hat sich im mittleren Bereich der Dimensionen eingeordnet. (Abbildungsvorlage entnommen aus http://nupex.eu/)

6.4 Was wir erkennen können

vorwiegend mesokosmisch geprägt sind, vermag wissenschaftliche Erkenntnis den Mesokosmos zu überschreiten. Das geschieht in drei Richtungen: zum besonders Kleinen, zum besonders Großen und zum besonders Komplizierten (Vollmer 2007). Und zum zeitlich sehr Nahen und zum sehr Fernen, möchte man in Anspielung auf den oben eingeführten Erkenntnishorizont hinzufügen. Von der Intuition, so Vollmer, würden wir dabei erfahrungs- und erwartungsgemäß im Stich gelassen: Die Verhältnisse etwa der Quantentheorie, der Relativitätstheorie oder der Chaostheorie könne sich niemand richtig vorstellen.

Optimiert wurde also über die weitesten Strecken der Evolution die Fähigkeit, sich im eigenen Lebensraum besonders gut zurechtzufinden und sich, wenn notwendig, flexibel auf Veränderungen einzustellen. Alles das, was den unmittelbaren Lebensraum ausmacht, befindet sich in einer „Welt mittlerer Dimensionen". Nicht die Erkenntnisse über molekulare oder gar atomare Dimensionen waren bei dieser Optimierung von Nutzen, und auch die kosmischen Dimensionen waren weitgehend irrelevant. Dies kam erst später, als der Mensch eine einzigartige Erkenntnisbeschleunigung erfuhr, weil sein Gehirn lernte, mehr und schneller zu denken sowie Bewusstsein und Selbstreflexion zu entwickeln.

Bis zu der sehr späten Phase des bewussten Denkens interpretierte die Evolution und betrieb Modellbildung. Der Durchschnittsmensch, der sich um Naturwissenschaft wenig schert, nimmt auch heute noch rot erscheinende Früchte und Blumen als rot wahr, denn die Tatsache, dass hier bestimmte und ausgewählte elektromagnetische Wellen reflektiert werden, ist für unser Alltagswissen nicht von Bedeutung. Und auch, dass Auge und Gehirn uns üble Streiche spielen können, wenn sie optischen Täuschungen unterliegen, ist Theorie und für unseren Alltag von geringer Bedeutung, denn die Täuschungen, die von großer Bedeutung für unseren Fortbestand wären, wurden von der Evolution weitgehend eliminiert.

> Wir sind - gewissermaßen aus praktischen und pragmatischen Gründen - seitens der Evolution mit einem vereinfachten Weltbild und damit auch mit einer simplifizierten Wahrnehmung von Raum und Zeit ausgestattet. Beide, seit Einsteins Relativitätstheorie eine Einheit, nehmen wir als getrennte Phänomene wahr. Wir müssen das auch, denn wir leben in wahrgenommenem Raum und wahrgenommener Zeit. Sie sind Bestimmungsgrößen die, jede für sich, Ordnung und Orientierung in die Welt bringen. Raumzeit als Einheit können wir als physikalisches Phänomen identifizieren und damit experimentieren und Berechnungen anstellen. In unserem lebensnahen Denken sind wir jedoch in beiden verhaftet.

6.4.4 Die Leistungsfähigkeit unseres Gehirns

Wir werden uns wohl mit dem Gedanken anfreunden müssen, dass die gegenwärtigen Grenzen unseres Denkvermögens und damit unseres Gehirns kaum erweiterbar sind, konstatiert der amerikanische Wissenschaftsjournalist Douglas Fox (2012). Es hat den Anschein, als seien die wesentlichen Parameter ausgereizt und die Evolution würde, soweit dies erkennbar ist, keinen Sprung einbauen und so per Paradigmenwechsel die Fähigkeiten des Gehirns grundlegend erweitern.

Ganz offensichtlich sind die Gehirne, ebenso wie die anderen Organe und Komponenten lebender Wesen, das Resultat einer schier unglaublichen Optimierungsleistung. Zum Status quo gehört, dass sich Gehirne evolutionär entwickelt haben. Und, wie oben dargelegt, das menschliche Gehirn nimmt eine Sonderstellung ein, auch unter dem Gesichtspunkt des Verhältnisses von Körper- und Gehirnmasse.

Einer deutlichen Steigerung der Gehirnleistung stehen andere Gründe in vier wesentlichen Bereichen entgegen:

Vergrößertes Hirnvolumen
Ein vergrößertes Gehirn bei gleicher Neuronendichte würde eine Verlängerung der Signalwege zwischen den Zellen bedeuten und damit die Gesamtleistung reduzieren.

Stärker vernetzte Neuronen
Der Nachteil der erhöhten Signallaufzeit bei erhöhter Neuronendichte könnte durch zusätzliche Verbindungen zwischen den dann weiter voneinander entfernt liegenden Zellen ausgeglichen werden. Dies würde jedoch den ohnehin schon hohen Energieverbrauch des Gehirns noch erhöhen und mehr Platz beanspruchen. Zudem würde der sonstige Organismus auch in die Lage versetzt werden müssen, diesen erhöhten Energieverbrauch zu unterstützen.

Übertragungsgeschwindigkeit
Naheliegend wäre dafür ein größerer Querschnitt der Axone, also der Übertragungswege zwischen den Synapsen der Neuronen. Auch hier stellt sich die Platz- und Energiefrage.

Neuronenanordnungen
Kleinere Neuronen und dünnere Verbindungswege (Axone) würden zu einem höheren Rauschanteil in der Signalübertragung führen.

Natürlich ist nicht vollständig auszuschließen, dass auf einem oder mehreren dieser Felder noch evolutionäre Fortschritte zu erzielen sind. Allerdings scheint es auch aufgrund der vielfältigen Ähnlichkeiten bei Gehirnleistungen wie Sehen, Riechen, Navigieren und Gedächtnis über viele Arten hinweg wahrscheinlich, dass die dazu entwickelten physiologischen und anatomischen Merkmale ausgereift sind (Fox 2012).

Dennoch kann auch nicht ausgeschlossen werden, dass die Gehirne, wie sie sind, und das des Menschen insbesondere, noch das Potenzial für signifikante Erweiterungen von Weltwahrnehmung und Erkenntnis aufweisen.

6.5 Warum wir die Welt erkennen

Wir erkennen die Welt, weil wir einen „Weltbildapparat" haben. Dieser etwas sperrige Begriff stammt vom Verhaltensforscher Konrad Lorenz. Mit dem „Weltbild" ist natürlich das vom Menschen physisch wahrnehmbare Äußere seiner

6.5 Warum wir die Welt erkennen

selbst gemeint, nicht ein Weltbild aufgrund moralischer oder sonstiger Kategorien. Der Begriff „Apparat" verweist auf die Beschränktheit bei der Erzeugung dieses Weltbildes hin. Wir nehmen wahr, was sich in der Evolution als zum (Über-)Leben nützlich und vererbungswert herausgestellt hat. Die Selektion hat diesen Apparat geformt.

Insbesondere ist dieser Weltbildapparat nicht geeignet, die Welt außerhalb der mittleren Dimension abzubilden. Molekulare, atomare und kosmische Strukturen sind ihm im direkten Zugang verschlossen. Dass wir uns dennoch über die Welt jenseits unserer mittleren Dimensionen informieren können, ist unserem Gehirn zu verdanken, das mit Bewusstsein und Reflexion Welten denkend erschaffen und durchdringen kann, die sonst verschlossen sind. Vor allem können wir über die heutige Position unserer Gattung in der Welt nachdenken, über unsere Geschichte, die biologischen Strukturen darin erkennen und uns ein Weltbild über uns erdenken. Selbst die Zukunft können wir antizipativ denken und Modelle dazu bilden.

Die Ratio, also die Vernunft, ist ein spätes Produkt der Evolution. Für unsere Gattung wirkte sie wie ein Treibsatz, und wird wohl auch weiterhin unsere Entwicklung mitbestimmen. Die evolutionäre Entwicklung von Sprache, von Logik, von Mathematik und von dem vorherrschenden Verständnis von Wissenschaft hat ein Weltbild entstehen lassen, das auf Rationalität basiert. Die Vernunft ist jedoch nicht die einzige wesensbestimmende Komponente. Insbesondere unser Unterbewusstsein liefert ständig verhaltensbestimmende Impulse, deren Ursprung in früheren Phasen der Evolution offensichtlich ist. Dies wird immer dann besonders deutlich, wenn sich die Ähnlichkeiten mit dem Verhalten von Tieren zeigen. Unser Modell von der mittleren Welt scheint ziemlich korrekt zu sein, erlaubt es uns doch, nicht nur zu leben und zu überleben sowie uns erfolgreich zu orientieren, sondern auch uns weiterzuentwickeln. Wäre es anders und würden wir die Welt falsch wahrnehmen, hätte dies für uns als Gattung schnell üble Konsequenzen bis hin zu existenziellen Schwierigkeiten.

Der heutige Stand des Lebens hat sich ganz offenbar in der Evolution – wohlgemerkt „in der" und nicht „in einer" Evolution – entwickelt. Welche Rolle dabei die Verarbeitung von Information als Methode der Evolution spielte, ist erst ansatzweise verstanden. Philosophie und Erkenntnistheorie weisen in der Untersuchung dessen, was wir über Information und Kommunikation erkennen können, lange Traditionen auf. Dies gilt besonders, wenn man die Entwicklung der Denkrichtungen wie Rationalismus, Konstruktivismus und Positivismus als Auseinandersetzung darüber begreift, welche Information das Individuum als organisches System oder Gruppen solcher Individuen ihrer Umwelt entnehmen und anschließend nutzen konnten.

Neue – naturwissenschaftlich geprägte – Positionen beziehen die Entstehung der frühen biologischen Grundlagen bei der Entstehung einer inhaltlichen Sicht auf die Welt mit ein. Die Entstehung des Umgangs biologischer Organismen mit der Information weist, so die Hoffnung, auf einen Weg zum besseren Verständnis des Wesens und der Grenzen unseres Denkens hin.

6.5.1 Vernunft und Evolution

Das Unbelebte kennt keine Vernunft. Diese ist vielmehr dem Lebenden vorbehalten, und gerne wird sie als ausschließlich menschliche Eigenschaft gesehen. Spezifischer kann Vernunft als eine Kombination von Besonnenheit, Einsicht, Geist und Intelligenz betrachtet werden. Kurz gesagt: Es geht um die „richtige" Reaktion auf eingehende Nachrichten. Richtig ist eine sachgerechte Reaktion auf Herausforderungen, Probleme, Aufgaben usw. und – wenn möglich – deren vorausschauende, d. h. risikobewusste Bewältigung und Lösung. Diese Haltung entspricht im Kern dem Ansatz der Evolutionären Erkenntnistheorie (Riedl 1981).

Bei einer solchen Interpretation verschwimmt jedoch der Vernunftbegriff, und es ist kaum noch möglich, ihn auf den Menschen zu begrenzen. Wir sehen schließlich in jeder Gattung den Willen zum Überleben, und damit auch Strategien und Taktiken zur erfolgreichen Bewältigung von Problemen und Aufgaben.

> **Vernunft als Lebenselixier**
> Vernünftige Prozesse sind entropiemindernd, denn Leben braucht Vernunft im skizzierten Sinne, um zu überleben. Und Leben findet in lokalen Systemen im thermodynamischen Ungleichgewicht statt, und zwar dort, wo Entropie lokal reduziert wird und neue Ordnungen geschaffen werden. Allerdings kann das Leben den Zweiten Hauptsatz der Thermodynamik, den Entropiesatz, nur deshalb scheinbar umgehen, weil es einen intensiven Austausch mit der Umwelt betreibt. Insbesondere gilt dies für den Stoffwechsel, der Energie und Materie zuführt, neue Ordnung im System entstehen lässt und selbst energiereduzierte und ungeordnete Materie an die Umgebung zurückgibt. Bereits in den Vorstufen des Lebendigen, so Manfred Eigen, finde man dieses Schaffen von Ordnung, das sich nicht von dem in einem lebenden Organismus unterscheide.

Die Art der geschaffenen Ordnung in der Evolution ist geeignet, in den vorgefunden Umweltbedingungen bestmöglich zu agieren, d. h. letztlich zu überleben und die Selbstreproduktion eher zu beschleunigen als sie konstant zu halten oder zu verlangsamen. Gibt es also einen vernünftigen Plan hinter dieser Entwicklung des Lebendigen? Kant und Rousseau – um zwei prominente Vertreter unterschiedlicher Denkschulen zu nennen – sahen diesen vernünftigen Plan. Sie waren jedoch unterschiedlicher Meinung in der Frage, ob mehr die vorbewusste oder die bewusste Vernunft zum Lebenserfolg beitragen würde. Rousseau neigte zur ersten Ansicht und Kant zur zweiten. Allerdings konzedierte Kant, dass alle Naturanlagen dazu bestimmt sind, sich vollständig zu entwickeln. Nimmt man diese nun als Resultat eines Lernprozesses einer Gattung, denn alle lebendige Struktur beruht auf einer Extraktion und strukturellen Entsprechung der Naturgesetze, die für ihr Überleben förderlich sind, ist man schon nahe an Rousseaus Einsicht.

Das Prinzip Lernen durch Anpassung gilt für jede Einzelstruktur, von der Körperform über alle Komponenten bis hin zur Position von Molekülen. Es gilt auch für die einfachen und komplexeren Strukturen des Verhaltens. Die für den Anpassungserfolg entscheidenden Gesetze und Bedingungen der Umwelt des Organismus werden über Versuch und Irrtum nachgebildet und lassen diejenigen besser überleben, deren genetischer Code diese Bedingungen am besten wiedergibt. Dieser wird dann in räumlichen und zeitlichen Strukturen ausgeformt und nachgebildet. Beispiele aus einer großen Vielzahl von Fällen sind die Umsetzung der hydrodynamischen Gesetze durch den Delfin, die Spannungskräfte durch die Knochenbälkchen und Fasern des Knochens oder die Osmose durch die Zellmembran.

> **Das Vorurteil**
> Riedl kennzeichnet dieses Spiel aus Versuch und Irrtum als die Anwendung eines „Vorausurteils". Er schreibt: „Alle lebendige Struktur enthält gespeichertes Wissen, etwas wie ein Urteil über die Gesetze, unter welchen sie existiert. Mit der identischen Replikation bedeutet dies ein Vorausurteil über die Gesetzmäßigkeiten, welchen die Nachfolge-Generation begegnen wird. Mit der Wiederholung der individuellen Lebensumstände bedeutet das zudem eine Permanenz präformierter Voraussichten und Urteile. Das wird besonders in den sich wiederholenden Zeitstrukturen des Verhaltens deutlich. So entsteht gewissermaßen eine Selektion vernünftiger Weltbilder, bestehend aus einem System zweckmäßiger Vorausurteile über den jeweils relevanten Ausschnitt der realen Welt" (Riedl 1981). Riedl räumt dem „Vorurteil" also eine entscheidende Aufgabe bei der Erkenntnis der Realität ein. Wir erkennen auf der Grundlage vorher gewonnener Erkenntnisse. Biologisch kann die Evolution als ein Vorgang von Mutation und Selektion verstanden werden, erkenntnistheoretisch erscheint sie als Abfolge von Vermutungen und Widerlegungen.

6.5.2 Lernen in der frühen Vernunft

Die genetischen Moleküle lernten und lernen. Anfangs geschah dies sehr langsam. Selektive Kontrolle und Anpassungstempo, so Rupert Riedl, hätten einen ungünstig großen Quotienten ergeben. Ins evolutionäre Geschehen übersetzt heißt dies, dass es bei dem Lerntempo nicht schnell genug ging. Die Umweltveränderungen geschahen schneller, als dies in die weiterzugebende Replikationsinformation einzubauen war. Dass es letztlich trotzdem schnell genug ging, um das Leben zu erhalten, ist der erworbenen Fähigkeit zum individuellen Lernen zu verdanken. Der bedingte Reflex ist ein Beispiel dafür. Der berühmte Pawlowsche Hund entwickelt bereits beim Hören eines Glockentons, der zuverlässig vor der Mahlzeit kommt, Speichelfluss und Vorfreude darauf. Das Lerntempo, so Riedl, werde durch die individuelle Lernfähigkeit insgesamt um sieben bis neun Größenordnungen beschleunigt – von Jahrmillionen auf Tage und Stunden.

Auch wenn man heute sehr viel besser versteht, dass, anders als Riedl es vermutete, dieses individuelle Lernen auch bei Tieren auf die Artgenossen ausstrahlt und sie vom Erfolg des Individuums profitieren lässt, so bleibt dennoch individuelles Lernen auf das Individuum beschränkt. Stirbt es, stirbt auch der so erworbene Lernerfolg weitgehend mit.

Mit der Sprache änderte sich die Situation nochmals. Mit der Sprache als Bedeutungsträger entsteht ein Codesystem, das die Art dazu befähigt, erworbenes Wissen zu kommunizieren und über Generationen hinweg in Individuen oder Gruppen zu speichern und weiterzugeben. Ein Teilproblem des Wissenserwerbs und der Wissensweitergabe konnte so an eine soziale Gruppe ausgelagert werden. Die weit verbreiteten traditionellen Erinnerungsübungen zur wortgetreuen Weitergabe wichtiger Texte beispielsweise des Koran zeigen dies. Es wurden enorme Anstrengungen unternommen, komplexes Wissen zu Religion, Astronomie, Jagd, Wetterkunden etc. originalgetreu weiterzugeben.

Die Erfindung der Schrift änderte die Informationsweitergabe und ihre Konservierung erneut und sehr nachhaltig. Sprache und Schrift begründen die zweite Evolutionsphase. Die neuen Geschwindigkeiten, mit denen sich Wahrnehmungen und Schlussfolgerungen nun weiter in der Population verbreiten lassen, schaffen neue Möglichkeiten und neue Risiken.

Extrapolationen
Zudem erlaubt eine „Erfindung" des entwickelten Bewusstseins, Extrapolationen in gedachte Erfahrungswelten hinein vorzunehmen und daraus dann – ohne dass ein Ende vorgegeben ist – neue Extrapolationen abzuleiten. Die eingangs angestellte Betrachtung zum Erkenntnishorizont illustriert dies. Die Fantasie öffnet Tore zu neuen sinnvollen, aber auch sinnlosen oder gar gefährlichen Lerninhalten. Auch die Entwicklung der Teilchenphysik mit ihren Gedankenexperimenten und die Modelle der Kosmologie illustrieren dies gut.

Allerdings geschieht die so ermöglichte Wissensexplosion mithilfe von Sprache und Bewusstsein nicht gänzlich unkontrolliert. Der Mensch bleibt Teil der Evolution. Er kann nicht darüber hinaus agieren – allerdings sind die Grenzen der Evolution wiederum nicht erkennbar. Auch schöpferisches Lernen wird durch Zufall und Notwendigkeit beeinflusst. Selektive Prozesse lassen durch Anpassung auch weiter nur das bestehen, was evolutionär wertvoll erscheint. Darüber hinaus haben sich zivilisatorische Gedächtnisse etabliert. Die Nähe zwischen wissenschaftlichem Erkenntniserwerb und Evolution wurde in den Arbeiten von Erkenntnistheoretikern wie Thomas Kuhn, Karl Popper und Paul Feyerabend deutlich.

6.5.3 Lernen aus Gegensätzen

In der Auseinandersetzung mit dem wahren Wesen der Welt steht das Postulat der Objektivität im Mittelpunkt – die Ansicht, dass es zur Natur, in der wir leben und deren Teil wir sind, eindeutige und unzweifelhafte Aussagen gibt. Zudem sollen die Aussagen anhand der Realität überprüfbar sein. Wie wir alle wissen, fällt, je nachdem, wer mit welchen Intentionen die Überprüfung vornimmt, das Ergebnis unterschiedlich aus. Nicht nur, dass sich typische Ansichten zum Wesen der Realität in den unterschiedlichen Natur- und Strukturwissenschaften herausgebildet haben. Auch die wissenschaftliche Perspektive, mit der die Welt betrachtet wird, unterscheidet diese Überprüfungen. So mag ein Biochemiker, der das Leben auf molekularer Ebene untersucht, ein durchaus anderes Verständnis vom Leben entwickelt haben als ein Verhaltensforscher. Darüber hinaus kommen auch diejenigen, die sich der Überprüfung widmen, aus ganz unterschiedlichen Denkschulen.

Zur modernen Suche nach objektiver Erkenntnis, und damit zum Abschied von der Metaphysik, hat der englische Philosoph John Locke wesentlich beigetragen. Er rief dazu auf, „den Ursprung, die Sicherheit und die Ausdehnung des menschlichen Wesens zu untersuchen, wie auch die Gründe und Stufen des Glaubens, der Meinung und der Zustimmung". Die dann tatsächlich einsetzende Suche führte zu keinen eindeutigen Ergebnissen, vielmehr entwickelten sich divergierende Denkschulen, die letztlich auf die Frage nach Erkenntnis über die Erkenntnis zusteuerten.

Warum die Ausführungen über diese Gegensätze? Wenn wir verstehen wollen, wie die Informationsverarbeitung in der Evolution entstanden ist und was sie bewirkt hat, ist es sinnvoll, darüber zu reflektieren, wie denn die Vernunft arbeitet. Inhärente Gegensätzlichkeiten sind im Erkenntnisprozess vorhanden und wurden und werden genutzt, um aus ihnen zu lernen. Sie haben sich mitentwickelt und sind nicht erst seit der Aufklärung – oder einem sonstigen Zeitpunkt – in das Denken eingetreten.

Die Suche nach den Gründen für die „Ausdehnung des menschlichen Wesens" lässt sich an den Gegensätzen, die im Laufe der Zeit bei dieser Suche entwickelt wurden, illustrieren. Von alters her existieren Gegensatzpaare wie die Trennung von Subjekt und Objekt. Aus ihnen ergeben sich weitere trennende Aspekte wie Denken und Sein, Idee und Realität, Geist und Materie, an denen sich auch heute noch die Dispute über den Ort der Wahrheit entzünden.

Subjekt und Objekt

Kann man erfahren, wie ein Objekt dieser Welt wirklich ist? Ein Apfel ist weder rot noch süß, wenn niemand ihn sieht oder probiert. Er enthält, je nachdem, bestimmte Moleküle und reflektiert Licht mit bestimmten Wellenlängen. Und auch dieses Bild verschwimmt, wenn man einen quantenmechanischen Blick darauf wirft. Dann werden die Moleküle zur reinen Metapher, mit der wir etwas meinen, das wir so aber nicht vorfinden werden, weil Superposition und Verschränkung das Bild verändern. Ist also das erkennende Subjekt dann das Fundamentalste, was es

Abb. 6.3 Die Grenzen zwischen dem Innen und dem Außen in der Wahrnehmung. (© Ernst Mach, Antimetaphysische Vorbemerkungen)

an Erkenntnis geben kann? „Cogito ergo sum", formulierte René Descartes. Dann steckt die Erkenntnis, dass die Welt überhaupt möglich ist und existiert, in meinem Denken? „Wann kann ich meines Gewissesten gewiss sein oder welche Gewissheit ist am gewissesten?", fragt Rupert Riedl.

Wir haben allen Anlass dazu, unseren eigenen Gewissheiten skeptisch gegenüberzustehen. Aus guter Erfahrung wissen wir, dass unseren Sinnen nicht zu trauen ist. Deswegen ist der subjektive Blick auf das Objekt auch vorurteilsvoll und voreingenommen. Allerdings hindert uns dies nicht daran, aus den Objekten, die wir bewerten wollen, das Objektive herauszulesen, also das Sachliche, Vorurteilsfreie und Tatsächliche zu extrahieren. Die Grenze zwischen dem Innen und dem Außen ist für uns jedoch nicht eindeutig zu ziehen (Abb. 6.3). Rupert Riedl schlug einmal vor, Descartes berühmten Satz umzukehren in „Sum ergo cogito", denn nur weil ich bin, denke ich. Festzuhalten ist in dieser Kürze, dass weder das Subjekt noch das Objekt Träger der Gewissheit ist. Die Vernunft hat die Welt in verschiedene Sichten gespalten.

Idee und Realität

Die Vernunft hat weitere Grenzlinien gezogen, über die zwischen Idee und Realität hinaus. Bereits Platon interpretierte die Sophisten wie den Griechen Protagoras, die erklärten, dass der Mensch und seine Sinne „das Maß aller Dinge sind". Er hielt dagegen und erklärte, der kalte Wind, den der Eine empfinde, möge dem Anderen als laues Lüftchen erscheinen. In seiner eigenen Interpretation der Realität hatten die Ideen einen Platz. Ideen sind die idealen Abstraktionen von Objekten. Von einem vergänglichen und nicht perfekten Dreieck ebenso wie von Tieren oder Menschen. Die Idee ist perfekt und unvergänglich. Das sinnlich Fassbare ist vergänglich, die Idee ist unsterblich. Es gibt bestenfalls Teilhabe an Ideen. Deswegen bleibt das sinnlich Fassbare und zu Wissende spätestens im Hypothetischen stecken, also im begründet Vermuteten.

Platons Idee von der Idee hatte enormen Einfluss im abendländischen Denken. Sie ließ es zu, dem sinnlich zu Wissenden zu entrinnen. Augustinus sah darin den Gedanken Gottes, Schelling die Seele der Dinge und Hegel das absolut Wahre. Höher hinaus geht es nicht. Die idealistische Philosophie wurde auf diesem Fundament, der gespaltenen Welt, zwischen Idee und Materie, errichtet und stand dem Materialismus diametral und unversöhnlich gegenüber.

Platons Höhlengleichnis
Können wir uns Platons Ideen nähern und die Welt aus ihrer reflektierten, wahren Weltsicht betrachten? Kaum, so lehrt uns ein Gleichnis aus der Feder des großen Philosophen. In Platons Gleichnis fristen Menschen in einer Höhle vor einer Projektionsfläche ihr Dasein (Abb. 6.4). Was sie von der realen Welt erkennen können, sehen sie auf dieser Wand als Schattenrisse. Diese entstehen durch Dinge, die zwischen einem Feuer und der Wand vorbeigetragen werden. Da die Menschen keine Möglichkeit haben, ihren Blick zu wenden und die Herkunft der Schatten zu sehen, sind diese für die Betrachter die wirklichen Dinge. Würde man es ihnen erlauben, die Projektion selbst in Augenschein nehmen, müssten sie ins Feuer sehen und dafür Schmerzen in Kauf nehmen. Schmerzvoll wäre auch das Verlassen der Höhle in die wirkliche Realität. Beides würden die Menschen, selbst wenn man sie ließe, nicht tun und sich so der Erkenntnis verweigern. Man könne sich den Erkenntnisgewinn deshalb nur als langsamen Prozess vorstellen. Hätte ihn jedoch jemand vollzogen, würde sie oder er nicht wieder in die Höhle zurückwollen. Nur der Philosoph müsse wieder zurück, um seine Aufgabe der Erkenntnisvermittlung erfüllen zu können.

Die Realität selbst bleibt uns verschlossen. Jeder gelungene Annäherungsversuch jedoch eröffnet bei genauerer Betrachtung neue Horizonte, die es nun zu erreichen gilt, um der Wirklichkeit besser als bisher auf die Spur zu kommen.

Idealismus und Materialismus
Der Materialismus orientiert sich nicht an Ideen sondern an den Kräften, die der Materie innewohnen. Diese sind die „causa efficiens", die Antriebskräfte der Materie, aus denen sich das naturwissenschaftlich Beobachtbare ergibt. Die innewohnende Kausalität des Materialismus strebt keinem Ende zu und steht so im Gegensatz zur Teleologie des Idealismus, die sich aus der Annahme ergibt, dass die Welt zweckmäßig ist. Daraus wiederum entsteht der Reduktionismus, in dem das Denken auf physiologische und damit letztlich auf molekularbiologische

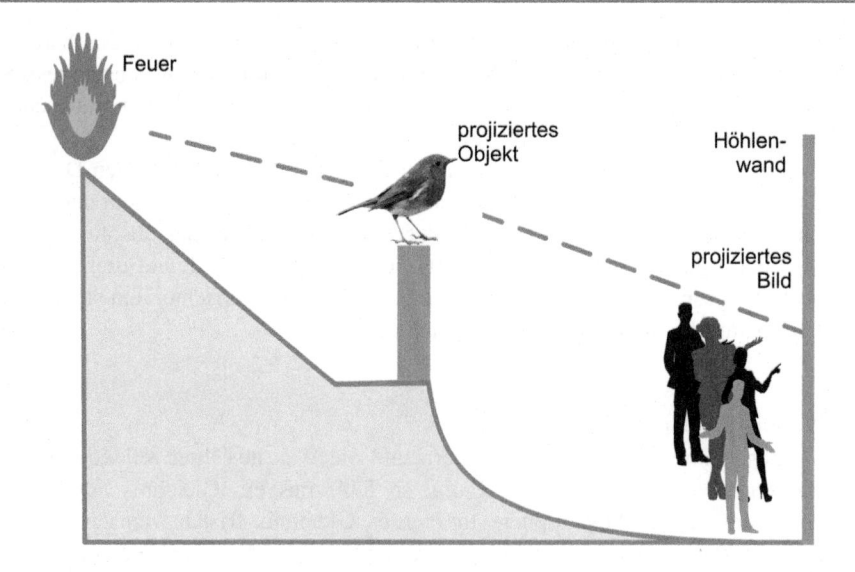

Abb. 6.4 Platons Höhlengleichnis. (Silhouetten der Personen „Designed by Freepik")

Prozesse, also auf Physik und Chemie, zurückzuführen ist. Geist hat in diesem Bild keinen richtigen Platz und gilt bestenfalls als „vertrackte Reaktion der Materie", wie Rupert Riedl ironisch ausführt. Die Vernunft ist legitimiert, Prozesse der Moleküle im Erbgut des Lebens und des Denkens zu manipulieren. Riedl sieht dies als menschliche Überheblichkeit, die im Widerspruch zu der uns noch gar nicht fasslichen Komplexität des Lebendigen steht.

Der Idealismus, der in Platons Ideen beheimatet ist, erklärt die Welt nicht aus den greifbaren Antriebskräften, sondern aus den Gesetzmäßigkeiten und Endzwecken der Welt. Es gibt einen Endzweck, eine „causa finalis", die teleologisch vom Weltende her das gesamte Geschehen zur Vollkommenheit leitet. Der Mensch in diesem Denken ist zu Zwecken des Geistes erschaffen, das Leben zum Zweck des Menschen und die Materie zum Zweck des Lebens. Die Evolution dient also dem Zwecke des Menschen.

Der Weg zur Erkenntnis führt bei Platon über die Vernunft. Sie, und nicht die sinnliche Erfahrung oder der wissenschaftliche Verstand, enthüllt das wahre Wesen der Welt. Die Vernunft verlässt sich nicht auf die einfache Anschauung, sondern erkennt, dass diese von höheren Ideen abhängt. So wird die Welt in Sein und Schein, Wesen und Erscheinung, Idee und Realität aufgeteilt. Empirisch zu forschen reicht nicht, vielmehr müssen über die Philosophie die Alltagswahrnehmungen und die wahren Elemente der Realität, die Ideen, verbunden werden.

Determinismus und Indeterminismus

Der Gegensatz zwischen Determinismus und Indeterminismus gehört zu den Begleiterscheinungen der durch Idealismus und Materialismus ausgelösten großen Auseinandersetzung. Der Idealismus neigt zum Gottesbeweis und damit zum

Determinismus. Auch die von Leibniz postulierte „prästabilierte Harmonie", in der die Welt bestmöglich eingerichtet ist, gehört dazu. Beide sind geeignet, die Existenz eines freien Individuums infrage zu stellen. Wie kann jemand frei sein, wenn für ihn schon alles entschieden ist? Was in den Naturwissenschaften gleichfalls als Determinismus begann – man denke an den Dämon von Laplace, der den Zustand der Welt perfekt kennt und daher alles vorausberechnen kann – und eine gewisse Sicherheit versprach, löste sich mit der Quantenphysik auf. Mit ihr kam der Zufall als Konstituente der Natur ins Spiel. Der Mensch erhält zwar so seine Freiheit, allerdings zu dem Preis, dass auch im Makrobereich alles um ihn herum zufällig geschieht. Es ist schwerer, hierin einen Sinn zu finden als in der vorherbestimmten Welt des Determinismus. Der Gegensatz zwischen Determinismus und Indeterminismus hat wegen der Rolle, die dem Zufall in der Welt beigemessen wird, in den vergangenen Jahren für erhebliche Diskussionen gesorgt.

Rationalismus und Empirismus
Vernunft und Erfahrung sollten keine Gegensätze sein. In der Philosophie, in der die Scholastik der Vernunft zugetan war, entstand der Rationalismus, und aus den experimentell begründeten Naturwissenschaften, die auf die Erfahrung bauten, entstand der Empirismus. Neue Gegensätze also.

Der Rationalismus beruft sich wie Platon auf die Ratio, die Vernunft also. Die Vernunft ist für den Erkenntnisprozess wesentlich. Sie ist eng mit dem französischen Philosophen und Wissenschaftler René Descartes verbunden, der sich mit ihr im 17. Jahrhundert vertieft auseinandersetzte. Descartes sah die Geometrie als das Vorbild für alle Wissenschaften und auch für die Philosophie. Alle Antworten auf die Fragen der Philosophie und Naturwissenschaften könnten durch Deduktion über diesen Ansatz erschlossen werden. Sicher war Descartes von der Faszination der neuen Maschinen beeinflusst und leitete daraus auch die Auffassung ab, dass Leben gleichfalls etwas Mechanisches ist. Descartes nahm die Existenz zweier miteinander wechselwirkender, voneinander verschiedener „Substanzen" – Geist und Materie – an. Baruch de Spinoza und Gottfried Wilhelm Leibniz gehörten dann zu den Philosophen, die Descartes Philosophie kritisch-konstruktiv weiterführten.

Der Empirismus andererseits sieht die Erfahrung und sinnliche Wahrnehmung als wesentliches Mittel zur Erkenntnis. Die Möglichkeit einer Erkenntnis a priori ist dadurch ausgeschlossen. Einer der Hauptvertreter des Empirismus ist John Locke (1632–1704). Damit sind die Sinne die wesentliche Quelle des Wissens über die Realität und nicht etwa ein bereits angeborenes, a priori vorhandenes Wissen über die Welt. Die Erfahrung wird so zur entscheidenden Wissensquelle. In einem Brief eines Herrn Molyneux an Locke wird ein Gedankenexperiment geschildert, das den Empirismus gut veranschaulicht: „... Angenommen: Ein erwachsener, blind geborener Mann, der gelernt hat, mit seinem Tastsinn zwischen einem Würfel und einer Kugel aus demselben Metall und nahezu gleicher Größe zu unterscheiden, und der mitteilen kann, wenn er den einen oder die andere betastet hat, welches der Würfel und welches die Kugel ist. Angenommen nun, Würfel und Kugel seien auf einem Tisch platziert, und der Mann sei sehtüchtig geworden. Die Frage ist: Ob er in der Lage ist, durch seinen Sehsinn, bevor er diese

Gegenstände berührt hat, sie zu unterscheiden und mitteilen kann, welches die Kugel und welches der Würfel ist? ..." Ein Empirist würde die Frage verneinen, während ein Rationalist – von der Vernunft überzeugt – sie bejahen könnte.

A priori und a posteriori

Immanuel Kant (Abb. 6.5) versuchte, Rationalismus und Empirismus miteinander zu vereinen. Dazu führte er nach eigenen Worten eine kopernikanische Wende in der Erkenntnisphilosophie herbei. Sein Hauptwerk im Bereich der Erkenntnistheorie ist die „Kritik der reinen Vernunft". Die Grenzen der Vernunft und der Urteilskraft waren einer der bekannten Untersuchungsgegenstände Immanuel Kants. Er isolierte Voraussetzungen, die nicht aus der Erfahrung stammen konnten. Dies waren diejenigen, die selbst für den elementarsten Gewinn an Erfahrung Voraussetzungen darstellten. Er nannte sie die A-priori-Erfahrungen des Denkens und der Urteilskraft. Allerdings löst Kant nicht die zentrale Frage der Vernunft, denn a priori ist als von früher her stammend zu verstehen und nicht weiter hinterfragbar. Mit unserer Vernunft allein, so lässt sich auch schließen, können wir die Vernunft letztlich nicht begründen.

Hierzu ein Zitat aus der „Kritik der reinen Vernunft" (Kant 1974):

> Bisher nahm man an, alle unsere Erkenntnis müsse sich nach den Gegenständen richten; aber alle Versuche über sie a priori etwas durch Begriffe auszumachen, wodurch unsere Erkenntnis erweitert würde, gingen unter dieser Voraussetzung zunichte. Man versuche es daher einmal, ob wir nicht in den Aufgaben der Metaphysik damit besser fortkommen, dass wir annehmen, die Gegenstände müssen sich nach unserer Erkenntnis richten, welches so schon besser mit der verlangten Möglichkeit einer Erkenntnis derselben a priori zusammenstimmt, die über Gegenstände, ehe sie uns gegeben werden, etwas festsetzen soll.

> Es ist hiermit eben so, als mit den ersten Gedanken des Kopernikus bewandt, der, nachdem es mit der Erklärung der Himmelsbewegungen nicht gut fort wollte, wenn er annahm, das ganze Sternheer drehe sich um den Zuschauer, versuchte, ob es nicht besser gelingen möchte, wenn er den Zuschauer sich drehen, und dagegen die Sterne in Ruhe ließe.

> In der Metaphysik kann man nun, was die Anschauung der Gegenstände betrifft, es auf ähnliche Weise versuchen. Wenn die Anschauung sich nach der Beschaffenheit der Gegenstände richten müsste, so sehe ich nicht ein, wie man a priori von ihr etwas wissen könne, richtet sich aber der Gegenstand (als Objekt der Sinne) nach der Beschaffenheit unseres Anschauungsvermögens, so kann ich mir diese Möglichkeiten ganz wohl vorstellen.

Sinn und Verstand schaffen also Erkenntnis. Die Sinne ermöglichen anschauliche Vorstellungen, die vom Verstand gedanklich verarbeitet werden. Auf die Vernunft allein ist bei der Beurteilung der Wirklichkeit letztlich also kein Verlass. Und doch vertrauen wir ihr. Erkenntnis wird erst durch den Verstand ermöglicht, der die Sinneseindrücke in eine Struktur bringt. Diese stammt nicht aus der Erfahrung, sondern liegt a priori im menschlichen Verstand begründet (Abb. 6.6).

Letztlich sind wir auf Wahrscheinlichkeiten angewiesen. Sie geben uns zwar keine absoluten Wahrheiten, haben es uns im Laufe der Evolution jedoch erlaubt, verlässliche Hypothesen aufzubauen. Der Apfel fällt immer nach unten, die Sonne

Abb. 6.5 Immanuel Kant (© Deutsches Literaturarchiv Marbach)

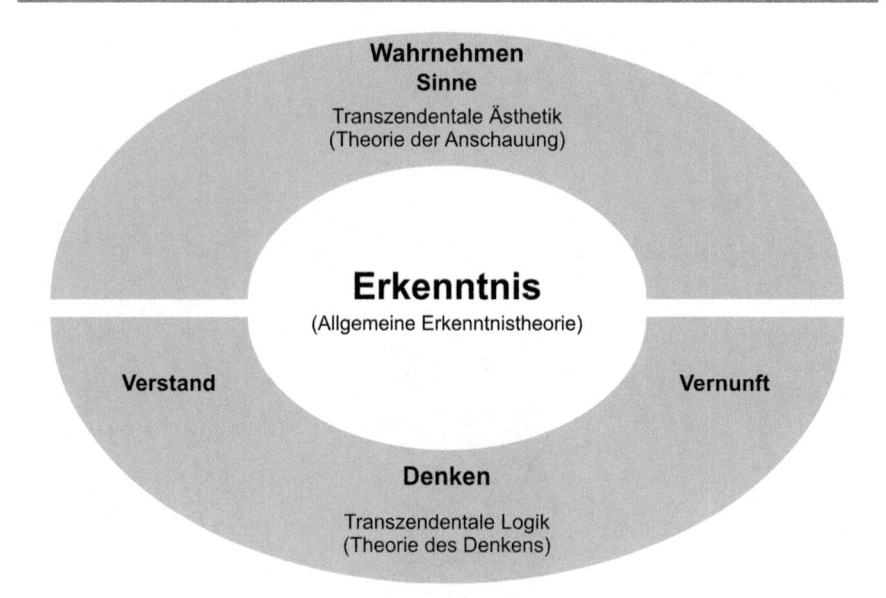

```
                    Wahrnehmen
                       Sinne
              Transzendentale Ästhetik
               (Theorie der Anschauung)



                    Erkenntnis
              (Allgemeine Erkenntnistheorie)

  Verstand                                    Vernunft


                       Denken
                Transzendentale Logik
                 (Theorie des Denkens)
```

Abb. 6.6 Nach Kant ermöglichen Sinne, Verstand, Vernunft und das Denken die Erkenntnis

geht jeden Morgen auf, und zwar ungefähr im Osten, das Verhalten von gezähmten Pferden ist so weit voraussehbar, dass es uns als so verlässlich erscheint, dass wir auf ihnen reiten können. Alle Schwäne sind weiß – nein, irgendwann tauchte der erste schwarze Schwan auf und diese Hypothese erwies sich als falsch.

Es ist die positive Erfahrung mit einer einmal getroffenen Annahme, die dazu führt, dass wir sie verallgemeinern, zumal, wenn sie hinreichend oft eintritt und von hinreichend vielen von uns bestätigt werden kann. Bedeutet also Vielheit oder Mehrheit Wahrheit? Misstrauen ist geboten, allerdings das Vertrauen in die große Zahl auch. Wenn ein Ereignis häufig eintritt, dann heißt das nicht, dass es immer eintritt. Wahrscheinlichkeiten und Statistiken gehören elementar zur Bewältigung des Lebens, auch übrigens bei den Tieren.

Dahinter steht das kraftvolle Prinzip der Induktion, des Schließens vom Besonderen auf das Allgemeine. David Hume, Immanuel Kant und später Karl Popper sahen das Induktionsproblem sehr klar. Ist alles induktive Schließen problematisch und stehen die Naturwissenschaften deswegen auf tönernen Füßen? Zumindest sei, so Rudolf Carnap und Karl Popper, kein hinreichender Grund im Sinne Humes zu finden, nach dem das ganze Wissenschaftsgebäude auf sicherem Grund, also auf a priori Wissen, gegründet sei.

Der andere Weg, vom Allgemeinen auf das Besondere, also deduktiv Theorien über die Welt abzuleiten, ist nach Carnap verschlossen. Jedenfalls ist dies der Fall, wenn es sich um Theorien handelt, die keine beobachtbaren Einheiten oder Eigenschaften enthalten. Solche Theorien sind zwar unverzichtbar für die Wissenschaften, können aber nicht aus Experimentdaten abgeleitet werden. Außerdem postulieren wissenschaftliche Theorien neue Kategorien über die Wirklichkeit, nicht lediglich Verallgemeinerungen. Die Entropie im Zweiten Hauptsatz der Thermodynamik ist ein Beispiel für deduktives Schließen, wie auch die Evolution mit den Prinzipien der Selektion. Sie sind daher auch nicht zu beweisen, sie können höchstens falsch sein – sie müssen folglich falsifizierbar sein, um den Ansprüchen an Wissenschaftlichkeit zu genügen.

Reduktionismus versus Holismus
Leben ist nur weit entfernt von einem thermodynamischen Gleichgewicht möglich. Erst unter Bedingungen, unter denen die Zunahme von Entropie lokal negativ wird, entsteht lokale Ordnung. Mit dieser Zunahme von Ordnung – oder, um mit Schrödinger zu sprechen, mit Negentropie – erklärt Manfred Eigen (1976) die Entstehung von Information. Er weist die Kompatibilität von Evolution und Physik nach. Insbesondere zeigt er, dass bei kontinuierlicher Zuführung von Energie und Materie in einem System mit der Fähigkeit, sich mit geringer Fehlerrate selbst zu reproduzieren, eine Umsatzgröße existiert, die einem Maximum zustrebt (Eigen und Winkler 1976). Diese Größe ist nach Eigens Auffassung eng mit der negativen Entropie nach Schrödinger verwandt, und man kann sie als Information bezeichnen. Wohlgemerkt, nicht die Entropie strebt in diesen lokalen Systemen einem Maximum zu, sondern Schrödingers Negentropie, die Ordnung also. Lebende Organismen sind solche Systeme.

Erwin Schrödinger hat also Mitte des 20. Jahrhunderts den Zugang zu einer neuen Sicht des Zusammenhangs zwischen Entropie und Evolution aufgezeigt. Er kann aufgrund der physikalischen Sicht, die er als Erster forderte, als der Begründer der Molekularbiologie gelten. Schrödinger, so Ernst Peter Fischer (2010), war der Erste, der die Idee eines genetischen Codes vorschlug. Er lenkte die Aufmerksamkeit der Physiker auf die physikalische Natur der genetischen Information und betonte, dass die Ordnung der Lebewesen über die Organisation ihrer Teile zu verstehen ist.

Eine Schlussfolgerung
Der Realität auf den Grund zu gehen, ist schwierig. Wie im Höhlengleichnis auch heute noch deutlich wird, entzieht sie sich – unabhängig von der philosophischen Methodik oder dem philosophischen Denkansatz – einem letzthin verifizierbaren Zugang. Wir bleiben immer ein Stück vor der Tür zum Schrein der Wahrheit.

Mein extrem verkürzter Abriss der abendländischen Philosophie soll auch ein Schlaglicht auf den Abstand zwischen diesen hochkomplexen Denkgebäuden und dem evolutionären Entstehen des Denkens werfen. In der vorliegenden Abhandlung interessieren wir uns für die Entstehung bzw. den Ursprung der Bedeutung. Und mehr noch: Es soll auf den Abstand zwischen den Anfängen des Denkens und den Anfängen der Informationsverarbeitung hingewiesen werden. Beides sind gigantische Entwicklungen der Komplexität im Umgang mit semantischer Information. Der Anfang war durch erklärbare Vorgänge mit einfachen Strukturen bestimmt. Umso erstaunlicher, dass daraus die komplexen Fähigkeiten biologischer Informationsverarbeitung bis hin zum Denken des Menschen erwuchsen.

Bereits die ersten Philosophien bedienten sich der Denkfähigkeiten, die wir heute noch beim Menschen finden. Sie geben jedoch nur begrenzt Antworten darauf, woher diese Fähigkeiten sich entwickelten. Dass sie plötzlich in die Welt „fielen", kann ausgeschlossen werden.

Die philosophische Erkenntnistheorie sucht noch immer Antworten auf solche Fragen. Insbesondere die evolutionäre Erkenntnistheorie geht der Frage nach, wie Evolution und Erkenntnis zusammenhängen und ob es diesen Zusammenhang tatsächlich gibt. Die Grundgedanken dieser Theorie sollen im Folgenden vorgestellt werden und Brücken zwischen den Betrachtungen zur Informationsverarbeitung, zur Physik und zur Biologie schlagen.

6.6 Evolutionäre Erkenntnistheorie

Die Frage bleibt: Woher wissen wir, dass wir richtig über die Wirklichkeit denken? Wir wissen es letztlich nicht. Und unsere vielen Irrtümer und Annahmen über die Welt in der Vergangenheit und der Gegenwart zeigen dies sehr deutlich. Würden wir jedoch gänzlich falsch denken, würde uns die Realität sehr schnell das Fürchten lehren. Überall würden wir anecken, jede Bewegung wäre ein extremes Risiko, und Sprache gäbe es wohl keine, weil sie verlässliche Bezugspunkte zur Realität voraussetzt. Dass wir lebensfähig sind, kann nur heißen, dass wir es in Übereinstimmung mit unserer Umgebung sind und dies wiederum, dass wir wesentliche Eigenschaften der Realität verstehen gelernt haben. Recht anschaulich hat es einmal der amerikanische Evolutionsbiologe Georg G. Simpson formuliert: „Der Affe, der keine realistische Wahrnehmung von dem Ast hatte, nach dem er sprang, war bald ein toter Affe – und gehört damit nicht zu unseren Urahnen."

Aber in welchem Sinne „verstehen"? Hier öffnen sich wieder die Gräben zwischen den oben aufgeführten Gegensätzen im Denken. Denn ob unser Weltwissen a priori in uns steckt oder ob wir es erlernen müssen, bleibt durchaus strittig. Dass jedoch a priori Wissen erworben wird, war dem Physiker Ludwig Boltzmann bereits zum Ende des 19. Jahrhunderts sehr deutlich (Boltzmann 1905): „Denkgesetze werden im Sinne Darwins nichts anderes sein als ererbte Denkgewohnheiten … Man kann diese Denkansätze apriorisch nennen, weil sie durch die vieltausendjährige Erfahrung der Gattung dem Individuum angeboren sind."

Konrad Lorenz, der zur vorgeburtlichen Prägung und daraus resultierendem Verhalten forschte, veröffentlichte 1941 einen Beitrag, der „die Kantschen Apriori im Lichte gegenwärtiger Biologie" betrachtete. Dies, so Heinz Penzlin, sei die Geburtsstunde einer neuen Denkrichtung gewesen, der „Evolutionären Erkenntnistheorie" (Penzlin 2014). In ihr wurden erkenntnistheoretische Fragen im Rahmen der Evolutionstheorie untersucht. Lorenz betonte: „Die Entdeckung des Apriorischen ist jener Funke, den wir Kant verdanken, und sicherlich ist es unsererseits keine Überheblichkeit, an Hand neuer Tatsachen eine Kritik an der Auslegung des Entdeckten zu üben, wie wir es bezüglich der Herkunft der Anschauungsformen und Kategorien an Kant taten."

6.6 Evolutionäre Erkenntnistheorie

Die Evolutionäre Erkenntnistheorie konzentriert sich auf das evolutionäre Entstehen von Wissen, also Erkenntnis, über diese Welt. Sie muss dabei natürlich über die reine Informationsaufnahme hinausgehen und sich auf die Strukturen und Mechanismen des Denkens konzentrieren. Ihr Gegenstand ist also das Gehirn im Kontext der evolutionären Entwicklung. Dabei versucht sie, die Leistungen und auch die Fehlleistungen sowie die Grenzen des Denkens auszuloten. „Sie liefert uns eine überzeugende Erklärung dafür, warum wir mit der von unserem Gehirn aufgebauten mentalen Welt in den Auseinandersetzungen mit der realen Wirklichkeit um uns herum so erstaunlich gut zurechtkommen, womit gleichzeitig auch die Begrenztheit unserer kognitiven Fähigkeiten verständlich wird", so Penzlin.

> **Gehirn und Wirklichkeit**
> Programmatisch schreibt Franz Wuketits: „Gehen wir davon aus, daß das Gehirn die materielle Basis für das Bewusstsein darstellt, dann ist das Auftreten des Bewusstseins mit einer entsprechenden Differenzierungsleistung und Komplizierung des Gehirns verbunden. Das Gehirn selbst entwickelte sich in der Evolution in der permanenten Konfrontation der Lebewesen mit ihrer Umwelt und wurde als Organ der Informationsverarbeitung entfaltet. Die andauernde Konfrontation der Tiere mit Um- und Mitwelt führte dazu, dass diese immer besser abgebildet und verrechnet wurde, was wiederum systemerhaltenden Wert aufweist und eine Leitidee der evolutionären Erkenntnistheorie bedeutet" (Wuketits 1981).

Alles Leben ist in der Evolution und durch die Evolution entstanden. Wir würden bisher keine Lebensformen kennen, für die das nicht gelte, und hätten keine Anhaltspunkte, dass es solche geben könnte, so Penzlin. Die Evolution ist ein Universalprinzip, dem alle Energie und alle Materie, gleichgültig in welcher Erscheinungsform, unterworfen sind. In dieser Evolution hat sich ein Leben entwickelt, zu dem alle uns bekannten Lebewesen gehören. Kein zweites, davon unabhängiges Leben ist uns bekannt.

Die evolutionäre Erkenntnistheorie geht davon aus, dass alle Anschauungsformen wie Zeit und Raum sowie die Verstandeskategorien wie Quantität, Qualität, Relation inklusive Kausalität und Modalität, also das Wie (Wirklichkeit, Möglichkeit oder Notwendigkeit) des Seins, des Geschehens und des Werdens, im Laufe der gesamten Evolution erworben wurden. Die Lebewesen lernen evolutionär und ihr erworbenes und weitergegebenes Wissen ist durch Bedingungen des Lebens und die Eigenschaften der Art geprägt. Es gibt also kein Wissen a priori vor dem Leben, sondern Wissen über die Welt wird erworben und hat sich in der Entwicklung der Arten und in den Ausprägungen der Individuen niedergeschlagen. Dazu gehören auch die kulturellen Fähigkeiten und mit ihr – in unserem Zusammenhang von besonderem Interesse – die Fähigkeiten zur Sprache und zur Informationsverarbeitung.

Immer ist zu berücksichtigen, dass Entwicklungen nach den Maßstäben menschlicher Lebensspannen sehr langsam vor sich gehen. Charles Darwin wies darauf hin (Darwin 1859): „Wir sehen nichts von diesen langsam fortschreitenden Veränderungen, bis die Hand der Zeit auf eine abgelaufene Weltperiode hindeutet, und dann ist unsere Einsicht in die längst verflossenen geologischen Zeiten so unvollkommen, dass wir nur noch das Eine wahrnehmen, dass die Lebensformen jetzt verschieden von dem sind, was sie früher gewesen sind."

6.6.1 Hypothesen und Vorurteile

Nach Gerhard Vollmer, einem ihrer bedeutendsten Vertreter, „ist die Evolutionäre Erkenntnistheorie eine Auffassung, die einzelwissenschaftliche und philosophische Elemente in fruchtbarer Weise miteinander verbindet" (Vollmer 2002). Sie geht von der empirischen Tatsache aus, dass unsere kognitiven Strukturen – Sinnesorgane, Zentralnervensystem, Gehirn; Wahrnehmungsleistungen, Raumanschauung, Vorstellungsvermögen, Zeitsinn; Lerndispositionen, Verrechnungsmechanismen, konstruktive Vorurteile usw. –, mit deren Hilfe wir die objektiven Strukturen der realen Welt intern rekonstruieren, in hervorragender Weise auf die Umwelt passen, zum Teil sogar mit ihr übereinstimmen.

Vollmer hebt den Passungscharakter, das Schlüssel-Schloss-Prinzip, hervor. Unser „Erkenntnisapparat" passt wie ein Schlüssel zu dem uns zugänglichen Ausschnitt der Welt. Und er betont, dass „ohne diese Passung Erkenntnis überhaupt nicht möglich wäre, daher ist sie auch erkenntnistheoretisch höchst relevant." Die erkenntnistheoretische Hauptfrage, so Vollmer, sei die nach dem Grund und dem Grad der Übereinstimmung von Erkenntnis- und Realkategorien (Vollmer 2002).

Die „Passung" ist das Resultat der biologischen Evolution, in der sich unser Erkenntnisapparat mit seinen Strukturen und Leistungen durch ständige Anpassung an die Wirklichkeit entwickelt hat. „Die (subjektiven) Erkenntnisstrukturen passen auf die (objektiven) Strukturen der Welt, weil sie sich in Anpassung an diese Welt herausgebildet haben", so Vollmer. Diese Antwort unterscheide sich von den oft spekulativen Lösungsversuchen der philosophischen Tradition. Und diese Erkenntnisstrukturen würden mit den realen Strukturen (teilweise) übereinstimmen, weil nur eine solche Übereinstimmung das Überleben ermögliche. Das Gehirn ist ein Überlebensapparat.

Den Aspekt des Überlebens als den ursprünglichen für die Entwicklung des Gehirns hebt Vollmer besonders hervor (Vollmer 2007):

> Nach der Evolutionären Erkenntnistheorie ist unser Gehirn nicht als Erkenntnis-, sondern als Überlebensorgan entstanden. Seine Funktionen, Leistungen, Mechanismen, Algorithmen usw. sind, wie man gerade an seinen Fehlleistungen feststellen kann, auf den Mesokosmos zugeschnitten, auf eine Welt mittlerer Dimensionen und geringer Komplexität. In diesem Bereich arbeiten unsere kognitiven Strukturen auch durchaus zuverlässig. Außerhalb des Mesokosmos können sie dagegen versagen. Tatsächlich stoßen wir bei der Erforschung des Mikrokosmos, des Megakosmos und komplizierter Systeme regelmäßig auf Schwierigkeiten. Die Evolutionäre Erkenntnistheorie ist in der Lage, diese Leistungen und Fehlleistungen unseres Erkenntnisapparates zu erklären.

> **Leben als hypothetischer Realist**
> Das Leben sei ein hypothetischer Realist, so Rupert Riedl (1981). Bereits der Buchtitel *Biologie der Erkenntnis* ist Programm für die Evolutionäre Erkenntnistheorie, deren herausragender Vertreter er zusammen mit Gerhard Vollmer und Donald T. Campbell ist. Die Evolution, so ein zentraler Punkt der Theorie, bilde Hypothesen über die Wirklichkeit. So können sich Erkenntnisstrukturen an die Realität angepasst entwickeln und deshalb die Realität widerspiegeln. Die Überprüfung der Hypothesen ist das Leben selbst. Je besser die Resultate, je besser die Anpassung eines Organismus an seine Umgebung, desto besser die Überlebenschancen der Art. Darwins *survival of the fittest* wird hier neu begründet.

Die Anschauungsformen und Kategorien sind aus der Sicht des Individuums nicht als a priori gegeben, sondern wurden durch die hunderte Millionen von Jahren gehende evolutionäre Entwicklung von Sinnesorganen und Gehirnfunktionen sowie sprachlicher und kultureller Fähigkeiten erworben. Mit dem „Kantschen a priori" stehen dem Philosophen zufolge dem Menschen von vornherein als Anschauungsformen Raum und Zeit sowie als Verstandeskategorien Quantität, Qualität, Relation (darunter: Kausalität) und Modalität – die Art und Weise, wie etwas ist, geschieht oder gedacht wird – zur Verfügung. Sie sind im Sinne der evolutionären Erkenntnistheorie „das Lernergebnis des ratiomorphen Apparates", also unsere in genetische Informationen transformierten vorbewussten stammesgeschichtlichen Erfahrungen (Riedl 1981).

Noam Chomsky unterstützt die Theorie der evolutionären Entwicklung der Vernunft (Chomsky 1969): „Heute gibt es keinen Grund mehr, ernsthaft einer Vorstellung anzuhängen, die eine komplexe menschliche Errungenschaft insgesamt einigen Monaten (oder höchstens Jahren) individueller Erfahrung zuschreibt, statt den Jahrmillionen der Evolution oder statt den Prinzipien der Nervenorganisation, die womöglich noch tiefer in physikalischen Gesetzen begründet sind".

6.6.2 Realität und Skeptizismus

Die evolutionäre Erkenntnistheorie steht in einem gewissen Widerspruch zu den Auffassungen Immanuel Kants, was das „Ding an sich" angeht. Und damit ergibt sich Konfliktpotenzial zu einem wesentlichen Zweig der Philosophie. Nach Auffassung Kants können die realen Anschauungsformen von Raum und Zeit von uns nicht erkannt werden. Vielmehr haben unsere Erkenntnisse mit den „Dingen an sich", also der eigentlichen Realität, nur wenig zu tun.

Er glaubte nicht, dass wir das „Wesen" der Dinge „rein" in Erfahrung bringen könnten, denn unsere „Vorgaben" würden sich der Erkenntnis entgegenstellen. Wir erkennen, so Kant, von den Objekten nur das, was wir, die Subjekte, „selbst in sie legen". Das war Kants kopernikanische Wende, und sie bedeutete damals eine Revolution der „Denkungsart".

Immanuel Kant war also ein Skeptiker, denn er beurteilt die Chance, je zu gesichertem Wissen zu gelangen, grundsätzlich negativ.

Die Philosophin Elke Brendel verweist auf Anfänge des Skeptizismus, die bereits in der griechischen Antike zu finden sind (Brendel 2011): Der griechische Philosoph Pyrrhon von Elis (360–etwa 270 v. Chr.) meinte, die Welt sei völlig unerkennbar und man könne daher über sie auch nicht urteilen. Sein Standpunkt war, der Mensch solle deshalb auch nicht versuchen, einen eigenen Standpunkt der Welt gegenüber einzunehmen. Nur wer sich völlig gleichgültig gegenüber allem verhalte, gelange zur wahren Seelenruhe. Dieses Rezept zur Lebensphilosophie trat später zugunsten einer Sicht, die den Skeptizismus als Methode der Erkenntnistheorie bewertete, in den Hintergrund. René Descartes (1596–1650) gilt als Begründer eines solchen modernen Wissensskeptizismus.

Descartes illustrierte seine Auffassung mit einem verschlagenen Dämon, der unsere Wahrnehmungen beständig verfälscht. Auch wenn das Bild vom Dämon bald aus der Mode kam, so hat der Skeptizismus bis heute Bestand. In seinem Kontext entstanden Szenarien wie in dem Film „Matrix" oder früher noch „Welt am Draht" von Rainer Werner Fassbinder nach einer Romanvorlage von Daniel F. Galouye aus 1964 produziert. Im Film „Matrix" schwimmen Gehirne in Nährflüssigkeiten und werden mit Signalen versorgt, sodass ihre Gedanken von der Wirklichkeit überzeugt sind, in der sie, vermeintlich mit einem Körper ausgestattet, eine Rolle spielen. In „Welt am Draht" schwant den Protagonisten, dass sie nicht real existieren, sondern Produkte einer Computersimulation sind. Und auch die vermeintlich reale, also übergeordnete Ebene ist wieder eine Simulation und so ad infinitum. Schon früher förderte der amerikanische Philosoph und Computerwissenschaftler Hilary Putnam mit einem Szenario der simulierten Realität, ähnlich wie das aus dem Film „Matrix" bekannte, den Skeptizismus.

Der Skandal der Philosophie
Skeptiker, so Brendel, behaupteten keinesfalls, dass wir in einer simulierten Scheinwelt lebten. Vielmehr wiesen sie darauf hin, dass die Möglichkeit einer Täuschung bestehe, und dass diese unser Wissen über die Außenwelt zunichte mache oder verhindere. Für Kant war es der Skandal der Philosophie, dass es ihr noch nicht gelungen war, die Außenwelt zu beweisen. Bis heute hat sich daran kaum etwas geändert. Die Möglichkeit einer globalen Täuschung kann letztlich philosophisch nicht aufgelöst werden.

Einen Ausweg bietet die sogenannte erkenntnistheoretisch idealistische Position. Ihr zufolge ist die Wirklichkeit das, als was sie uns erscheint. Unsere Urteile über die Welt beziehen sich daher auch nicht auf eine von uns unabhängige Außenwelt, sondern auf unsere subjektiven Sinneseindrücke. Wenn also unsere Sinnesempfindungen zweifelsfrei gewiss sind, so können wir Wissen über die Welt erlangen, und zwar über eine Welt, wie sie uns erscheint (Brendel 2011). Demzufolge gäbe es dann keine Dinge unabhängig von unserem Geist.

Diese Haltung wird auch durch das folgende Argument des Frankfurter Philosophen Marcus Willaschek gestützt (Gardenne et al. 2006):

> Wir wissen so unterschiedliche Dinge wie die, dass dort ein Baum steht, wie lange der Zug von Frankfurt nach München braucht, wie das menschliche Gehirn aufgebaut ist und welche Fusionsprozesse in der Sonne ablaufen. Bekannte skeptische Argumente können den Eindruck vermitteln, als sei die Möglichkeit von Wissen äußerst problematisch. Doch diese Argumente beruhen auf einem überzogenen Anspruch an mögliches Wissen. Die Standards, die im Alltag und in der Wissenschaft erfüllt sein müssen, damit eine theoretische Einstellung als Wissen gelten kann, lassen sich durchaus erfüllen. Im einfachsten Fall müssen wir einfach nur hinschauen: Ich weiß, dass dort ein Baum steht, weil ich sehe, dass dort ein Baum steht. Dazu ist normalerweise nicht mehr erforderlich, als dass ich weiß, was ein Baum ist und ich unter geeigneten Bedingungen dorthin schaue, wo sich ein Baum befindet.

Auch die Erkenntnistheoretiker Michael Esfeld und Michael Stollberger (Universität Lausanne) weisen auf eine anzunehmende Realitätsnähe zu der beobachteten Natur hin (Gadenne et al. 2006):

> Die Transparenz der Erfahrung lehrt uns beispielsweise, dass der Inhalt der phänomenalen Erfahrung eines Baumes einzig und allein der Baum mit seinen physikalischen Eigenschaften ist – wir stoßen niemals auf Eigenschaften perzeptueller oder epistemischer Bindeglieder, auch wenn wir unsere ganze Aufmerksamkeit introspektiv auf die phänomenale Erscheinungsweise des Baumes richten. Demzufolge gibt es keinen Grund, eine Wirklichkeit jenseits der phänomenalen Erfahrung zu postulieren: phänomenale Eigenschaften sind nichts anderes als die mentale Erscheinungsform von physikalischen Eigenschaften.

Michael Esfeld setzt sich mit der Frage auseinander, wie direkt Realismus sein kann. Die Problemstellung liege, anders als beim Skeptizismus, nicht in der Frage, ob es eine physikalische Welt gibt, die von unseren Gedanken unabhängig ist. Vielmehr sei die Frage zentral, ob wir mit unseren Gedanken einen Zugang zu ihr haben. Eine prominente Antwort der neueren Philosophie der Erkenntnis darauf wird durch den repräsentationalen Realismus gegeben. Der Zugang unseres Denkens zur realen, physikalischen Welt ist durch mentale Repräsentationen gegeben. Diese sind Mittler zwischen Denken und Realität und daher sind sie auch die Instanzen, in denen die Bedeutung zu suchen ist (Esfeld 2004). Der repräsentationale Realismus, so Esfeld, kann als ein Versuch angesehen werden, „zweierlei zu erklären: (a) wie wir uns in unseren Gedanken auf etwas in der Welt beziehen können, und (b) wie es sein kann, dass die Bedeutung oder der Inhalt unserer Gedanken feingliedriger ist als ihre Bezugsgegenstände in der Welt." Von Gottlob Frege stammt der Gedanke, dass die Aussage „Der Morgenstern ist F" und die Aussage „Der Abendstern ist F" denselben Bezugsgegenstand haben, nämlich den Planeten Venus. Es gilt also „Morgenstern = Abendstern" und damit ist derselbe Gegenstand (die Venus) auf zwei unterschiedliche Arten *„gegeben"* – einmal als Himmelskörper, der als erstes am Abend und einmal als Himmelskörper, der als letztes am Morgen am Himmel steht. Beide haben demnach einen unterschiedlichen Sinn, aber dieselbe Bedeutung, da sie auf denselben Gegenstand verweisen.

Esfeld erscheint der repräsentationale Realismus fraglich, denn, wenn man einmal ein epistemisches Bindeglied zulässt, dann bleibt offen, wie es mit diesem überhaupt noch zu etwas wie einem Bezugsgegenstand von Gedanken in der physikalischen Welt kommt. Die Gegenposition zum repräsentationalen Realismus innerhalb des Realismus ist ein direkter Realismus. Dieser erkennt kausale Bindeglieder zwischen den Gegenständen in der Welt und Glaubenszuständen von Personen an, bestreitet aber, dass es epistemische Bindeglieder gibt: Glaubenszustände beziehen sich dann unmittelbar auf etwas in der Welt.

Diese kurze Auseinandersetzung zu Skeptizismus und Realismus soll uns im Folgenden helfen, die bisher gewonnenen Hypothesen zur semantischen Information einzuordnen und zu überprüfen.

6.6.3 Semantische Information und ihre Übereinstimmung mit der Realität

Skeptizismus und Realismus bringen die Zentralfragen der philosophischen Erkenntnistheorie auf den Punkt. Was an der Realität können wir erkennen und wie gelingt uns dieses („uns" im übergreifenden Sinne der biologischen Organismen verstanden)? Deutlich wurde immerhin, welches philosophische Denkgebäude zur Erklärung der Welt, des Verhaltens der Menschen darin, ihres Bezuges oder Nichtbezuges zu Gott, der Analyse und Erklärung von Gesellschaften etc. wir auch immer heranziehen, der zentrale Punkt des Skeptizismus ist nicht aus dem Weg zu räumen: Wir können uns der Realität in unseren Versuchen, sie zu erkennen, immer nur annähern. Wir bleiben auf Abstand, und jede weitere Annäherung bedeutet (fast) immer auch die Eröffnung neuer Horizonte und damit die Vergrößerung des Abstandes. Auch ein direkter Realismus kann keine letzte Unmittelbarkeit herstellen. Dennoch haben wir gute Gründe, unsere Wahrnehmung der Realität als realistisch einzuschätzen.

Wir haben in den Kapiteln zur Informationstheorie und -verarbeitung, zur Information in der Physik sowie zur Information in der Biologie und der Evolution herausgearbeitet, dass Information, sofern sie Bedeutung trägt, in der biologischen Evolution entstanden ist. Ihr darf deswegen auch ein hoher Grad an Realitätsnähe zugeordnet werden. Als Bewohner der „mittleren Welt" dürfen wir uns jedoch nicht darüber hinwegtäuschen, dass nicht nur unsere Sinne, sondern auch unser Gehirn – wieder gilt „unser" als biologisch umfassend – die Aspekte der Realität besonders berücksichtigt, die für optimierte Lebenschancen in dieser Welt besonders wichtig sind. Wir können daher getäuscht werden und werden es auch. Weder die Raumzeit noch die Verschränkung ist uns direkt erfahrbar, und sie sind uns nur mittelbar zugänglich. Beide und vieles andere mehr, was uns an Übertölpelungen aus Logik, Mathematik und visueller Darstellung geläufig ist, entziehen sich unserer dreidimensionalen, mittleren Realität.

6.6 Evolutionäre Erkenntnistheorie

> **Semantische Information als Voraussetzung für Evolution**
> Dennoch nehmen wir Realität wahr. Wäre es nicht so und würden wir über eventuelle individuelle Fehlleistungen hinausgehen, würden wir – auch hier wir alle in der biologischen Evolution – scheitern müssen und hätten die Evolution nicht bereits über vier Milliarden Jahre vorangetrieben. Entscheidend für den Evolutionserfolg ist die (Weiter-)Entwicklung von Bedeutung als semantische Information, die mit der Evolution entstanden ist. Dies geschah zusammen mit der biochemischen Entwicklung und kann nicht von ihr getrennt werden. Sie ist jedoch mehr als Biochemie, denn sie folgt den Gesetzen der Informationsverarbeitung. Sie nutzt zwar die Biochemie als prozessuale Basis, in nicht zu strenger Analogie zur Software, die eine irgendwie geartete technische Hardware braucht, muss aber anders verstanden werden.

Semantische Information ist Realität in zweifacher Hinsicht. Zum einen weil sie existiert, zum anderen weil sie die Realität aufgenommen hat. Ihre zentrale Aufgabe war es, über fast die gesamte Zeit der Evolution den ständigen Abgleich mit der Realität herzustellen. Dort, wo dieser z. B. durch missglückte Mutationen und Selektionen misslang, gelangte die zugehörige evolutionäre Aktivität zu einem Ende. Dieser Abgleich – und mit ihm die zugehörige Entwicklung – geschah auch im sozialen Bereich. Sehr früh in der Evolution wurde die externe Welt nicht exklusiv über Information zu Dingen, Feldern, Prozessen etc. wahrgenommen, sondern auch als Exemplare der gleichen Gattung und anderer Gattungen. Die Wahrnehmung dieser Art von Realität setzte neue Innovations- und Wachstumsschübe frei. Nicht nur galt es, sich zu den anderen mehr oder weniger kollegial ins Benehmen zu setzen, sondern bald auch die Fortpflanzung der eigenen Art zu sichern und zu optimieren. Soziales Verhalten entstand. Hinzu kam die Vielzahl anderer Arten, zu denen in begrenztem Umfang immer eine Verbindung bestand, und zu denen eine Differenzierung stattgefunden hatte. Zu ihnen war ein Mit- oder Gegeneinander zu organisieren. Qualitativ ist die evolutionäre Informationsgewinnung dem bereits genannten Optimierungsziel und dessen Unterzielen untergeordnet. Dadurch sind Genauigkeitsverluste unvermeidlich und zugunsten von Effizienz und Effektivität auch als eigene Optimierungsziele zu werten.

Im Lichte des Skeptizismus lässt sich sagen, dass die evolutionär erzeugte semantische Information so nah an der Realität ist, wie sie es sein kann und wie es aus genannten pragmatischen Gründen sinnvoll ist. Eben deshalb erfasst sie nicht die ganze Realität, weder hinsichtlich der Größenskalen noch hinsichtlich der Präzision. Zu betonen ist auch, dass organisches Leben immer auch eine soziale Angelegenheit ist. Der Gefahr einer globalen Täuschung treten wir gewissermaßen automatisch entgegen, indem wir nicht nur unser vererbtes Wissen bzw. die semantische Information dazu einsetzen, sondern auch eine ständige Vergewisserung in der Kommunikation und Interaktion mit den Mitgliedern unserer Art und denen anderer Arten herbeiführen.

> Der repräsentationale Realismus kommt unserem Bild von der Rolle der semantischen Information sehr nahe. Sowohl die Strukturbildung der Information (Syntax) als auch der überlieferte und erworbene Kontext (Pragmatik) schaffen die semantische Repräsentation, die sich zwischen das Denken mit seinen Intentionen und die Realität schieben. Ohne sie ist die eintreffende Information keine bzw. wird nicht als solche gewertet, sondern als gewöhnliche Energie. Diese Repräsentanten sind in der Tat die bedeutungstragenden Institutionen in einem Organismus. Sie schaffen vielzählige Modelle von der Welt (Abend- und Morgenstern), die sehr unterschiedliche Komplexität aufweisen. Somit sind sie die Grundlagen des Denkens.

Die semantische Information der Evolution bedeutet für jede Gattung eine Einschränkung. Sie limitiert durch ihre Begrenzung durch eben diese Evolution unsere Vorstellungskraft ebenso wie unsere Kapazität, Informationen zu speichern und zu verarbeiten. Auch wenn insbesondere beim Menschen das Sprengen dieser Fesseln offensichtlich – wiederum in Grenzen – möglich scheint, so sind die Grenzen dennoch real und wirken sich auf das gesamte Denken auch der höheren Ebenen aus. Mathematik, Philosophie, Logik, Musik und Technik sind zwar auf den Potenzialen dieser bedeutungsvollen Information entstanden und haben sich weit von dem Kontext der Information, wie sie in diesem Buch behandelt wurde, entfernt. Sie sind dennoch in diesen biologisch entstandenen Grenzen gefangen.

Die evolutionär entstandenen Erkenntnisstrukturen als eigentlich real einzustufen und Kants Idealismus als gewissermaßen wirklichkeitsfremd zu betrachten, erwies sich als wenig tragfähig. Bei genauerem Hinsehen zeigte sich nämlich, dass die unterschiedlichen Evolutionsstränge auch unterschiedliche Realitäten mit sich brachten und daher nicht von „der Realität an sich" die Rede sein kann. Man hat es also mit vielen Realitäten zu tun, die gleichwertig nebeneinanderstehen. Die Realität von Enten neben der von Grillen neben der von Menschen.

Bei einer konstruktivistischen Interpretation der Evolutionslehre dient die evolutionäre Erkenntnistheorie auch weniger der Widerlegung Kants als vielmehr seiner Bestätigung. Dies haben die Arbeiten der Neurobiologen Humberto Maturana und Francisco Varela sehr überzeugend gezeigt.

6.7 Unterm Strich – Kernpunkte dieses Kapitels

▶ **Wahrnehmung der Realität** Unsere Sinne bilden die einzige Verbindung unserer Vernunft zur Außenwelt. Die Sinne und das Denken (Verstand und Vernunft) erlauben uns Erkenntnis über die Welt.

Wir erkennen den Mesokosmos, der nach Gerhard Vollmer die Welt der mittleren Dimensionen: mittlerer Entfernungen und Zeiten, kleinerer Geschwindigkeiten und Kräfte sowie geringerer Komplexität

6.7 Unterm Strich – Kernpunkte dieses Kapitels

darstellt. Unser „Erkenntnisapparat" passt wie ein Schlüssel zu dem uns zugänglichen Ausschnitt der Welt.

Immanuel Kant zufolge können die realen Anschauungsformen von Raum und Zeit von uns nicht erkannt werden. Vielmehr haben unsere Erkenntnisse mit den „Dingen an sich", also der eigentlichen Realität, nur wenig zu tun.

▶ **Erkenntnis und Vernunft** Es ist kaum möglich, den Vernunftbegriff auf den Menschen zu begrenzen. Wir sehen schließlich in jeder Gattung den Willen zum Überleben, und damit auch Strategien und Taktiken zur erfolgreichen Bewältigung von Problemen und Aufgaben.

Mit der Sprache als Bedeutungsträger entsteht ein Codesystem, das die Art dazu befähigt, erworbenes Wissen zu kommunizieren und über Generationen hinweg in Individuen oder Gruppen zu speichern und weiterzugeben.

Das entwickelte Bewusstseins erlaubt es, Extrapolationen in gedachte Erfahrungswelten hinein vorzunehmen und daraus dann – ohne dass ein Ende vorgegeben ist – neue Extrapolationen abzuleiten.

▶ **Weltmodelle** Organismen schaffen sich Modelle von der Welt, aufgrund derer sie die Welt erkennen und einschätzen können.

Die Weltmodelle sind in allen Zweigen der Evolution verschieden und innerhalb der eigenen Gattung ähnlich.

Die Arten, so Rupert Riedl, schaffen sich gewissermaßen eine Selektion vernünftiger Weltbilder, bestehend aus einem System zweckmäßiger Vorausurteile über den jeweils relevanten Ausschnitt der realen Welt.

Die Weltmodelle sind biologisch entstanden und Resultat von Optimierungsprozessen im Rahmen der Erkenntnisse über eine primär mittlere Welt.

Die Weltmodelle sind durch biologische Bedingungen beschränkt. Die Realität an sich wird nur unvollständig erfasst. Beispielsweise werden Raum und Zeit getrennt statt als eine Raumzeit erlebt.

▶ **Zugang zur Realität und semantische Information** Der repräsentationale Realismus, so Michael Esfeld, kann als ein Versuch angesehen werden, „zweierlei zu erklären: a) wie wir uns in unseren Gedanken auf etwas in der Welt beziehen können, und b) wie es sein kann, dass die Bedeutung oder der Inhalt unserer Gedanken feingliedriger ist als ihre Bezugsgegenstände in der Welt."

Aufgrund des begrenzten Zugangs zur Realität leben biologische Organismen mit Täuschungen über dieselbe.

Entscheidend für den Evolutionserfolg ist die (Weiter-)Entwicklung von Bedeutung als semantische Information, die mit der Evolution entstanden ist.

Literatur

Boltzmann, Ludwig. 1905. *Populäre Schriften*. Leipzig: Barth.
Brendel, Elke. 2011. Was können wir von der Welt wissen? In *Spektrum der Wissenschaft* (Bd. 5, S. 68).
Chomsky, Noam. 1969. *Aspects of the theory of syntax*. Cambridge: MIT Press.
Darwin, Charles. 1859. *Über die Entstehung der Arten (On the origin of species)*. London: Kröner.
Deutsch, David. 1996. *The fabric of reality: Towards a theory of everything*. London: Penguin Science.
Eigen, Manfred und Ruthild Winkler. 1976. *Das Spiel*. München: Piper-Verlag.
Esfeld, Michael. 2004. Wie direkt soll ein Realismus sein? In *Was ist wirklich? Neuere Beiträge zu Realismusdebatten in der Philosophie*, Hrsg. Christoph Halbig und Christian Suhm, 81–96. Frankfurt a. M.: Ontos.
Fischer, Ernst Peter. 2010. *Information*. Berlin: Jacoby & Stuart.
Fox, Douglas. 2012. Die Grenzen des Gehirns. In *Spektrum der Wissenschaft*. http://www.spektrum.de/magazin/die-grenzen-des-gehirns/1146807. Zugegriffen: 31 Okt. 2016.
Gadenne, Volker, et al. 2006. Repräsentation oder direkter Realismus. Stellungnahmen von Volker Gadenne, Michael Esfeld/Michael Sollberger, Richard Schantz und Marcus Willaschek. *Information Philosophie* 2006 (3): 32–34.
Heisenberg, Werner. 1969. *Der Teil und das Ganze: Gespräche im Umkreis der Atomphysik*. München: Piper.
Kant, Immanuel. 1974. *Kritik der reinen Vernunft, Werkausgabe*, 3. Aufl, 24–27. Frankfurt: Weischedel.
Pagel, Lienhard. 2013. *Information ist Energie*, Stuttgart: Springer Vieweg.
Penzlin, Heinz. 2014. *Das Phänomen Leben*. Stuttgart: Springer Spektrum.
Rensch, Bernhard. 1979. *Gesetzlichkeit, psychophysischer Zusammenhang, Willensfreiheit und Ethik*. Berlin: Duncker & Humblot.
Riedl, Rupert. 1981. *Biologie der Erkenntnis. Die stammesgeschichtlichen Grundlagen der Vernunft*. Berlin: Parey.
Vollmer, Gerhard. 2002. *Evolutionäre Erkenntnistheorie: Angeborene Erkenntnisstrukturen im Kontext von Biologie, Psychologie, Linguistik, Philosophie und Wissenschaftstheorie*. Stuttgart: Hirzel.
Vollmer, Gerhard. 2007. Wieso können wir die Welt erkennen? Neue Argumente zur Evolutionären Erkenntnistheorie. In *Evolution: Modell – Methode – Paradigma*, Hrsg. Christoph Asmuth und Hans Poser, 221–238. Würzburg: Königshausen & Neumann.
Wuketits, Franz M. 1981. *Biologie und Kausalität*. Berlin: Parey.

Das Evolutionär-energetische Informationsmodell (EEIM)

7

Das Neue erscheint oft recht seltsam und braucht die freundliche Toleranz der Betrachter, um verstanden zu werden. Die Tanzenden, so ein Bild, das Friedrich Nietzsche zugeschrieben wird, würden für verrückt gehalten von denjenigen, die die Musik nicht hören könnten.

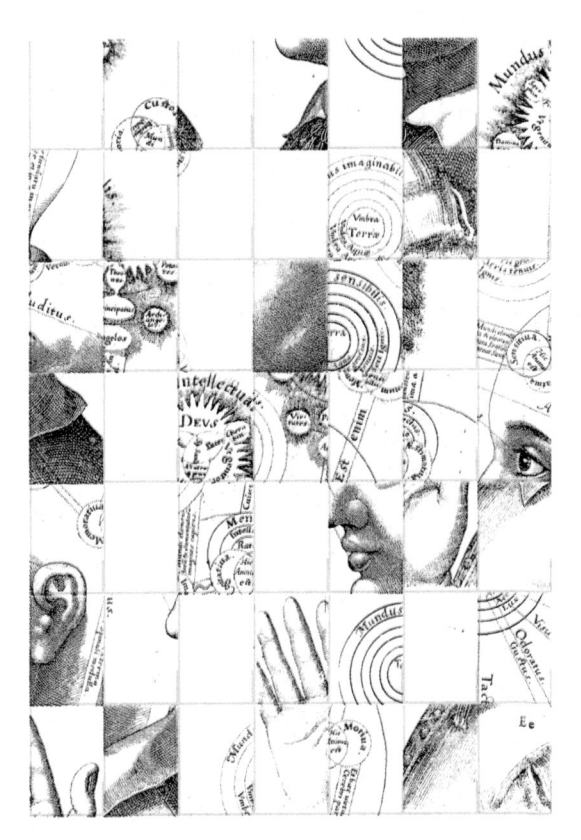

Dieses Buch stützt die eingangs aufgestellte These, dass semantische Information biologisch ist, dass sie nur im Kontext der Evolution existiert, und dass sie in Form von Energie auftritt. Diese These wird in diesem Kapitel im „Evolutionär-energetischen Informationsmodell (EEIM)" zusammengefasst und strukturiert. EEIM ist ein neuer Ansatz, semantische Information zu verstehen. Es bildet ein Komplement zur Informationstheorie Shannons.

7.1 Behandelte Themen und Fragen

- Begründung für ein neues Informationsmodell
- Information und Semantik in der Biologie
- Information und Energie
- Abgrenzung des Evolutionär-energetischen Informationsmodells (EEIM) zur Shannon-Information
- Komponenten des Modells
- Falsifizierbarkeit und wissenschaftliche Relevanz des Modells

7.2 Einleitung und Kapitelüberblick

Die Fähigkeit biologischer Organismen, Information entgegenzunehmen und zu verdichten, zu verarbeiten und weiterzugeben, ist an Strukturen gebunden. Diese sind Syntax, Semantik und Pragmatik, die Einfluss auf die Ausbildung eines Organismus nehmen bzw. mit diesem in Wechselwirkung stehen. Sie sind untereinander unauflösbar verbunden (Küppers 2013).

Zu Beginn der Evolution waren wenig Syntax und Semantik vorhanden und notwendig. Die Realisierung beider geschah auf einer rudimentärsten Ebene, die die Plattform für eine nächst höhere Ebene der Evolution bildete. Dieser Prozess setzte sich fort und verzweigte zu immer höheren Ebenen mit immer komplexerer Information. Mit dieser Entwicklung konnte mehr Information aus der Umwelt empfangen, mehr intern verarbeitet und mehr als Kontext bzw. Pragmatik an Folgegenerationen weitergegeben werden. Die Wechselwirkung der komplexer gewordenen Syntax und Semantik mit dem Organismus erlaubte oder erzeugte den nächsten Entwicklungssprung. Dieser wiederum ermöglichte die Nutzung vermehrter Informationsaufnahme und komplexerer Auswertungen, weil eine komplexere Syntax und Semantik dies zuließen.

Auf jeder der Entwicklungsebenen, die durchaus in verschieden großen Stufungen erreicht wurden oder auch Sackgassen bildeten, war das Leben als Teil der Evolution neu definiert. Jede weitere Stufe ermöglichte eine neue Wahrnehmung der Welt. Jede war mit neuen Regeln und Einschränkungen, insbesondere unterschiedlichen Syntaxen und Semantiken besetzt. Eine offensichtliche Sackgasse bildete der alchemistische Ansatz, der in Abb. 7.1 illustriert wird. Der britische Arzt Robert Fludd (1574–1634) zeigt das Gehirn des Menschen mit seinen

7.2 Einleitung und Kapitelüberblick

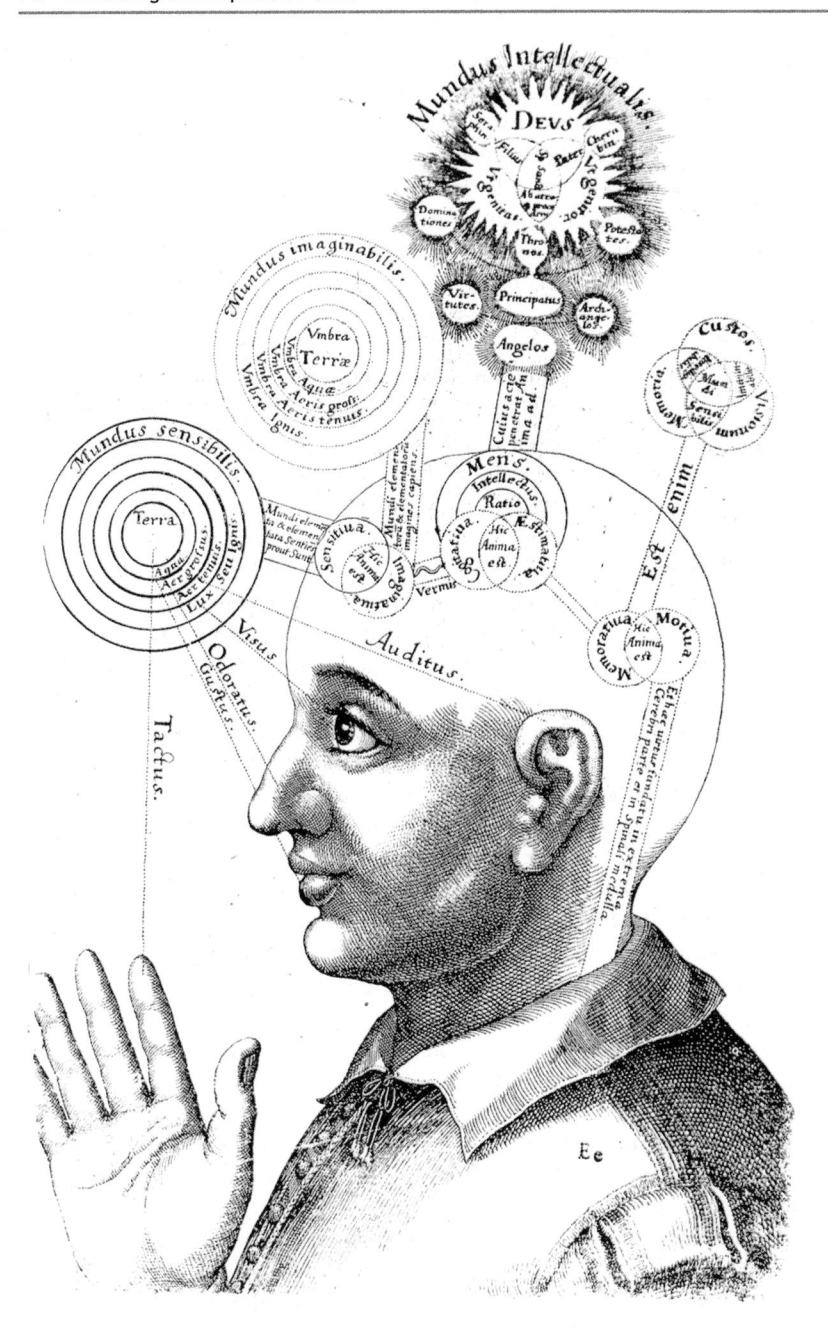

Abb. 7.1 Bewusstsein, Psychologie und Wahrnehmung im Strom von Information zwischen Himmel und Erde. So sah es der Arzt Robert Fludd im beginnenden 17. Jahrhundert. (Wikimedia Commons)

Hauptkomponenten Sensitiva, Imaginativa und Cogitativa, die mit der Umwelt als auch mit den Engeln und Gott in enger Verbindung stehen.

Die Wahrnehmung der Welt war und ist durch Anpassungszwänge gekennzeichnet. Die Welt änderte sich, was evolutionären Fortschritt und die Vielfalt der Arten angeht, zunächst wenig, wurde dann jedoch heftigeren Entwicklungen wie der kambrischen Explosion und diversen Artensterben unterzogen. Mit der jüngeren Menschheitsgeschichte nehmen drastische Entwicklungen zu, die vom Menschen ausgelöst werden und Wirkungen auf andere Arten entfalten.

Wir wissen nur unvollständig, wie ein Pferd oder ein Kugelfisch die Welt wahrnimmt. Die Modelle, die aber zweifellos beide dafür nutzen, dürften sehr verschieden sein und sich auch sehr von denen der Menschen unterscheiden. Letztlich entstammen sie jedoch einem gemeinsamen Ursprung, dem Beginn der Evolution. Es muss sich dabei aber um Modelle handeln, denn sehr einfache Experimente, z. B. mit optischen Täuschungen, zeigen, dass wir sehen, was wir sehen wollen. Dieses „Wollen" ist Resultat der Evolution. Weil es für das Überleben hilfreich ist, erscheinen da schon einmal zwei gleich lange Striche innerhalb zweier zusammenlaufender Linien unterschiedlich lang, weil wir gelernt haben, perspektivische Modelle zu nutzen. Es wird vom Gehirn eine Parallele angenommen, wo keine ist, und ein unrealistisches Größenverhältnis der Querstriche errechnet. Der scheinbar weiter entfernte Querstrich zieht in diesem errechneten Modell unsere Aufmerksamkeit auf sich.

Ständig bilden wir neue Modelle aus vertrauten und aus neuen Informationen (Abb. 7.2). Die Wirklichkeit erscheint dadurch, dass wir Unwesentliches – dazu gehört alles sehr Kleine und alles sehr Große – ausblenden. Bezeichnen wir dies einmal als die vertikale Größenskala. Diese Sicht auf die Welt ist durch vertikale Emergenz entstanden, denn unser Hirn hat sich zwischen dem ganz Großen und dem ganz Kleinen auf die Mittelwelt konzentriert und für dessen Gegebenheiten Modelle konstruiert. Die horizontale Emergenz gibt es auch. Sie ist gleichfalls ein Erkenntnisprozess, der zu unterschiedlichen Anteilen durch die Evolution geformt, sozial beeinflusst und individuell gestaltet ist. Die Dinge unseres täglichen Lebens gehören dazu, wie auch Zusammenhänge, die wir konstruieren. So ist der Begriff Tisch an das Vorhandensein von Tischbeinen geknüpft, um Sinn zu ergeben. Und ein Ameisenstaat braucht mindestens – ja wie viele? – Teilnehmer, um als solcher zu gelten.

Emergenz erscheint uns hier als aktiver, in der Evolution verankerter Denkprozess und nicht als – dies ist die häufigere Verwendung des Begriffs – objektive Gegebenheit der Realität.

Die ausgeführten Betrachtungen zur Information und ihrem vermeintlichen und tatsächlichen Auftreten in der Natur werde ich im Folgenden zu einem Informationsmodell, dem Evolutionär-energetischen Informationsmodell (EEIM), konsolidieren. Dazu werden zunächst die dafür wichtigsten Aspekte noch einmal kurz aufgerufen und positioniert. Anschließend erfolgt die Listung der Eigenschaften des Modells anhand von Kategorien, die bereits bisher und auch im Folgenden eine wichtige Rolle spielen.

7.2 Einleitung und Kapitelüberblick

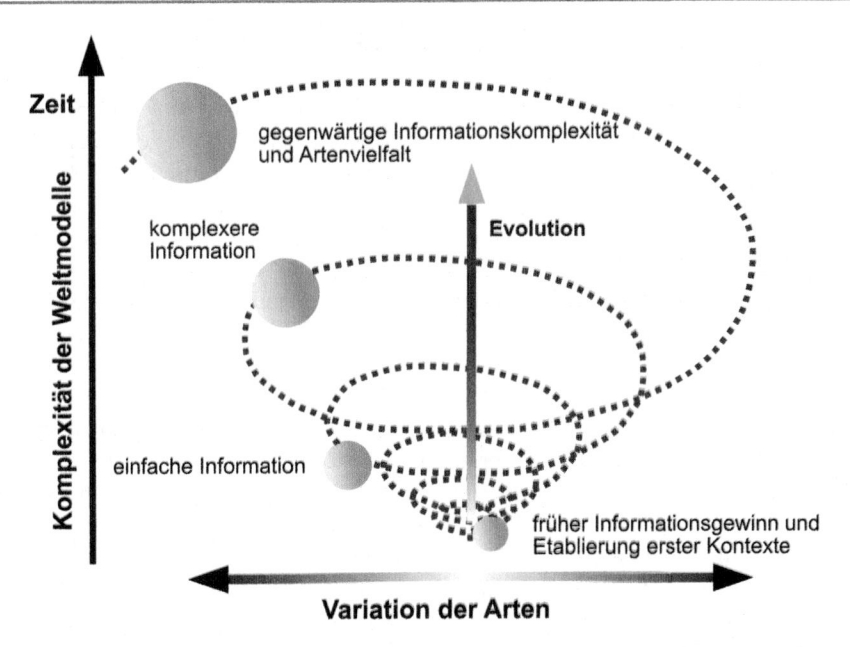

Abb. 7.2 Das Anwachsen von Kontextwissen und darauf aufbauende Fähigkeiten zur Informationsbearbeitung. Die Grafik zeigt die offensichtliche Zunahme von Artenkomplexität und -vielfalt. Darüber hinaus wird die Zunahme von Vielfalt und Komplexität der Informationsmodelle bzw. -kontexte illustriert

7.3 Biologische Information

Der Chemie-Nobelpreisträger Manfred Eigen ging auf der Grundlage der von ihm analysierten evolutionären Dynamik bei der molekularen Selbstorganisation vom Vorhandensein biologischer Information aus, die sich schrittweise im Zuge der Evolution entwickelt hat.

Der französische Nobelpreisträger und Biologe Jacques Monod (1910–1967) lehnte eine solche über die Shannon-Information hinausgehende biologische Komponente ab und vertrat die Auffassung, dass die genetische Information, wie sie in den Nukleotiden der DNA zu finden ist, rein syntaktischer Natur sei. Diese, so Monod, habe mit der semantischen Information zur Schaffung des Phänotyps eines biologischen Organismus nichts zu tun. Letztere sei deshalb auch zufällig als singuläres Ereignis in der Evolution entstanden.

Wir schließen uns der Sicht von Manfred Eigen und anderer an, die das Wirken von Information in der Biologie wahrnehmen und ihr einen wesentlichen Beitrag zur Evolution zubilligten. Zur Untermauerung dieser These wird im Folgenden ein Informationsmodell entwickelt, dessen Eigenschaften die Charakteristika der Information und ihrer Rolle in der Natur, wie sie in diesem Buch herausgearbeitet sind, zusammenfasst.

7.3.1 Syntax, Semantik und Pragmatik

Wie die vorangegangenen Kapitel zeigten, wird Information heute überwiegend wahrgenommen als das, was die Informationstheorie definiert. Sie zeigt sich in der Informationstheorie als statistisches Merkmal wie z. B. die Auftretenswahrscheinlichkeiten von Zeichen einer Grammatik. Die Informationstheorie findet vielfältige Anwendungen in der Technik und als Untersuchungshilfsmittel in den Naturwissenschaften.

Die Informationstheorie deckt jedoch nicht die semantischen Aspekte der Information ab. Sie bleibt eine inhaltsfreie Betrachtung von Mustern und ihrer Auftretenswahrscheinlichkeit. Dies ist – um es nochmals zu betonen – kein Defizit ihrer Erfinder Shannon und Weaver, die explizit auf diese Einschränkung hinwiesen (Shannon und Weaver 1949), sondern ein eher zeitgenössisches Defizit in der Wahrnehmung dessen, was die Informationstheorie leistet und was nicht.

Wir haben gesehen, dass insbesondere in der Biologie die informatorischen Prozesse nicht ohne den Inhalt der Information selbst und ihre Verarbeitung in einem pragmatischen Kontext verstanden werden können. Ich habe die anfangs eingeführten Begriffe Syntax, Semantik und Pragmatik von Charles W. Morris bereits vielfältig angewandt. Sie spielen auch im EEIM eine zentrale Rolle. Allerdings nicht im engeren Sinne, sondern als Strukturkomponenten, die nicht notwendigerweise fest lokalisierbar sind, deren kombinierte Funktion jedoch vorhanden ist (Artmann 2013).

Die Anwendung dieser Komponenten oder Dimensionen, wie wir sie auch bezeichnen können, setzt einen Rahmen voraus, in dem sie als untrennbare Einheit betrachtet werden. Die Referenz auf eine der Dimensionen ist immer mit der zu den beiden anderen verbunden (Abb. 7.3). Insbesondere ist Semantik von einer Strukturierung der Information abhängig, die Regeln sehr geringer oder sehr hoher Komplexität beinhalten kann (Küppers 2013). Die Regeln des *Game of Life* weisen eine sehr geringe Komplexität auf, während die der deutschen Sprache recht hoch ist. Die Bedeutung einer Information, ihre Semantik, entsteht aus dem Zusammenspiel mit Syntax und Pragmatik.

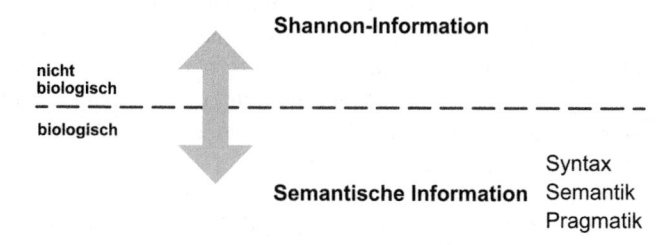

Abb. 7.3 Shannon-Information und semantische Information mit Syntax und Pragmatik stammen nach ihren Entstehungsumgebungen aus nichtbiologischen und biologischen Umgebungen. Die shannonsche Informationstheorie kann jedoch auch auf dazu passende biologische Fragestellungen zur Information angewandt werden

Die Pragmatik ist nicht unbedingt eine naheliegende Funktion der biologischen Information. Sie ist jedoch essenziell bei der Erkennung und Auswertung von Information und der Erzeugung der Bedeutung. Ähnlich wie in der natürlichen Sprache ergibt sich die Bedeutung eines Satzes nicht aus der Syntax der Sprache, sondern aus der Zuordnung des Satzes zu einem vorhandenen Kontext. Dieser erlaubt es, nach einer Auswertung die Bedeutung zu schaffen.

Gibt es eine biochemische Einheit, die der Pragmatik zuzuordnen ist, ähnlich wie die Syntax der DNA zugeordnet werden kann und die Semantik den – dann bedeutungsvollen – Aktionen, die durch die Information verursacht werden? Sicher nicht. Es gibt jedoch die abgelegte Information, sei es in unmittelbarer Nähe der Sinnesorgane oder in biochemischen Strukturen wie Proteinen, und es gibt als letzte Stufe einer informationsverarbeitenden Kette das Gehirn. Dabei muss, wie wir gesehen haben, nicht jede Information auch den Weg zum Gehirn finden. Vielmehr kann sie in einer Vorverarbeitung komprimiert oder herausgefiltert sein.

7.3.2 Energie und Information

Die Interaktion und Kommunikation zwischen biologischen Organismen und ihrer externen Umwelt geschieht wesentlich mittels ihrer Sinne für die Informationsaufnahme. Unterschiedliche Organismen bilden unterschiedliche Sinne aus. Mobilität erweitert das Spielfeld und die Intensität der Interaktion. Das Betätigungsfeld für die Sinne kann erweitert werden durch Laufen, Schwimmen, Fliegen etc. Fertigkeiten der Kommunikation wie Sprache, Habitus, Gesten, Zeichen usw. erweitern darüber hinaus die Interaktionsmöglichkeiten mit der externen Welt.

Unabhängig davon, welche Mittel der Interaktion genutzt werden, müssen sie seitens der Organismen mit Energie bezahlt werden. Für einen biologischen Organismus gibt es keinen Austausch mit seiner Umwelt, der kostenfrei wäre.

> Bei unseren Annahmen ist semantische Information eine Qualität von Energie – sie wird nicht von ihr getragen. Information verändert jedoch die Grundsätze der Energie nicht. Einsteins Formel, die Energie mit Masse gleichsetzt, und Plancks Formel einer Energie mit dem Produkt einer fundamentalen Konstante und Häufigkeit werden davon nicht berührt. Natürlich nehmen wir an, dass Energie unzerstörbar, von einem physischen Objekt zu einem anderen transferierbar und – das ist hier wichtig – von einer Form in eine andere verwandelbar ist.

Wie wir bereits ausgeführt haben, ist Energie Information oder auch nicht – abhängig von dem Kontext, der auf der Empfängerseite zur Verfügung steht. Auf diese Weise schafft diese Klassifizierung Information, indem sie entsprechend klassifizierte Energie zur weiteren Verarbeitung in den passenden Informationskanal speist.

Information existiert nicht per se

Das Vorhandensein von Energie ist die Voraussetzung dafür, einen Organismus mit Information versorgen zu können. Kein Objekt der Realität außerhalb der biologischen Sphäre, das von der Evolution geschaffen wurde, kann Information als solche empfangen. Ob die eingehende Information eine solche ist oder nicht, entscheidet der Empfänger. Er benutzt Syntax, Semantik und Pragmatik (SSP), um die Klassifizierung durchzuführen, die vom internen Status des Empfängers abhängt. Dieser Status wiederum reflektiert den Grad an Perfektion in der Evolution, den der Empfängerorganismus erreicht hat und der die Komplexität von Syntax, Semantik und Pragmatik bestimmt.

Information entsteht also durch das Herausfiltern der informatorischen Energie, mit anderen Worten, durch die Transformation aus der Energie, ohne die Information jedoch selbst dabei zu verändern. Entscheidend ist die Transformation in einen Kontext. Solange die Energie nicht als Information behandelt wird, bleibt sie pure Energie. Der Ursprung der Verwendung von Energie als Information liegt in der Evolution. Während des gesamten evolutionären Prozesses wurde eine zunehmende Vielfalt an eingehender Energie als Information akzeptiert. Sehr primitive Information in diesem Sinne ist z. B. ein einzelnes Bit Information wie „dunkel" oder „hell". Komplexere Information wird von eingehenden Signalen vermittelt, z. B. von Photonen, die von sich bewegenden Objekten reflektiert werden. Anspruchsvolle Information kann dann als mathematische Formeln in der Gestalt reflektierter Photonen entstehen – und wird dann von trainierten Gehirnen verarbeitet. Wo kann also SSP hier gefunden werden? Ein primitiver Organismus mit einer empfänglichen Zelle oder der sogar noch primitiveren Version eines „Auges" sieht – und dies ist die Regel – etwas Helles, oder er sieht es nicht. Sich bewegende Ziele erfordern ein Auge, das zwischen unbeweglichen und beweglichen Objekten unterscheidet – wiederum durch die Anwendung von Regeln, die sich z. B. auf horizontale Veränderungen ausrichten und dann auf vertikale. Eine mathematische Formel ist ein Instrument für das Gehirn, SSP anzuwenden, um zwischen Zeichen oder Zeichenfolgen, die erlaubt (oder nicht erlaubt) sind, zu unterscheiden.

SSP ist offensichtlich nicht ein Privileg der menschlichen Sinne und Gehirne. Es spielt vielmehr eine entscheidende Rolle in der Informationsverarbeitung sowie auf allen Ebenen und in allen Verzweigungen der Evolution.

Information ist nicht a priori

Was für den einen Empfänger eine Information ist, ist für einen anderen Empfänger nicht notwendigerweise auch eine. Information entsteht in einem Prozess von Auswertung und Erkennung. Die gesprochene menschliche Sprache ist offensichtlich dazu in der Lage, wertvolle Information zu transportieren, solange sie vom Empfänger verstanden wird. Verstehen aber setzt die Anwendung der richtigen SSP voraus.

Information ist Energie

Information trifft beim Empfänger eines Kommunikationskanals als Energie ein. Sie löst einen Transformationsprozess aus. Hierzu wird Energie oberhalb eines bestimmten Levels benötigt. Das Auge z. B. ist sehr empfänglich für Energie auf niedriger Ebene, bis hinunter zu einem einzelnen, masselosen, eintreffenden Photon. Wenn die Ebene des Auslösers für die eingehende Energie zu hoch ist, wird keine Information generiert. Dies bedeutet, dass wir auf unserer Haut sehr geringen Druck gar nicht wahrnehmen.

Information wird durch die Anwendung von kontextsensitiven Transformationsprozessen aus Energie hergestellt. Sie bleibt so lange Energie, solange sie nicht mit bestimmter Pragmatik verbunden ist. Andernfalls verbleibt sie permanent im Zustand der Information.

Syntax, Semantik und Pragmatik sind nicht a priori
Information wurde bisher ausschließlich in Prozessen der biologischen Evolution hergestellt. Für die Umwandlung von Energie in Information wird SSP benötigt. SSP selbst ist Gegenstand der Evolution. Potenzielle Information außerhalb der lebenden Objekte der Evolution kann nur innerhalb dieser Objekte aktiviert werden. Beispielsweise enthalten Bibliotheken Information nur als passive Materie. Die Struktur dieser Materie wurde durch das Schreiben geschaffen und kann schlussendlich nur von und in Menschen aktiviert werden, weil diese die erforderliche SSP-Konfiguration für die spezifische Schriften, Zeichen oder Bilder besitzen. Erst dann kann sich die Transformation von potenzieller zu semantischer Information vollziehen. Bibliotheken enthalten so potenzielle Information oder strukturelle Information (Hofkirchner 2011), im Gegensatz zu aktivierter Information, wie sie in Gehirnen vorzufinden ist. Das Lesen durch Maschinen hingegen kreiert keine aktivierte Information. Allerdings findet hier eine Transformation von einer Version der potenziellen Information in eine andere statt. Ohne biologische Umwelt existiert Information wie die Shannon-Information lediglich als Energiemuster mit bestimmten Wahrscheinlichkeiten des Auftretens.

Sowohl Empfänger als auch Sender verfügen prinzipiell über eine Auswahl an Kontexten, zu denen wiederum spezifische Konfigurationen von SSP gehören. Diese können aus komplexen Zusammenhängen wie die einer Bachkomposition bestehen oder aus sehr einfachen wie das Erkennen von Dunkel oder Hell und der sich daraus ergebenden Pragmatik.

Semantische Information – im Folgenden einfach Information genannt – ist ausschließlich ein Produkt der Evolution. Sie entsteht durch die Wahrnehmung von Signalen und Daten und deren Interpretation in vorhandenen Syntaxen und Semantiken, die sich beide evolutionär entwickelt haben und weiterentwickeln. Daher existiert Information ohne eine biologische evolutionär entwickelte Umgebung nicht.

Empfänger und Sender verfügen in der Regel über mehrere Semantiken und Syntaxen. Diese hängen mit den inhaltlichen (z. B. verwendete Sprache) und den biologischen (z. B. evolutionär entwickelte Präferenzen) Kontexten oder mit Basiseigenschaften (Signal vorhanden oder nicht vorhanden, Signallänge, Reihenfolge) zusammen.

Die ersten biologisch wirksamen Kontexte könnten als Prozesse der Evolution, beginnend bei der ersten Interpretation, entstanden sein.

> **Ein Beispiel**
> „Energie vorhanden" bzw. „eintreffendes Photon" führt zu einer spezifischen Ausrichtung einer vererbungsfähigen Molekülgruppe. Die Syntax wäre beispielsweise
> WENN <Photon eingetroffen> DANN <Linksausrichtung> SONST <Verharren>
> Gilt das Kriterium nicht, handelt es sich um ein nichtinformatisches Auftreffen von Energie. Zu beachten ist, dass die Semantik, hier die Linksausrichtung des Moleküls, nicht derartig elementar sein muss. Sie kann auch <spiele Beethovens 3. Klaviersonate> zum Inhalt haben, oder eine logische Verknüpfung oder eine andere Transformation, die mittelbar oder unmittelbar ausgelöst wird.

Daten und Signale werden durch einen Kontext aus Syntax und Semantik zu Information

Die Begriffe Datum und Signal decken sich mit dem Verständnis von Information der Informationstheorie. Es handelt sich um potenzielle Information, die zu solcher erst durch eine Interpretation mittels Syntax und Semantik werden kann. Eintreffende Energie wird als Datum und Signal eingeordnet, wenn zwar eine Bewertung als Information erfolgt, jedoch die Interpretation mangels hinreichender Syntax und Semantik nicht möglich ist. Zu beachten ist, dass auch die Bewertung „Information" versus „nicht Information" eine minimale syntaktische und semantische Basis voraussetzt. Zur Illustration syntaktisch erlaubter Reihenfolgen von Signalen oder Signalgruppen und von beim Empfänger vorhandenem semantischem Anfangswissen nehmen wir einen nächtlichen Notruf auf hoher See zu Zeiten der beginnenden Morsetelegrafie. Dieser Notruf konnte nur als solcher eingeordnet werden, wenn die Zeichenfolge „SOS", bestehend aus kurzen und langen elektromagnetischen Pulsen, eingehalten wurde und wenn die Zeichenfolge inhaltlich beim Empfänger auch zugeordnet werden konnte. Eine Folge elektrischer Signale, die nicht dem vereinbarten technischen Standard entsprach, wurde ignoriert – sie war zwar energetisch, fiel aber bei der Eingangsbewertung durch. Nur so konnten und können Telegrafie und Telefonie funktionieren. Ließe man alle elektrischen Impulse zu, würde das eigentliche Nutzsignal inmitten des „Rauschens" aus sonstigen Impulsen untergehen.

7.3.3 Keine Information ohne Energie

Batesons Charakterisierung von Information als „Unterschied, der einen Unterschied macht" weist bereits auf Energie hin. Es erscheint plausibel, dass kein Unterschied ohne die Anwendung von Energie erzeugt werden kann; keine Ursache, keine Wirkung.

Shannons Informationstyp schließt absichtlich Bedeutung aus. Indem er dies tut, ist Informationsentropie gewissermaßen einerseits eine Maßeinheit von Information, allerdings nicht in einem Sinne, der von allen geteilt wird. Das übliche

7.3 Biologische Information

Verständnis von Information vielmehr umfasst, nach der Definition von Morris, Syntax, Semantik und Pragmatik (Morris 1972).

Alle der drei genannten Komponenten sind offenbar dem menschlichen Gehirn von früh an vertraut. Sie wurden benötigt, um Sprache zu entwickeln und zu verarbeiten. DNA- und RNA-Moleküle sind gleichfalls Orte, an denen wir solche Informationskomponenten identifizieren können, wenn wir davon ausgehen, dass die Komponenten als Zeichen und Wörter organisiert und interpretiert sind. Bei der Untersuchung der externen Welt enthalten Artefakte für die Informationsspeicherung, Informationsübertragung und Informationsbearbeitung sowohl Syntax als auch Semantik und Pragmatik. Um genauer zu sein, muss betont werden, dass in dem oben beschriebenen Kontext extern gespeicherte Information ihren Status als Information dann verliert, wenn sie gespeichert wird. Sie erhält erst dann ihren Status als semantische Information wieder, wenn sie erneut gelesen wird. Wird sie gespeichert, wird sie in manipulierte strukturierte Materie oder in elektromagnetische Felder oder Hologramme umgewandelt, und wenn sie gelesen wird, wird ihre „eingravierte" Struktur der lesenden Instanz unter Nutzung von Energie übertragen. Dann kann sie erneut in biologische Information umgewandelt werden. Informationsspeicherung wird durch Materie und Energie möglich. Sie kann eingraviert, geschrieben, digitalisiert oder in elektrischen Feldern codiert werden. Es gibt darüber hinaus noch viele weitere Möglichkeiten. Sie reichen vom Rosettastein (als ein antikes Beispiel) bis hin zu moderneren Medien wie Büchern, Nachrichten, Dokumenten, Daten in Computern und geströmten Daten bis hin zu Verkehrszeichen.

Informationsübertragung kann über organismusspezifische Fertigkeiten wie Sprachen, Gesten usw. stattfinden und durch externe Artefakte wie Trommeln und moderne Medientechnologien erfolgen. Gleichermaßen ist die Informationsverarbeitung als eine Fähigkeit im engeren Sinne, begrenzt auf biologische Organismen, zu sehen. Sie können jedoch durch externe Artefakte wie z. B. Computer unterstützt werden. In beiden Fällen hat die externe Übertragung und Verarbeitung nichts mit Information im engeren Sinne zu tun, sondern nur mit Energiemodellen, da Information begrenzt ist auf biologische Systeme.

Externe Methoden zur Unterstützung biologischer Speicherung, Übertragung und Verarbeitung sind nicht Teil dessen, womit Evolution direkt zu tun hat. Vielmehr handelt sich um entwickelte Werkzeuge, die jedoch als indirekte Folgen der Evolution zu sehen sind. Der Zweig als werkzeughaftes Hilfsmittel einer Krähe ist ein Beispiel dafür. Die externe Speicher-/Verarbeitungsressource wird erst zu Information – aus Masse und Energie –, wenn sie von biologischen Systemen aktiviert und ausgewertet wird. Wir gehen davon aus, dass sowohl Syntax als auch Semantik und Pragmatik von der Evolution entwickelt und hergestellt wurden – siehe Definition von Morris (Morris 1972). Am Anfang entstand Syntax als eine einfache Regel (ein Beispiel: Die erhaltene Energie – vielleicht einige Photonen – scheint von einer Quelle etwas rechts von der Stelle, von der ähnliche Energie vorher kam, zu stammen und generiert einen Impuls, sich ebenfalls nach rechts zu bewegen). Diese Regel prägt biochemische Moleküle, so wie sie die logischen Hardware-Schaltkreise von Computern prägt. Diese Analogie sollte allerdings nicht beliebig ausgedehnt werden. Später wurde die biochemische Hardware von „Software" begleitet. Hier bilden die formalen Sprachen in der Computertechnologie eine Analogie. Wir gehen außerdem davon aus, dass Semantik mit der Akkumulation von Information entwickelt wurde, wie auch seine syntaktischen Regeln und verbesserte Verarbeitungsfähigkeiten in den neuronalen biologischen Netzwerken der Spezies damit entwickelt wurden.

So bleiben der Rosettastein und eine elektronisch wiedergegebene Beethovensonate tote Materie oder bedeutungslose akustische Wellen, so lange sie nicht von einem ausreichend kompetenten Wesen interpretiert werden. Dabei wird von der Annahme ausgegangen, dass ausreichende Kompetenz bedeutet, dass dieses Wesen über genügend Kontextinformation verfügt, um interpretieren zu können. Als ein Schritt vor dieser Interpretation muss der interpretierenden Instanz die Information zur Verfügung gestellt werden (Abb. 7.4). Hierfür muss Kommunikation zwischen der Quelle und der interpretierenden Instanz – letztendlich dem Gehirn – stattfinden. Jedes Zeichen, das kommuniziert werden soll, erreicht die interpretierende Instanz mittels Energie. Ob es Photonen sind, die von Buchseiten reflektiert werden, oder akustische Signale oder duftende Substanzen, alle werden durch die Sinne (Auge, Haut, Ohr, Nase und Geschmacksnerven) von Energie in Information umgewandelt. So erreicht die Information mithilfe von Energie das Gehirn – als Information eingeordnet – und wird, mittels Energie für die Speicherung, Verarbeitung und Übertragung, erneut transformiert und in einem Kontext einer Pragmatik zugeordnet.

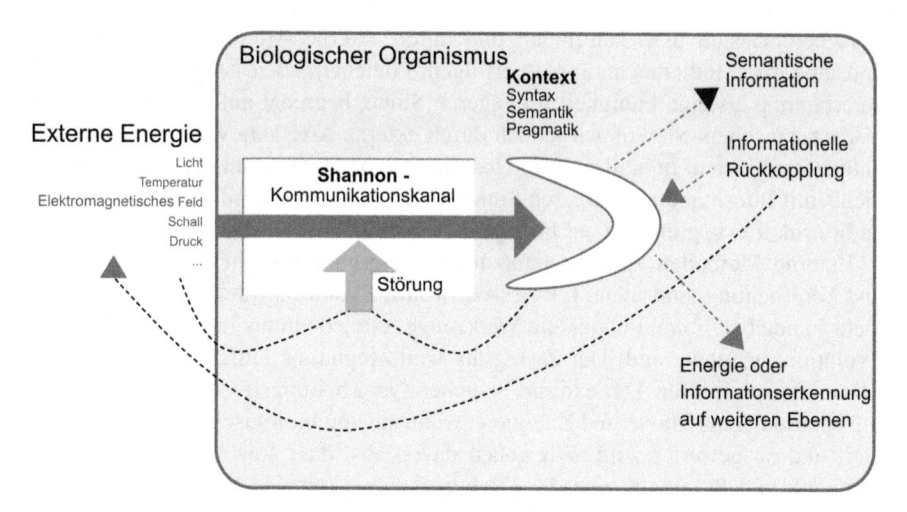

Abb. 7.4 Semantische Information entsteht durch die Transformation von externer (und interner) Energie anhand eines Kontextes im Innern eines biologischen Organismus. Energie wird durch die Sinne in Information umgewandelt, und zwar mittels syntaktischer und semantischer Regeln (und zusätzlicher Pragmatik), wobei Energie daraufhin untersucht wird, ob sie als Information brauchbar ist

7.3.4 Nicht alle Energie ist Information

Noch einmal: Information ist eine Eigenschaft von Energie. Jedoch nicht alle Energie ist Information. Sie wird erst durch die Nutzung von Syntax, Semantik und Pragmatik zu Information. Durch diese Nutzung in einem Kontext wird dieser Kontext verändert. Energie wird also in Information umgewandelt, bleibt aber nichtsdestotrotz Energie. Ob Energie reine Information ist, hängt von dem Kontext ab, der benutzt wird, um die Klassifizierung von Energie versus Information vorzunehmen. Information ist daher Energie im informationellen Kontext. Eine Beethovensonate wird ihre Schönheit nicht entfalten, wenn die Zuhörer nicht in irgendeiner Weise auf sie vorbereitet sind.

Man kann eine Analogie zu den Farben herstellen, die mit der Energie elektromagnetischer Wellen bestimmter Längen in Verbindung stehen. Die Farben Rot, Grün, Blau etc. sind ohne Betrachterin nicht existent, sondern schlicht elektromagnetische Wellen ohne besondere Qualitäten. Es gilt auch hier, Farben sind eine Qualität von Energie, jedoch nicht alle Energie ist „farbig". Erst das Auge des Betrachters schafft die Farben.

Wir folgern daraus, dass Information auf folgende Art und Weise in Verbindung zu Energie und Materie steht:

- Information ist auf Energie als Mittel der Übertragung angewiesen.
- Materie als der Träger von Information unterscheidet sich in keiner Weise – weder physikalisch noch chemisch – von Materie, die keine Information trägt.
- Die Struktur, die Objekten bei der Speicherung von Informationen auferlegt wird, bezeichnen wir als potenzielle Information. Diese Struktur wird potenziell in Information transformiert, wenn sie über einen passenden Kontext interpretiert und zur Verfügung gestellt wird, sonst bleibt sie lediglich Energie.
- Energie versorgt einen Empfänger intrinsisch mit potenzieller Information. Ob diese Information in semantische Information umgewandelt wird oder nicht, hängt vom Kontext bzw. der Syntax, der Semantik und der Pragmatik auf der Seite der Empfängerinstanz ab.
- Information wird durch einen Informationskanal an einen Empfänger (z. B. Sinne) übertragen.
- Eine Übertragung wird mit Energie ausgeführt.
- Eine Informationsquelle ist notwendigerweise direkt oder indirekt energetisch aktiv.
- Die Empfängerinstanz der Information ist energetisch aktiviert.

Unter diesen Gesichtspunkten wird im Folgenden ein neues Informationsmodell in Ergänzung zur vorhandenen Informationstheorie begründet. Im Unterschied zur Informationstheorie handelt es sich nicht um eine quantitativ-mathematisch formulierte Theorie der statistischen Eigenschaften, sondern um eine funktional begründete Beschreibung der semantischen Eigenschaft der Information.

7.4 Unterscheidung zur Shannon-Information

Bestehende Modelle, vor allem das Informationsmodell von Shannon und Weaver, zeigen stets an einer entscheidenden Stelle ein Vakuum auf – an der der adäquaten Berücksichtigung der Semantik im Kontext von Information. Das im Folgenden vorgestellte EEIM ist ein Modell für bedeutungstragende, also semantische Information. Es beschreibt die Entstehung der Semantik im biologisch-evolutionären Kontext und grenzt semantische Information auf diesen Kontext ein. Es handelt sich also nicht um ein mathematisch formales Modell, sondern bedient sich eines deskriptiven Ansatzes, der die Eigenschaften der semantischen Information definiert und begründet.

Das EEI-Modell schließt jedoch das Informationsverständnis Shannons nicht aus, sondern integriert es, da die statistische Analyse von Signalmustern in einem Kommunikationskanal einen sehr wichtigen Aspekt der Kommunikation von inhaltsfreien Signalen beschreibt. Das EEIM soll dazu beitragen, die große Bedeutung der Information in der Evolution stärker in den Fokus wissenschaftlicher Betrachtungen zu rücken und entsprechende Kontexte zu interpretieren.

7.5 Die Modellkomponenten

Die Information im Sinne der in diesem Buch vertretenen Interpretation ist Teil der biologischen Evolution. Der Fortschritt in der Evolution produziert neue Kontexte. Diese neuen Kontexte sind folglich das Ergebnis von Adaption und Selektion. Neue Fähigkeiten – beispielsweise zufällig entstehend – manifestieren sich in entweder besseren oder schlechteren Weisen zu überleben. Besseres Überleben bedeutet optimierte Fähigkeiten zum Agieren in der Lebensumwelt, zur Verschaffung von Vorteilen innerhalb der eigenen Spezies, und die Fähigkeit der Weitervererbung des (selbst ererbten) vorteilhaften Status.

Die Information, die von der Evolution geschaffen wurde, ist von Natur aus dynamisch. Sie lebt und stirbt mit dem Organismus, der sie besitzt. Im Falle der Menschen hat der Organismus verschiedene Möglichkeiten geschaffen, Information als physische Struktur auszugliedern, beispielsweise durch das Transformieren semantischer Information in potenzielle Information, die in physischen Strukturen wohnt wie Steingravuren, beschriebenem Papier, Silikonspeicherung, etc. Sie kann von anderen Menschen durch die Anwendung von Syntax, Semantik und Pragmatik (re)aktiviert werden, wobei potenzielle Information in semantische Information umgewandelt wird.

Zusammengefasst enthält unser Modell die folgenden in Tab. 7.1 genannten Charakteristika:

1. **Semantische Information entsteht ausschließlich durch Evolution.** Alles, was von der biologischen Evolution geschaffen wurde, empfängt, manipuliert und versendet Information. Alles, was nicht das Ergebnis biologischer Evolution ist, enthält keine Information, kann aber als Artefakt potenzielle

7.5 Die Modellkomponenten

Tab. 7.1 Charakteristika des EEIM. Eine Aufstellung nach Kategorien und ihren Eigenschaften

Kategorien der Realität	Eigenschaften der EEIM-Information
Evolution	1. Semantische Information entsteht ausschließlich durch Evolution
Energie	2. Semantische Information ist eine Eigenschaft von Energie
	3. Informationelle Energie vermittelt semantische Information an entsprechend vorbereitete Empfänger
	4. Nicht alle Energie ist informationell
Semiotik (Morris)	5. Semantische Information ist an Syntax, Semantik und Pragmatik (SSP) gebunden
	6. Semantische Information bedarf einer Sendeinstanz
	7. Semantische Information bedarf eines biologischen Empfängers, der eingehende Information interpretieren kann
Biologische Rezeptoren	8. Die interpretierenden Empfängerinstanzen von semantischer Information sind ausschließlich lebende Organismen
Informationsverarbeitung	9. Die Organismen verfügen entsprechend ihres Platzes in der Evolution über Verarbeitungsfähigkeiten
	10. SSP im Kontext ist Voraussetzung für die Transformation von empfangener semantischer Information in neue semantische Information
	11. Semantische Information wird im gesamten Bereich der biologischen Evolution verarbeitet
Wissen	12. Semantische Information kann potenziell zu Wissen transformiert werden
	13. Organismen besitzen entsprechend ihres evolutionären Hintergrundes in der Evolution Wissen
	14. Organismen, die Wissen verarbeiten, können wissensverarbeitende Artefakte produzieren
Entropie	15. Über den Gegenstand der statistischen Betrachtung semantikfreier Information der Informationstheorie hinaus, ist die Semantik Gegenstand des EEIM

Information enthalten. Potenzielle Information kann – muss aber nicht – Shannon-Information sein, die von biologischen Objekten der Evolution erschaffen wurde. Die Übertragung von potenzieller Information mittels Energiemuster hin zu einem biologischen Empfänger ist die Voraussetzung für die dort stattfindende Interpretation. Interpretation bedeutet, Energie nach entsprechender Klassifikation als Information zu akzeptieren und sie angemessen zu kanalisieren. So entsteht aus Energie semantische Information. Sie wird von der Evolution „produziert", seitdem sie mit der Evolution entstanden ist, und hat sich im Laufe der Zeit als ein intrinsischer Teil der Evolution selbst entfaltet.

2. **Semantische Information ist eine Eigenschaft von Energie.** Eine Übertragung von Information ist an eine Übertragung von Energie gebunden. Im Falle potenzieller Information wird das Ergebnis einer Transformation

Information sein. Falls keine Transformation stattfindet, bleibt die Energie reine Energie und kann von dem Empfängerorganismus als solche verwendet werden. Jedes lebende System ist mit einer Anzahl charakteristischer Sensoren ausgestattet. Die Sensoren interagieren mit einem spezifischen Teil des Umfeldes, den wir Umwelt nennen (Kováč 2007). Über diese Sensoren erreicht Energie den Organismus. Tritt keine Energie ein oder ist die eingehende Energie homogen, d. h. ist die Entropie maximiert, dann kann keine semantische Information identifiziert werden.

3. **Informationelle Energie vermittelt semantische Information an entsprechend vorbereitete Empfänger.** Die Wahrnehmung eines Organismus von Energie deutet nicht a priori darauf hin, dass die wahrgenommene Energie informatorisch ist. Erst die Anwendbarkeit eines passenden Kontextes (SSP) führt die Unterscheidung herbei. Energie ist folglich potenzielle Information in einem Kontext. Energie ist ständig präsent. Erst die Fähigkeit eines Organismus, semantische Information zu identifizieren, lässt die Information Realität werden, ohne dass damit die Energie verschwinden würde. Dies hängt von dem semantischen Kontext ab, den syntaktischen Regeln und den zur Verfügung stehenden pragmatischen Merkmalen.

4. **Nicht alle Energie ist informationell.** Energie wird durch die Transformation einer empfangenden Instanz mit einem passenden Kontext (SSP) zu Information. Formen von Energie können Licht, Wärme, Druck, Akustik, elektromagnetische Felder sowie riechende und schmeckende Substanzen und auch Quanteneffekte sein. In Abhängigkeit vom angewandten Kontext kann dieselbe Energie zu unterschiedlicher Information führen.

5. **Semantische Information ist an Syntax, Semantik und Pragmatik gebunden.** Ob Energie von einem Organismus als semantische Information aufgenommen wird oder pure Energie bleibt, hängt vom Kontext ab, den der Organismus bietet. Der Kontext besteht aus SSP, der wiederum aus vererbten und erworbenen Teilen besteht und gegebenenfalls zum weiteren Lernen führt. Semantische Information existiert nur innerhalb eines Kontextes.

6. **Semantische Information bedarf einer Sendeinstanz.** Information kann nur empfangen werden, wenn sie vorher versandt wurde. Dies bedeutet, dass die Quelle immer Energie aufwenden muss. Ein Buch, das gelesen wird, reflektiert Photonen von der Sonne oder einer künstlichen Lichtquelle und ist somit für die Empfängerinstanz eine Energiequelle. Die Sendeinstanz muss also kein direkter Sender sein, der ausdrücklich absichtsvoll handelt.

7. **Semantische Information bedarf eines biologischen Empfängers, der eingehende Information interpretieren kann.** Information ist nicht statisch. Sie ist unter drei Hauptgesichtspunkten dynamisch. Der erste bezieht sich auf ihren Verbleib innerhalb des biologischen Systems. Information wird permanent verarbeitet, kommuniziert und aktiv gespeichert. Die Vorgänge sind artspezifisch und individuell verschieden. Der zweite Gesichtspunkt betrifft die Evolution. Information ist Gegenstand evolutionärer Mechanismen wie der Selektion, der Mutation und der Adaption. Durch diese Mechanismen entwickelt sich Information mit den Organismen und Spezies selbst und wird

Teil dessen, was vererbt wird. Im Prozess der Evolution hat jede Spezies ihr eigenes Set von SSP entwickelt. Der dritte Aspekt hat mit dem individuellen Lernen zu tun. Das Lernen in einem sozialen Kontext verändert notwendigerweise auch den SSP-Set eines Individuums.

8. **Die interpretierenden Empfängerinstanzen von semantischer Information sind ausschließlich lebende Organismen.** Nicht interpretierende anorganische Instanzen, die Energie erhalten, sind nicht dazu in der Lage, die Transformation in semantische Information auszuführen. Das Fehlen von SSP erlaubt nicht die notwendige Klassifizierung eingehender Energie als Information. Jegliche eintreffende Energie bleibt dann Energie und kann beispielsweise den Wärmestatus eines Objektes verändern.

9. **Die Organismen verfügen entsprechend ihres Platzes in der Evolution über Verarbeitungsfähigkeiten.** Information kann von jeder Art von Organismus empfangen werden, abhängig davon, über welchen Set von SSP sie verfügt. Ein einfaches informationelles Licht kann dort durch eintreffende Photonen entstehen, wo SSP aus sehr einfachen Regeln zur Erkennung von Dunkelheit und Helligkeit besteht. Eine komplexere Information, die ein anderes SSP erfordert, sind beispielsweise massive Datenströme bei Experimenten am großen Hadronen-Speicherring (bei der European Organization for Nuclear Research, CERN, Genf).

10. **SSP im Kontext ist Voraussetzung für die Transformation von empfangener semantischer Information in neue Information.** Semantische Information schafft neue semantische Information. Information benötigt Inputinformation und produziert Information in der Form von Zwischeninformationen und als Output. Jeder Schritt jedoch verändert den Kontext und die SSP der Information. Dies kann dazu führen, dass eingehende Information ausgeschlossen wird, obwohl sie bisher akzeptiert wurde, oder vice versa.

11. **Semantische Information wird im gesamten Bereich der biologischen Evolution verarbeitet.** Biologische Organismen führen Informationsverarbeitung durch und sind das Ergebnis von Informationsverarbeitung – allerdings nicht ausschließlich – und sie entwickeln im Laufe der Evolution neue Fähigkeiten für die Informationsverarbeitung. Hierzu gehört der Wissenserwerb von Spezies und Individuen durch die Anwendung von SSP beim Aufbau von Kontextinformation.

12. **Semantische Information kann potenziell zu Wissen transformiert werden.** Vorhandene Information mit ausreichender Komplexität ist unverzichtbar für die Entwicklung komplexer(er) Informationsstrukturen und sie ist die Voraussetzung für die Entwicklung anspruchsvoller(er) Denkfähigkeiten. Zusätzlich zu früherem Wissen, das bereits vorliegt, wenn neue Information eintrifft, gibt es auch die Pragmatik, die ein Subjekt im Kontext versteht, der Interesse, Absicht, Neuigkeitswert, Komplexität und Selektivität umfasst. Diese Gesichtspunkte bestimmen die Menge von bereitstehender Information und determinieren die Art ihrer Weiterverarbeitung.

13. **Organismen besitzen entsprechend ihres evolutionären Hintergrundes Wissen.** Dies ist Wissen über ihre unmittelbare und mittelbare Umwelt, über

Regeln bei der Interaktion mit anderen, über Techniken, wie man Nahrung findet und untersucht, über Selbstwahrnehmung, usw.
14. **Organismen, die Wissen verarbeiten, können wissensverarbeitende Artefakte produzieren.** Artefakte für die Wissensverarbeitung wie Computer (noch nicht verfügbar für bewusstes Wissen) können gegenwärtig nur von Menschen und somit von der Evolution entwickelt werden.
15. **Über den Gegenstand der statistischen Betrachtung semantikfreier Information der Informationstheorie hinaus, ist die Semantik Gegenstand des EEIM.** Die Bedeutung und ihre Erkennung als wesentlicher Bestandteil der Information ist evolutionär durch die kontextabhängige Auswertung verfügbarer Energie in biologischen Organismen entstanden.

Im Unterschied zur Informationstheorie Shannons wird im EEIM semantische Information berücksichtigt. Shannons Entropie kann in anorganischen und organischen Feldern angewandt werden. Von Shannon und Weaver wurde sie bewusst auf eine statistische Theorie begrenzt, um die Menge (potenzieller) Energie zu messen, die sich durch einen Übertragungskanal bewegt.

Im Ergebnis ergibt sich ein Verständnis von Information wie es bereits oben erwähnt wurde: i

▶ Bedeutungstragende Information ist das Ergebnis der Auswertung strukturierter Energie nach artenspezifischen Regeln in einem ebenfalls artenspezifischen Kontext durch eine interpretierende biologische Empfängerinstanz:

- wird Information als solche im gegebenen Kontext erkannt, kann potenziell Bedeutung extrahiert werden
- kann keine Information identifiziert werden, liegt auch keine Bedeutung vor

Semantische Information wird ausschließlich im Prozess der biologischen Evolution produziert. Im Kernpunkt – abhängig vom Vorhandensein von SSP – wird eintreffende Energie innerhalb eines Organismus dahin gehend klassifiziert, ob sie als Information gewertet und behandelt werden kann oder nicht. Die Komplexität von Information und die der SSP hängen wesentlich von der Stellung des Organismus in der Evolution ab und unterscheidet sich zudem individuell innerhalb einer Spezies.

7.6 Falsifizierbarkeit des Modells

Ein wissenschaftliches Modell sollte festlegen, welche Beweise es falsifizieren, also widerlegen würden. Nach dem Darwinschen Evolutionsmodell z. B. ist vorausgesetzt, dass fortschrittliche Organismen sich aus einfacheren entwickelt haben. Würde man nun das Fossil eines Hundes finden und dieses dem Kambrium zuordnen können, wäre dies ein Gegenbeweis, der die ganze Theorie zum

Einstürzen brächte, denn dieser Hund hätte lange vor seinen Vorfahren vor etwa 500 Mio. Jahren gelebt. In unserem Fall würde der Nachweis eines Organismus genügen, der sich keiner semantischen Information mit noch so rudimentären Syntaxregeln und noch so simpler Pragmatik bedienen würde.

Den Nachweis, dass ein Organismus Information verarbeitet, hat die Biologin Ruth Millikant für nicht semantische Information illustriert (Shea 2012). In ihrem Modell, an das wir uns hier anlehnen, wird die empfangene Information daraufhin überprüft, ob sie eine Wirkung auslöst, diese bei unterschiedlicher Information variiert, und ob dies zu evolutionären Konsequenzen führt. Wir können hier ähnlich argumentieren und eingehende Information als solche identifizieren, wenn sie zu vorhandenen (Syntax-)Regeln passt. Wenn dem so ist, bleibt eine Bedeutungszuordnung und ein Abgleich mit einer gleichfalls vorhandenen Pragmatik durchzuführen. Unterschiedliche Informationen bzw. Eingangssignale müssen dabei zu sinnvollen Schritten hinsichtlich Semantik und Pragmatik führen. Dass dieser Nachweis zuweilen schwer zu erbringen ist, bedarf kaum einer Erwähnung. Millikant führt das Beispiel pflanzlicher Samen in der Atacamawüste an. Diese würden nur auf Wasser als Signal reagieren. Bei durchschnittlich einem Regenfall alle hundert Jahre ein wahres Geduldsspiel.

7.7 Wissenschaftliche Relevanz des Modells

Wird das EEIM praktische Auswirkungen haben? Ich gehe davon aus. Nehmen wir, wie schon am Anfang dieses Buches, beispielsweise einen Ingenieur. Für seine Kompetenz und sein Verständnis der Vorgänge in einem Motor ist es von entscheidender Bedeutung, ob er sich allein auf die inneren Kräfte konzentriert, die diesen antreiben, und auf das Zusammenspiel der Komponenten sowie die chemischen Reaktionen, oder ob er auch Aspekte wie die thermodynamischen Gesetze und die Rolle der Entropie einbezieht. Ähnlich ist es bei einem Computer. Seine Funktionsweise und seine Fähigkeiten können nicht ausreichend verstanden werden, wenn lediglich – wenngleich detailliert – seine physischen Komponenten und seine Schnittstellen analysiert und verstanden werden. Es ist die Software, die den Unterschied ausmacht und das physische Instrument zu dem macht, was es ist: ein Informationen manipulierender Rahmen von großer Flexibilität. Und es ist die Hardware, die dieser Flexibilität mit immer größerer Leistungsfähigkeit entgegenkommen muss. Um zu verstehen, wie ein Computer funktioniert, muss man jedoch über die Hardware hinaus die Prinzipien der Algorithmen, des Programmierens von Sprachen, von logischen Schaltkreisen usw. verstehen. Der Punkt ist, zum Verstehen von komplexen Systemen müssen holistische Betrachtungsweisen eingesetzt werden. Allerdings sind hier Motoren und Computer als metaphorisch zu sehen, nicht als Analogien für den Umgang mit Information in biologischen Systemen. Das Leben unterscheidet sich ganz sicher von Maschinen.

Das Bewusstsein über die hohe Bedeutung der Information in der Biologie wird mit dem EEIM weiter ausgebaut. Wir benötigen neue Perspektiven und bisher nicht beschrittene Wege, um neue Prinzipien und Gesetze zu finden, denen Information in Organismen gehorcht. Wir beginnen erst jetzt, biologische Komponenten zu verstehen. Das EEIM bietet einen Ausgangspunkt für neues Denken. Der Stellenwert externer Informationsquellen und informationsverarbeitender Artefakte, die Fähigkeiten aufweisen, den Prozessen in der Evolution zu ähneln, bleibt ein Bereich, der in einem umfassenderen Rahmen untersucht werden muss als hier möglich. Auch die Frage nach der Messbarkeit semantischer Information ist nicht beantwortet, und – in Verbindung mit der Frage nach dem Anfang des Lebens – es bleibt die Frage nach dem Ursprung biologischer semantischer Information und ihren Entwicklungen im Laufe der Evolution über Hypothesen hinaus zu beantworten. Die Auswirkungen der Quanteninformation auf die biologische Information dürften künftig ein Gebiet für Früchte tragende Forschungen sein. Die Bioinformatik und damit sowohl die Informatik als auch die Biologie erhalten mit dem EEIM eine neue Operationsbasis, die den Fluss der Informationen und ihre Verarbeitung in biologischen Organismen in den Vordergrund stellt.

Literatur

Artmann, Stefan. 2013. Pragmatism and the evolution of semantic systems. In *Evolution of semantic systems*, Hrsg. Bernd-Olaf Küppers, Udo Hahn, und Stefan Artmann, 13–29. Berlin: Springer.
Hofkirchner, Wolfgang. 2011. Toward a new science of information. *Information* 2011 (2): 372–382.
Morris, Charles W. 1972. *Grundlagen der Zeichentheorie*. München: Hanser.
Kováč, Ladislav. 2007. Information and knowledge in biology. *Plant Signaling & Behavior.* 2007 (3): 65–73.
Küppers, Bernd-Olaf. 2013. Elements of a Semantic Code. In *Evolution of semantic systems*, Hrsg. Bernd-Olaf Küppers, Udo Hahn, und Stefan Artmann, 67–86. Berlin: Springer.
Shea, Nicholas. 2012. *Millikan and her critics*. Oxford: Wiley.
Shannon, C. E., und Warren Weaver. 1949. *The mathematical theory of communication*. Urbana: University of Illinois.

Resümee 8

Vieles an gesichertem Wissen wurde in den vergangenen etwa 100 Jahren über den Haufen geworfen. Vieles ist hinzugekommen und der Prozess ist nicht abgeschlossen. „Eins und Eins sind Zwei" war so eine Wahrheit bis man erkannte, dass die Bedeutung von „und" sich geändert hatte, so äußerte sich einmal der Physiker und Philosoph Sir Arthur Eddington. Auch über die Bedeutung von „Bedeutung" in der Information ist neu nachzudenken.

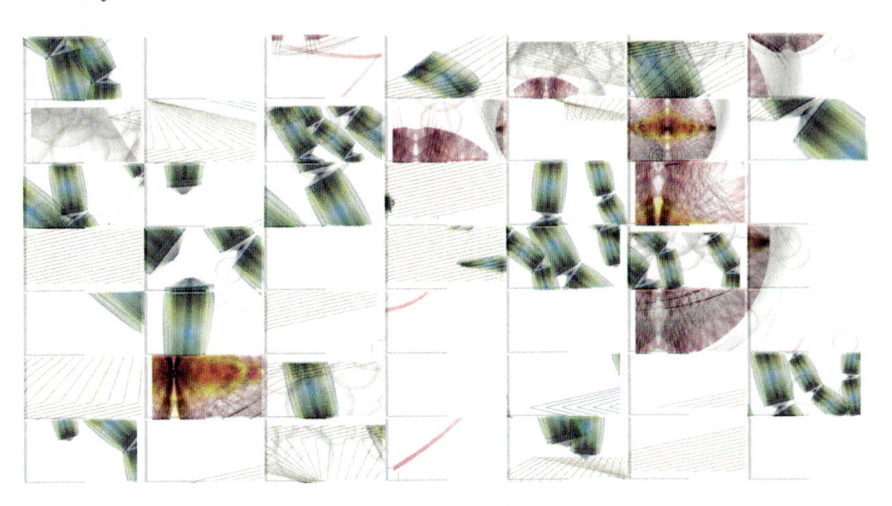

Das in diesem Buch vorgestellte Verständnis von semantischer Information leitet sich aus der Evolution als informationsschaffendem Vorgang ab. Dabei werden weiterhin grundsätzlich als Ausgangstheorien die Ansichten von Shannon, Bateson, Morris und anderen einbezogen. Neu bei meinem Ansatz sind vier Merkmale:

▶ Erstens wird Information als eine Eigenschaft von Energie gesehen (ohne daraus abzuleiten, dass jegliche Energie Information ist).

▶ Zweitens wird postuliert, dass semantische Information nur von biologischen Organismen hervorgebracht und verarbeitet wird.

▶ Drittens werden Syntax, Semantik und Pragmatik als Funktionalitäten biologischer Organismen eingeordnet.

▶ Viertens wird geschlossen, dass Information von der Evolution „produziert" wird und auf die Bereiche begrenzt ist, die zur Evolution gehören. Dies wird mit naturwissenschaftlichen Argumenten begründet.

Damit wird eine Brücke zwischen lebender und nicht lebender Welt geschlagen, wie es auch Abb. 8.1 zum Ausdruck bringt.

Mein Buch leistet einen Beitrag zum Schließen einer Lücke in der Erkenntnistheorie zur Frage nach dem Wesen und nach dem Ursprung semantischer Information. Diese Frage hat mit Fortschreiten der Informationstechnologie, der Forschungen in der Biologie und Physik, zur Evolution, zur Vererbung und zum Entstehen von biologischen Phänotypen in der näheren Vergangenheit an Gewicht gewonnen. Dieses Buch und das in ihm beschriebene Evolutionär-energetische Informationsmodell (EEIM) helfen, der Beantwortung dieser Frage näher zu kommen.

Das Buch ist als Überblick gestaltet und mündet in die Vorstellung des EEIM.

Dabei sollen die Antworten auf die folgenden drei Fragestellungen deutlich werden:

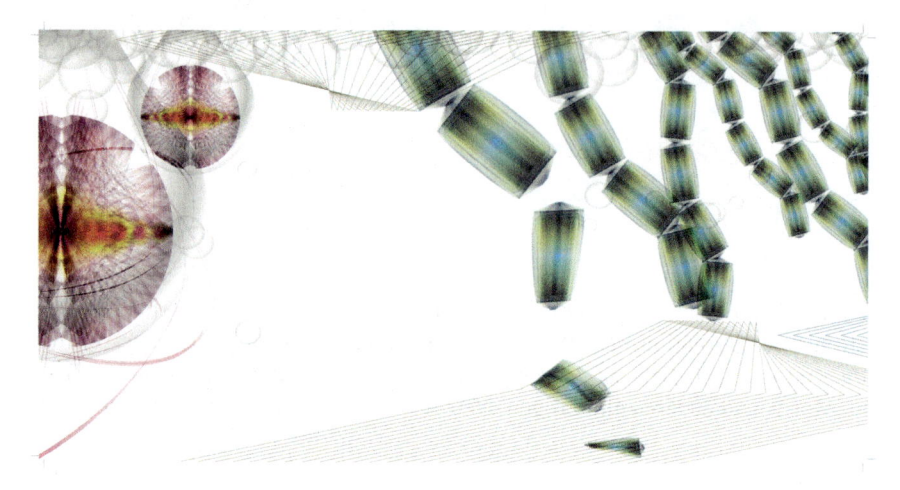

Abb. 8.1 Die Grafik illustriert den Informationstransfer zwischen Strukturen lebender Organismen – DNA, grün dargestellt – und nicht lebenden Strukturen – Biochip, kreisförmig dargestellt. (© Ludivine Lechat / Tom De Smedt. 2010. Nanophysical - panel #6 - at IMEC, Leuven, Belgium)

8 Resümee

Warum ist die behandelte Fragestellung von Relevanz?
Information ist ein entscheidender Faktor zum Erreichen entwickelter Stadien von Gesellschaften. Informationsprozesse übernehmen mechanische Verfahren und erlauben gleichzeitig neue Dimensionen der Flexibilität und der Automatisierung. Roboter und intelligente Applikationen ersetzen in vielfältiger Weise die manuellen und kognitiven Fähigkeiten der Menschen: Die Welt ist rapide informatisch geworden und beschreitet diesen Weg in immer höheren Geschwindigkeiten – und doch weiß so recht niemand, was diese Information eigentlich ist.

Ist die Informationstheorie Shannons nicht ausreichend?
Im naturwissenschaftlich-technischen Bereich ist man weitverbreitet der Meinung, dass die Informationstheorie die Antwort auf die Frage bereits gegeben hat. Die weitere Auseinandersetzung mit der Information, zumindest was diesen Bereich angeht, sei also überflüssig. An dieser Stelle wird jedoch ein fundamentaler Irrtum deutlich, vor dem übrigens bereits die Begründer der Informationstheorie selbst explizit gewarnt hatten. Die Informationstheorie, so Shannon und Weaver, lasse alle inhaltlichen, semantischen Aspekte der Information schlicht aus. Da man die Informationstheorie in der Technik, Physik und Biologie auch ohne Semantik gut anwenden kann, jedenfalls sofern semantische Aspekte in den Fragestellungen nicht verfolgt werden, fiel dieses Defizit bis vor einigen Jahren nicht sehr ins Gewicht.

Bei der Shannonschen Informationstheorie handelt es sich um eine quantitativ-mathematisch formulierte Theorie der statistischen Eigenschaften der Information bzw. von Mustern von Zeichen. Das in diesem Buch vorgestellte Evolutionär-energetische Informationsmodell hingegen umfasst darüber hinausgehend mit seiner funktional begründeten Beschreibung der semantischen Eigenschaften von Information den Aspekt ihrer Bedeutung. Dieser Aspekt ist ein entscheidender Kristallisationspunkt meiner Überlegungen zum Wesen der Information und steht daher im Zentrum dieses Buches.

Was also ist neu?
Das hier vorgestellte Verständnis von semantischer Information leitet sich aus der Evolution als informationsschaffendem Vorgang ab. Dabei werden weiterhin grundsätzlich als Ausgangstheorien die Ansichten von Shannon, Bateson, Morris und anderen einbezogen.

Semantische Information ist nach meinem Verständnis Bestandteil jeglicher biologischer Organismen, wenn auch in verschiedenen Dimensionen, entsprechend der jeweiligen Spezies, ihrer ökologischen Nische, ihrer Stellung in der Evolution usw. Diese Sicht auf das Wesen der Information als semantisch unterscheidet sich deutlich von der Information der Informationstheorie, die als Bewertung statistischer Muster verstanden wird. Wir haben außerdem die Frage beantwortet, von welchem Zeitpunkt an in der Geschichte Information und damit Wissen entwickelt und Weltsichten oder Weltmodelle von Spezies entwickelt wurden. Die informatorische Interpretation des Lebendigen wird helfen, besser zu verstehen, wie Organismen die Wahrnehmung der äußeren Welt vollziehen. Sie wird auch helfen, besser nachzuvollziehen, wie Organismen die Komplexität eingehender Information über die äußere Welt reduzieren, um vereinfachte Modelle für ihre interne Nutzung zu bilden.

Natürlich können nicht alle Fragen im Rahmen dieses Buches behandelt und beantwortet werden. Festzustellen ist, dass das EEIM bisher zu keinen erkennbaren Inkonsistenzen mit den zentralen Theorien von Physik, Biologie und Informatik führt. An den Stellen, wo in diesen Kontexten konträre Theorien aufeinandertrafen, wurden diese in den Kontext einer fachlichen Diskussion gestellt, um deutlich zu machen, dass die in meinen Ausführungen vertretenen Positionen sich stets im Rahmen des bestehenden naturwissenschaftlichen Diskurses bewegen.

Die Impulse, die vom EEIM ausgehen können, liegen in einem neuen und konsistenten Bild von Information als Teil der Realität. EEIM ist geeignet, informatorische Prozesse aus einer neuen Perspektive zu sehen und diese Prozesse als solche überhaupt erst zu identifizieren. Die Schlüsselerkenntnis lautet: Semantische Information ist eine Realität im Sinne einer energetischen Qualität im Kontext der biologischen Evolution.

Dies ist neu.

Anhang – Wissenschaftliche Modelle der Information

9

Die Bemühungen verschiedener Definitionen und Interpretationen, zu einer übergreifenden „Theorie der Information" und zu einem allgemeingültigen Informationsbegriff zu kommen, zeigen das wachsende Interesse an einem gemeinsamen Verständnis dieses Begriffs. Dabei sind die Grenzen dieser Bemühungen zum Teil weit gezogen und beziehen soziale Theorien, Kommunikationsverhalten, Systemtheorie und sich selbst organisierende Systeme mit ein. Die folgende Zusammenfassung bestehender und diskutierter Informationsmodelle soll einen Eindruck von den vielfältigen Näherungen an den Begriff „Information" geben.

Der deutsche Philosoph Peter Janich wies die Idee, aus der materiellen Struktur informationsverarbeitender Systeme den Bedeutungsgehalt der darin wirkenden Information zu ermitteln, von sich. Auch der Quantenphysiker Gregg Jaeger betont, dass zwar die physischen Rahmenbedingungen realer Maschinen die Menge der damit zu verarbeitenden und zu übertragenden Information begrenzt, dass allerdings Vorsicht geboten ist. Denn was für Informationen im Sinne Shannons richtig sein mag, gilt nicht allgemein. Die Menge an Informationen, die in den Zeichen codiert ist, kann für ein- und dieselbe Zeichenfolge in verschiedenen inhaltlichen Kontexten radikal anders bewertet sein (Jaeger 2009). „One if by land, and two if by sea", also „eins wenn über Land und zwei wenn übers Wasser", mag diesen Unterschied illustrieren. Diese Phrase aus dem amerikanischen Unabhängigkeitskrieg 1775 bezieht sich auf ein verabredetes Signal. Hinge eine Laterne an einem vereinbarten Platz, würden die englischen Truppen den Landweg nach Charlestown nehmen, und bei zwei Laternen den Weg über das Wasser. Natürlich lösen beide Signale eine unterschiedliche und umfangreiche Informationsflut beim Empfänger aus. Die codierten Zeichen sind in diesem Falle minimal, die Kontextinformation ist jedoch gewaltig.

In gewisser Weise ist es wie mit den Begriffen Energie und Materie. Beide sind abstrakt und ihr Bezug zur Wirklichkeit wandelte sich mit dem wissenschaftlichen Erkenntnisgewinn. So ist die Materie im Laufe der Zeit von einem soliden, fassbaren Ding zu einem im vormaligen Sinne nicht mehr realen, nicht vorhandenen

Phänomen mutiert. Der Energie erging es nicht viel besser, seitdem sie zusammen mit der Materie in der allgemeinen Relativitätstheorie durch Einsteins berühmte Formel eine gewisse Janusköpfigkeit erhielt und über die Lichtgeschwindigkeit als Faktor mit der Materie äquivalent wurde. Der Begründer der Kybernetik, Norbert Wiener, gesellte die Information hinzu. „Information ist Information, weder Materie noch Energie", lautete sein Diktum.

Die Chance, die in einem einheitlichen Verständnis der Information liegt, besteht in einer gesamtheitlicheren Naturbetrachtung als dies bisher möglich war. Das Risiko liegt darin, etwas als faktisch bestehend zu erklären, was letztlich nur eine Metapher ist, wie es der Äther auch war.

Im Folgenden sind exemplarisch Ansätze skizziert, die sich dem Wesen der Information widmen und im wissenschaftlichen Diskurs eine Rolle spielen.

9.1   Ure nach Carl Friedrich von Weizsäcker

Bei seiner Suche nach einem umfassenden Verständnis vom Aufbau der Welt, die einen Bogen von der Quantenphysik über die Biologie bis hin zum Zen-Buddhismus spannte, beschäftigte sich der Physiker Carl Friedrich von Weizsäcker in den 1970er-Jahren auch mit der Information als möglicher fundamentaler Größe der Physik.

Von Weizsäcker postulierte „Urobjekte" und „Uralternativen" als die grundlegenden Konstituenten des Seins. In seinem Bild ist die kleinste Einheit dann gefunden, wenn eine Frage zu ihrem Wesen oder Zustand nur alternativ und eindeutig mit „ja" oder „nein" beantwortet werden kann. Der Welt liegt also eine binäre Codierung aus „1" und „0" zugrunde. Von Weizsäcker schreibt dazu: „Alle Objekte bestehen aus letzten Objekten mit $n = 2$ (Uralternativen). Ich nenne diese Objekte Urobjekte und ihre Alternativen Uralternativen" (von Weizsäcker 1974).

Christian Fuchs und Wolfgang Hofkirchner zeigen die Gemeinsamkeiten zwischen den Ansätzen von Weizsäckers und der Informationstheorie auf (Fuchs und Hofkirchner 2003).

Von Weizsäckers Maß gibt die Anzahl der Uralternativen in einer gewissen Situation an, während die Informationstheorie die mittlere Unsicherheit bei der Vorhersage des Eintreffens einer Nachricht einer bestimmten Länge wiedergibt. Für beide Modelle gilt: Je größer die Gewissheit ist, desto kleiner ist der Informationsgehalt. Im Extremfall heißt dies: Ist die Nachricht vor dem Senden beim Empfänger bekannt, so ist die Entropie im Shannonschen Modell gleich null. Ist bei einer Entscheidung im Weizsäckerschen Modell im Voraus klar, wie sämtliche Uralternativen entschieden werden, so sind sie keine Alternativen mehr. Sie werden für die Situation irrelevant und ihr Informationsgehalt ist gleichfalls gleich null.

Eine weitere Ähnlichkeit ergibt sich durch die Ausklammerung von qualitativen, semantischen und pragmatischen Aspekten bei den Uren. Die Informationstheorie klammert diese Aspekte gleichfalls aus.

> Erkenntnistheoretisch fasst von Weizsäcker seine Vorstellungen jedoch weiter. Er beschreibt Eigenschaften von Information wie auch Zusammenhänge zwischen Information, Energie und Materie (von Weizsäcker 1974):
> Satz 1: „Information ist nur, was verstanden wird."
> Satz 2: „Information ist nur, was Information erzeugt."

Damit ist gesagt, dass von Weizsäckers Verständnis von Information über die Informationstheorie hinausgeht und Semantik beinhaltet. Sein Verständnis setzt zudem eine bewusste und interpretierende bzw. reflektierende Fähigkeit voraus – zumindest beim Empfänger. Sein zweiter Satz verweist auf Vorgänge, die im Bereich der Selbstorganisation bzw. des Lebens zu suchen sind. Im Begriff des Erzeugens wird die Verbindung zur Evolution hergestellt. Und in der Tat ist von Weizsäckers Verständnis wesentlich von Evolution, vom Anwachsen der Information während der evolutionären Prozesse, geprägt.

Aus dem ersten Satz folgt, dass landläufig als Information Bezeichnetes, das nicht aktiv verstanden wird, keine Information im Sinne von Weizsäckers ist. Der Prozess des Verstehens setzt voraus, dass der verstehenden Instanz der jeweilige Kontext bekannt sein muss. So wird auch der zweite Satz verständlicher. In ihm kommt zum Ausdruck, dass Information, das Verstandene, ihrerseits auf etwas Verstandenem beruht und neues Verstandenes erzeugt – möglicherweise auf einer höheren und komplexeren Ebene. Dieser Prozess ist sowohl als individuelles als auch als evolutionäres Lernen interpretierbar. Aus diesem Ablauf wird auch die Gleichsetzung bzw. Überführbarkeit von Masse und Energie mit Information verständlich. Information bewirkt etwas, so wie Energie, die ja in Masse überführbar ist, das Potenzial hat, etwas zu bewirken.

Von Weizsäckers Thesen forderten Widerspruch heraus, da, so beispielsweise Lienhard Pagel, ein Subjekt vorausgesetzt wird, das verstehen kann. „Verstehen", so meint Pagel, kann auch durch physikalische Prozesse dargestellt werden. Information gelangt immer auch als Energie in ein Empfängersystem und ruft dort eine Wirkung hervor. Diese Wirkung verändert das Empfängersystem (Pagel 2013, S. 72).

Die zweite These erscheint Pagel „selbstverständlich", sofern die Umwandlung und Verknüpfung von Informationen als Erzeugung von neuen Informationen interpretiert wird. „Grundsätzlich", so Pagel, „muss man aber davon ausgehen, dass Information wie auch Energie nicht aus dem Nichts entstehen kann."

Von Weizsäcker betont die Dynamik der Information, indem er zu seiner zweiten These sagt: „Die zweite These stellt den Informationsfluss wie ein geschlossenes System dar: Information existiert nur, wenn und insofern Information erzeugt wird, also wenn und insofern Information fließt" (von Weizsäcker 1974). Es gibt also keine Information in einem Ruhezustand. Eine Bibliothek ohne Nutzer, real oder online, ist informationslos, weil keine Information in den Köpfen der Nutzer erzeugt wird und weil keine Information dorthin fließt.

Von Weizsäckers Verständnis von der Rolle der Ure ist sehr fundamental und nur vor dem Hintergrund der Quantenphysik zu verstehen und einzuordnen. Ure weisen Ähnlichkeiten mit quantenmechanischen Objekten auf. Sie kennen keinen festen Ort. Sie sind den Qubits, den kleinsten Informationseinheiten der Quantenphysik, sehr ähnlich. Damit sind die letzten binären Einheiten, anders als in der klassischen Informationstheorie, nicht trennbar, sondern befinden sich in einem verschränkten Zustand mit anderen Einheiten. Von Weizsäcker nimmt an, dass ein Ur als Objekt, d. h. Teilchen in einem Atomkern, aus einer bestimmten Zahl (1040) von Urobjekten besteht, und setzt dies ins Verhältnis zur Ausdehnung des Universums. Aus diesen Größen errechnete er eine Materiedichte, die, obwohl abweichend vom heutigen Schätzwert, in realistischen Größenordnungen lag. Von Weizsäcker gelang es allerdings nicht, die Vorstellung von den Uren überzeugend in die Quantenphysik zu integrieren. Sie geriet daher auch im wissenschaftlichen Diskurs in den Hintergrund.

9.2 Unified Theory of Information nach Wolfgang Hofkirchner

Wolfgang Hofkirchner ist der Auffassung, dass ein Verständnis von Information viele Konzepte integrieren muss. Dazu gehören Struktur, Datum, Signal, Nachricht, Bedeutung, Signifikanz, Zeichen, Psyche, Intelligenz, Wissen, Denken, Sprache, Bewusstsein, Geist und Verstand. Hofkirchner schlägt zur integrativen Behandlung dieser Konzepte eine vereinheitlichte Theorie zur Information (*Unified Theory of Information,* UIT) vor (Hofkirchner 2011).

Im Gegensatz zum vorliegenden Buch, dass auf natur- und strukturwissenschaftliche sowie erkenntnistheoretische Aspekte der Information fokussiert ist, berücksichtigt Hofkirchner Gesichtspunkte, die beispielsweise in psychischen, sozialen oder journalistischen Sektoren zu finden sind. Hinsichtlich des Informationsbegriffs selbst hat Hofkirchner zwei wissenschaftliche Perspektiven identifiziert. Er charakterisiert eine davon als strukturell und die andere als prozesshaft.

Strukturelle Perspektive
Information als eine gegebene Einheit der Natur: Diese Sichtweise nimmt Information als „potenzielle Information" wahr, was in etwa gleichbedeutend ist mit „struktureller Information". Danach ist Information Teil einer Struktur und entfaltet ihren Gehalt durch Aktivierung. Beispielsweise enthält eine Bibliothek lediglich strukturelle Information, die allerdings aktiviert werden kann. Dahinter steht der Gedanke, dass Materie immer in einer bestimmten Form bzw. „Gestalt" vorliegt und dass diese Form gleichbedeutend mit Information ist. Daraus ergibt sich, dass die strukturelle Perspektive Information mit dinglichen oder physischen Eigenschaften verbindet. Vertreter dieser Auffassung ist neben Carl Friedrich von Weizsäcker, der Ure als dingliche Einheiten vorschlägt, Tom Stonier. Seine Vorstellung von Informationsträgern, Partikeln, die er „infons" nannte, konnte sich gleichfalls wenig in der Wissenschaft durchsetzen (Bawden 2007).

Information als übertragene Einheiten
In dieser Perspektive wird Information mit der Informationsübertragung verknüpft. Information ist hier nicht in Strukturen zu finden, sondern in dem, was von einem Sender zu einem Empfänger übertragen wird. Auf diesem Übertragungsweg können Störungen in Form von Rauschen oder Ähnlichem auftreten. Dies entspricht der Sicht Shannons und damit der der Informationstheorie. Information, in diesem Kontext auch freie Information genannt, ist dennoch insofern mit strukturellen Aspekten verbunden, als dass etwas Spezifisches übertragen wird, das Bezug zur Realität hat.

Prozesshafte Perspektive
Hier wird über das Sender-Empfänger-Modell hinausgegangen. Information ist nicht, was übertragen wird, sondern das, was der Empfänger daraus macht. Der Empfänger weist dem Übertragenen eine Bedeutung zu und erzeugt so „aktuelle" Information. Diese Perspektive sei, so Hofkirchner, als Leitmotiv zu betrachten, insbesondere bei einem kulturwissenschaftlichen Umgang mit Information. Hier ist man sehr nah an dem Verständnis der Systemtheorie von Niklas Luhmann. Information ist danach nichts, was irgendwie herumliegt und darauf wartet, aufgegriffen zu werden. Information kann so auch nicht übertragen werden. Vielmehr steht Information im Sinne Luhmanns immer mit einem Ereignis in Zusammenhang, das mit enttäuschenden Erwartungen und daraus resultierenden Ereignissen verbunden ist.

Wolfgang Hofkirchner schließt aus den verschiedensten Konzepten und Perspektiven und dem daraus entstandenen heterogenen Bild der Information, dass eine umfassende, einigende Theorie der Information (UIT) notwendig ist, die von einer zu schaffenden Informationswissenschaft erarbeitet werden müsste.

Auch wenn die UIT bisher nicht entstanden ist, liefert doch die interdisziplinäre Auseinandersetzung mit Information bereits heute interessante Resultate. Dazu gehört im Kontext dieses Buches die Identifizierung von potenzieller und struktureller Information im Gegensatz zu Information gemäß der Informationstheorie. Dazu gehört auch die aktive Rolle, die dem Empfänger zugeschrieben wird. Auf beide Aspekte haben wir bei der Behandlung unseres neuen Informationsmodells Bezug genommen.

9.3 Meme nach Richard Dawkins

Der britische Evolutionswissenschaftler und Journalist Richard Dawkins unternahm den Versuch, den Begriff Information aus dem technischen und dem evolutionswissenschaftlichen Sektor in den kulturellen Bereich zu heben. Er postulierte kleinste kulturelle Einheiten, die er Meme nannte. Beispiele für Meme sind Töne, Phrasen, Modeartikel oder auch Bögen in einem Haus, kurz, sie sind kulturelle Artefakte, Sachen, abstrakte oder konkrete, die der Mensch geschaffen hat und die Teil seiner Kultur sind.

So wie Gene sich im Genpool von Körper zu Körper mittels Sperma oder Ei weiterbewegen, so bewegen sich Meme in einem von Dawkins angenommenen „Mempool". Sie bewegen sich von Gehirn zu Gehirn durch Prozesse, die im weiteren Sinn als Kopier- oder Imitationsvorgänge zu verstehen sind.

In dieser von Dawkins propagierten Evolution der Ideen nehmen die Meme die Rolle des Replikators ein. Replikatoren sind nach Dawkins auf allen Ebenen und überall dort vorzufinden, wo Leben ist, auch auf einer molekularen Ebene in der Form von DNA. Sie sind selbstorganisierend und selbstreplizierend. Meme bzw. Replikatoren sind, so kann man Dawkins verstehen, auch für die schnellen und tief greifenden kulturellen Transformationen verantwortlich, die wir erleben.

9.4 Ontologie der Information nach Mark Burgin

Eine Darstellung der „Information als Grundbestandteil der Weltstruktur" unternimmt Mark Burgin. Er propagiert eine „Ontologie der Information", in der die Rolle der Information in der Welt aus einer übergeordneten Perspektive heraus entwickelt wird (Burgin 2011).

Burgin kritisiert eine weit verbreitete Haltung in der Wissenschaft, sich mit Information, wenn überhaupt, nur am Rande auseinanderzusetzen. Relevanter sei, was Norbert Wiener einmal sagte: „Information ist Information, nicht Materie oder Energie". Die Tautologie am Anfang der Aussage erkläre natürlich nichts, so Burgin, reize aber zu einer näheren Bestimmung der Information, wenn diese weder Materie noch Energie sein soll. Burgin findet einen Ansatz, der ihn zu einer „Allgemeinen Theorie der Information" oder Ontologie führt.

Burgin führt seine Ontologie der Information ein, indem er sich auf das Weltverständnis von Karl Popper bezieht (Burgin 2010). Dieser hat, seinerseits Anleihen bei Platon aufnehmend, die Welt in drei Welten aufgeteilt (Popper 1978):

Die physikalische Welt 1
Umfasst die physischen Körper, wobei die physikalischen Teilchen, die physikalischen Prozesse, die physische Energie und die physikalischen Felder mit eingeschlossen sind.

Die mentale oder psychologische Welt 2
Umfasst Ideen, Gedanken, Gefühle, Entscheidungen, Wahrnehmungen und Beobachtungen.

Die Welt 3 des menschlichen Geistes
Umfasst abstrakte oder geistige Produkte des menschlichen Geistes wie Sprachen, Geschichten, Musik, die Inhalte von Büchern und Dokumenten, wissenschaftliche Vermutungen und Theorien sowie mathematische Konstruktionen.

Diese drei Welten existieren natürlich nicht unabhängig voneinander, sondern sind über eine Dreiecksbeziehung, wie in Abb. 9.1 gezeigt, miteinander verknüpft. Burgin argumentiert, dass aus heutiger Sicht die Welt 3, also die der Ideen, durch

9.4 Ontologie der Information nach Mark Burgin

eine Welt der Strukturen ersetzt werden kann. Er argumentiert, dass die modernen Naturwissenschaften gezeigt und experimentell nachgewiesen haben, dass die Welt wesentlich auf Strukturen aufbaut. Für jeden Prozess der Natur und für jedes technische System ebenso wie für die Gesellschaft lassen sich ihren Aufbau bestimmende Strukturen nachweisen. Diese Strukturen sind in gleicher Weise real wie Dinge der Alltagswelt. Sie formen die physische Ebene der Welt. Weiter zugespitzt lässt sich sagen, dass die Strukturen das Wesen der Dinge festlegen. Demzufolge lässt sich Abb. 9.1 auch vereinfachen, indem die Welt 3, also die der Produkte des menschlichen Geistes, durch die „Welt der Strukturen" ersetzt bzw. als solche interpretiert wird (Abb. 9.2).

Aus der Welt der Strukturen leitet Burgin die Informationen ab, die zwischen der physikalischen Welt und der mentalen Welt vermitteln bzw. die Beziehungen zwischen ihnen herstellen sollen. Genauer gesagt, erfolgt diese Vermittlung zwischen der Energie der physikalischen Welt und einer psychischen Energie der mentalen Welt. Die psychische Energie ist mithilfe von Konzepten erklärbar, die von Sigmund Freud, Carl Gustav Jung und anderen als „Psychodynamik" bezeichnet wurden.

Ausgehend von dieser Annahme vom Zusammenhang zwischen Physik, mentaler Welt und Struktur einerseits sowie – daran gespiegelt – zwischen Energie, psychischer Energie und Information andererseits führt Burgin Axiome zur ontologischen Beschreibung der Information ein. Dabei werden drei Ebenen unterschieden: die konzeptionelle, die methodische (oder metatheoretische) und die theoretische Ebene. Die Rolle der psychischen Energie und ihre Wechselwirkung mit Energie und Information bleibt dabei letztlich offen, sodass im Kern das Dreieck mit den Eckpunkten Physik und Energie, Struktur und Information sowie die mentale Welt bleiben.

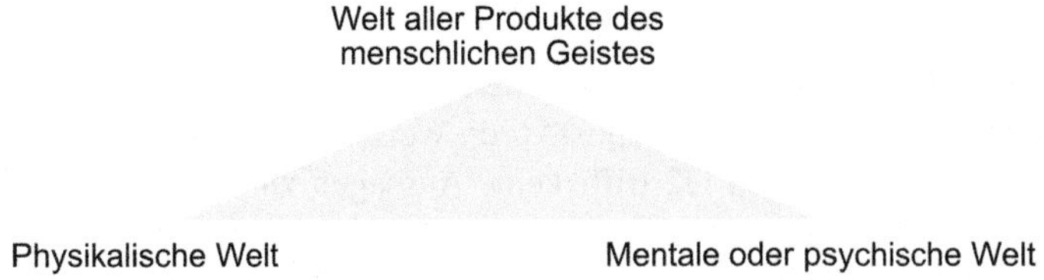

Welt aller Produkte des
menschlichen Geistes

Physikalische Welt   Mentale oder psychische Welt

Abb. 9.1 Informationsmodell Mark Burgin I

Welt der Strukturen

Physikalische Welt   Mentale Welt

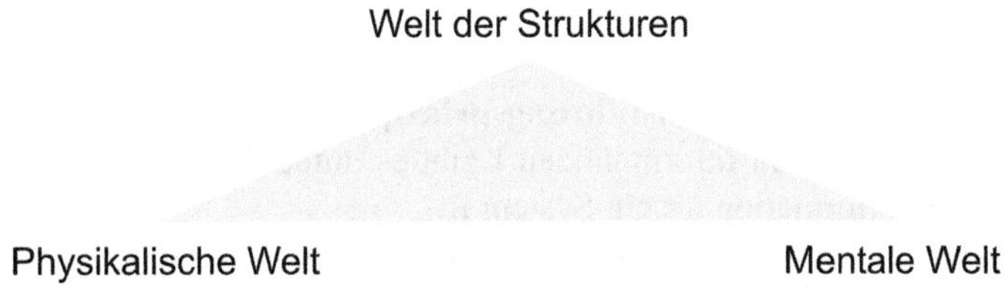

Abb. 9.2 Informationsmodell Mark Burgin II

In seiner Ontologie beschreibt Burgin das Wesen von Informationen als dynamisches Objekt. Information, so das Kernargument dafür, hat das Potenzial, Veränderungen anzustoßen, also Dynamik zu erzeugen:

Ontologisches Prinzip O1 (Lokalitätsprinzip)
Informationen im Allgemeinen sind von Informationen (oder einem Teil der Informationen) für ein System R (*Receiver*) getrennt.

Information kann nur im Zusammenhang mit einem Empfänger R verstanden werden. Ein solcher Empfänger kann denkbar viele Formen annehmen, wie beispielsweise eine Person, eine Gemeinschaft, ein Tier oder ein Computer. Mithin ist kein Gegenstand der physikalischen Welt ausgeschlossen.

Ontologisches Prinzip O2 (Allgemeines Transformationsprinzip)
Informationen haben für ein System R das Potenzial, Transformationen zu bewirken.

Das essenzielle Wesen der Information wird von dem zweiten ontologischen Prinzip beschrieben. Es charakterisiert Information als einen Auslöser von Transformationen, also von Veränderungen. Das Potenzial dazu, das der Information eigen ist, wird beim Empfänger R in eine Dynamik, die eine Transformation bewirkt, umgesetzt. Daraus ergeben sich u. a. die folgenden Konsequenzen:

- Information und Transformation weisen insofern Ähnlichkeiten auf, als dass sie beide Veränderungen in einem System R bewirken. Beide unterscheiden sich jedoch darin, dass Information das Potenzial zum Auslösen von Veränderungen hat, Transformation jedoch die Veränderung selbst ist.
- Informationen weisen auch Ähnlichkeiten mit Energie auf. Das Potenzial zum Auslösen von Veränderungen bezieht sich auf jede Art von Empfänger, also auf Individuen und Gesellschaften ebenso wie auf Computer oder Materie. Energie ist Information im weit gefassten Sinne. Dies würde gut mit der Vermutung Carl Friedrich von Weizsäckers korrelieren, dass „sich am Ende herausstellen könnte, dass Energie Information ist" (von Weizsäcker 1974).
- Das ontologische Prinzip O2 trifft keine Aussagen zur Art des Empfängers R bzw. zu den Prinzipien der Speicherung und Verarbeitung der Information. Hierfür wird ein sogenanntes infologisches System angenommen, das generell die Speicher- und Verarbeitungseigenschaften von R umfasst. Dieses wird um eine weitere Spezialisierung, das kognitive infologische System, ergänzt. Letzteres charakterisiert intelligente Empfänger, die zu Wissen, Ideen und Abstraktionen fähig sind.

Ontologisches Prinzip O3 (Ausführungsprinzip)
Für jeden Ausschnitt von Informationen I gibt es immer einen Träger C (Carrier) dieses Teils der Information für ein System R.

Informationen sind an Informationsträger gebunden. Unterschieden werden zwei Arten von Trägern: materielle Träger, wie das Gehirn, Datenspeicher, DNA oder ein Buch, und strukturelle Informationsträger, wie Texte, Symbole oder Ideen.

Ontologisches Prinzip O4 (Repräsentationsprinzip)
Für jeden Ausschnitt von Informationen I gibt es immer eine Repräsentation C dieses Teils der Information für ein System R.

Da jede Repräsentation von Information in gewissem Sinne auch Informationsträger ist, impliziert das Prinzip O4 das Prinzip O3.

Informationen können nur verfügbar werden, indem der Empfänger mit dem Träger gemäß der Repräsentation der Information interagiert. Dies kommt im Ontologischen Prinzip O5 zum Ausdruck.

Ontologisches Prinzip O5 (Interaktionsprinzip)
Eine Informationstransaktion, eine Informationsübertragung oder ein Informationsübergang kann nur mittels Interaktion zwischen Träger und System erfolgen.

Aus den ontologischen Prinzipien der Information lassen sich drei Verständnisebenen ableiten:

1. **Information in einem weit gefassten Sinn**
   Information hat die (potenzielle) Fähigkeit, ein System R in irgendeiner Weise zu verändern bzw. zu transformieren.
2. **Information im engeren Sinn**
   Information für ein System R ist die (potenzielle) Fähigkeit, die strukturellen Komponenten von R zu verändern bzw. zu transformieren. Beispielsweise verändert effektive Information die Systemorientierung.
3. **Kognitive Informationen**
   Information für ein System R bedeutet die potenzielle Fähigkeit, das kognitive Subsystem des Systems zu verändern. Beispielsweise verändert kognitive Information das Wissen des Systems R.

Die Ontologie der Information Burgins zeigt gut, wie der Begriff der Information analysiert und zerlegt werden kann. Dabei werden seine verschiedenen Aspekte wie Dynamik, Trägergebundenheit und Energie deutlich.

9.5 Konstruktortheorie der Information nach David Deutsch und Chiara Marletto

Ein noch neues Model *(Constructor Theory of Information)* vom international renommierten Experten für Quantencomputing der Universität Oxford, David Deutsch, und seiner Kollegin an der Universität Oxford, der Wissenschaftlerin Chiara Marletto (Deutsch und Marletto 2014) zeigt, dass weder die Suche nach dem Wesen der Information noch nach einer adäquaten Modellierung als abgeschlossen gelten kann.

Mit der Definition der Informationen innerhalb der Physik gebe es, so Deutsch, ein notorisches Problem. Auf der einen Seite sind Informationen rein abstrakt, und die ursprüngliche Theorie zur Berechenbarkeit, wie Alan Turing sie entwickelt hat, sah Information in Computern, die sie manipulieren, als rein abstrakte mathematische Objekte. Jedoch nur ein physisches Objekt könne Berechnungen durchführen, so Deutsch.

Physiker haben immer gewusst, dass im Hinblick auf den Beitrag, den die Informationstheorie innerhalb der Physik leistet, wie z. B. in der statistischen Mechanik und damit beim Einbringen der Information auch in die Thermodynamik (Zweiter Hauptsatz), die Information eine physische Quantität sein muss. Und doch ist sie auch unabhängig vom physischen Objekt, in dem sie residiert.

Das Modell von Deutsch betrachtet Information auf einer Metaebene und beschreibt sie im physikalischen Kontext. Insbesondere wird die Unterscheidung herausgearbeitet, welche Transformationen für physikalische Systeme möglich sind und welche ausgeschlossen bleiben. Die gegenwärtige Physik erklärt die Welt heute eher über initiale Zustände und Bedingungen, die in Zielzustände überführt werden. Deutsch und Marletto haben ihre Konstruktortheorie der Information als Teil eines weitergehenden Modellierungsansatzes und umfassenderer Aussagen zu physikalischen Gesetzen entwickelt.

Information wird von Deutsch und Marletto nicht als a priori existentes mathematisches oder logisches Konzept verstanden. Vielmehr ist Information etwas, dessen Natur und Eigenschaften durch die physikalischen Gesetze bestimmt werden. Information unterscheidet sich in mancherlei Beziehung qualitativ von allen anderen wesensbestimmenden Einheiten der Physik. Weder kann sie als physikalische Quantität noch als quantenmechanische Observable aufgefasst werden. Andererseits ist Information durchaus Bestandteil physikalischer Gesetze wie z. B. in der theoretischen Informatik (zelluläre Automaten, Turingmaschine, formale Sprachen, Berechenbarkeit), in der statistischen Mechanik und in den Erhaltungssätzen der Energie. Die dadurch zutage tretende Unabhängigkeit von der zugrunde liegenden materiellen Basis wird im Konstruktormodell als Substratunabhängigkeit bezeichnet. Die Eigenschaft der Information, durch Kopier- und Übertragungsvorgänge unverändert zu bleiben, wird als Interoperabilität bezeichnet. Sie ermöglicht letztlich menschliche Fähigkeiten wie Sprache, Wissenschaft, aber auch genetische Adaption der biologischen Evolution. Dazu kommt die Rolle der Information bei der Messung in physikalischen Experimenten zur Überprüfung wissenschaftlicher Theorien.

Deutsch illustriert die Besonderheit der Information. Während des Sprechens bei einem Vortrag beispielsweise beginnt Information als eine Art elektrochemisches Signal im Gehirn des Vortragenden und wird dann in andere Signale, die der Nerven, in Schallwellen und schließlich in Schwingungen eines Mikrofons verwandelt. Daraus werden Vibrationen, dann wird Strom daraus, und vermutlich werden die Signale dann über das Internet gehen. Diese Information hat sich also auf ihrem Weg in radikal unterschiedliche physische Umgebungen instanziiert, die natürlich auch völlig unterschiedlichen physikalischen Gesetzen gehorchen. Um diesen Prozess adäquat beschreiben zu können, muss die Sache, die während des gesamten Prozesses unverändert blieb, benannt werden: Dies ist die Information, und nicht die Energie, die Dynamik eines materiellen Gegenstandes.

> Der Vorteil der Konstruktortheorie gegenüber anderen Informationsmodellen liegt in der Offenlegung des Zusammenhangs zwischen klassischer Information (der Informationstheorie Shannons) und der Quanteninformation. Die Eigenschaften der Quanteninformation sind Deutsch und Marletto zufolge auf ein zentrales Charakteristikum der Konstruktortheorie zurückzuführen. Im Unterschied zu Shannons Theorie findet hier die Wahrscheinlichkeit keine Erwähnung. Dies nicht zuletzt, weil die Informationstheorie wesentlich eine Kommunikationstheorie ist, in der das Kanalmodell mit seiner Wahrscheinlichkeit der korrekten Übertragung eine wichtige Rolle spielt.

In der Konstruktortheorie wird die Welt als ein Zustandsraum von Transformationen verstanden, in dem zwei Typen von Systemen eine Rolle spielen. Diese sind Objekte und Konstruktoren. Objekte werden durch Konstruktoren in neue Systeme transformiert, ohne dass sie dabei ihre Eigenschaften verändern. Dieses Prinzip wird in der Konstruktortheorie der Information auf die Theorie der Informatik und ihre Komponenten ebenso angewandt wie auf Messungen, den Informationsbegriff und die Quanteninformation. Die Quanteninformation wird als Superinformation einer neuen Klasse von Information zugeordnet und ihre Eigenschaften werden quantenmechanisch definiert.

9.6 Biologische Information und Teleosemantik

Dass Information in der Biologie real ist oder mit der biologischen Realität in enger Beziehung steht, ist immer noch nicht allgemeiner Konsens. Die Diskussionen darüber, wo sich denn diese Information aufhalten soll und warum nicht die Betrachtung biologischer und biochemischer Funktionen ein geschlosseneres Bild ergibt, sind nicht beendet. Und auch wenn konzediert wird, dass Information im Prozess der Vererbung eine Rolle spielt, dann muss das nicht bedeuten, dass auch der Stoffwechsel informatorische Bestandteile aufweist.

Breite Anerkennung genießt hingegen die Informationstheorie von Shannon. Dies nicht zuletzt deswegen, weil viele Untersuchungen zu biologischen Funktionen gut mit dem Kanalmodell, bestehend aus Kanal, Sender, Empfänger und Störsignalen, analysierbar sind. Als Modell, semantische Information bzw. den Semantikteil von Information zu beschreiben, hat sich die Teleosemantik etabliert.

> Im Mittelpunkt der Teleosemantik steht die Bedeutung als Phänomen und wie diese, gegebenenfalls durch ihre Repräsentation beispielsweise durch DNA-Moleküle als Träger von Information, in biologische Funktion

> umgesetzt werden. Eine Repräsentation handelt von einem Inhalt, wenn sie die Funktion hat, diesen Inhalt zu repräsentieren.

Ist eine DNA also mit informatorischer Bedeutung besetzt, wenn es ihre Aufgabe ist, genau diese Bedeutung zu tragen? Dies wird beispielsweise von Peter Godfrey-Smith und Kim Sterelny, infrage gestellt. Die Tatsache, dass Gene oder das ganze genetische System eine entwickelte Funktion aufweist, bedeute nicht zwingend, dass Gene semantische Informationen tragen würden. Dass Beine zum Laufen gut sind, bedeute nicht, dass sie das Laufen als solches repräsentieren (Godfrey-Smith und Sterelny 2007).

In der Teleosemantik wird zwischen gewöhnlichen biologischen Funktionen und solchen, die Informationen einbeziehen, unterschieden. In Anlehnung an die Informationstheorie treten semantische Eigenschaften dann auf, wenn ein Objekt eine Rolle als Vermittler zwischen einem „Produzenten" und einem „Konsumenten" von Information spielt. In diesem Fall übernimmt die oben genannte Repräsentation die Aufgabe, die Aktivitäten des Konsumenten zu beeinflussen. Dies kann offenbar durch eine Bandbreite von Beeinflussungsformen von indikativ bis imperativ geschehen. Im indikativen, hinweisenden Fall bestimmt der Kontext des Konsumenten die Folgeaktivitäten mit. Im imperativen Fall wird ein dedizierter Zustandswechsel herbeigeführt. Während Nicholas Shea, Philosoph an der Universität Oxford, die Rolle von Produzent und Konsument gleichermaßen betont, stellt die israelische Genetikerin und Philosophin Eva Jablonka die Konsumentenseite in den Vordergrund und lässt – aus der Perspektive der Epigenetik – eine Vielzahl von Produzenten zu.

Die Hoffnung, die mit der Teleosemantik verbunden ist, besteht in einer Überlagerung der Shannonschen Informationstheorie durch vielfältige semantische Eigenschaften insbesondere dort, wo die biologische Vererbung behandelt wird (Godfrey-Smith und Sterelny 2007).

Bei der Suche nach einem gemeinsamen Nenner beim Gebrauch des Begriffs Information hat Jablonka ihr Verständnis von Information als eigenes Informationsmodell formuliert. In der Informationstheorie sieht sie bereits diesen gemeinsamen Nenner als Maß der Wahrscheinlichkeit der Auswahl einer Nachricht aus allen möglichen Nachrichten. Die Komponenten der Theorie mit Kommunikationskanal, Sender, Empfänger, Störquelle, Codierung und Decodierung sieht Jablonka als Teil dieses gemeinsamen Nenners. Mit der Theorie lässt sich die Wahrscheinlichkeit der korrekten Übertragung einer Information berechnen. Sie sieht jedoch auch, dass die Theorie gegenüber Funktion und Bedeutung indifferent ist. Eine DNA-Sequenz, die für ein spezifisches Enzym codiert, enthalte nach der Informationstheorie genauso viel Information wie eine Sequenz, die für ein nichtfunktionales Enzym codiert, genauso wie ein sinnvoller Satz ebenso viel Informationen enthalten könne wie ein sinnloser. Aufgrund dieser Defizite sieht Jablonka die Notwendigkeit für ein Modell, mit dem Funktion und Semantik berücksichtigt werden können (Jablonka 2002).

Dafür arbeitet sie die gemeinsamen Eigenschaften semantischer Information unterschiedlichster Herkunft heraus, die dieses Modell abdecken sollte:

- Eine Quelle operiert als Informationsinput, während ein interpretierender Empfänger auf die Form des Inputs (und Variationen davon) in spezifischer funktionaler Weise reagiert.
- Information stammt sowohl als Umgebungsreiz aus dem Umfeld der Quelle als auch aus bereits herausgebildeten Signalen. Die Quelle bzw. die Eigenschaften des Senders sind hinsichtlich ihres Effekts auf den Empfänger unerheblich was Energie oder chemische Strukturen angeht. Wichtig ist vielmehr seine Organisation. Energie und Materie des Senders bestimmen also nicht die energetische materielle Reaktion des Empfängers, sondern die eingehenden Informationsmuster.
- Informationsgewinnung findet auf verschiedenen Vererbungswegen statt: genetisch, epigenetisch oder kultursymbolisch, also durch verbale, schriftliche oder über andere Medien weitergegebene Information.
- Der Transfer der Eigenschaften von Information unterscheidet sich stark von dem des Transfers von Materie und Energie.
- Die Reaktion auf die Quelle führt beim Empfänger zu einer Reaktion, die eine Funktion in evolutionärem Sinne einschließt. Das heißt, die Funktion ist im Zuge der Evolution entstanden und sie führt potenziell zu einem evolutionären Fortschritt.

Die skizzierten Eigenschaften führten nicht zu einem spezifischen Informationsmodell, zeigen jedoch den interessanten Gedanken der Nähe semantischer Information zum Geschehen der Evolution auf.

Literatur

Bawden, D. 2007. Information as self-organized complexity: A unifying viewpoint. *Information Research* 12 (4): 1. InformationR.net/ir/.

Burgin, Mark. 2010. *Theory of information – fundamentality, diversity and unification*, Bd. 1. Singapur: World Scientific.

Burgin, Mark. 2011. Information in the structure of the world. *International Journal Information Theories and Applications* 18 (1): 16–32.

Deutsch, David, und Chiara Marletto. 2014. Constructor theory of information. arXiv:1405.5563v2. Zugegriffen: 5. Nov. 2016

Fuchs, Christian, und Wolfgang Hofkirchner. 2003. *Studienbuch Informatik und Gesellschaft*, 111. Norderstedt: Books on Demand.

Godfrey-Smith, Peter, und Kim Sterelny. 2007. Stanford encyclopedia of philosophy. http://plato.stanford.edu/entries/information-biological/. Zugegriffen: 1. Sept. 2015.

Hofkirchner, Wolfgang. 2011. Toward a new science of information. *Information* 2 (2): 372–382.

Jablonka, Eva. 2002. Information: Its interpretation, its inheritance, and its sharing. *Philosophy of Science* 69 (12): 578–605.

Jaeger, Gregg. 2009. *Entanglement, information, and the interpretation of quantum mechanics*. Berlin: Springer Frontier Collection.

Pagel, Lienhard. 2013. *Information ist Energie*. Wiesbaden: Springer Vieweg.
Popper, Karl. 1978. Three worlds. The Tanner lecture on human values. The University of Michigan.
Weizsäcker, Carl Friedrich von. 1974. *Die Einheit der Natur.* München: Deutscher Taschenbuch Verlag.

Stichwortverzeichnis

A
Abbott, Edwin A., 206
Adenin, 240
Adleman, Leonard, 311
ADP
   Adenosindiphosphat, 268
Aiken, Howard H., 95
Al-Chwarizmi, 77
Alexandria
   Bibliothek, 73
Algorithmen
   genetische, 313
   reversible und irreversible, 146
Algorithmus, **77**
Al-Khalili, Jim, 154
Alphabetschriften, 73
Aminosäuren, 45
Analogismus, 11
Analytical Engine, **103**
Antikythera-Maschine, **101**
Äquivokation, 11
Archaeen, 12
Archiv und Bibliothek, **80**
Aristoteles, 7, 40, 79, 97, 153, 232, 262, 265, 317
Artificial Intelligence, 109, 116
Aspelmeyer, Markus, 133
Assyrer, 72
Äther, 129
ATP
   Adenosintriphosphat, 268
Aufgemischtheit, 35
Auge, 275
Avery, Oswald, 296

B
Babbage, Charles, 103
Bahnsen, Ulrich, 227
Bakterie, 12
Barrett, Jonathan, 211
Bates, Marcia J., 57, 58
Bateson, Gregory, 10, 50, 232
Beck, Henning, 237
Bedeutung, **49**, **53**, 97
   Quelle, 227
   Sprache, 227
Bekenstein, Jacob, 131
Bell, John Stewart, 183, 190
Bellsche Ungleichung, **190**
Ben-Naim, Arieh, 34
Bennett, Charles, 145, 146
Bergstrom, Carl T., 239
Berkeley, George, 351
Berlecamp, Elwyn R., 321
Bertlmann, Reinhold, 191
Biber, 333
Bibliothek, 84, 392
Biene, 334
Big Data, 215
Binäralphabet, 112
Binärzahl, 5
Biodiversität, 315
Bit, 5, 24, 29, **31**, 131
Bletchley Park, 4
Bohm, David, 168, 181
Bohmsche Mechanik, 203
Bohr, Niels, 19, 53, 155, 158, 165, 166, 177, 184
Bohrsches Atommodel, 155
Bois-Reymond, Emil du, 17
Boltzmann, Ludwig, 29, 139, 142, 265, 372
Boltzmann-Konstante, 30
Bonhoeffer, Dietrich, 8
Boolesche Algebra, 5
Bootstrap-Verfahren, 46
Born, Max, 158, 181

Brahe, Tycho, 78
Brainware, 56
Brendel, Elke, 376
Brentano, Franz Clemens, 333
Briegel, Hans, 260
Broglie, Louis de, 153, 160, 187
Brukner, Časlav, 208
Buchdruck, 67
Burgin, Mark, 57, 414
Butterfield, Jeremy, 326

C

Cai, Jianming, 260
Campbell, Donald T., 375
Capurro, Rafael, 11
Capurrosche Trilemma, 11
Carnap, Rudolf, 38, **98**
Carnot, Sadi, 30
Causa efficiens, 40
Causa finalis, 40
Causa formalis, 40
Causa materialis, 40
Chaisson, Eric J., 58
Chaitin, Gregory C., 37
Chaitin, Gregory John, 132
Champollion, Jean-François, 71
Chiba, Satoshi, 292
Chomsky, Noam, 375
Church-Turing-These, **110**, 111
Clausius, Rudolf, 30, 133, 135
Cockel, Charles S., 315
Codon, 248
Computer Science, 108
Conway, John H., 320
Crick, Francis, 8, 289, 296, 302, 344
Crisp, Alistar, 290
Crofts, Antony, **35**
Crofts, Antony R., 59, 328
Crooks, Gavin, 308
Cyanobakterie, 45
Cytosin, 240

D

d'Alembert, Jean le Rond, 87
D'Ariano, Giacomo, 216
Darwin, Charles, 117, 284, 374
Daten, 98
Davies, Paul C. W., 13, 234
Dawkins, Richard, 118, 231, 298, 305, 413
Dekohärenz, 19, 163, 176, 181, **193**, 194, 213
Delbrück, Max, 8
Descartes, René, 17, 262, 364, 367, 376

Determinismu, 158, 168
Deutsch, David, 215, 352, 417
Diderot, Denis, 87
Difference Engine, 103
Digitaltechnik, 5
Dirac, Paul, 183
Disruptive Erfindung, 91
Dissipative Struktur, 39
Dissipatives System, 306
DNA, 23, 238, 239
    Algorithmus, 310
    Gesamtmenge, 315
    Informationsspeicher, 304
    Polymerase, 240
    Syntax, Semantik, Pragmatik, 241
    Träger der Phänotyp-Semantik, 267
Doppelhelix, 8, 243, 296
Doppelspaltversuch, **165**, 166
Dritter Hauptsatz, 137
Druckerpresse, 85
Drühl, Kai, 170
Dunkle Energie, 129
Dunkle Materie, 129
Dürr, Hans Peter, 216

E

Eddington, Arthur, 140
EEIM, 12, 389, 397, 398, 406
Egoistisches Gen, 231
Eigen, Manfred, 25, 360, 371, 388
Eigendrehimpuls, 164
Einstein, Albert, 19, 53, 148, 153, 161, 177, 184, 186
Elis, Pyrrhon von, 376
Eliza, 109, **116**
Emergenz, 2, 58, 225, **317**, **324**, 332, 388
Empirismus, 367
Energie, 15, **42**, 58, **133**
    Gewinnung, 234
Energieerhaltungssatz, 136
England, Jeremy L., 255, 306, 308
ENIAC, 108
Enigma, 4
Entropie, 10, 15, 26, **28**, **29**, **34**, **133**, 142
    negative, 7
Entropie einer Zeichenquelle, 33
Entscheidbar, 110
Entscheidungsproblem, 4
Enzyklopädie, 87
Enzym, 254
Epigenetik, 70, **300**
EPR, 186, 189
Erbinformation, 266

Stichwortverzeichnis

Erkenntnis, 14
  biologische Bedingtheit, 355
Erkenntnistheorie, 207, 406
  6.6 evolutionäre, **372**
  evolutionäre, 360
Esfeld, Michael, 377
Eukaryoten, 12
Euler, Leonhard, 78
Everett, Hugh, 181, 204, 205
Evo-Devo, 302
Evolution, 12, **44**, **55**, **223**, 227, 234, **282**
  Anfang, 50
  Information als Motor, 236
  informationsverarbeitend, 232
  Informationsverarbeitung, 304
  Trends, **339**
  Vernunft, 360
Evolutionsgenetik, 229
Existenz, 54

F

Falsifizierbarkeit, 401
Farbe, 278
Fassbinder, Rainer Werner, 376
Feynman, Richard, 147, 160, 211
Fischer, Ernst Peter, 7, 10, 371
Flatland, 206
Fleissner, Peter, 41
Floridi, Luciano, 34, 42, 117, 141
Florio, Marta, 338
Fludd, Robert, 385
Forgan, Duncan H., 315
Formale Sprache, 100, 395, 418
Fox, Douglas, 357
Franklin, Rosalind, 9
Frege, Friedrich Ludwig Gottlob, 98, 100
Frege, Gottlob, 377
Freud, Sigmund, 117
Fuchs, Christian, 410
Fuchs, Christopher, 153
Fuchs-Kittowski, Klaus, 232

G

Galilei, Galileo, 85, 117
Galouye, Daniel F., 376
Game of Life, 319, 323, 389
Garagenexperiment, **149**, 149
Garrod, Archibald, 294
Gehirn
  Energiehunger, 337
  Leistungsfähigkeit, 357
Geld, **74**

Gen
  Protein codierend, 245
Genetic first, 253
Genetik, 8, **294**
Genetischer Code, 238
Geniza von Kair, 81
Genom, 226, 267, 286, 301
Geschlossenes System, 237
Gibbs, Josiah Willard, 29, 139
Gilder, Louisa, 191
Gisin, Nicolas, 189
Gitt, Werner, 59
Gleick, James, 73
Gödel, Kurt, 110
Goswami, Amit, 55
Graw, Jochen, 18
Greene, Brian, 169
Gregersen, Niels Henrik, 305
Griffiths, Paul E., 229
Grover, Lov, 215
Guanin, 240

H

Haeckel, Ernst, 51, 224
Halteproblem, 110
Hanse, 74
Hawking, Stephen, 129
Hazen, Robert M., 234
Hebräer, 72
Heisenberg, Werner, 153, 177, 187, 208, 353
Heisenbergsche Unschärferelation, 132
Helmholtz, Hermann von, 17
Hieroglyphe, 70
Hilbert, David, 4, 109, 173
Hinrichsen, Haye, 141, 142, 194, 196
Hoffmann, Peter M., 18
Hofkirchner, Wolfgang, 57, 410, **412**
Höhlengleichnis, 365
Holland, John H., 313
Holografisches Prinzip, 132
Homöostase, 234
Horizontale Vererbung, **290**
Hubble-Teleskop, 169
Humangenomprojekt, 245
Hume, David, 40, 370

I

Idealismus, **365**
Industrialisierung, **84**
Inferometer, 162
Informatik, 108
Information, 9, **133**

bedeutungstragende, 13, 98
Biologie, 230
biologische, 304, **388**, 419
Definitionen, 10
Einheit der Natur, 412
Energie, **390**, **393**
Evolution der, 303
Gehirn, 226
Genom, 226
in der Natur, 39
inhaltsfreier, 98
Interpretation, 70
kognitiv verwertbar, 228
Komplexität, 37
lebender Organismus, 261
Lichtgeschwindigkeit, 94
Materie, 233
nicht a priori, 391
Nutzungsspektrum, 68
Ontologie der, **414**
Physik, 23
quantenphysikalische Ebene, 171
redundante, 33
schwarzeLoch, 130
semantische, 12, 24, 38, **327**, **330**, 398
syntaktische, **327**
Trägermedium, 99
Übertragung, 94
Ure, 209
vernetzte, 69
Informations- und Kommunikationstheorie, 5
Informationsgesellschaft, 5
Informationsmenge, 315
Biosphäre, **316**
Informationsmenge eines Zeichens, 32
Informationsmodell, **57**
Informationstheorie, 11, **26**, 389, 411
Grenzen, 35
Informationsverarbeitung, 22, **108**, 226
biologische, 9
frühe Formen, 89
Kosten, 147
Singularity Summit, 118
Instantane Fernwirkung, 163, 189
Intelligentes Design, 235
Intelligenz, 69, 336
Interferenz, 162
Interferenzmuster, 166
It from Bit, 25, 128, 133

J
Jablonka, Eva, 70, 301, **420**
Jacquard, Joseph Marie, 89, 101

Jacquard-Webstuhl, 90
Jaeger, Gregg, 130, 409
Janich, Peter, 409
Jarzynski, Chris, 308
Johnson, Samuel, 351
Joos, Erich, 194
Joyce, Gerald, 236

K
Kammerer, Paul, 301
Kant, Immanuel, 41, 87, 262, **368**, 376
Kauffman, Stuart, 322
Kausalität, 39
Kausalitätsprinzip, 41, 192
Kepler, Johannes, 78, 102
Kimura, Kazuki, 292
Kition, Zenon von, 79
Knuth, Donald E., 77
Kognition, 23, 264, 309, 344
Kolmogorov, Andrei N., 37
Kolmogorov-Komplexität, 37, 319
Kommunikation, 23
Komplementaritätsprinzip, 167
Komplexität, 225, **317**
Konstruktivismus, 326, 350, 359
Konstruktormodell, 418
Konstruktortheorie, **417**
Kontextinformation, 99
Kontextwissen, 70
Kooperation, 23
Kopenhagener Deutung, 165, 170, 185, 208
Kopenhagener Interpretation, 180
Kopernikus, Nikolaus, 86, 117
Korzeniewski, Bernard, 236
Kováč, Ladislav, 53, 307
Krauß, Veiko, 299, 302
Kreationismus, 59
Kreationisten, 235
Kryptografie, 5
Kulturinnovation, **68**
Kulturprodukt, **67**
Küppers, Bernd-Olaf, 52, 332

L
Lagrange, Joseph Louis, 109
Lamarck, Jean-Baptiste de, 289, 300
Lamb, Marion J., 70, 301
Landauer, Rolf, 145
Landenmark, Hanna K. E., 315
Langevin, Paul, 161
Langton-Schleifen, 321, 323
Laplace, Pierre-Simon, 158

Stichwortverzeichnis 425

László, Ervin, 41
Leben, 227, **232**, 234
   Naturwissenschaft, 236
   synthetisches, 251
   thermodynamische Erklärung, 255
   Voraussetzung, **237**
Lebensprinzip, 234
Leibniz, Gottfried Wilhelm, 109, 367
Lichtgeschwindigkeit, 148
Lloyd, Seth, 216
Lochkarte, 89, 101
Locke, John, 262, 363, 367
Loewenstein, Werner, 25, **230**, 271, 310
Logik, **79**, 100
Lokalität, 184, 187
Lorentz, Hendrik Antoon, 148
Lorenz, Konrad, 262, **372**
Lovelace, Ada, **103**
Luhmann, Niklas, 413
Lyre, Holger, 31, 133, 183, 265

M
Mach-Zehnder Inferometer, 168
Makrozustand, 30
Marletto, Chiara, 417
Materialismus, **365**
Materie
   tote, 233
Mathematik, **75**
Matrix, 376
Maturanas, Humberto, 265
Maxwell, James Clerk, 29, 139, 143
Maxwellscher Dämon, 142, 268
Mayer, Julius Robert, 137
Mayfield, John E., 309
Mayr, Ernst, 238, 282
McFadden, Johnjoe, 56, 258
Meiose, 250
Meme, 299, 413
Mendel, Gregor, 294
Merck, Klemens, 80
Messinformation
   löschen der, 145
Messproblem, 19, 132, 170, **180**, 183, 195
Metabolism first, 252, 254
Meyer-Ortmanns, Hildegard, 322
Michaelian, Karo, 256, 257, 343
Mikrozustand, 29
Miller, Stanley L., 251
Millikan, Ruth, 333, 402
Minkowski-Diagramm, 152
Mitochondrie, 269
Mixedupness, 35

Modell, 331
Molekularbiologie, 18, **226**
Monod, Jacques, 388
Mooresches Gesetz, 119
Morgan, Thomas Hunt, 296
Morris, Charles W., 96
Muller, Hermann J., 296
Müller-Wille, Staffan, 295
Multiversum, 6, 204
Mutation, **285**

N
Napoleon, 71
Negentropie, 7, 35, 135, 306, 371
Neumann, John von, 9, 16, 95, 115, 183, 238, 319
Newton, Isaac, 86, 156, 352
Ney, Alyssa, 207
Nukleinsäure, 238, 249, 255, 286
Nüsslein-Volhard, Christiane, 284, 342

O
Objektivität, 363
Oeser, Erhard, 261
Offenes System, 237, 273
Offenes und geschlossenes System, **138**
Ontologisches Prinzip, 416
Oparin, Aleksandr, 233
Organismus
   lebender, 233

P
Pagel, Lienhard, 351, 411
Papier, 72
Papiergeld, 74
Partizipierendes Universum, 171
Pasteur, Louis, 233
Pauli, Wolfgang, 155, 178, 353
Pawlowscher Hund, 361
PCM, 6
Peirce, Charles S., 96
Penrose, Roger, 225, 263
Penzlin, Heinz, 372
Perpetuum mobile, 43
Perrin, Jean Baptiste, 156
Photon, 264
Phylogenese, **292**
Planck, Max, 137, 153
Plancksches Wirkungsquantum, **153**
Platon, 40, 317, 364
Podolsky, Boris, 186

Polymer, 247
Polymerase, 257
Popper, Karl, 75, 86, 414
Positivismus, 353, 359
Pragmatik, 12, 48, **97**, 329
Prigogine, Ilya, 39, 307
Programmiersprache, 109
Protein
    Synthese, 243
Pulse-Code-Modulation
    PCM, 6
Pusey, Matthew F., 211
Putnam, Hilary, 376

Q
Q-Life, 258
Quantencomputing, 147, **214**
Quanteninformation, **211**
Quantenmechanik, **152**, 178, 257
Quantenmessung, 205
Quantenparallelismus, 174
Quantenphysik, 6, 153
Quantenradierer, 170
Quantensystem
    Informationsinhalt, 210
Quantentheorie, 153
Quanten-Zeno-Effekt, **195**
Qubit, 212

R
Rationalismus, 350, 359
Raumzeit, 357, 378
Rauschen, 27
Realismus
    repräsentationaler, 380
Realität, 6, 24, 54, 351, 354, 379
    Mathematik, 54
Realitätskriterium, 187
Rekursion, 111
Renaissance, 86
Rensch, Bernhard, 355
Reproduktion, 233, 250, 288
Retina, 270
Rhodopsin, 270, 277
Ribosom, 244
Ribozym, 246, 253
Ridley, Matt, 288
Riechen, **280**
Riedl, Rupert, 355, 364, 375
Ritz, Thorsten, 260
RNA, 23, 238, **239**, 306
    mRNA, 244

rRNA, 244
    Synthese, 245
    tRNA, 244
Roederer, Juan G., 56, 59
Rolle des Beobachters, 182
Rond d'Alembert, 88
Rosen, Nathan, 186
Rosenthal, Hans-Alfred, 232
Rosvall, Martin, 239
Rothschild, Nathan, 89
Rudolph, Terry, 211
Russel, Bertrand, 233

S
Sacks, Oliver, 227
Schaltalgebra, 5
Schefe, Peter, 242
Schrift, 67, **70**
Schrödinger, Erwin, 7, 35, 156, 158, **172**, 187, 230, 236, 237, 289, 343, 371
Schrödingergleichung, 6, 173, 183
Schrödingers Katze, 6, **175**
Schürger, Nils, 279
Scully, Marlan, 170
Seager, William, 130
Sehen, **273**
Seife, Charles, 128, 177
Selbstorganisation, 225
Selbstreproduktion, 44, 238
Selektion, **286**
Semantik, 12, 48, **97**
Semiotik, 11, **96**
Sexualität, **290**
Shannon, Claude E., 2, 26, 27, 94, 127
Shannon-Entropie, 128
Shapiro, James A., 288
Shea, Nicholas, 267
Shor, Peter, 215
Sigmatik, 98
Simpson, Georg G., 372
Skeptizismus, **375**, 379
Smith, John Maynard, 229
Sokrates, 232
Solipsismus, 352
Spezielle Relativitätstheorie, 148
Spike trains, 271
Spin, 164, 212
Spinoza, Baruch de, 367
Sprache, 100
SSP, 399
Stadiatos, Elias, 101
Stammbaum des Lebens, 293
Statistische Thermodynamik, 29, 139

Stichwortverzeichnis

Stein von Rosetta, 72, 130, 394
Stern-Gerlach-Experiment, 212
Stollberger, Michael, 377
Stonier, Tom, 132, 412
Stringtheorie, 185, 207
Superposition, 160, **161**
Syllogismus, 79
Synonymie, 11
Syntax, 12, 48, **97**
Syntax, Semantik und Pragmatik, 13, 35, 36, 42, 48, 49, 58, 97, 98, 241, 330, 385, **389**, 391, 394
    SSP, 391
    nicht a priori, 392
System
    geschlossenes, 134
    makroskopisches, 139
    mikroskopisches, 139
    offenes, 135
Systemtheorie, 39
Szilárd, Leó, 143
Szostak, Jack W., 236, 252

T

Tegmark, Max, 54, 120, 174, 211
Teleosemantik, **419**
Thermodynamik, 16, 39, 128, **135**, 225, 237
Thomson, William, 136
Thoreau, Henry David, 91
Thymin, 240
Tiere, 53
Timpson, Christopher, 130
Titanic, 92
Transaktion, 74
Transkribieren, 249
Translation, 249
Trommelschrift, 73
Tukey, John W., 31
Turin, Luca, 281
Turing Bombe, 66
Turing, Alan, 2, 112, 115, **120**
    Rehabilitierung, 121
Turingmächtig, 106
Turingmaschine, 4, **112**
Turing-Test, **115**

U

Unified Information Theory, **412**
Universum
    partizipatives, 53
Unschärferelation, 179, 188
Uraci, 243

Ure, 131, **410**
Urknall, 262
Ursuppe, 251

V

Vadelas, Francisco, 265
Vermeij, Geerat, 282
Verschränkung, 19, 160, **163**, 213
Verzögerte Entscheidung, 168
Vico, Giambattista, 351
Vinci, Leonardo da, 86
Virchow, Rudolf, 233
Vollmer, Gerhard, 356, 374, 375
Vollständigkeit, 187
Von Neumann-Architektur, 95, **114**
Vorurteil, 361

W

Wahrnehmung, 12, 354
Walker, Sara Imari, 13, 57
Wallace, Alfred Russel, 284
Wallner, Fritz, 326
Watson, James D., 8, 296, 302
Weaver, Warren, 27, 36
Weber, Andreas, 237
Webstuhl, 101
Weizäcker, Carl Friedrich von, 31, 52, 131, 208, 265, 410
Weizenbaum, Joseph, 109, 116
Welcher Weg, 168
Wellenfunktion, **172**, 204, 206
Wellengleichung, 6, **172**
Welle-Teilchen-Dualismus, 161
Wheeler, John Archibald, 18, 131, 169, 171
Wiener, Norbert, 58
Wilkinson, Toby, 71
Willaschek, Marcus, 377
Wiltschko, Roswitha, 260
Wiltschko, Wolfgang, 260
Wirklichkeit, 354
Wissen, 14, 98
Wuketits, Franz M., 340, 373

Y

Young, Thomas, 165

Z

Z3, 106
Zeh, Heinz-Dieter, 19, 194, 204, 205
Zeilinger, Anton, 133, 168, 172, 177, 208

Zeit, **133**
Zellulärer Automat, 319
Zellularität, 233
Zufall, **285**
Zurek, Wojciech, 194

Zuse, Konrad, 95, 106
Zweiter Hauptsatz, 134, 140, 147, 237, 256, 264, **307**, 343, 360, 418
    der Thermodynamik, 136

Springer

springer.com

Willkommen zu den Springer Alerts

Jetzt anmelden!

- Unser Neuerscheinungs-Service für Sie:
  aktuell *** kostenlos *** passgenau *** flexibel

Springer veröffentlicht mehr als 5.500 wissenschaftliche Bücher jährlich in gedruckter Form. Mehr als 2.200 englischsprachige Zeitschriften und mehr als 120.000 eBooks und Referenzwerke sind auf unserer Online Plattform SpringerLink verfügbar. Seit seiner Gründung 1842 arbeitet Springer weltweit mit den hervorragendsten und anerkanntesten Wissenschaftlern zusammen, eine Partnerschaft, die auf Offenheit und gegenseitigem Vertrauen beruht.

Die SpringerAlerts sind der beste Weg, um über Neuentwicklungen im eigenen Fachgebiet auf dem Laufenden zu sein. Sie sind der/die Erste, der/die über neu erschienene Bücher informiert ist oder das Inhaltsverzeichnis des neuesten Zeitschriftenheftes erhält. Unser Service ist kostenlos, schnell und vor allem flexibel. Passen Sie die SpringerAlerts genau an Ihre Interessen und Ihren Bedarf an, um nur diejenigen Information zu erhalten, die Sie wirklich benötigen.

Mehr Infos unter: springer.com/alert

Printed by Printforce, the Netherlands